电子信息科学与电气信息类基础课程

电工与电路基础

潘孟春 李 季 唐 莺 陈棣湘 张 琦 安 寅 编著

電子工業出版社

Publishing House of Electronics Industry

北京 · BEIJING

内容简介

本书是普通高等教育“十一五”国家级规划教材，是作者所在单位长期以来开展电工电子教学改革与实践成果的结晶。

主要内容有：电路的基本概念与两类约束，电路的基本分析方法，动态电路的暂态分析，正弦交流电路的稳态分析，含二端口元件电路的分析，电工测量与安全用电。

本书突出了电路理论严密、系统性强、应用范围广的特点，非常适合高等院校理工科专业学生作为新一代教材。对于电子信息、仪器仪表、自动化等领域的广大科研人员和工程技术人员来说，本书也是一本很好的参考书。

图书在版编目(CIP)数据

电工与电路基础/潘孟春等编著. —北京：电子工业出版社，2016.6
ISBN 978-7-121-29098-5

Ⅰ.①电… Ⅱ.①潘… Ⅲ.①电工－高等学校－教材②电路理论－高等学校－教材 Ⅳ.①TM1

中国版本图书馆 CIP 数据核字(2016)第 133880 号

策划编辑：陈晓莉
责任编辑：陈晓莉
印　　刷：北京虎彩文化传播有限公司
装　　订：北京虎彩文化传播有限公司
出版发行：电子工业出版社
　　　　　北京市海淀区万寿路 173 信箱　邮编 100036
开　　本：787×1 092　1/16　印张：19　字数：506 千字
版　　次：2016 年 6 月第 1 版
印　　次：2023 年10月第 16 次印刷
定　　价：42.00 元

凡所购买电子工业出版社图书有缺损问题，请向购买书店调换。若书店售缺，请与本社发行部联系。联系及邮购电话：(010)88254888，(010)88258888。

质量投诉请发邮件至 zlts@phei.com.cn，盗版侵权举报请发邮件至dbqq@phei.com.cn。

服务热线：chenxl@phei.com.cn。

前　言

电工与电路基础是电专业和许多非电专业的重要基础课程，因为它不仅解决传授知识、培养技能的问题，更为重要的是作为连接数学、物理和许多专业基础课程、专业课程的必备桥梁，它能帮助读者建立起科学的思维。正因如此，工科院校都开设了相关课程。

但是这门课程强大的基础作用并没有得到很好的认识或贯彻，对本课程来自于数学、物理又摆脱数学、物理的独特魅力诠释不够，所以，在学生层面容易产生它太抽象乃至觉得用处不大的认识，导致学习的主动性大打折扣。而且，由于计算机的应用普及，解方程变得非常容易，一些人认为典型的以降方程维数为出发点的电路分析方法有点“故弄玄虚”了，导致高校有些专业在制定人才培养方案时有取缔本课程的观点。为此，我们在“普通高等教育‘十一五’国家级规划教材”系列中再版了《电工与电路基础》。在强调知识对应用的指导以及应用对知识的支撑方面下了些工夫，建立了学用结合的初步体系结构。经过 5 年的使用，收到了比较好的效果，同时也有了更深的体会，所以有了本新版教材的出台。

本教材是在张玘、潘孟春等编著的《电工与电路基础》教材和邹逢兴、潘孟春等主编的《电工与电路基础》教材的基础上，融合近 5 年的教学新实践改版的，全书共分 6 章，即第 1 章电路的基本概念与两类约束；第 2 章电路的基本分析方法；第 3 章动态电路的暂态分析；第 4 章正弦交流电路的稳态分析；第 5 章含二端口元件电路的分析；第 6 章电工测量与安全用电。主要修订内容包括：在导读信息部分强化本章的地位、作用和学习方法的介绍。第 1 章考虑到知识的关联和系统性删节了逻辑门内容；第 2 章强化了电路分析方法递进降维的脉络，同时将非线性电路分析作为电路分析方法的特殊应用合并到本章；按照三类典型电路的分类设立了三类电路的分析，即动态电路、正弦稳态电路、含二端口元件电路。其中：将三相电路作为稳态电路分析的应用合并到第 4 章正弦稳态电路分析；二端口电路章节从增强应用出发将原稿的第 6 章和第 7 章进行有机整合，其构成分二端口电路的基本知识、二端口分析方法、互感和变压器三部分。与上一版教材相比，新版教材保持了基本理论与典型应用密切结合的特点，进一步强化了知识的系统性和内容的可读性，并将科学思维的培养贯穿于全书中：此外还对原教材中存在的个别错误进行了改正。为了方便学生使用，还增加了部分习题和思考题的参考答案。

本教材主要特点如下：

1. 拓展了电路基础元件的范畴，系统设计了课程内容。将电子技术中半导体器件内容前移到本教材，拓展传统电路教材中元器件的范畴。尽管耗费了一定笔墨来讲述这些器件的结构和原理，但关注的落脚点仍然是这些器件的电路模型，既遵循电路的传统体系，又为电路理论的实际应用奠定了基础。

2. 强调学用结合。贯彻“元件为路用，路为系统用”的课程基本体系，将知识点和相应的应用案例贯穿全书，使所学之所用得到及时的确认，强化了电路理论实践性强的特点。

3. 强调系统性。一方面在内容设计上按照“基础知识”“工具知识”“应用知识”“技能知识”4个模块来布局;另一方面彰显本课程数学思维的本质和知识的可重构性,唤醒读者对数学、物理知识的理解和应用,强化科学思维能力的建立,提升读者对知识的驾驭力。

4. 强化了教材的可读性。在每章设置了包括“内容提要”“本章重点难点”等内容的导读信息,读者一看便知“为什么要学?如何学?重点是什么?难点在哪?”,为读者学习提供有利指导,以提高学习效率。

本书是我们电工电子系列课程教学团队多年实践总结的成果,潘孟春、陈棣湘完成了统稿工作。每一章都融入了很多老师的辛勤劳动,包括国家教学名师邹逢兴教授,还有张玘教授、翁飞兵、耿云玲、胡助理、孟祥贵等老师们,在此向他们的付出表示深深的感谢!

由于作者水平有限、也可能实践、总结归纳不够,尚不能完全达到写此书的初衷,甚至还有不妥之处,敬请读者不吝赐教,以便来日更好地完善。

作者

2016年5月

目　　录

第1章　电路基本概念与两类约束

本章导读信息

电路的基本概念与两类约束是本课程的基础，回答的是研究对象——电路模型、电路组成要素——元件、电路遵循规律(拓扑约束)——基尔霍夫电流和基尔霍夫电压定律、元件特性(元件约束)——各元件上的电流电压之间的关系等是什么的问题。本章内容在高中物理涉及过，但在大学这些内容是从打好研究基础出发来设置的，研究对象将是复杂的电路，其一电路中的电压电流很难一眼望出，为此在本章首先要建立参考方向概念；其二元件类型多了，有无源和有源之分，有的模型还很抽象如受控源等。所以从本章的学习起我们要摆脱高中物理的思维，而要建立大学电路分析的思维，那就是一切以两大约束为基础，同时基于参考方向建立起二者的关联——方程或方程组，最终求解方程完成电路的分析任务。

1. 内容提要

本章在引入电路模型概念的基础上，先介绍电路中的电压、电流和功率等基本物理量；接下来介绍基本无源电路元件和基本有源电路元件的伏安特性，基本半导体器件的结构、工作原理和外部特性曲线，运算放大器的符号、电压传输特性曲线及理想运算放大器的特点；基本逻辑门的符号及对应的逻辑函数表达式和逻辑关系，最后阐述基尔霍夫定律。

本章主要名词与概念：电路，信号源，负载，中间环节，电路的组成与功能，电路模型，集总元件，集总假设条件，静态电路与动态电路，线性电路和非线性电路，时变电路和非时变电路，集总参数电路与分布参数电路，模拟电路和数字电路，模拟信号，数字信号，电路的基本变量，电流，电压，电流、电压的参考方向，关联方向，电功与电功率，消耗功率，吸收功率，无源元件和有源元件，伏安特性，线性电阻，非线性电阻，电容元件的动态、记忆和储能特性，电感元件的动态、记忆和储能特性，理想电压源及其特性，理想电流源及其特性，受控源、控制量和控制系数，本征半导体，共价键，空穴，载流子，掺杂半导体，N型半导体，P型半导体，PN结，空间电荷区，耗尽层，阻挡层，单向导电性，正向偏置，导通状态；反向偏置，截止状态，二极管，死区电压，反向击穿，反向击穿电压，最大正向电流 I_F，最大反向工作电压 U_R，反向漏电流 I_R，最高工作频率 f_M，三极管，基极，发射极，集电极，发射结，集电结，放大状态，截止状态，饱和状态，场效应管，源极，漏极，栅极，集成运算放大器，开环，同相输入端，反相输入端，理想运算放大器，虚短，虚断，节点，回路，网孔，基尔霍夫电流定律(KCL)，基尔霍夫电压定律(KVL)，两类约束。

2. 重点难点

【本章重点】

(1) 参考方向；

(2) 三种基本电路元件(电阻、电容、电感)的伏安关系；

(3) 三种有源元件(电压源、电流源和受控源)的伏安关系；

(4) 基尔霍夫定律及其应用。

【本章难点】

(1) 电压源、电流源、受控源等电路基本元件的特性及其在电路中的作用；

(2) 基尔霍夫定律及其应用。

1.1 电路概述

电路是电流的通路。它是由一些基本物理元件相互连接而成。实际电路都是由电阻器、电容器、线圈、变压器、晶体管、场效应管和电源等部件组成。而实际设计制作某种部件时,利用的是它的主要物理特性。比如一个实际电阻器在对电流呈现阻力的同时会产生一个磁场,即也具有电感的性质(通电导线周围有磁场),为了便于分析问题,就必须在一定条件下对实际部件进行理想化,忽略它的次要性质,用一个足以表征其主要性质的模型来代替。本节先讨论电路的基本组成、电路模型与集总假设,而后讨论电路的分类。

1.1.1 电路的组成与功能

1. 电路的基本组成

人们在生产和生活中使用的电器设备,如电动机、电视机、计算机,信息化武器装备的通信设备、火控系统等都是由不同功能的实际电路组成。实际电路的种类繁多,用途也各异,但都可以看成是电源(包括信号源)、负载和中间环节三个基本部分组成。其中电源的作用是为电路提供电能;负载则将电能转化为其他形式的能量加以利用,例如,电炉将电能转化为热能,扬声器将带有声音信息电信号转化为声音等;中间环节作为电源和负载的连接体,其作用是传输、分配、控制电能。图 1.1 所示的是一个简单照明电路,干电池是电源,灯泡即负载,导线和开关则是中间环节,通过开关的开或关控制电流的通或断实现照明。

2. 电路的基本功能

电路的功能可概括为两大类,一类电路用于实现电能的传输和转换,如图 1.1 中,电池通过导线将电能传递给灯泡,灯泡将电能转化为光能;另一类电路用于实现信号的传递和处理,如图 1.2 所示是一个扩音机的原理示意图,话筒将声音的振动信号转换为电信号(电压或电流),该信号经过放大电路放大后传递给扬声器,再由扬声器还原为声音。

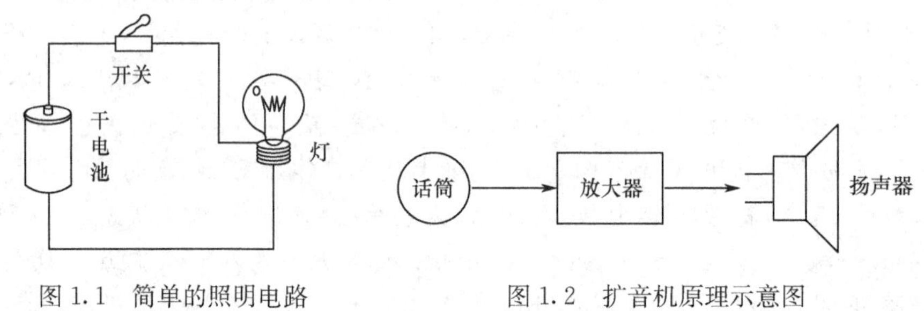

图 1.1 简单的照明电路　　　　图 1.2 扩音机原理示意图

1.1.2 电路模型与集总假设

1. 电路模型

电路是由一些元件连接而成的总体。这些元件通常包括电阻器、电容器、线圈、变压器、电源等器件。这些元件都具有特定的电气特性,例如电阻器表现的是它对电流的阻碍作用,它将电能转化为热能。但实际上它不是一个纯粹的电热转换体,根据电磁感应定律,电流流过电阻器时还会有电能到磁能的转换,即部分电能转换为磁能存储下来,但这部分能量是次要的;为了用数学的方法从理论上判断电路的主要性能,在一定条件下对实际器件忽略其次要性质,按其主要性质用一个表征主要性能的模型来表示,即将实际器件理想化,从而得到一系列理想化元件，例如，将电阻器视作理想电阻元件，只消耗电能，又简称为电阻元件。

类似地将电容器、线圈、电源相应视作理想电容元件(只存储电场能)、理想电感元件(只存储磁场能)、理想电压源或理想电流源。这种由理想元件构成的电路称作为电路模型，它是本课程研究的对象。

2. **集总元件与集总假设**

实际电路在什么情况下可以转换成电路模型呢？当实际电路几何尺寸远小于最高工作频率所对应的波长时，即信号从电路的一端传输到另一端所需的时间远小于信号的周期，可以认为传送到电路各处的电磁能量是同时到达的，这时整个电路可以看成电磁空间的一个点，由此认为交织在器件内部的电磁现象可以分开考虑，即电路中电场与磁场的相互作用可以不用考虑。这又称之为集总假设。我国的供电频率是50Hz，对应的波长是6000km，对以此为工作频率的日常用电设备来说，其尺寸远小于这一波长，满足集总假设。集总假设是本书的基本假设。

当电路满足集总假设时，电路中的电场和磁场可以分开考虑，那么每一种元件只反映一种基本电磁现象，且可以用数学方法进行定义，如电阻元件只涉及消耗电能，电容元件只涉及与电场相关的现象，电感元件只涉及与磁场有关现象。我们将电感元件、电容元件、电阻等元件等称为集总参数元件，简称为集总元件。

上面提到的电感、电容、电阻等集总元件有一个共同的特点，都具有两个端钮，所以人们称它们为二端元件，又叫单口元件。除二端元件外，后面章节还会介绍多端元件，如变压器、受控源、晶体三极管等。

3. **集总电路与电路图**

由集总元件构成的电路模型称为集总电路模型，简称集总电路。集总电路的前提是集总假设。为了表述集总电路，通常引入一套符号，图1.3示意出了电感、电阻、电容、电源对应的符号，用这些符号表示的拓扑结构称为集总电路图，简称为电路图。图1.4是对应图1.1简单照明电路的电路模型，即对应的电路图。

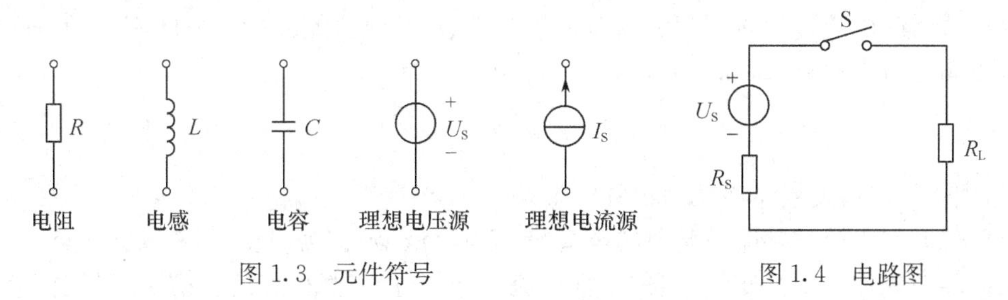

图1.3　元件符号　　　　图1.4　电路图

1.1.3 电路的分类

电路的种类繁多，按其处理的信号不同可分为模拟电路和数字电路两大类。模拟电路中的工作信号是模拟信号。所谓模拟信号是指在时间上和数值上均是连续的，且在一定动态范围内可以任意取值。而数字电路处理的是数字信号。数字信号是指在时间上和数值上都是离散的信号。

按电路的尺寸可分为集总参数电路与分布参数电路，如30km长的电力输电线，由于其长度远小于工作频率为50Hz对应的波长6000km，可以看作是集总参数电路；而对于电视天线及其传输线来说，工作频率一般为10^8Hz数量级，如工作频率约为200MHz的某一电视频道，其相应工作波长为1.5m，此时0.2m长的传输线就是分布参数电路。

电路除了按尺寸可分为集总参数电路与分布参数电路外，按电路中输入与输出关系还可分为线性电路和非线性电路。若描述电路特性的所有方程都是线性代数或微积分方程，则称这类电路是线性电路；否则为非线性电路。线性电路的输入输出关系遵循齐次性和可加性，非线性电路则反之。非线性电路在工程中应用更为普遍，线性电路常常仅是非线性电路的近似模型。但线性电路理论是分析非线性电路的基础。

按电路中元件参数是否随时间变化，电路又可分为时变电路和非时变电路，非时变电路中所有元件参数不随时间变化，描述它的电路方程是常系数的代数或微积分方程；时变电路中含有参数随时间变化的元件，由变系数方程描述的。本书讨论的是集总电路中的线性时不变电路。

1.2 电路的基本物理量

本课程的目的是研究电路的基本规律，分析电路的电性能。电路的规律及性能的分析通常引入一些典型变量的变化来表征，这些变量就是电路的基本物理量，包括电流、电压、功率等。

1.2.1 电流

1. 电流的定义

在电场力作用下，电荷的定向移动形成电流。为了衡量电流的大小，定义单位时间内通过导体横截面积的电量为电流强度，简称为电流，用 i 表示，即

$$i=\frac{\mathrm{d}q}{\mathrm{d}t} \tag{1.1}$$

电流不仅是电路中一种特定物理现象，而且是描述电路的一个基本物理量。

如果单位时间内通过导体横截面的电荷量为常数，即电流的大小和方向都不随时间变化，则这种电流叫做恒定电流，简称直流，用 I 表示，即

$$I=\frac{Q}{T} \tag{1.2}$$

式中 Q 为时间 T 内通过导体横截面积的电量。

如果单位时间内通过导体横截面的电荷量不为常量，则称为时变电流。若时变电流的大小和方向都随时间作周期性变化，则称这种电流为交变电流，简称交流。第4章将要介绍的正弦交流电就是典型的交流电。

在国际单位制中，时间的单位为秒(s)，电量的单位为库仑(Q)，电流的单位为安培(A)，简称安。电流的辅助单位有毫安(mA)、微安(μA)等。

$$1\mathrm{A}=10^3\mathrm{mA}=10^6\mu\mathrm{A}$$

2. 电流的参考方向

电流是有方向的，习惯上把正电荷运动的方向作为电流方向，如图1.5所示。

在简单电路中，电流的实际方向是可以预先判断确定的，如图1.6所示电路中，流过电阻的电流是从上往下，计算不会遇到困难。但在如图1.7所示电路中，由于电路较复杂，若只凭观察电路，是不容易知道流过2Ω电阻的电流方向的。为解决这个问题，通常引入参考方向的概念。

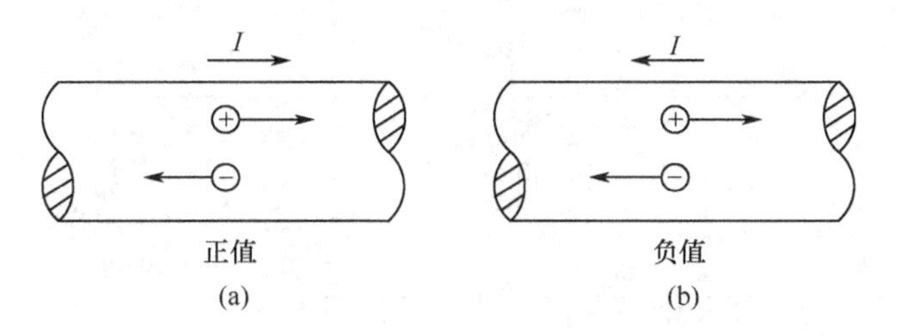

图 1.5　电流的参考方向

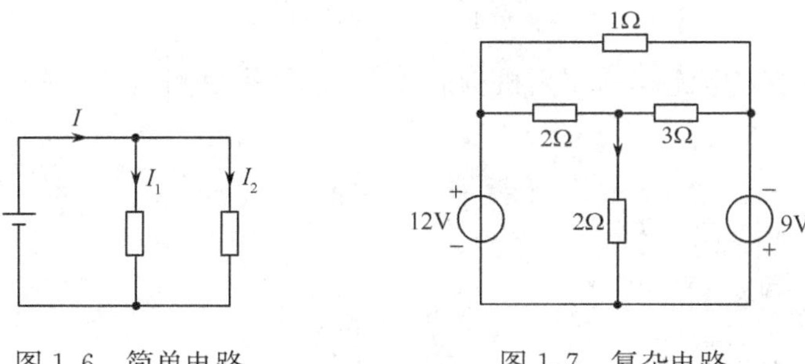

图 1.6　简单电路　　　　图 1.7　复杂电路

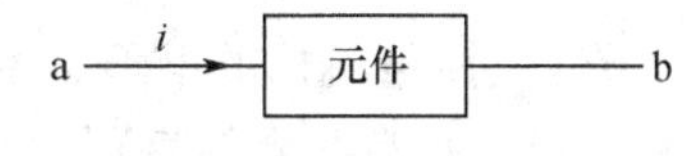

图 1.8　电流的参考方向

图 1.8 是从一个复杂电路中抽出的一个任意元件。电流的实际方向是从 a 到 b 还是从 b 到 a，无法预先判定。为了便于研究，可在电路分析时事先任意假定一个电流流向，这个假定方向称为电流的参考方向或电流的正方向。电流的参考方向在电路中常用箭头表示。图 1.8 中所示的电流 i 的参考方向是由 a 端流向 b 端。

假定了电流的参考方向后，就可以此方向为依据对电路进行求解。若解得电流 i 值为正，说明电流的实际方向与参考方向一致；反之，则说明电流的实际方向与参考方向相反。如果在电路中没有标明参考方向，那么计算出的电流正、负没有任何意义。因此进行电路分析之前必须标明电流的参考方向。

【例 1.1】 在图 1.8 中：(1) 已知 $i=-2\text{A}$，试指出电流的实际方向；(2) 已知 $i=2\sin\left(100\pi t+\frac{3}{2}\pi\right)\text{A}$，试指出 $t=1\text{s}$ 时 i 的实际方向。

解　(1) i 为负值，表示电流的实际方向与图中所标的参考方向相反，故电流的实际方向是由 b 指向 a。

(2) 当 $t=1\text{s}$ 时，可求出该瞬时电流的值为：

$$i=2\sin\left(100\pi+\frac{3}{2}\pi\right)\text{A}=-2\text{A}$$

故电流的实际方向亦与参考方向相反，即由 b 指向 a。

3. 电流的测量

电流可直接测量也可通过耦合方式间接测量。对于直接测量通常采用电流表或带测量电流功能的多用表或采集系统，测量时测量探头必须串联在电路中，如图 1.9(a)所示。为了使电路的工作不因接入电流表而受影响，电流表的内阻必须很小，因此，如果不慎将电流表并联在电路的两端，则电流表将烧毁，在使用时务须特别注意。

采用电磁式电流表测量直流电流时，因其测量机构(即表头)所允许通过的电流很小，不能直接测量较大电流，为了扩大它的量程，应该在测量机构上并联一个称为分流器的低值电阻

R_A，如图 1.9(b)所示。

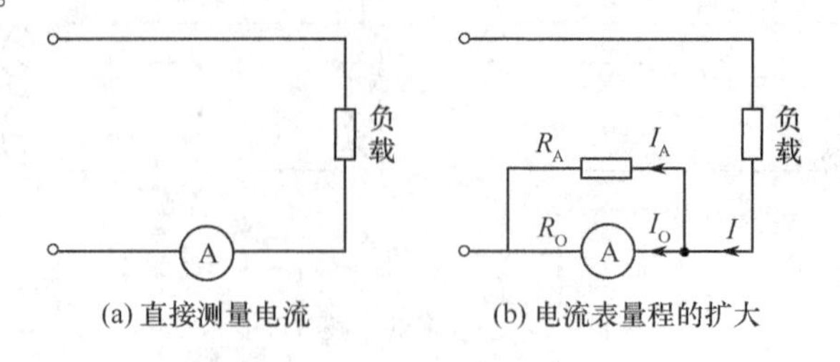

图 1.9　电流的测量

这样，通过电磁式电流表的测量机构的电流 I_O 只是被测电流 I 的一部分，但两者有如下关系

$$I_O = \frac{R_A}{R_O + R_A} I$$

即

$$R_A = \frac{R_O}{\frac{I}{I_O} - 1}$$

式中 R_O 是测量机构的电阻。由上式可知，需要扩大的量程越大，则分流器的电阻应越小。多量程电流表具有几个标有不同量程的接头，这些接头可分别与相应阻值的分流器并联。分流器一般放在仪表的内部，成为仪表的一部分，但较大电流的分流器常放在仪表的外部。

1.2.2　电压

1. 电压的定义

由物理学可知，电位即电场中某点的电势，它在数值上等于电场力把单位正电荷从某点移动至无穷远处所做的功。电场无穷远处的电位被认定为零，作为衡量电场中各点电位的参考点。工程上常选与大地相连的部件(如机壳等)作为参考点，没有与大地相连的部件的电路，常选许多元件的公共节点作参考点，并称为“地”。在电路分析中，可选电路中一点作为各节点的参考点。参考点用接地符号“⊥”标出。

电压也是描述电场力移动电荷做功的物理量，它在数值上等于电场力把单位正电荷从一点移到另一点所做的功。

根据电压和电位的定义可知，a、b 两点间的电压等于 a、b 两点间的电位之差，即

$$U_{ab} = U_a - U_b$$

若以 b 为参考点，a、b 两点间的电压等于 a 点的电位。

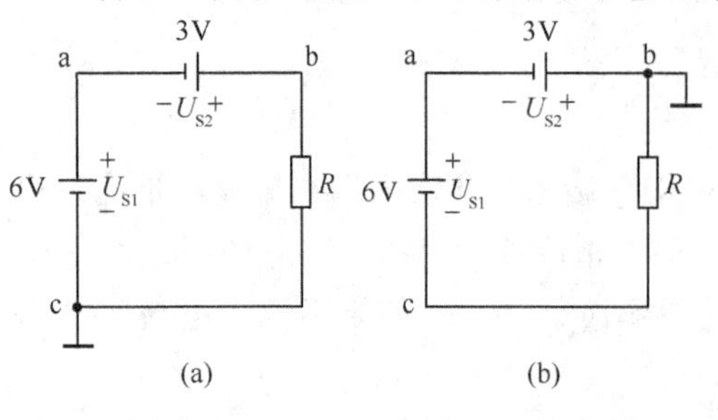

图 1.10　例 1.2 电路图

【例 1.2】 在图 1.10(a)所示电路中，已知 $U_{S1}=6V$，$U_{S2}=3V$，求 U_{bc}。

解

$$U_c = 0V, U_a = 6V$$
$$U_b = 6 + 3 = 9V$$
$$U_{bc} = U_b - U_c = 9V$$

若以 b 为参考点，如图 1.10(b)所示，则各节点电位分别为：

$$U_b=0V, U_a=-3V$$
$$U_c=-(3+6)V=-9V$$
$$U_{bc}=U_b-U_c=9V$$

由例1.2可以看出：

(1) 若$U_b>U_c$，则$U_{bc}>0$；反之，则$U_{bc}<0$。电压的方向为电位降低的方向。

(2) 电路中各点的电位值是相对值，是相对于参考点而言的。参考点改变，各点的电位值将随之改变，但无论参考点如何改变，任两点间的电压（即电位差）并不改变，因此两点间的电压值是绝对的。

(3) 电位值和电压值与计算时所选的路径无关。

如果电压的大小和极性都不随时间而变动，这样的电压就称为恒定电压或直流电压，可用符号U表示。如果电压的大小和极性都随时间变化，则称为时变电压，若变化为周期性的，则称为交流电压，用u表示。

如同需要为电流规定参考方向一样，也需要为电压规定参考极性。电压的参考极性可用箭头表示，箭头指向端为低电位端，也可以在元件或电路的两端用"＋"、"－"符号来表示。"＋"号表示高电位端，"－"号表示低电位端，如图1.11所示，还可以用双下标表示，比如U_{ab}表示a和b之间电压参考方向由a指向b。当计算出电压为正值时，该电压的真实极性与参考极性相同，也就是a点电位高于b点电位；当计算出电压为负值时，该电压的真实极性与所标的极性相反，也就是b点电位高于a点电位。在未标示电压参考极性的情况下，电压的正、负是毫无意义的。电压的参考极性也称为电压的参考方向或正方向。

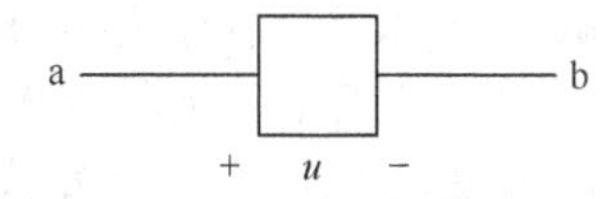

图1.11　电压参考极性的表示方式

电压的单位是伏特，简称伏(V)，辅助单位有千伏(kV)、毫伏(mV)、微伏(μV)等。

$$1V=10^{-3}kV=10^3mV=10^6\mu V$$

2. 关联和非关联参考方向

在分析电路时，为了方便起见，习惯上将无源元件（电阻、电容、电感等）的电流参考方向与电压的参考方向取得一致，即若已选定电压的参考方向，则电流的参考方向约定为由"＋"端流向"－"端（由高电位流向低电位）；反之若已选定了电流的参考方向，则电压的参考方向也约定与电流的流向一致。按照这种约定所选定的电流、电压参考方向称为关联参考方向，如图1.12(a)所示。若针对某元件所选取的电流参考方向与电压的参考方向相反，则称为非关联参考方向，如图1.12(b)所示。在采用关联参考方向时，电路图中电压的参考方向和电流的参考方向只需标出其中一个即可。如无特殊说明，本书对无源元件一般采用关联参考方向，对有源元件则采用非关联参考方向。

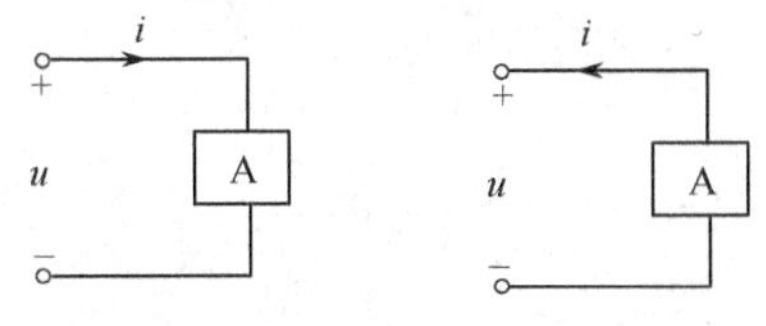

(a) 关联方向参考方向　(b) 非关联参考方向

图1.12　关联方向参考方向与非关联参考方向

【例1.3】分析图1.13所示电路中各电流、电压的关联情况。

解　如图1.13(a)所示，电流i_A的参考方向从电压u_A的"＋"极经过元件A本身流向"－"极，则i_A与u_A关联，而电流i_B的参考方向由电压u_B的"－"极经过元件B本身流向"＋"极，所以i_B与u_B是非关联的。

如图1.13(b)所示，对于元件1，电流i的参考方向与电压u的参考方向相反，则u与i为非关联。对于元件2，电流i的参考方向自电压u的正极端流入2，从负极性端流出，两者参考

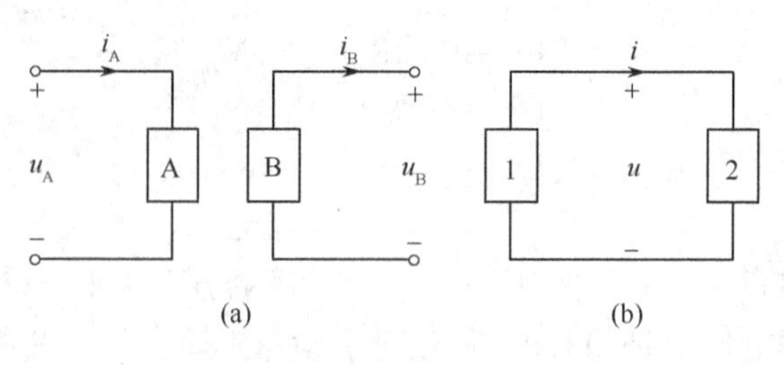

图 1.13　例 1.3 图

方向一致,所以 u 与 i 是关联的。

3. **电压的测量**

电压测量可利用电压表、万用表或采集系统来实现。测量时,测量工具的测量端必须与被测电路并联,如图 1.14(a)所示,否则将会烧毁电表。此外,用指针式电压表测量直流电压时还要注意仪表的极性。为了使电路的工作状态不因接入电压表而受影响,电压表的内阻必须足够大。对于超过仪表量程的测量,可以采取如图 1.14(b)的方式,即在表头上串联一个称为倍压器的高值电阻 R_V,倍压器的阻值为:$R_V=(m-1)R_O$。式中 R_O 为表头内阻,$m=U/U_O$ 为倍压系数,其中 U_O 为表头的量程,U 为扩大后的量程。

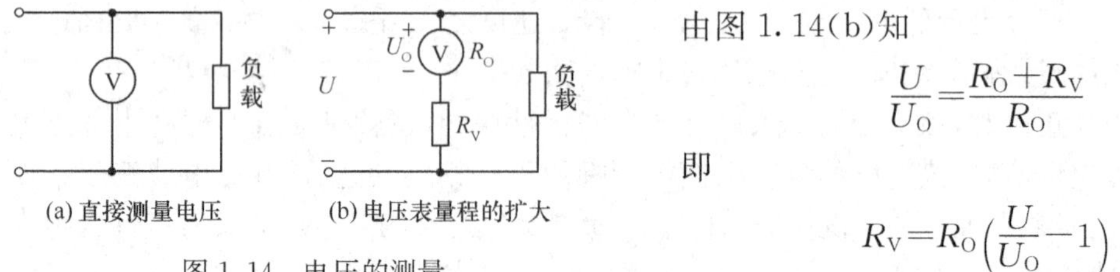

图 1.14　电压的测量

由图 1.14(b)知

$$\frac{U}{U_O}=\frac{R_O+R_V}{R_O}$$

即

$$R_V=R_O\left(\frac{U}{U_O}-1\right)$$

由上式可知,R_V 与倍压系数成正比,需要扩大的量程越大,则倍压器的电阻应越高。

【例 1.4】 用量程为 50V,内阻为 1000Ω 的电压表来测量 0~200V,问需串联多大电阻的倍压器?

解

$$R_V=R_O\left(\frac{U}{U_O}-1\right)=1000\left(\frac{200}{50}-1\right)=3000\Omega$$

需串联的电阻为 3000Ω。

1.2.3 电功率

1. **电功**

电路中存在着能量的流动。当电路工作时进行着电能与其他形式能量的相互转换。根据能量守恒定律,电源提供的电能等于负载消耗或吸收电能的总和。

负载消耗或吸收的电能即电场力移动电荷 q 所作的电功。电功用字母“W”表示。

由电压、电流的定义,在 t_0 到 t 的时间内,电场力所做的功可表示为:

$$W=\int_{q(t_0)}^{q(t)}u\mathrm{d}q$$

由 $i=\frac{\mathrm{d}q}{\mathrm{d}t}$,所以

$$W = \int_{t_0}^{t} u(\xi) i(\xi) \mathrm{d}(\xi) \tag{1.3}$$

电功的单位为焦耳(J)。还有其他的方法用来表示电功的单位。

2. **电功率**

吸收(或产生)能量的速率,定义为功率,用字母 p 表示。能量是功率对时间的积分,功率是能量对时间的导数,由式(1.3),有

$$p = u \cdot i$$

若电流、电压都是恒定值时,上式为

$$P = UI \tag{1.4}$$

功率的单位为瓦特,简称瓦(W),辅助单位有千瓦(kW)、毫瓦(mW)等,

$$1\text{kW} = 10^3\text{W} = 10^6\text{mW}$$

工程上常用"度"作为电能的单位:

$$1\text{度} = 1\text{kW} \times \text{h} = 1000\text{W} \times 3600\text{S} = 3.6 \times 10^6\text{J}$$

功率的计算与电压、电流的参考方向有关,当电压、电流参考方向采用关联(一致)参考方向时,可直接按式(1.4)计算;当元件电压、电流参考方向相反(非关联参考方向)时,计算元件消耗的功率要在表达式前加负号"-",即

$$P = -UI \tag{1.5}$$

若计算结果为 $P>0$,说明元件是消耗电能的,该元件在电路中的作用为负载;

若 $P<0$,即元件消耗的电能为负,说明元件产生电能,该元件在电路中的作用为电源。

【例 1.5】 某电路中元件 A 的电压、电流参考方向如图 1.15 所示。若 $U=5\text{V}$,$I=-1\text{A}$,试判断元件 A 在电路中的作用是电源还是负载?若电流参考方向与图中相反,则又如何?

解 (1) 因为 U、I 参考方向一致,其消耗的功率为:

$$P = UI = 5 \times (-1) = -5\text{W} < 0$$

故元件 A 为电源。

(2) 若电流参考方向与图中所设相反,则

$$P = -UI = -5 \times (-1) = 5\text{W} > 0$$

故元件 A 为负载。

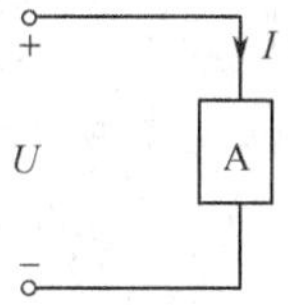

图 1.15 例 1.5 电路图

1.2.4 器件的额定值

实际的电路元件或电器设备都只能在规定的电压、电流和功率的条件下才能发挥出最佳的效能,这个值称为额定值。各种电器设备的电压、电流及功率都有一个额定值。如某白炽灯的电压是 220V,40W,这都是额定值。

电器设备常用的额定值有额定电压、额定电流和额定功率。有的电器设备如电机还有额定转速、额定转矩等。通常电阻器只标出它的电阻值和额定功率、电容器则只标出它的电容值和额定电压等。

在选定电器设备或实际元件时,应尽可能使它们工作在额定值或接近额定值的状态下。若超过额定值过多时,电器设备将损坏。例如额定电压是 220V 的白炽灯,若将它误接到 380V 的电源上,它将立即被烧毁。相反,如果电器设备所加的电压和电流远低于额定值较多时,电器设备不能正常工作情况,有的设备因此也会损坏,比如电动机。所以在自动控制电路设计时要考虑加过压和欠压保护装置。

需要指出的是，电器设备在实际工作时，并不一定工作于额定状态。主要原因有两点：一是受到外界的影响，比如电源的额定值是 220V，事实上电源电压经常波动，常稍低于或高于 220V；还有就是在一定电压下，电源输出的功率和电流取决于负载的大小，即负载需要多少功率和电流，电源就提供多少，因此，电源通常不一定处于额定工作状态。

【例 1.6】 有一电阻，额定值为 1W100Ω，其额定电流为多少？

解 因为：$P=I^2R$，所以额定电流为：

$$I=\sqrt{\frac{P}{R}}=\sqrt{\frac{1}{100}}=0.1\text{A}$$

1.3 无源电路元件

元件的种类非常多，按能否向外部提供能量来分，元件可分成两类，即无源元件和有源元件。不能向外提供能量的元件称之为无源元件，反之，称为有源元件。电阻、电容和电感都是无源元件。

1.3.1 电阻元件

电阻元件是实际电阻器的理想化模型。

1. 电阻元件的伏安特性

当电流 i 流过电阻元件时，电阻元件两端将产生电压 u。由于电压的单位为伏特，电流的单位为安培，电流 i 与电压 u 之间的关系通常称为电阻元件的伏安关系，在 $u-i$ 平面上的曲线就称为伏安特性曲线，如图 1.16 所示。如果这条曲线是通过坐标原点的一条直线（如图 1.16 中曲线①所示），则称为线性电阻元件，简称电阻元件，符号如图 1.17 所示。如果不是直线（如图 1.16 中曲线②所示），则称为非线性电阻元件。

线性电阻元件的端电压 u 与流过它的电流 i 成正比，即服从欧姆定律，即当 u、i 为关联参考方向（如图 1.17 中所示）时，有

$$u=R\cdot i \tag{1.6}$$

或 $i=\frac{u}{R}$，或 $R=\frac{u}{i}$。

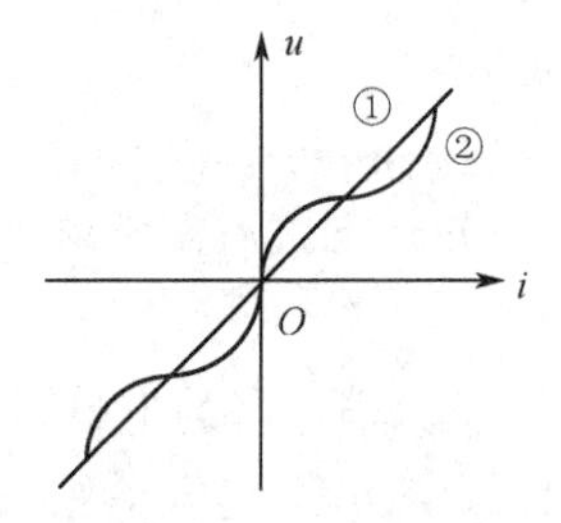

图 1.16 电阻元件的伏安特性曲线

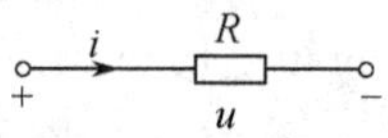

i R + u −

图 1.17 电阻元件的符号

式中 R 是一个正值常数，称为电阻。电阻的单位为欧姆，用 Ω 表示，阻值较大的电阻常用千欧（kΩ）、兆欧（MΩ）为单位。

$$1\text{M}\Omega=10^3\text{k}\Omega=10^6\Omega$$

令 $G=\frac{1}{R}$，则有：

$$i=G\cdot u,\quad u=\frac{i}{G}\quad 或\quad G=\frac{i}{u} \tag{1.7}$$

式中G称为电导，单位为西门子，用S表示，对于有些电路的分析用电导表示更为方便。

当电流i流过R时，在电阻元件上将要消耗功率，其值为：

$$p=ui=Ri^2=u^2/R \tag{1.8}$$

式(1.8)中，R为正实数，所以功率p恒为负值，即电阻始终是消耗功率的。由于电阻元件具有消耗电能的性质，因此为耗能元件。

消耗在电阻元件上的功率将使电阻元件发热，电热设备就是利用这个特性工作的，但在电子设备中应防止元件严重过热而损坏设备，这是在选用电阻元件时应注意的问题。

常用的实际电阻元件有：金属膜电阻、碳膜电阻、线绕电阻，以及电炉、电灯等。其中无感金属膜电阻是最接近理想电阻元件的实际电阻器，而线绕电阻以及电炉、电灯等元件在直流和低频交流电路中可作为电阻元件对待，但在高频电路或脉冲电路中应用时，它们的电感效应将不可忽略。

2. 电阻元件的连接

在实际电路中电阻元件有串联和并联两种连接方式。图1.18是电阻串联原理图，其特点是流过每一个电阻元件的电流相同，即$I_{R1}=I_{R2}=\cdots I_{Rn}=I$，每个电阻上的电压之和等于总电压，即：$U_{R1}+U_{R2}+\cdots+U_{Rn}=U$；每个电阻上的电压是总电压的一部分，电阻越大它分得的电压也就越大，这就是电阻元件串联的分压原理，即

$$U_{Rk}=\frac{R_k}{R_1+R_2+\cdots+R_n}\cdot U\quad (k=1,2,\cdots,n)$$

总电阻等于各电阻之和，即$R=R_1+R_2+\cdots+R_n$。图1.19是电阻并联原理图，其特点是加在每一个电阻元件的电压是相同的，即：$U_{R1}=U_{R2}=\cdots=U_{Rn}=U$；每个电阻上的电流之和等于总电流，即$I=I_{R1}+I_{R2}+\cdots+I_{Rn}$；每个电阻上的电流是总电流的一部分，电阻越大它分得的电流越小(或电导越大它分得的电流也就越大)，这就是电阻元件并联的分流原理，即

$$I_{Gk}=\frac{G_k}{G_1+G_2+\cdots+G_n}\cdot I\quad \left(G_k=\frac{1}{R_k},k=1,2,\cdots,n\right)$$

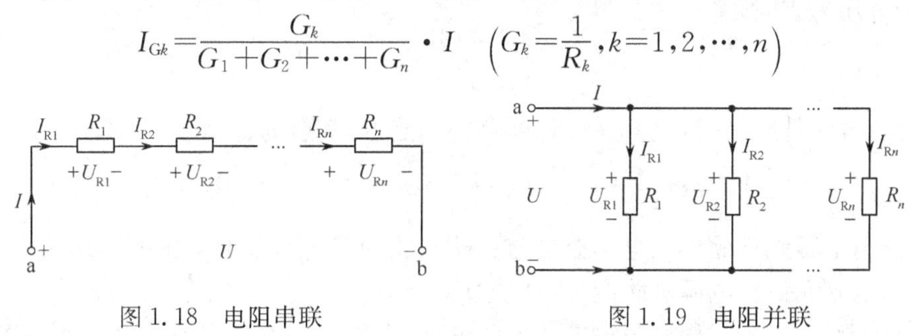

图1.18　电阻串联　　　　图1.19　电阻并联

总电导等于各电导之和，即$G=G_1+G_2+\cdots+G_n$，总电阻R等于总电导G的倒数，即$R=1/G$。

1.3.2　电容元件

电容元件是电容器的理想化模型。两个平板导体中间充以绝缘物质(电介质)就可构成电容器。工程技术中，电容器的应用非常广泛，比如用于滤除不必要的电成分即所谓的滤波，它还可用于储能。

1. 电容及其伏安特性

电容元件的符号如图1.20所示。

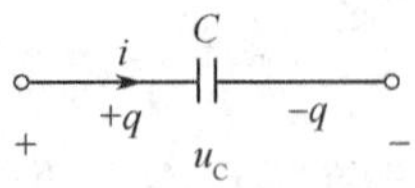

$\circ\!\!\xrightarrow{i}\!\!\overset{C}{\dashv\vdash}\!\!-\!\circ$
+ $+q$ $-q$ −
u_C

图 1.20 电容元件的符号

如果假定电容器极板上所储存的电荷为 q，端电压为 u，则两者的比值称为电容器的电容，用字母 C 表示，即：

$$C=\frac{q}{u} \tag{1.9}$$

线性电容元件的电容 C 是常数，非线性电容元件的电容 C 不是常数。本书只讨论线性电容元件。

电容的单位是法拉，用字母"F"表示，其辅助单位有微法（μF）、皮法（pF）等，

$$1\text{pF}=10^{-6}\mu\text{F}=10^{-12}\text{F}$$

电容器的电容值与极板的尺寸、介质的介电常数等有关。

常用的电容器有云母电容器、瓷介电容器、薄膜电容器以及电解电容器等结构。

当电容元件极板上的电荷量 q 发生变化时，与元件相连接的导线中有电荷运动，从而形成电流（即位移电流），电流 i 与电荷 q 的关系为：

$$i=\frac{\mathrm{d}q}{\mathrm{d}t}=C\frac{\mathrm{d}u}{\mathrm{d}t} \tag{1.10}$$

上式中 u 和 i 的方向为关联参考方向，如图 1.18 所示。式（1.10）是反映电容元件电流与电压关系的约束方程，它表明只有当电容元件两端的电压发生变化时，才有电流通过，当电压恒定时，电流为零，相当于开路，因此电容元件有隔断直流电流的作用。这些规律称为电容元件的动态特性，所以电容元件常称为动态元件。

式（1.10）也可以写成积分形式，将该式两边积分可得：

$$u=\frac{1}{C}\int_{-\infty}^{t}i\mathrm{d}t=\frac{1}{C}\int_{-\infty}^{0}i\mathrm{d}t+\frac{1}{C}\int_{0}^{t}i\mathrm{d}t=u(0)+\frac{1}{C}\int_{0}^{t}i\mathrm{d}t \tag{1.11}$$

上式中 $u(0)$ 表示 $t=0$ 时电容器元件上的电压初始值，即 i 对电容元件充电之前，电容元件上原有的电压，此式表明电容元件对电压具有记忆特性，所以电容元件又称为记忆元件。

当初始电压为零时，有

$$u=\frac{1}{C}\int_{0}^{t}i\mathrm{d}t$$

电流对电容元件充电时，电容元件将储存电场能量，其值为：

$$W_C=\int_{-\infty}^{t}p\mathrm{d}t=\int_{-\infty}^{t}ui\,\mathrm{d}t=\int_{-\infty}^{t}Cu\frac{\mathrm{d}u}{\mathrm{d}t}\mathrm{d}t=\int_{0}^{u}Cu\,\mathrm{d}u=\frac{1}{2}Cu^2 \tag{1.12}$$

该式表明，电容元件储存的电场能量与其端电压的平方成正比，当电压增高时，储存的电场能量增加，电容元件从电源吸收能量，这个过程称为充电；当电压降低时，储存的能量减少，电容元件释放能量，这个过程称为放电。由此可见，电容元件具有储存电场能量的性质，不消耗能量，故又称为储能元件。

式（1.10）、式（1.11）和式（1.12）都能说明电容元件的一个重要性质：电容电压具有连续性，或称电容电压不能发生跃变，即 $u(t_+)=u(t_-)$。从能量的观点来看，如果电容电压发生跃变，则它所储存的电场能量必然发生跃变，而能量跃变必须有无穷大的功率，这是不可能的。

从式（1.12）可以看出，电容元件储存的能量是始终大于零的，即它是从外电路吸收能量的，因此，电容元件也是无源元件。

【例 1.7】电容与电压源连接如图 1.21（a）所示，电压源电压随时间按三角波方式变化如图 1.21（b）所示，求电容电流。

解 已知电压源两端电压 $u(t)$，求电流可用（1.10）式。

从 0ms 到 0.5ms 期间，电压 u 由 0V 线性上升到 50V，其变化率

$$\frac{\mathrm{d}u}{\mathrm{d}t}=\frac{50}{0.5}\times10^3\,\mathrm{V/s}=1\times10^5\,\mathrm{V/s}$$

故知在此期间，电流

$$i=C\frac{\mathrm{d}u}{\mathrm{d}t}=10^{-6}\times10^5\,\mathrm{A}=0.1\mathrm{A}$$

从 0.5ms 到 1.5ms 期间，电压 u 由 +50V 线性下降到 −50V，其变化率

$$\frac{\mathrm{d}u}{\mathrm{d}t}=-\frac{100}{1}\times10^3\,\mathrm{V/s}=-1\times10^5\,\mathrm{V/s}$$

故知在此期间，电流

$$i=C\frac{\mathrm{d}u}{\mathrm{d}t}=-10^{-6}\times10^5\,\mathrm{A}=-0.1\mathrm{A}$$

从 1.5ms 到 2.5ms 期间，电压 u 由线性 −50V 上升到 +50V，其变化率

$$\frac{\mathrm{d}u}{\mathrm{d}t}=\frac{100}{1}\times10^3\,\mathrm{V/s}=1\times10^5\,\mathrm{V/s}$$

故知在此期间，电流

$$i=C\frac{\mathrm{d}u}{\mathrm{d}t}=10^{-6}\times10^5\,\mathrm{A}=0.1\mathrm{A}$$

故得电流随时间变化的曲线（波形图）如图 1.21(c)中所示。

同时，由 $p(t)=u(t)\cdot i(t)$ 可得，功率 p 的波形如图 1.21(d)所示。

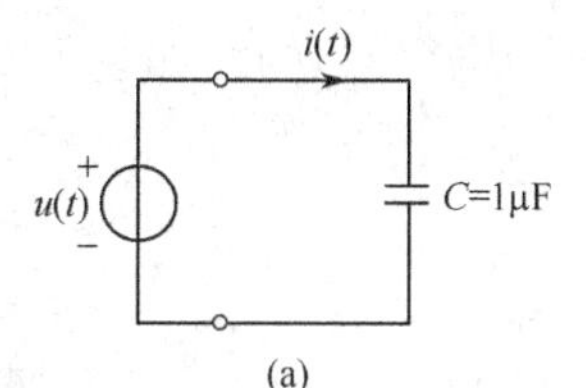

(a)

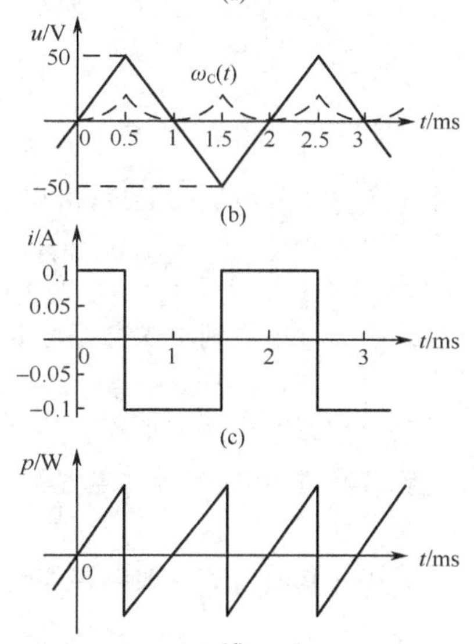

图 1.21　线性电容对三角波电压源的响应

从本例可见电容的电压波形和电流波形是不相同的，这一情况和电阻元件所表现的情况是不同的。

2. 电容元件的连接

在连接方式上电容和电阻一样，也有串联和并联两种连接方式。

n 个电容串联时，如图 1.22(a)所示，有

$$\frac{1}{C_{\mathrm{eq}}}=\frac{1}{C_1}+\frac{1}{C_2}+\cdots+\frac{1}{C_n} \tag{1.13}$$

将式(1.13)的两边同时取倒数，可得到串联电容总电容的表达式，即

$$C_{\mathrm{eq}}=\frac{1}{\dfrac{1}{C_1}+\dfrac{1}{C_2}+\cdots+\dfrac{1}{C_n}} \tag{1.14}$$

串联电容总电容的大小通常小于串联各电容的最小值。当两个电容串联时，如图 1.22(b)所示，其等效电容为

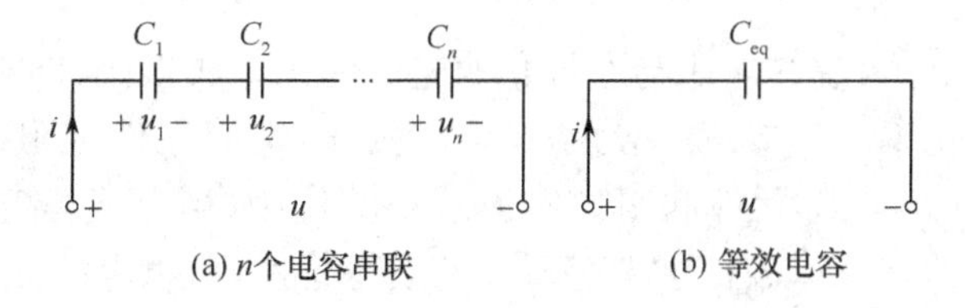

图 1.22　n 个电容串联和它的等效电容

$$C_{eq}=C_1 \cdot C_2/(C_1+C_2) \tag{1.15}$$

当 n 个电容并联时，如图 1.23(a)所示，有

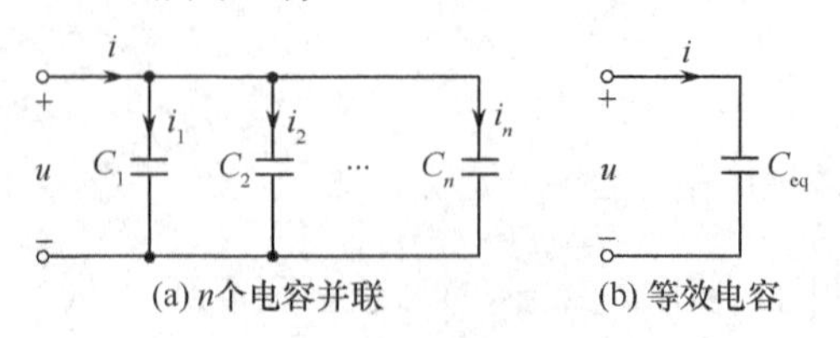

(a) n个电容并联　　(b) 等效电容

图 1.23　n个电容并联和它的等效电容

$$i=i_1+i_2+\cdots+i_n \tag{1.16}$$

由电容电压与电流的关系，可得

$$i(t)=C_1\frac{\mathrm{d}u}{\mathrm{d}t}+C_2\frac{\mathrm{d}u}{\mathrm{d}t}+\cdots+C_n\frac{\mathrm{d}u}{\mathrm{d}t}=(C_1+C_2+\cdots+C_n)\frac{\mathrm{d}u}{\mathrm{d}t}=C_{eq}\frac{\mathrm{d}u}{\mathrm{d}t} \tag{1.17}$$

由式(1.17)可得到串联电容总电容的表达式如下：

$$C_{eq}=C_1+C_2+\cdots+C_n \tag{1.18}$$

并联电容总电容的大小等于并联各电容值之和，等效电容电路图如图 1.23(b)所示。当两个电容并联时，相应的等效电容为

$$C=C_1+C_2 \tag{1.19}$$

电容串并联所得的等效电容和电阻串并联恰好是倒过来的。

1.3.3　电感元件

1. 电感及其伏安特性

电路中的电感元件是实际电感器的理想化模型。实际电感器是用导线绕制成的。当电感元件有电流 i 通过时，它将产生磁链 ψ，电流改变时，其磁链也随之变化，通常将磁链 ψ 与电流 i 的比值定义为电感元件的电感，用字母“L”表示，即

$$L=\frac{\psi}{i} \tag{1.20}$$

线性电感元件的电感 L 是常数。电感的单位是亨利，用字母“H”表示，常用的辅助单位有毫亨(mH)和微亨(μH)等。

$$1\mathrm{H}=10^3\mathrm{mH}=10^6\mu\mathrm{H}$$

线性电感元件的符号如图 1.24 所示。

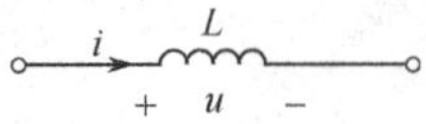

图 1.24　线性电感元件的符号

当通过电感元件的电流 i 发生变化时，磁链 ψ 也成比例变化。根据电磁感应定律可知，电感元件两端产生的感应电压正比于磁链的变化率。如果选取电压和电流为关联参考方向，则有：

$$u=\frac{\mathrm{d}\psi}{\mathrm{d}t}=L\frac{\mathrm{d}i}{\mathrm{d}t} \tag{1.21}$$

上式表明，电感元件两端的电压与通过它的电流变化率成正比，即某一时刻电感的电压取决于该时刻电流的变化率。当电流 i 增大时，电压为正，电感元件起阻碍电流增大的作用；当电流 i 减小时，电压为负，电感元件起阻碍电流减小的作用；当电流恒定时，电压为零，这时电感元件相当于短路。这一规律表征了电感元件的动态特性，所以电感元件常称为动态元件。

式(1.21)也可以写成积分形式，即

$$i=\frac{1}{L}\int_{-\infty}^{t}u\mathrm{d}t=\frac{1}{L}\int_{-\infty}^{0}u\mathrm{d}t+\frac{1}{L}\int_{0}^{t}u\mathrm{d}t=i(0)+\frac{1}{L}\int_{0}^{t}u\mathrm{d}t \tag{1.22}$$

式中 $i(0)$ 是 $t=0$ 时通过电感元件的初始电流。此式表明电感元件对电压有记忆特性，电感元件又称为记忆元件。

电感元件储存的磁场能量可计算如下：

$$W_{\mathrm{L}}=\int_{-\infty}^{t}p\mathrm{d}t=\int_{-\infty}^{t}ui\mathrm{d}t=L\int_{0}^{i}i\mathrm{d}i=\frac{1}{2}Li^{2} \tag{1.23}$$

式(1.23)在推导过程中设 $i(-\infty)=0$，该式表明，电感元件中储存的磁场能量与通过元件的电流有关，电流增大时，储能增加，电感元件从电源吸收能量；电流减小时，储能减少，电感元件释放能量。可见电感元件也是储能元件。

与电容元件相对应，电感元件也有一个重要性质：通过电感元件的电流具有连续性，不能发生跃变，t 时刻前瞬间的电流等于 t 时刻后瞬间的电流，即 $i(t_{+})=i(t_{-})$，其理由可以从式(1.21)、式(1.22)和式(1.23)中得到说明。

比较式(1.10)和式(1.21)可以看出，如果把两式中 u 和 i 对调，L 和 C 对调，则从一个表达式可以得到另一个表达式，这种关系称为对偶关系，u 与 i、L 与 C 称为对偶量。

从式(1.23)可以看出，电感元件储存的能量是始终大于零的，即它是从外电路吸收能量的，因此，电感元件也是无源元件。

2. 电感元件的连接

电感元件也可串联和并联，电感串并联的计算和电阻是一样的。

n 个电感串联时，如图 1.25(a)所示。

$$\begin{aligned}u=u_{1}+u_{2}+\cdots+u_{n}&=L_{1}\frac{\mathrm{d}i}{\mathrm{d}t}L_{2}\frac{\mathrm{d}i}{\mathrm{d}t}+\cdots+L_{n}\frac{\mathrm{d}i}{\mathrm{d}t}\\&=(L_{1}+L_{2}+\cdots+L_{n})\frac{\mathrm{d}i}{\mathrm{d}t}=L_{\mathrm{eq}}\frac{\mathrm{d}i}{\mathrm{d}t}\end{aligned} \tag{1.24}$$

由式(1.24)可知，当 n 个电感串联时，其等效电感值 L_{eq} 等于各电感值之和，即 $L_{\mathrm{eq}}=L_{1}+L_{2}+\cdots+L_{n}$，等效电感电路如图 1.25(b)所示。当两个电感串联时，其等效电感为 $L=L_{1}+L_{2}$。

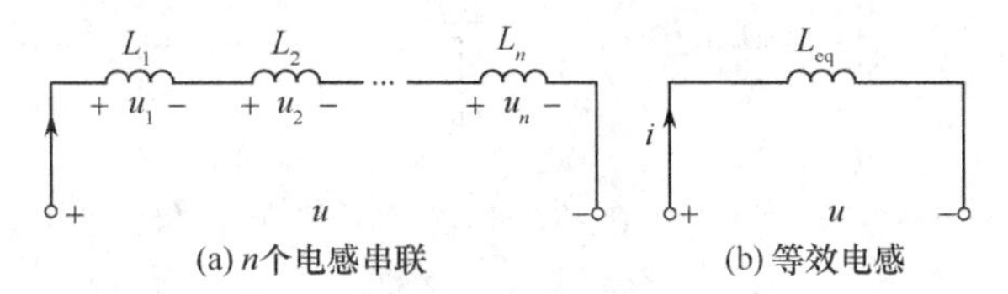

图 1.25　n 个电感串联和它的等效电感

当 n 个电感并联时，如图 1.26(a)所示。

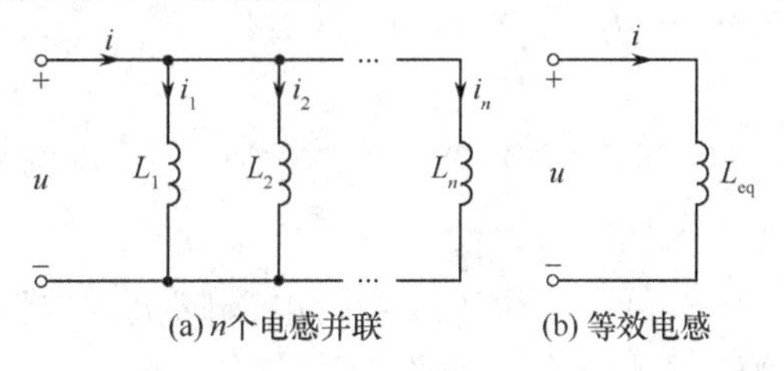

图 1.26　n 个电感并联和它的等效电感

$$
\begin{aligned}
i &= i_1(t) + i_2(t) + \cdots + i_n(t) \\
&= \frac{1}{L_1}\int_0^t u(t)\mathrm{d}t + i_1(0) + \frac{1}{L_2}\int_0^t u(t)\mathrm{d}t + i_2(0) + \cdots + \frac{1}{L_n}\int_0^t u(t)\mathrm{d}t + i_n(0) \\
&= \left(\frac{1}{L_1} + \frac{1}{L_2} + \cdots + \frac{1}{L_n}\right)\int_0^t u(t)\mathrm{d}t + i_1(0) + i_2(0) + \cdots + i_n(0) \\
&= \frac{1}{L_{\mathrm{eq}}}\int_0^t u(t)\mathrm{d}t + i(0)
\end{aligned}
\tag{1.25}
$$

式中，$i(0) = \sum_{k=1}^{n} i_k(0)$，等效电感 L_{eq} 与各并联电感的关系是

$$
\frac{1}{L_{\mathrm{eq}}} = \frac{1}{L_1} + \frac{1}{L_2} + \cdots + \frac{1}{L_n} \tag{1.26}
$$

等效电感的电路图如图 1.26(b)所示。当两个电感并联时，其相应的等效电感为

$$
L = L_1 \cdot L_2/(L_1 + L_2) \tag{1.27}
$$

1.4 有源电路元件

上一节介绍的是无源元件，它们自身不能产生能量，但在电路中如果没有能量提供，电路就不能工作，电路能量的供给来自有源电路元件，典型的包括电压源、电流源和受控源。

1.4.1 电压源和电流源

1. 理想电压源

理想电压源简称电压源，是实际电源的一种理想化模型，理想电压源内阻为零。电压源有两个基本性质：(1)它的端电压是恒定值 U_S 或为一定的时变函数 $u_s(t)$，与通过它的电流无关；(2)它的电流由与它连接的外电路决定。电压源的电路符号及伏安特性如图 1.27 所示，其中(b)只表示直流电压源(如理想电池)，图(c)为其伏安特性。

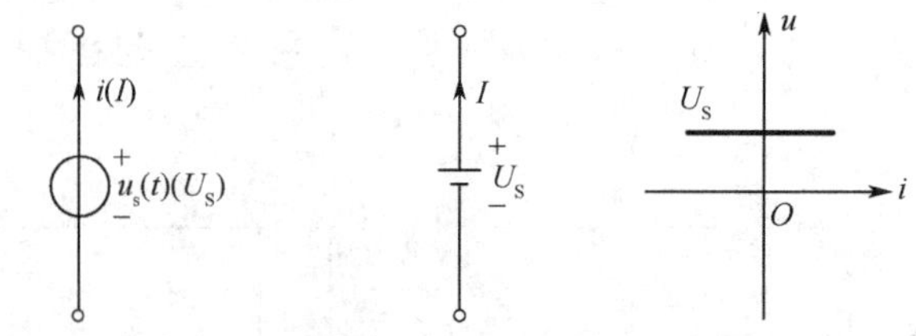

图 1.27 理想电压源的电路符号以及伏安特性

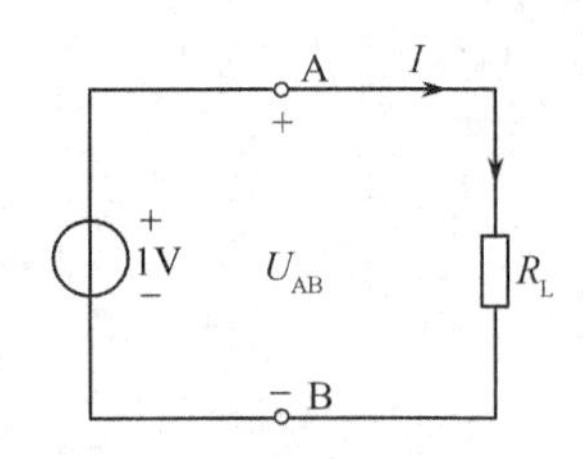

图 1.28 直流电压源电路

例如，一个负载 R_L 接于 1V 的直流电压源上，如图 1.28 所示。

当 $R_L = 2\Omega$ 时，$I = \frac{1}{2} = 0.5\mathrm{A}$，$U_{AB} = 1\mathrm{V}$；

当 $R_L = 5\Omega$ 时，$I = \frac{1}{5} = 0.2\mathrm{A}$，$U_{AB} = 1\mathrm{V}$；

当 $R = \infty$ 时，$I = 0\mathrm{A}$，$U_{AB} = 1\mathrm{V}$。

可见，电压源提供的电流随负载电阻而变化，电压源的端电压不变，这就是理想电压源“恒压不恒流”的外部特性。

2. 理想电流源

电流源是为电路提供能量的另一种电源，也是从实际电源抽象出来的一种模型。理想电压源是一种能产生电压的装置，而理想电流源是一种能产生电流的装置。理想电流源内阻为无穷大。

理想电流源也有两个基本性质：(1)它向电路提供的电流是不随负载改变的；(2)它的端电压取决于与它连接的外电路。

理想电流源的符号如图 1.29(a)所示，小写 $i_S(t)$表示时变电流，大写 I_S 表示直流电流源。图 1.29(b)为理想电流源的伏安特性曲线，它是一条平行于纵轴的直线。

图 1.30 为一个 10A 的直流电流源与负载 R_L 接通的电路，无论 R_L 如何变化($R_L=\infty$除外)，电流源提供给 R_L 的电流 $I=10\text{A}$ 不变，但其端电压将随 R_L 而改变：

当 $R_L=2\Omega$ 时，$U_{AB}=20\text{V}$；

当 $R_L=5\Omega$ 时，$U_{AB}=50\text{V}$。

可见，电流源两端的电压随负载电阻而变化，电流源的输出的电流不变，这就是理想电流源"恒流不恒压"的外部特性。

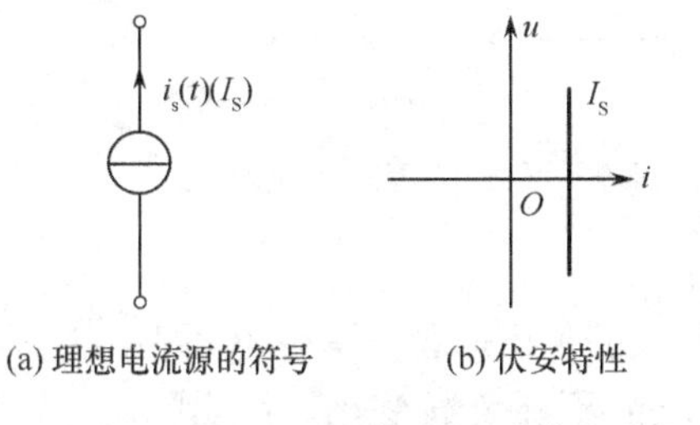

(a) 理想电流源的符号　　(b) 伏安特性

图 1.29　理想电流源的符号以及伏安特性

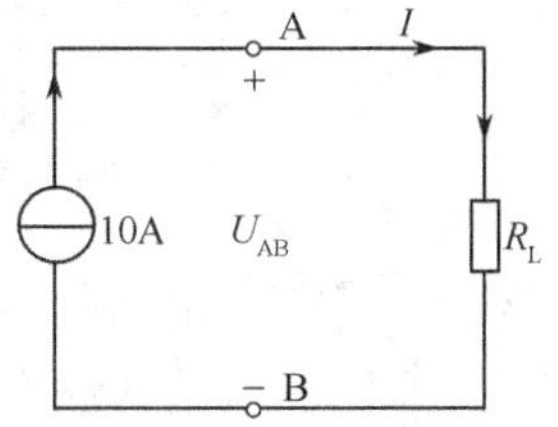

图 1.30　直流电流源电路

3. 理想电压源的连接和理想电流源的连接

通常为了满足大容量和高电压输出的要求，需要将电源进行串、并联连接。例如我们非常熟悉的手电筒或收音机所用的干电池，为了提高电压可以将几节干电池串接起来。

理想电压源串联时总电压为各单个理想电压源之和(连接时注意极性是正负相接)，电流由负载决定，串联后不仅容量增加，电压也增高了，如图 1.31 所示，假设有 n 个理想电压源串联起来，它们在 a、b 两端产生的电压为此 n 个电压源之和，即

$$u=u_{S1}+u_{S2}+\cdots+u_{Sn}=\sum_{k=1}^{n}u_{Sk} \tag{1.28}$$

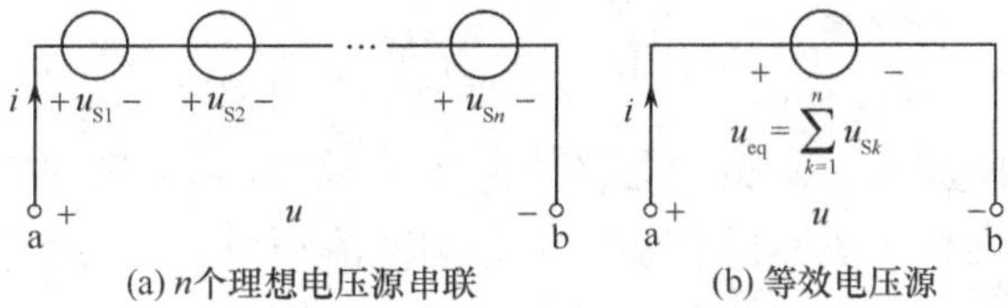

(a) n个理想电压源串联　　(b) 等效电压源

图 1.31　n 个理想电压源串联和它的等效电压源

多个理想电压源只有在各个电压源的电压相等时才能够并联(连接时注意极性相同)，并联后的端电压不变，即 $u=u_{S1}=u_{S2}=\cdots=u_{Sn}=u_S$，电流仍然由负载决定，如图 1.32 所示。

通常采用多个电流源并联来扩大电源的容量，并联后总电流为各分电流之和，并联时必须注意，应确保各电源的流向是一致的。如图 1.33 所示，假设有 n 个理想电流源并联起来，它们

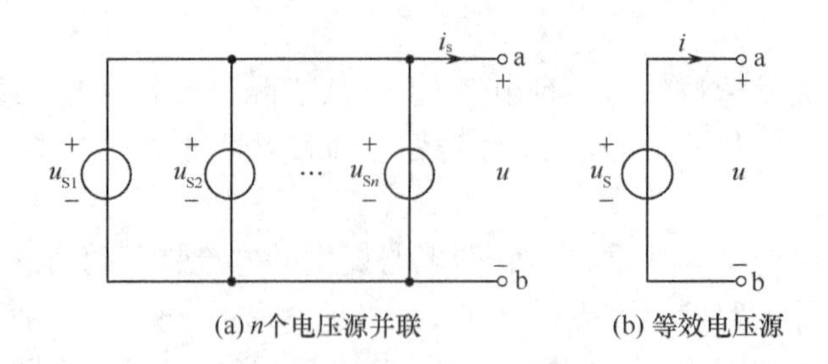

图 1.32 n 个电压源并联和它的等效电压源

在 a、b 两端产生的电流为此 n 个电流源之和，即

$$i_S=i_{S1}+i_{S2}+\cdots+i_{Sn} \tag{1.29}$$

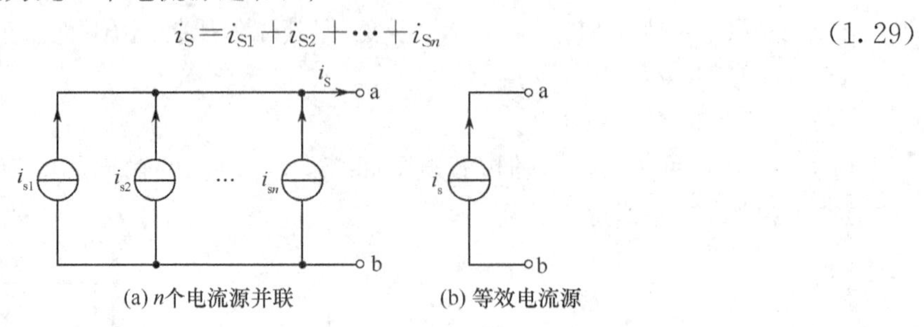

图 1.33 n 个电流源并联和它的等效电流源

4. **实际电源的模型**

理想电源都是由实际有源元件抽象出来的理想模型。理想电压源内阻为零，端电压不随负载变化；理想电流源内阻为无穷大，输出电流不随负载变化。但实际电源内阻既不可能为无穷大，也不可能为零，当负载变化时，它们的端电压或输出电流也总会有所变化。考虑电源存在内阻的实际情况，一般采用图 1.34(a)、(b)所示的两种电路模型，更加接近实际电源的特性。

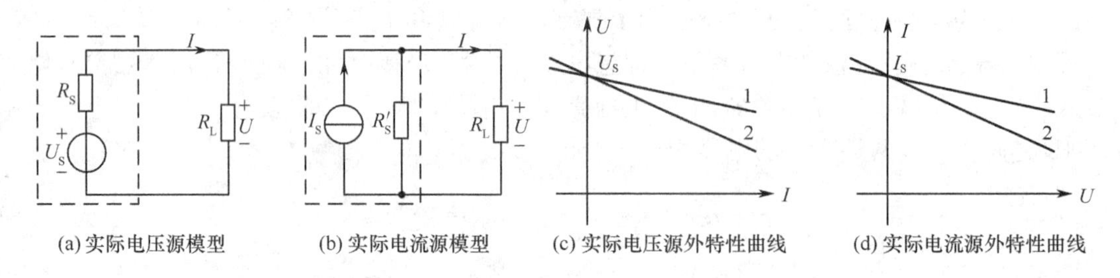

图 1.34 实际电源的模型

图 1.34(a)虚线框内表示的是实际电源的电压源模型，它由理想电压源 U_S 与内阻 R_S 串联而成。图 1.34(b)虚线框内表示的是实际电源的电流源模型，它由理想电流源 I_S 与内阻 R_S 并联而成。

由图 1.34(a)可得实际电压源的外部特性为：

$$U=U_S-IR_S \tag{1.30}$$

特性曲线如图 1.34(c)所示。可见，当 $I>0$ 时，实际电压源向外供电(称为供电状态)，其端电压低于 U_S，供出电流越大端电压越低；当 $I<0$ 时，实际电压源处于充电状态(例如充电电池)，其端电压高于 U_S；当 $I=0$ 时，实际电压源处于开路状态，其端电压等于 U_S。图 1.34(c)中曲

线 1、2 表示不同内阻的实际电压源端电压随电流的变化，曲线 1 变化比曲线 2 慢，其内阻较小。

由图 1.34(b)可知

$$I=I_S-\frac{U}{R'_S} \tag{1.31}$$

特性曲线如图 1.34(d)所示。可见，当 $U>0$ 时，实际电流源向外供电(称为供电状态)，其端电流低于 I_S；图 1.34(d)中曲线 1、2 表示不同内阻的实际电流源端电压随电流的变化，曲线 1 较曲线 2 变化慢，这说明曲线 1 所表示的实际电流源内阻比曲线 2 表示的要大。

实际电源的这两种模型是等效的，相互之间可以进行等效变换。比较式(1.30)和式(1.31)可知，要使两个电源对相同的负载输出的电流和电压相等，则必须满足：

$$\begin{cases} I_S=\dfrac{U_S}{R_S} \\ R_S=R'_S \end{cases} \tag{1.32}$$

即只要按照式(1.32)选择参数，图 1.34 所示实际电源的两种电路模型便可相互替换，今后在分析电路时，常用这种等效变换的方法简化电路。

必须指出，实际电压源和电流源的等效关系是只对外电路而言的，至于电源内部则不等效。事实上，在图 1.34(a)中，当负载 R_L 开路时，电流为零，电源内阻 R_S 上不消耗功率；而在图 1.34(b)中，当负载 R_L 开路时，电源内部仍有电流，内阻 R'_S上有功率损耗。

【例 1.8】 在图 1.34(b)所示的电流源模型中，已知 $I_S=2\text{A}$，$R'_S=2\Omega$，试确定它的等效电压源模型 U_S 和 R_S 之值。

解 根据式(1.32)可知，它的等效电压源端电压

$$U_S=I_SR'_S=I_SR_S=2\times2=4\text{V}$$

内阻

$$R_S=R'_S=2\Omega$$

其等效电路如图 1.34(a)所示。

【例 1.9】 图 1.35 所示电路为两个直流电源对一个负载供电的电路，已知 $R_{S1}=3\Omega$，$U_{S1}=U_{S2}=6\text{V}$，$R_{S2}=6\Omega$，$R=1\Omega$，求通过 R 的电流 I。

解 由于两个直流电源内阻各不相同，难以直接确定各电源提供的电流。为此采用电源等效变换的方法，把图 1.35 中的电压源变换成等效的电流源，如图 1.36(a)所示，其中

$$I_{S1}=\frac{U_{S1}}{R_{S1}}=2\text{A}$$

$$I_{S2}=\frac{U_{S2}}{R_{S2}}=\frac{6}{6}\text{A}=1\text{A}$$

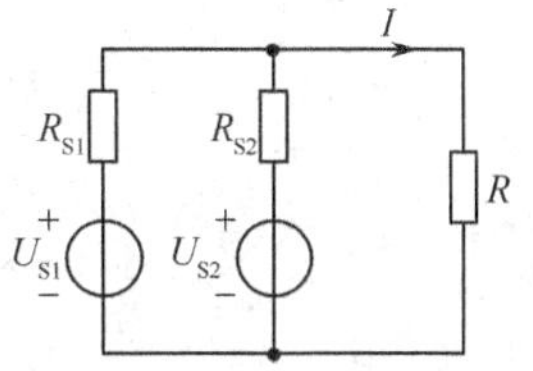

图 1.35　例 1.9 电路图

再将图 1.36(a)中的两个电流源合并成一个，如图 1.36(b)所示，其中

$$I_S=I_{S1}+I_{S2}=2+1=3\text{A}$$

$$R_S=R_{S1}//R_{S2}=\frac{R_{S1}\times R_{S2}}{R_{S1}+R_{S2}}=2\Omega$$

由图 1.36(b)可求出流过负载 R 的电流为：

$$I=\frac{R_S}{R_S+R}\cdot I_S=\frac{2\times3}{2+1}=2\text{A}$$

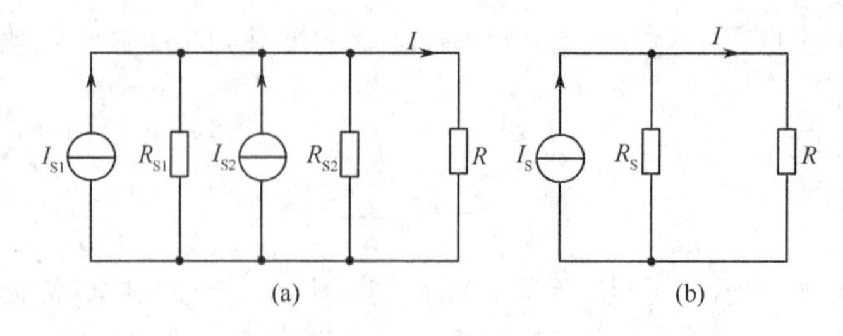

图 1.36　等效电路

1.4.2　受控源

1. 受控源的概念

上一节中提到的电压源和电流源，是能独立为电路提供能量的，所以常被称为独立电源。而有些电路元件，例如晶体三极管、运算放大器等，虽不能独立地为电路提供能量，但在其他信号控制下仍然可以提供一定的信号电压或电流，这类元件对于信号输入/输出就可以用受控电源来等效。受控源主要是为了描述电子器件内部的微观物理过程而建立的理想电路模型。

2. 受控源的 4 种类型

受控源向外电路提供的电压或电流是受其他元件或支路的电压或电流控制的，因此受控源有两对端钮，一对为其输出电压或电流的端钮，称为输出端钮；一对为控制端钮，或称为输入端钮。自然，受控源是四端元件。

根据受控源是电压源还是电流源，控制量是支路电流还是电压，可把它分为 4 种不同类型，即电压控制电压源（VCVS），电流控制电压源（CCVS），电压控制电流源（VCCS）和电流控制电流源（CCCS）。4 种理想的受控源模型如图 1.37 所示。

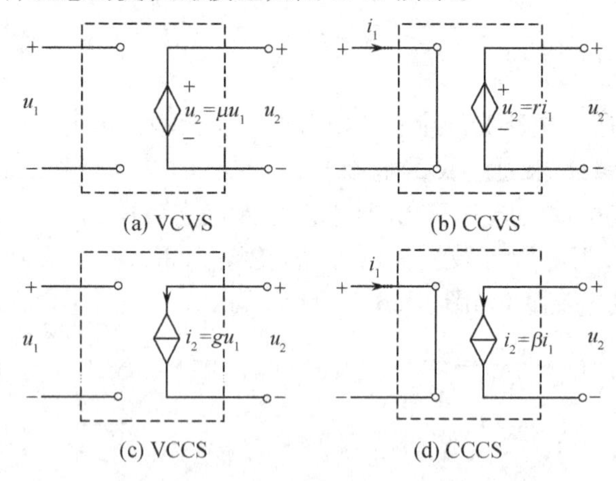

图 1.37　4 种理想的受控源模型

受控源的受控量与控制量之比，称为受控源的控制系数。图中 μ、r、g、β 分别为 4 种受控源的控制系数，其中

VCVS 中，$\mu=\frac{u_2}{u_1}$称为电压放大倍数；

CCVS 中，$r=\frac{u_2}{i_1}$称为转移电阻；

VCCS 中，$g=\frac{i_2}{u_1}$称为转移电导；

CCCS 中，$\beta=\frac{i_2}{i_1}$称为电流放大倍数。

当它们为常数时，受控源是线性元件。

受控源输入端口的电阻称为输入电阻，输出端口的电阻称为输出电阻。所谓理想受控源是指它的输入端(控制端)和输出端(受控端)都是理想的，在输入端，对电压控制来说，其输入电阻无穷大，如图 1.37(a)、(c)的输入端所示；对电流控制来说，输入电阻为零，如图 1.37(b)、(d)的输入端所示，这时控制端的功率为零。对于受控电压源，输出电阻为零，输出电压恒定，如图 1.37(a)、(b)的输出端所示；对于受控电流源，输出电阻为无穷大，输出电流恒定，如图 1.37 中(c)、(d)的输出端所示。

受控源也是从某些电路元器件中抽象出来的。在实际分析过程中，为了更精确描述某些部件，往往采用非理想受控源模型。例如半导体晶体管可用相应的受控源作为其电路模型。如图 1.38 所示，其中图(a)、图(b)分别给出了 NPN 型晶体管的电路符号及其相应的电流控制电流源(CCCS)受控源模型，由此可以看到受控源的输入端电阻并不为零。

3. 受控源在电路中的表示

电路中受控源的出现往往不像图 1.37 所示一目了然，如图 1.39 所示电路中就含有一个受控源，但它在形式上并没有像上面介绍的受控源那样表示出来，因此我们要善于从一个电路中区分出受控源的类型。其方法是首先识别出受控源的符号，根据受控源的符号确定出是受控电压源还是受控电流源，然后根据受控变量表达式中电压或电流确定是电压控制还是电流控制，最后根据表达式中电流或电压变量找出控制量的位置。根据符号可判断出图 1.39 中的受控源是一个受控电流源，其大小为 $2I$，I 是 8Ω 支路中的电流，因此它是电流控制的电流受控源(CCCS)，这样，一个完整的受控源就辨别出来了。

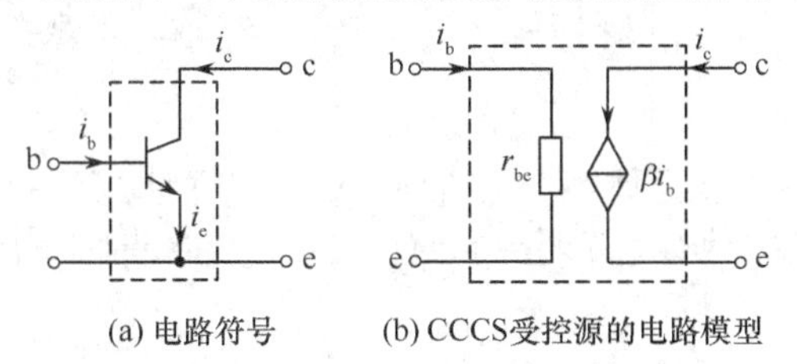

图 1.38　NPN 型晶体管的电路符号及其受控源的电路模型

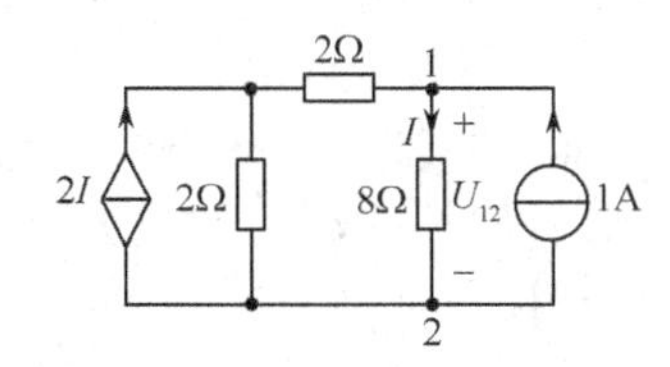

图 1.39　含有受控源的电路

1.5　基本半导体器件

二极管、晶体三极、场效应管是最常用的半导体器件。半导体器件是现代电子技术的重要组成部分。本节先介绍半导体的基础知识，接下来讨论半导体器件的核心——PN 结，在此基础上，讨论二极管、晶体管(三极管)和场效应管的结构、工作原理、特性曲线。

1.5.1　半导体基础与 PN 结

1. 半导体的导电性能

纯净的半导体称为本征半导体。常用的半导体有硅和锗，它们都是四价元素，其原子的最外层轨道上有 4 个价电子。在原子排列整齐的硅(或锗)晶体中,每个原子与相邻原子的价电子互相结合形成共价键。共价键中的电子不能自由运动,因此在绝对零度且没有光照的条件下,本征半导体是不导电的。但是当温度增高(如常温)或受光照后,少数价电子获得能量挣脱原子核的束缚,成为自由电子,同时在原来的共价键中留下一个空位,称为空穴,如图 1.40 所示。这个空穴可以填补相邻的因失去电子而留下的空位,使空穴在共价键中移动。

在外电场的作用下,自由电子沿着与电场相反的方向移动,形成电子电流;空穴因相邻价电子的替补作用、沿着与电场相同的方向移动,形成空穴电流。半导体中的电流就是由这两部分电流组成的。自由电子和空穴称为半导体中的两种载流子。

如果在纯净的半导体中掺入微量的五价元素(如磷),其原子外层 5 个价电子中只有 4 个能与周围的硅原子结成共价键,多余的一个价电子将成为自由电子,如图 1.41 所示,从而使半导体中的自由电子数大大增加。自由电子称为这种半导体中的多数载流子,空穴成为少数载流子。把这种以自由电子导电为主的杂质半导体称为 N 型半导体。若掺入微量的三价元素(如硼),则它外层的三个价电子在与硅原子结成共价键时,将因缺少一个电子而形成一个空穴,如图 1.42 所示,从而使半导体中的空穴数大大增加。空穴成为这种半导体中的多数载流子,自由电子成为少数载流子。把这种以空穴导电为主的杂质体称为 P 型半导体。

必须注意,无论 N 型半导体还是 P 型半导体,它们虽然有带不同电荷的多数载流子,但整个半导体仍然是电中性的。N 型半导体和 P 型半导体统称为掺杂半导体。

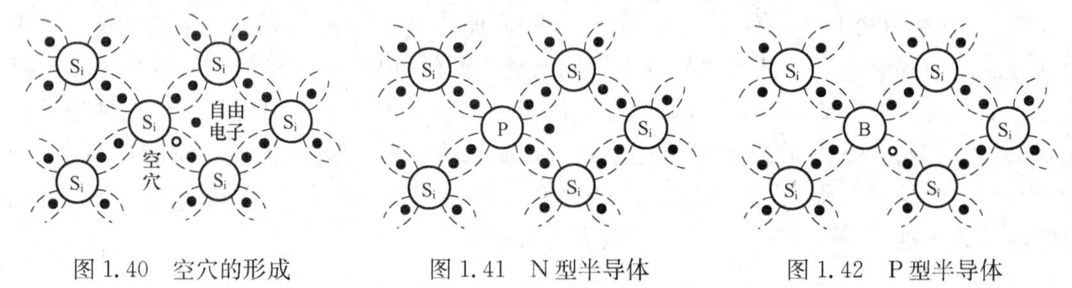

图 1.40 空穴的形成　　图 1.41 N 型半导体　　图 1.42 P 型半导体

2. **PN 结**

如果通过一定的掺杂工艺措施,使一块半导体的一侧形成 N 型半导体,另一侧为 P 型半导体,它们的交界面就成为 PN 结。PN 结虽只有微米级的厚度,却有重要的特性,它是制造各种半导体器件的基础。

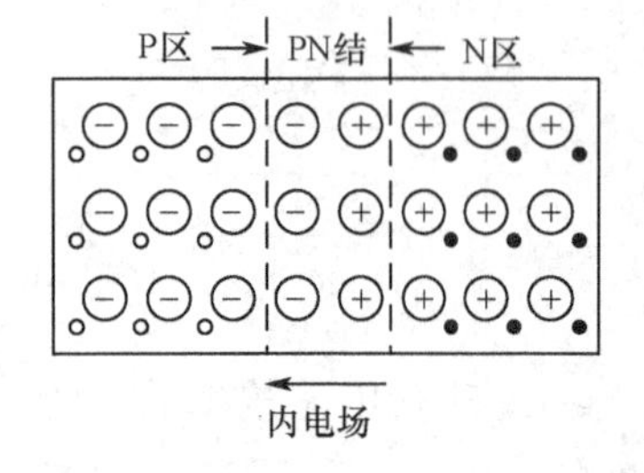

图 1.43 PN 结

在 PN 结两侧,由于 N 区的自由电子浓度远大于 P 区自由电子浓度,N 区的自由电子必然向 P 区扩散,交界面 N 区侧因失去自由电子而留下带正电且不能移动的正离子;同样 P 区的空穴浓度远大于 N 区的空穴浓度,P 区的空穴必然向 N 区扩散,交界面 P 区侧因失去空穴而留下带负电且不能移动的负离子。这些带电离子在交界面两侧形成带异号电荷的空间电荷区,它就是 PN 结。由于空间电荷区中载流子因为扩散已基本耗尽,因此空间电荷区也称为耗尽层或阻挡层,如图 1.43 所示。

由于 PN 结的 N 区侧为正电荷、P 区侧为负电荷,因此形成由 N 区指向 P 区的内电场。内电场一方面阻止多数载流子的继续扩散,另一方面又促使靠近 PN 结边界的 N 区的少数载流子空穴向 P 区运动,P 区的少数载流子自由电子向 N 区运动。载流子在电场作用下的运动称为漂移运动。少数载流子在内电场作用下漂移形成的电流和多数载流子扩散形成的电流方向是相反的，平衡时二者必然相等，通过 PN 结的总电流为零。如果在 PN 结两端施加外电压，这种平衡就会被打破。

通常将加在 PN 结上的电压称为偏置电压。若 P 区接电源正极，N 区接电源负极称为正向偏置，简称正偏，如图 1.44 所示。此时外电场与内电场方向相反，内电场被削弱，多数载流子被推向耗尽层，使耗尽层变薄，从而使多数载流子的扩散运动加强，形成较大的由 P 区流向 N 区的扩散电流，称为正向电流。这时 PN 结呈现的电阻很低，其状态称为导通状态。

若 P 区接电源负极，N 区接电源正极，称为 PN 结反向偏置，简称反偏，如图 1.45 所示。此时外电场与内电场方向一致，内电场加强，耗尽层变厚，使多数载流子的扩散运动难以进行。这种情况虽有利于少数载流子的漂移运动，但因少数载流子数量很少，只能形成很小的反向电流，因此反偏时呈现的电阻很高，其状态称为截止状态。

少数载流子是由于价电子获得能量挣脱共价键的束缚而产生的，环境温度越高，少数载流子的数量也就越多，所以温度对反向电流影响较大。

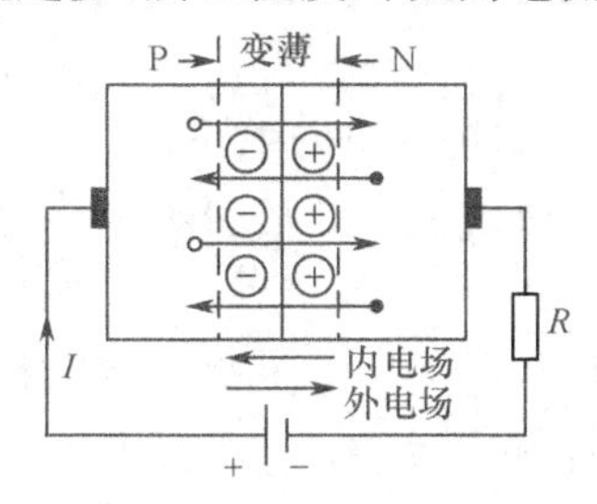

图 1.44　PN 结正向偏置

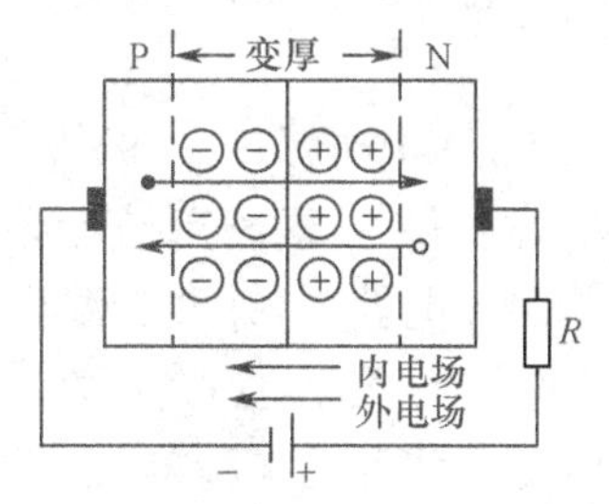

图 1.45　PN 结反向偏置

综合以上分析，可以得出一个结论：PN 结具有单向导电性，即正向偏置时，PN 结电阻很低，呈导通状态；反向偏置时，PN 结电阻很高，呈截止状态。

1.5.2　半导体二极管

在 PN 结的两侧引出两根电极线，再加管壳封装就成为半导体二极管。其符号如图 1.46 所示。接 P 区的电极称为正极或阳极，接 N 区的电极称为负极或阴极，箭头表示正向导通时电流的方向。

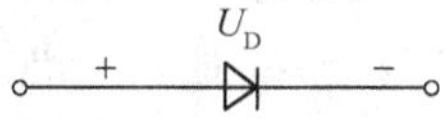

U_D　+　−

图 1.46　二极管符号

二极管根据所用的材料不同，可分为硅二极管和锗二极管。硅二极管的温度稳定性较好，使用较为广泛。

1. 特性曲线

由于二极管实质上就是一个 PN 结，因而同样具有单向导电性。图 1.47 所示是二极管端电压与电流的关系，称为伏安特性曲线，它可以通过实验测出。其中实线表示硅二极管伏安特性，虚线表示锗二极管伏安特性。

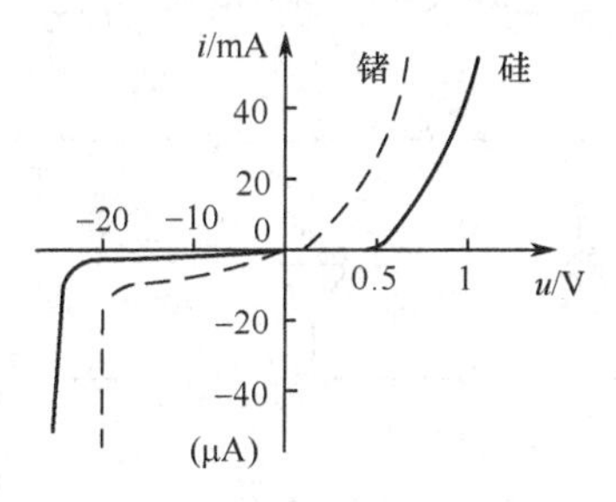

图 1.47　二极管的伏安特性

伏安特性曲线图的第一象限称为正向特性。它表示当外加正向电压时二极管的工作情况。当正向电压很小时，外电场不足以克服 PN 结内电场对多数载流子扩散运动的阻力，故正向电流很小，几乎为零，此区域称为死区。硅管的死区电压约为 0.5V，锗管的死区电压约为 0.2V。当正向电压超过死区电压后，内电场被大大削弱，电流迅速增长，二极管导通。导通时二极管的端电压基本上是一常量。硅管约为 0.7V，锗管约为0.3V。

特性曲线的第三象限称为反向特性。它表示当外加反向电压时二极管的工作情况。在反向电压作用下，由于少数载流子的漂移运动，形成很小的反向电流。反向电流在一定范围内与反向电压的大小无关，故通常称之为反向饱和电流。反向饱和电流越小，管子性能越好。一般硅管是微安数量级，锗管比硅管高1～2个数量级。当反向电压增大到某一数值时，反向电流突然增大，这种现象称为击穿。此时的电压称为反向击穿电压。各类二极管的反向击穿电压从几十到几百伏不等，最高可达千伏以上。通常情况下，二极管击穿时的电流、电压都较大，当超过它允许的功耗时，将使PN结过热而损坏。

2. 主要参数

二极管的参数是选用二极管的依据，一般可从半导体元件手册上查到。下面介绍几个主要参数。

(1) 最大正向电流 I_F：二极管允许长期通过的最大平均正向电流。它主要取决于PN结的结面积。

(2) 最大反向工作电压 U_R：二极管工作时允许施加的最大反向电压。

(3) 反向漏电流 I_R：二极管未被击穿时的反向饱和电流值。此值越小越好。反向电流大，说明二极管的单向导电性差，并且受温度影响大。

(4) 最高工作频率 f_M：超过此频率，二极管将丧失单向导电性。PN结两侧的空间电荷与电容器极板充电时所储存的电荷类似，因此PN结具有电容效应，称为结电容。二极管的PN结面积越大，结电容也越大。由于高频电流可以直接通过结电容，从而破坏了二极管的单向导电性。故二极管都有最高工作频率的限制。

3. 二极管的等效电路

由于二极管的单向导电特性，二极管工作于正向电压与工作于反向电压的状态是不同的，作用也不一样。在电路分析时它对应不同的等效电路。

(1) 二极管正向工作时的等效电路

如图1.48所示，其中图(b)是图(a)加正向电压、考虑了PN结导通压降 U_D 和体电阻 r_D 的等效电路，此时二极管用一个电压值为 U_D(硅管0.7V，锗管0.2V)电压源与体电阻 r_D 串联等效；图(c)是只考虑PN结压降时的等效电路，此时二极管由独立电压源来等效。图(d)是不考虑PN结压降和体电阻(理想二极管)的等效电路，此时二极管用一根导线等效。二极管在加正向电压时，根据不同情况可按上述三种不同形式进行等效。

(2) 二极管反向工作时的等效电路

如图1.49所示，其中图(b)是图(a)加反向电压、考虑了反向饱和电流 I_S 的等效电路，此时二极管用一个电流值为 I_S(微安数量级)的电流源等效；图(c)是忽略反向饱和电流(理想二极管)的等效电路，此时二极管相当于开路。

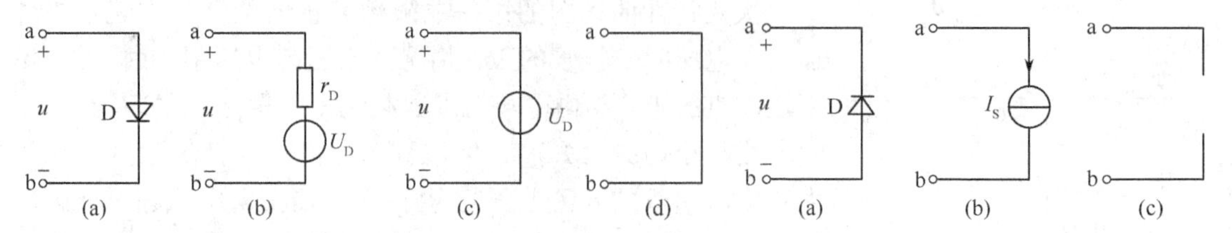

图1.48　二极管正向状态等效电路图

图1.49　二极管反向状态等效电路图

在分析含有二极管的电路时，首先分析二极管的工作状态是处于正向还是反向，然后用其对应状态下的等效电路代替二极管，就可以按电路基础的方法分析了。

二极管的应用十分广泛，例如整流、检波、限幅以及二极管门电路等，这将在“模拟电子技术”和“数字电子技术”课程中介绍。

4. 稳压二极管

稳压管是一种特殊的硅二极管。由于它具有可掺杂浓度高，PN 结薄的特点，因而其反向击穿电压可以做得较低。它的符号如图 1.50 所示。

图 1.50　稳压管符号

稳压管的伏安特性曲线与普通二极管类似，如图 1.51 所示，所不同的是稳压管主要工作在反向击穿区。从反向特性曲线可以看出，当反向击穿电流在很大范围内变化时，其端电压变化很小，利用这一特性可以起到稳定电压的作用。

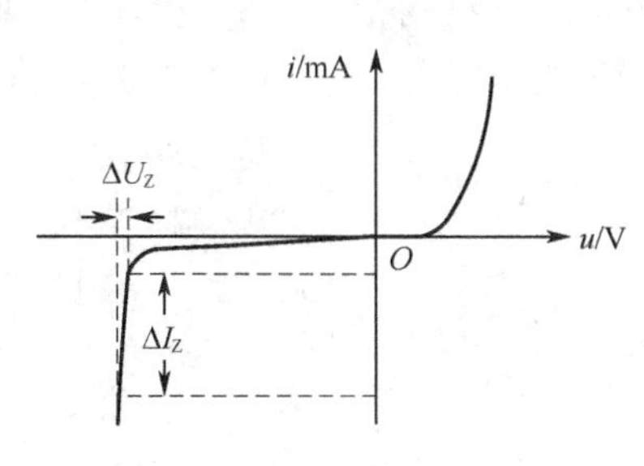

图 1.51　稳压管伏安特性

由于稳压管击穿电压较低，只要把电流限制在允许的范围内，那么它在击穿区工作时产生的热损耗将不会超过它允许的功耗范围，因而它的电击穿是可逆的，去掉反向电压后，PN 结又可恢复正常。

稳压管的主要参数如下。

(1) 稳定电压 U_Z：稳压管的稳压值。由于制造工艺的原因，同一型号的稳压管稳压值略有不同，有一定的分散性。

(2) 稳定电流 I_Z：稳压管工作电压等于稳定电压时的工作电流。

(3) 最大稳定电流 I_{Zmax}：稳压管允许的最大工作电流，超过此值稳压管将因发热而损坏。

(4) 动态电阻 r_Z：稳压管两端电压的变化量与相应的电流变化量的比值，即

$$r_Z=\frac{\Delta U_Z}{\Delta I_Z}$$

稳压管击穿区的反向特性曲线越陡，则动态电阻越小，稳压性能也越好。

使用稳压管时主要注意两点，一是要使它工作在反向击穿区；二是要串联适当的限流电阻，以免电流过大烧坏管子。图 1.52(a)是稳压管的典型应用电路，其中图(b)是图(a)的等效电路，稳压二极管用一个电压值为 U_Z 的恒压源等效。

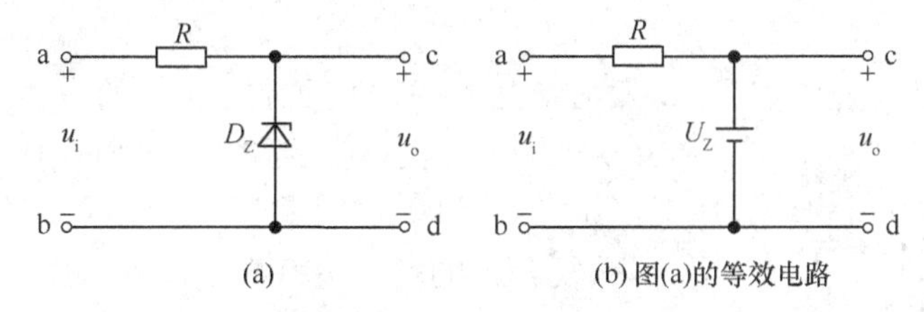

图 1.52　稳压管应用电路

1.5.3　半导体三极管

半导体三极管又称晶体三极管，简称晶体管，是具有放大作用和开关作用的半导体器件。它是电子电路的核心，对电子技术的发展起着重要作用。

1. **结构特点**

晶体管分成 NPN 型和 PNP 型两大类，图 1.53 所示是 NPN 型晶体管的结构剖面图。它是在 N 型硅片上端的中部通过扩散工艺掺入 P 型杂质，形成一个 P 区，再在 P 区的中部掺入高浓度的 N 型杂质，再形成一个 N 区，然后在这三个区域分别引出三个电极，即发射极 E、基极 B 和集电极 C。发射区用来发射载流子，集电区用来收集发射区发出的载流子，基极用来控制发射区发射载流子的数量。为了保证上述功能的实现，晶体管在结构上具有以下特点：

（1）发射区的掺杂浓度大，以便能产生较多的载流子；

（2）集电区的面积大，以便收集从发射区发出的载流子；

（3）基区很薄且掺杂浓度低，目的是减小基极电流，增强基极的控制作用。

NPN 型和 PNP 型晶体管的结构示意图和符号如图 1.54 所示。由图可见，无论哪一类晶体管都有两个 PN 结，基区和发射区之间的 PN 结称为发射结；基区和集电区之间的 PN 结称为集电结。

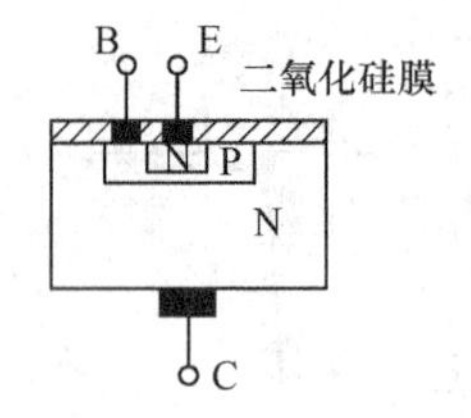

图 1.53　晶体管结构剖面图

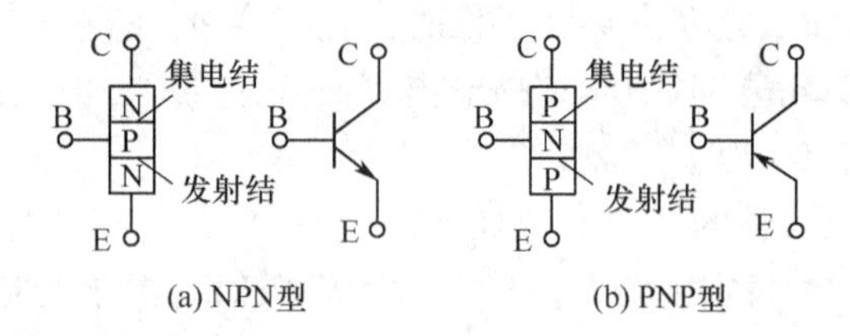

图 1.54　晶体管的结构示意图和符号

根据制造材料的不同晶体管又可分为硅管和锗管两种。使用最为普遍的是 NPN 型硅管，其次是 PNP 型硅管。下面以 NPN 型晶体管为例来说明晶体管的放大原理。

2. **放大原理**

晶体管是一个具有放大作用的元件。下面以 NPN 型为例讨论晶体管的工作原理和特性。

在图 1.55 的电路中晶体管接成两个回路。晶体管的基极、R_B、U_{BB}和发射极组成输入回路；晶体管的集电极、R_C、U_{CC}和晶体管的发射极组成输出回路。发射极是两个回路的公共端，因此这种接法称为晶体管的共发射极电路。电路中集电极电源电压 U_{CC} 比基极电源电压 U_{BB} 大，从而使 $U_{BC}<0$，$U_{BE}>0$，即集电结反向偏置，发射结正向偏置，这是晶体管工作于放大状态的外部条件。

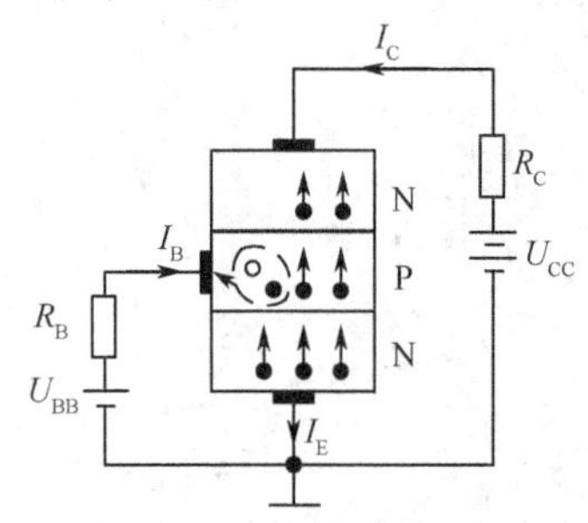

图 1.55　晶体管放大原理图

发射结处于正向偏置，发射区的自由电子不断扩散到基区，并从电源 U_{CC} 负极得到补充，从而形成发射极电流 I_E。从发射区扩散到基区的自由电子中有一小部分要与基区的空穴复合，被复合掉的空穴由基极电源 U_{BB} 补充、形成基极电流 I_B。基区很薄，且掺杂浓度很低，发射极发出的自由电子只有少部分被复合掉，大部分自由电子由于浓度差而继续向集电结方向扩散，到达集电结附近。

集电结处于反向偏置，它能阻挡集电区的自由电子向基区扩散，而从发射区扩散到集电结附近的自由电子，却可以顺利地通过，从而形成集电极电流 I_C。

综上所述，从发射区发出的自由电子中只有一小部分在基区复合，形成基极电流 I_B，绝大

部分到达集电区形成集电极电流 I_C。I_C与 I_B的比值用$\bar{\beta}$表示，即

$$\bar{\beta}=\frac{I_C}{I_B} \tag{1.33}$$

$\bar{\beta}$表示基极电流对集电极电流的控制作用，$\bar{\beta}$表征晶体管的电流放大能力，故称为共发射极直流电流放大系数。

发射极和基极、集电极电流之间的关系为：

$$I_E=I_B+I_C=I_B+\bar{\beta}I_B=(1+\bar{\beta})I_B \tag{1.34}$$

值得注意的是：

(1) 在上述分析晶体管内部载流子运动过程中，未考虑集电区少数载流子空穴在集电结内电场作用下发生的漂移运动。这种漂移形成的电流称为集基反向截止电流，记为 I_{CBO}。它也是 I_B 的一部分，但在通常情况下它所占的比例很小，对晶体管的放大作用几乎没有影响，因而暂时忽略。其作用在介绍特性曲线时会讨论。

(2) 为了确保晶体管能正常放大，其必要条件是发射结正向偏置、集电结反向偏置。这一条件不仅对 NPN 型管放大电路是必要的，对 PNP 型晶体管放大电路同样是必要的。只不过在 PNP 型晶体管放大电路中，电源U_{CC}和U_{BB}的极性均应与图 1.55 相反，才能保证$U_{BC}>0$,$U_{BE}<0$。

3. 特性曲线

晶体管的特性曲线一般是指共发射极接法时的伏安特性曲线。它分为输入特性曲线和输出特性曲线两组。这些特性曲线可用晶体管特性图示仪测出。它反映晶体管的外部特性，是设计放大电路的依据。

(1) 输入特性曲线

输入特性曲线是指当U_{CE}为参变量时，晶体管输入回路 i_B与U_{BE}之间的关系曲线，即

$$i_B=f(u_{BE})\big|_{U_{CE}=\text{常数}}$$

图 1.56 是在$U_{CE}\geqslant 1V$ 条件下测得的硅管输入特性曲线。由图可见晶体管的输入特性曲线与二极管的正向特性曲线相似。

和二极管一样，晶体管输入特性也有死区。硅管死区电压约为 0.5V，锗管约 0.2V。正常工作情况下硅管发射结电压约 0.7V，锗管约 0.3V。

(2) 输出特性曲线

输出特性曲线是指当 I_B 不变时，晶体管输出回路中 i_C 与 u_{CE}之间的关系曲线，即

$$i_C=f(u_{CE})\big|_{I_B=\text{常数}}$$

对应不同的基极电流 I_B，输出特性曲线是一组曲线簇，如图 1.57 所示。

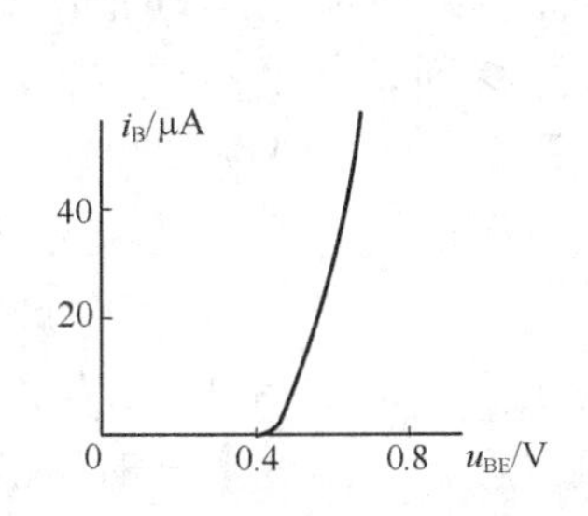

图 1.56　晶体管输入特性曲线

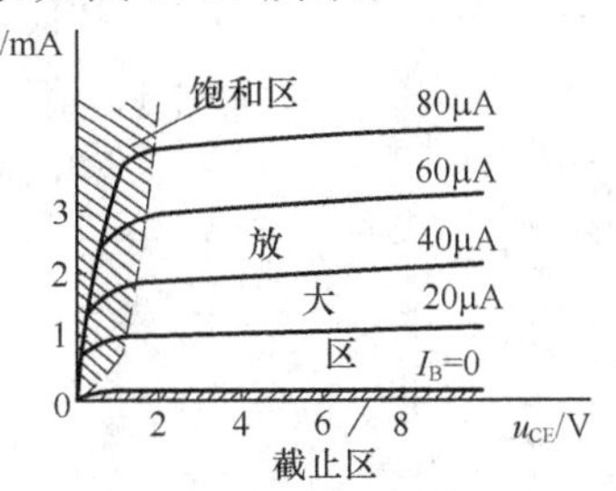

图 1.57　晶体管输出伏安特性曲线

由图 1.57 可见，当 I_B 一定时，随着 u_{CE}从零增大，i_C 先直线上升，然后趋于平直，原因是 u_{CE}很小时，由于集电结所加反向电场很弱，不足以把从发射区扩散到集电结附近的自由电子

全部拉过集电结，因此 i_C 很小；随着 u_{CE} 的增加，i_C 直线上升；当 $u_{CE}>1V$ 以后，集电结附近的电子基本全部被集电极所收集，因此 i_C 基本保持定值，且满足 $i_C=\bar{\beta}I_B$。

当 I_B 增大时，相应的 i_C 也增大，曲线上移，体现出 I_B 对 i_C 的控制作用。

在实际应用中，输出特性曲线可划分成三个区域：

① 截止区。图 1.57 中 $I_B=0$ 的曲线以下的区域称为截止区。此时集电极电流 i_C 基本为零，称这种状态为截止状态。事实上，当 $I_B=0$ 时，i_C 仍有一微小的数值，称为穿透电流，用 I_{CEO} 表示。如果要使晶体管可靠截止，发射结和集电结就必须反向偏置。

② 饱和区。图 1.57 中虚线左侧的区域称为饱和区。此时，集电结和发射结均为正向偏置，称此状态为饱和工作状态，相应的 U_{CE} 称为饱和压降，用 U_{CES} 表示。小功率硅管的 U_{CES} 通常约为 0.3V。

③ 放大区。在截止区和饱和区之间的输出特性曲线的近似水平部分称为放大区。在放大区 I_C 和 I_B 成正比关系，因此放大区也称线性区。晶体管工作在放大区时发射结正向偏置，集电结反向偏置。

4. 主要参数

(1) 电流放大系数

电流放大系数严格地说可以分为直流电流放大系数 $\bar{\beta}$ 和交流电流放大系数 β。直流电流放大系数的意义已如前所述。交流电流放大系数是指基极电流 I_B 变化时，集电极电流变化量 ΔI_C 与基极电流变化量 ΔI_B 的比值。即

$$\beta=\frac{\Delta I_C}{\Delta I_B} \tag{1.35}$$

例如在图 1.57 中，当 $U_{CE}=4V$ 时，基极电流从 20μA 增加到 40μA，集电极电流从 1.1mA 增加到 2.1mA，则交流电流放大系数为

$$\beta=\frac{\Delta I_C}{\Delta I_B}=\frac{(2.1-1.1)\times10^{-3}}{(40-20)\times10^{-6}}=50$$

(2) 集基反向截止电流 I_{CBO}

I_{CBO} 是指当发射极开路时，由于集电结处于反向偏置，集电区少数载流子（空穴）漂移通过集电结而形成的反向电流。I_{CBO} 受温度影响大，此值越小温度稳定性越好。

(3) 集射反向截止电流 I_{CEO}

I_{CEO} 是指当基极开路时，从集电极穿过集电区、基区和发射区到达发射极的电流，通常称为穿透电流。

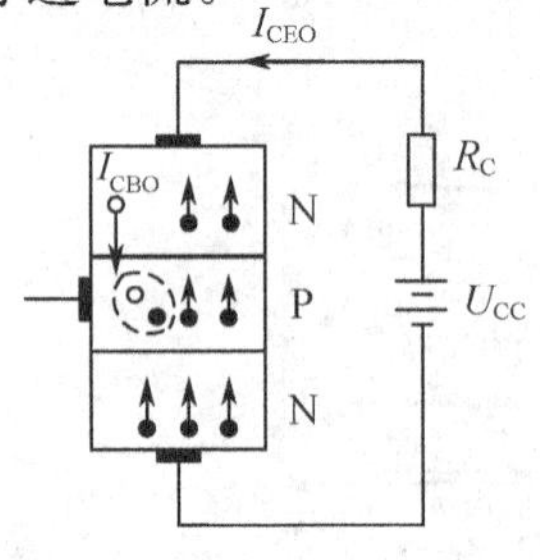

图 1.58 基极开路时晶体管内部载流子运动情况

基极开路时晶体管内部载流子运动情况如图 1.58 所示。由于 $I_B=0$，从集电区漂移到基区的空穴（即 I_{CBO}）全部与从发射区扩散到基区的电子相复合。根据晶体管的放大原理可知，从发射区扩散到达集电区的电子数应为在基区与空穴复合的电子数的 $\bar{\beta}$ 倍，故

$$I_{CEO}=I_{CBO}+\bar{\beta}I_{CBO}=(1+\bar{\beta})I_{CBO} \tag{1.36}$$

由于 I_{CBO} 受温度影响大，当温度上升时 I_{CBO} 增加快，故 I_{CEO} 增加也快。因此 I_{CBO} 越大，$\bar{\beta}$ 越大的管子，则 I_{CEO} 越大，稳定性越差。

(4) 特征频率 f_T

由于晶体管中发射结和集电结两个PN结都有电容效应，当信号频率增高到一定数值后，将使β下降，f_T是指当β下降到1时的频率。

(5) 集电极最大允许电流 I_{CM}

在I_C的一个很大范围内，β值基本不变，但当I_C超过一定数值后，β将明显下降，此时的集电极电流值即为I_{CM}。在U_{CE}很小的情况下，I_C超过I_{CM}晶体管并不一定会损坏。

(6) 集射极反向击穿电压 $U_{(BR)CEO}$

$U_{(BR)CEO}$是指基极开路时，集电极与发射极之间的最大允许电压。它反映晶体管的耐压情况。当基极不是开路时，晶体管能承受的集射极电压将略高于此值。

(7) 集电极最大允许功耗 P_{CM}

晶体管工作时由于集电结承受较高的反向电压并通过较大的电流，必然会因功率消耗而发热，使结温升高。P_{CM}是指在允许结温下(硅管约150℃，锗管约70℃)，集电极允许消耗的最大功率。

如果一个晶体管的P_{CM}已确定，则由$P_{CM}=I_C \cdot U_{CE}$可知，临界损耗时I_C和U_{CE}在输出特性上的关系为一双曲线。

I_{CM}、$U_{(BR)CEO}$和P_{CM}称为晶体管的极限参数，它们共同确定了晶体管的安全工作区，如图1.59所示。

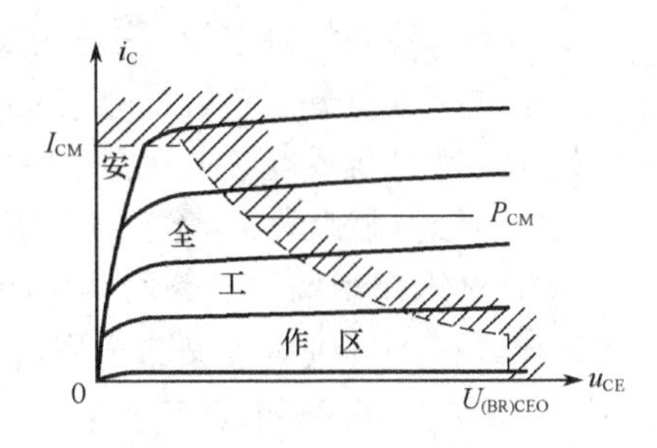

图1.59 晶体管安全工作区

5. 晶体管的等效电路小信号模型

晶体管的工作必须先加直流电源，以提供其必要的工作状态(放大、饱和、截止)，然后加入需要处理的信号。分析计算含有晶体管的电路时，将晶体管用其相应的等效电路代替后，按电路基础的方法分析就可以了。

(1) 晶体管直流等效电路

图1.60(b)是图1.60(a)中晶体管处于放大状态的直流等效电路，图1.60(c)是晶体管处于截止状态的直流等效电路。

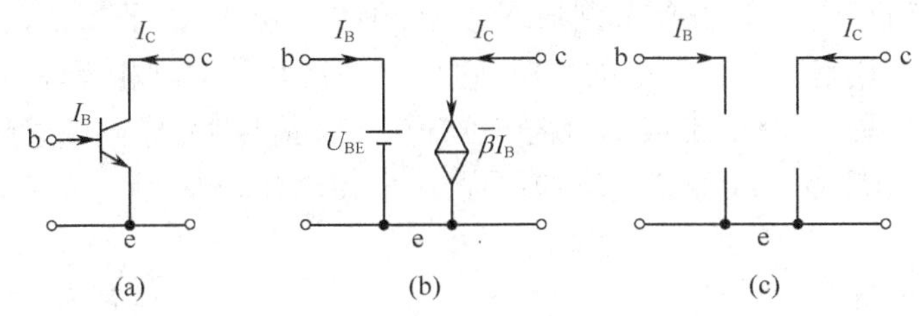

图1.60 晶体三极管直流等效电路

(2) 晶体管小信号放大等效电路

图1.61(b)是晶体管处于放大状态对于小信号作用的等效电路，晶体管的输入端用输入电阻r_{be}代替，输出端等效为受基极电流Δi_B控制的受控电流源，它是分析晶体管放大器的基础。

1.5.4 场效应管

场效应管外形与普通晶体管相似，但两者的工作机理差异较大。晶体管是电流控制元件，

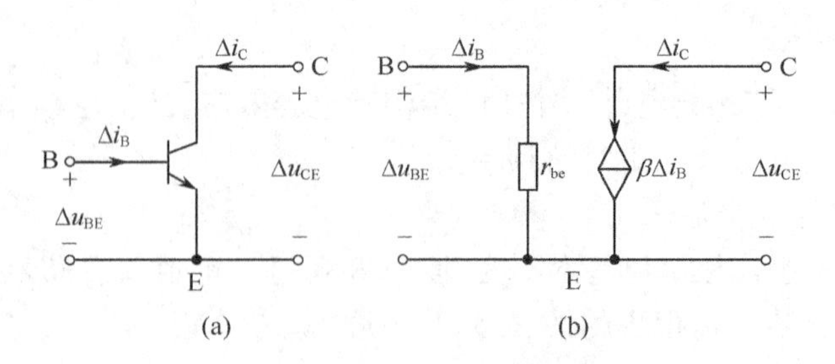

图 1.61　晶体管的小信号模型

通过控制基极电流达到控制集电极电流或发射极电流的目的。工作时，信号源必须提供一定的电流，其输入电阻很低，约 $10^3\,\Omega$ 数量级；场效应管是电压控制元件，其输入电阻很高，工作时不需要信号源提供电流，这是场效应管最突出的特点。

场效应管可分为绝缘栅型和结型两大类。绝缘栅型场效应管的输入电阻在 $10^9\,\Omega$ 以上，且易于高密度集成，在中、大规模集成电路中获得广泛应用；结型场效应管输入电阻在 $10^7\,\Omega$ 左右，较绝缘栅型低两个数量级，且不易集成，一般只作分立元件使用。本书着重介绍前者。

1. 绝缘栅型场效应管的结构和工作原理

绝缘栅型场效应管又名金属(Metal)—氧化物(Oxide)—半导体(Semi－conductor)场效应管，简称 MOS 场效应管，按它的制造工艺和性能可分为增强型与耗尽型两类，每类又可分为 N 沟道和 P 沟道两种。我们只要理解其中的一种，其他三种也都容易理解了。

图 1.62(a)是 N 沟道增强型 MOS 场效应管的结构。它是以 P 型硅为衬底，在上面覆盖一层氧化物绝缘层，在绝缘层上开两个小窗，用扩散的方法制成两个高掺杂浓度的 N 区，并分别引出一个电极，即源极 S(source)和漏极 D(drain)，再隔着氧化物绝缘层引出栅极 G(gate)，在衬底下方引出接线端 B(使用时 B 端通常和源极 S 相连)。

由图(a)可以看出，MOS 场效应管的两个 N 区被 P 型衬底隔开，成为两个背靠背的 PN 结。在栅源电压 U_{GS} 为零时，不管漏源电压 U_{DS} 为何值，总有一个 PN 结是反向偏置的，因此漏极和源极之间不可能有电流流通。

当栅源电压 U_{GS} 为正时，栅极和衬底类似电容器的两个极板，栅极极板带正电荷，它把 P 型衬底中的少数载流子自由电子吸引到衬底表层，形成一层以电子为多数载流子的 N 型薄层，如图 1.63 所示。这是一种能导电的薄层，它与 P 型衬底的类型相反，故称为反型层。反型层把源区和漏区连成一个整体，形成 N 型导电沟道。U_{GS} 值越大，导电沟道越宽。形成导电沟道后若再在漏极 D 和源极 S 间加正电压，就会产生漏极电流，它的大小受 U_{GS} 控制。

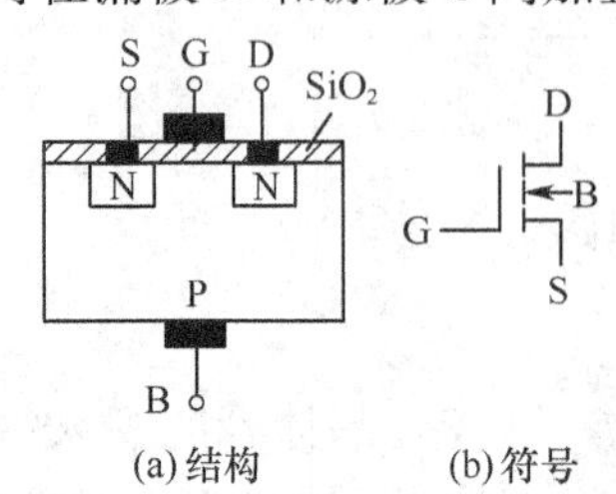

图 1.62　N 沟道增强型 MOS 场效应管

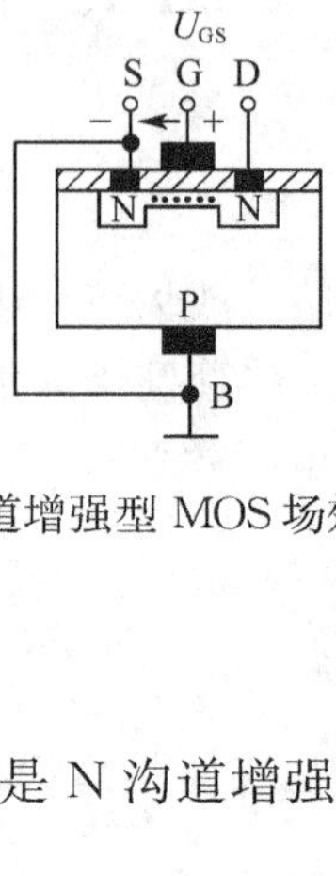

图 1.63　N 沟道增强型 MOS 场效应管工作原理

2. 绝缘栅型场效应管的特性曲线及符号

(1) 增强型 MOS 场效应管

场效应管的特性曲线也包括两部分，如图 1.64 所示，它是 N 沟道增强型 MOS 场效应管的特性曲线。图 1.64(a)是栅源电压对漏极电流 I_D 控制特性的曲线，称为转移特性曲线。该曲线在横轴上的起始点 U_{GS}(th)称为开启电压。只有当栅源电压大于开启电压时，导电沟道才形成，管子才导通。图 1.64(b)是场效应管的输出特性曲线，它与晶体管的输出特性曲线十分相似。场效应管的输出特性曲线也称漏极特性曲线。

(2) 耗尽型 MOS 场效应管

如果用 P 型衬底制造 MOS 场效应管时，通过扩散或其他方法在漏区和源区之间预先形成一个导电的 N 沟道，于是就成为耗尽型 N 沟道 MOS 场效应管。这种场效应管当加上漏源电压 u_{DS}后，若栅源电压 u_{GS}为零，将有一个相当大的漏极电流 I_{DSS}流过。I_{DSS}称为饱和漏极电流。若 u_{GS}为负，导电沟道变窄，i_D减小。当 u_{GS}负到一定程度时，导电沟道被夹断，i_D减小到零。此时的栅源电压称为夹断电压，U_{GS}(off)表示。耗尽型场效应管的特性曲线如图 1.65 所示。

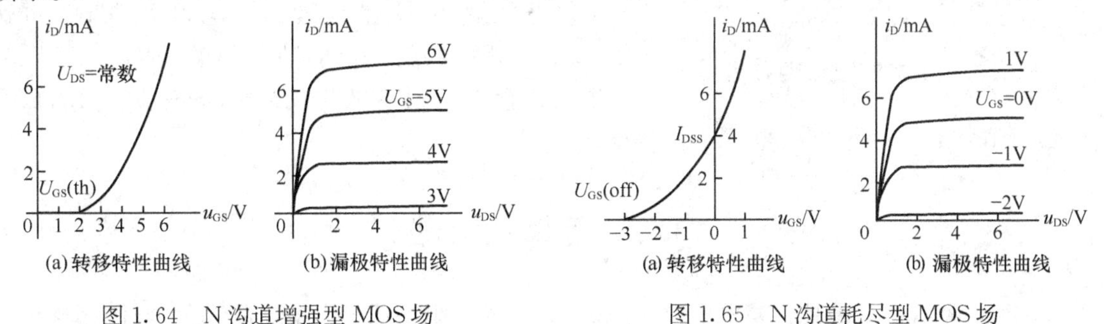

(a) 转移特性曲线　(b) 漏极特性曲线

图 1.64　N 沟道增强型 MOS 场效应管的特性曲线

(a) 转移特性曲线　(b) 漏极特性曲线

图 1.65　N 沟道耗尽型 MOS 场效应管的特性曲线

相应的符号如图 1.66(a)所示。

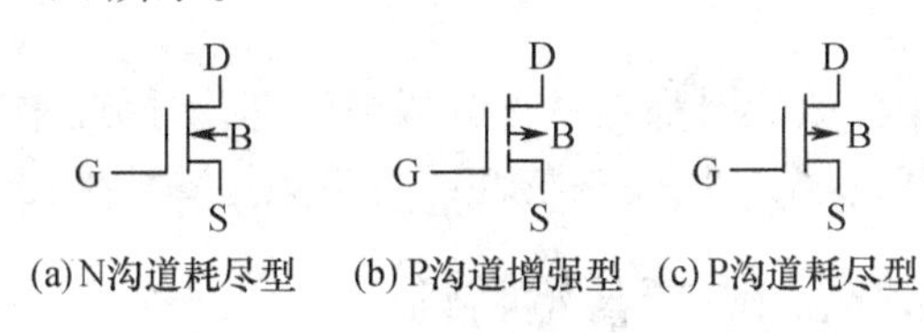

(a) N沟道耗尽型　(b) P沟道增强型　(c) P沟道耗尽型

图 1.66　三种 MOS 场效应管的符号

值得注意的是：

(1) 上面介绍的增强型和耗尽型两种 N 沟道 MOS 场效应管，其主要区别在于是否有原始导电沟道。所以判别一个 MOS 场效应管是增强型还是耗尽型，只要检查当 $u_{GS}=0$，且在漏、源之间加正向电压时有无漏源电流，如有则为耗尽型，反之为增强型。

(2) 若把上述两种场效应管的衬底换成 N 型硅，源区、漏区和沟道改成 P 型，就得到 P 沟道增强型 MOS 场效应管和 P 沟道耗尽型 MOS 场效应管。其符号如图 1.66(b)、(c)所示。

(3) MOS 场效应管由于栅极与其他电极之间处于绝缘状态，所以它的输入电阻很高。但周围电磁场的变化可能在栅极与其他电极之间感应产生较高的电压，形成很强的电场强度，使绝缘击穿。为了防止损坏，保存 MOS 场效应管时，应把各个电极短接，焊接时应把烙铁外壳接地。

3. 场效应管的主要参数

MOS 场效应管的主要参数除上面已介绍过的开启电压 U_{GS}(th)、夹断电压 U_{GS}(off)和饱和漏极电流 I_{DSS}外，还有一个表示场效应管放大能力的重要参数：跨导。跨导定义为当漏源电压 u_{DS}一定时，漏极电流增量 Δi_D 对栅源电压增量 Δu_{GS}的比值，用 g_m 表示，即

$$g_m = \frac{\Delta i_D}{\Delta u_{GS}}\bigg|_{U_{DS}=\text{常数}} \tag{1.37}$$

当信号是正弦量时，式(1.37)中的增量可用瞬时值(或向量)表示，即

$$g_m = \frac{i_d}{u_{gs}}\bigg|_{mA/V} \tag{1.38}$$

g_m 的大小就是转移特性曲线在静态工作点处的斜率，它是衡量场效应管放大能力的参数。

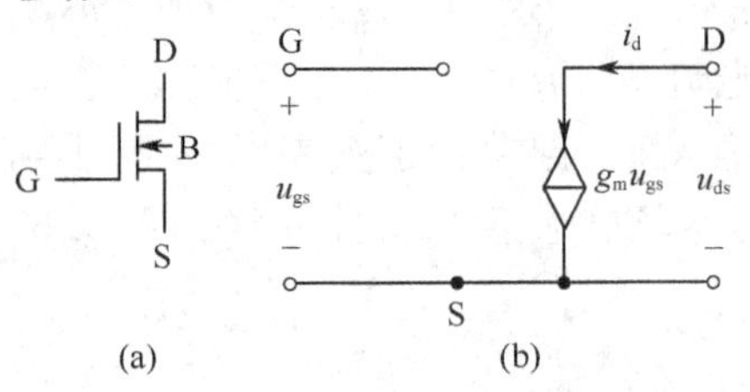

图 1.67　场效应管小信号模型

4. 场效应管的小信号放大模型

和晶体管类似，当场效应管处于在放大状态(线性区)时，加入小信号工作，也可建立它的小信号模型，图 1.67(b)所示是场效应管的小信号模型。

从输入回路看，场效应管输入电阻 r_{gs} 很高(可达 $10^9\Omega$ 以上)，栅极电流 $I_g=0$，所以可认为 G-S 间开路。从输出回路看，当工作在放大状态时，场效应管可看成受栅极电压控制的电流源 $g_m u_{gs}$，与漏—源电压无关。

1.6　运算放大器

运算放大器是一种具有高电压放大倍数、高输入电阻和低输出电阻的放大器，因用它可以方便地组成加法、减法、指数、对数、微分、积分等运算电路而得名。实际上它除可实现各种运算功能外，还可实现电压放大、比较、波形产生等功能，在检测、控制、信号产生和处理等众多领域中，获得了广泛的应用。

目前，电路中使用的运算放大器都是一种集成电路芯片，因此本节把它作为一个常用的电路元件来介绍，主要介绍其符号、电压传输特性以及理想运算放大器的特点。

1.6.1　运算放大器的符号与电压传输特性

运算放大器在电路中用图 1.68 所示的符号表示。它是由多级晶体管放大电路组成的集成芯片。为了保证其处于放大状态，工作时需要有直流电源供电，图 1.68 中 U_+ 为正电源接入端，U_- 为负电源接入端。运算放大器工作时，输入电压信号加在同相输入端 b 和反相输入端 a 上，输出电压由 o 端输出。在只考虑输入/输出信号时，常用图 1.69 表示运算放大器。

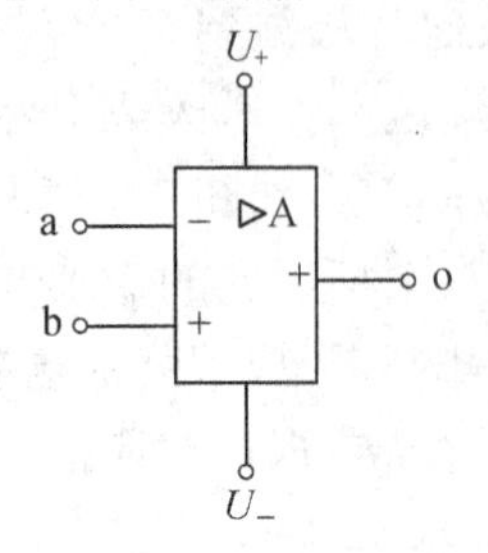

图 1.68　运算放大器的主要端子示意图

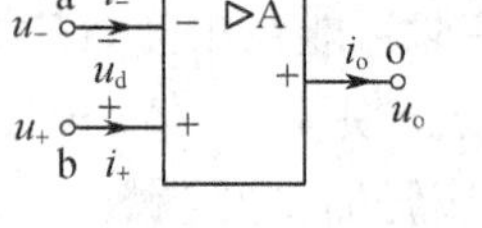

图 1.69　运算放大器的标准电路符号

运算放大器的一个主要特性参数是放大倍数，即输出电压与输入差模电压(同相输入端信号与反相输入端信号之差)的比值。输出电压与输入差模电压的关系通常用图 1.70 所示的电

压传输特性曲线表示。

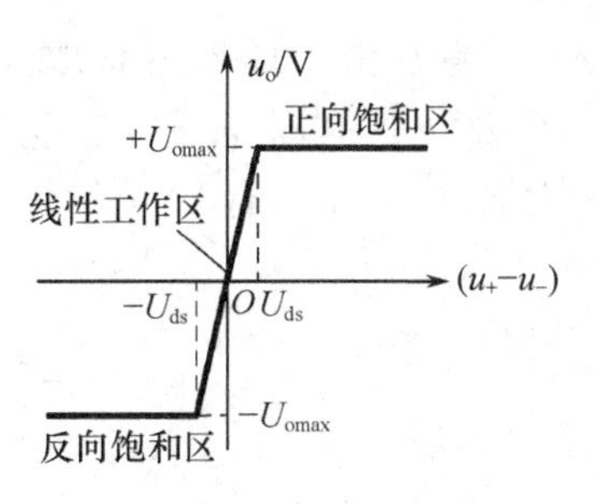

图 1.70　运算放大器的电压传输特性曲线

由图 1.6-3 可以看出，运算放大器有线性区和饱和区两个区域。

(1) 线性工作区：当$|(u_+-u_-)|<U_{ds}=\dfrac{U_{o\max}}{A}$，输出电压与输入差模电压成正比，即

$$U_o=A(u_+-u_-) \tag{1.39}$$

上式中 A 称为运算放大器的差模开环电压放大倍数。

(2) 饱和区，又称为非线性区：当$|(u_+-u_-)|>U_{ds}=\dfrac{U_{o\max}}{A}$，输出电压为正的最大值 $u_o=U_{o\max}$ 或负的最大值 $u_o=-U_{o\max}$。

其中，$U_{o\max}$是输出电压的饱和值，又称为最大值；U_{ds}是运算放大器的工作进入饱和区时的输入差模电压值。

运算放大器工作在线性工作区时，由于差模开环电压放大倍数 A 很大，典型值是 $10^5\sim10^8$；因此运算放大器的线性工作区非常窄。如果运算放大器的输出电压最大值为 14V，$A=10^5$，那么只有当$|(u_+-u_-)|<28\mu V$ 时，电路才工作在线性区，也就是说，当$|(u_+-u_-)|>28\mu V$，则运算放大器进入非线性区，输出电压不是+14V 就是-14V。要使运算放大器工作在线性区，必须通过外电路引入负反馈，利用运算放大器工作在线性区可以实现电压放大。利用它工作在非线性区，可以实现电压比较、产生波形等。

1.6.2　理想运算放大器

由于运算放大器差模开环放大倍数 A 很大，而运算放大器的输出电压只有十几伏，所以两个输入端之间的电压 u_+-u_- 就很小，而运算放大器的输入电阻又很大，故运算放大器两个输入端电流 i_+ 和 i_- 也很小。在理论分析时，可以将运算放大器理想化，理想化条件为：$A=\infty$，$R_i\to\infty$，$R_o\to0$。此时的运算放大器称为理想运算放大器，其电路符号如图 1.71 所示。

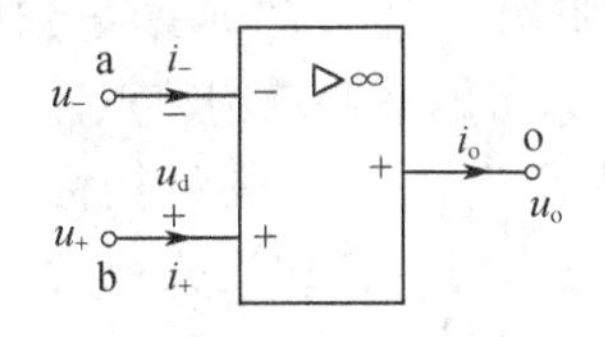

图 1.71　理想运算放大器的电路符号

由式(1.39)知 U_o 为有限值，$A=\infty$，因此 $u_+-u_-=0$，即两个输入端 u_+和 u_-电位相等，即

$$u_+=u_- \tag{1.40}$$

这常称为理想运算放大器的“虚短”，即两个输入端电位无穷接近，但又不是真正短路。

因为同相输入端与反相输入端之间的差模输入电阻 $R_i\to\infty$，则流进运算放大器的电流均为零，即

$$i_+=i_-=0 \tag{1.41}$$

这称为理想运算放大器的“虚断”，即两个输入端电流无穷接近于零，但又不是真正开路。

“虚短”和“虚断”是理想运算放大器工作在线性状态下必须遵循的两条重要法则，是分析含理想运算放大器电路的基础。

【例 1.10】 如图 1.72 所示电路是用运算放大器构成的反相输入放大器，求输出电压 u_o 与输入电压 u_i 之比。

解 由于理想运算放大器的“虚断”，同相输入端电流为零，故 R' 中电流为零，同相输入端电位也为零；根据理想运算放大器的“虚短”，有

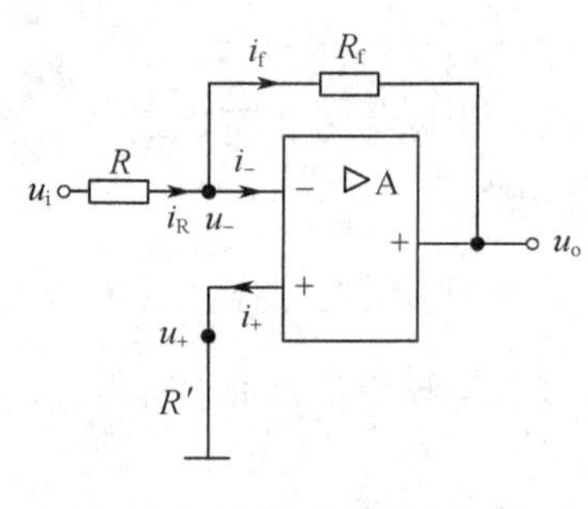

图 1.72 反相比例运算电路

$$i_+=i_-=0, u_+=u_-=0$$

可得

$$i_R=i_f \quad \frac{u_i-u_-}{R}=\frac{u_--u_o}{R_f}$$

整理得出

$$u_o=-\frac{R_f}{R}u_i$$

u_o 与 u_i 成比例关系，比例系数为 $-\frac{R_f}{R}$，负号表示 u_o 与 u_i 反相。

1.7 电路分析基本定律

前面几节讨论了电路基本元件的伏安特性，即基本元件上的电压与电流的关系，又称之为元件约束。由若干元件连接成的电路，各元件上电压和电流相互之间也有约束关系，描述电路中各支路电流、电压约束关系的是基尔霍夫定律。基尔霍夫定律是电路中的基本定律，与元件的伏安特性一起是分析电路的基本依据。基尔霍夫定律包括基尔霍夫电流定律(kirchhoff's current law)，简称 KCL 和基尔霍夫电压定律(kirchhoff's voltage law)，简称 KVL。基尔霍夫电流定律主要应用于节点，基尔霍夫电压定律主要应用于回路。

1.7.1 常用术语

在建立对基尔霍夫定律的认识之前，必须先熟悉几个常用的术语。图 1.73 所示电路中，每一个方框代表一个电路元件，这里对电路元件的性质不加限制，只考虑电路结构特点。

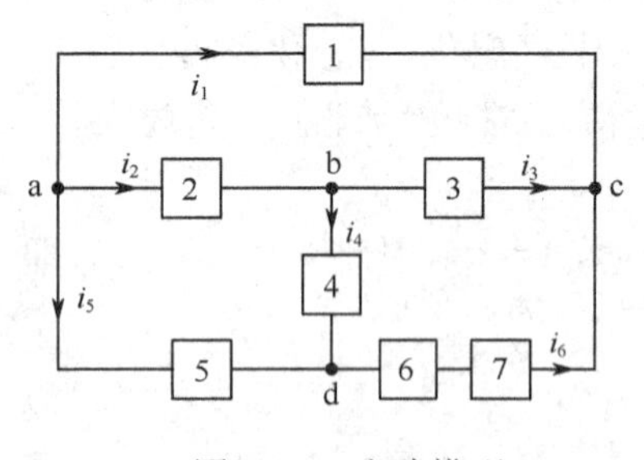

图 1.73 电路模型

(1) 支路：电路中流过同一个电流的一段路径称为支路。显然，在图 1.73 中共有 6 条支路。有的支路只含一个元件，有的支路由多个元件串联而成。

(2) 节点：三条或三条以上支路的连接点称为节点。在图 1.73 所示电路中，共有 4 个节点，即节点 a、b、c、d。

(3) 回路：电路中任一闭合路径称为回路。在图 1.73 所示电路中，共有 7 个回路，即 abca、bdcb、acda、abcda、acbda、abda 和 abdca。

(4) 网孔：电路中未被其他支路分割的最简回路称为网孔。在图 1.73 所示电路中有 abca、bdcb、abda 三个网孔，显然，网孔必定是回路，但回路不一定是网孔。

1.7.2 基尔霍夫电流定律

基尔霍夫电流定律(kirchhoff's current law，KCL)是用来确定连接在同一节点上的各支路电流间的关系。基尔霍夫电流定律可表述为：在集总电路中，任何时刻，对于电路中任一节点，所有流入(或流出)该节点的支路电流的代数和等于零，即

$$\sum_{k=1}^{b} i_k = 0 \tag{1.42}$$

其中 b 代表与该节点相连的支路数。

基尔霍夫电流定律的物理本质是电荷守恒原理，电荷既不能创造也不能消灭。即在节点处，流入的电荷必须等于同时流出的电荷。

应用 KCL 列写电路中某节点的电流方程时，我们可选择参考方向流入该节点的电流取"+"号，流出节点的电流取"−"号。当然，也可以采用相反的选定方法，但在一个电路中，一旦确定后就不能变动。例如在图 1.73 中，规定流入为正，流出为负，相应的 KCL 方程如下：

对节点 a $$i_1+i_2+i_5=0 \tag{1.43}$$

对节点 b $$i_2-i_4-i_3=0 \tag{1.44}$$

对节点 c $$i_1+i_3+i_6=0 \tag{1.45}$$

对节点 d $$i_5+i_4-i_6=0 \tag{1.46}$$

上面式(1.43)～式(1.46)也可写成下列形式：

$$i_1+i_2+i_5=0 \tag{1.47}$$

$$i_2=i_4+i_3 \tag{1.48}$$

$$i_1+i_3+i_6=0 \tag{1.49}$$

$$i_5+i_4=i_6 \tag{1.50}$$

式(1.47)～式(1.50)表示：任一时刻，在电路中任一节点处，流入该节点的电流总和恒等于从该节点流出的电流总和。这是 KCL 的另一种表述方法。

分析式(1.47)～式(1.50)这 4 个方程不难发现，将任意三个方程相加减，便得到剩下的一个方程。这一事实说明，由 KCL 列写的 4 个方程并非都是独立的。由此得到一个重要的结论：若电路有 n 个节点，则 KCL 只能列写出$(n-1)$个独立的方程。

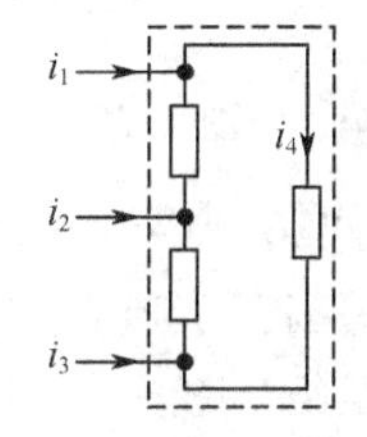

图 1.74 闭合面包围的电路

KCL 不仅适用于节点，还可以推广应用于由闭合面包围的部分电路。例如，在图 1.74 中，对于虚线表示的闭合面所包围的电路，应用 KCL 时可表述为：流入(或流出)该闭合面的支路电流的代数和恒等于零，即

$$i_1+i_2+i_3=0$$

基尔霍夫电流定律是电路中各节点处支路电流间的一种相互约束关系。这种约束关系仅由元件相互间的连接方式所决定，与元件的性质无关。

【例 1.11】 在图 1.75 所示的两个电路中，已知 $I_1=4\text{A}$，$I_2=-3\text{A}$，$I_3=5\text{A}$，求 I_4。

解 (1) 在图 1.75(a)中，由 KCL 得：

$$I_1+I_2+I_3+I_4=0$$

$$I_4=-I_1-I_2-I_3=-4-(-3)-5=-6\text{A}$$

(2) 在图 1.75(b)中，由 KCL 得：

$$I_1+I_2+I_3-I_4=0$$

$$I_4=I_1+I_2+I_3=4+(-3)+5=6\text{A}$$

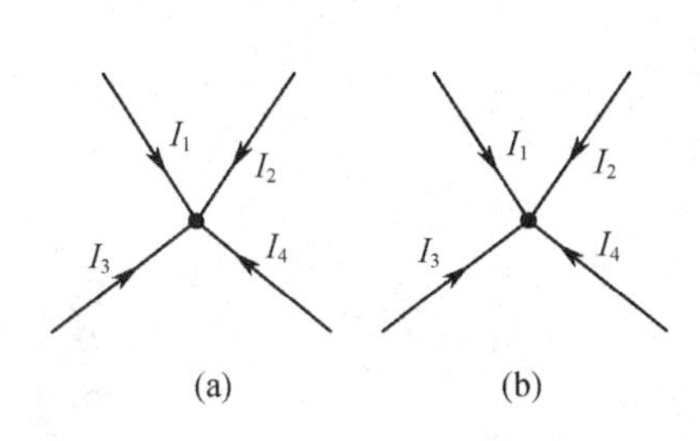

图 1.75 例 1.11 图

由本例可以获知，应用 KCL 列写电流方程时，方程中有两套正负号，各电流变量前面的正、负号与求解后得到的各电流值本身的正、负符号所表示的意义是不同的，

前者是就节点而言的，表示的是电流的流入、流出，而后者表示的实际电流方向与参考方向的一致性，是两套不相同的符号，不可混淆。

1.7.3 基尔霍夫电压定律

基尔霍夫电压定律(kirrchhoff's voltage law，KVL)是表述回路中各电压间的约束关系。基尔霍夫电压定律可表述为：在集总电路中，任何时刻、沿任一回路所有支路或元件上电压的代数和为零，即

$$\sum_{k=1}^{L} u_k = 0 \tag{1.51}$$

其中 L 为该回路中的支路或元件数。

应用 KVL 列写回路电压方程时，需要先选定一个绕行方向，沿此绕行方向观察电路中各部分电压情况，当支路或元件电压的参考方向与所选定的绕行方向一致时，该电压项取“+”号，反之取“－”号。

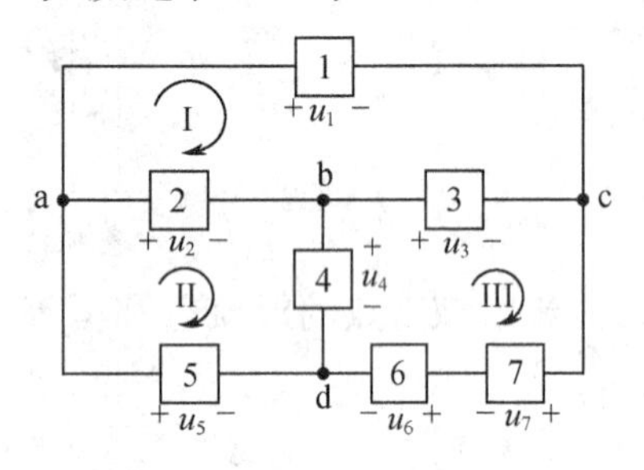

图 1.76 电路模型

以图 1.76 所示电路为例。图中已标明各元件电压的参考方向，并选定顺时针方向为各回路的绕行方向，相应的 KVL 方程为

对回路 acba，有 $u_1-u_3-u_2=0$ (1.52)

对回路 bcdb，有 $u_3+u_7+u_6-u_4=0$ (1.53)

对回路 acda，有 $u_1+u_7+u_6-u_5=0$ (1.54)

对回路 abda，有 $u_2+u_4-u_5=0$ (1.55)

由式(1.52)～式(1.55)可以看出，将任意三个方程相加，可得到第四个方程。这说明第四个方程不是独立的，即对于图 1.76 电路，根据 KVL 只能列写出三个独立方程，独立方程数恰好等于该电路的网孔数。由此可以得出一个重要结论：具有 b 条支路，n 个节点的电路其独立的 KVL 方程为 $b-n+1$ 个；对于平面电路而言，恰好有 $b-n+1$ 个网孔，对这些网孔列写 KVL 方程，即得到一组独立的 KVL 方程。

与 KVL 类似，KVL 方程反映的是回路中的各部分电压间的一种约束关系，这种约束关系仅仅由元件相互间的连接方式所决定，与元件的性质无关。这种只取决于元件相互连接方式的约束关系，称为拓扑约束。与此相对应，前面所提到的各种电路元件的电流与电压之间的关系为元件约束。电路中各电压、电流受到两类约束：拓扑约束和元件约束。

【例 1.12】 在图 1.76 电路中，已知 $u_1=10\text{V}$，$u_2=-4\text{V}$，$u_4=5\text{V}$，$u_6=7\text{V}$，试求 u_3、u_5、u_7 之值。

解 由式(1.52)可得：$10-(-4)-u_3=0$，故 $u_3=14\text{V}$；

由式(1.53)可得：$14+7+u_7-5=0$，故 $u_7=-16\text{V}$；

由式(1.54)可得：$10+(-16)+7-u_5=0$，故 $u_5=1\text{V}$。

【例 1.13】 在图 1.77 电路中，已知 $U_S=5\text{V}$，$U_R=3\text{V}$，$I_S=2\text{A}$，求：

(1) 电流源的端电压；

(2) 各元件的功率。

解 设电流源端电压为 U，参考方向如图所示。

(1) 选顺时针方向为回路绕行方向，

由 KVL 得：$-U_S+U_R-U=0$

$$U=-U_S+U_R=-2\text{V}$$

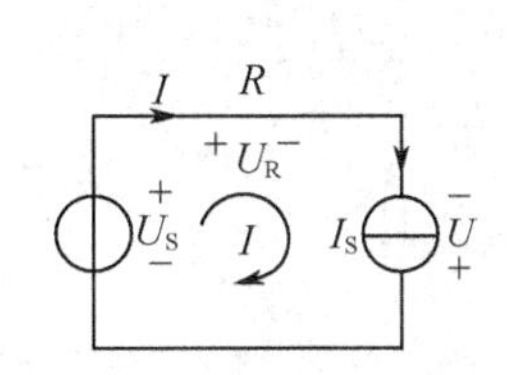

图 1.77　例 1.13 电路图

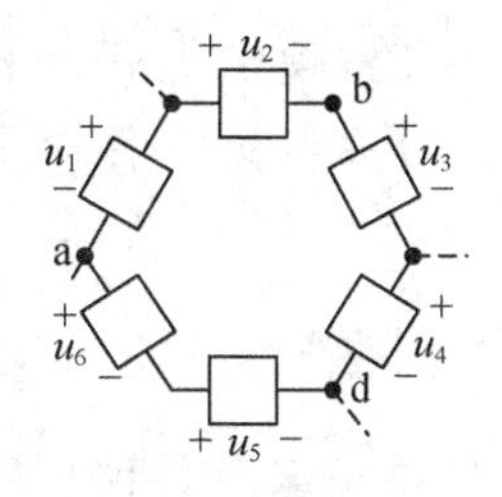

图 1.78　例 1.14 电路图

(2) 各元件功率计算如下：

电阻元件：$P=U_RI=6\text{W}$　(消耗功率)

电压源：$P=-U_SI=-10\text{W}$　(发出功率)

电流源：$P=-UI_S=4\text{W}$　(消耗功率)

【例 1.14】 如图 1.78 所示，已知 $u_1=u_4=2\text{V}$，$u_2=u_3=3\text{V}$，$u_5=1\text{V}$，$u_6=5\text{V}$，试求电路中 a、b 两点之间的电压。

解　求解这类问题时，常采用双下标记法，如 u_{ab}、u_{ad} 等，双下标字母即表示计算电压时所涉及的两点，其前后次序则表示计算电压降时所遵循的方向。双下标的前后次序是任意选定的，但一经选定，即应以此为准去求两点之间路径上全部电压降的代数和。本题中：

$$u_{ab}=-u_1+u_2=-(2\text{V})+3\text{V}=1\text{V}$$

上述计算结果表明，凡参考极性所表示的电压降方向与选定的由 a 到 b 的计算电压降的方向一致者取正号，如 u_2，否则取负号，如 u_1。根据 KVL 可知，任何两点间的电压与计算时所选择的路径无关。例如，由 KVL 方程可得：

$$-u_1+u_2=-u_3-u_4+u_5+u_6$$

u_{ab}也可循元件 3、4、5、6 的路径进行计算，其结果亦为 1V，即

$$u_{ab}=-u_3-u_4+u_5+u_6=-(3\text{V})-(2\text{V})+1\text{V}+5\text{V}=1\text{V}$$

【例 1.15】 如图 1.79 所示，列出节点 A、B、C 的 KCL 方程和回路 1、回路 2、回路 3 的 KVL 方程。

解　先列各节点 A、B、C 的 KCL 方程。

节点 A：$I_{U_{S1}}-I_1-I_2=0$

节点 B：$I_1+I_3-I_4=0$

节点 C：$I_2+I_4+I_5=0$

再列回路 1、回路 2、回路 3 的 KVL 方程

回路 1：$I_2R_2+U_{S2}-U_{S4}-I_4R_4-I_1R_1=0$

回路 2：$I_1R_1-I_3R_3+U_{S3}-U_{S1}=0$

回路 3：$I_4R_4+U_{S4}+U_{I_S}-U_{S3}+I_3R_3=0$

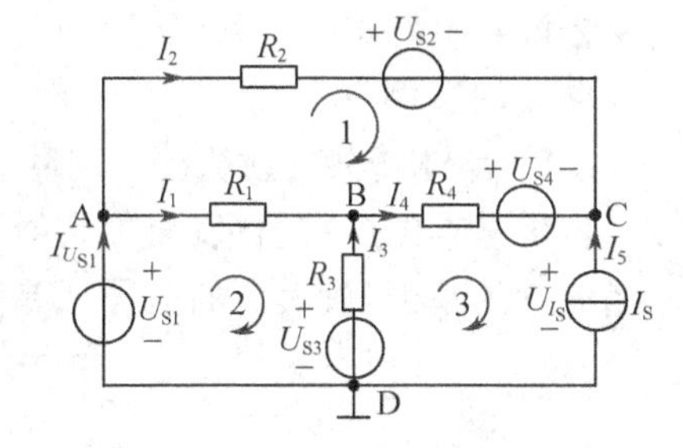

图 1.79　例 1.15 电路图

由上述可见，当回路中的元件具体化后，各部分电压用到元件的伏安特性，电阻元件用到了欧姆定律，电压源用到了恒压特性，电流源用到了恒流特性。当给定电路元件参数后，联立上述方程就可以求出电路变量 $I_1\sim I_5$ 了，更详细的介绍将在第 2 章进行。

1.8　实用电路及分析实例

将前面介绍的无源元件、有源元件、基本半导体器件等元件进行连接，可构成许多有用的

电路，如简易照明电路，模拟电路的核心电路——基本放大电路，数字电路的基本单元电路——逻辑门电路，用来收听广播节目的收音机电路等。这些电路的工作原理及功能均可利用电路理论来进行分析、评估。本节将分析几种实用电路。

1.8.1 简易照明电路

图 1.80 是工作在额定状态下正常照明灯，图 1.81 是一款楼道节能照明电路，此电路是将两个相同的灯串联起来，每个灯两端只获得额定电压的一半，两个灯合计功率为图 1.83 照明灯功率的一半，它对楼道照明影响不大，但却节能一半，并且由于工作电流减小一半，灯的寿命大大延长。

图 1.82 是一款亮度可调的节能照明电路，需要亮度强时将开关合在 1 处，照明灯工作在额定状态下发出亮光，在不需要强亮度时，将开关转接到 2 处，此时在灯支路中串联了一个二极管，由于二极管具有单向导电特性，灯上只获得了交流电的半波电压，亮度降低了，同时也节约了一半的电能。

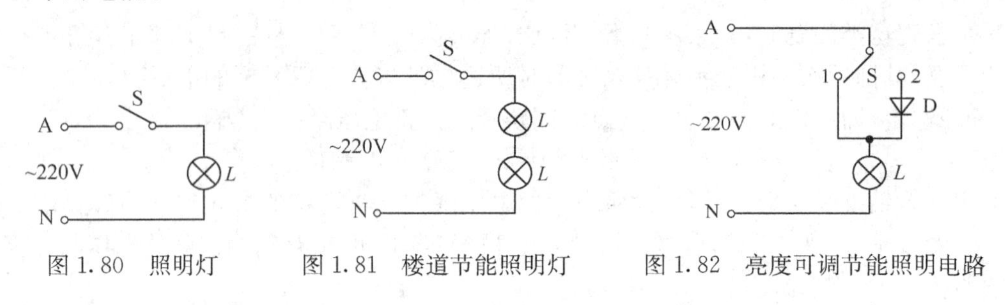

图 1.80　照明灯　　图 1.81　楼道节能照明灯　　图 1.82　亮度可调节能照明电路

1.8.2 基本放大电路

基本放大电路是模拟电子技术的核心，是信号获取、处理中必不可少的环节。晶体管、场效应管是基本放大电路的核心元件。由它们可构成许多基本的放大电路，如共发射极放大电路，共集电极放大电路和共基极放大电路等。对于这些放大电路的分析，可以通过前面所学的受控源将电路进行等效，然后利用后面所学的电路分析方法进行分析。下面介绍两种基本放大电路的实例。

1. 晶体管共发射极放大电路

最基本的共发射极（简称共射）放大电路如图 1.83(a)所示。输入信号 u_i 经电容 C_1 加到晶体管的基极，放大后的信号从晶体管集电极经电容 C_2 输出。

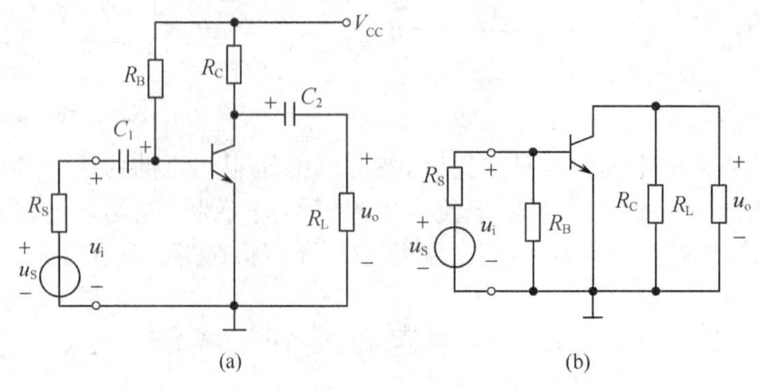

图 1.83　共射放大电路及交流通路

对于输入交流信号而言，图 1.83(a)可简化成图(b)电路，即所谓的交流通路。用晶体管小信号模型代替晶体管，就得到交流等效电路，如图 1.84 所示。图中包含有电阻、电压源、电流控制受控电流源。通过对交流等效电路的分析计算可得到放大电路的电压放大倍数、输入电阻、输出电阻等许多性能指标。如：电压放大倍数(输出电压与输入电压之比值)为 $A_v=-\beta\frac{R_L'}{r_{be}}$。一般情况下，$\beta$ 的值远远大于 1，在电阻选值合适的情况下，输出电压与输入电压比值的绝对值大于 1，这说明由晶体管构成的电路具有电压放大作用。

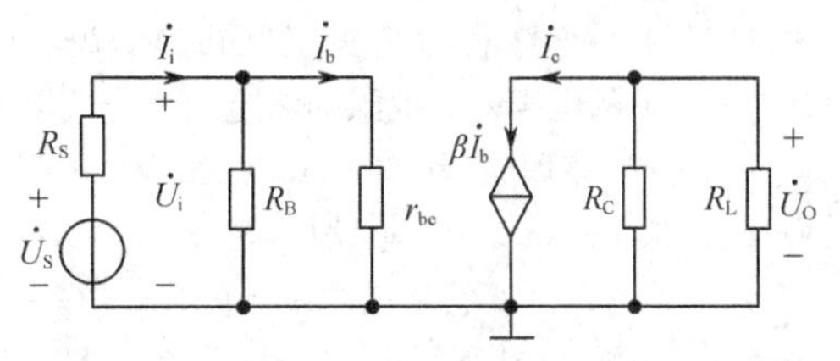

图 1.84　共射放大电路的交流等效电路

输入电阻为 $R_i=R_B/\!/r_{be}$。

输出电阻为 $R_o=R_C$。

2. 场效应管共源极放大电路

场效应管放大电路同晶体管放大电路类似，常用的有共源极放大电路、源极输出器等。图 1.85(a)是典型的分压式偏置共源极放大电路。对于它的分析，也是利用场效应管的小信号模型将其进行等效转换，其交流小信号等效电路如图 1.85(b)所示。根据图 1.85(b)可计算出该放大电路的电压放大倍数为 $A=-g_m R_L'$，输入电阻为$R_i=R_{G3}+R_{G1}/\!/R_{G2}$，输出电阻 $R_o=R_D$。

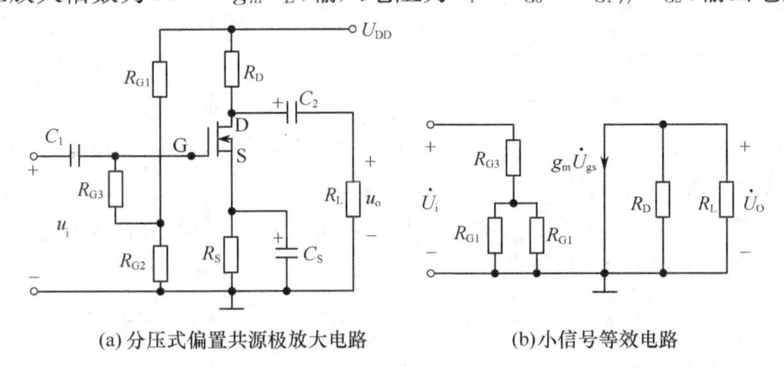

(a) 分压式偏置共源极放大电路　　(b) 小信号等效电路

图 1.85　分压式偏置共源极放大电路及其小信号等效电路

思考题与习题 1

题 1.1　接在图 1.86(a)所示电路中电流表 A 的读数随时间变化的情况如图(b)中所示，试确定 t=1s、2s 及 3s 时的电流 i。

题 1.2　试求图 1.87 所示电路中各元件的功率。

题 1.3　某元件电压 u 和电流 i 的波形如图 1.88 所示，u 和 i 为关联参考方向，试绘出该元件吸收功率 $p(t)$ 的波形，并计算该元件从 t=0s 至 t=4s 期间所吸收的能量。

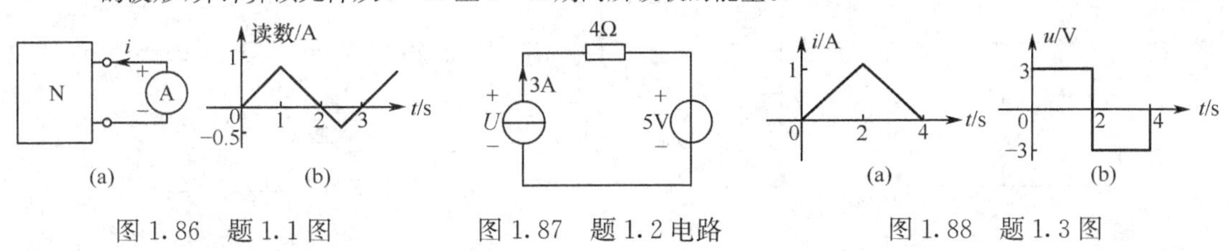

图 1.86　题 1.1 图　　图 1.87　题 1.2 电路　　图 1.88　题 1.3 图

题 1.4　试计算图 1.89 所示各元件吸收或提供的功率，其电压、电流为：

图(a)：$u=-4$V，$i=3$A；图(b)：$u=-1$V，$i=6$A；

图(c)：$u=3\text{V}$，$i=-2\text{A}$；图(d)：$u=10\text{V}$，$i=3\sin t\text{mA}$；

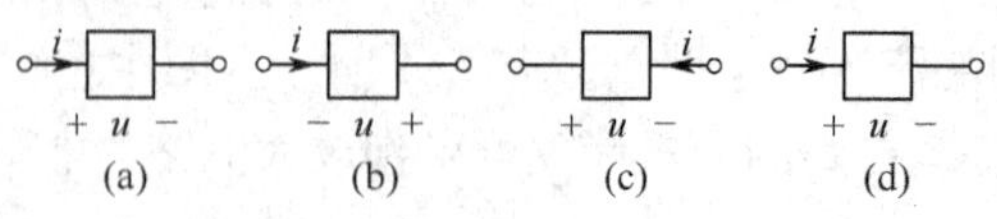

图 1.89　题 1.4 图

题 1.5　有一个灯泡，额定电压为 110V，额定功率为 25W，需要接到 220V 的电源上工作，问需要串接多大阻值的电阻？此电阻的额定功率应选多大？

题 1.6　有一额定值为 25W、100Ω 的绕线电阻，其额定电流为多少？在使用时电压不得超过多大的数值？

题 1.7　在图 1.90 所示电路中，已知 $I_1=3\text{mA}$，$I_2=1\text{mA}$。试确定电路元件 3 中的电流 I_3 和其两端的电压 U_3，并说明它是电源还是负载。校验整个电路的功率是否平衡。

题 1.8　如图 1.91 所示的电路中，$U_1=30\text{V}$，$R_1+R_2=5\text{k}\Omega$。试求当 $U_2=15\text{V}$ 时电阻 R_1、R_2 的值。

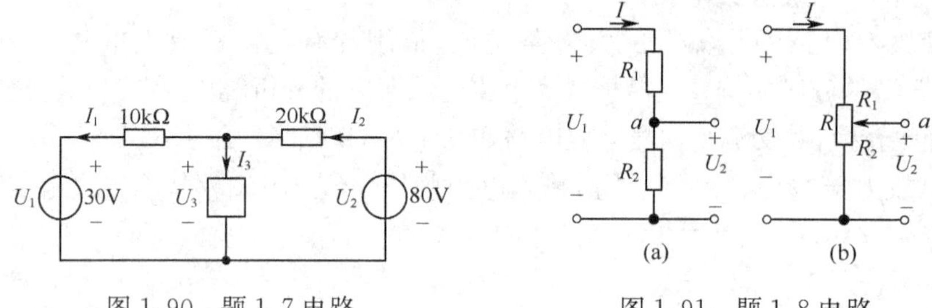

图 1.90　题 1.7 电路　　图 1.91　题 1.8 电路

题 1.9　如图 1.92 所示的电路中，电容 $C=1\mu\text{F}$，电压 $u(t)$ 的波形图如(b)所示，试计算 $t\geqslant0$ 时的电流 $i(t)$、瞬时功率 $p(t)$，并画出它们的波形。

题 1.10　如图 1.93 所示的电路中，电感 $L=15\text{mH}$，电流 $i(t)$ 的波形图如(b)所示，试计算 $t\geqslant0$ 时的电压 $u(t)$、瞬时功率 $p(t)$，并画出它们的波形。

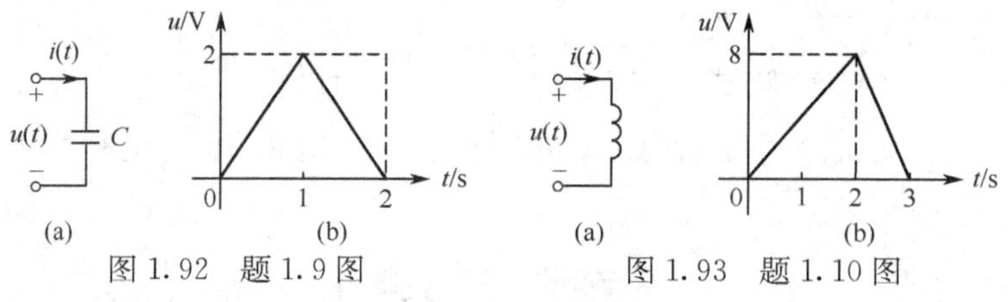

图 1.92　题 1.9 图　　图 1.93　题 1.10 图

题 1.11　如图 1.94 所示电路中，理想电流源 $I_S=3\text{A}$。试求：

(1) 开关 S 打开与闭合时电流 I_1、I_2、I。

(2) 理想电流源的端电压 U_S。

题 1.12　试计算图 1.95 中电压 u。

题 1.13　如图 1.96 所示电路中，求电压 U、电流 I 和受控源发出的功率 P。

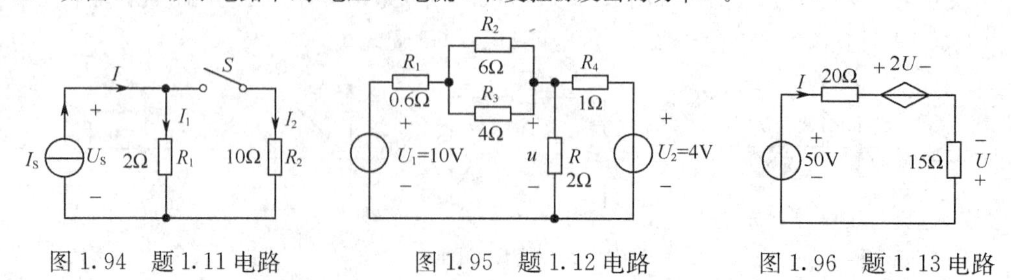

图 1.94　题 1.11 电路　　图 1.95　题 1.12 电路　　图 1.96　题 1.13 电路

题 1.14　由理想二极管组成的电路如图 1.97 所示，试确定各电路的输出电压 U_O。

题 1.15　三极管的极限参数为 $P_{CM}=100\text{mW}$，$I_{CM}=20\text{mA}$，$U_{(BR)CEO}=15\text{V}$，试问在下列情况下，哪种能正常工

作？(1)$U_{CE}=3V, I_C=10mA$；(2)$U_{CE}=2V, I_C=40mA$；(3)$U_{CE}=6V, I_C=20mA$；

题 1.16　在图 1.98 所示电路中，设晶体管的电流放大系数 $\bar{\beta}=50, U_{BE}=0.7V, U_{CC}=12V, R_C=5k\Omega, R_B=100k\Omega$。当 $U_I=-2V$、6V 和 2V 时，试判断晶体管的工作状态。

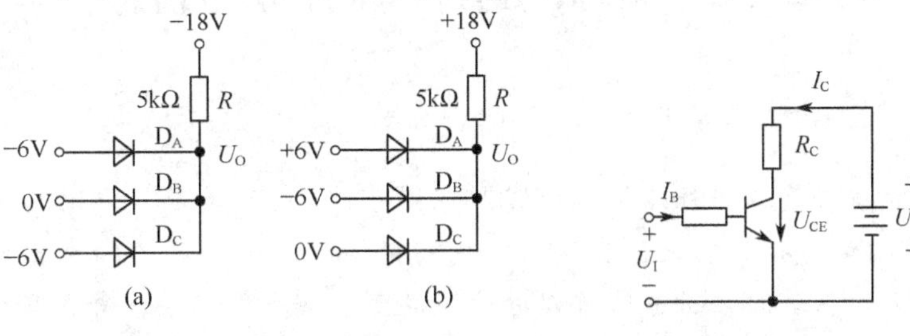

图 1.97　题 1.14 电路　　　　图 1.98　题 1.16 电路

题 1.17　试计算图 1.99 所示电路中 u_o。

题 1.18　为了获得较高的电压放大倍数，而又可避免采用高值电阻 R_F，将反相比例运算电路改为如图 1.100 所示的电路，试证：

$$A_{uf}=\frac{u_o}{u_i}=-\frac{R_F}{R_1}\left(1+\frac{R_3}{R_4}\right)$$

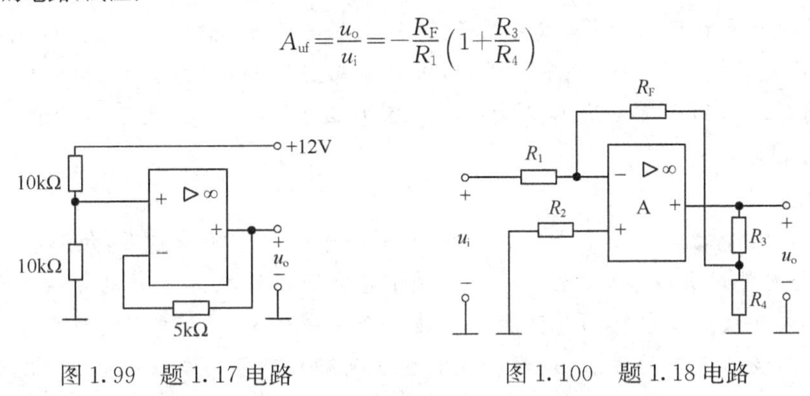

图 1.99　题 1.17 电路　　　　图 1.100　题 1.18 电路

题 1.19　如图 1.101 所示电路，已知 $i_1=2A, i_3=-2A, u_1=8V, u_4=-4V$，试计算各元件吸收的功率。

题 1.20　求图 1.102 所示电路中的 U_1、U_2 和 U_3。

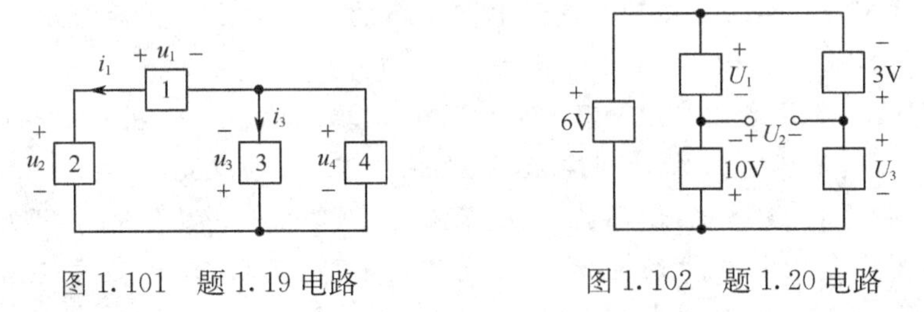

图 1.101　题 1.19 电路　　　　图 1.102　题 1.20 电路

题 1.21　在图 1.103 所示电路中，已知 $i_1=3mA, i_2=5mA, i_3=4mA$，求电流 i_4。

题 1.22　在图 1.104 所示的电路中，如选取 ABCDA 为回路绕行方向，试列出其 KVL 方程。

题 1.23　试计算图 1.105 所示电路中 A 点的电位 U_A。

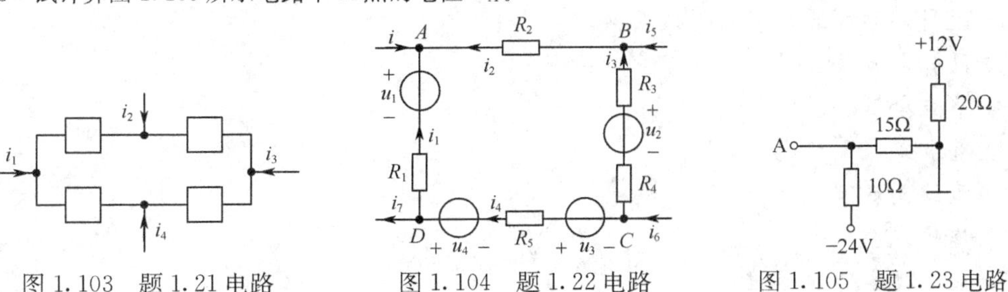

图 1.103　题 1.21 电路　　图 1.104　题 1.22 电路　　图 1.105　题 1.23 电路

第2章　电路的基本分析方法

本章导读信息

电路的基本分析方法是本课程的核心内容。在第1章,我们学习了电路物理量满足的两类约束,即元件特性约束与拓扑约束。在这一章我们将学习如何从两类约束出发逐步建立起系统的电路分析方法。电路的分析方法可以分为等效变换法和解析法。等效变化法在物理课程中我们已经接触了,比如电阻串联/并联电路的求解方法,在这一章,我们将进一步深入学习此类方法,如戴维南/诺顿定理。解析法是求解电路的最基本方法。最为直接的解析法是2b法,但随着电路的复杂程度加大,方程的维数会增高,导致求解困难,所以前人提出了支路电流法、网孔电流法和节点电压法等简化的电路分析方法,从这些方法的学习我们会发现电路分析方法原本就是数学和物理的应用,但它升华了,形成了一套规范化的方法。尽管,随着计算机技术发展,求解大规模方程组已经不是难题,但本章彰显的归纳、总结的科学思维方法却是让人受益终生的。本章的分析方法不仅适用于直流电阻电路,而且适用于后续的暂态电路和正弦交流稳态电路。

1. 内容提要

本章首先介绍等效变换方法和对偶原理:在引入等效概念的基础上,介绍电压源与元件串并联、电流源与元件串并联、电阻元件的串并联等电路简单连接方式时的等效变换、两种实际电源模型的等效互换以及电路的对偶原理。接下来介绍列写电路方程的解析方法,通过介绍电路的独立方程及其列写的方法,逐步引入以支路电流为变量的支路电流法、以网孔电流为变量的网孔电流法和以节点电压为变量的节点电压法。之后介绍电路理论中的几个定理,包括:叠加定理、置换定理、戴维南定理与诺顿定理、特勒根定理与互易定理、最大功率传输定理等。针对非线性电阻电路的特点,介绍了非线性电阻电路的分析方法。最后给出几个实用电路及其分析。

本章中用到的主要的名词与概念有:单口网络、二端网络、电桥、星形电阻网络、三角形电阻网络、有伴电压源、无伴电压源、有伴电流源、无伴电流源、等效变换、电路独立方程、对偶原理、拓扑约束、元件约束、支路电流、网孔电流、节点电压、线性电路、齐次性、可加性、叠加定理、置换定理、线性含源单口网络、开路电压、短路电流、戴维南定理、诺顿定理、特勒根定理、互易定理、最大功率传输定理、非线性电阻电路。

2. 重点难点

【本章重点】

(1) 两种实际电源模型的等效互换;

(2) 网孔电流法;

(3) 节点电压法;

(4) 叠加定理;

(5) 戴维南定理;

(6) 诺顿定理;

(7) 最大功率传输定理;

【本章难点】

(1) 利用电源转移等效互换法分析电路；

(2) 含受控源电路的分析方法；

(3) 非线性电阻电路的分析方法。

2.1 电路的等效变换和对偶原理

等效变换是电路分析的一种重要方法，通过等效变换可以将复杂电路进行简化，达到方便求解的目的。对偶现象是电路分析中出现的大量相似性的结论归纳，利用对偶原理不仅有助于记忆电路的基本概念、定理、公式等，还有助于简化电路的求解方法。

2.1.1 二端网络的概念

仅有两个端钮与外部电路相连，并且从一个端钮流入的电流等于从另一个端钮流出的电流，这样的电路称为二端网络，也叫单口网络。第1章中介绍的电阻、电容、电感等理想电路元件可以看成是二端网络的特例，此时网络内部只含有一个元件。与元件的伏安关系相似，一个二端网络的端口电压和电流之间的关系称为该二端网络的伏安关系。

例如，图2.1所示二端网络N，其伏安关系可用数学表达式描述为：

$$u=f(i)\text{或}i=f(u) \tag{2.1}$$

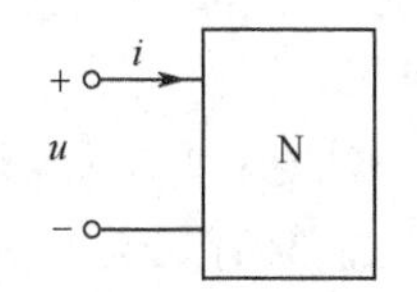

图2.1 单口网络及其伏安关系

二端网络的伏安关系由二端网络内部的结构和参数所决定，与外电路无关。特别的，当二端网络内部不含独立电源、只含有线性电阻元件和受控源时，称之为无源二端网络，其端口电压和电流之间的关系可以表示为：

$$R_i=\frac{u}{i} \tag{2.2}$$

式中R_i是与u、i无关的常数，称为无源二端网络的输入电阻，也叫无源二端网络的等效电阻。

2.1.2 电路等效的概念

如果两个二端网络的伏安关系完全相同，那么就称这两个二端网络是等效的，且这两个二端网络可以互称为等效电路。

从等效的概念可以看出，等效是指两个电路的端口特性相同，对于内部结构并没有要求，因此两个等效的电路，它们的内部结构可以是完全不同的，如图2.2所示的两个二端网络N和N′，它们的内部结构可能不同，但只要能够证明它们的伏安关系完全一样，那么就可以说这两个二端网络是等效的。

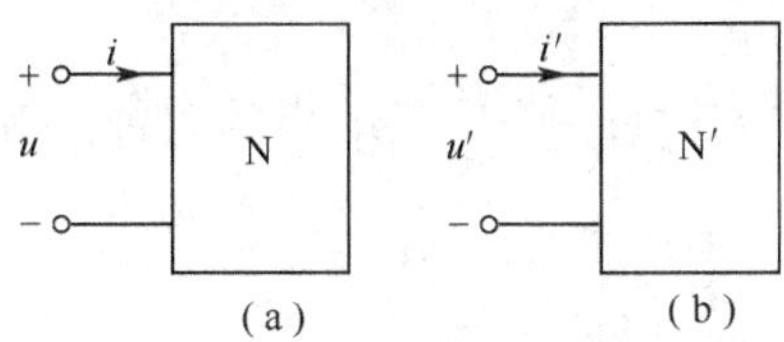

图2.2 二端网络的等效

利用等效的概念可以很方便地对复杂电路进行化简。在电路中，如果将电路的某一部分用其等效电路来替换，那么未被替换的电路部分的各电压和电流均保持不变，也就是说替换后的电路和原电路就（二端网络之外的）外电路而言是等效的。

例如，图2.3(a)所示的电路中，根据KVL可以求得2Ω电阻上的电流为

$$i=\frac{2}{1+2}=\frac{2}{3}\mathrm{A}$$

在图 2.3(b)中,根据分流关系可得 2Ω 电阻上的电流为

$$i'=\frac{1}{1+2}\times 2=\frac{2}{3}\mathrm{A}$$

因此对 2Ω 电阻而言外接二端网络 N 和二端网络 N′是等效的。若将两个电路中 2Ω 的电阻都换成 5Ω 的电阻,同样可以计算出

$$i=i'=\frac{1}{3}\mathrm{A}$$

可以验证,对于任意阻值的电阻,二端网络 N 和二端网络 N′都是等效的。因此,虽然 N 和 N′的结构不同,但它们对于外电路而言作用却是相同的,也就是说它们是等效的。

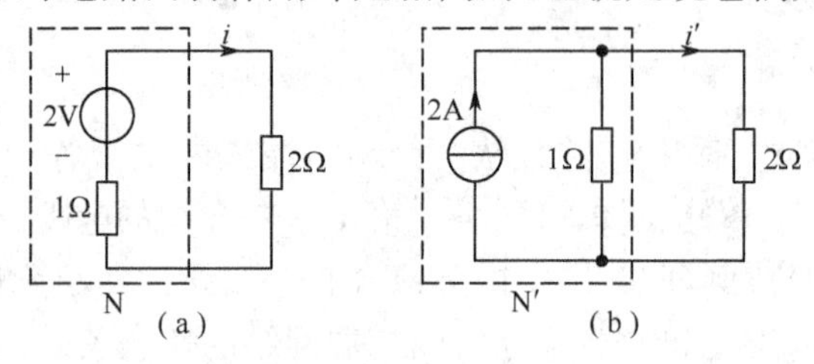

图 2.3 二端网络的等效举例

注意:(1) 等效是对外电路而言的,也就是说,不管两个二端网络的内部电路结构如何,只要它们具有相同的伏安关系,那么就说它们对外电路而言是等效的;

(2) 等效是对所有外电路而言的等效,如果两个二端网络只有在外接某一负载时具有相同的端口电压和电流,那么并不能说它们是等效的。

2.1.3 电阻的等效变换

1. 串联电阻的等效变换

N 个电阻的串联组合,如图 2.4(a)所示,根据 KVL,该部分电路的总电压为

$$u=u_1+u_2+\cdots+u_n=(R_1+R_2+\cdots+R_n)i \tag{2.3}$$

则该部分的等效电阻为

$$R_{\mathrm{eq}}=\frac{u}{i}=R_1+R_2+\cdots+R_n=\sum_{k=1}^{n}R_k \tag{2.4}$$

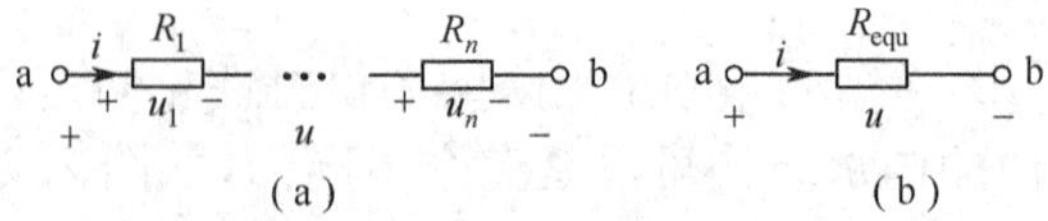

(a) (b)

图 2.4 电阻的串联

因此,电阻的串联组合可以等效为一个电阻,其等效电阻值等于每一个串联电阻的阻值之和,即必大于每一个串联电阻。此时每一个电阻上的电压为

$$u_k=R_k i=\frac{R_k}{(R_1+R_2+\cdots+R_n)}u \tag{2.5}$$

也就是说,串联电阻电路中每一个电阻上的电压与其电阻大小成正比。式(2.5)称为分压公式,在实际中常利用串联电阻的分压特性来实现分压器。

2. **并联电阻的等效变换**

N 个电阻的并联组合，如图 2.5(a)所示，根据 KCL，该部分电路的总电流为

$$i=i_1+i_2+\cdots+i_n=\left(\frac{1}{R_1}+\frac{1}{R_2}+\cdots+\frac{1}{R_n}\right)u \tag{2.6}$$

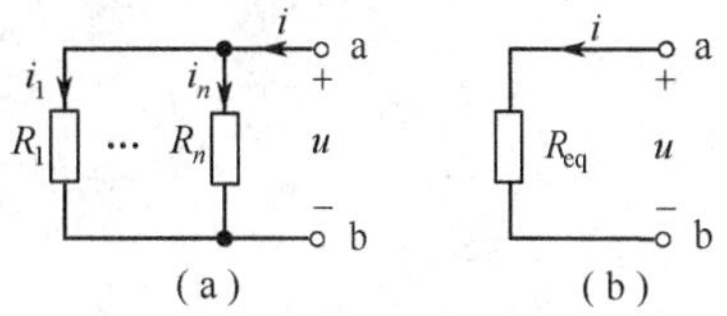

则该部分的等效电阻为

$$R_{\mathrm{eq}}=\frac{u}{i}=\frac{1}{\dfrac{1}{R_1}+\dfrac{1}{R_2}+\cdots+\dfrac{1}{R_n}}=\frac{1}{\sum\limits_{k=1}^{n}\dfrac{1}{R_k}} \tag{2.7}$$

(a) (b)

图 2.5 电阻的并联

也可用电导表示为

$$G_{\mathrm{eq}}=\sum_{k=1}^{n}G_k \tag{2.8}$$

因此，电阻的并联组合其等效电阻必小于每一个并联电阻。此时每一个电阻上的电流为

$$i_k=G_k u=\frac{G_k}{(G_1+G_2+\cdots+G_n)}u \tag{2.9}$$

也就是说，并联电阻电路中每一个电阻上的电流与其电导大小成正比。式(2.9)称为分流公式，并联电阻的这一特性可以用来实现分流器。

3. **电阻的 Y－△连接及其等效变换**

Y 形和△形电阻网络都是电阻电路中常见的三端电阻网络，各电阻之间是非串联非并联的连接关系，它们有三个端钮和外电路相连，如图 2.6 所示。其中 Y 形(或星形)连接中三个电阻各有一端连在一起(称为公共端)，另外三个端子则与外电路相连，如图 2.6(a)所示；△形(或三角形)连接中三个电阻依次连接在一起，再从三个连接点上向外引出三个端子与外电路相连，如图 2.6(b)所示。当这两种连接方式的电阻之间满足一定的关系时，它们也可以进行等效互换。

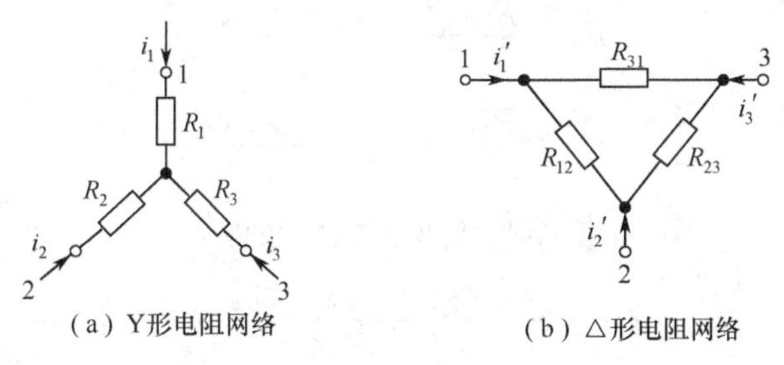

图 2.6 电阻的 Y 形和△形连接

要使这两种电阻网络可以等效，那么它们对应端口上的电压和电流的关系应该完全相同。对于 Y 形网络有

$$\left.\begin{aligned}u_{12}&=R_1 i_1-R_2 i_2\\u_{23}&=R_2 i_2-R_3 i_3\\u_{31}&=R_3 i_3-R_1 i_1\end{aligned}\right\} \tag{2.10}$$

对于△形网络，根据电路有

$$\left.\begin{aligned}i_1'&=\frac{u_{12}}{R_{12}}-\frac{u_{31}}{R_{31}}\\i_2'&=\frac{u_{23}}{R_{23}}-\frac{u_{12}}{R_{12}}\\u_{12}+u_{23}+u_{31}&=0\end{aligned}\right\} \tag{2.11}$$

从式(2.11)可以解得

$$\left.\begin{aligned}u_{12}&=\frac{R_{12}R_{31}}{R_{12}+R_{23}+R_{31}}i_1'-\frac{R_{12}R_{23}}{R_{12}+R_{23}+R_{31}}i_2'\\u_{23}&=\frac{R_{12}R_{23}}{R_{12}+R_{23}+R_{31}}i_2'-\frac{R_{13}R_{23}}{R_{12}+R_{23}+R_{31}}i_3'\\u_{31}&=\frac{R_{13}R_{23}}{R_{12}+R_{23}+R_{31}}i_3'-\frac{R_{12}R_{31}}{R_{12}+R_{23}+R_{31}}i_1'\end{aligned}\right\}\tag{2.12}$$

要使两个网络等效，则不论 u_{12}、u_{23}、u_{31} 为何值时，对应端钮上的电流都应该相等，因此式(2.10)和式(2.12)中 i_1 和 i_1'、i_2 和 i_2'、i_3 和 i_3' 各项前面的系数应该相等，即

$$\left.\begin{aligned}R_1&=\frac{R_{12}R_{31}}{R_{12}+R_{23}+R_{31}}\\R_2&=\frac{R_{12}R_{23}}{R_{12}+R_{23}+R_{31}}\\R_3&=\frac{R_{13}R_{23}}{R_{12}+R_{23}+R_{31}}\end{aligned}\right\}\tag{2.13}$$

这就是在已知了△形连接中各电阻时求与之等效的 Y 形连接电阻网络中各电阻值时的公式。

如果已知了 Y 形连接中各电阻，要求与之等效的△形连接电阻网络中各电阻值时，可将式(2.13)中各式求解得到

$$\left.\begin{aligned}R_{12}&=\frac{R_1R_2+R_2R_3+R_1R_3}{R_3}\\R_{23}&=\frac{R_1R_2+R_2R_3+R_1R_3}{R_1}\\R_{31}&=\frac{R_1R_2+R_2R_3+R_1R_3}{R_2}\end{aligned}\right\}\tag{2.14}$$

上面两式可归纳为：△形网络变换为 Y 形网络的条件为

$$R_i=\frac{\text{接于端钮 } i \text{ 的两电阻的乘积}}{\text{三电阻之和}}\tag{2.15}$$

式(2.15)中 $i=1,2,3$。Y 形网络变换为△形网络的条件为

$$R_{mn}=\frac{\text{三电阻两两乘积之和}}{\text{接在与 } R_{mn} \text{ 相对端钮的电阻}}\tag{2.16}$$

式(2.16)中 $m=1,2,3$；$n=1,2,3$。

【例 2.1】如图 2.7(a)所示电阻网络中，已知各电阻的大小都为 R，试求 a、b 两端的输入电阻。

解 该电阻网络是由电阻元件非串联非并联组成的，单纯利用电阻的串联或并联关系无法将其进行化简。但仔细观察电路就会发现，该电路中的几个电阻组成了 Y 形或△形网络，因此可以利用 Y 形网络和△形网络的等效互换关系将其进行化简。

节点 2、3、4 间的三个电阻构成了一个△形网络，根据△形网络和 Y 形网络的等效互换关系可知，与其等效的 Y 形网络中各电阻的值为

$$R_2=R_3=R_4=\frac{R\times R}{R+R+R}=\frac{R}{3}$$

因此，原电路可等效变换为图 2.7(b)所示的形式，电路的结构得到了简化。由此可以求得 a、b 两端的等效电阻为

$$R_{ab}=\left(R+\frac{R}{3}\right)/\!/\left(R+\frac{R}{3}\right)+\frac{R}{3}=R$$

也可以将原电路中节点 1、节点 3、节点 4 间的 Y 形网络等效变换为△形网络，如图 2.7(c)所示，此时电路的等效电阻为

$$R_{ab}=(R/\!/3R+R/\!/3R)/\!/3R=R$$

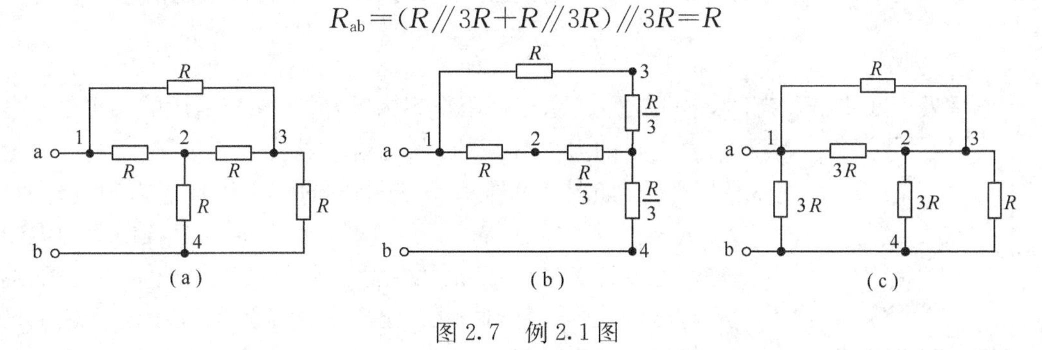

图 2.7　例 2.1 图

本例还有其他的变换方法，读者可以作为练习自行进行变换求解。

在本例中，构成各△形网络和 Y 形网络的电阻的大小都相等，这样的网络称为对称的△形网络和对称的 Y 形网络。从本例的求解可以看出，对于对称的△形网络和对称的 Y 形网络，其等效互换的条件可以表达为

$$R_{\text{Y}}=\frac{1}{3}R_{\triangle}\text{和 }R_{\triangle}=3R_{\text{Y}} \tag{2.17}$$

4. 电桥及其平衡条件

电桥是一种在实际中有着广泛应用的电路，它可以用来精确地测量电阻，也可以构成温度、压力等各种物理量的测量系统。电桥的典型结构如图 2.8(a)所示，4 个电阻所在支路构成了电桥的 4 个桥臂，中间支路上的检流计是用来测量输出电流的大小的。也可以将它画成图(b)的形式，这样各电阻之间的串并联关系就更清楚了。

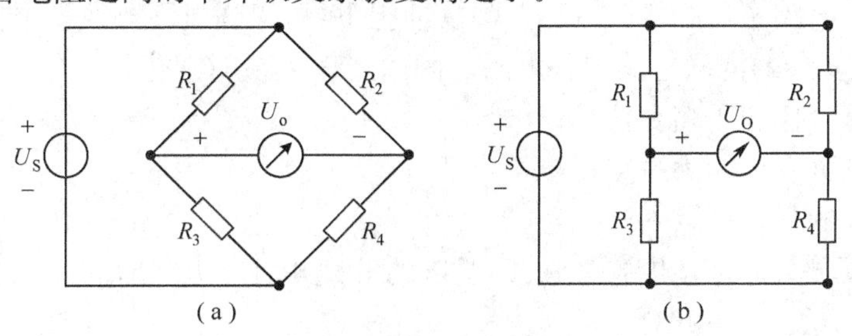

图 2.8　电桥的结构

当电桥的输出电压 U_O 为零时称电桥达到了平衡，此时检流计的读数为零，从图 2.8 可以看出，输出电压 U_O 为

$$U_O=\left(\frac{R_3}{R_1+R_3}-\frac{R_4}{R_2+R_4}\right)U_S$$

因为 U_O 为零，所以必有

$$\frac{R_3}{R_1+R_3}-\frac{R_4}{R_2+R_4}=0$$

即

$$R_1R_4=R_2R_3 \tag{2.18}$$

这就是电桥的平衡条件。根据这一平衡条件，在桥臂的 4 个电阻中，只要已知其中的三个，另外一个就可以通过平衡条件求出，这就是利用电桥测量电阻的原理。例如，在图 2.8 中，假设电阻 R_1 的值待测量，为了方便调节电桥平衡，可使 R_2、R_4 大小一定，R_3 为可变电阻器，调节可变电阻 R_3 直到检流计的读数为零，则根据电桥的平衡条件可知待测电阻的值为

$$R_1=R_3\times\frac{R_2}{R_4} \tag{2.19}$$

当电桥处于非平衡状态时，中间支路的输出电压将不为零，并且输出电压的大小是与各桥臂电阻的大小有关的，利用这一特点可以实现很多非电量的测量。如图 2.9 所示，任选电桥的一个桥臂作为测量臂，将测量物理量的传感器连接到该臂上。首先调节各桥臂的电阻值使电桥达到平衡，然后用传感器测量被测物理量，电桥的输出电压将发生变化，此输出偏离平衡位置的大小就反映了被测物理量的变化量。

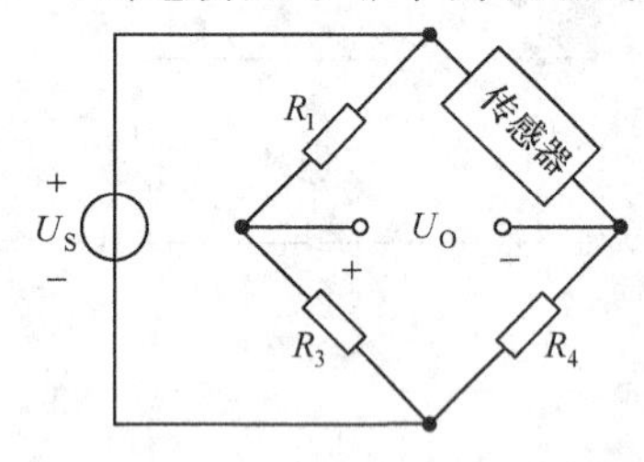

图 2.9 利用非平衡电桥测量物理量

当电桥的输出端上也有电阻时，可以将它看成一个复杂的电阻网络，利用电阻的△－Y 变换等方法进行求解，这里不再赘述。

5. 电阻混联电路的等效变换

在电路中，当各电阻之间既有串联又有并联时，称为电阻的混联。对于电阻混联电路，如能根据电路的结构对其进行适当的等效变换，将会对电路的分析带来很大的帮助。

电阻混联电路在分析时，首先要根据电阻串、并联的基本特征来判断出各电阻之间的连接方式是串联还是并联，然后按照电阻串联和并联的等效规律逐步进行等效变换，将电路进行化简。

对电阻混联电路进行化简时，应该注意到：

(1) 在不改变电路拓扑结构(连接方式)的前提下，可以通过适当改变电路的画法，将电路进行变形，使看似复杂的混联电路中各电阻之间的连接关系明朗化；

(2) 短路线可以任意压缩和拉长；

(3) 等电位点可以压缩为一点；

(4) 电流为零的支路可以断开。

【例 2.2】 求图 2.10 所示电路中 A、B 端口的等效电阻。已知 $R_1=20\Omega$，$R_2=12\Omega$，$R_3=5\Omega$，$R_4=8\Omega$，$R_5=10\Omega$，$R_6=14\Omega$。

解 从 A 点出发，依次经过各节点和支路，沿电路走一圈到达 B 点，可知在电路中节点 3、节点 4 为等电位点，故 R_1、R_3 并联，R_2、R_4 并联，因此原电路可以改画为图 2.11 所示的形式，对改画以后的电路图可以根据电阻的串并联等效变换规律求得

$$R_{AB}=(R_5+R_1/\!/R_3)/\!/R_6+R_2/\!/R_4=11.8\Omega$$

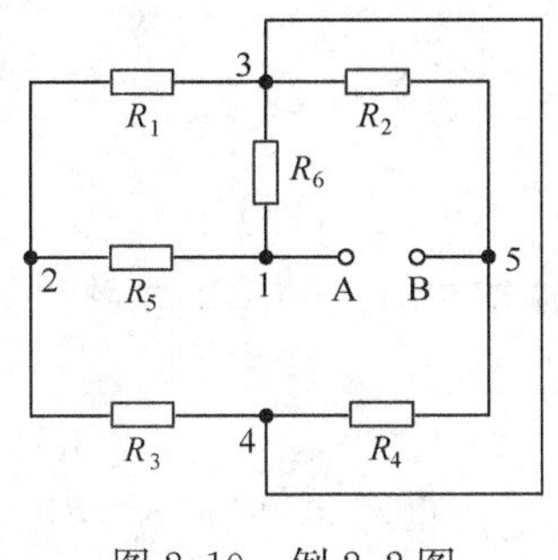

图 2.10　例 2.2 图

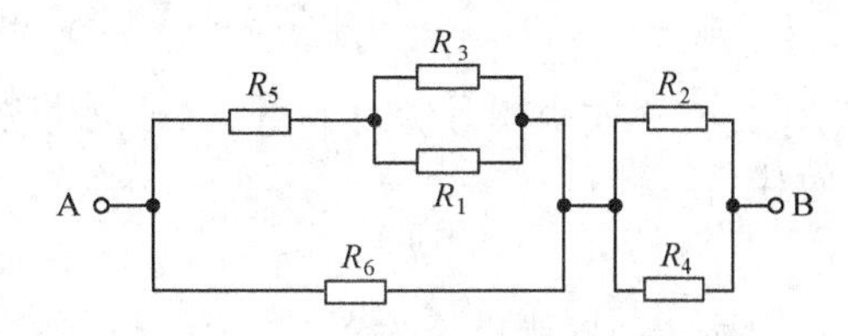

图 2.11　图 2.10 等效电路图

2.1.4　独立源的等效变换

1. 电压源的串并联等效变换

(1) 电压源的串联

理想电压源在电路中可以进行串联和并联连接。两个电压源的串联连接如图 2.12 所示，根据 KVL，此串联支路两端的电压为

$$u=u_{s1}+u_{s2} \tag{2.20}$$

且根据理想电压源的特性可知，串联支路的电流取决于外电路，与串联支路中的电压源无关。因此该支路可以等效为一个电压源，其大小等于两个串联电压源电压的代数和。可见，将电压源串联起来可以向外电路提供更高的电压，在实际中得到了广泛的应用，读者可以自行查阅相关应用。

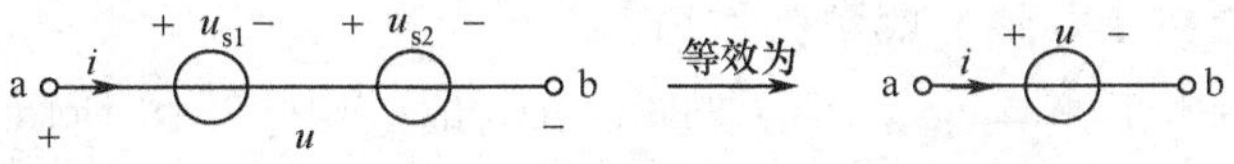

图 2.12　两个电压源的串联

同理可知，当有 n 个电压源 u_{s1}、u_{s2}、…、u_{sn} 串联时，也可以等效为一个电压源，且该电压源的电压等于该串联支路上所有电压源电压的代数和，即

$$u_{eq}=\sum_{k=1}^{n}u_{sk} \tag{2.21}$$

(2) 电压源的并联

两个电压源的并联连接方式如图 2.13 所示。从电路可知：$u_{ab}=u_{s1}$ 且 $u_{ab}=u_{s2}$。因此要使上式成立，则必须有：$u_{s1}=u_{s2}$。所以在电路中两个电压源必须相等且极性相同时才能采用并联的连接方式，且并联电路可以等效为一个电压源：

$$u_{eq}=u_{s1}=u_{s2} \tag{2.22}$$

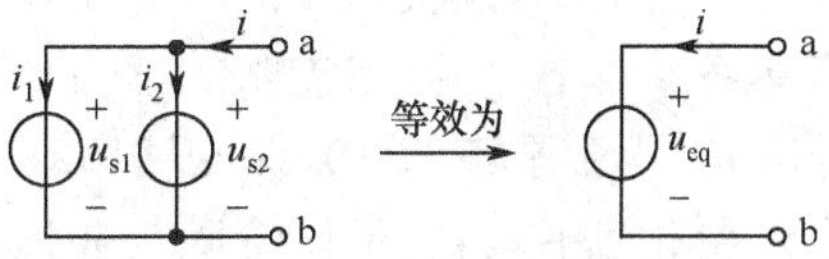

图 2.13　两个电压源的并联

电压源并联后电路的端电压不变，与并联前的电压相等，但并联后可以向外电路提供更大的电流，电力系统中的并网供电就是这个原理。

2. 电流源的串并联等效变换

(1) 电流源的串联

两个独立电流源的串联如图 2.14 所示，根据独立电流源的特性可知，流经串联支路上的电流为

$$i=i_{s1}=i_{s2} \tag{2.23}$$

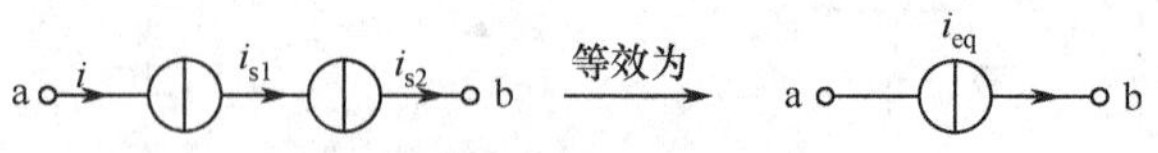

图 2.14　两个独立电流源的串联

因此，只有两个大小相等、方向相同的独立电流源才能够串联。该串联支路可以用一个电流源来等效代替：

$$i_{eq}=i_{s1}=i_{s2} \tag{2.24}$$

等效后的支路与原来的支路相比，流经独立电流源的电流保持不变，但每一个独立电流源两端的电压将发生变化。

(2) 电流源的并联

两个电流源的并联连接方式如图 2.15 所示。根据 KCL，并联支路的总电流为

$$i=i_{s1}+i_{s2} \tag{2.25}$$

该并联支路的端电压取决于外电路，与并联支路中的各独立电流源无关。因此该并联电路可以等效为一个电流源，其大小等于两并联电流源电流的代数和。

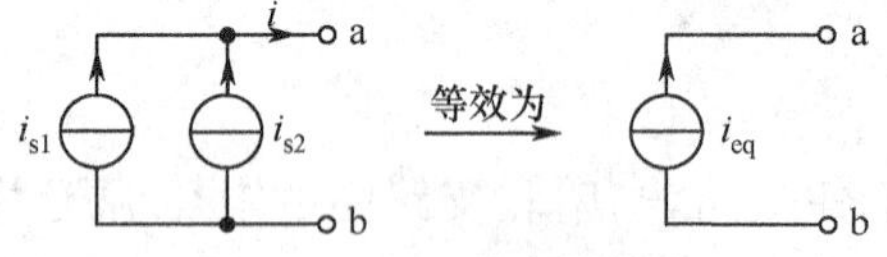

图 2.15　两个独立电流源的并联

上述结论也可以推广到 n 个电流源并联的电路：n 个电流源 i_{s1}、i_{s2}、…、i_{sn} 的并联电路也可以等效为一个电流源，且该电流源的电流等于并联电路上所有电流源电流的代数和，即

$$i_{eq}=\sum_{k=1}^{n} i_{sk} \tag{2.26}$$

3. 恒压源与非恒压源支路并联等效变换

在电路中，当一个恒压源与非恒压源支路相并联时（如图 2.16 所示），根据并联电路的性质，端口电压等于恒压源的电压，即

$$u=u_s \tag{2.27}$$

端口上的电流大小取决于外电路，与并联支路上的元件无关。所以该并联电路对外电路而言可以等效为一个恒压源支路，且

$$u_{eq}=u_s \tag{2.28}$$

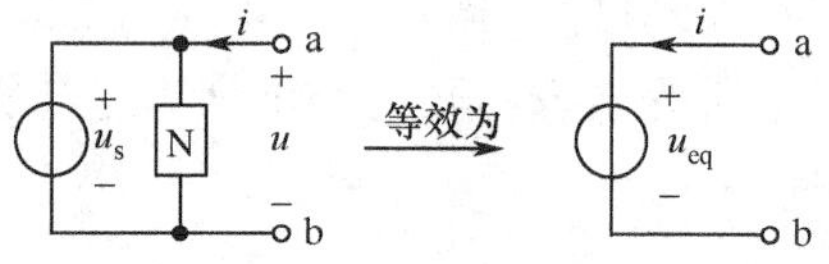

图 2.16　恒压源与非恒压源支路的并联

因此，恒压源与非恒压源支路并联的电路可以等效为一个电压源，并联的非恒压源支路对外电路没有影响，在求解外电路的电压或电流时可以将该支路忽略不计，但该支路的存在会改变电路内部流经恒压源支路的电流。

4. 恒流源与非恒流源支路串联等效变换

在电路中，当一个恒流源与非恒流源支路相串联时（如图 2.17 所示），由于电流源的性质决定了该条支路上的电流是一个定值：

$$i=i_s \tag{2.29}$$

而支路电压的大小则取决于外电路，与非恒流源支路无关。所以该串联支路对外电路而言可以等效为一个电流源支路：

$$i_{eq}=i_s \tag{2.30}$$

因此，恒流源与非恒流源支路串联的电路可以等效为一个恒流源，串联的非恒流源支路对外电路没有影响，在求解外电路的电压或电流时可以将该支路忽略不计，但该支路的存在会改变原恒流源两端的电压。

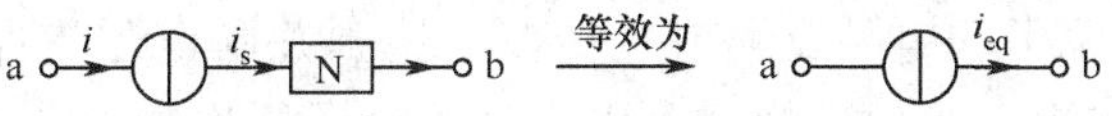

图 2.17　恒流源与非恒流源支路的串联

5. 实际电源的两种电路模型及其等效互换

在第一章介绍的理想电源(恒压源、恒流源)是假设电源内部没有能量损耗的。但实际电源在工作时不可避免地会存在能量的损耗。比如一节新的干电池在开始使用时其端电压可以保持在 1.5V,此时它可以被看成是理想的电压源;但过一段时间后电池内部的损耗加大,其端电压会逐渐减小,此时就不能再将其看成是理想电压源,而必须考虑到电源内部的损耗,用图 2.18(a)所示的实际电压源模型来表示。同理,对于实际电流源来说,当考虑到电源内部的损耗时,通常要用图 2.18(b)所示的电路模型来表示。

实际电压源模型与实际电流源模型也是线性含源二端网络所能具有的最简单的形式,它们在一定条件下也可以进行等效互换。从图 2.18 可以看出,这两种模型端口的伏安关系分别为

$$\begin{cases} u=u_s-iR_s \\ i=i_s-\dfrac{u}{R_s'} \end{cases} \tag{2.31}$$

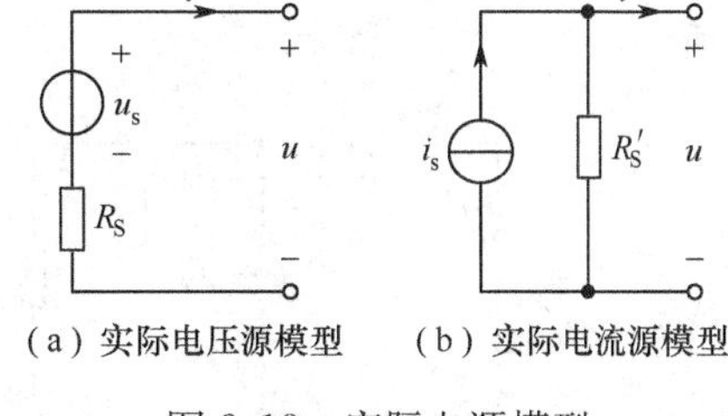

(a) 实际电压源模型　(b) 实际电流源模型

图 2.18　实际电源模型

将上式中的第二个方程进行一下变换可以得到

$$u=i_sR_s'-iR_s \tag{2.32}$$

比较式(2.32)和式(2.31)中的第一个方程可以看出,要使这两个模型等效,则必须满足

$$\begin{cases} R_s=R_s' \\ u_s=i_sR_s \end{cases} \tag{2.33}$$

这就是实际电压源模型与实际电流源模型进行等效互换的条件。在进行等效变换的时候,必须注意到的是,这两种等效模型中电流源的电流与电压源电压之间为非关联参考方向,即电流源的电流是从电压源的负极流向正极的。

【例 2.3】 试求图 2.19 所示电路中的电流 I。

解　在该电路中含有两条电压源串联电阻支路,可以利用实际电源的两种模型之间的等效变换法则将电路进行化简。首先利用电源的等效变换将电路中的两条电压源串联电阻支路等效变换为电流源并联电阻电路,如图 2.20(a)所示。

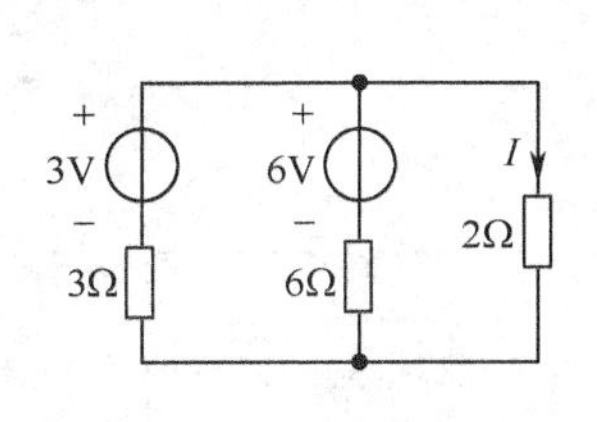

图 2.19　例 2.3 图

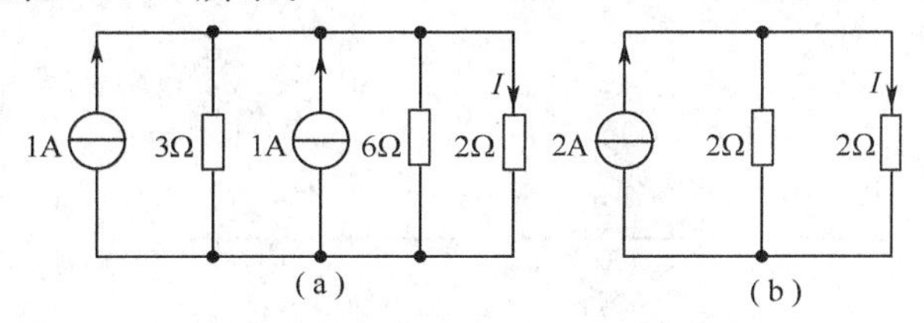

图 2.20　例 2.3 等效变换电路图

上图中两个电流源的并联可以等效为一个电流源,两个电阻的并联也可以等效为一个电阻,因此图 2.20(a)可以进一步简化为图(b)所示的电路。根据并联电阻的分流原理可知,原电路中的电流为

$$I=\frac{2}{2+2}\times 2=1A$$

对于含有受控电压源串联电阻支路或是受控电流源并联电阻支路，也可以利用电源的等效变换方法进行求解，在进行等效变换时可以先把受控源当作独立源看待，但应该注意的是变换过程中应该保存受控源的控制支路而不能把它变换掉。

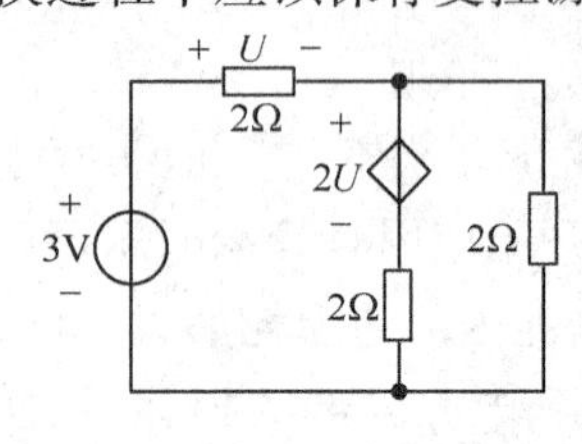

图 2.21　例 2.4 电路图

【例 2.4】 试求图 2.21 所示电路中的电压 U。

解　首先将电压受控源串联电阻支路等效变换为电流受控源并联电阻电路，如图 2.22(a)所示。

将两个并联电阻等效为一个电阻，如图 2.22(b)所示。受控电流源并联电阻电路可以进一步等效为一个受控电压源串联电阻支路，如图 2.22(c)所示。根据 KCL 可得

$$U+U+\frac{U}{2}=3\text{V}$$

解得

$$U=1.2\text{V}$$

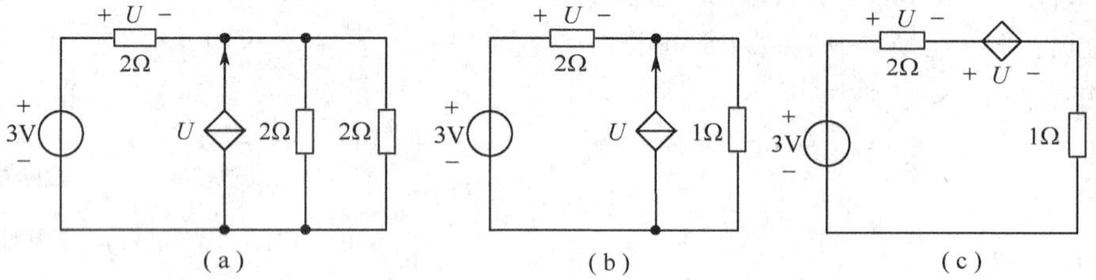

(a)　(b)　(c)

图 2.22　例 2.4 等效变换电路

6. 恒压源转移等效互换

在电路中经常将与电阻串联的电压源(或与电阻并联的电流源)称为有伴电压源(或有伴电流源)，没有电阻与之串联的电压源(或没有电阻与之并联的电流源)称为无伴电压源(或无伴电流源)。利用恒压源转移等效互换有时能使原来的非串、非并联电路等效变换成新的、便于简化的串并联电路。恒压源转移等效互换指的是：电路中的无伴电压源支路可转移(等效变换)到与该支路任一端连接的所有支路中与各电阻串联，在无伴电压源转移前后，电路的端口特性不变。应该注意的是转移后的各个电压源与原来的无伴电压源具有相同的大小和方向。如图 2.23(a)所示电路，与电压源相连有三条电阻支路，那么电压源可以转移到三条支路上分别与三个电阻串联，如图 2.23(b)所示。

【例 2.5】 试用恒压源转移互换法求图 2.24 所示电路中的电流 I。

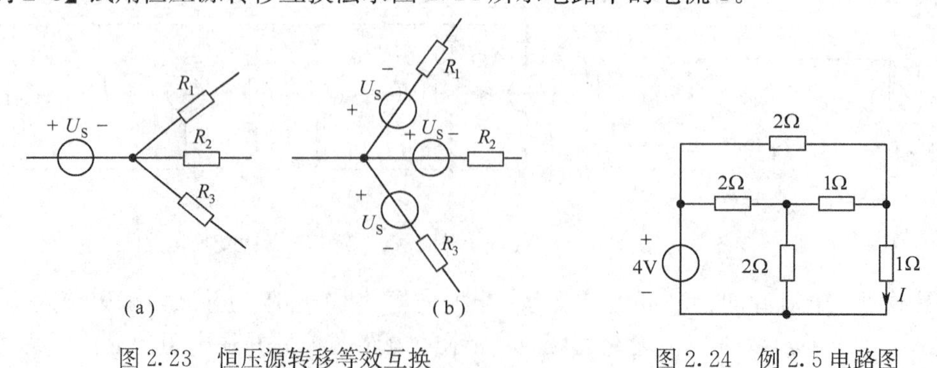

图 2.23　恒压源转移等效互换

图 2.24　例 2.5 电路图

解　(1)将无伴电压源进行转移等效互换，如图 2.25(a)所示。

(2) 将电压源串联电阻支路用电流源并联电阻电路等效代替，如图 2.25(b)所示。

(3) 将并联电阻等效为一个电阻并将实际电流源模型等效变换为实际电压源模型，如图 2.25(c)所示。

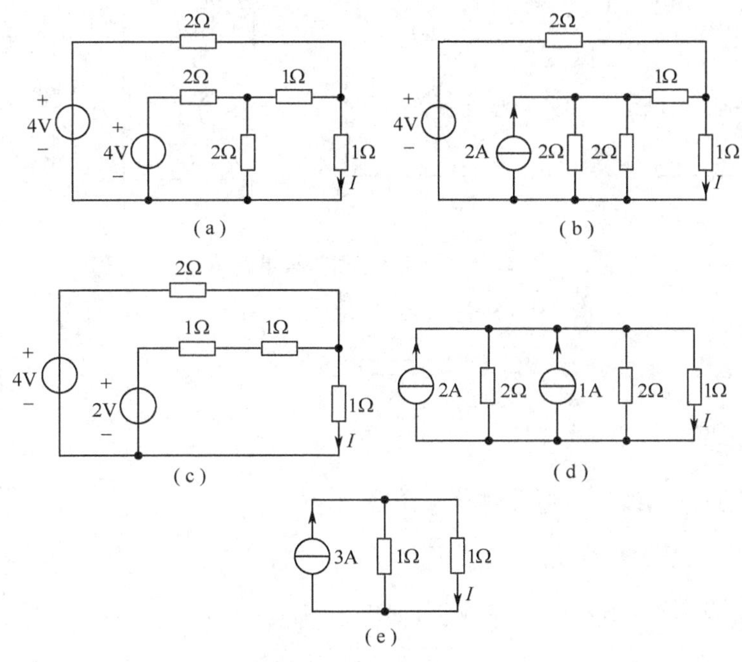

图 2.25　例 2.5 求解过程电路图

(4) 将实际电压源模型等效变换为实际电流源模型，如图 2.25(d)所示。

(5) 将并联电流源和并联电阻分别等效为一个电流源和一个电阻，如图 2.25(e)所示，根据分流原理可知所求电流的值为

$$I=\frac{1}{1+1}\times3=1.5\text{A}$$

7. 恒流源转移等效互换

电路中的电流源支路也能进行转移等效变换，具体方法是：电路中的无伴电流源支路可转移到与该支路形成回路的任一回路的所有支路中与各电阻并联。如图 2.26(a)所示，由无伴电流源支路和电阻支路构成的回路中，无伴电流源可以转移到其他两条电阻支路上，如图 2.26(b)所示。注意转移后电流源的方向依然是从节点 a 流入、从节点 b 流出。

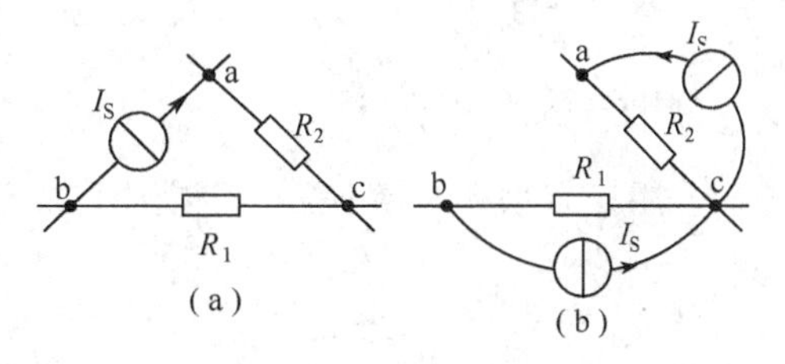

图 2.26　恒流源转移等效互换

【例 2.6】 试利用电源的转移等效互换求图 2.27 中的电流 I。

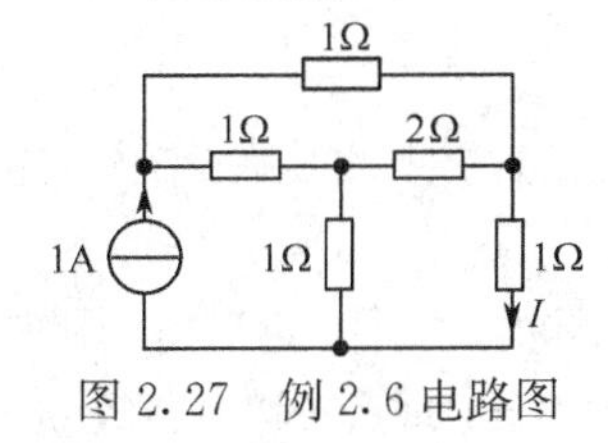

图 2.27　例 2.6 电路图

解　首先将无伴电流源进行转移，如图 2.28(a)所示；然后将电流源并联电阻电路等效变换为电压源串联电阻支路，如图 2.28(b)所示；接下来将电压源串联电阻支路等效变换为电流源并联电阻电路，如图 2.28(c)所示；最后将电流源并联电阻支路等效变换为电压源串联电阻支路，如图 2.28(d)所示。

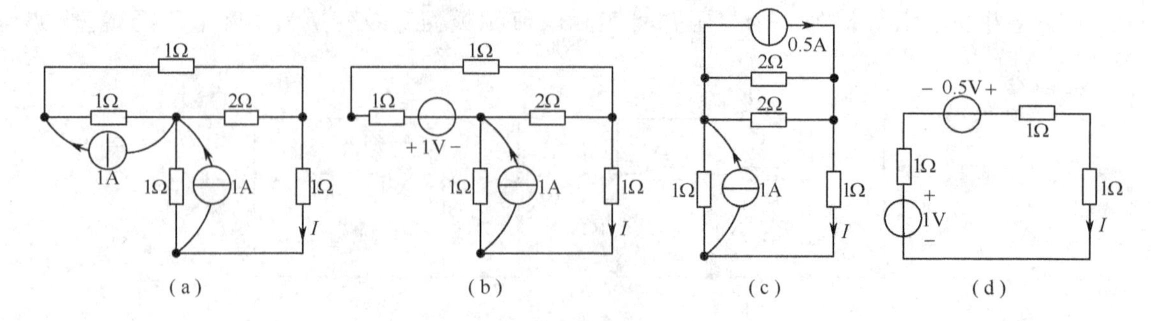

图 2.28　例 2.6 求解过程电路图

则待求的支路电流为

$$I=\frac{1+0.5}{1+1+1}=0.5\text{A}$$

2.1.5　对偶原理

在关联参考方向下，线性电感元件伏安关系为

$$u=L\frac{\mathrm{d}i}{\mathrm{d}t}$$

若在上式中，用 u 置换 i，i 置换 u，C 置换 L，便得出新的关系：

$$i=C\frac{\mathrm{d}u}{\mathrm{d}t}$$

此式即为线性电容元件的伏安关系。这是对偶现象在电路中的一种体现形式。电路的对偶性广泛存在与电路变量、电路元件、电路定律、电路结构和分析方法等之中。$u=L\frac{\mathrm{d}i}{\mathrm{d}t}$与 $i=C\frac{\mathrm{d}u}{\mathrm{d}t}$ 就体现为电感元件与电容元件伏安关系间的对偶性。

又比如，在电阻串联电路中，存在以下关系：

等效电阻：$R_{eq}=\sum_{i=1}^{n}R_i$

电流：$I=\frac{U}{R_{eq}}$

分压关系：$U_i=\frac{R_i}{R_{eq}}U$

若用 u 置换 i，R 置换 G，则得到了如下关系：

等效电导：$G_{eq}=\sum_{i=1}^{n}G_i$

电流：$U=\frac{I}{G_{eq}}$

分流关系：$I_i=\frac{G_i}{G_{eq}}I$

即电阻并联电路的关系，体现了电阻串联电路与电阻并联电路之间的对偶关系。在上述对偶关系中，这些可以互换的元素称为对偶元素。

电路对偶原理可以表述为：电路中某些元素之间的关系（或方程、电路、定律、定理等）用它们的对偶元素对应地置换后得到的新关系（或新方程、新电路、新定律、新定理等）也一定成立。电路中具有对偶关系的元素、元件、结构等如表 2.1 所示。

表 2.1　电路中的对偶关系

原电路	电压 u	电阻 R	电感 L	串联	开路	电压源
对偶电路	电流 i	电导 G	电容 C	并联	短路	电流源

对一电路进行分析，求解其响应和性质时，若能找到该电路的对偶电路，计算对偶电路的响应。根据对偶原理，就可以得到原电路的响应和性质。应用对偶原理不仅可以简化电路求解过程，而且会有新的发现或者预见新的性质。同时，利用对偶原理记忆电路的基本概念、定律、方法也是一种好的方法。根据对偶原理，对于本章将要学习的电路基本分析方法和定理，大家可以尝试自己分析、归纳、验证它们之间的对偶关系，比如：网孔电流法与节点电压法、戴维南定理与诺顿定理。

2.2　电路的独立方程求解法(2b 法)

前面已经介绍过，元件约束和拓扑约束是对电路进行分析的根本依据，根据这两类约束就可以列出求电路中各支路电流和支路电压所需的全部方程。所谓的独立方程指的是这样一组方程，该组方程中任一个都不能表示为另外几个方程的线性组合。在应用两类约束列写电路方程时，也需要寻找这样一组独立方程，以减少待求解的方程的数目。

2.2.1　KCL 独立方程

对于一个由 b 条支路组成的电路，将会有 b 个支路电流变量和 b 个支路电压变量。如图 2.29所示的电路，其中共有 6 条支路、4 个节点。

设各支路电流分别为 i_1、i_2、i_3、i_4、i_5、i_6，方向如图 2.29所示，对 A、B、C、D 这 4 个节点分别应用基尔霍夫电流定律，可以得到 4 个方程，即

$$i_1+i_2-i_3=0 \tag{2.34}$$

$$-i_1+i_4+i_6=0 \tag{2.35}$$

$$-i_2+i_5-i_6=0 \tag{2.36}$$

$$i_3-i_4-i_5=0 \tag{2.37}$$

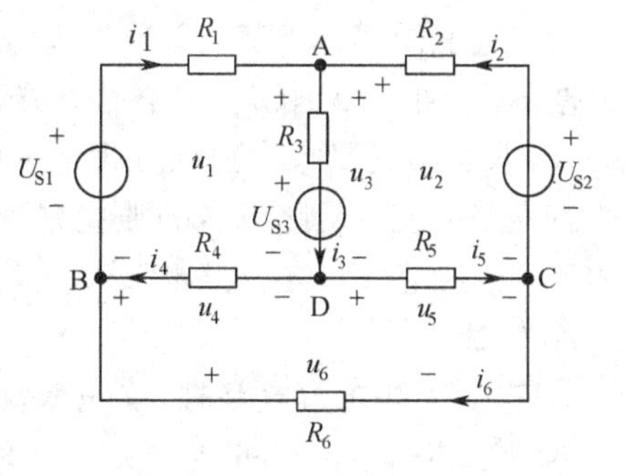

图 2.29　电路独立方程示例电路

仔细观察上面 4 个方程不难发现，其中任意一个方程都可以表示为另外 3 个的代数和的形式，因此 4 个方程中只有 3 个是相互独立的，只需取其中的 3 个作为方程组的方程就可以了。

上面的结果也可以推广应用到一般电路，得到如下结论：

对于一个具有 n 个节点的电路，其独立的基尔霍夫电流方程的个数为 $n-1$ 个。在求解电路时，只需选取电路的任意 $n-1$ 个节点列写出其 KCL 方程即可。

2.2.2　KVL 独立方程

设图 2.29 电路中各支路电压分别为 u_1、u_2、u_3、u_4、u_5、u_6，参考方向如图所示。该电路共有 7 个回路，3 个网孔，首先根据基尔霍夫电压定律可得 3 个网孔的 KVL 方程分别为：

$$u_1+u_4-u_3=0 \tag{2.38}$$

$$u_2-u_3-u_5=0 \tag{2.39}$$

$$u_4+u_5-u_6=0 \tag{2.40}$$

对于回路$U_{S1}\to R_1\to R_2\to U_{S2}\to R_5\to R_4\to U_{S1}$，同样可列写出其 KVL 方程为：

$$u_1-u_2+u_4+u_5=0$$

通过比较可发现，该方程可以表示成式(2.38)、式(2.39)和式(2.40)的代数和的形式。同样可以验证，其他几个回路的 KVL 方程也可以表示成式(2.38)、式(2.39)和式(2.40)的代数和的形式。因此，在所有这些回路的 KVL 方程中，独立方程的个数是 3 个，也就是电路的网孔数。这个结论同样可以推广到一般平面电路：对于一个具有 b 条支路、n 个节点的电路，其独立的 KVL 方程的数目为 $b-(n-1)$ 个。在列写平面电路的 KVL 方程时，通常选取电路的网孔来列写独立的 KVL 方程。

2.2.3 支路伏安约束独立方程

在图 2.29 的电路中，各支路电压和支路电流之间的关系可以用该支路上元件的伏安关系联系起来：

$$\begin{cases}u_1=-i_1R_1+U_{S1}\\u_2=-i_2R_2+U_{S2}\\u_3=i_3R_3+U_{S3}\\u_4=-i_4R_4\\u_5=i_5R_5\\u_6=-i_6R_6\end{cases}\tag{2.41}$$

这 6 个方程是相互独立的，任何一个都不能表示成其他几个的代数和的形式。因此，对于一个具有 b 条支路的电路而言，根据元件的 VAR 可以得到的独立方程的数目为 b 个。

综合上面 2.2.1 节～2.2.3 节的分析可以看出，对于一个具有 b 条支路、n 个节点的电路，根据 KCL 可以得到$(n-1)$个独立方程，根据 KVL 可以得到 $b-(n-1)$个独立方程，根据支路的 VAR 可以得到 b 个独立方程。这样一来，根据元件约束和拓扑约束就可以得到 $2b$ 个关于所有支路电流和支路电压的独立方程，联立这些方程求解，就可以求出各支路电流和支路电压的值。这种直接以各支路电流和支路电压为变量、根据两类约束列写方程求解电路的方法通常称为 $2b$ 法。

应用 $2b$ 法求解电路时，首先需要为电路中各支路电流和支路电压指定参考方向，然后根据 KCL、KVL 和元件的伏安关系列写出所需的 $2b$ 个方程，最后求解方程组得到各未知变量的值。

【例 2.7】 如图 2.30(a)所示电路，试列写出利用 $2b$ 法求解电路各支路电压和支路电流时所需的方程组。

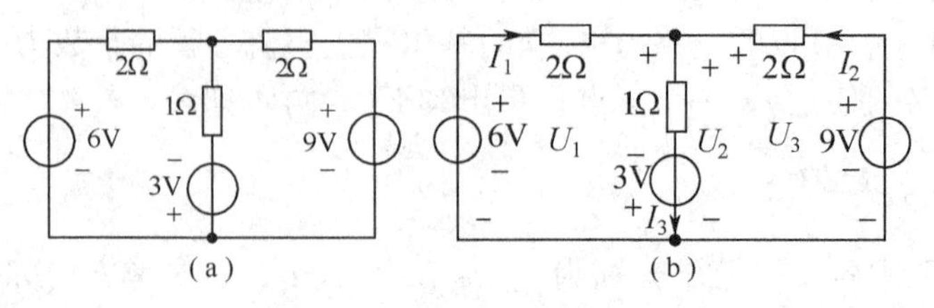

图 2.30 例 2.7 电路图

解 电路中共有 3 条支路，2 个节点，设 3 条支路的支路电流、支路电压及其参考方向分别如图 2.30(b)所示。

由于 3 条支路为并联关系，因此支路电压相同，即

$$U_1=U_2=U_3$$

根据 KCL 可得一个方程为

$$I_1+I_2-I_3=0$$

根据 VAR 可得

$$\begin{cases}U_1=-2I_1+6\\U_2=-2I_2+9\\U_3=I_3-3\end{cases}$$

这就是利用 $2b$ 法求解电路时所需的全部方程。

2.3 支路电流法

从上节的分析可以看出，利用 $2b$ 法求解时是直接以各支路电流和支路电压为变量，以两类约束为依据列写电路的方程，这种方法是电路其他各种分析方法的基础。但是 $2b$ 法所需的方程的数目是比较多的，这是它的不足之处。因此要寻找其他较为简单的方法。

2.3.1 支路电流法基本思想

仍以图 2.29 所示电路为例，电路的支路电流和支路电压之间是通过元件的 VAR 相联系的，如果可以先求出 b 条支路电流（或支路电压），那么相应的支路电压（或支路电流）就可以通过 VAR 求解得出。

以电路中各支路电流作为变量，则 $n-1$ 个节点的 KCL 方程保持不变：

$$\begin{cases}i_1+i_2-i_3=0\\-i_1+i_4+i_6=0\\-i_2+i_5-i_6=0\end{cases}\tag{2.42}$$

根据 KVL 列写的方程是关于各支路电压的方程，而各支路电压可以用支路电流来表示，依据就是元件的 VAR。将式(2.41)中各支路电压的表达式分别带入到式(2.38)、式(2.39)和式(2.40)并整理可得

$$\begin{cases}i_1R_1+i_3R_3+i_4R_4-U_{S1}+U_{S3}=0\\i_2R_2+i_3R_3+i_5R_5-U_{S2}+U_{S3}=0\\i_4R_4-i_5R_5-i_6R_6=0\end{cases}\tag{2.43}$$

这样就得到了关于 6 个支路电流的 6 个方程，解方程组求出各支路电流的值后，再根据元件的 VAR 就可以求出各条支路的支路电压。这种以支路电流为变量，根据 KCL、KVL 和元件的 VAR 列写方程求解电路中各未知量的方法就是支路电流法。

2.3.2 支路电流法分析步骤

从支路电流法的基本思想出发，可以总结得出支路电流法求解电路的步骤为：

(1) 选取电路的各支路电流为变量，为其标号并指定参考方向，并在电路图中标示出来；

(2) 列写出任意 $n-1$ 个节点的 KCL 方程；

(3) 将各支路电压用支路电流表示，并列写出 $b-(n-1)$ 个网孔的 KVL 方程；

(4) 联立方程组求出各支路电流的值；

(5) 根据元件的 VAR 求出各支路电压的值。

【例 2.8】 用支路电流法求出图 2.31 所示电路中各支路电流和支路电压的值。

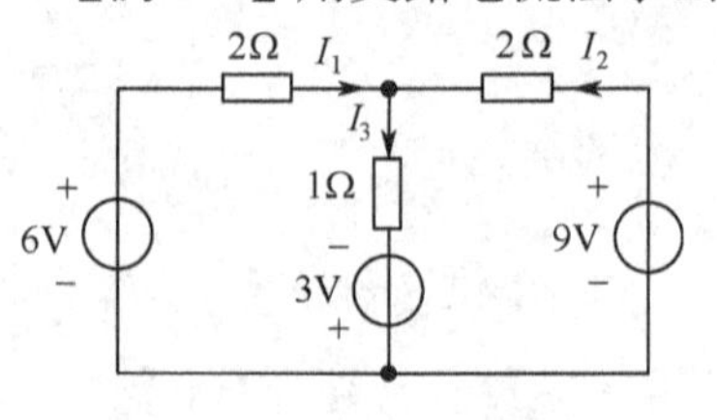

图 2.31　例 2.8 电路图

解　各支路电流、支路电压及其参考方向如图 2.31 所示，根据 KCL 可得

$$I_1+I_2-I_3=0$$

左边网孔的 KVL 方程为

$$2I_1+I_3-3-6=0$$

右边网孔的 KVL 方程为

$$-2I_1-I_3+3+9=0$$

联立上面 4 个方程求解可得 $I_1=1.875\text{A}, I_2=3.375\text{A}, I_1=5.25\text{A}$

将上面的值代入 3 条支路中任一条的 VAR 可得

$$U_1=U_2=U_3=2.25\text{V}$$

2.4　网孔电流法

从 $2b$ 法到支路电流法，所需方程的数目减少了一半，但是，当电路所含的支路数较多时，应用支路法求解的计算量也是很大的，为此，需要寻找新的求解方法，使得可以用一组更少的变量求出电路中所有的支路电流和支路电压。网孔电流和节点电压都是满足这一要求的一组变量，在本节和下一节中将分别介绍这两种方法。

2.4.1　网孔电流法的基本思想

网孔电流是一组沿着网孔边界流动的假想电流。仍以图 2.29 为例，为方便起见，将其重画在下面。该电路共含有 3 个网孔，构成网孔的各支路的电流并不相等，为求解问题的方便，假想有一个电流沿着网孔的边界流动(如图 2.32 中的电流 i_{m1}、i_{m2}、i_{m3})，由于对每一个节点来说，网孔电流从该节点流入，又从该节电流出，因此网孔电流自动满足基尔霍夫电流定律。同时电路中各支路电流都可以用网孔电流来表示：

$$\begin{cases} i_1=i_{m1} \\ i_2=-i_{m2} \\ i_3=i_{m1}-i_{m2} \\ i_4=i_{m1}-i_{m3} \\ i_5=i_{m3}-i_{m2} \\ i_6=i_{m3} \end{cases} \tag{2.44}$$

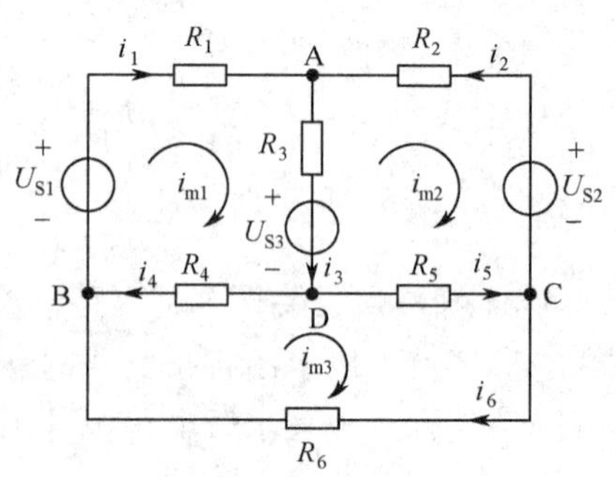

图 2.32　网孔电流法示例电路

因此如果可以求出各网孔电流，那么电路中各支路电流就可以求得，相应地可根据元件的 VAR 进一步求出各支路电压。

对于图 2.32 所示电路，取网孔电流的方向为回路的绕行方向，根据 KVL 来列写各网孔的方程为

$$\begin{cases} i_{m1}R_1+(i_{m1}-i_{m2})R_3+(i_{m1}-i_{m3})R_4+U_{S3}-U_{S1}=0 \\ i_{m2}R_2+(i_{m2}-i_{m3})R_5+(i_{m2}-i_{m1})R_3+U_{S2}-U_{S3}=0 \\ (i_{m3}-i_{m1})R_4+(i_{m3}-i_{m2})R_5+i_{m3}R_6=0 \end{cases} \tag{2.45}$$

将上式整理可得

$$\begin{cases} (R_1+R_3+R_4)i_{m1}-R_3i_{m2}-R_4i_{m3}=U_{S1}-U_{S3} \\ -R_3i_{m1}+(R_2+R_3+R_5)i_{m2}-R_5i_{m3}=-U_{S2}+U_{S3} \\ -R_4i_{m1}-R_5i_{m2}+(R_4+R_5+R_6)i_{m3}=0 \end{cases} \tag{2.46}$$

这样就得到了一组以网孔电流为变量的方程。这种以网孔电流为变量，通过列写网孔的KVL方程求出各网孔电流，进而求出电路中各支路的支路电压和支路电流的方法就是网孔电流法。

2.4.2 网孔电流法方程的一般形式

仔细观察式(2.46)中的各项，可以把它归纳为下面的形式：

$$\begin{cases} R_{11}i_{m1}+R_{12}i_{m2}+R_{13}i_{m3}=U_{S11} \\ R_{21}i_{m1}+R_{22}i_{m2}+R_{23}i_{m3}=U_{S22} \\ R_{31}i_{m1}+R_{32}i_{m2}+R_{33}i_{m3}=U_{S33} \end{cases} \tag{2.47}$$

其中 i_{m1}、i_{m2}、i_{m3} 是各网孔的网孔电流。

R_{11}、R_{22}、R_{33} 分别称为各网孔的自电阻，它在数值上等于各网孔中所有电阻之和，比如图2.32电路中网孔1的自电阻 $R_{11}=R_1+R_3+R_4$。自电阻恒为正。

R_{12}、R_{21}、R_{13}、R_{31}、R_{23}、R_{32} 称为各网孔的互电阻，是相邻两个网孔的共有电阻。互电阻可以为正也可以为负，如果相邻网孔电流在互电阻上的方向相同则互电阻为正，相反则为负。如在上图中 $R_{12}=R_{21}=-R_3$。

U_{S11}、U_{S22}、U_{S33} 是沿网孔电流方向该网孔中所有电压源电压升的代数和，若网孔中不含独立源则该项为零。如在上例中 $U_{S11}=U_{S1}-U_{S3}$。

式(2.47)是含有3个网孔电路的网孔电流方程的普遍形式，对于一个含有 n 个网孔的电路，其网孔电流方程的一般表达式为：

$$\begin{cases} R_{11}i_{m1}+R_{12}i_{m2}+\cdots+R_{1n}i_{mn}=U_{S11} \\ R_{21}i_{m1}+R_{22}i_{m2}+\cdots+R_{2n}i_{mn}=U_{S22} \\ \cdots\cdots \\ R_{n1}i_{m1}+R_{n2}i_{m2}+\cdots+R_{nn}i_{mn}=U_{Snn} \end{cases} \tag{2.48}$$

由此可以总结出利用网孔电流法求解电路问题的一般步骤为：

(1) 指定网孔电流的参考方向，并在电路中标示出来；

(2) 计算各网孔的自电阻及相邻网孔的互电阻，自电阻恒为正的，互电阻的正负取决于相邻两个网孔电流在互电阻上的方向，相同为正，相反为负；

(3) 列出各网孔的KVL方程，方程右边为沿网孔电流方向上各网孔所含电压源电压升的代数和；

(4) 解方程组求出各网孔电流；

(5) 根据需要进一步求出各支路电流和支路电压的值。

【例 2.9】用网孔电流法求图 2.33 所示电路中的电流 I。

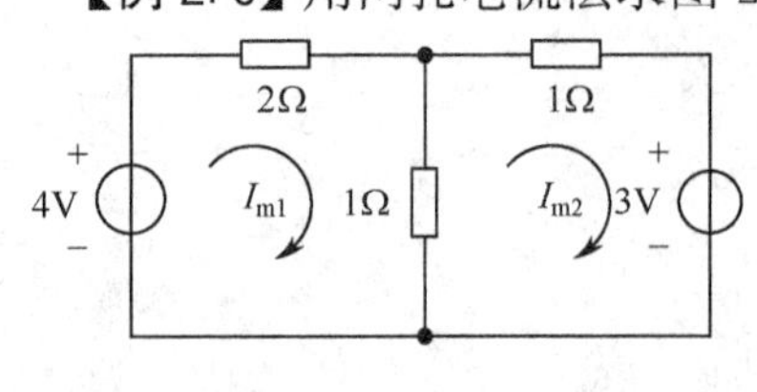

图 2.33 例 2.9 电路图

解 取各网孔电流的方向如图所示，则两网孔的自电阻分别为

$$R_{11}=2+1=3\Omega$$

$$R_{22}=1+1=2\Omega$$

$$R_{12}=R_{21}=-1\Omega$$

互电阻为

因此可得两网孔的网孔电流方程分别为

$$\begin{cases}3I_{m1}-I_{m2}=4\\2I_{m2}-I_{m1}=-3\end{cases}$$

$$I_{m1}=1\text{A},I_{m2}=-1\text{A}$$

解方程组可得

$$I=I_{m1}-I_{m2}=2\text{A}$$

所以待求的支路电流为

2.4.3 网孔电流法几种特殊情况的处理方法

应用网孔电流法求解电路问题时，一般情况下应用前面提到的列写方程的方法就可以了，但有几种特殊电路情况在求解时要注意，下面通过具体的例子来说明。

【例 2.10】试求图 2.34(a)所示电路中的各支路电流。

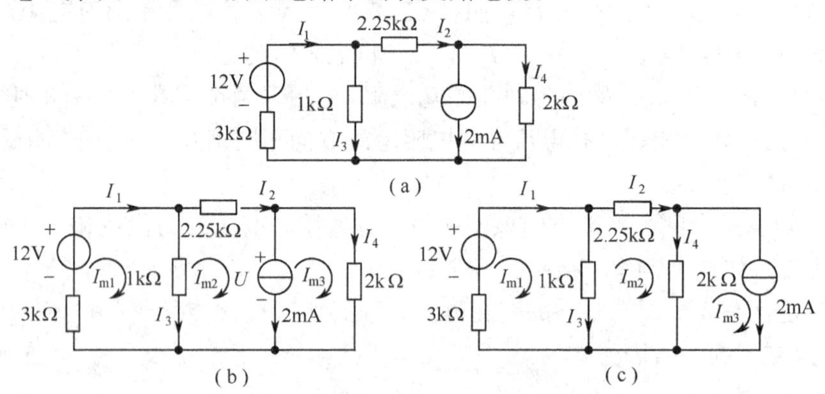

图 2.34 例 2.10 电路图

解法一 该电路共含有 3 个网孔，由于网孔二和网孔三之间的公共支路为一个含有独立电流源的支路，而独立电流源两端的电压不能用其电流来表示，为了列写网孔的 KVL 方程，需要增加一个代表电流源两端电压的未知量，在列网孔 KVL 方程时电流源两端电压当恒压对待。

取网孔电流均为顺时针方向，并假设独立电流源两端的电压为 U，如图 2.34(b)所示，则 3 个网孔的网孔 KVL 方程为：

$$\begin{cases}(3000+1000)I_{m1}-1000I_{m2}=12\\(1000+2250)I_{m2}-1000I_{m1}=-U\\2000I_{m3}=U\end{cases}$$

由于 3 个方程中有 4 个未知量，所以利用恒流源的特性补充一个方程为：

$$I_{m2}-I_{m3}=0.002$$

解上面 4 个方程组成的方程组可以求得

$$I_{m1}=3.35\text{mA}, I_{m2}=1.4\text{mA}, I_{m3}=-0.6\text{mA}$$

则各支路电流的值为：

$$I_1=I_{m1}=3.35\text{mA}$$
$$I_2=I_{m2}=1.4\text{mA}$$
$$I_3=I_{m1}-I_{m2}=1.95\text{mA}$$
$$I_4=I_{m3}=-0.6\text{mA}$$

因此在利用网孔电流法求解电路时，如果网孔中含有独立电流源，那么独立电流源两端的电压不能用其电流来表示，所以在电路中需要增加一个表示独立电流源两端电压的未知量，同时还要增加一个代表该独立电流源电流与网孔电流之间关系的补充方程。

解法二 仔细观察电路，可以发现在网孔二和网孔三之间的公共支路是含有独立电流源的，因此其支路电流就是独立电流源的电流，而如果将这条支路和 I_4 支路交换一下位置，将电路改画成如图 2.34(c)所示的形式，则该电路与原电路在结构上是完全一样的，但此时就会发现，这样一来，网孔三的网孔电流实际上就是独立电流源的电流，是已知的了，所以只需列写前面两个网孔的 KVL 方程就可以了。这样的网孔称之为“虚网孔”。

该电路的网孔电流方程分别为：

$$\begin{cases}(3000+1000)I_{m1}-1000I_{m2}=12\\(1000+2250+2000)I_{m2}-1000I_{m1}-2000I_{m3}=0\\I_{m3}=0.002\end{cases}$$

解方程可得

$$I_{m1}=3.35\text{mA}, I_{m2}=1.4\text{mA}$$

则各支路电流的值为：

$$I_1=I_{m1}=3.35\text{mA}$$
$$I_2=I_{m2}=1.4\text{mA}$$
$$I_3=I_{m1}-I_{m2}=1.95\text{mA}$$
$$I_4=I_{m2}-2=-0.6\text{mA}$$

对于含有独立电流源的电路，如果可以在不改变电路结构的前提下通过适当改变电路的画法，将含独立电流源支路变换到网孔的外边界，那么就可以减少需要列写的网孔电流方程的数目，简化问题的求解。

【例 2.11】试求图 2.35 所示电路中受控电流源所提供的功率。

解 取各网孔电流方向如图所示，电路中的受控电流源可先看成独立电流源，设受控电流源两端的电压为 U'，方向为关联参考方向，则可得上面电路的网孔电流方程为：

$$(1+2+2)I_{m1}-2I_{m2}-2I_{m3}=-1$$
$$2I_{m2}-2I_{m1}=-2-U'$$
$$(2+2)I_{m3}-2I_{m1}=U'$$

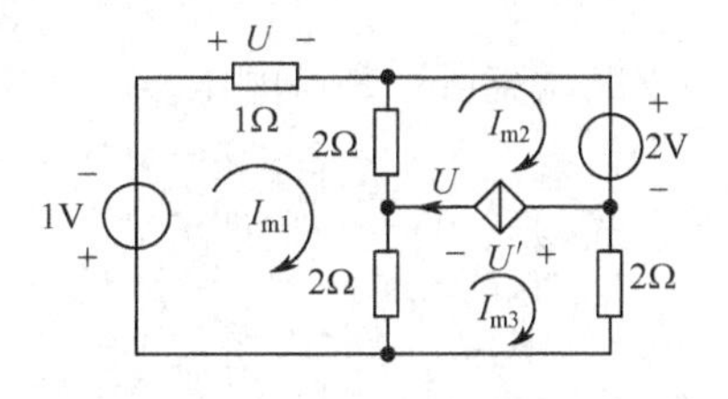

图 2.35 例 2.11 电路图

上述方程组中含有 4 个未知量，还需要增加一个方程。注意到受控电流源的电流就是网孔一中 1Ω 电阻两端的电压，根据 VAR 可得受控源的控制量用变量表示的辅助方程：

$$U=1\times I_{m1}$$

受控源电流源特性方程：$U=I_{m2}-I_{m3}$

解方程可得 $U'=-0.4V$，$I_{m1}=-1.4A$。因此受控电流源所提供的功率为

$$P=-U'\times I_{m1}=-0.56W$$

因此该受控源为吸收功率。

在应用网孔电流法求解电路时，对于含有受控源的电路，可以先将电路中的受控源看成独立源来列写电路的网孔电流方程，然后再利用电路中的已知条件增加受控源的控制量用变量表示的约束方程。

2.5 节点电压法

在电路中任意选定一点作为参考点后，电路中其他节点到参考点的电压就称为该点的节点电压。对于一个具有 n 个节点的电路而言，电路中的节点电压的个数就是 $n-1$ 个。节点电压法就是以节点电压为变量来对电路进行分析的方法。

2.5.1 节点电压法基本思想

如图 2.36 所示电路，其中共有 4 个节点，若选取节点 4 作为参考点，则电路中共有 3 个节点电压：u_1、u_2 和 u_3。由于电路的任意一条支路都是连接在两个节点之间的，因此支路电压总可以表示为两个节点电压之差，也就是说在求得了各节点电压之后，可以求出电路中所有支路的电压：

$$u_{G1}=u_1-u_2, u_{G2}=u_2-u_3, u_{G3}=u_2, u_{G4}=u_1-u_3-u_s$$

$$u_{i_{s1}}=u_1, u_{i_{s2}}=-u_3$$

因此如果可以设法先求出各节点电压，那么就可以相应求出电路中所有支路的支路电压，继而可以求出各支路的支路电流。

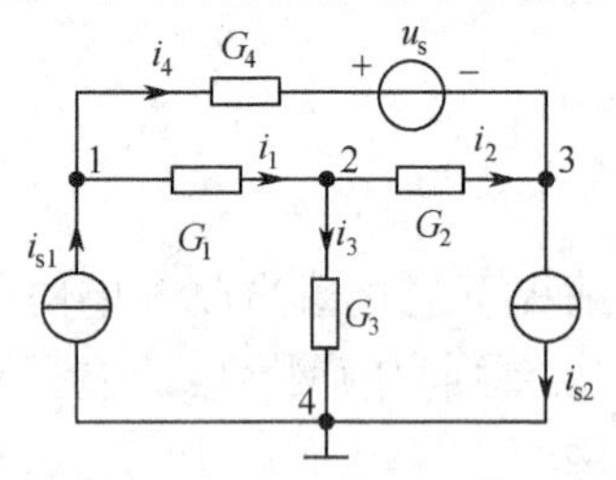

图 2.36 节点电压法示例电路

节点电压自动满足基尔霍夫电压定律。例如，对于回路 $G_1\rightarrow G_2\rightarrow u_s\rightarrow G_4\rightarrow G_1$，其 KVL 方程为：

$$u_1-u_2+u_2-u_3-(u_1-u_3)\equiv 0$$

选取节点电压为变量时，在图 2.36 电路中，据 KCL 来列写节点 1、节点 2、节点 3 的 KCL 方程分别为：

$$\begin{cases} i_1+i_4-i_{s1}=0 \\ i_1-i_2-i_3=0 \\ i_2+i_4-i_{s2}=0 \end{cases} \quad (2.49)$$

各支路电流可用节点电压表示为

$$i_1=G_1(u_1-u_2), i_2=G_2(u_2-u_3), i_3=G_3u_2, i_4=G_4(u_1-u_3-u_s)$$

带入式(2−49)中并整理可得

$$\begin{cases} (G_1+G_4)u_1-G_1u_2-G_4u_3=i_{s1}+G_4u_s \\ -G_1u_1+(G_1+G_2+G_3)u_2-G_2u_3=0 \\ -G_4u_1-G_2u_2+(G_2+G_4)u_3=-i_{s2}-G_4u_s \end{cases} \quad (2.50)$$

这就是关于各节点电压的方程组，解方程组就可以求出各节点电压，继而求出各支路电压和支路电流。

2.5.2 节点电压法方程的一般形式

式(2.50)的方程组可以总结归纳为如下适用于所有含3个节点电路的一般形式：

$$\begin{cases}G_{11}u_1+G_{12}u_2+G_{13}u_3=i_{s11}\\G_{21}u_1+G_{22}u_2+G_{23}u_3=i_{s22}\\G_{31}u_1+G_{32}u_2+G_{33}u_3=i_{s33}\end{cases}\tag{2.51}$$

其中：G_{11}、G_{22}、G_{33}称为各节点的自电导，是与各节点相连的所有支路的电导之和，如$G_{11}=G_1+G_4$。自电导恒为正。

G_{12}、G_{21}、G_{13}、G_{31}、G_{23}、G_{32}称为两个节点的互电导，是两个节点之间的公共支路上的电导的相反数，如$G_{12}=-G_1$；且$G_{12}=G_{21}$，$G_{13}=G_{31}$，$G_{32}=G_{23}$。互电导恒为负值。

i_{s11}、i_{s22}、i_{s33}为流入各节点的电流源电流的代数和(流入为正，流出为负)。若与节点相连的支路为有伴电压源支路，该项还应包括有伴电压源支路所产生的电流，如节点1的节点电压方程右端的G_4u_s。

式(2.51)是含有3个节点电路的节点电压方程的普遍形式，遇到具体电路时可以按照上面的规律，通过观察直接写出方程。对于一个含有n个节点的电路，其节点电压方程的一般表达式为

$$\begin{cases}G_{11}u_1+G_{12}u_2+\cdots+G_{1n}u_n=i_{s11}\\G_{21}u_1+G_{22}u_2+\cdots+G_{2n}u_n=i_{s22}\\\cdots\cdots\\G_{n1}u_1+G_{n2}u_2+\cdots+G_{nn}u_n=i_{snn}\end{cases}\tag{2.52}$$

利用节点电压法求解电路问题的一般步骤为：

(1) 在电路中选定一个参考点，并标示出来。

(2) 计算各节点的自电导及与相邻节点的互电导，自电导恒为正，互电导恒为负。注意：如果一条支路上含有多个电阻，那么在方程中该条支路的电导是电阻之和的倒数，而不是电导之和。

(3) 列出各节点的KCL方程，方程右边为流入该节点的各电流源电流以及有伴电压源所产生的电流的代数和。

(4) 解方程组求出各节点电压。

(5) 根据需要进一步求出各支路电流和支路电压的值。

【例2.12】试求图2.37(a)所示电路中的各节点电压。

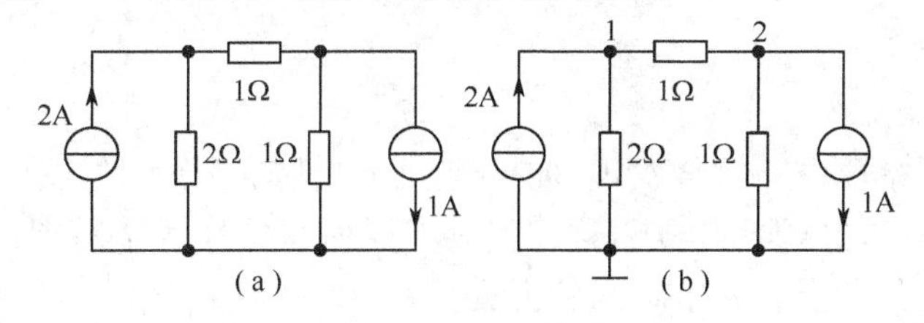

图2.37 例2.12电路图

解 该电路共有3个节点，选取参考节点如图(b)所示，则另外两个节点的节点电压方程为

$$\begin{cases}\left(\frac{1}{2}+1\right)U_1-U_2=2\\(1+1)U_2-U_1=-1\end{cases}$$

解方程组可得：$U_1=1.5\text{V}$，$U_2=0.25\text{V}$。

2.5.3 节点电压法几种特殊情况的处理方法

由于节点电压法列写的是电路的 KCL 方程，因此当遇到只含有独立电压源的支路时，流经电压源的电流不能够忽略，处理的方法要视电路的具体结构来定。

【例 2.13】 试求图 2.38 所示电路中的电流 I。

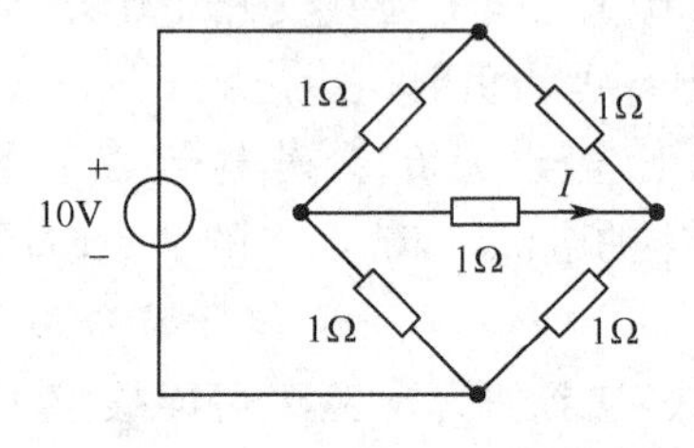

图 2.38 例 2.13 电路图

解法一 该电路中共含有 4 个节点，且其中一条支路为独立电压源支路，因此可以选择任意一个节点为参考节点，然后列写其他节点的节点电压方程。为各节点编号[如图 2.39(a)所示]，首先选节点 3 为参考节点，由于节点 1、节点 4 之间有一条独立电压源支路，流经电压源的电流不能够忽略，设为 I'，方向如图(a)所示，则可得其他各节点的节点电压方程为

$$\begin{cases}\left(1+\frac{1}{2}\right)U_1-\frac{U_2}{1}=I'\\\left(1+1+\frac{1}{2}\right)U_2-\frac{U_1}{1}-\frac{U_4}{2}=0\\\left(1+\frac{1}{2}\right)U_4-\frac{U_2}{2}=-I'\\U_1-U_4=9\end{cases}$$

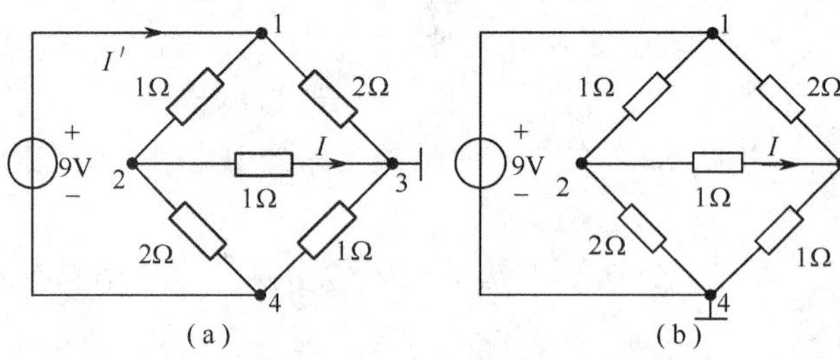

图 2.39 例 2.13 求解电路图

解方程可得：
$$U_1=\frac{36}{7}\text{V},U_2=\frac{9}{7}\text{V},U_4=-\frac{27}{7}\text{V}$$

因此
$$I=\frac{U_2}{1}=\frac{9}{7}\text{A}$$

解法二 再来观察原电路就会发现，如果选节点 4 为参考点，[如图 2.39(b)所示]那么节点 1 的节点电压就等于电压源的电压，这样就只需要列写另外两个节点的节点电压方程就可以了。根据电路图可得节点 2 和节点 3 的方程为

$$\begin{cases}\left(1+1+\frac{1}{2}\right)U_2-\frac{U_1}{1}-\frac{U_3}{1}=0\\\left(1+1+\frac{1}{2}\right)U_3-\frac{U_1}{2}-\frac{U_2}{1}=0\\U_1=9\end{cases}$$

解方程可得：
$$U_2=\frac{36}{7}\text{V},U_4=\frac{27}{7}\text{V}$$

所以
$$I=\frac{U_2-U_3}{1}=\frac{9}{7}\text{A}$$

从上面的求解过程可以看出，对于只含有一个独立电压源的支路，如果能够选取合适的参考节点，使得其中一个节点的节点电压就是电压源的电压，那么就可以减少需要列写的方程的数目，简化求解过程。但如果不能够通过合理选取参考点简化求解，那么在列方程的时候应该注意流经电压源的电流不能忽略，要把该电流看成是一个恒流源。

【例 2.14】试求图 2.40 所示电路中的电流 I_1。

解　在该电路中既有独立源又有受控源。对于含受控源的电路，在列写节点方程时可以先将受控源看成独立源来列写节点电压方程，然后再增加联系受控源的控制量和节点电压的补充方程。选取参考点如图所示，则节点 1 和节点 2 的节点电压方程为：

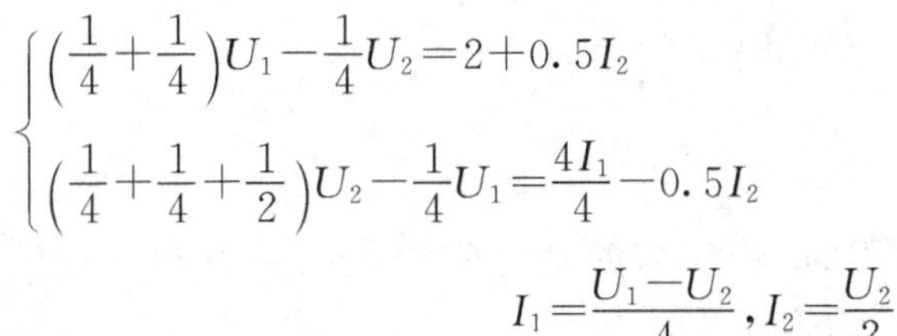

$$\begin{cases}\left(\frac{1}{4}+\frac{1}{4}\right)U_1-\frac{1}{4}U_2=2+0.5I_2\\\left(\frac{1}{4}+\frac{1}{4}+\frac{1}{2}\right)U_2-\frac{1}{4}U_1=\frac{4I_1}{4}-0.5I_2\end{cases}$$

图 2.40　例 2.14 电路图

补充方程
$$I_1=\frac{U_1-U_2}{4},I_2=\frac{U_2}{2}$$

联立上面几个方程可以解得 $U_1=4\text{V}$，$U_2=2\text{V}$，则
$$I_1=\frac{U_1-U_2}{4}=0.5\text{A}$$

2.6　齐次定理与叠加定理

由线性元件和独立电源组成的电路称为线性电路。独立电压源和独立电流源在电路中是作为激励的，电路中各电压和电流都是在电源的作用下产生的响应。线性电路有两个非常重要的性质：齐次性和可加性。

2.6.1　齐次定理

齐次定理是用来描述线性电路中只有一个激励源作用时响应和激励之间的关系。

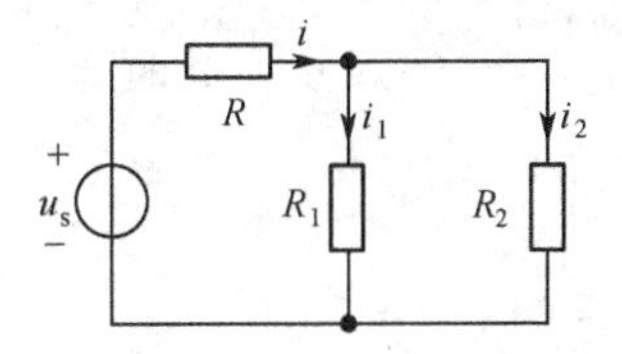

图 2.41　齐次定理示例电路

如图 2.41 所示的电路，可以求得流经电阻 R_2 的电流为：
$$i_2=\frac{u_s}{R+R_1/\!/R_2}\times\frac{R_1}{R_1+R_2}=\frac{R_1}{RR_1+RR_2+R_1R_2}u_s=ku_s$$

从上式可以看出，i_2 的大小是与激励 u_s 成比例的，比例系数 k 由电路的结构决定。这一特性适用于所有具有单一激励的线性电路，也就是齐次定理。

在线性电路，当只有一个激励源作用时，其响应与激励成正比。

线性电路的齐次性又称为比例性。在应用齐次定理时应该注意的是，这里的激励指的是独立电压源或独立电流源，不包括受控源。齐次定理对于求解如下例所示的梯形电路问题时特别有用。

【例 2.15】图 2.42 所示电路中，$I_S=1.5\text{A}$，$R_1=R_2=R_3=R_4=R_5=R_6=10\Omega$，试求电流 I。

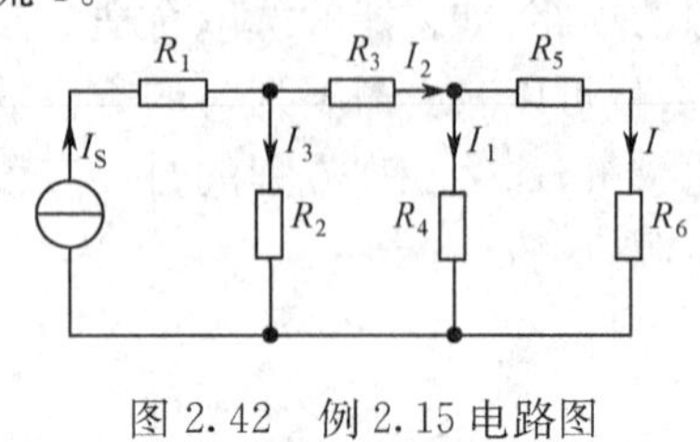

图 2.42　例 2.15 电路图

解　假设 $I=1\text{A}$，则根据电路可依次求得各条支路上的电流为：

$$I_1=\frac{(R_5+R_6)}{R_4}I=2\text{A},I_2=I_1+I=3\text{A}$$

$$I_3=\frac{R_3I_2+R_4I_1}{R_2}=5\text{A},I_s=I_2+I_3=8\text{A}$$

根据齐次定理，I 将随 I_S 成比例的变化，即

$$I=kI_S=\frac{1}{8}I_S$$

所以当 $I_S=1.5\text{A}$ 时

$$I=\frac{1}{8}I_S=0.19\text{A}$$

2.6.2　叠加定理

当电路中有多个激励源同时作用时，响应和激励之间的关系是怎样的呢？先来看如图 2.43(a)所示的电路，以 i_1 为例，根据 KCL 可得

$$i+i_s=i_1$$

对左边网孔应用 KVL 可得

$$Ri+R_1i_1=u_s$$

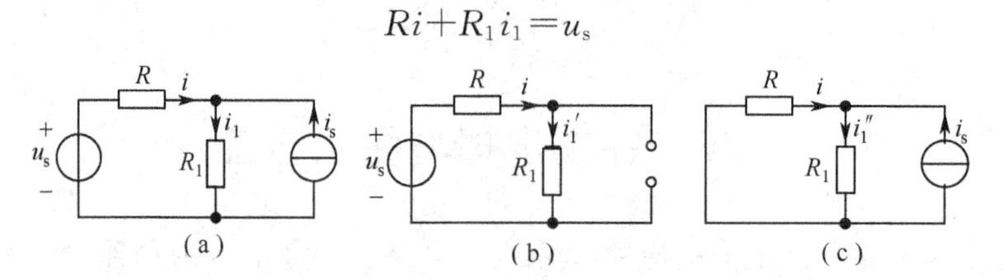

图 2.43　叠加定理示例电路

联立上面两式解方程可得

$$i_1=\frac{1}{R+R_1}u_s+\frac{R}{R+R_1}i_s$$

从 i_1 的表达式可以看出，当有两个激励 u_s 和 i_s 同时作用时，响应 i_1 是两个激励的线性组合。再来看原电路，考虑当 $i_s=0$，电路只有 u_s 单独作为激励时[如图 2.43(b)所示]，此时 R_1 上的电流为：

$$i_1'=\frac{1}{R+R_1}u_s$$

而当 $u_s=0$，电路只有 i_s 单独作用时[如图 2.43(c)所示]，此时 R_1 上的电流为：

$$i''_1=\frac{R}{R+R_1}i_s$$

因此

$$i_1=i_1'+i''_1$$

也就是说，当电路中有两个激励同时作用时，响应可以看成是两部分激励分别作用所产生的响应之和。这个结论可推广到所有由多个激励同时作用时的线性电路中各支路电流和支路电压的求解。

在线性电路中，当有多个独立源同时作用时，每一元件的电压或电流可以看成是每一个独立源单独作用于电路时，在该元件上产生的电压或电流的代数和，这就是叠加定理。其一般表达形式为

$$i_k = P_1 u_{s1} + P_2 u_{s2} + \cdots + P_m u_{sm} + L_1 i_{s1} + L_2 i_{s2} + \cdots L_n i_{sn}$$

式中 P、L 是由电路结构决定的比例系数（也称为叠加权值），与电源大小无关。在具体求解电路时，某一独立源单独作用时，其他独立源应为零值，即独立电压源用短路代替，独立电流源用开路代替。

叠加性是线性电路的根本属性。从前面的分析也可以看到，当考虑某一独立源单独作用时，电路的响应是和激励成比例的，也就是线性电路的齐次性。应用叠加定理时应该注意：

(1) 叠加定理只适用于线性电路；

(2) 当考虑某一独立源单独作用时，其他的独立源应该置零，但受控源不能置零，而应始终保持在电路中；

(3) 叠加定理只适用于求电路中的各电压或电流，但求功率时不能叠加，因为功率和电压或电流之间是平方关系而不是线性关系。

【例 2.16】 试求图 2.44(a)所示电路中的电流 I。

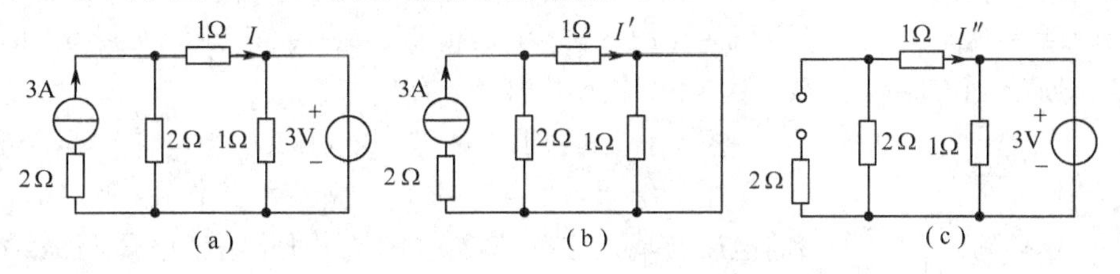

图 2.44　例 2.16 电路图

解　(1)先求出电流源单独作用时的电流。将电压源用短路线代替[如图 2.44(b)所示]，则从电路上可求出

$$I' = \frac{2}{1+2} \times 3 = 2\text{A}$$

(2) 再求出电压源单独作用时所产生的电流。将电流源用开路代替[如图 2.44(c)所示]，则有

$$I'' = -\frac{3}{1+2} = -1\text{A}$$

(3) 根据叠加定理，原电路中的电流为

$$I = I' + I'' = 2 - 1 = 1\text{A}$$

【例 2.17】 应用叠加定理求图 2.45(a)所示电路中受控源两端的电压 U。

解　该电路中的受控源是一个电流控制的电压受控源，只要先求出控制电流 I 就可以求出受控源两端的电压。

(1) 求电压源单独作用时的电流 I'。将电流源用开路代替，受控源保留在电路中[如图 2.45(b)所示]，根据 KVL 可得

$$I' + I' + 2I' = 2$$

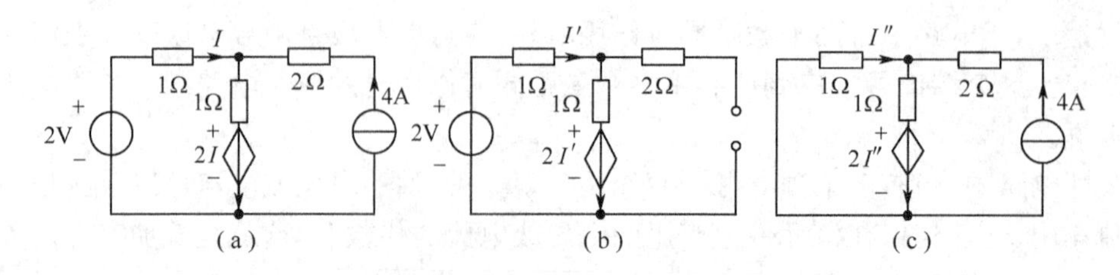

图 2.45　例 2.17 电路图

所以

$$I'=0.5\text{A}$$

(2) 求电流源单独作用时的电流 I''。将电压源用短路代替，受控源保留在电路中[如图 2.45(c)所示]，对左边回路应用 KVL 可得

$$I''+(4+I'')\times1+2I''=0$$

所以

$$I''=-1\text{A}$$

(3) 根据叠加定理有

$$I=I'+I''=-0.5\text{A}$$

因此受控源两端电压为

$$U=2I=-1\text{V}$$

【例 2.18】某线性无源二端网络的输入和输出关系如图 2.46 所示。当外接电压源 $U_S=1\text{V}$、电流源 $I_S=1\text{A}$ 时，输出电压 $U_O=0$；当外接电压源 $U_S=10\text{V}$、电流源 $I_S=0\text{A}$ 时，输出电压 $U_O=1\text{V}$；那么当 $U_S=0\text{V}$、$I_S=10\text{A}$ 时，输出电压 $U_O=$？

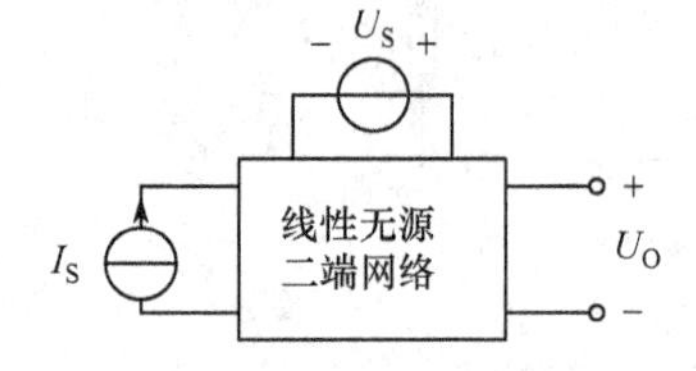

图 2.46　例 2.18 电路图

解　根据叠加定理，输出电压 U_O 是电路中两个独立源共同作用的结果，而当每一个独立源单独作用时，在输出端产生的电压与输入之间满足比例性，因此输出电压与激励源 U_S 和 I_S 之间的关系可以表示为

$$U_O=k_1U_S+k_2I_S$$

其中 k_1、k_2 由线性无源二端网络的结构所决定，为待确定的系数。根据已知条件可知

$$\begin{cases}k_1\times1+k_2\times1=0\\k_1\times10+k_2\times0=1\end{cases}$$

解方程可得

$$k_1=0.1,k_2=-0.1$$

因此输出与输入之间的关系可以表示为

$$U_O=0.1U_S-0.1I_S\text{A}$$

则当 $U_S=0\text{V}$、$I_S=10\text{A}$ 时，输出电压的大小为

$$U_O=0.1\times0-0.1\times10=-1\text{V}$$

2.7　置换定理

置换定理是在电路理论中有着广泛应用的一个定理，它经常用于一些电路定理的证明。置换定理的内容是：

若网络 N 由两个单口网络 N_1 和 N_2 连接组成，已知端口电压和电流值分别为 u_0 和 i_0，则 N_2（或 N_1）可以用一个电压为 u_0 的电压源或用一个电流为 i_0 的电流源置换，这种置换不影响 N_1（或 N_2）内各支路电压和电流原有数值。置换定理又叫替代定理。

如图 2.47(a)所示电路，假设端口电压和电流已分别求出，那么对于 N_1 内部各支路而言，将 N_2 用一个大小为 u_0 的电压源来代替[见图 2.47(b)]或用一个大小为 i_0 的电流源来代替[见图 2.47(c)]时，各支路电压和支路电流的值保持不变。特别的，当 N_2 内部只含有一条支路时，u_0 和 i_0 分别为该支路的支路电压和支路电流。

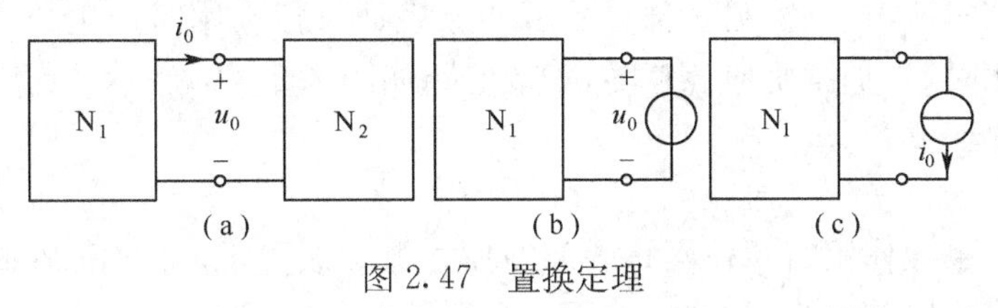

图 2.47　置换定理

【例 2.19】 图 2.48(a)所示的电路中，若要使 $I=1\text{A}$，则电阻 R 的值应为多少？

解　要求电阻 R 的值，只需求出其两端电压即可。为此，将 R 用一个大小为 1A 的电流原来代替，如图 2.48(b)所示，选取参考点如图所示，则节点 1 的节点电压方程为：

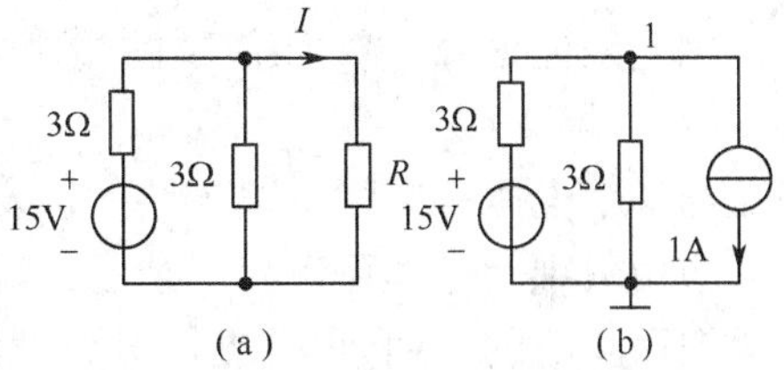

$$\left(\frac{1}{3}+\frac{1}{3}\right)U_1-\frac{15}{3}=-1$$

图 2.48　例 2.19 电路图

解方程得　　　　$U_1=6\text{V}$

则电阻 R 的值应为　　　　$R=\dfrac{U_1}{I}=6\Omega$

2.8　戴维南定理与诺顿定理

前面介绍了一些利用等效变换将电路进行化简的方法，本节讲述的戴维南定理和诺顿定理也是等效变换的方法，它们将线性含源单口网络等效为实际电源的模型，从而为电路求解提供了很大的方便。

2.8.1　戴维南定理

线性含源单口网络对外电路而言总可以等效为一个电压源与一个电阻串联的支路；其中电压源的电压就是单口网络的开路电压 u_{oc}，串联电阻等于将单口网络内所有独立源置零时从端口看进去的等效电阻 R_o。这就是戴维南定理，如图 2.49 所示。

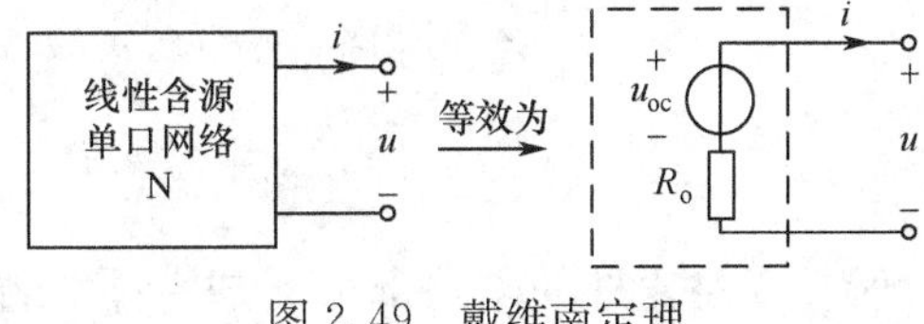

图 2.49　戴维南定理

证明： 由于单口网络的伏安关系与负载无关，因此不妨设在端口上加上一个大小为 i 的电流源，如图 2.50(a)所示。

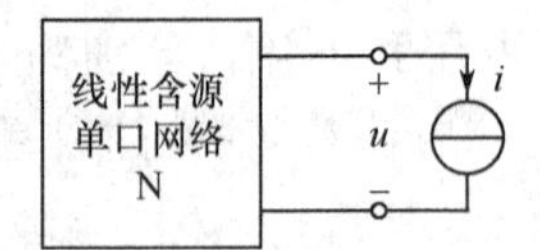

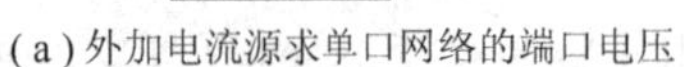
(a)外加电流源求单口网络的端口电压

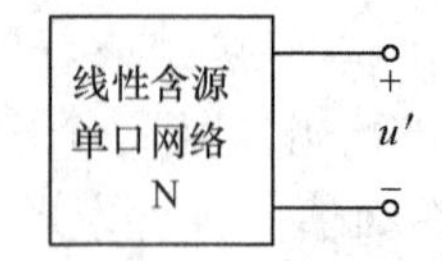

(b)外加激励为零时的等效电路

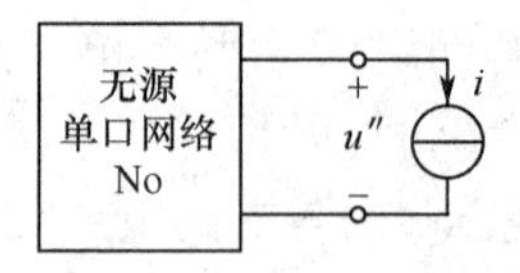

(c)内部电源为零时的等效电路

图 2.50　戴维南定理的证明

根据叠加定理,单口网络的端口电压可以看成是由两部分组成:一部分是由单口网络内部的独立源单独作用时所产生的,另一部分是由外加激励单独作用时产生的。当单口网络内部的独立源单独作用时,外加激励应该置零,等效电路如图 2.50(b)所示。此时的端口电压就是单口网络的开路电压 u_{oc},即

$$u'=u_{oc}$$

当外加电流源单独作用时单口网络内部的独立源应该置零,等效电路如图 2.50(c)所示,此时无源单口网络可以等效为一个电阻,而其端电压可以表示为

$$u''=-iR_o$$

因此线性含源单口网络 N 的端口电压为

$$u=u'+u''=U_{oc}-iR_o$$

而这与一个电压源串联电阻支路的伏安关系是相同的,也就是说它们是等效的。证毕。

应用戴维南定理可以将复杂的二端网络化简为简单的实际电压源模型,在电路分析中有着重要而广泛的应用,也是进行电路设计的一个强有力的工具。利用戴维南定理求解电路问题的步骤为:

(1) 根据求解问题的需要选择被化简的单口网络;

(2) 将单口网络与负载之间的连接断开,求出端口的开路电压 u_{oc};

(3) 将单口网络内部的独立源置零,求出从端口看进去的等效电阻 R_o;

(4) 画出被化简的单口网络的戴维南等效电路,接上负载(待求电路部分)求解出要求的未知量。

在选择被化简的单口网络时,要注意待求支路不能位于单口网络的内部,单口网络内部可以含有受控源,但受控源的控制支路不能位于单口网络的外面(但可以是端口电压或端口电流)。

【例 2.20】 试求 2.51(a)图所示电路中的电流 I。

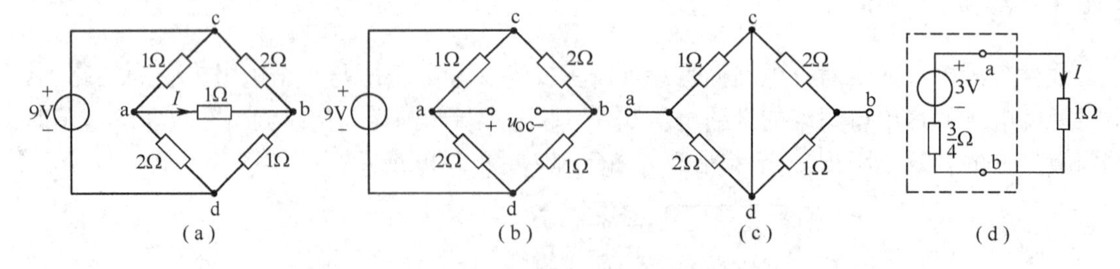

图 2.51　例 2.20 电路图

解　将原电路中电流 I 所在支路之外的电路部分看成一个二端网络,求出其戴维南等效电路。首先将端口断开求出开路电压 U_{oc},求开路电压 U_{oc} 的电路如图 2.51(b)所示,根据电路图可得

$$U_{oc}=U_{ad}-U_{bd}=\frac{2}{1+2}\times9-\frac{1}{1+2}\times9=3\text{V}$$

然后将单口网络内的电压源短路，求出等效电阻R_o。此时求等效电阻R_o的电路如图2.51(c)所示，各电阻之间为简单的串并联关系，可以求得等效电阻为

$$R_o=1/\!/2+1/\!/2=\frac{4}{3}\Omega$$

画出原电路的戴维南等效电路如图2.51(d)虚线框内所示，接上待求电路求电流I的值为

$$I=\frac{3}{\left(\frac{4}{3}+1\right)}=\frac{9}{7}\text{A}$$

根据单口网络内有无受控源，求单口网络的等效电阻通常有3种方法：

(1) 无受控源时采用等效变换法。先将单口网络内的所有独立电源置零，直接根据电阻的串并联等效关系求解；

(2) 有受控源时采用外加激励法。即先将单口网络内的所有独立电源置零，再在无源单口网络上加一个电压源求电流(或外加一个电流源求电压)，则等效电阻即为端口电压与端口电流的比值；

(3) 有受控源时采用开路—短路法。分别求出二端网络的开路电压U_{oc}和短路电流I_{sc}，则等效电阻可表示为

$$R_o=\frac{U_{oc}}{I_{sc}} \tag{2.53}$$

注意：前面两种方法都是在二端网络内部的独立源置零后的电路基础上求解等效电阻的，而采用第三种方法求等效电阻时单口网络内部的独立源是不能置零的。

【例2.21】 试求如图2.52所示电路的戴维南等效电路。

解 本例中含有一个受控源。首先求出a、b两端的开路电压，此时端口上的电流为0。为此取参考节点如图2.53(a)所示，该电路的节点电压方程为

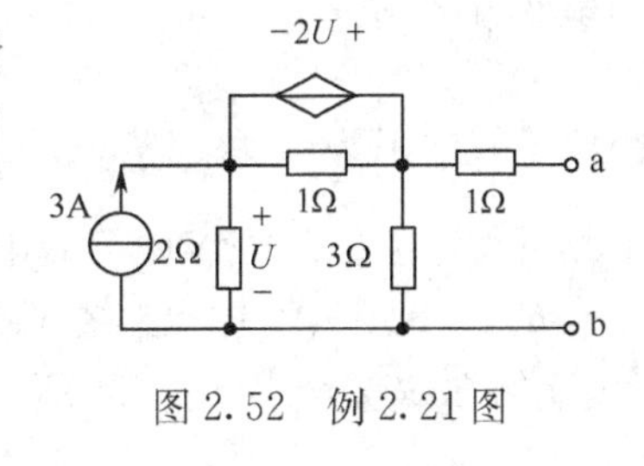

图2.52 例2.21图

$$\begin{cases}\left(1+\frac{1}{2}\right)U_1-U_2=3+I\\ \left(1+\frac{1}{3}\right)U_2-U_1=-I\\ U_1+2U=U_2\\ U=U_1\end{cases}$$

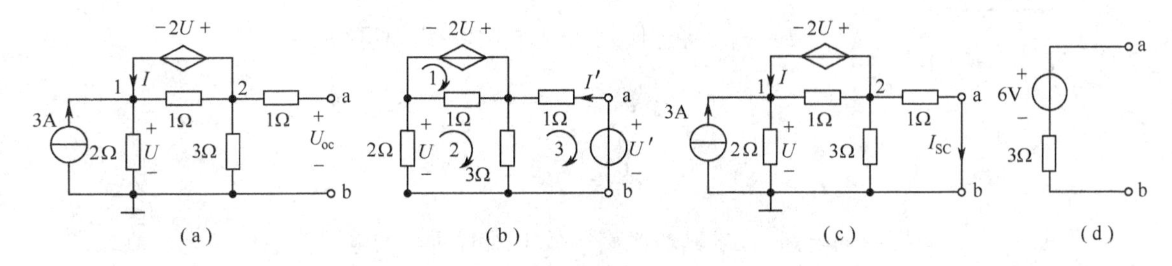

图2.53 例2.21求解过程电路图

解方程得$U_1=2\text{V}$，$U_2=6\text{V}$，所以$U_{oc}=U_2=6\text{V}$。

再来求等效电阻。对于含受控源的单口网络在求等效电路时只能采用外加激励法或开路

一短路法，而不同的方法对于网络内部的独立源的处理也不相同。

外加激励法：将单口网络内部的独立源置零（电流源开路），但受控源要保留。在端口上加上一个大小为U'的电压源，流经端口的电流为I'，如图2.53(b)所示。设各网孔电流方向为顺时针方向，则可得网孔电流方程为

$$\begin{cases} I_1 - I_2 = 2U \\ (1+2+3)I_2 - I_1 - 3I_3 = 0 \\ (1+3)I_3 - 3I_2 = -U' \\ U = -2I_2 \end{cases}$$

解方程组可得
$$I_3 = -\frac{1}{3}U'$$

则等效电阻为
$$R_o = \frac{U'}{I'} = \frac{U'}{-I_3} = 3\Omega$$

开路—短路法：首先需要求出原电路的短路电流I_{sc}。端口短路时，单口网络内部的独立源应该保留，如图2.53(c)所示，可得其节点电压方程为

$$\begin{cases} \left(1+\frac{1}{2}\right)U_1 - U_2 = 3 + I \\ \left(1+\frac{1}{3}+1\right)U_2 - U_1 = -I \\ U_1 + 2U = U_2 \\ U = U_1 \end{cases}$$

解方程得
$$U_1 = \frac{2}{3}\text{V}, U_2 = 2\text{V}$$

则短路电流为
$$I_{sc} = \frac{U_2}{2} = 2\text{A}$$

因此等效电阻为
$$R_o = \frac{U_{oc}}{I_{sc}} = 3\Omega$$

由此可得原电路的戴维南等效电路如图2.53(d)所示。

对于含受控源的电路，在求其戴维南等效电阻时所得的电阻值也可能为负值。

【例2.22】试求图2.54所示二端网络的戴维南等效电阻。

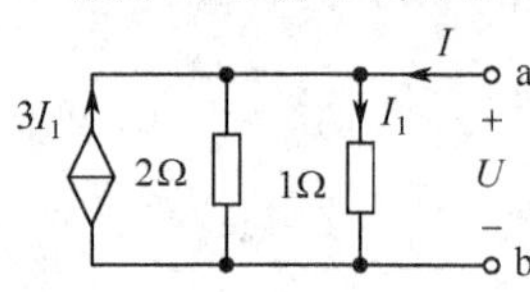

图2.54　例2.22电路图

解　根据KCL可得
$$I = \frac{U}{1} + \frac{U}{2} - 3I_1$$

而$I_1 = \frac{U}{1}$，将它代入KCL方程并化简可得
$$I = -\frac{3U}{2}$$

因此等效电阻为
$$R_o = \frac{U}{I} = -\frac{2}{3}\Omega$$

可见，对于含受控源的电路，在求其戴维南等效电阻时所得的电阻值也可能为负值。在实际电路中常利用受控源来模拟负阻，向电路提供能量。

2.8.2 诺顿定理

诺顿定理和戴维南定理一样，都是用来化简线性含源单口网络的。定理的内容为：

线性含源的单口网络对外电路而言总可以等效为一个电流源并联电阻的电路；其中电流源的电流就是单口网络的短路电流 I_{sc}，并联电阻等于将单口网络内所有独立源置零时从端口看进去的等效电阻 R_o。如图 2.55 所示。

从形式上来看，诺顿定理是将线性含源单口网络等效为了一个实际电流源的模型。应用该定理关键的是要确定短路电流 I_{sc} 和等效电阻 R_o。诺顿定理中的等效电阻定义是和戴维南定理相同的，因此求戴维南等效电阻的方法也同样适用于诺顿定理。电流源的电流则可以通过将端口短路后计算得出，如图 2.56 所示。

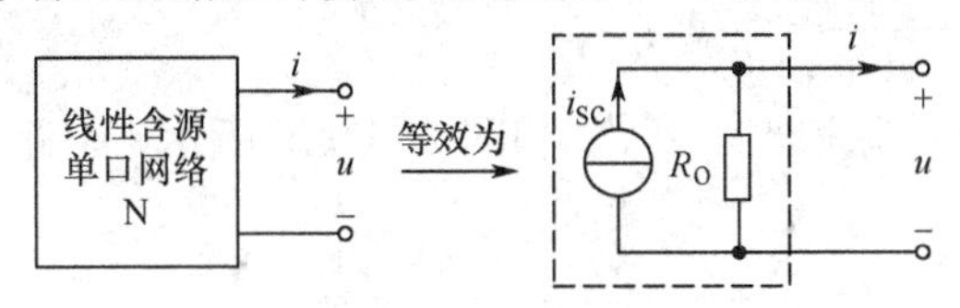

图 2.55 诺顿定理

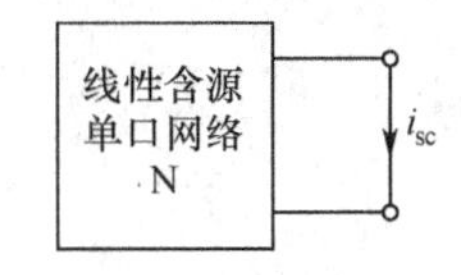

图 2.56 求诺顿定理中的短路电流

由于实际电压源模型和实际电流源模型是可以等效互换的，因此戴维南定理和诺顿定理也是可以等效互换的，等效的条件为

$$i_{sc}=\frac{u_{oc}}{R_o} \tag{2.54}$$

【例 2.23】 试求图 2.57 所示电路的诺顿等效电路。

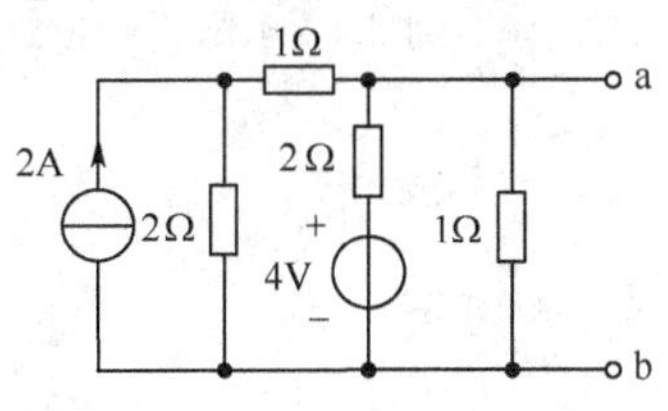

图 2.57 例 2.23 电路图

解 将端口 a、b 短路，求短路电流，如图 2.58(a)所示。根据叠加定理可知此时的端口电流为

$$I_{sc}=\frac{1}{1+1}\times 2+\frac{4}{2}=3\text{A}$$

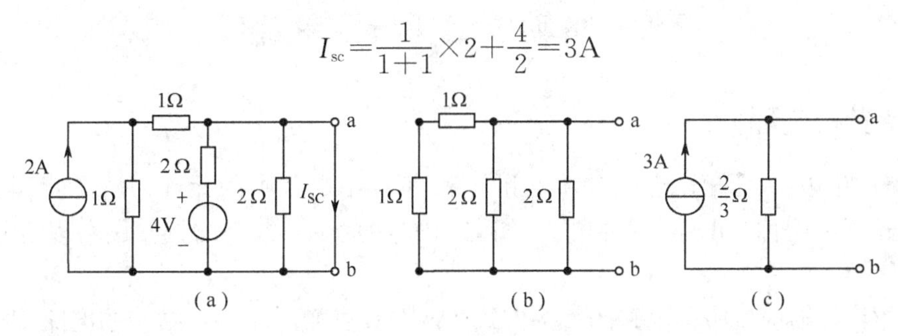

图 2.58 例 2.23 求解电路

将单口网络内部的独立源置零，求等效电阻 R_o，如图 2.58(b)所示。根据电路图可得

$$R_o=2/\!/2/\!/(1+1)=\frac{2}{3}\Omega$$

因此可得原电路的诺顿等效电路如图 2.58(c)所示。

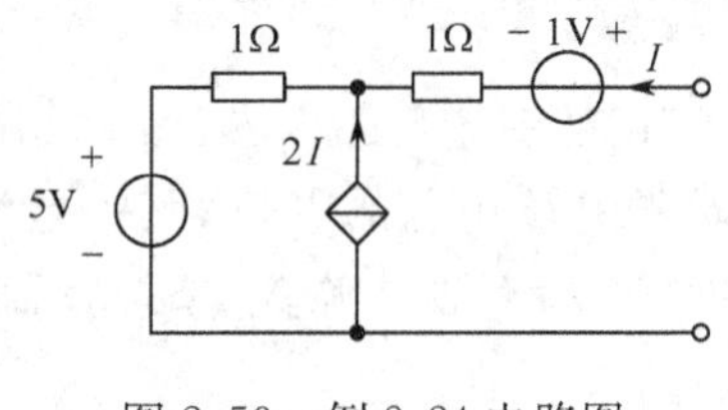

图 2.59　例 2.24 电路图

【例 2.24】试求图 2.59 所示电路的诺顿等效电路。

解　先求短路电流。将端口短路,如图 2.60(a)所示,采用节点电压法,可得节点 1 的节点电压方程为

$$(1+1)U_1-\frac{5}{1}+\frac{1}{1}=2I$$

辅助方程:
$$I=\frac{-U_1-1}{1}$$

将辅助方程代入节点 1 的节点电压方程,可以解得 $U_1=\frac{1}{2}\text{V}$。则短路电流为

$$I_{sc}=-I=\frac{U_1+1}{1}=\frac{3}{2}\text{A}$$

再求开路电压。端口开路时 $I=0$,受控电流源相当于开路,如图 2.60(b)所示,因此开路电压的值为

$$U_{oc}=1+2=6\text{V}$$

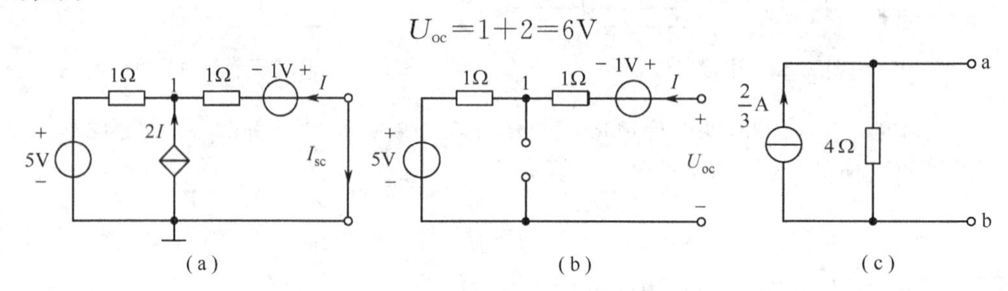

图 2.60　例 2.24 求解过程电路

因此等效电阻的值为
$$R_o=\frac{U_{oc}}{I_{sc}}=4\Omega$$

则原电路的诺顿等效电路如图 2.60(c)所示。

对于线性含源单口网络,只要求出其开路电压 U_{oc}、短路电流 I_{sc} 及等效电阻 R_o 中的任意两个,那么第三个量也就可以随之求出,进而可以得到其戴维南等效电路或诺顿等效电路。在实际求解中可以视求解问题的需要选择两种等效电路中的任一种。

2.9　特勒根定理与互易定理

2.9.1　特勒根定理

在电路理论中,只画出电路的各节点和支路、不画出电路中的元件,并将支路电流的方向标注出来,这样的图称为电路的拓扑图。如图 2.61(a)所示,电路的拓扑图可以表示为图(b)的形式。

电路的拓扑结构表明了电路的连接方式。两个具有相同的拓扑结构的电路,对应的各条支路上的元件可以是不同的,相应的支路电压和支路电流也是不同的。如果将两个具有相同的拓扑结构的电路各节点和各条支路采用相同的标号加以标示,那么这两个电路的各支路电压和支路电流之间存在着什么样的关系呢?描述它们之间的关系的就是特勒根定理:

对两个具有相同拓扑结构的电路 N 和 N′,电路 N 的所有支路中每一支路电压 u_k(或支路

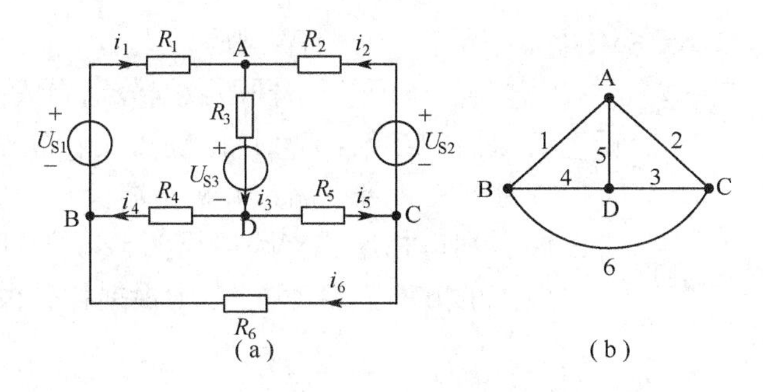

图 2.61　电路及其拓扑图

电流 i_k)与电路 N′的对应的支路电流 i'_k (u'_k)的乘积之和为零,即

$$\sum_{k=1}^{b} u_k i'_k = 0 \tag{2.55}$$

$$\sum_{k=1}^{b} u'_k i_k = 0 \tag{2.56}$$

其中 b 为两个电路的支路数。下面用一个例子来验证特勒根定理。

如图 2.62 所示的两个电路,它们具有相同的拓扑结构,各支路电压和支路电流的值已求出,两个电路中各支路的参考方向取图(a)中的支路电流的方向,则有

$$U_1 I'_1 = 2 \times 1 = 2$$

$$U_2 I'_2 = (-10+3) \times 3 = -21$$

$$U_3 I'_3 = (1+4) \times 2 = 10$$

$$U_4 I'_4 = 3 \times 2 = 6$$

$$U_5 I'_5 = 1 \times (-1) = -1$$

$$U_6 I'_6 = (-4) \times (-1) = 4$$

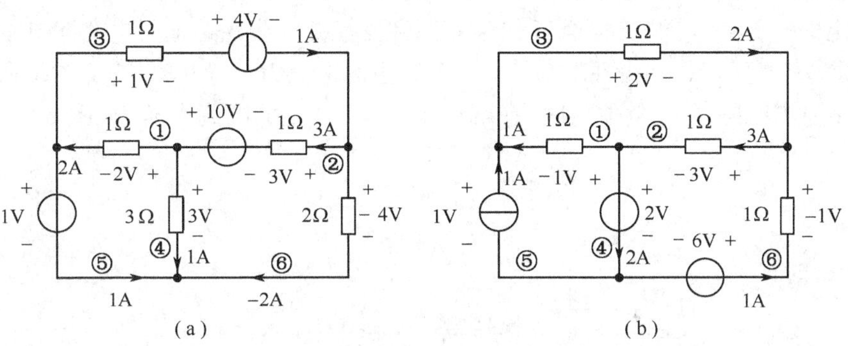

图 2.62　验证特勒根定理电路图

故 $\sum_{k=1}^{6} u_k i'_k = 2 + (-21) + 10 + 6 + (-1) + 4 = 0$,与特勒根定理的结论是相符合的。

特别的,当两个电路完全相同时,根据特勒根定理可得

$$\sum_{k=1}^{b} u_k i_k = 0$$

即一个电路的所有支路上各条支路的功率之和为零,也就是说电路的总功率是平衡的,电源发出的功率与负载吸收的功率相等。这一结论常可以用来验证电路的计算结果。

【例 2.25】图 2.63 所示的电路中,N 中只含有电阻元件。当 $R_1 = R_2 = 1\Omega$,$U_S = 2V$ 时,

$I_1=I_2=2\text{A}$；当 $R_1=2\Omega, R_2=5\Omega, U_S=4\text{V}$ 时，$I_1=1\text{A}$，则此时 $I_2=?$

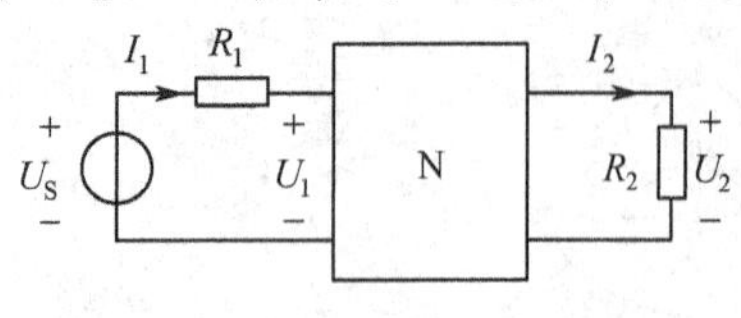

图 2.63　例 2.25 电路图

解　将两组不同的数据分别看成是两个拓扑结构相同的电路的参数，那么该问题可用特勒根定理求解。设 N 的内部共有 b 条支路，与 N 左端口相连的支路电压为 U_1，与 N 右端口相连的支路电压为 U_2，方向如图所示，取各支路电流的方向为参考方向，则根据特勒根定理可知

$$-U_1I'_1+U_2I'_2+\sum_{k=1}^{b}U_kI'_k=0$$

$$-U'_1I_1+U'_2I_2+\sum_{k=1}^{b}U'_kI_k=0$$

因为 N 的内部各支路只有电阻元件构成，因此各支路电压和支路电流满足

$$\sum_{k=1}^{b}U_kI'_k=\sum_{k=1}^{b}U'_kI_k=\sum_{k=1}^{b}R_kI_kI'_k$$

这样一来就可以得到

$$-U_1I'_1+U_2I'_2=-U'_1I_1+U'_2I_2$$

而

$$U_1=-U_s-I_1R_1=-4\text{V}, U_2=I_2R_2=2\text{V}$$

$$U'_1=-U'_S-I'_1R'_1=-6\text{V}, U'_2=I'_2R'_2=5I'_2$$

故

$$-(-4)\times1+2\times I'_2=-(-6)\times2+5I'_2\times2$$

解得

$$I'_2=-1\text{A}$$

特勒根定理对集总电路是普遍适用的。

2.9.2　互易定理

互易定理是描述线性电阻电路性质的一个重要定理。该定理共有 3 种形式。

【互易定理一】在一个内部不含任何独立源和受控源的线性纯电阻电路 N 中，如果在端口 1—1'上施加一个电压源 u_s 时，在端口 2—2'上产生的电流为 i_2，如图 2.64(a)所示；反之，如果在端口 2—2'上施加一个电压源 u'_s 时，在端口 1—1'上产生的电流为 i'_1，如图 2.64(b)所示，则有

$$\frac{i_2}{u_s}=\frac{i'_1}{u'_s} \tag{2.57}$$

当 $u_s=u'_s$ 时，$i_2=i'_1$。

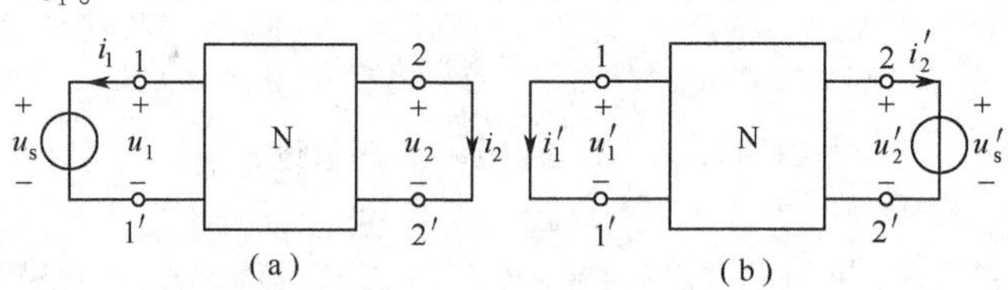

图 2.64　互易定理一

证明：将图 2.64(a)和(b)看成两个具有相同拓扑结构的电路，由于 N 的内部只含有电阻元件，根据上节例 2.25 的结论可知

$$u_1i'_1+u_2i'_2=u'_1i_1+u'_2i_2 \tag{2.58}$$

而

$$u_1=u_s, u_2=0, u'_1=0, u'_2=u'_s$$

代入(2.58)式可得

$$u_s i_1' = u_s' i_2$$

即

$$\frac{i_2}{u_s} = \frac{i_1'}{u_s'}$$

【互易定理二】在一个内部不含任何独立源和受控源的线性纯电阻电路N中，如果在端口1—1'上施加一个电流源 i_s时，在端口2—2'上产生的电压为 u_2，如图2.65(a)所示；反之，如果在端口2—2'上施加一个电流源 i_s'时，在端口1—1'上产生的电压为 u_1'，如图2.65(b)所示，则有

$$\frac{u_2}{i_s} = \frac{u_1'}{i_s'} \tag{2.59}$$

当 $i_s = i_s'$时，$u_2 = u_1'$。

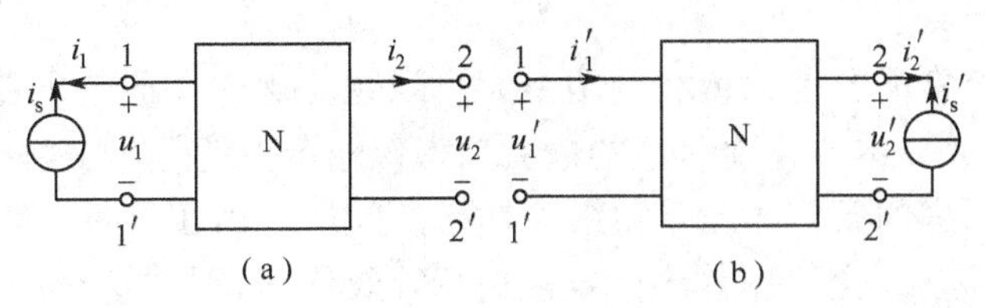

图2.65　互易定理二

【互易定理三】在一个内部不含任何独立源和受控源的线性纯电阻电路N中，如果在端口1—1'上施加一个电流源 i_s时，在端口2—2'上产生的电流为 i_2，如图2.66(a)所示；反之，如果在端口2—2'上施加一个电压源 u_s'时，在端口1—1'上产生的电压为 u_1'，如图2.66(b)所示，则有

$$\frac{i_2}{i_s} = \frac{u_1'}{u_s'} \tag{2.60}$$

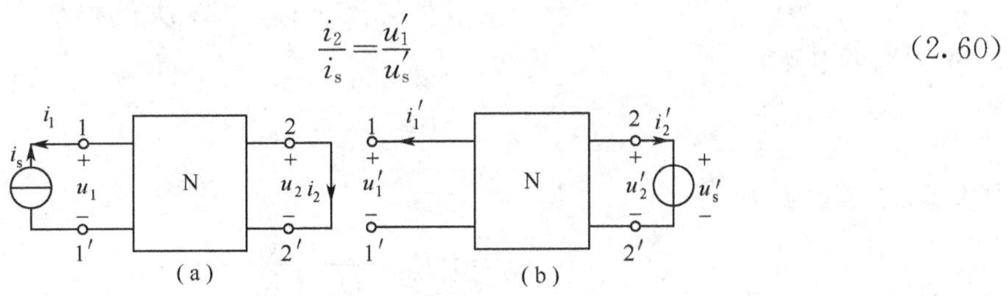

图2.66　互易定理三

互易定理二和互易定理三也可以用特勒根定理证明，这里不再赘述。

上面这3种形式的互易定理虽然从描述上来看存在不同，但对每一种形式来说，当激励和响应互换位置前后，如果把激励置零，则电路保持不变。在满足这个条件的前提下，互易定理的3种形式可以归纳为：对于一个仅含线性电阻的电路，在单一激励下产生的响应，当激励和响应互换位置时，二者的比值保持不变。

在应用互易定理时，除了应该注意采用的定理的形式以及变量的数值以外，还要注意各个量的方向。

【例2.26】在图2.67所示电路中，N仅由线性电阻构成，图(a)中 $U_2 = 2\text{V}$，试求图(b)中的 U_1'。

解　将 R_1、R_2和N看成一个电阻网络N'，如图2.68所示，根据互易定理的第二种形式可得

$$\frac{2}{3} = \frac{U_1'}{6}$$

因此 $$U_1'=4\mathrm{V}$$

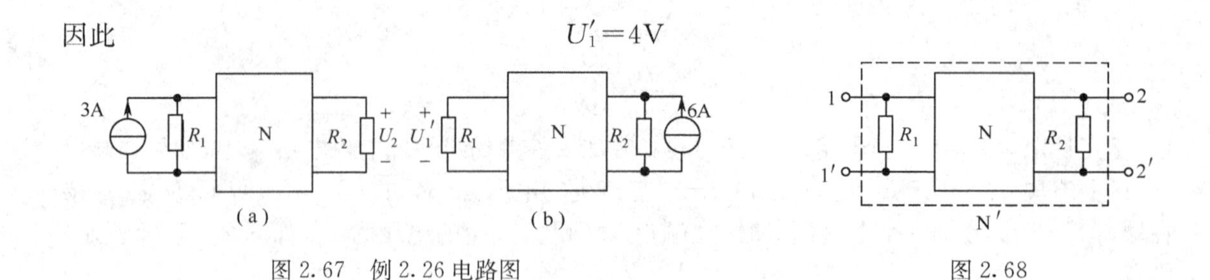

图 2.67　例 2.26 电路图　　　　图 2.68

2.10　最大功率传输定理

在实际应用中，经常需要考虑负载的功率大小问题。比如在通信电路中经常要求传递到负载上的功率达到最大。本节将要讨论的最大功率传输定理就是用来解决在电路结构已知的情况下，负载满足什么样的条件才能获得最大功率的问题。由于线性含源单口网络总可以应用戴维南定理进行等效化简，因此这个问题可以用图 2.69 所示的电路来描述。

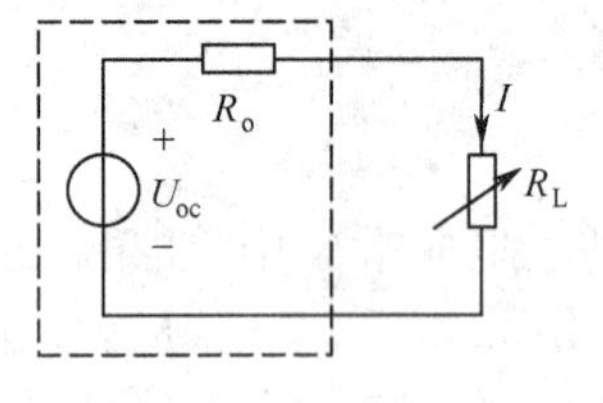

图 2.69　最大功率传输定理电路

当单口网络的结构已知时，图 2.69 中的 U_{oc} 和 R_o 都是固定的值，因此求负载 R_L 能获得的最大功率的问题可以叙述为：在图 2.69 所示电路中，电源及其内阻已知，负载大小可变，试问负载在什么条件下可以获得最大功率？

为了获得该条件，可以从负载功率的表达式入手。图 2.69 电路的电流为

$$I=\frac{U_{oc}}{R_o+R_L}$$

则负载的功率为

$$P=I^2R_L=\frac{U_{oc}^2R_L}{(R_o+R_L)^2} \tag{2.61}$$

等式的两边同时对 R_L 求导可得

$$\frac{\mathrm{d}P}{\mathrm{d}R_L}=\frac{U_{oc}^2[(R_o+R_L)^2-2(R_o+R_L)R_L]}{(R_o+R_L)^4}$$
$$=\frac{U_{oc}^2(R_o-R_L)}{(R_o+R_L)^3}$$

要使式(2.61)获得最大值，则需上式等于零。即当 $R_L=R_o$ 时负载上可以获得最大功率。这一结论就是最大功率传输定理：

可变负载从线性含源单口网络获得最大功率的条件是负载大小与原单口网络的戴维南(或诺顿)等效电阻相等。满足条件时负载获得的最大功率为

$$P_{L\max}=\frac{U_{oc}^2}{4R_o} \tag{2.62}$$

当 $R_L=R_o$ 时称为最大功率匹配。若将单口网络用其诺顿等效电路来替代，则该最大功率可表示为

$$P_{L\max}=\frac{I_{sc}^2R_o}{4} \tag{2.63}$$

应用最大功率传输定理求解问题时，首先需要求出原电路中除负载以外电路的戴维南等效电路。但定理的结论只适用于负载，若要求电路中其他元件的功率，还需要回到单口网络内部求出该元件上的电压及电流。

【例 2.27】 图 2.70 所示电路，试问电阻 R_L 在什么条件下能够获得最大功率？并求此最大功率的量值。

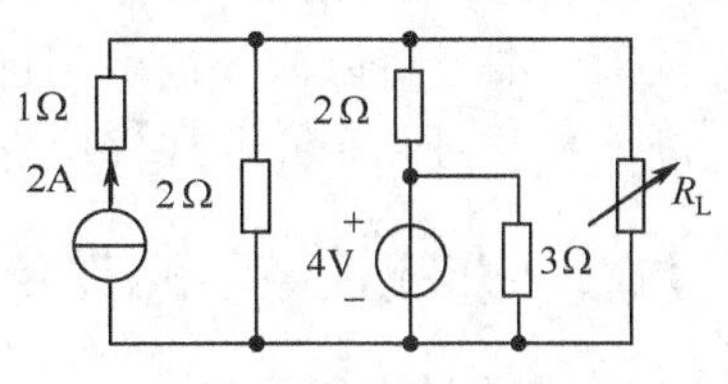

图 2.70　例 2.27 电路图

解　首先求出原电路中除 R_L 外其他部分的戴维南等效电路。将负载断开，端口开路时，根据叠加定理可得[如图 2.71(a)所示]

$$U_{oc}=\frac{2}{2+2}\times2\times2+\frac{2}{2+2}\times4=4V$$

将单口网络内部的独立源置零，如图 2.71(b)所示，则戴维南等效电阻为

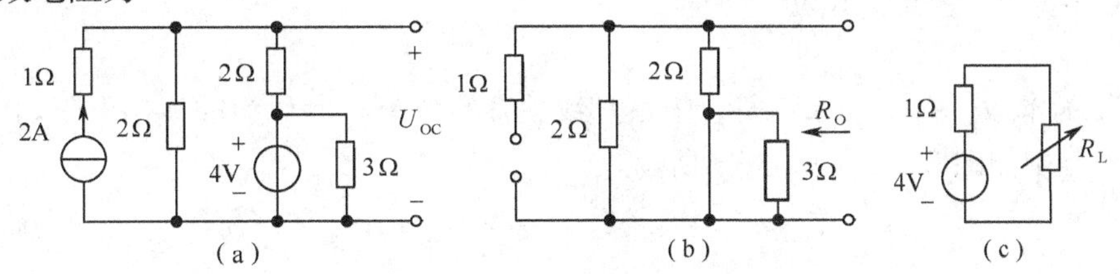

图 2.71　例 2.27 求解电路图

$$R_o=2/\!/2=1\Omega$$

画出原电路的戴维南等效电路如图 2.71(c)所示，根据最大功率传输定理可知，当 $R_L=R_o=1\Omega$ 时可获得最大功率，此最大功率的值为

$$P_{Lmax}=\frac{U_{oc}^2}{4R_o}=\frac{4^2}{4\times1}=4W$$

值得注意的是，最大功率传输定理针对的是可变负载从固定电路获得最大功率的问题，如果负载大小固定，而电源内阻可变，那么要使负载获得最大功率，只需要电源内阻越小越好。另外当负载获得最大功率时，该最大功率的值一般并不等于电源功率的一半。例如在上面的例子中，当 $R_L=1\Omega$ 时，从图 2.70 可以解得此时流经电压源的电流为 $I=\frac{7}{3}$A，方向自下而上；电流源两端的电压为：$U=4V$，方向为自上而下，因此电源提供的总功率为

$$P=P_{U_S}+P_{I_S}=4\times\frac{7}{3}+2\times4=\frac{52}{3}W$$

因此负载消耗功率占电源提供功率的比例为

$$\eta=\frac{P_L}{P}\times100\%=23.1\%$$

2.11　非线性电阻电路的分析方法

元件参数随着电路工作条件变化的元件称为非线性元件，包含非线性元件的电路称为非线性电路。严格地说，大多数实际电路都是非线性电路，但是由于实际电路的工作电压和工作电流都限制在一定的范围之内，在正常工作条件下大多可以近似为线性电路。特别是对于非

线性特征比较微弱的电路元件，将它当成线性元件处理不会带来大的差异。但是，对于非线性特征比较显著的电路，或近似为线性电路的条件不满足时，就不能忽视其非线性特征，否则将使理论分析结果与实际测量结果相差过大，甚至发生质的变化。因此，对这类电路的分析就必须采用非线性电路的分析方法。

线性电路的理论和计算方法都已非常成熟，它是本课程的核心内容，也是分析非线性电路的基础。本节将以非线性电阻电路为例，介绍非线性电路的基本概念和几种常用的分析方法，为进一步学习和研究非线性电路提供初步的基础。

2.11.1 非线性电阻元件及电路特点

1. 非线性电阻元件

电阻元件的特性是用 $u-i$ 平面上的伏安关系描述的，线性电阻的伏安关系是 $u-i$ 平面上通过原点的直线，它可表示为

$$u=Ri \tag{2.64}$$

式中 R 为常数。伏安关系不符合上述直线关系的电阻元件称为非线性电阻，其伏安特性曲线和符号分别如图 2.72 和图 2.73 所示。

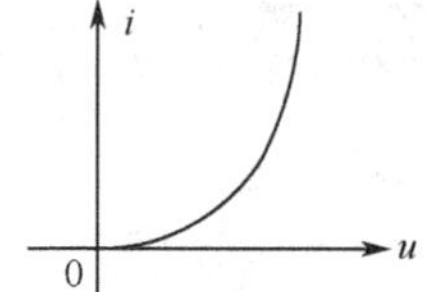

图 2.72 非线性电阻的伏安特性曲线

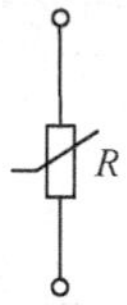

图 2.73 非线性电阻的符号

非线性电阻上电压、电流之间的关系是非线性的函数关系，即 $u=f(i)$ 或 $i=g(u)$ 为非线性函数。根据不同的函数关系，可将非线性电阻分为下列 4 种类型。

(1) 压控型非线性电阻

若通过电阻的电流 i 是其端电压 u 的单值函数，则称之为电压控制型非线性电阻，简称为压控型非线性电阻。它的伏安关系可以表示为

$$i=g(u) \tag{2.65}$$

其典型的伏安特性曲线如图 2.74(b)所示。由图可见，在特性曲线上，对应于各电压值，有且仅有一个电流值与其对应；但是，对于同一电流值，可能有多个电压值与其对应。图 2.74(a)所示的隧道二极管就具有这种特性。

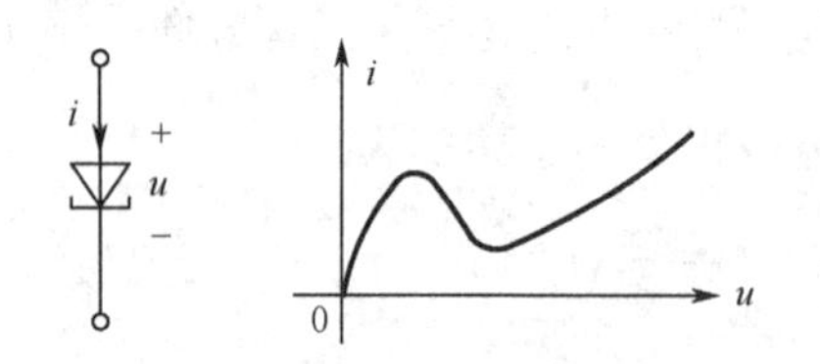

(a) 隧道二极管 (b) 隧道二极管的伏安特性曲线

图 2.74 隧道二极管及其特性

(2) 流控型非线性电阻

若电阻两端的电压 u 是通过其电流 i 的单值函数，则称之为电流控制型非线性电阻，简称为流控型非线性电阻。它的伏安关系可以表示为

$$u=f(i) \tag{2.66}$$

其典型的伏安特性曲线如图 2.75(b)所示。由图可见，在特性曲线上，对应于各电流值，有且仅有一个电压值与其对应；但是，对于同一电压值，可能有多个电流值与其对应。图 2.75(a)所示的充气二极管(氖灯)就具有这种特性。

(3) 单调型非线性电阻

若非线性电阻的伏安关系是单调增长或单调下降的，则称之为单调型非线性电阻，它既可看成压控型电阻又可看成流控型电阻。因此，其伏安关系既可以用式(2.65)表示，又可以用式(2.66)表示。其典型的伏安特性曲线如图 2.76(b)所示。

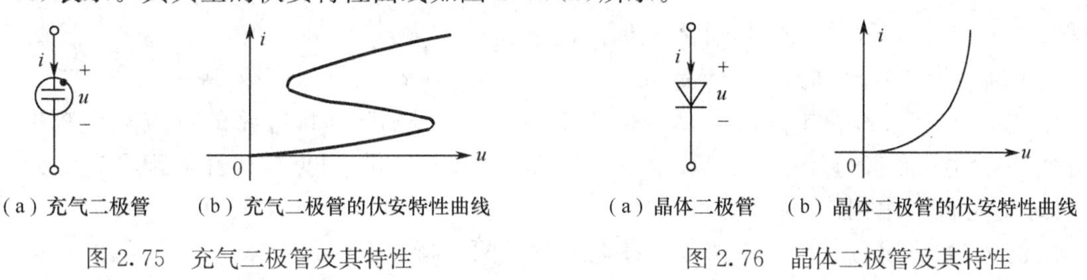

图 2.75　充气二极管及其特性　　图 2.76　晶体二极管及其特性

图 2.76(a)所示的普通晶体二极管就具有这种特性，其伏安关系表达式为

$$i=I_S(e^{\frac{u}{U_T}}-1) \tag{2.67}$$

或

$$u=U_T\ln\left(\frac{i}{I_S}-1\right) \tag{2.68}$$

式中，I_S 称为二极管的反向饱和电流；U_T 是与温度有关的常数，在常温下 $U_T\approx 26\text{mV}$。

(4) 开关型非线性电阻

理想二极管属于开关型非线性电阻，其伏安关系为

$$\begin{cases} i=0, & u<0 \text{ 时} \\ u=0, & i>0 \text{ 时} \end{cases} \tag{2.69}$$

它表现出的特性不是开路就是短路。在 $u<0$ 时，$i=0$，即当二极管加反向电压时，它截止，这时理想二极管相当于开路；在 $i>0$ 时，$u=0$，即当理想二极管导通时，它相当于短路。其伏安特性曲线如图 2.77(b)所示。由图可见，理想二极管的伏安特性既非压控型也非流控型。

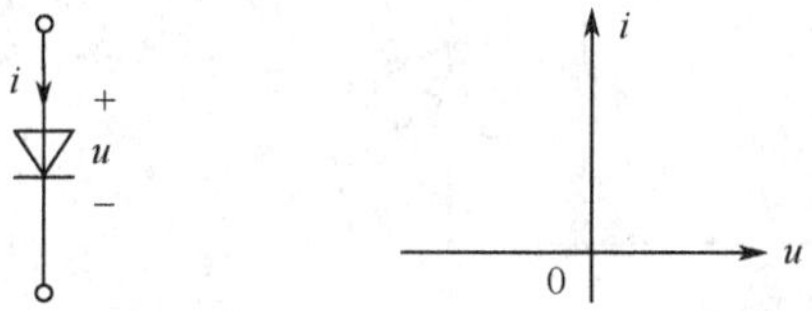

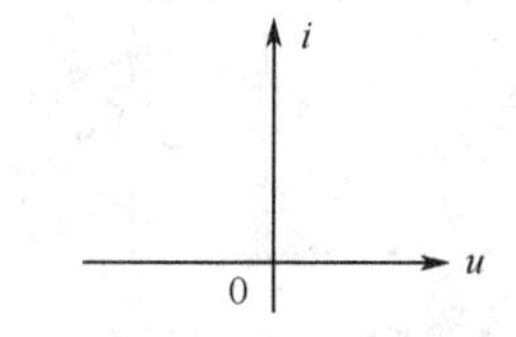

图 2.77　理想二极管及其特性

若电阻的伏安关系曲线对称于 u - i 平面坐标原点，则称该电阻为双向性电阻，否则称为单向性电阻。线性电阻均为双向性电阻，而大部分非线性电阻(变阻二极管等除外)属于单向性电阻。单向性电阻接入电路时，应注意其方向性。

2. 非线性电阻电路的特点

含有非线性电阻元件的电路，称为非线性电阻电路。

【例 2.28】某非线性电阻电路如图 2.28 所示，其中非线性电阻的伏安特性为 $i=u+2u^2$。

(1) 若激励 $u_S=u_{S1}=1\text{V}$，求电阻上的电流 i_1；

(2) 若激励 $u_S=u_{S2}=k\text{V}$，求电阻上的电流 i_2，$i_2=ki_1$ 吗？

(3) 若激励 $u_S=u_{S1}+u_{S2}=(1+k)\text{V}$，求电阻上的电流 i_3，$i_3=i_1+i_2$ 吗？

(4) 若激励 $u_S=\cos\omega t\text{V}$，求电阻上的电流 i。

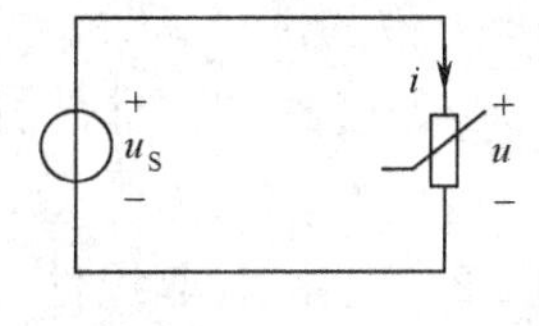

图 2.78　例 2.28 图

解 (1)当 $u_S=u_{S1}=1\text{V}$ 时，$i_1=1+2\times1^2=3\text{A}$。

(2) 当 $u_S=u_{S2}=k\text{V}$ 时，$i_2=(k+2k^2)\text{A}$。

显然，$i_2\neq ki_1$，表示对非线性电路，齐次性不成立。

(3) 当 $u_S=u_{S1}+u_{S2}=(1+k)\text{V}$ 时，$i_3=(1+k)+2\times(1+k)^2=(3+5k+2k^2)\text{A}$。

显然，$i_3\neq i_1+i_2$，表示对非线性电路，叠加性也不成立。

(4) 当 $u_S=\cos\omega t\text{V}$ 时，$i=\cos\omega t+2\times(\cos\omega t)^2=(1+\cos\omega t+\cos2\omega t)\text{A}$。

由此可见，当非线性电路的激励是角频率为 ω 的正弦信号时，电路的响应除角频率为 ω 的分量外，还可能包含直流、二倍频(角频率为 2ω)等其他分量，可见非线性电路具有变频的特性，在通信工程中用到这一特性。

由例 2.28 可以总结出在求解非线性电路时的两个特点：

(1) 由于非线性电路不满足线性性质，因此，在第 2 章中凡是根据线性性质推导得到的定理(如叠加定理、戴维南定理、诺顿定理等)、方法(网孔法、节点法等)和结论都不适用于非线性电路。

(2) 电路方程直接由 KCL、KVL 和元件的伏安特性列写。

(3) 非线性电路的响应中可能包含激励信号中所没有的新频率分量。

2.11.2 非线性电阻电路的解析求解法

如果非线性电阻电路中非线性元件的伏安关系能够用函数表示，则可以采用解析法对非线性电阻电路进行分析，如例 2.29 所示。

【例 2.29】某非线性电阻电路如图 2.79 所示，其中电阻 $R=1\Omega$，电流源 $I_S=4\text{A}$，非线性电阻的伏安特性为 $u=2i+i^2$，求非线性电阻两端的电压 u。

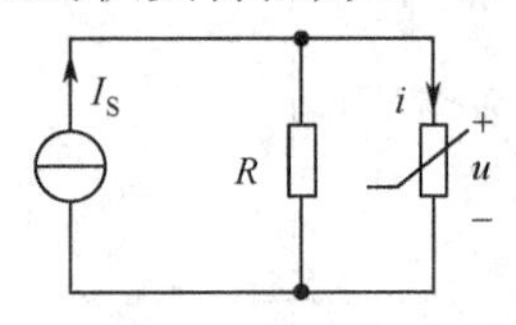

图 2.79 例 2.29 图

解 由于电阻 R 和非线性电阻在电路中并联，根据 KCL，有

$$\frac{u}{1}+i=4$$

再根据非线性电阻的伏安特性，有

$$u=2i+i^2$$

两式联立求解，可得 $i=1\text{A}$ 或 $i=-4\text{A}$，从而有 $u=3\text{V}$ 或 $u=8\text{V}$。

当 $u=8\text{V}$ 时，计算得到非线性电阻上消耗的功率为负值，不符合实际情况，因此非线性电阻两端的电压 $u=3\text{V}$。

2.11.3 非线性电阻电路的图解法

用图解法求解非线性电阻电路最直接和形象化。

线性电路的计算方法对于非线性电路来说，一般是不适用的。但基尔霍夫定律依旧是分析非线性电路的基本依据，因为基尔霍夫定律只与电路的结构有关，而与元件的性质无关。所谓图解法就是综合利用非线性电阻元件的伏安特性曲线和基尔霍夫定律，通过作图对非线性电阻电路进行求解的方法。

设有一非线性电阻电路，线性电阻 R_1 与非线性电阻 R 相串联，如图 2.80 所示，非线性电阻的伏安特性是已知的，如图 2.81 所示。

将 KVL 应用于图 3.9 所示电路，可得

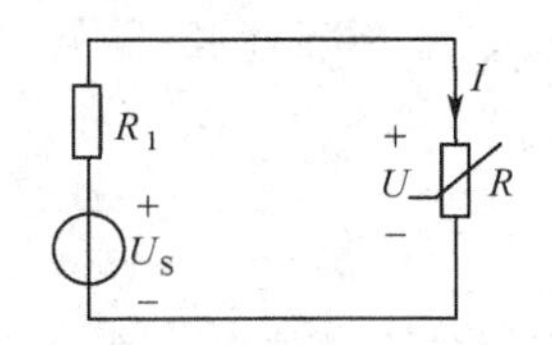

图 2.80　非线性电阻电路

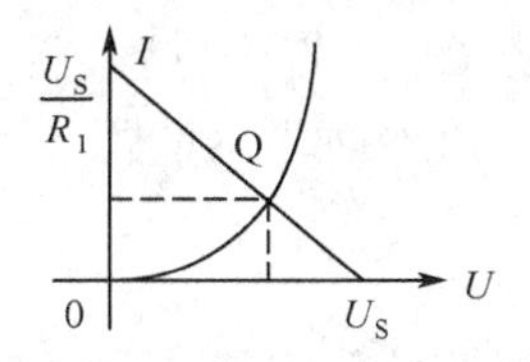

图 2.81　非线性电阻的伏安特性曲线

$$U=U_S-IR_1 \quad 或 \quad I=-\frac{U}{R_1}+\frac{R_S}{R_1} \tag{2.70}$$

这是一个直线方程，在纵轴上的截距为U_S/R_1。该直线方程实际上就是移去非线性电阻R后剩下的线性有源二端网络两端的伏安特性。

由式(2.81)所确定的直线称为负载线，电路的工作情况由负载线与非线性电阻元件R的伏安特性曲线的交点Q所确定。交点Q称为工作点，它表示了非线性电阻元件R两端的直流电压和流过其中的直流电流I，所以在模拟电子技术中把它称为静态工作点。

【例 2.30】 在图 2.82 所示电路中，已知$R_1=3\text{k}\Omega$，$R_2=1\text{k}\Omega$，$R_3=0.25\text{k}\Omega$，$U_{S1}=5\text{V}$，$U_{S2}=1\text{V}$，D 为半导体二极管，其伏安特性如图 2.83 所示。用图解法求出二极管中的电流I_D及其两端电压U_D，并计算出其他两个支路中的电流I_1和I_2。

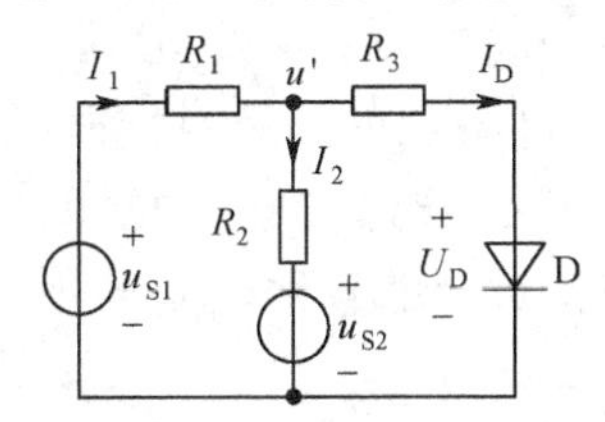

图 2.82　例 2.30 图

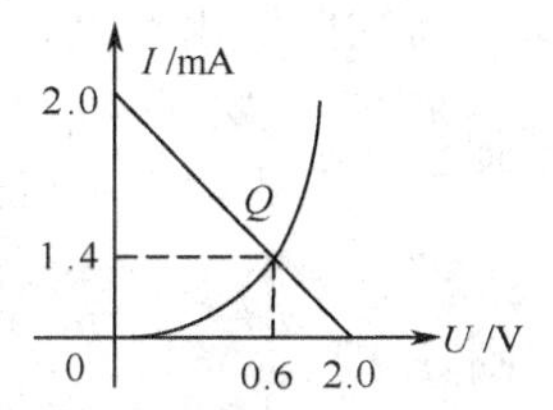

图 2.83　二极管的伏安特性曲线

解　将二极管 D 断开，其余部分是一个线性有源二端网络，可用戴维南定理化为等效电路，如图 2.85 所示。等效电路的电源U_{OC}和内阻R_O可通过图 2.84 所示的电路计算。

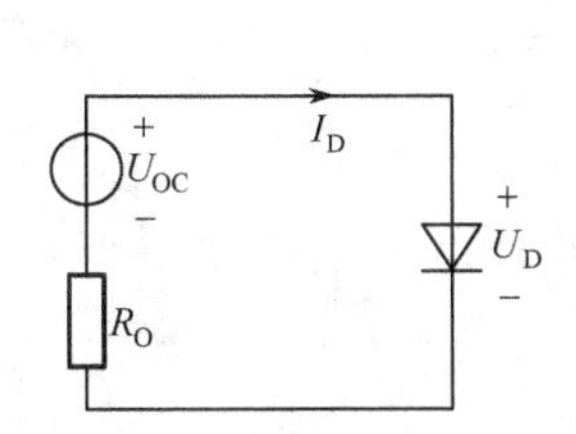

图 2.84　图 2.83 的等效电路

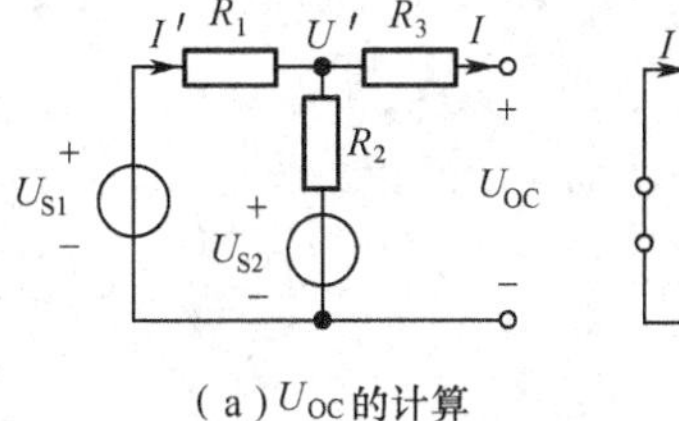

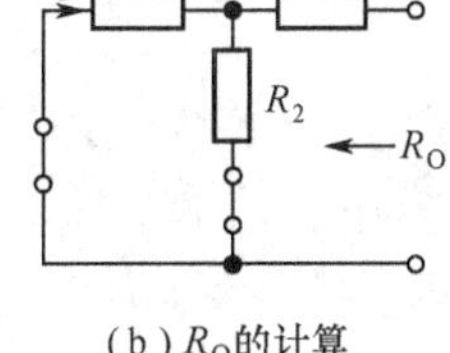

图 2.85　U_{OC}和R_O的计算

根据图 2.85(a)，可计算出U_{OC}：

$$I'=\frac{U_{S1}-U_{S2}}{R_1+R_2}=\frac{5-1}{3+1}=1\text{mA}$$

$$U_{OC}=U_{S2}+R_2I'=1+1\times1=2\text{V}$$

根据图 2.85(b)，可计算出R_o：

$$R_o=R_3+\frac{R_1R_2}{R_1+R_2}=0.25+\frac{3\times1}{3+1}=1\text{k}\Omega$$

由图 2.84，可知

$$U=U_{OC}-R_oI$$

这是一条$U-I$直线方程，将它画在图 2.83 中，对应直线在横轴上的截距（$I=0$ 时）为 $U=U_{OC}=2V$，在纵轴上的截距（$U=0$ 时）为

$$I=\frac{U_{OC}}{R_O}=2mA$$

它与二极管的伏安特性曲线交于 Q 点，由此可得二极管中的电流和两端电压分别为：

$$I_D=1.4mA, U_D=0.6V$$

要计算其他两个支路电流，可先求出节点电压U'，即

$$U'=U+R_3I=0.6+0.25\times1.4=0.95V$$

然后分别计算I_1和I_2：

$$I_1=\frac{U_{S1}-U'}{R_1}=\frac{5-0.95}{3}=1.35mA$$

$$I_2=\frac{-U_{S2}+U'}{R_2}=\frac{-1+0.95}{1}=-0.05mA$$

2.11.4 非线性电阻电路的分段线性法

分段线性法又称折线近似法，其基本思想是：在允许存在一定误差的前提下，将非线性电阻复杂的伏安特性曲线用若干直线段构成的折线近似表示。例如，图 2.86(a)所示隧道二极管的伏安特性曲线（粗实线表示），可分为三段，分别用①、②、③标出的 3 条直线段（细实线）来近似表示。由于这些直线段都可以用线性代数方程来表示，因此隧道二极管的伏安特性在每一段都可用一线性电路来等效。例如，在 $0<u<u_1$ 这个区间，对应的直线段是第 1 段，假设其斜率为 G_1，则其方程为

$$u=\frac{1}{G_1}i=R_1i, \qquad 0<u<u_1 \tag{2.71}$$

即在 $0<u<u_1$ 这个区间，该非线性电阻可等效为线性电阻 R_1，如图 2.86 (b)所示。类似地，在 $u_1<u<u_2$ 这个区间，对应直线段②，假设其斜率为 G_2（显然 $G_2<0$），它在电压轴的截距为 U_{S2}，则其方程为

$$u=U_{S2}+R_2i, \ u_1<u<u_2 \tag{2.72}$$

式中 $R_2=1/G_2$，其等效电路如图 2.86 (c)所示。

在 $u>u_2$ 这个区间，对应直线段③，假设其斜率为 G_3，它在电压轴的截距为 U_{S3}，则其方程为

$$u=U_{S3}+R_3i, \ u>u_2 \tag{2.73}$$

式中 $R_3=1/G_3$，其等效电路如图 2.86 (d)所示。

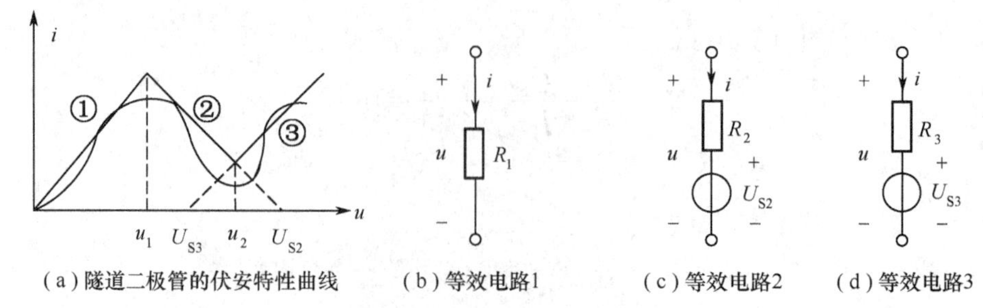

(a) 隧道二极管的伏安特性曲线　(b) 等效电路1　(c) 等效电路2　(d) 等效电路3

图 2.86　非线性电阻的分段线性化

【例 2.31】在图 2.87(a)所示电路中,已知非线性电阻的伏安特性曲线经分段线性化处理后如图 2.87(b)所示,求电流 i 和电压 u。

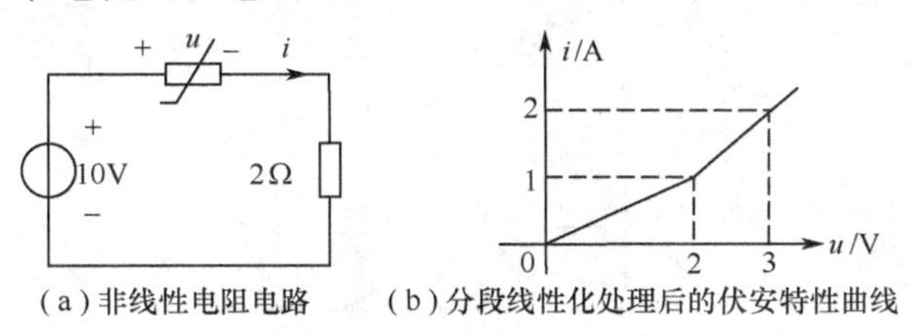

(a) 非线性电阻电路　(b) 分段线性化处理后的伏安特性曲线

图 2.87　例 2.31 图

解　根据图 2.87(b),可以写出非线性电阻的伏安关系为

$$u=\begin{cases}2i, & 0<i<1\\1+i, & i>1\end{cases}$$

因此,可分别画出 $0<i<1$ 和 $i>1$ 时的等效电路,如图 2.88(a)、(b)所示。

根据图 2.88(a),可以计算出 $i=2.5\text{A}$,$u=5\text{V}$,该结果与该等效电路的前提条件 $0<i<1$ 矛盾,因此不是正确的解。

根据图 2.88(b),可以计算出 $i=3\text{A}$,$u=4\text{V}$,该结果与该等效电路的前提条件 $i>1$ 符合,因此是正确的解。

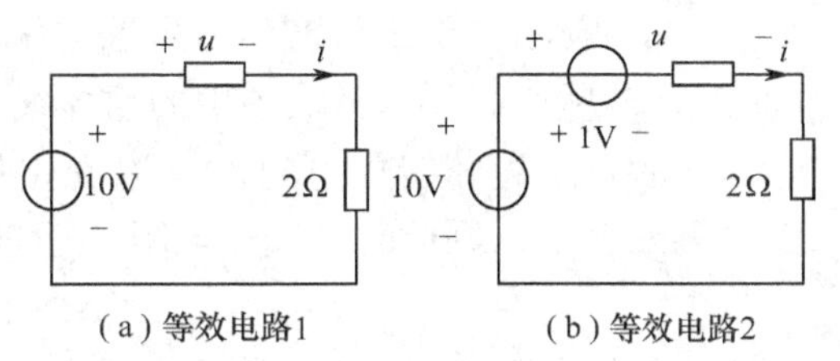

(a) 等效电路1　(b) 等效电路2

图 2.88　等效电路

2.11.5　非线性电阻电路的小信号分析方法

小信号分析法是电子线路中分析非线性电路的重要方法。在电子技术、无线电工程等领域里经常遇到的非线性电路中,除了含有直流电源作用外,同时还含有外加交流电源(即信号)的作用,如图 2.89 所示。图中的 U_S 代表直流电源,$u_S(t)$代表随时间变化的交流信号。通常,为了保证交流信号能够工作在非线性特性的线性区域,交流信号的幅度都远小于直流电源,因此称为小信号。

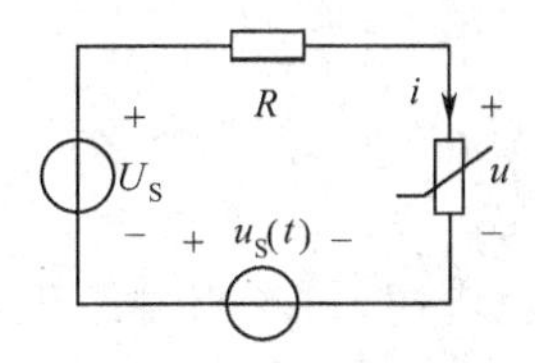

图 2.89　同时含有直流电源和交流电源的非线性电路

1. 非线性电阻电路静态工作点的概念

在图 2.89 所示的非线性电路中,直流电源的作用是为电路提供合适的工作条件。当交流电源 $u_S(t)=0$ 时,电路的工作状态称为静态工作点,它可以通过图解法求得。从图 2.90 可以看出,非线性电阻电路的静态工作点(Q 点)就是电路的负载线(图中的粗实线)和非线性电阻

的伏安特性曲线的交点。当非线性电阻电路处于静态工作点时，假设流过非线性电阻的电流为 I_0，两端的电压降为 U_0，则非线性电阻的静态电阻定义为

$$R=U_0/I_0 \tag{2.74}$$

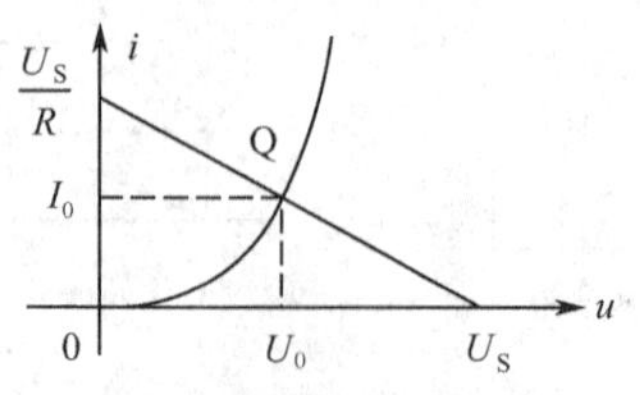

图 2.90　非线性电路的静态工作点与静态电阻

2. 非线性电阻电路的小信号等效电路

电路中的交流信号可以认为是叠加在直流信号之上。当交流电源 $u_s(t)\neq 0$ 时，电路的工作点将偏离静态工作点，但总会位于非线性电阻的伏安特性曲线上，如图 2.91 中所示的工作点 Q'。由于交流信号的幅度较小，电路的实际工作点将始终保持在静态工作点 Q 附近，围绕静态工作点上下波动。如果采用图解法，此时的工作点可以通过非线性电阻的伏安特性曲线与平行于负载线的直线(图中的细实线)的交点来求得。过静态工作点作伏安特性曲线的切线(图中的粗虚线)，假设在某时刻交流电源引起流过非线性电阻的电流变化量为 Δi，两端的电压变化量为 Δu，则此时非线性电阻的动态电阻定义为

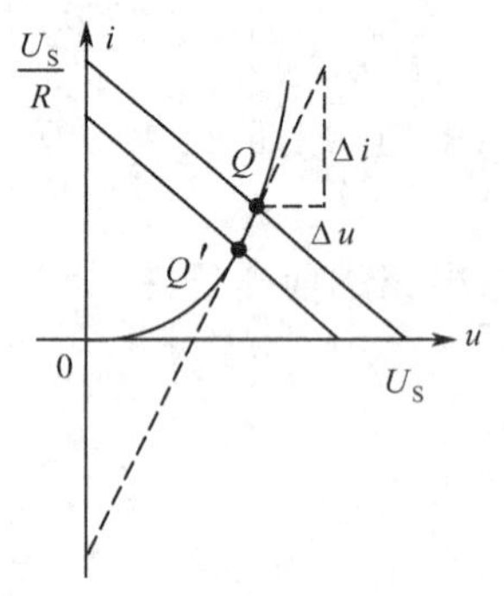

图 2.91　非线性电路的动态电阻

$$r_d=\Delta u/\Delta i \tag{2.75}$$

对于小信号电源 $u_S(t)$ 而言，在静态工作点附近，非线性电阻的动态电阻可以等效为线性电阻 r_d，其动态电导 g_d 与过静态工作点所作伏安特性曲线的切线的斜率相等。因此，在确定出电路的静态工作点之后，图 2.89 所示的非线性电阻电路可以图 2.92 所示的小信号等效电路来表示。

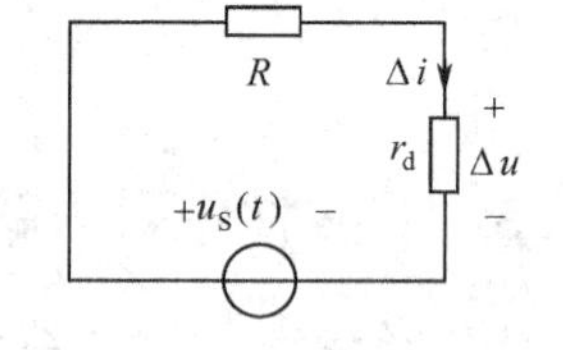

图 2.92　小信号等效电路

【例 2.32】 在图 2.93(a)所示电路中，已知，直流电流源 $I_S=3\text{A}$，小信号电流源 $i_S(t)=10\cos(2t)\text{mA}$，电阻 $R=1\Omega$，假设非线性电阻的伏安特性为

$$i=\begin{cases}0, & u<0\\ 2u^2, & u>0\end{cases}$$

求电压 $u(t)$。

解　(1)求电路的静态工作点，令 $i_S(t)=0$，按图 2.93(a)所示电路，写出负载线方程为

$$i=I_S-u/R=3-u$$

将上式与非线性电阻的伏安特性联立求解，可求得静态工作点为 $U_0=1\text{V}$，$I_0=2\text{A}$。

(2) 工作点处的动态电导为

$$g_d=\left.\frac{\mathrm{d}i}{\mathrm{d}u}\right|_{U_0}=4\text{s}$$

动态电阻

$$r_d=1/g_d=0.25\Omega$$

(3) 画出该电路的小信号等效电路如图 2.93(b)所示，求出交流电源所引起的电压变化量

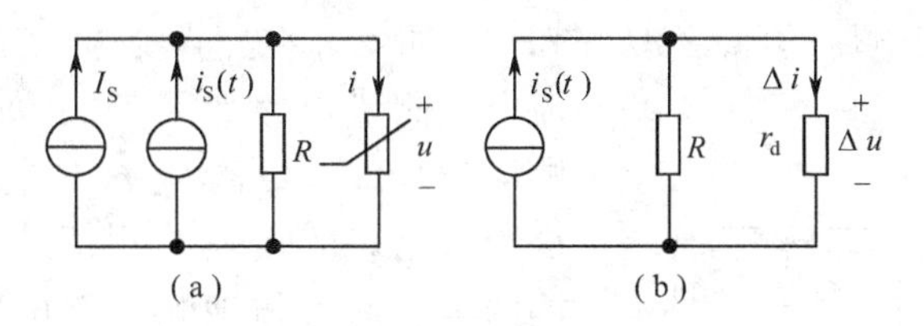

图 2.93 例 2.32 图

$$\Delta u = i_S(t) \cdot (R /\!/ r_d) = 0.01\cos(2t) \times \frac{1 \times 0.25}{1 + 0.25} = 0.002\cos(2t)\text{V}$$

(4) 再考虑直流分量,可得

$$u(t) = U_0 + \Delta u = 1 + 0.002\cos(2t)\text{V}$$

由以上分析可以看出,求解小信号引起的响应时,应先确定非线性电阻电路的静态工作点,然后计算非线性电阻在静态工作点处的动态电阻或动态电导,最后画出小信号等效电路,即可利用线性电路的方法求得小信号激励引起的响应。

2.12 电路应用实例

2.12.1 万用表分压分流电路

万用表是一种常用的电工测量仪表,通常它可以用来测量电阻和直流、交流电压与电流。这里仅对它的直流电压、电流测量电路予以分析。

用万用表测量直流电流的原理图如图 2.94 所示。万用表表头中允许通过的最大电流为一定值,为了实现多量程的测量,需要给万用表的表头并联上分流电阻,如图中 $R_{A1} \sim R_{A5}$。例如,当所选量程为 5mA 时,万用表的档位选择开关打到相应的位置,此时分流电阻为 $R_{A1} + R_{A2} + R_{A3}$,其余则与表头内阻串联。量程越大,分流电阻越小。

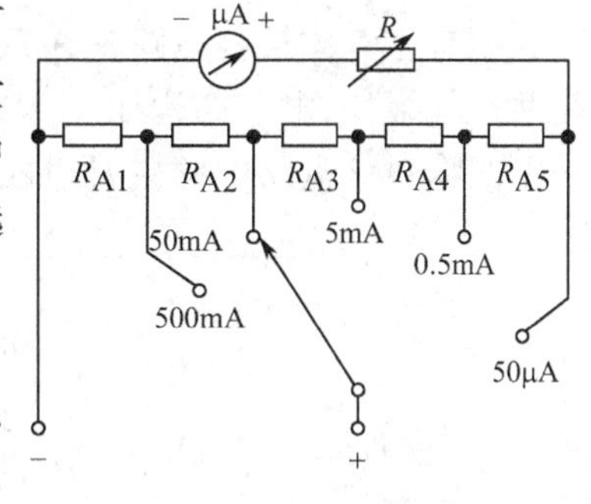

图 2.94 用万用表测量直流电流

根据表头内阻的大小、表头上允许通过的最大电流以及所要测量的量程范围就可以计算出各分流电阻的大小。例如,假设表头允许通过的最大电流为 I_g,则根据分流原理可得:

$$\begin{cases} \dfrac{I_g}{0.5} = \dfrac{R_{A1}}{R + R_0} \\ \dfrac{I_g}{0.05} = \dfrac{R_{A1} + R_{A2}}{R + R_0} \\ \dfrac{I_g}{0.005} = \dfrac{R_{A1} + R_{A2} + R_{A3}}{R + R_0} \\ \dfrac{I_g}{0.5 \times 10^{-3}} = \dfrac{R_{A1} + R_{A2} + R_{A3} + R_{A4}}{R + R_0} \\ \dfrac{I_g}{0.05 \times 10^{-3}} = \dfrac{R_{A1} + R_{A2} + R_{A3} + R_{A4} + R_{A5}}{R + R_0} \end{cases}$$

其中 $R_0 = R_{A1} + R_{A2} + R_{A3} + R_{A4} + R_{A5}$。求解上述方程即可得到 $R_{A1} \sim R_{A5}$ 的值。

用万用表测量直流电压的原理图如图 2.95 所示。在测直流电压时，万用表是以某一挡直流电流测量电路作为表头，如图中虚线所示。在测电压时，万用表需要与被测电路并联在一起，为了减少因万用表的接入对测量结果的产生影响，万用表的内阻应远大与被测电路电阻，因此需要给表头串联上一个高阻值的电阻，称为倍压电阻。如图中 $R_{V1} \sim R_{V3}$ 所示。量程越大，倍压电阻也越大。在已知表头内阻、表头上允许通过的最大电流以及所要测量的量程范围的条件下，就可以根据分压原理计算出各倍压电阻的大小，进而设计出符合要求的万用表。例如对于图 2.95 所示电路，假设表头内阻为 R'，允许通过的最大电流为 I_g，则可以得到：

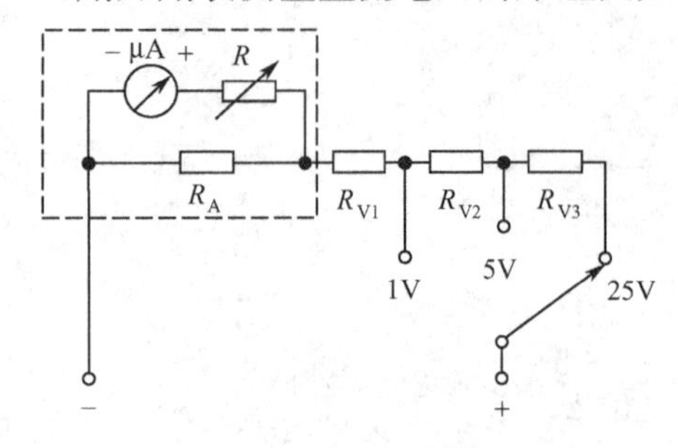

图 2.95　用万用表测量直流电压

$$\begin{cases} I_g = \dfrac{1}{R' + R_{V1}} \\ I_g = \dfrac{5}{R' + R_{V1} + R_{V2}} \\ I_g = \dfrac{25}{R' + R_{V1} + R_{V2} + R_{V3}} \end{cases}$$

由此就可以求出 $R_{V1} \sim R_{V3}$ 的值。

2.12.2　有害气体报警电路

家用有害气体报警电路是在日常生活中常用的一种电路，它可以感知环境中有害气体的存在并进行报警，电路结构如图 2.96 所示，该电路主要由电源电路、气敏传感器和报警电路组成。下面将对该电路中的主要组成部分及其原理进行分析。

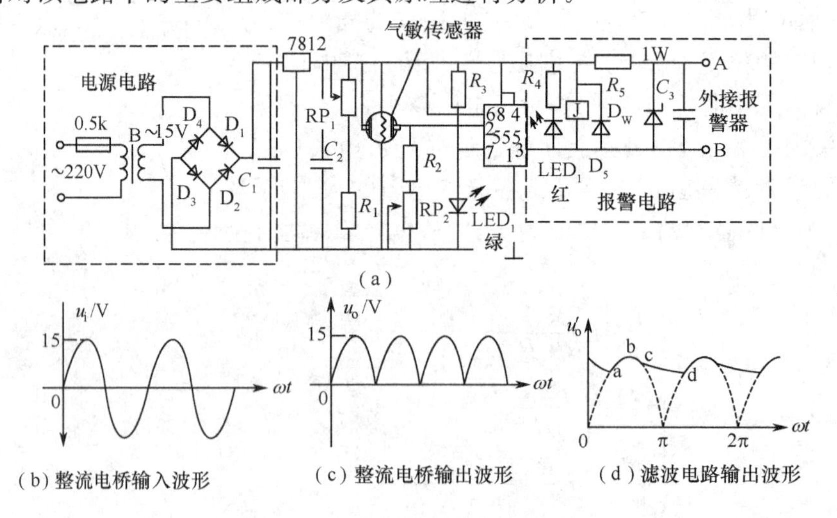

图 2.96　家用有害气体报警电路

电源电路主要是由变压器和桥式整流电容滤波电路组成。变压器的作用是将 50Hz、220V 市电降压后送往二极管组成的全桥整流电路进行整流。整流电路由四个整流二极管组成电桥的形式，它的作用是将交流电整形成为直流电。其工作原理是：变压器输出的是正弦交流电，波形如图 2.96(b)所示；在正半周期，a 为高电平端，b 为低电平端，二极管 D_1、D_3 导通，输出波形与输入波形相同；在负半周期，b 为高电平端，a 为低电平端，二极管 D_2、D_4 导通，负载上电压依然是上正下负，输出波形与输入波形相同。因此经整流电桥后的输出电压波形如图 2.96(c)所示。在该电路中还含有较大的交流成分，不适应后面电子线路的要求，因此还需要进行滤波，该功能由一个电容实现，经过电容滤波后的波形如图 2.96(d)所示。

气敏传感器的作用是感知室内的有害气体。当环境中不含有害气体时，气敏传感器的阻值很高，该电阻与 R_2、RP_2 组成分压电路，电源电压经过分压使 555 振荡器的 2 脚为低电平，555 被置位，7 脚为高电平，绿色指示灯亮，而 3 脚输出为高电平，报警电路被断开，不发生报警。而一旦气敏传感器检测到煤气、液化石油气等有害气体时，其阻值迅速减小，电源电压经过分压后使得 555 的 2 脚为高电平，555 被复位，3 脚输出为低电平，报警电路被接通，红色指示灯亮，发出警报。关于 555 定时器的结构与工作原理在数字电子技术中将会介绍，这里不再赘述。

图中 AB 两端还可以外接报警器，如喇叭等。

2.12.3　二极管限幅、整流、稳压电路

二极管在电路中有着广泛的应用，主要包括限幅、整流、稳压、检波、稳压、构成门电路等，下面重点介绍二极管限幅电路、整流电路和稳压电路。

1. 限幅电路

一种简单的限幅电路如图 2.97 所示。当输入信号 U_I 小于二极管导通电压时，二极管截止，$U_O \approx U_I$；U_I 超过导通电压后，二极管导通，其两端电压就是 $U_O = U_D$。由于二极管正向导通后，两端电压变化很小，所以当 U_I 有很大的变化时，U_O 的数值却被限制在一定范围内。这种电路可用来减小某些信号的幅值以适应不同的要求或保护电路中的元器件。

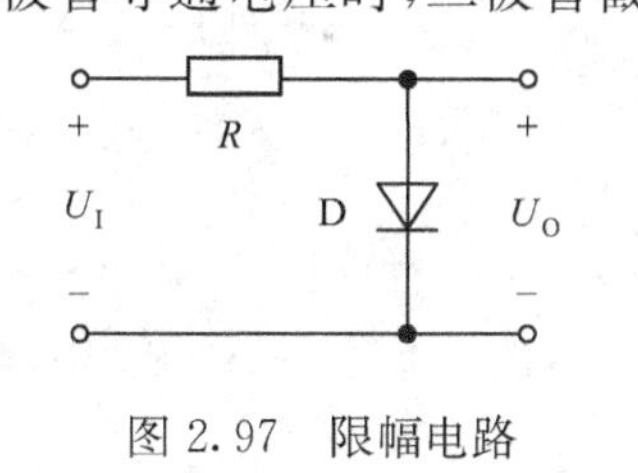

图 2.97　限幅电路

2. 整流电路

由二极管构成的整流电路是直流电源的重要组成部分，它可以把双极性的交流电压转换为单极性的直流电压。单相半波整流电路是最简单的一种整流电路。如图 2.98 所示，当电路的输入频率为 50Hz、有效值为 220V 的电网电压（即市电）时，设变压器的副边电压有效值为 U_2，则其瞬时值 $u_2 = \sqrt{2}U_2\sin\omega t$。

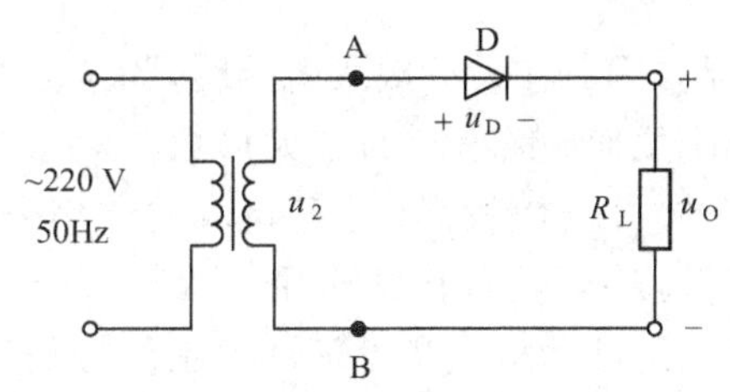

图 2.98　单相半波整流电路

在 u_2 的正半周，A 点为正，B 点为负，二极管外加正向电压，因而处于导通状态。电流从 A 点流出，经过二极管 D 和负载电阻 R_L 流入 B 点，$u_O = u_2 = \sqrt{2}U_2\sin\omega t(\omega t = 0 \sim \pi)$。在 u_2 的负半周，B 点为正，A 点为负，二极管外加反向电压，因而处于截止状态，$u_O = 0(\omega t = \pi \sim 2\pi)$。负载电阻 R_L 的电压和电流都具有单一方向的脉动。图 2.99 所示为变压器副边电压 u_2、输出电压 u_O 和二极管端电压的波形。

3. 稳压电路

稳压二极管作为一种特殊的半导体二极管，因为它具有稳压的特点，在稳压设备和一些电

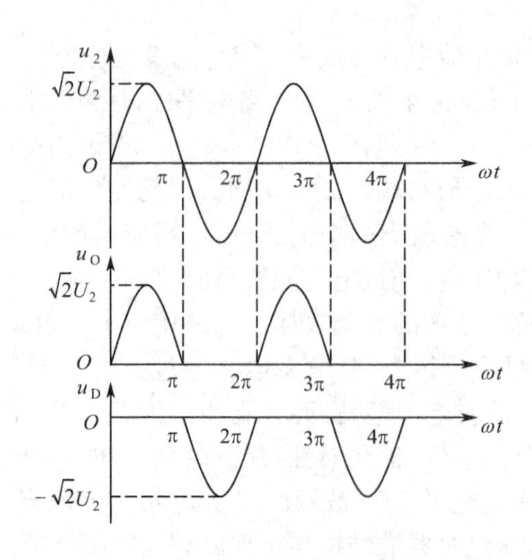

图 2.99　半波整流电路的波形图

子电路中经常用到，图 2.100(a)、(b)、(c)分别为其符号、伏安特性曲线和稳压管在反向击穿状态下的等效电路。稳压管正常工作的条件有两个：一是必须工作在反向击穿状态，二是稳压管中的工作电流要在稳压管的稳定电流与最大电流之间。图 2.101 所示为最常用的稳压电路。当 U_I 或 R_L 变化时，稳压管中的电流发生变化，但是由于动态电阻 r_Z 很小，在一定范围内其两端电压基本保持在稳压值 U_Z 附近，从而能够起到稳定输出电压的作用。

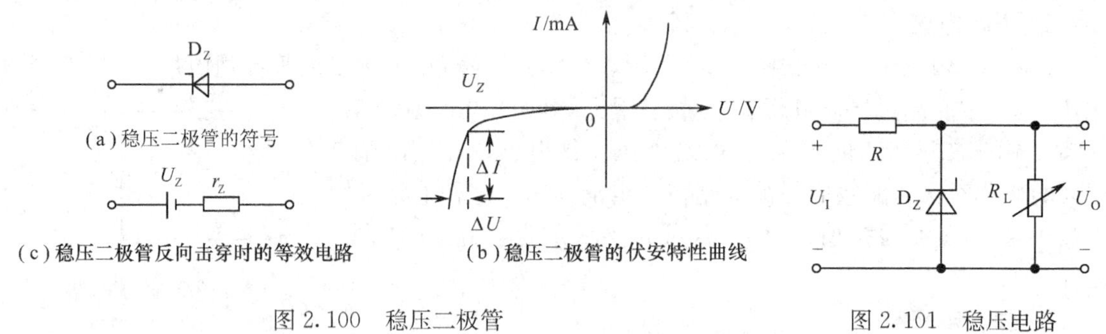

图 2.100　稳压二极管　　　　图 2.101　稳压电路

2.12.4　同相程控增益放大电路

在实际应用中，经常会出现信号变化范围很大的情况。因此在设计放大电路时，为了方便对信号的处理和后续电路的设计，应该根据输入信号的幅值来设置不同的放大倍数。对于幅值小的信号，放大倍数较高；对于幅值大的信号，放大倍数较低，甚至具有衰减作用。程控增益放大电路可以通过计算机或微处理器控制信号的可变增益放大，广泛应用于信号调理电路中。

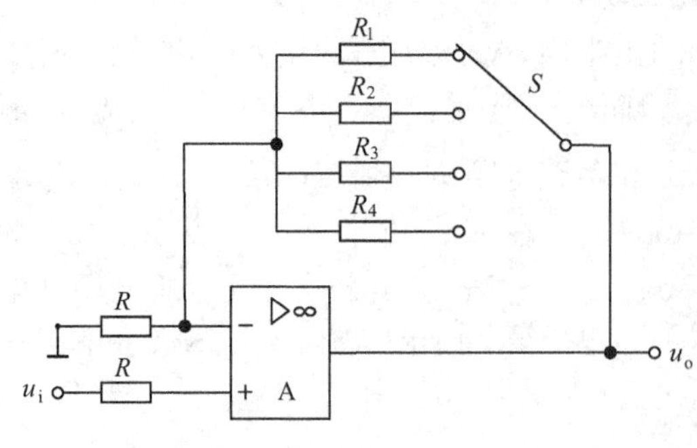

图 2.102　同相程控增益放大电路

图 2.102 所示为同相程控增益放大电路。图中输入信号 u_i 从运算放大器的同相端输入，多路模拟开关 S 可在计算机或微处理器的控制下，选择 $R_1 \sim R_4$ 中的某一电阻作为反馈电阻 R_f。利用理想运算放大器的“虚短”(工作在负反馈条件下

的集成运放的同向端和反向端之间的电压差很小，近似于短路）和“虚断”（集成运放的同向端和反向端之间的电阻很大，近似于断路）特性，可得

$$u_{-}\approx u_{+}\approx u_{\mathrm{o}} \tag{2.76}$$

$$\frac{u_{\mathrm{o}}-u_{-}}{R_f}=\frac{u_{-}}{R} \tag{2.77}$$

将式（2.76）和式（2.77）联立求解，可得同相放大电路的增益为

$$A_{\mathrm{f}}=\frac{u_{\mathrm{o}}}{u_{\mathrm{i}}}=1+\frac{R_{\mathrm{f}}}{R} \tag{2.78}$$

由于反馈电阻 R_{f} 可利用计算机或微处理器在 $R_1\sim R_4$ 中选择，所以当这 4 个电阻的阻值不同时，就可以实现信号的程控增益放大。

思考题与习题 2

题 2.1　试确定图 2.103 所示电路的节点数和支路数，并列写其独立的 KCL 方程和 KVL 方程。

题 2.2　试求图 2.104 所示电路中的电流 I。

题 2.3　试求图 2.105 所示电路中 6Ω 电阻上消耗的功率。

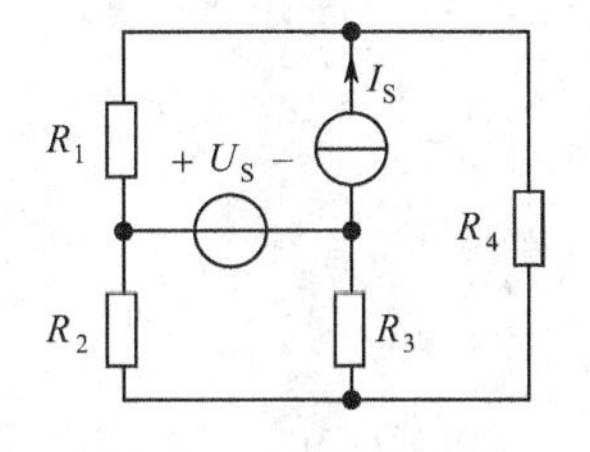

图 2.103　题 2.1 电路

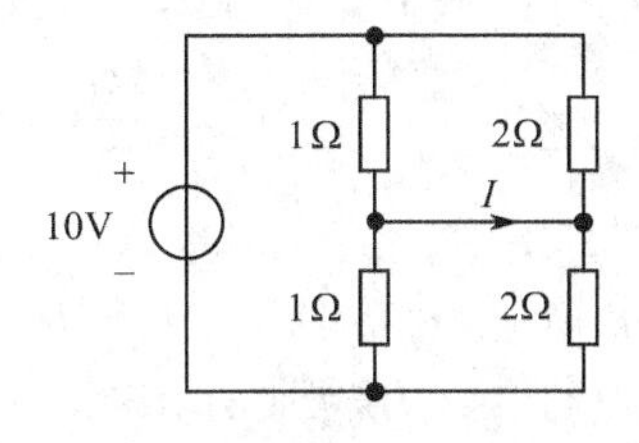

图 2.104　题 2.2 电路

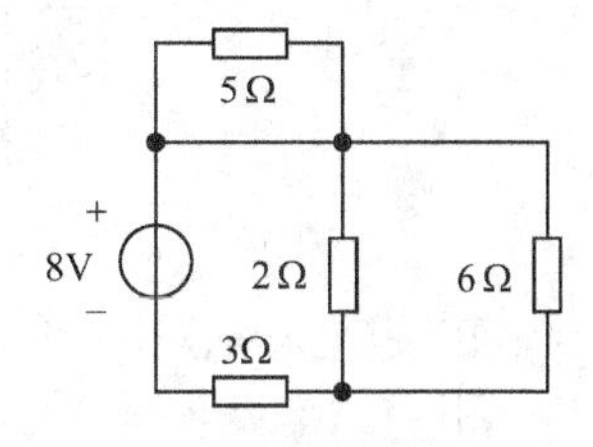

图 2.105　题 2.3 电路

题 2.4　试求图 2.106 所示电路中 a、b 两端的等效电阻。

题 2.5　一个由 220 电源供电的电热器，由两根同样的 0.5Ω 的镍铬电阻丝组成，当电阻丝串联时提供低热，并联时提供高热。试分别求电热器在这两种状态下的功率。

题 2.6　试计算图 2.107 中的电压 U。

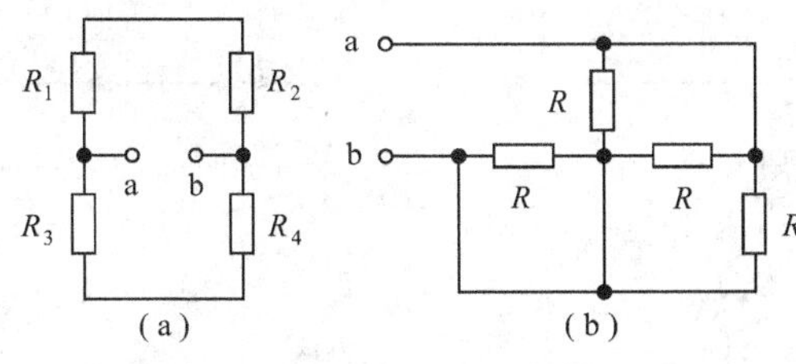

图 2.106　题 2.4 电路

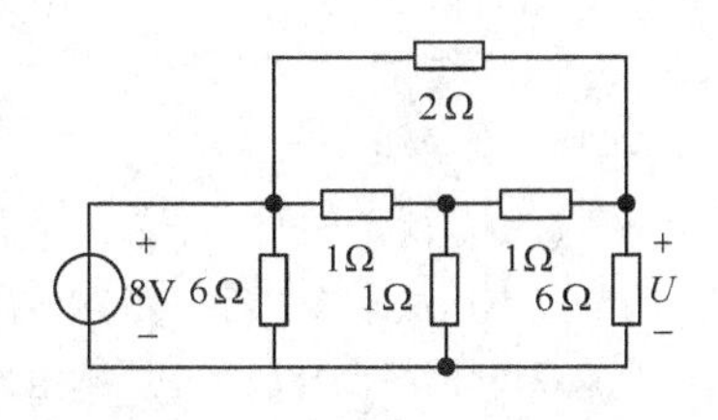

图 2.107　题 2.6 电路

题 2.7　利用电源等效变换法求图 2.108 所示电路中的电流 I。

题 2.8　利用电源等效变换法将图 2.109 所示单口网络化为最简形式。

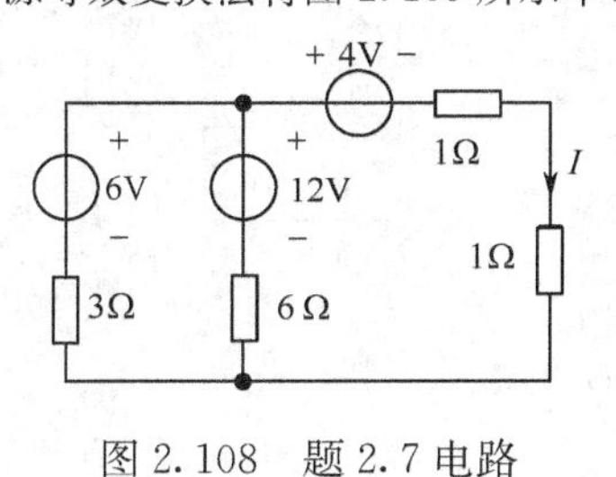

图 2.108　题 2.7 电路

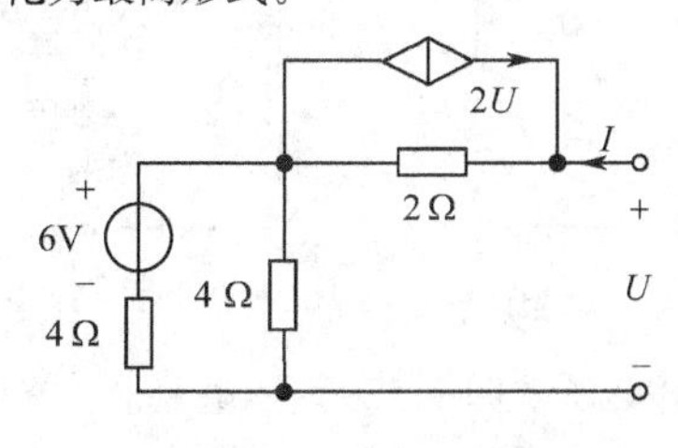

图 2.109　题 2.8 电路

题 2.9　将图 2.110 所示的有源三角形电路变换为有源星形电路。

题 2.10　用支路电流法求图 2.111 所示电路中 2Ω 电阻的功率。

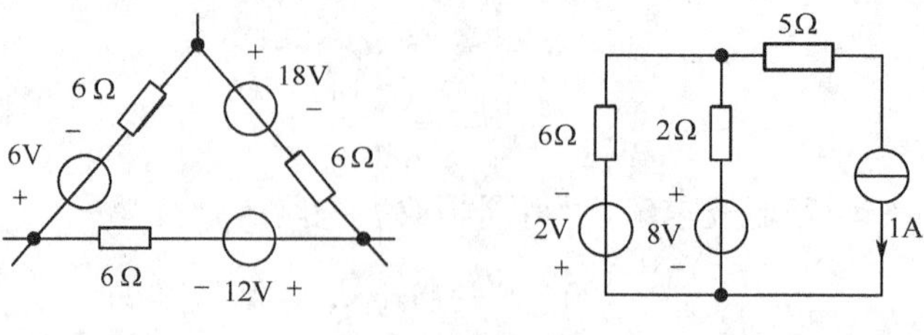

图 2.110　题 2.9 电路　　　图 2.111　题 2.10 电路

题 2.11　用网孔电流法求图 2.112 所示电路中的电流 I。

题 2.12　用网孔电流法重做题 2.10。

题 2.13　用网孔电流法求图 2.113 所示电路中的电压 U。

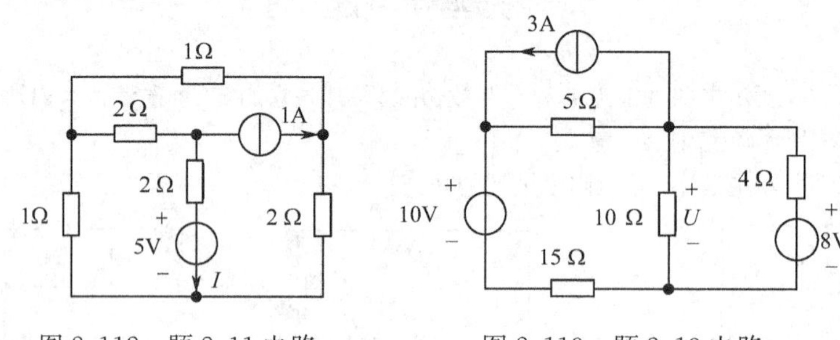

图 2.112　题 2.11 电路　　　图 2.113　题 2.13 电路

题 2.14　用网孔电流法求图 2.114 所示电路中的电流 I。

题 2.15　用网孔电流法求图 2.115 所示电路中受控源吸收的功率。

题 2.16　计算图 2.116 示电路中理想电流源吸收的功率。

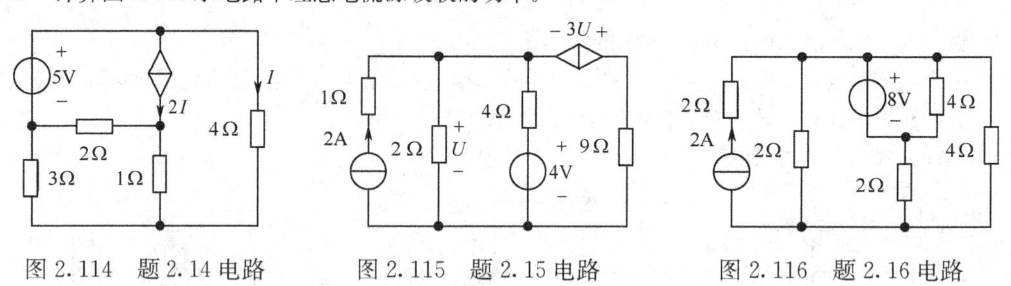

图 2.114　题 2.14 电路　　　图 2.115　题 2.15 电路　　　图 2.116　题 2.16 电路

题 2.17　用节点电压法求图 2.117 所示电路中 9V 电压源产生的功率。

题 2.18　用节点电压法求图 2.118 所示电路中的电流 I。

题 2.19　用节点电压法求图 2.119 所示电路中的电压 U。

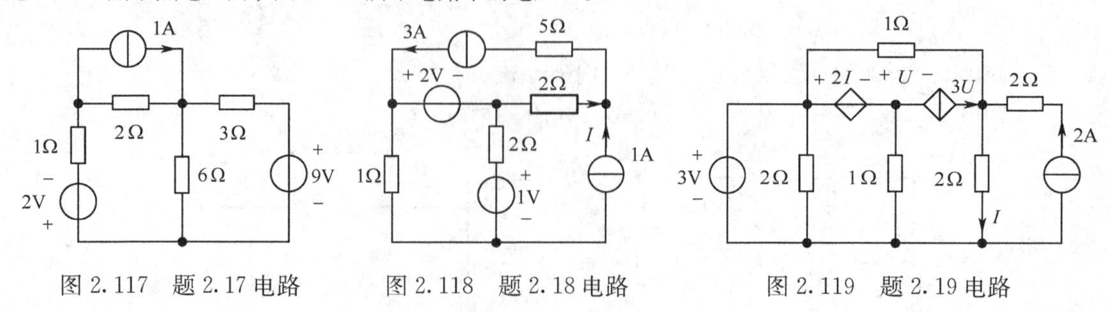

图 2.117　题 2.17 电路　　　图 2.118　题 2.18 电路　　　图 2.119　题 2.19 电路

题 2.20　用节点电压法求图 2.120 所示电路中各节点的节点电压。

题 2.21　用叠加定理求图 2.121 所示电路中的电流 I。

题 2.22　用叠加定理求图 2.122 所示电路中的电流 I。

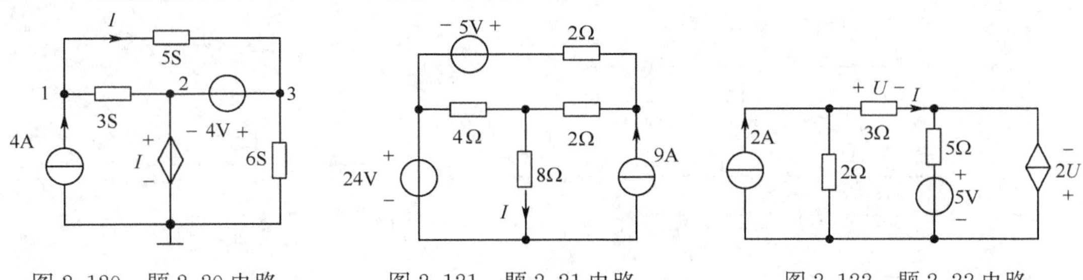

图 2.120　题 2.20 电路　　图 2.121　题 2.21 电路　　图 2.122　题 2.22 电路

题 2.23　图 2.123 为 $R-2R$ 数模转换求和网络，试用叠加定理证明

$$I=\frac{1}{R}\left(\frac{U_{S1}}{2^4}+\frac{U_{S2}}{2^3}+\frac{U_{S3}}{2^2}\right)$$

题 2.24　图 2.124 所示电路，当外接电流源 $I_{S1}=2A$、$I_{S2}=1A$ 时，输出电流 $I=5$；$I_{S1}=1A$、$I_{S2}=5A$ 时，输出电流 $I=7A$；那么当 $I_{S1}=-1A$、$I_{S2}=4A$ 时，输出电流 $I=?$

题 2.25　用置换定理求图 2.125 所示电路中的电流 I。

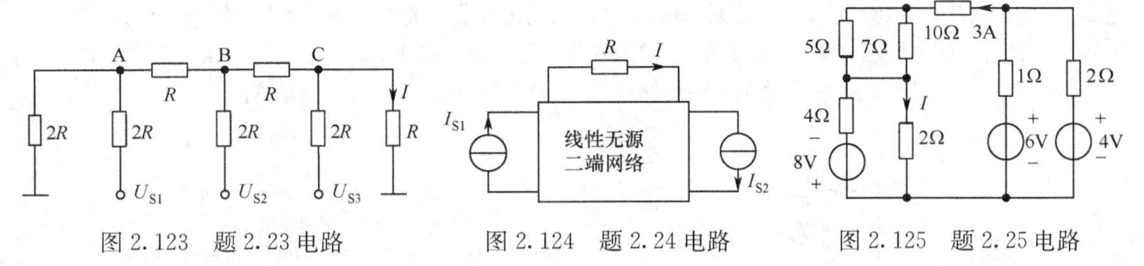

图 2.123　题 2.23 电路　　图 2.124　题 2.24 电路　　图 2.125　题 2.25 电路

题 2.26　用戴维南定理求图 2.126 所示电路中的电流 I。

题 2.27　求图 2.127 所示电路的戴维南等效电阻。

题 2.28　用戴维南定理求图 2.128 所示电路中的电流 I。

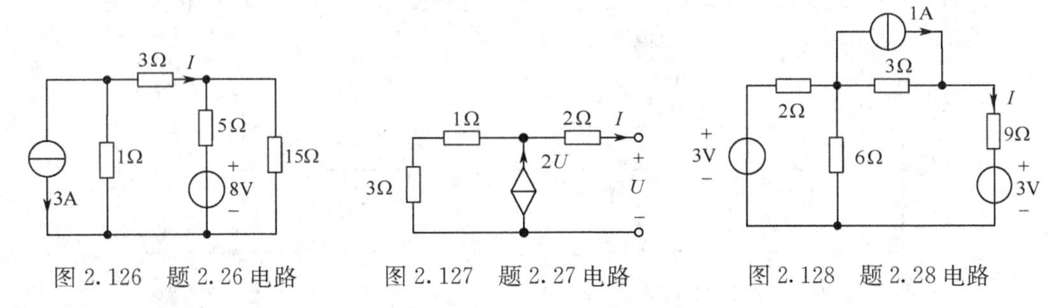

图 2.126　题 2.26 电路　　图 2.127　题 2.27 电路　　图 2.128　题 2.28 电路

题 2.29　试用戴维南定理求图 2.129 所示电路中 5Ω 电阻上的功率。

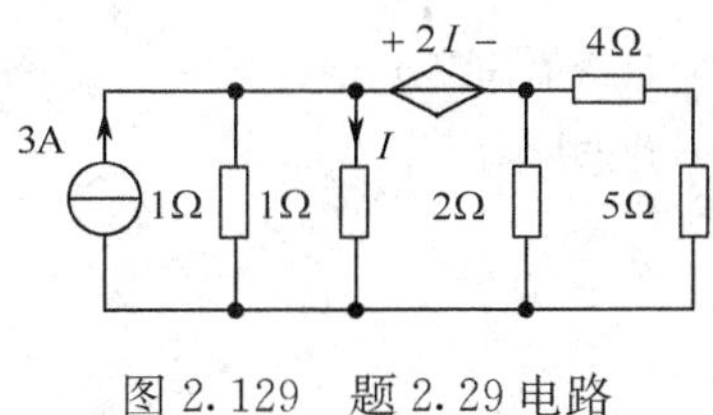

图 2.129　题 2.29 电路

题 2.30　求图 2.130 所示电路的诺顿等效电路。

题 2.31　求图 2.131 所示电路的诺顿等效电路。

题 2.32　试分别用戴维南定理和诺顿定理求图 2.132 所示电路中的电压 U。

题 2.33　求图 2.133 所示电路中 ab 端的诺顿等效电路。

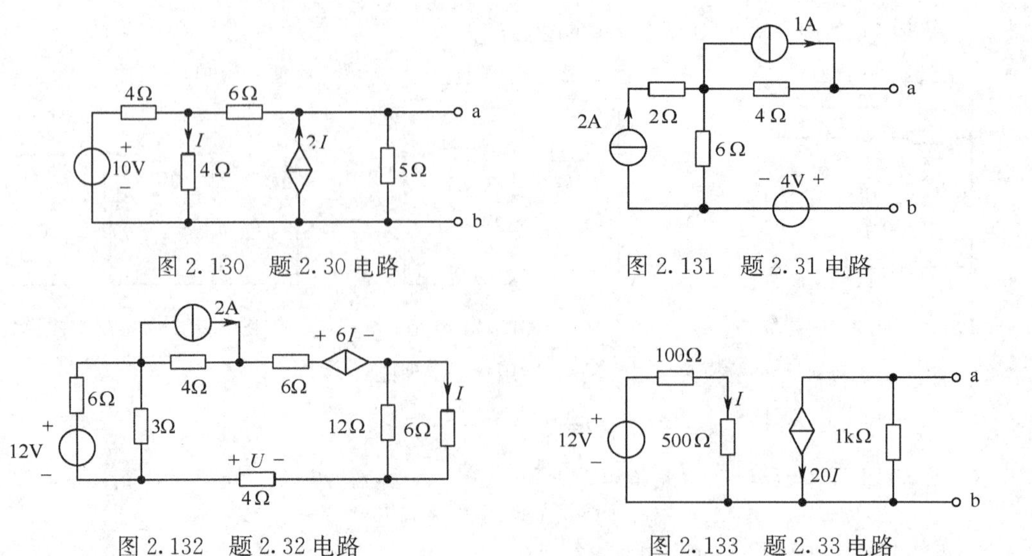

图 2.130　题 2.30 电路　　　　图 2.131　题 2.31 电路

图 2.132　题 2.32 电路　　　　图 2.133　题 2.33 电路

题 2.34　某一有源二端网络 A;测得开路电压为 30V,当输出端接一个 10Ω 电阻时,通过的电流为 1.5A。现将这二端网络连成图 2.134 所示,求它的输出电流 I 及输出功率。

题 2.35　图 2.135 所示电路中,R 为何值时可获得最大功率?并求此最大功率的量值。

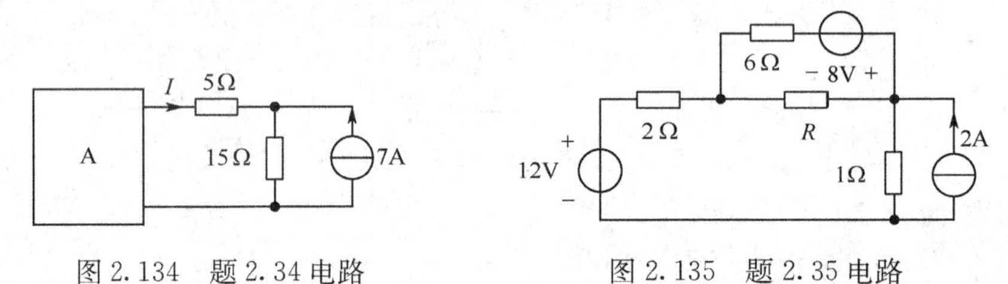

图 2.134　题 2.34 电路　　　　图 2.135　题 2.35 电路

题 2.36　图 2.136 所示电路,a、b 端应接多大负载才能够从电路吸收最大功率?该功率的大小是多少?

题 2.37　用互易定理求图 2.137 电路中电流表的读数。

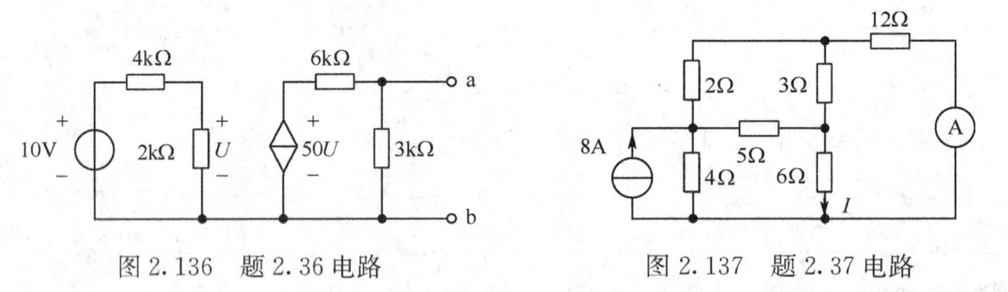

图 2.136　题 2.36 电路　　　　图 2.137　题 2.37 电路

题 2.38　求图 2.138 中的电流 I。

题 2.39　图 2.139 所示的电路中,N 中只含有电阻元件。当 $R_1=2\Omega,R_2=1\Omega,U_S=2\text{V}$ 时,$I_1=I_2=2\text{A}$;当 $R_1=3\Omega,R_2=2\Omega,U_S=4\text{V}$ 时,$I_1=1\text{A}$,则此时 $I_2=$?

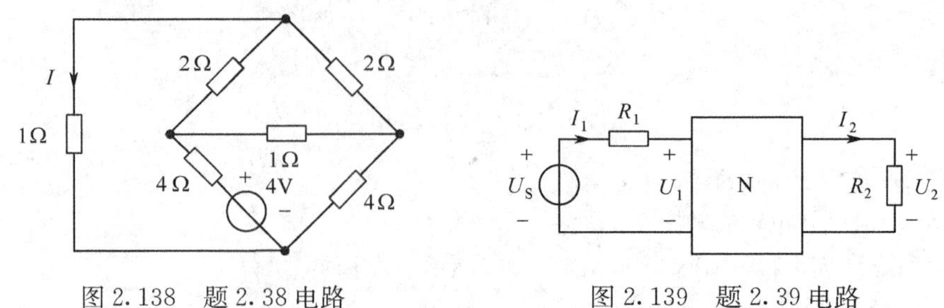

图 2.138　题 2.38 电路　　　　图 2.139　题 2.39 电路

题 2.40　在图 2.140 所示电路中，N 仅由线性电阻构成，图(a)中 $U_2=2\text{V}$，试求图(b)中的 U_1。

题 2.41　衰减器是一个接口电路，它降低输出电压但并不改变电路的输出电阻。在图 2.141 电路中设计由电阻 R_1 和 R_2 组成的衰减器，使其满足条件：

$$\frac{U_O}{U_S}=0.25, R_{eq}=R_g=100\Omega$$

对于该电路，当 $U_S=30\text{V}$ 时，流经 20Ω 负载上的电流为多少？

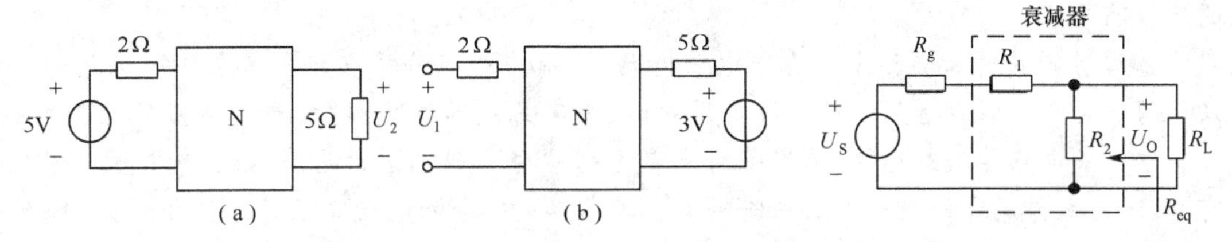

图 2.140　题 2.40 电路　　　　图 2.141　题 2.41 电路

题 2.42　某非线性电阻的伏安关系为 $u=i^3$，如果通过非线性电阻的电流为 $i=\cos(\omega t)\text{A}$，则该电阻的电压中将含有哪些频率分量？

题 2.43　画出图 2.142 所示各电路端口的伏安特性(图中二极管均为理想二极管)。

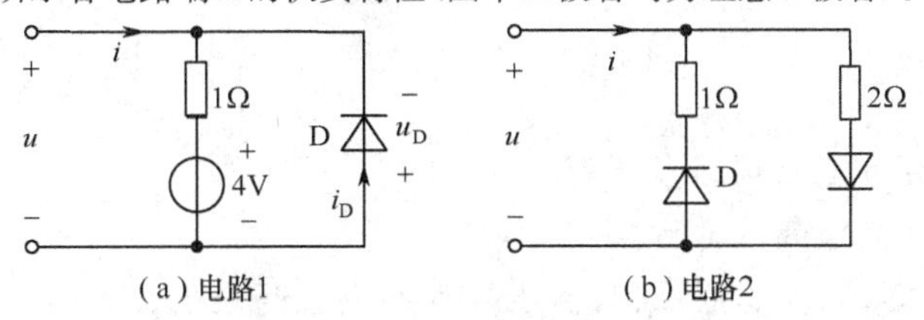

图 2.142　题 2.43 电路

题 2.44　图 2.143 所示电路中，已知非线性电阻的伏安关系为 $u=i^2$，求电压 u 和电流 i_1。

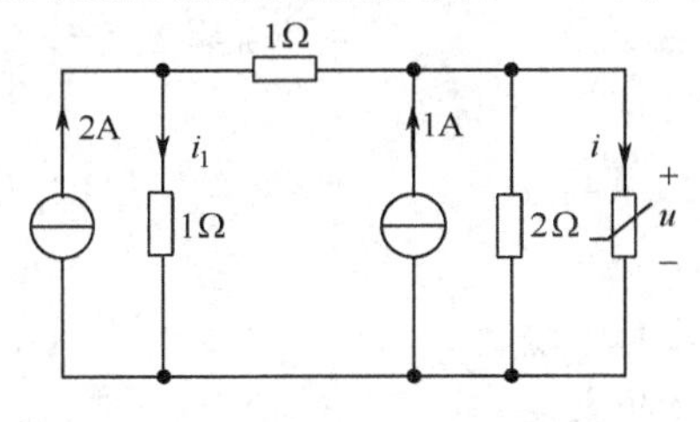

图 2.143　题 2.44 电路

题 2.45　图 2.144 所示电路中，已知非线性电阻的伏安关系为

$$i=\begin{cases}0, & u<0\\ u^2, & u\geqslant 0\end{cases}$$

求该电路的工作点及在工作点处的非线性电阻的静态电阻 R 和动态电阻 r。

题 2.46　图 2.145 所示电路中，小信号 $i_S(t)=40\cos 10^3 t\,\text{mA}$。若非线性电阻的伏安关系为 $i=u^2$，

(1) 求电路的静态工作点；

(2) 用小信号分析法求电压 $u(t)$。

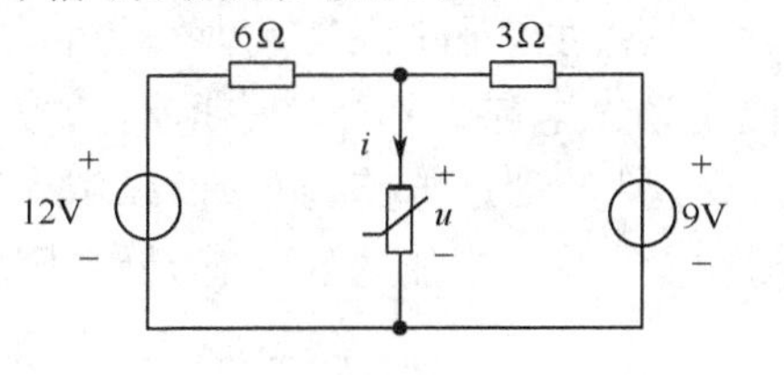

图 2.144　题 2.45 电路

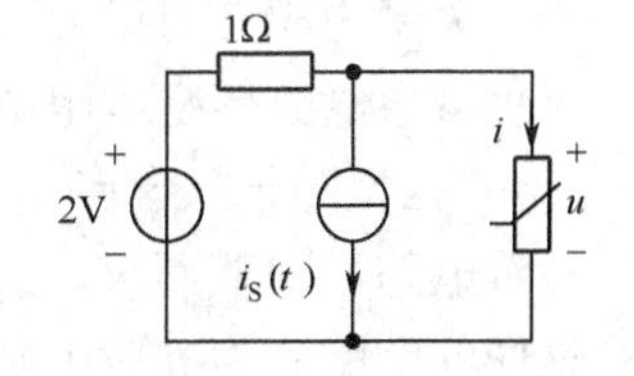

图 2.145　题 2.46 电路

第3章　动态电路的暂态分析

本章导读信息

第2章讨论的对象实际上是直流电阻电路，它有一个显著特点即电路在任一时刻 t 的响应只与同一时刻的激励有关。但实际应用中，还会有另一类电路，即本章将学习的动态电路，它含有电容或电感等动态元件，其显著特点是电路在任一时刻 t 的响应不仅与同一时刻的激励有关，还与之前电容或电感上的储能有关。这一类电路分析的数学基础是微分方程，和上一章类似，最终形成的动态电路分析方法却摆脱了微分方程，这是本章我们要建立的思维。

1. 内容提要

本章讨论RC、RL及RLC动态电路的暂态分析，其中又以电子技术中应用较广泛的RC电路作为重点分析对象。

2. 重点难点

【本章重点】

(1) 动态电路微分方程的列写和求解；

(2) 换路后电路初始值的计算方法；

(3) 一阶RC电路零输入响应、零状态响应和全响应的求法；

(4) 一阶动态电路的“三要素”分析法；

(5) 电路阶跃响应的求法；

(6) RLC串联电路微分方程的建立，过阻尼、临界阻尼和欠阻尼情况下二阶电路零输入响应的求解，微分电路和积分电路。

【本章难点】

(1) 非齐次方程解的求法；

(2) 换路后电路初始值的计算方法；

(3) 含受控源电路时间常数的求法；

(4) 二阶电路零输入响应的求解。

3.1　动态电路及其方程

3.1.1　动态电路概述

许多实际电路中，除了含有电源和电阻元件外，还含有电容、电感等元件。电容元件和电感元件的电压、电流关系为积分或微分关系，称其为动态元件。含有动态元件的电路称为动态电路，任何一个集总参数电路不是电阻电路便是动态电路。描述动态电路的方程是以电流或电压为变量的微分方程。对于只含有一个动态元件的动态电路，由于可以用一阶微分方程来描述，所以称为一阶电路。一般而言，如果电路中含有 n 个独立的动态元件，则需要用 n 阶微分方程来描述，这样的电路称为 n 阶电路。

由于电容两端的电压和流过电感的电流具有连续性，因此当含有电容或电感的动态电路接通直流电源、正弦交流电源时，电路中的电压和电流不会马上到达稳定状态（稳态），而是存在一个充电的过程；同样，当动态电路断开电源时，电路中的电压和电流也不会马上为零，而是存在一个放电的过程。这种充电和放电的过程可以统称为过渡过程。由于过渡过程经历的时间往往很短暂，常把电路在过渡过程中的工作状态称为暂态。

3.1.2 动态电路方程

两类约束是电路分析的依据，动态电路的分析遵循相同的规律。列写动态电路方程的基本依据仍然是基尔霍夫定律和元件的伏安关系。由于动态元件的伏安关系是对时间 t 的微分或积分关系，因此所列写的动态电路方程是微分方程。

下面通过几个例子说明动态电路微分方程的列写方法。

【例 3.1】 图 3.1 是一个简单的 RC 串联电路，开关 S 在 $t=0$ 时闭合，要求列写开关闭合后以 $u_C(t)$ 为变量的电路方程。

解 开关闭合后，根据 KVL 列写回路的电压方程，有

$$u_R(t)+u_C(t)=U_S$$

由于 $u_R=Ri$，且 $i=C\dfrac{du_C}{dt}$，代入上述方程，有

$$RC\frac{du_C}{dt}+u_C=U_S$$

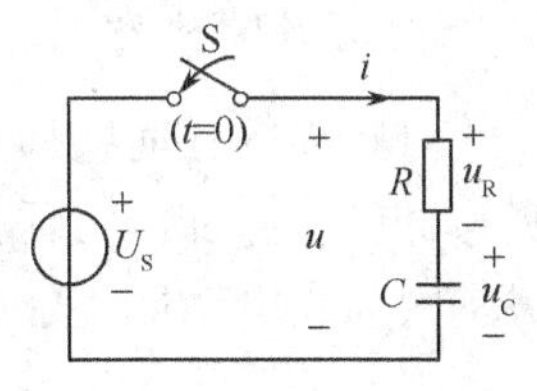

图 3.1 RC 串联电路

这是一阶线性常系数微分方程。

【例 3.2】 对于图 3.2 所示的 RL 串联电路，开关 S 在 $t=0$ 时闭合，列写以 $i_L(t)$ 为变量的电路方程。

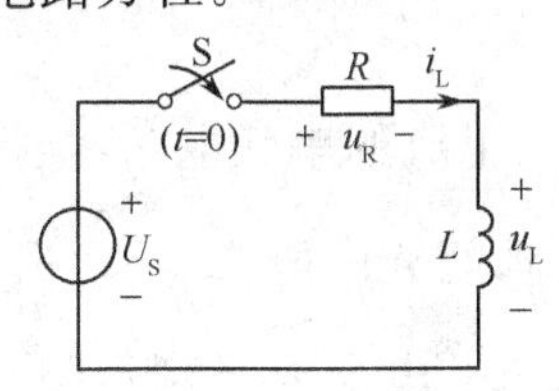

图 3.2 RL 串联电路

解 开关 S 闭合后，根据 KVL，有

$$u_R(t)+u_L(t)=U_S$$

由于 $u_R=Ri_L$，且 $u_L=L\dfrac{di_L}{dt}$，代入上式，整理得

$$L\frac{di_L}{dt}+Ri_L=U_S$$

【例 3.3】 对于图 3.3 所示含有两个独立动态元件的电路，列写以 $u_C(t)$ 为变量的电路方程。

解 根据 KVL，有

$$u_L(t)+u_C(t)=U_S$$

因为 $u_L=L\dfrac{di_L}{dt}$，而 $i_L(t)=i_R(t)+i_C(t)=\dfrac{u_C}{R}+C\dfrac{du_C}{dt}$，从而有

$$u_L=\frac{L}{R}\frac{du_C}{dt}+LC\frac{d^2u_C}{dt^2}$$

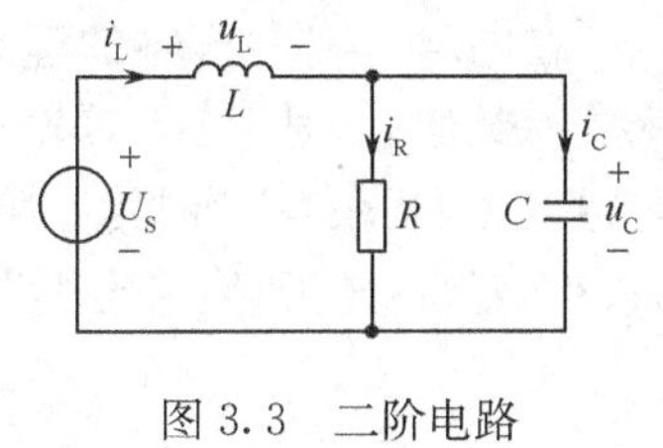

图 3.3 二阶电路

将 u_L 的表达式代入上述 KVL 方程，经整理可得

$$LC\frac{d^2u_C}{dt^2}+\frac{L}{R}\frac{du_C}{dt}+u_C=U_S$$

这是一个二阶线性常系数微分方程，因此图 3.3 所示的电路称为二阶电路。

由以上各例可归纳出列写动态电路微分方程的一般步骤为：

(1) 根据电路列写 KCL 或 KVL 方程，并写出各元件的伏安关系（VAR）；

(2) 在以上方程中消去中间变量，得到所需变量的微分方程。

3.2 换路定则与初始条件确定

动态元件是储能元件，其伏安关系是对时间 t 的微分或者积分关系。当电路接通、断开电源，或者元件参数的改变等可能改变电路原来的工作状态。电路参数或者结构等发生变化导致的电路状态变化统称为“换路”。

假设电路换路发生在 $t=0$ 时刻。换路前一瞬间记为 0_-，换路后一瞬间记为 0_+。换路经历的时间为 $0_-\sim0_+$。0_- 是指 t 从负值趋近于零，0_+ 是指 t 从正值趋近于零。$t=0_+$ 时刻电路中各电压、电流的值称为初始条件，又称为初始值。其中，电容电压 $u_{\mathrm{C}}(0_+)$ 和电感电流 $i_{\mathrm{C}}(0_+)$ 称为独立初始值，其余的称为非独立初始值。

3.2.1 换路定则

自然界的任何物质在一定的稳定状态下，都具有一定的或一定变化形式的能量，当条件改变时，能量随之改变，但是能量的积累或衰减需要一定的时间。比如，电动机的转速不能跃变，这是因为它的动能不能跃变；火车由静止不能立即达到高速，这是由惯性原理决定的。

电路同样如此。电感元件储存磁能，即 $\frac{1}{2}Li_{\mathrm{L}}^2$，当换路时，磁能不能跃变，这体现在流过电感元件的电流 i_{L} 不能跃变。同样，电容元件储存电能，即 $\frac{1}{2}Cu_{\mathrm{C}}^2$，换路时，电能不能跃变，即电容元件两端电压 u_{C} 不能跃变。可见电路的暂态过程是由于电感电流 i_{L} 或电容电压 u_{C} 不能跃变，从而使其能量不能跃变而产生的。

这个问题也可以从另外的角度来分析。设有一由电阻 R 和电容 C 组成的串联电路，当接上直流电源 U 对电容器充电时，假若电容器两端电压 u_{C} 跃变，则在此瞬间充电电流 $i=C\frac{\mathrm{d}u_{\mathrm{C}}}{\mathrm{d}t}$ 将趋于无穷大。但是任一瞬间，电路都要受到基尔霍夫定律的制约，充电电流要受到电阻 R 的限制，即

$$i=\frac{U-u_{\mathrm{C}}}{R} \tag{3.1}$$

在电阻 R 不等于零的理想状态下，充电电流不可能趋于无穷大。因此，电容电压不可能跃变。类似地，对于 RL 串联电路，电感元件中的电流 i_{L} 一般也不能跃变。若电容电流 i_{C} 和电感电压 u_{L} 在 $t=0$ 时为有限值，则在 $t=0$ 换路前后瞬间，电路中电容电压 u_{C} 和电感电流 i_{L} 保持不变，称之为“换路定则”。用公式表示，即

$$\begin{cases} i_{\mathrm{L}}(0_-)=i_{\mathrm{L}}(0_+) \\ u_{\mathrm{C}}(0_-)=u_{\mathrm{C}}(0_+) \end{cases} \tag{3.2}$$

3.2.2 基于换路定则的电路初始值计算

1. 基于换路定则的电路初始值计算方法

换路定则仅适用于换路瞬间，由此可以确定 $t=0_+$ 时刻电路中各电压和电流之值，即暂态过程的初始值。具体步骤如下：

(1) 根据 $t=0_-$ 的电路求得 $i_{\mathrm{L}}(0_-)$ 或 $u_{\mathrm{C}}(0_-)$；

（2）由换路定则，求得 $i_L(0_+)$ 和 $u_C(0_+)$，即独立初始值；

（3）画 $t=0_+$ 的等效电路，电容用数值为 $u_C(0_+)$ 的电压源替代，电感用数值为 $i_L(0_+)$ 电流源替代；

（4）根据 $t=0_+$ 的等效电路求其他电压和电流的初始值，即非独立初始值。

在直流激励下，如果储能元件在换路前储有能量且电路已处于稳态，在 $t=0_-$ 的电路中，电容元件视为开路，电感元件视为短路；如果储能元件在换路前无储能，在 $t=0_-$ 电路中，电容元件短路，电感元件开路。

2. 举例

【例 3.4】在图 3.4(a)所示电路中，已知 $U_S=100V$，$R_1=20\Omega$，$R_2=50\Omega$，$C=10\mu F$。当 $t=0$ 时开关 S 闭合，假设开关 S 闭合前电路已处于稳态。求开关闭合后各支路电流和各元件电压的初始值。

解 （1）求 $u_C(0_-)$：根据已知条件，电路是直流电路，S 闭合前电容中电流为零，该支路相当于开路。画出 $t=0_-$ 时等效电路如图 3.4(b)所示，在该电路中，因电流为零，故 R_1 上没有电压降，根据 KVL，有

$$u_C(0_-)=U_S=100V$$

（2）求独立初始值 $u_C(0_+)$：根据换路定则，独立初始值为

$$u_C(0_+)=u_C(0_-)=100V$$

（3）画 $t=0_+$ 的等效电路：用大小和方向与 $u_C(0_+)$ 相同的电压源代替电容，画 $t=0_+$ 时刻的等效电路如图 3.4(c)所示。

（4）求非独立初始值：根据图 3.4(c)所示 $t=0_+$ 等效电路，运用直流电路分析方法，求出各支路电流和各元件电压的初始值，即非独立初始值

$$u_{R2}(0_+)=u_C(0_+)=100V$$

$$i_1(0_+)=\frac{U_S-u_C(0_+)}{R_1}=\frac{100-100}{20}=0$$

$$i_2(0_+)=\frac{u_{R2}(0_+)}{R_2}=\frac{100}{50}=2A$$

$$i_C(0_+)=i_1(0_+)-i_2(0_+)=0-2=-2A$$

$$u_{R1}(0_+)=R_1 i_1(0_+)=0$$

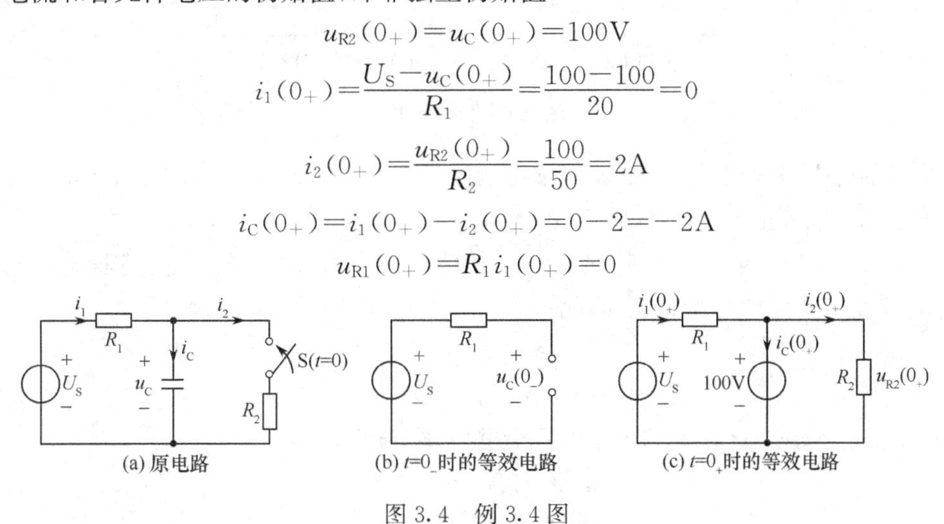

图 3.4　例 3.4 图

【例 3.5】在图 3.5(a)所示电路中，已知 $U_S=10V$，$R_1=R_2=10\Omega$，$L=1H$，开关 S 在 $t=0$ 时刻闭合。假设开关闭 S 合前电路已工作很长时间，求 $i_1(0_+)$ 和 $u_L(0_+)$。

解 （1）求 $i_L(0_-)$：根据已知条件，原电路是直流电路，在 $t=0_-$ 时刻电感视为短路，画 $t=0_-$ 时的等效电路如图 3.5(b)所示。有

$$i_L(0_-)=\frac{U_S}{R_1}=\frac{10}{10}=1A$$

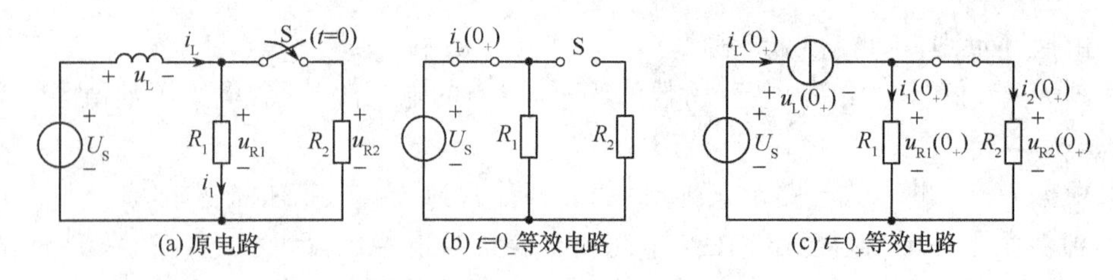

图 3.5 例 3.5 图

(2) 求独立初始值 $i_L(0_+)$:根据换路定则,独立初始值

$$i_L(0_+)=i_L(0_-)=1A$$

(3) 画 $t=0_+$ 等效电路:开关 S 闭合,电感用一个大小和方向与 $i_L(0_+)$ 相同的电流源代替,画出 $t=0_+$ 等效电路,如图 3.5(c)所示。

(4) 求非独立初始值 $i_1(0_+)$ 和 $u_L(0_+)$:根据图 3.5(c)所示的 $t=0_+$ 等效电路,运用电阻电路的分析方法,可求得非独立初始值

$$i_1(0_+)=\frac{1}{2}i_L(0_+)=0.5A$$

$$u_L(0_+)=U_S-u_{R1}(0_+)=U_S-R_1i_1(0_+)=10-5=5V$$

【例 3.6】 在图 3.6(a)所示电路中,$t=0$ 时开关 S 闭合,设换路前电路已处于稳态。求 $i_C(0_+)$、$u_{R2}(0_+)$。

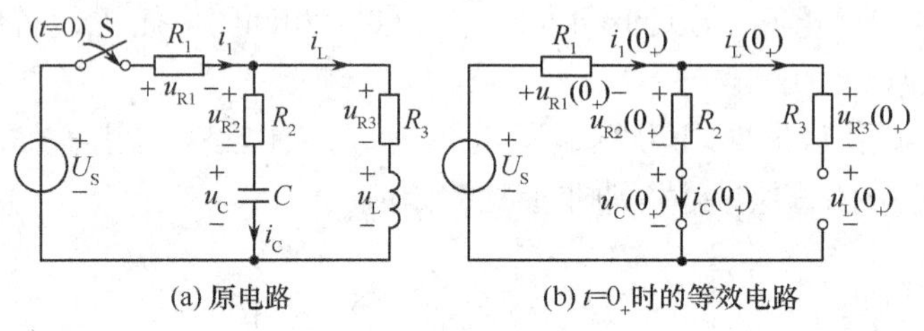

图 3.6 例 3.6 图

分析:电路有两个动态元件,需要先求得电路中两个动态元件的独立初始值,即 $u_C(0_+)$ 和 $i_L(0_+)$,由换路定则,先求 $i_L(0_-)$ 和 $u_C(0_-)$。

解 (1) 求 $i_L(0_-)$ 和 $u_C(0_-)$:根据已知条件,电路是直流电路,且换路前电路已处于稳态,电容元件和电感元件均无储能,因此

$$u_C(0_-)=0$$

$$i_L(0_-)=0$$

(2) 求独立初始值 $u_C(0_+)$ 和 $i_L(0_+)$:根据换路定则,有

$$u_C(0_+)=u_C(0_-)=0$$

$$i_L(0_+)=i_L(0_-)=0$$

(3) 画 $t=0_+$ 等效电路:由于 $u_C(0_+)=0$,$i_L(0_+)=0$,开关 S 闭合,将电容视为短路,电感视为开路,得 $t=0_+$ 时刻等效电路如图 3.6(b)所示。

(4) 求非独立初始值 $u_L(0_+)$、$u_{R_2}(0_+)$:根据图 3.6(b)所示的 $t=0_+$ 等效电路,求得非独立初始值

$$i_1(0_+)=i_C(0_+)=\frac{U_S}{R_1+R_2}$$

$$u_{R2}(0_+)=R_2 i_C(0_+)=\frac{R_2}{R_1+R_2}U_S$$

$$u_L(0_+)=U_S-u_{R1}(0_+)=U_S-R_1 i_1(0_+)=U_S-R_1\frac{U_S}{R_1+R_2}=\frac{R_2}{R_1+R_2}U_S$$

从以上例题可以看出：画 $t=0_-$ 时刻等效电路，目的是为了求出电容电压 $u_C(0_-)$ 和电感电流 $i_L(0_-)$。根据换路定则，再求得独立初始值 $u_C(0_+)$ 和 $i_L(0_+)$。至于电路中其他电压、电流都没有必要去求，因为在换路后，这些数值一般都会变化，必须在 $t=0_+$ 等效电路中确定。通常情况下，关键要抓住电容电压 u_C 和电感电流 i_L 不能跃变的规律。电容电压和电感电流虽然不能跃变，但电容电流和电感电压却可能跃变。对于电路中的其他非独立初始值，在换路过程中，可能跃变，也可能不跃变，要根据 $t=0_+$ 等效电路的具体情况来确定。需要注意的是，这里讨论的都是一些实际电路的模型，假如模型取得过于理想，则电容电压和电感电流也可能发生跃变，例如理想电压源直接接在理想电容上，则电容电压发生跃变，立即等于电源电压。这种特殊情况不在这里讨论。

3.3 一阶电路的零输入响应

如果电路无输入激励，仅由电路储能元件原始储能而引起的响应称为零输入响应。本节讨论一阶电路的零输入响应。

3.3.1 RC 电路的零输入响应

1. 微分方程的列写

在图 3.7(a)所示电路中，当 $t<0$ 时开关 S 处于位置 a，电压源 U_S 给电容 C 充电，电容电压充电到电压 U_0 值，电容充电完毕，电路中电流为零。当 $t=0$ 的瞬间，开关 S 由 a 闭合到 b，使已充电的电容脱离电源。这样通过换路可以得到如图 3.7(b)所示的电路，由电阻 R 和电容 C 串联构成。

由于电容电压不能跃变，$t=0_+$ 时，$u_C(0_+)=u_C(0_-)=U_0$，又 $u_R(0_+)=u_C(0_+)=U_0$，电阻电压由零跃变到 U_0，因此，在 $t=0_+$ 时刻，电路电流 $i(0_+)=U_0/R$，即电路电流将由 $i(0_-)=0$ 零跃变到 $i(0_+)$。换路后（$t\geqslant 0_+$），电容通过电阻 R 放电，随着放电的进行，电容电压将由初始值 U_0 开始逐渐减小为零；电阻电压与电路中电流也逐渐下降为零。在这个过程中，储存在电容器中的电场能量通过电阻转换成热能消耗殆尽。

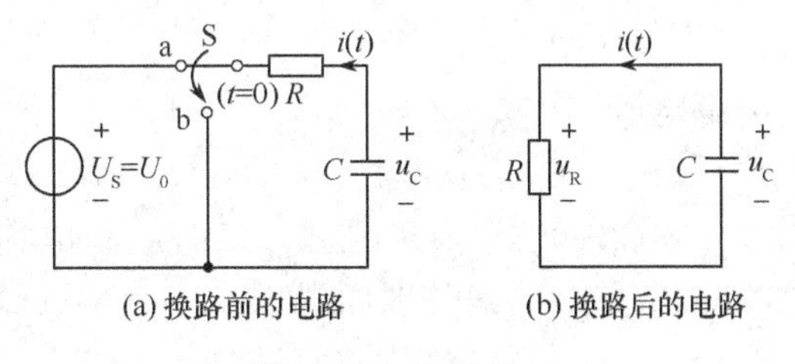

图 3.7 RC 电路

换路以后电路的响应过程分析如下：

在换路后，由图 3.7(b)，应用 KVL 可得

$$u_C(t)-u_R(t)=0 \tag{3.3}$$

根据元件的特性方程

$$u_R=Ri(t)$$

$$i(t)=-C\frac{\mathrm{d}u(t)}{\mathrm{d}t}$$

电容电流方程出现负号是因为 u_C 与 i 为非关联参考方向。于是可得

$$RC\frac{\mathrm{d}u_C(t)}{\mathrm{d}t}+u_C(t)=0 \tag{3.4}$$

式(3.4)就是描述RC电路零输入响应的微分方程。由于电阻R值和电容C值都是常数,因此它是一阶线性常系数齐次微分方程。用一阶微分方程来描述的电路常称为一阶电路。

由于电容电压不能跃变,式(3.4)的初始条件为

$$u_C(0_+)=u_C(0_-)=U_0 \tag{3.5}$$

2. RC电路零输入响应求解

由数学知识知,一阶线性齐次微分方程的解答形式为

$$u_C(t)=K\mathrm{e}^{St} \tag{3.6}$$

式中S是特征方程的根。将式(3.6)代入式(3.4),有

$$RCSK\mathrm{e}^{St}+K\mathrm{e}^{St}=0$$

整理后,得

$$(RCS+1)K\mathrm{e}^{St}=0$$

公因式$K\mathrm{e}^{St}$是一阶齐次微分方程的解答,不可能为零,所以$RCS+1=0$,即特征方程为

$$RCS+1=0$$

其特征根为

$$S=-\frac{1}{RC}$$

得到微分方程(3.4)的解答为

$$u_C(t)=K\mathrm{e}^{-\frac{1}{RC}t} \tag{3.7}$$

根据初始条件即式(3.5)确定常数K。当$t=0_+$时,由式(3.5)和式(3.7)得

$$u_C(0_+)=K=U_0$$

因此

$$u_C(t)=U_0\mathrm{e}^{-t/RC}\quad (t\geqslant 0_+) \tag{3.8}$$

电流

$$i(t)=-C\frac{\mathrm{d}u_C}{\mathrm{d}t}=\frac{U_0}{R}\mathrm{e}^{-t/RC}\quad (t\geqslant 0_+) \tag{3.9}$$

电阻电压

$$u_R(t)=Ri(t)=U_0\mathrm{e}^{-t/RC}\quad (t\geqslant 0_+) \tag{3.10}$$

式(3.8)、式(3.9)和式(3.10)就是电容电压$u_C(t)$、电流$i(t)$和电阻电压$u_R(t)$的零输入响应,其响应曲线分别如图3.8(a)、(b)、(c)所示。

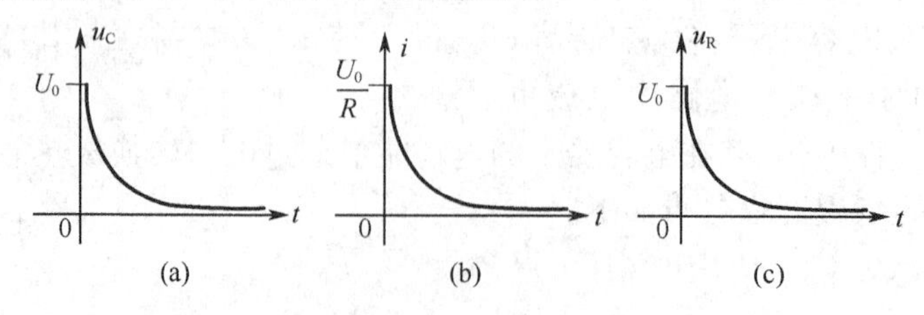

图3.8 RC电路的零输入响应

从式(3.8)、式(3.9)和式(3.10)以及图3.8所示的曲线可以看出,零输入响应$u_C(t)$、$i(t)$和$u_R(t)$都是从初始值随时间按同一指数曲线规律逐渐衰减趋近于零。也就是说,它们在放电过程中随时间的变化规律相同。因为放电是在电容所具有的初始电压$u_C(0_+)=U_0$的作用下进行的,电路中没有激励,当电路储能耗尽($u_C=0$)时,各电压、电流也变为零。放电的变化

规律只与电路的结构和参数有关，即由RC决定。概括来说，RC电路的零输入响应是由电容元件初始状态和电路结构及参数大小决定的，它是初始状态的一个线性函数。

【例3.7】图3.9(a)所示电路中，已知$U_S=24V$，$R=2\Omega$，$R_1=2\Omega$，$R_2=4\Omega$，$R_3=2\Omega$，$C=2F$，当$t=0$时开关S由a掷向b，在此之前电路已达到稳态。求换路后电容电压$u_C(t)$和电流$i(t)$随时间变化的规律。

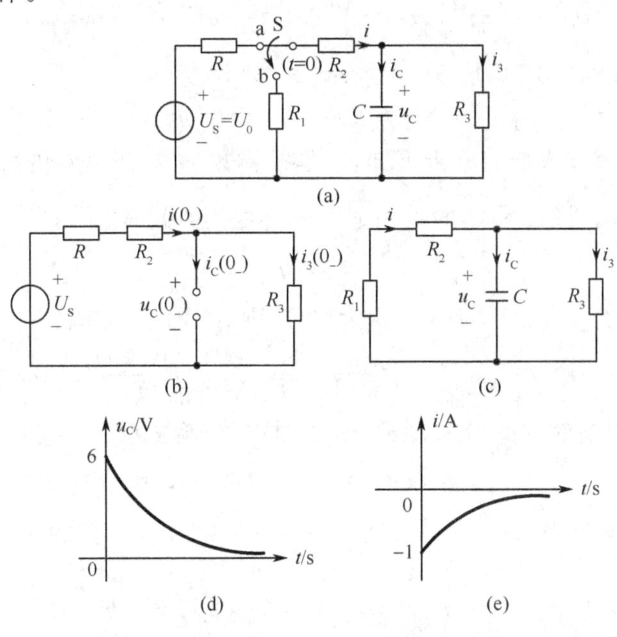

图3.9 例3.7图

解 先求$u_C(0_-)$：

当$t<0$时，开关S与a相连接，画出$t=0_-$等效电路如图3.9(b)所示。由图3.9(b)得

$$u_C(0_-)=\frac{R_3U_S}{R+R_2+R_3}=\frac{2\times24}{2+4+2}=6V$$

当$t=0$时，开关S与b接通，画出$t\geqslant0_+$电路如图3.9(c)所示。根据图3.9(c)，列写KCL方程

$$i_C(t)+i_3(t)-i(t)=0$$

又

$$i_C=C\frac{du_C}{dt},\quad i_3=\frac{u_C}{R_3},\quad i=-\frac{u_C}{R_1+R_2}$$

整理得

$$C\frac{du_C}{dt}+\frac{u_C}{R_3}+\frac{u_C}{R_2+R_1}=0$$

代入数值得

$$2\frac{du_C}{dt}+\frac{2}{3}u_C=0$$

特征方程为

$$2S+\frac{2}{3}=0$$

故有

$$S=-\frac{1}{3}$$

$$u_C(t)=Ke^{St}=Ke^{-\frac{1}{3}t}$$

初始条件为　　　　　　　　$u_C(0_+)=u_C(0_-)=6\text{V}$

根据初始条件得　　　　　　$u_C(0_+)=K=6\text{V}$

所以

$$u_C(t)=6\text{e}^{-\frac{1}{3}t}\text{V}\quad(t\geqslant 0_+)$$

$$i(t)=-\frac{u_C}{R_2+R_1}=-\frac{u_C(t)}{6}=-\text{e}^{-\frac{1}{3}t}\text{A}\quad(t\geqslant 0_+)$$

$u_C(t)$和 $i(t)$的曲线分别如图 3.9(d)、(e)所示。

3. 时间常数

通过对 RC 电路零输入响应分析可知，它是按指数 e^{St} 规律衰减的，衰减的快慢取决于特征方程的根 $S=-\frac{1}{RC}$。将 R 和 C 的乘积记为 τ，称之为时间常数。即

$$\tau=RC \tag{3.11}$$

若 R 以欧姆(Ω)为单位、C 以法拉(F)为单位，则 RC 乘积的单位是秒(s)，即

$$\text{欧姆}(\Omega)\times\text{法拉}(\text{F})=\frac{\text{伏}(\text{V})}{\text{安}(\text{A})}\times\frac{\text{库仑}(\text{C})}{\text{伏}(\text{V})}=\frac{\text{库仑}(\text{C})}{\text{安}(\text{A})}=\text{时间}(\text{s})$$

因此，时间常数具有时间的量纲。式(3.8)、式(3.9)和式(3.10)可以写成如下形式：

$$u_C(t)=U_0\text{e}^{-\frac{t}{\tau}}\quad(t\geqslant 0_+) \tag{3.12}$$

$$i(t)=\frac{U_0}{R}\text{e}^{-\frac{t}{\tau}}\quad(t\geqslant 0_+) \tag{3.13}$$

$$u_R(t)=U_0\text{e}^{-\frac{t}{\tau}}\quad(t\geqslant 0_+) \tag{3.14}$$

由式(3.12)、式(3.13)和式(3.14)知，零输入响应变化的快慢取决于时间常数 τ 的大小。时间常数 τ 越大，响应变化越慢；反之，τ 越小，响应变化越快。

以电容电压 $u_C(t)$为例，进一步说明时间常数 τ 的物理意义。表 3.1 列出了 t 等于 τ 的部分整数倍值时对应的 $u_C(t)$。由表 3.1 知，时间常数 τ 的物理意义是电容电压衰减为初值的 36.8%所需要的时间，如图 3.10 所示。

表 3.1　t 取 τ 的整数倍时对应的 u_C 值

t	0	τ	2τ	3τ	4τ	5τ	∞
$u_C(t)$	U_0	$0.368U_0$	$0.135U_0$	$0.0498U_0$	$0.0183U_0$	$0.0067U_0$	0

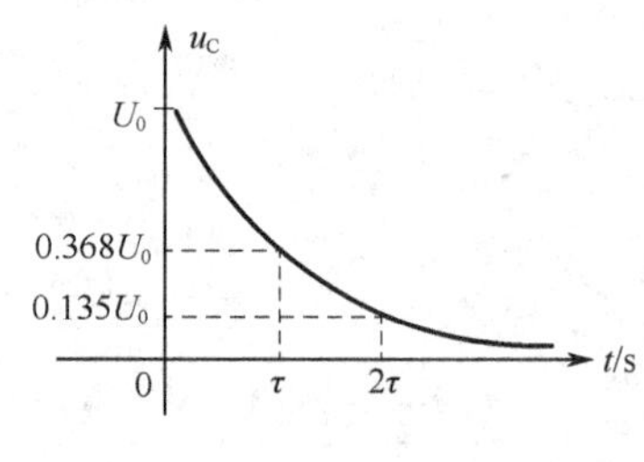

图 3.10　时间常数 τ 的物理含义

从理论上来讲，只有经过 $t=\infty$时间，电路才能达到稳定状态，但由表 3.1 可以看出，当 $t=5\tau$ 时，电容电压 u_C 已衰减到初始值的 0.67%，放电基本结束。所以，工程上一般认为经过 3τ～5τ 的时间后，电路的暂态过程结束。

时间常数 τ 取决于电阻 R 和电容 C 的乘积。τ 越大，暂态过程越长，放电越慢，这是因为 RC 电路的放电过程就是电容释放能量的过程，在电容电压初始值 $u_C(0)=U_0$ 和电阻值 R 不变的条件下，电容 C 值越大，其初始储能也越多，释放能量需要的时间就越长，放电过程进行得也就越慢。可见，时间常数的大小决定了 RC 电路零输入响应变化的快慢。

对于含有多个电阻元件的一阶电路，根据戴维南定理将原有电路等效为一个 R 与 C 的串联电路，电阻 R 为戴维南等效电路中的等效电阻。

【例 3.8】求图 3.11(a)所示电路中的时间常数 τ。

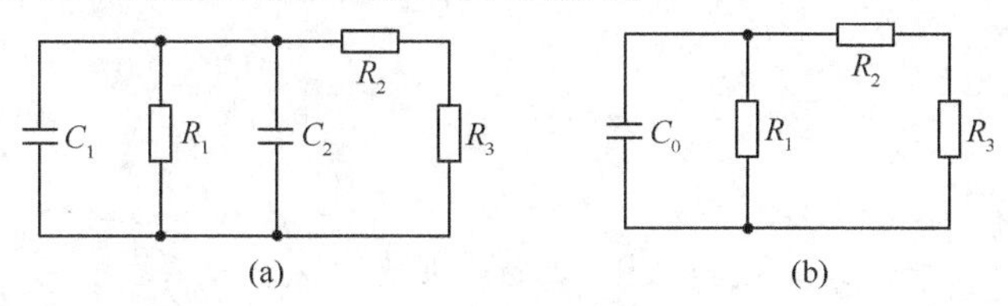

图 3.11 例 3.8 图

解 该电路有两个电容 C_1 和 C_2，设等效电容为 C_0。由电路可知，C_1 和 C_2 并联，有

$$C_0 = C_1 + C_2$$

等效电路如图图 3.11(b)所示。

设 R_0 为从电容元件 C_0 看进去的等效电阻，则

$$R_0 = R_1 // (R_2 + R_3) = \frac{R_1(R_2 + R_3)}{R_1 + R_2 + R_3}$$

所以

$$\tau = R_0 C_0 = \frac{R_1(R_2 + R_3)}{R_1 + R_2 + R_3}(C_1 + C_2)$$

3.3.2 RL 电路的零输入响应

图 3.12(a)所示电路中，当 $t<0$ 时开关 S 闭合于位置 a，电路处于稳态，电感中流过的电流为 I_S，即 $i_L(0_-) = I_S$。当 $t=0$ 时开关 S 由 a 闭合至 b，换路后的电路如图 3.12(b)所示。由于电感中的电流不能跃变，故 $i_L(0_+) = i(0_-) = I_S$，由图 3.12(b)知，电路电流将从初始值 I_S 逐渐下降，最后为零。在这一过程中，储存在电感中的磁场能量 $W_L = \frac{1}{2}LI_S^2$ 将逐渐衰减到零。

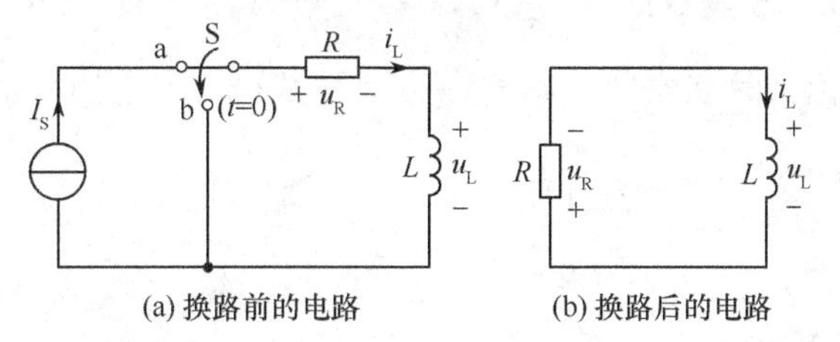

图 3.12 RL 电路

根据图 3.12(b)所示电路电压和电流的参考方向，列写 KVL 方程，可得

$$u_L(t) + u_R(t) = 0$$

又

$$u_L(t) = L\frac{di(t)}{dt}, \quad u_R(t) = Ri_L(t)$$

得到以电流 $i_L(t)$ 为变量的微分方程

$$L\frac{di_L(t)}{dt} + Ri_L(t) = 0 \tag{3.15}$$

初始条件为

$$i_L(0_+) = i_L(0_-) = I_S$$

式(3.15)是一阶线性常系数齐次微分方程。它与 RC 电路的零输入响应方程具有相同的形式。因此，其解也具有相同的形式，即

$$i_L(t) = Ke^{St} = Ke^{-\frac{R}{L}t} \tag{3.16}$$

又 $$i_L(0_+)=K=I_S$$

有

$$i_L(t)=I_S e^{-\frac{R}{L}t} \tag{3.17}$$

进一步得到

$$u_L(t)=L\frac{di_L}{dt}=-RI_S e^{-\frac{R}{L}t} \quad (t\geqslant 0_+) \tag{3.18}$$

$$u_R(t)=Ri_L(t)=RI_S e^{-\frac{R}{L}t} \quad (t\geqslant 0_+) \tag{3.19}$$

式(3.18)中的负号表示电感电压 $u_L(t)$的实际方向与图 3.12(b)所规定的参考方向相反。$i_L(t)$、$u_L(t)$和 $u_R(t)$的响应曲线如图 3.13 所示。

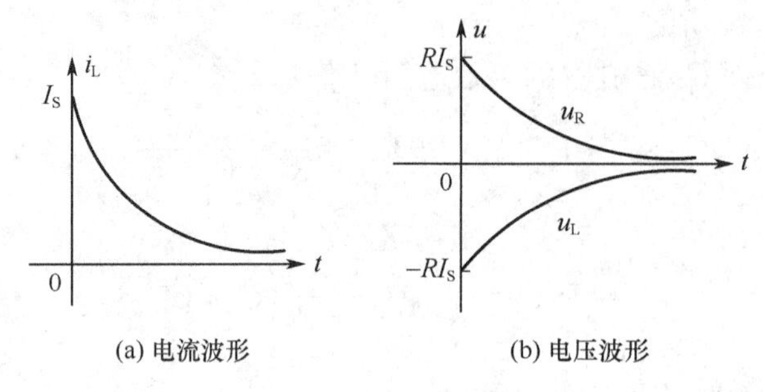

图 3.13　RL 电路的零输入响应

由式(3.17)、式(3.18)和式(3.19)知，电路中各电压、电流量的零输入响应是按照相同的指数规律进行衰减的，即和 L/R 相关，若 R 以欧姆(Ω)为单位、L 以亨利(H)为单位，L/R 具有时间的量纲，即

$$\frac{亨利(H)}{欧姆(\Omega)}=\frac{1}{欧姆(\Omega)}\times\frac{韦伯(Wb)}{安(A)}=\frac{伏特(V)\cdot 秒(s)}{欧姆(\Omega)\cdot 安(A)}=时间(s)$$

类似地，记 $\tau=\frac{L}{R}$，称为时间常数，单位为秒(s)。式(3.17)、式(3.18)和式(3.19)表示为：

$$i_L(t)=I_S e^{-\frac{t}{\tau}} \quad (t\geqslant 0_+) \tag{3.20}$$

$$u_L(t)=-RI e^{-\frac{t}{\tau}} \quad (t\geqslant 0_+) \tag{3.21}$$

$$u_R(t)=RI_S e^{-\frac{t}{\tau}} \quad (t\geqslant 0_+) \tag{3.22}$$

RL 电路中，时间常数 τ 与电阻 R 成反比，与电感 L 成正比。时间常数 τ 越小，电流 $i_L(t)$ 衰减越快。因为 L 越小，则阻碍电流变化的作用也就越小；R 越大，在同样电流下，电阻消耗的功率也越大。所以，电路的时间常数 τ 反映了零输入响应变化的快慢。通过改变电路中的 R 或 L 值的大小，可以改变时间常数 τ 的数值，从而改变零输入响应过程的快慢。

3.4　电路的零状态响应

3.4.1　RC 电路的零状态响应

若电路在换路前所有的储能元件均为零状态，即未储存能量，在此条件下，由外加电源激励所产生的电路响应，称为零状态响应。

分析 RC 电路的零状态响应，实际上就是分析它的充电过程。图 3.14 是一 RC 串联电路。$t=0$ 时开关 S 闭合，电压值为 U 的直流电压源对电容元件开始充电，其对于电路的作用相当于输入一个阶跃输入 u，如图 3.15(a)所示。它与恒定电压[如图 3.15(b)所示]不同，其表达式为

$$u=\begin{cases}0 & t<0\\ U & t\geqslant 0\end{cases} \tag{3.23}$$

式中 U 为其幅值。

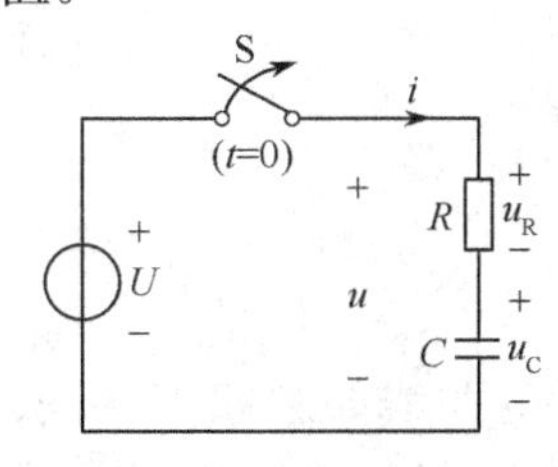

图 3.14　RC 串联电路

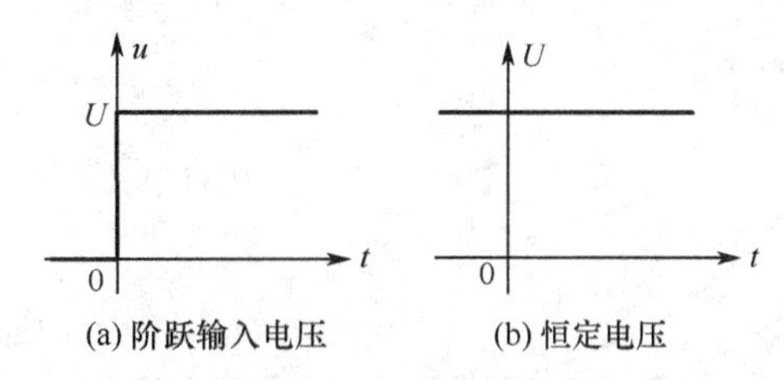

图 3.15　阶跃电压与恒定电压的对比

列写电路回路 KVL 方程

$$U=Ri(t)+u_C(t)=RC\frac{du_C(t)}{dt}+u_C(t) \tag{3.24}$$

式(3.24)中

$$i(t)=C\frac{du_C(t)}{dt}$$

式(3.24)为一阶线性常系数非齐次微分方程，其解有两个部分：一是特解 $u_{cp}(t)$，一是通解(齐次解)$u_{ch}(t)$。

特解与激励 U 具有相同形式。设 $u_{cp}(t)=A_0$，代入式(3.24)，有

$$U=RC\frac{dA_0}{dt}+A_0$$

得

$$A_0=U$$

即特解

$$u_{cp}=U$$

通解是齐次方程

$$RC\frac{du_C(t)}{dt}+u_C(t)=0$$

的解，根据 3.3 节的分析，知其是以 e 为底的幂指数函数，设为

$$u_{ch}(t)=Ke^{-\frac{t}{\tau}}$$

式中 $\tau=RC$。因此，式(3.24)的解为

$$u_C(t)=u_{cp}(t)+u_{ch}(t)=U+Ke^{-\frac{t}{\tau}}$$

又 $u_C(0_+)=u_C(0_-)=0$，有

$$u_C(0)=U+K=0$$

得

$$K=-U$$

所以

$$u_C(t)=U-Ue^{-\frac{1}{RC}t}=U(1-e^{-\frac{t}{\tau}})\quad(t\geqslant 0_+) \tag{3.25}$$

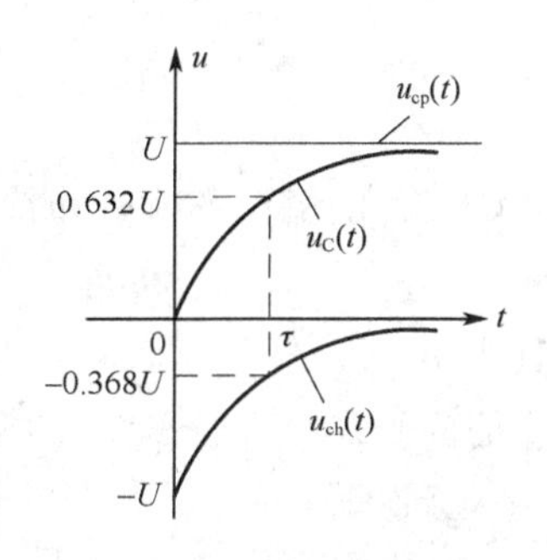

图 3.16　RC 串联电路零状态响应的构成

u_C 随时间变化的曲线如图 3.16 所示。其中 $u_{cp}(t)$ 不随时间而变，$u_{ch}(t)$ 按指数规律衰减而趋于零。

当 $t=\tau$ 时，$u_C(t)=U(1-0.368)=0.632U$。

从电路的角度来看，电容元件的电压 u_C 可视为由两个分量相加而成：其一是 $u_{cp}(t)$，即到达稳定状态时的电压，称为稳态分量，它的变化规律和大小都与电源电压 U 有关；其二是 $u_{ch}(t)$，仅存在于暂态过程中，称暂态分量，它的变化规律与电源电压无关，按照指数规律衰减，但是它的大小与电源电压有关。当电路中储能元件的能量增长到某一稳定值或衰减到某一稳定值时，电路中的暂态过程结束，暂态分量趋于零。

电路电流可以根据元件的伏安特性求出，即

$$i(t)=C\frac{\mathrm{d}u_C}{\mathrm{d}t}=\frac{U}{R}\mathrm{e}^{-\frac{t}{\tau}} \tag{3.26}$$

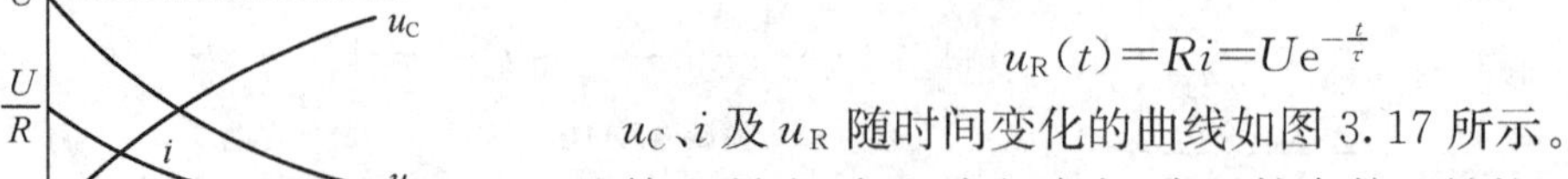

图 3.17 RC 串联电路的零状态响应

电阻元件 R 上的电压

$$u_R(t)=Ri=U\mathrm{e}^{-\frac{t}{\tau}} \tag{3.27}$$

u_C、i 及 u_R 随时间变化的曲线如图 3.17 所示。

综上所述，在一阶电路中，当元件参数和结构一定时，时间常数 τ 即已确定，其零状态响应就只依赖于输入激励。所以一阶电路的零状态响应是输入的一个线性函数，也就是说，零状态响应对于输入的依赖关系具有比例性。当输入幅值增大 K 倍时，零状态响应也增大 K 倍，若有多个独立源作用于线性电路，可以运用叠加定理来求出它的零状态响应。

【例 3.9】 图 3.18(a)所示电路，开关 S 在 $t=0$ 闭合，在闭合前电容无储能。试求 $t\geqslant0$ 电容电压 $u_C(t)$以及各电流。参考方向如图中所示。

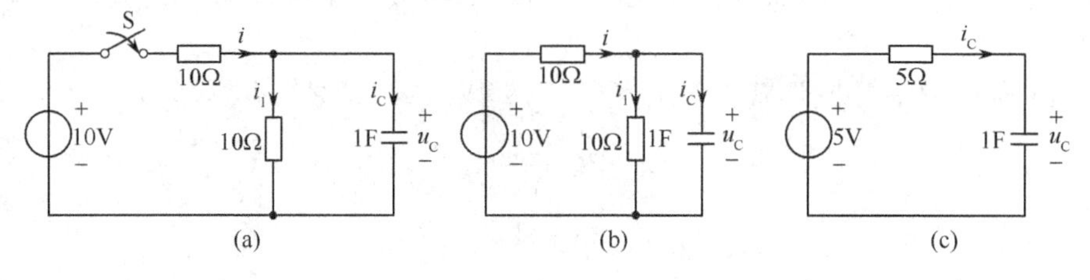

图 3.18 例 3.9 图

解 $t\geqslant0$ 电路如图 3.18(b)所示，根据戴维南定理将图 3.18(b)化简为图 3.18(c)所示电路。列写 KVL 方程，得

$$5i_C+u_C=5$$

又

$$i_C=C\frac{\mathrm{d}u_C}{\mathrm{d}t}=\frac{\mathrm{d}u_C}{\mathrm{d}t}$$

有

$$5\frac{\mathrm{d}u_C}{\mathrm{d}t}+u_C=5 \tag{3.28}$$

式(3.28)的解由齐次解和特解组成。

$$u_C(t)=u_{ch}(t)+u_{cp}(t)$$

其中

$$u_{ch}(t)=K\mathrm{e}^{St}$$

S 是特征方程 $5S+1=0$ 的根，故 $S=-1/5$。

齐次解

$$u_{ch}(t)=K\mathrm{e}^{-\frac{1}{5}t}$$

将齐次解写成 $u_{ch}=K\mathrm{e}^{-\frac{t}{\tau}}$，其中时间常数 τ 可根据 $t\geqslant0$ 的戴维南等效电路[图 3.19(c)]

求出，即

$$\tau=RC=5\times1=5\text{s}$$

得到

$$u_{ch}=K\mathrm{e}^{-\frac{1}{5}t}$$

设特解 $u_{cp}=A_0$，代入微分方程，即式(3.28)

得

$$A_0=5$$

所以

$$u_C(t)=u_{ch}(t)+u_{cp}(t)=K\mathrm{e}^{-\frac{1}{5}t}+5$$

依题意，初始条件为

$$u_C(0_+)=u_C(0_-)=0$$

即

$$u_C(0_+)=K+5=0$$

故

$$K=-5$$

所以

$$u_C(t)=-5\mathrm{e}^{-\frac{1}{5}t}+5=5(1-\mathrm{e}^{-\frac{1}{5}t})\text{V}\quad(t\geqslant0_+)$$

$$i_C(t)=C\frac{\mathrm{d}u_C}{\mathrm{d}t}=\mathrm{e}^{-\frac{1}{5}t}\text{A}\quad(t\geqslant0_+)$$

$$i_1(t)=\frac{u_C(t)}{10}=\frac{1}{2}(1-\mathrm{e}^{-\frac{1}{5}t})\text{A}\quad(t\geqslant0_+)$$

$$i(t)=i_1(t)+i_C(t)=\frac{1}{2}(1-\mathrm{e}^{-\frac{1}{5}t})+\mathrm{e}^{-\frac{1}{5}t}=\frac{1}{2}(1+\mathrm{e}^{-\frac{1}{5}t})\text{A}\quad(t\geqslant0_+)$$

3.4.2 RL电路的零状态响应

如图3.19所示RL电路，开关S在$t=0$时闭合，S闭合前电路处于稳态，即$i_L(0_-)=0$，开关S闭合，直流电压源U_S接入电路。由于电感中电流不能跃变，有$i_L(0_+)=i_L(0_-)=0$，电阻电压$u_R(0_+)=0$，而电感相当于开路，电源电压U_S全部加在电感两端，即$u_L(0_+)=U_S$，此时电流的变化率不为零，亦即

$$\left.\frac{\mathrm{d}i_L}{\mathrm{d}t}\right|_{t=0_+}=\frac{U_S}{L}$$

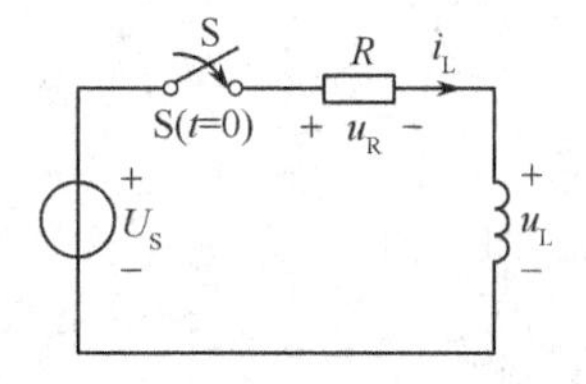

图3.19　RL串联电路

这说明电流要上升。随着电流$i_L(t)$按指数规律逐渐上升，电感电压u_L也按指数规律逐渐衰减为零，即$u_L(\infty)=0$。此刻，电感视作短路，电源电压U_S全部加在电阻两端；同时电感电流也达到新的稳定值$i_L(\infty)=U_S/R$。这个过程就是电感建立恒定磁场的过程，也就是电感逐渐聚集磁场能量的过程。

按图3.19所示参考方向，换路后，列写以电感电流为变量的微分方程

$$L\frac{\mathrm{d}i_L}{\mathrm{d}t}+Ri_L=U_S\quad(t\geqslant0_+)\tag{3.29}$$

初始条件为

$$i_L(0_+)=i_L(0_-)=0$$

式(3.29)是一阶线性常系数非齐次微分方程，它与RC电路的零状态响应方程具有相似的形式，区别仅仅在于变量和系数不同。因此式(3.29)的完全解为

$$i_L(t)=i_{Lh}+i_{Lp}\quad(t\geqslant0_+)\tag{3.30}$$

其中，i_{Lh}为对应的齐次方程

$$L\frac{\mathrm{d}i_L}{\mathrm{d}t}+Ri_L=0$$

的解，故有

$$i_{Lh}=Ke^{-\frac{t}{\tau}} \quad (t\geqslant 0_+)$$

式中的 K 为常数，时间常数 $\tau=L/R$。

由于特解 i_{Lp} 的形式与激励函数相同，激励函数为常量时，特解亦为常量，代入式(3.29)，可得

$$i_{Lp}=\frac{U_S}{R}$$

有

$$i_L(t)=Ke^{-\frac{t}{\tau}}+\frac{U_S}{R} \quad (t\geqslant 0_+) \tag{3.31}$$

又

$$i_L(0_+)=i_L(0_-)=0$$

所以

$$K=-\frac{U_S}{R}$$

式(3.29)的解为

$$i_L(t)=\frac{U_S}{R}(1-e^{-\frac{R}{L}t}) \quad (t\geqslant 0_+) \tag{3.32}$$

进一步得

$$u_L(t)=L\frac{di_L}{dt}=U_Se^{-\frac{t}{\tau}}=U_Se^{-\frac{R}{L}t} \quad (t\geqslant 0_+) \tag{3.33}$$

$$u_R(t)=Ri_L=U_S(1-e^{-\frac{t}{\tau}})=U_S(1-e^{-\frac{R}{L}t}) \quad (t\geqslant 0_+) \tag{3.34}$$

i_L、u_R 和 u_L 的曲线如图 3.20 所示。

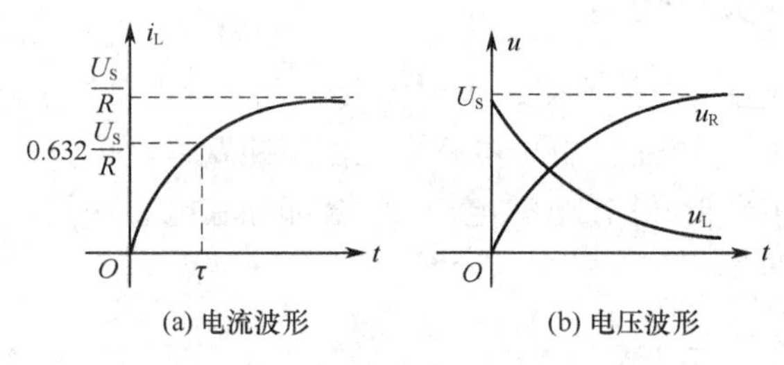

图 3.20 RL 串联电路的零状态响应

3.5 一阶电路的全响应

全响应是指电源激励和储能元件的初始状态均不为零时电路的响应。

3.5.1 RC 电路的全响应

在图 3.21 所示的电路中，假设 $u_C(0_-)=U_0$，$t\geqslant 0$ 时电路的微分方程和式(3.24)相同，即

$$RC\frac{du_C(t)}{dt}+u_C(t)=U \tag{3.35}$$

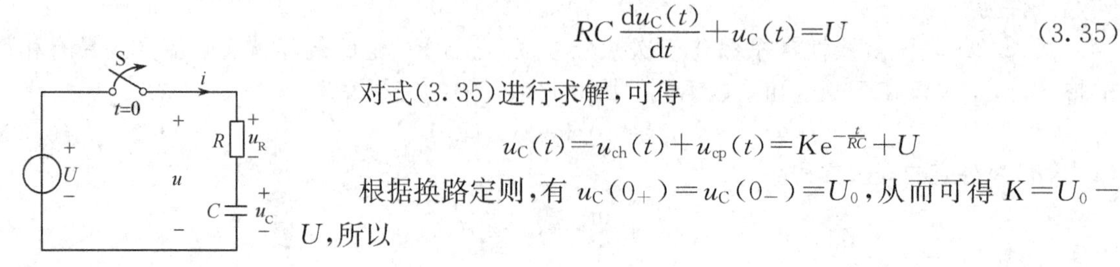

图 3.21 RC 串联电路

对式(3.35)进行求解，可得

$$u_C(t)=u_{ch}(t)+u_{cp}(t)=Ke^{-\frac{t}{RC}}+U$$

根据换路定则，有 $u_C(0_+)=u_C(0_-)=U_0$，从而可得 $K=U_0-U$，所以

$$u_C(t)=U+(U_0-U)e^{-\frac{t}{RC}} \tag{3.36}$$

式(3.36)的右边包含两项：第一项U是微分方程式(3.35)的特解，变化规律与外加激励相同，因此称为强制分量，当$t\to\infty$时，这一分量不随时间变化，所以称为稳态分量；第二项$(U_0-U)e^{-\frac{t}{RC}}$是对应齐次方程的通解，按照指数规律变化，它由电路自身特性确定，因此称为自由分量，当$t\to\infty$时，这一分量将衰减到零，所以又称为暂态分量。按照电路的响应形式来分，有

全响应＝强制分量＋自由分量

根据电路的响应特性来分，全响应可分解为

全响应＝稳态响应＋暂态响应

将(3.36)进行整理，改写为

$$u_C(t)=U_0e^{-\frac{t}{RC}}+U(1-e^{-\frac{t}{RC}}) \tag{3.37}$$

显然，式(3.37)右边第一项是零输入响应；第二项是零状态响应，于是有

全响应＝零输入响应＋零状态响应

这是叠加定理在电路暂态分析中的体现。在求全响应时，可把电容元件的初始状态$u_C(0_+)$看作一个电压源。$u_C(0_+)$和电源激励分别单独作用时所得到的零输入响应和零状态响应的叠加，即为全响应。

【例 3.10】如图3.22(a)所示电路中，$t\leqslant 0$时开关S闭合在位置1上，在$t=0$时把它切换到到位置2，试求电容电压$u_C(t)$。已知$R_1=1k\Omega$，$R_2=2k\Omega$，$C=3\mu F$，$U_1=3V$，$U_2=5V$。

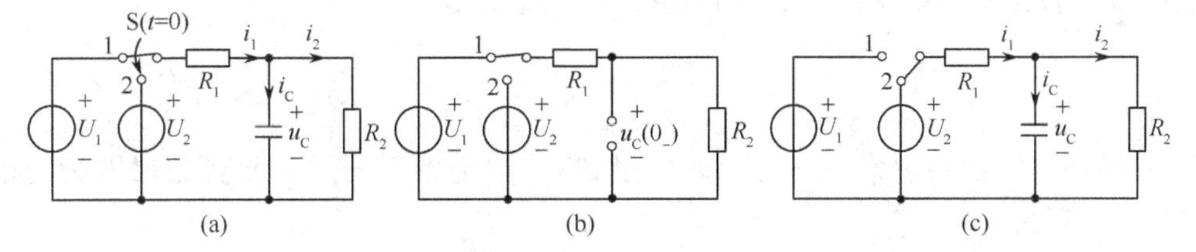

图3.22　例3.10图

解　$t=0_-$等效电路如图3.22(b)所示，有

$$u_C(0_-)=\frac{U_1R_2}{R_1+R_2}=\frac{3\times 2}{1+2}=2V$$

$t\geqslant 0_+$电路如图3.22(c)所示，根据KCL，有

$$i_1-i_2-i_C=0$$

即
$$\frac{U_2-u_C}{R_1}-\frac{u_C}{R_2}-C\frac{du_C}{dt}=0$$

整理后，得
$$R_1C\frac{du_C}{dt}+\left(1+\frac{R_1}{R_2}\right)u_C=U_2$$

代入数值，即有

$$(3\times 10^{-3})\frac{du_C}{dt}+\frac{3}{2}u_C=5$$

解之，可得
$$u_C(t)=u_{cp}+u_{ch}=\left(\frac{10}{3}+Ke^{-500t}\right)V$$

当$t=0_+$时，$u_C(0_+)=u_C(0_-)=2V$，则$K=-\frac{4}{3}$，所以

$$u_C(t)=\left(\frac{10}{3}-\frac{4}{3}e^{-500t}\right)V\quad (t\geqslant 0_+)$$

3.5.2 RL 电路的全响应

所谓 RL 电路的全响应是指电源激励和电感元件的初始状态 $i_L(0_-)$ 均不为零时电路的暂态响应。

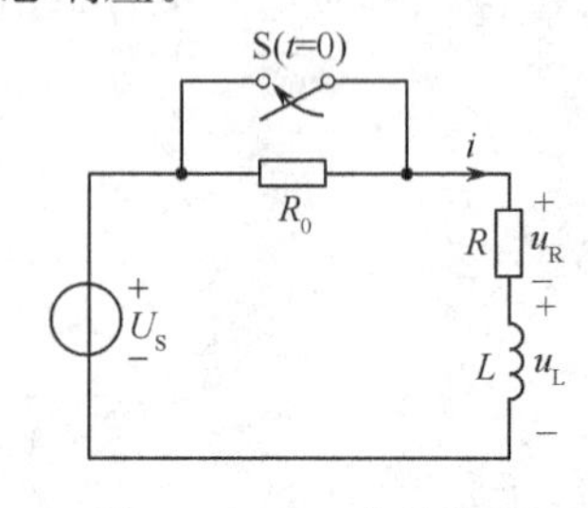

图 3.23 RL 串联电路

在图 3.23 所示的 RL 电路中，开关 S 在 $t=0$ 时闭合，设电路在开关闭合前已经处于稳态，那么换路后的微分方程与式(3.29)完全相同，即

$$L\frac{\mathrm{d}i_L}{\mathrm{d}t}+Ri_L=U_S \quad (t\geqslant 0_+) \tag{3.38}$$

但初始条件为 $i_L(0_+)=i_L(0_-)=\dfrac{U_S}{R_0+R}=I_0\neq 0$

与 RC 串联电路的全响应类似，RL 电路的全响应也是零输入响应和零状态响应的叠加，或暂态响应与稳态响应的叠加。

式(3.38)的解为

$$i(t)=i_{Lp}+i_{Lh}=\frac{U_S}{R}+K\mathrm{e}^{-\frac{R}{L}t} \tag{3.39}$$

在 $t=0_+$ 时，$i(0_+)=i(0_-)=I_0$，则 $K=I_0-\dfrac{U_S}{R}$。所以

$$i(t)=\frac{U_S}{R}+\left(I_0-\frac{U_S}{R}\right)\mathrm{e}^{-\frac{R}{L}t} \tag{3.40}$$

式(3.40)中，等式右边第一项为稳态分量，第二项为暂态分量。两者相加即为全响应 i。式(3.40)可改写为

$$i=I_0\mathrm{e}^{-\frac{R}{L}t}+\frac{U_S}{R}(1-\mathrm{e}^{-\frac{R}{L}t}) \tag{3.41}$$

式中，右边第一项为零输入响应；第二项为零状态响应。两者相加即为全响应 $i(t)$。

3.6 一阶电路响应的三要素法

3.6.1 一阶电路响应的规律

由 3.5 节的分析，全响应可分解为零输入响应和零状态响应的叠加，当输入为零，即稳态值为零时，全响应便是零输入响应；当初始值为零时，全响应便是零状态响应。因此，零输入响应和零状态响应是全响应的特例。

通过对 RC 和 RL 电路的全响应分析可以看出，在直流电源输入和非零初始状态下，一阶电路中所有电压、电流都是按指数规律变化的，它们从初始值开始，按指数规律增长或衰减到稳定值，且同一电路中各支路电压和电流的时间常数相同。因此，只要知道初始值、稳态值和时间常数这三个特征参数，就不必求解一阶线性常系数微分方程，而是直接得到电路的全响应。

3.6.2 三要素法

在一阶电路中，各支路电流和电压均可用 $f(t)$ 表示，它的初始值用 $f(0_+)$ 表示，稳态值用 $f(\infty)$ 表示。

一阶电路的全响应可写成

$$f(t)=f(\infty)+K\mathrm{e}^{-\frac{t}{\tau}} \quad (t\geqslant 0_+)$$

当 $t=0_+$ 时

$$f(0_+)=f(\infty)+K$$

故

$$K=f(0_+)-f(\infty)$$

所以一阶电路全响应的一般形式为

$$f(t)=f(\infty)+[f(0_+)-f(\infty)]\mathrm{e}^{-\frac{t}{\tau}} \quad (t\geqslant 0_+) \tag{3.42}$$

因此在分析一阶电路时，只要求出初始值 $f(0_+)$、稳态值 $f(\infty)$ 和时间常数 τ 这三个要素，就可以直接应用式(3.42)，直接得出一阶电路的全响应解析表达式，通常将这种方法仅用来分析一阶动态电路，方法且称为一阶电路的三要素法。

具体方法为：

(1) 根据 $t=0_-$ 等效电路求得电容电压 $u_C(0_-)$ 和电感电流 $i_L(0_-)$，由换路定则和两类约束得到 $t=0_+$ 等效电路，由此求得初始值 $f(0_+)$；

(2) 换路后的电路进入新稳态，电容开路，电感短路，得到 $t=\infty$ 等效电路，由此求得稳态值 $f(\infty)$；

(3) 电路时间常数。RC 电路的时间常数为 $\tau=RC$，RL 电路的时间常数为 $\tau=L/R$，其中 R 为从电容元件或电感元件两端看进去的戴维南或诺顿等效电路中的等效电阻。

【例 3.11】 电路如图 3.24(a)所示，开关 S 在 $t=0$ 时闭合，设电路在开关闭合前已经处于稳态，求 $u_C(t)$ 随时间的变化规律。

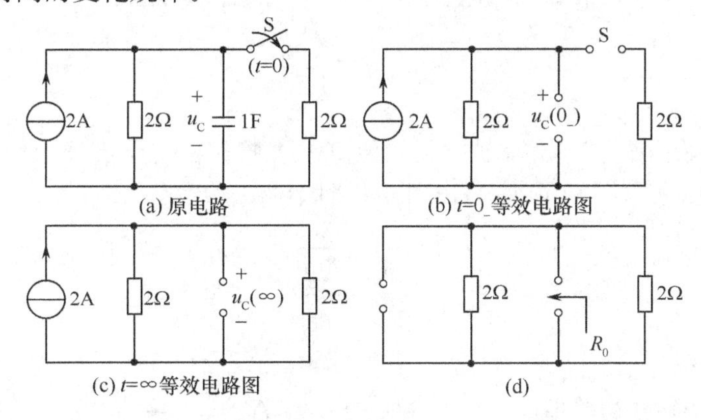

图 3.24　例 3.11 图

解　用三要素法求 $u_C(t)$。

(1) 求初始值 $u_C(0_+)$：$t<0$ 电路处于稳定状态，电容开路，得 $t=0_-$ 如图 3.24(b)所示，得

$$u_C(0_-)=2\times 2=4\text{V}$$

根据换路定则，求得独立初始值

$$u_C(0_+)=u_C(0_-)=4\text{V}$$

(2) 求稳态值 $u_C(\infty)$：开关 S 闭合后，电路再度处于稳态，电容相当于开路。$t=\infty$ 等效电路如图 3.24(c)所示。且有

$$u_C(\infty)=2\times\frac{2\times 2}{2+2}=2\text{V}$$

(3) 求时间常数 τ：$\tau=RC$，C 为 1F，R 由换路后电路计算得到，它是将电容视作外电路的

戴维南等效电阻，开关闭合后从电容两端看进去的戴维南等效电阻为 2Ω 与 2Ω 的并联，如图 3.24(d)所示。

即
$$R_0=\frac{2\times 2}{2+2}=1\Omega$$

得
$$\tau=R_0C=1\times 1=1\text{s}$$

所以
$$u_C(t)=u_C(\infty)+[u_C(0_+)-u_C(\infty)]e^{-\frac{t}{\tau}}$$
$$=2+(4-2)e^{-t}=2(1+e^{-t})\text{V}\quad(t\geqslant 0_+)$$

【例 3.12】 电路如图 3.25(a)所示，当 $t=0$ 时，开关 S 由 a 闭合至 b，换路前电路已处于稳态，求换路后的 i 和 i_L。

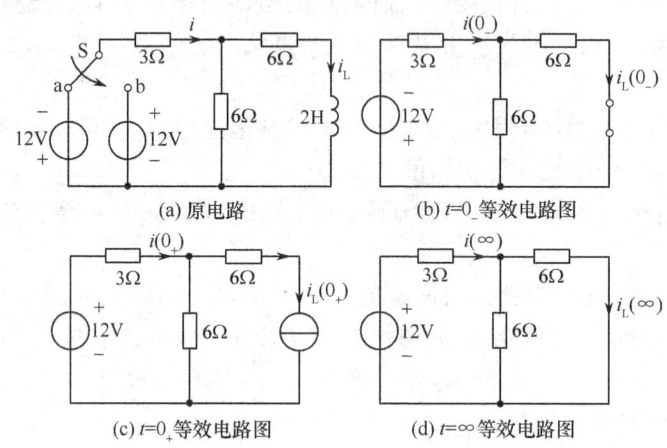

图 3.25　例 3.12 图

解　用三要素法求解。

(1) 求独立初始值 $i_L(0_+)$ 和非独立初始值 $i(0_+)$：换路前电路已处于稳态，电感相当于短路，$t=0_-$ 等效电路如图 3.25(b)所示，由图 3.25(b)可得

$$i(0_-)=\frac{-12}{3+\frac{6\times 6}{6+6}}=-2\text{A}$$

根据分流原理
$$i_L(0_-)=-2\times\frac{6}{6+6}=-1\text{A}$$

根据换路定则，求得独立初始值
$$i_L(0_+)=-1\text{A}$$

根据如图 3.25(c)所示 $t=0_+$ 等效电路求解非独立初始值 $i(0_+)$。

由图 3.25(c)所示电路，对左边网孔列写 KVL 方程得

$$-12+3i(0_+)+6[i(0_+)-i_L(0_+)]=0$$

即
$$9i(0_+)=6i_L(0_+)+12$$

代入 $i_L(0_+)$ 的值，可得

$$i(0_+)=\frac{2}{3}\text{A}$$

(2) 求稳态值 $i(\infty)$ 和 $i_L(\infty)$：当 $t=\infty$ 时，电路达到新的稳态，等效电路如图 3.25(d)所示。根据该等效电路，可得

$$i(\infty)=\frac{12}{3+\frac{6\times 6}{6+6}}=2\text{A},\quad i_L(\infty)=i(\infty)\times\frac{6}{6+6}=1\text{A}$$

(3) 求 τ：当开关 S 闭合至 b 后，从电感两端看进去的戴维南等效电路的电阻为

$$R_0=6+\frac{6\times3}{6+3}=8\Omega$$

故
$$\tau=\frac{L}{R_0}=\frac{1}{4}\text{S}$$

综合上述计算结果，由三要素公式(3.42)可分别得 $i(t)$ 和 $i_L(t)$，即

$$i(t)=i(\infty)+[i(0_+)-i(\infty)]\mathrm{e}^{-\frac{t}{\tau}}=2+(\frac{2}{3}-2)\mathrm{e}^{-4t}=2-\frac{4}{3}\mathrm{e}^{-4t}\quad(t\geqslant0_+)$$

$$i_L(t)=i_L(\infty)+[i_L(0_+)-i_L(\infty)]\mathrm{e}^{-\frac{t}{\tau}}=1+(-1-1)\mathrm{e}^{-4t}=1-2\mathrm{e}^{-4t}\quad(t\geqslant0_+)$$

【例 3.13】 如图 3.26 所示电路，在 $t<0$ 时开关 S 闭合在位置 1，电路处于稳态。

(1) $t=0$ 时开关从 1 切换到 2，试求 $t=0.01\text{s}$ 时 u_C 的值；

(2) 在 $t=0.01\text{s}$ 时再将开关切换到位置 1，求 $t=0.02\text{s}$ 时 u_C 的值。

解 (1) 当 $t=0$，开关从 1 切换到 2，它是零输入响应。

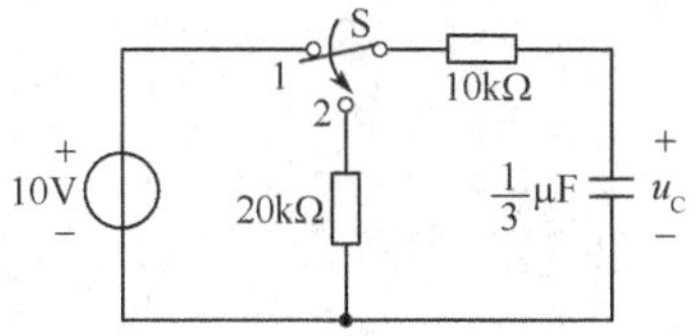

$$u_C(0_+)=u_C(0_-)=10\text{V}$$

$$\tau_1=(10+20)\times10^3\times\frac{1}{3}\times10^{-6}=0.01\text{s}$$

$$u_c(t)=10\mathrm{e}^{-100t}\text{V}\quad(0\leqslant t\leqslant\tau_1)$$

图 3.26 题 3.13 电路

当 $t=0.01\text{s}$ 时，u_C 值即 $u_C(0.01\text{s})=\frac{10}{\mathrm{e}}=3.68\text{V}$。

(2) 当 $t=0.01\text{s}$，开关从 2 切换到 1，它是全响应。采用三要素法求解，初始值是 $u_C(0.01\text{s})$，再求稳态值和时间常数。

很容易求得
$$u_C(\infty)=10\text{V}$$

又
$$\tau_2=10\times10^3\times\frac{1}{3}\times10^{-6}=0.0033\text{s}$$

所以
$$u_c(t)=10+(3.68-10)\mathrm{e}^{-\frac{(t-0.01)}{\tau_2}}=10-6.32\mathrm{e}^{-300(t-0.01)}\text{V}\quad(0.01\text{s}\leqslant t\leqslant0.02\text{s})$$

$$u_c(0.02\text{s})=10-6.32\mathrm{e}^{-300(0.02-0.01)}\approx9.683\text{V}$$

【例 3.14】 图 3.27(a)所示电路中，开关 S 在 $t=0$ 闭合，求换路后的 $i(t)$，已知开关闭合前电路已经达到稳态。

解 开关 S 闭合后电路变为两个一阶电路，如图 3.27(c)图所示。先利用三要素法分别求出两个一阶电路的电流 $i_1(t)$ 和 $i_2(t)$，然后利用 KCL 求得 $i(t)=i_1(t)+i_2(t)$。

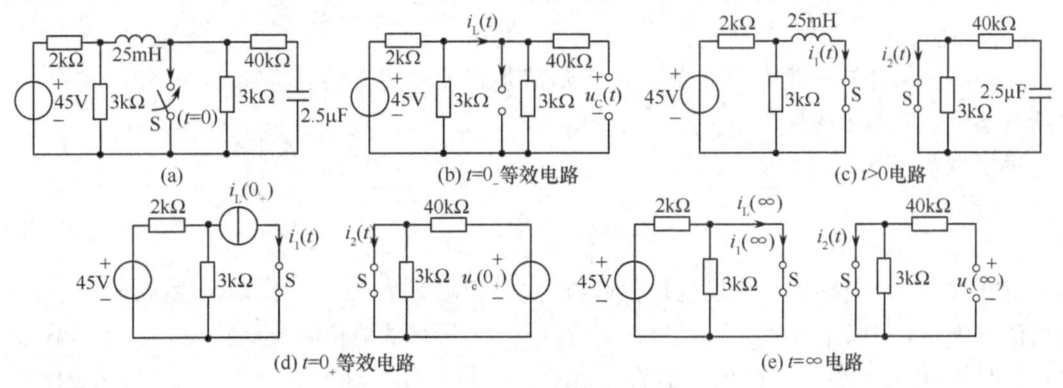

图 3.27 例 3.14

(1) 求初始值：$t<0$ 时开关 S 断开，电路为直流稳态，电容开路，电感短路，得到如图 3.27(b)图所示 $t=0_-$ 等效电路，由此求得

$$i_L(0_-)=\frac{3}{3+3}\times\frac{45}{2+3//3}=\frac{45}{7}\text{mA}$$

$$u_C(0_-)=i_L(0_-)\times 3=\frac{135}{7}\text{V}$$

根据换路定则，独立初始值

$$i_L(0_+)=i_L(0_-)=\frac{45}{7}\text{mA},\quad u_C(0_+)=u_C(0_-)=\frac{135}{7}\text{V}$$

$t=0$ 时开关 S 闭合，将电容用电压源替代，电感用电流源替代，得到 $t=0_+$ 等效电路如图 3.27(d)图所示，计算非独立初始值

$$i_1(0_+)=i_L(0_+)=i_L(0_-)=\frac{45}{7}\text{mA}$$

$$i_2(0_+)=\frac{u_C(0_+)}{40}=\frac{135}{7\times 40}=\frac{27}{56}=0.482\text{mA}$$

(2) 求稳态值：换路后，电感短路，电容开路，得到 $t=\infty$ 等效电路如图 3.27(e)所示。

$$i_1(\infty)=\frac{45}{2}=22.5\text{mA}\quad i_2(\infty)=0$$

(3) 求时间常数：由图 3.27(c)可知，容易求得时间常数分别为：

$$\tau_1=\frac{L}{R}=\frac{25}{2/\!/3}=20.833\text{s}$$

$$\tau_2=RC=25\times 10^{-6}\times 40\times 10^{3}=1\text{s}$$

(4) 根据三要素法，求得 $i(t)$：

$$i_1(t)=i_1(\infty)+[i_1(0_+)-i_1(\infty)]\text{e}^{-\frac{t}{\tau_1}}=22.5-16.07\text{e}^{-\frac{t}{20.833}}\text{mA}\quad (t\geqslant 0_+)$$

$$i_2(t)=i_2(\infty)+[i_2(0_+)-i_2(\infty)]\text{e}^{-\frac{t}{\tau_2}}=0.482\text{e}^{-t}\text{mA}\quad (t\geqslant 0_+)$$

$$i(t)=i_1(t)+i_2(t)=22.5-16.07\text{e}^{-\frac{t}{20.833}}+0.482\text{e}^{-t}\text{mA}\quad (t\geqslant 0_+)$$

3.7 阶跃激励与阶跃响应

3.7.1 阶跃激励

1. 定义

在动态电路分析问题中常常会引用阶跃激励，以便描述电路的激励(输入)和响应(输出)。阶跃激励用阶跃函数描述。

单位阶跃函数记为 $\varepsilon(t)$，其定义为

$$\varepsilon(t)=\begin{cases}0 & t<0\\ 1 & t>0\end{cases}\tag{3.43}$$

它在$[0_-,0_+]$时间区域内发生单位阶跃，波形如图 3.28(a)所示。单位阶跃函数 $\varepsilon(t)$在 t 为负值时为零，t 为正值时为 1。如果把 t 换以 $t-t_0$，所得的单位阶跃函数为 $\varepsilon(t-t_0)$，在 $t-t_0$ 为负值时，亦即在 t 小于 t_0 时函数值为零；在 $t-t_0$ 为正值时，亦即在 t 大于 t_0 时，函数值为 1。因此这一阶跃函数是在 $t=t_0$ 时而不是 $t=0$ 时发生阶跃的，即

$$\varepsilon(t-t_0)=\begin{cases}0 & t<t_0\\ 1 & t>t_0\end{cases} \tag{3.44}$$

称之为延时单位阶跃函数，波形如图 3.28(b)所示。

引入阶跃函数后，可用来描述一阶动态电路接通或者断开直流电压源或电流源的开关动作，如图 3.29(a)所示电路，开关 S 在 $t=0$ 时由 2 闭合到 1，可等效为图 3.29(b)表示，称之为阶跃激励。

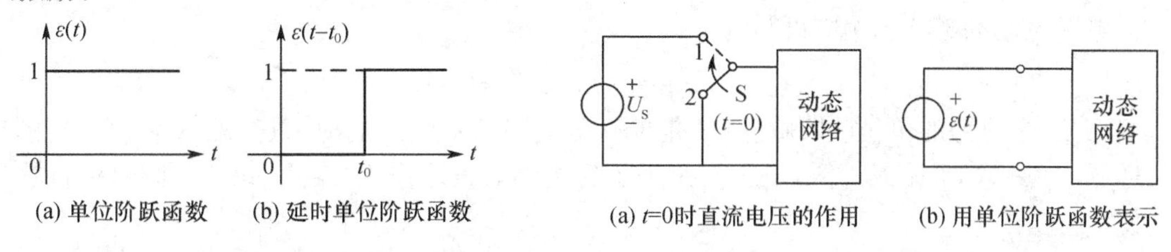

图 3.28 单位阶跃函数与延时单位阶跃函数

图 3.29 用单位阶跃函数表示直流电压在 $t=0$ 时作用于网络

2. 非阶跃激励分解为阶跃激励的叠加

阶跃函数和延时阶跃函数的组合可以用来表示任意矩形脉冲波形或者任意阶梯波。例如，图 3.30(a)所示脉冲矩形波形可分解为两个阶跃函数之和，其一是在 $t=0$ 时作用的正单位阶跃信号[如图 3.30(b)所示]；另一是在 $t=t_0$ 时作用的负单位延时阶跃信号[如图 3.30(c)所示]。将这类信号分解为阶跃激励后，按一阶电路处理，即可运用三要素法进行分析。

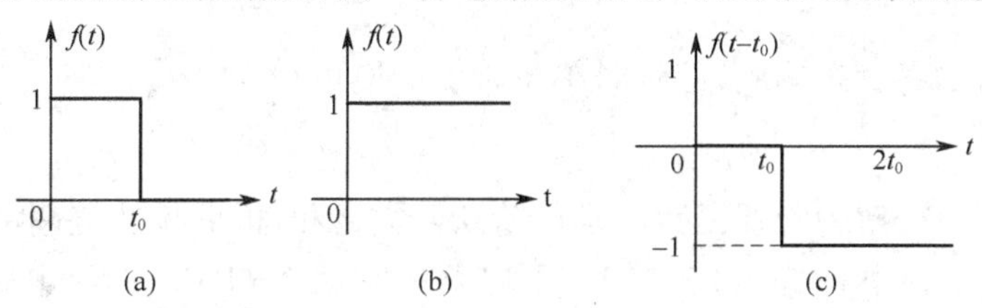

图 3.30 脉冲信号分解

【例 3.15】 试用阶跃函数表示图 3.31(a)、(b)、(c)所示波形。

解 图 3.31(a)所示波形为：

$$f_1(t)=A\varepsilon(t)-A\varepsilon(t-t_0)+A\varepsilon(t-2t_0)-A\varepsilon(t-3t_0)+\cdots$$

图 3.31(b)所示波形为：

$$f_2(t)=\varepsilon(t)-2\varepsilon(t-t_0)+\varepsilon(t-2t_0)$$

图 3.31(c)所示波形为：

$$f_3(t)=A_1\varepsilon(t-t_0)+(A_2-A_1)\varepsilon(t-t_1)-A_2\varepsilon(t-t_2)$$

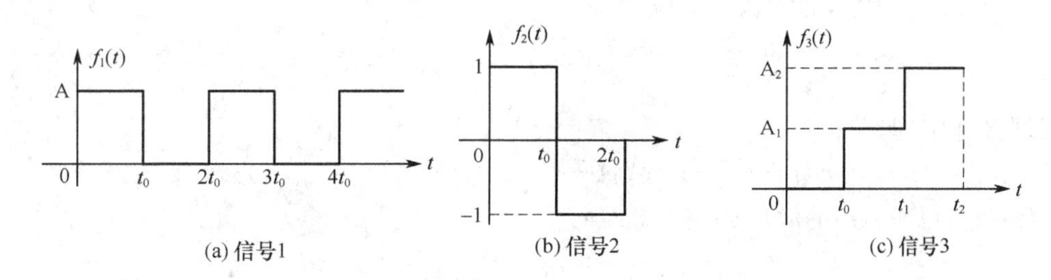

图 3.31 例 3.15 图

3.7.2 阶跃响应

单位阶跃函数作为激励作用于电路，是零状态响应，称为单位阶跃响应，用 $g(t)$ 表示。如图 3.32 所示电路，换路前电路处于稳态，是零状态，开关在 $t=0$ 时闭合。利用单位阶跃函数，电路的激励输入表达式可写为

$$u_S=\varepsilon(t)\text{V}$$

电感电流的零状态响应可写为

$$i_L(t)=(1-e^{-\frac{t}{\tau}})\varepsilon(t)\text{V}$$

可见，求电路的单位阶跃响应，就是求一阶电路的零状态响应，只是输入为 $\varepsilon(t)$。此响应仅适用于 $t\geqslant 0_+$，此表达式乘以 $\varepsilon(t)$，是为了省去响应表达式注明的“$t\geqslant 0_+$”，同时为计算带来方便。

如果电路输入是幅度为 A 的阶跃激励，则根据零状态比例性可知，$Ag(t)$ 即为该电路的零状态响应。

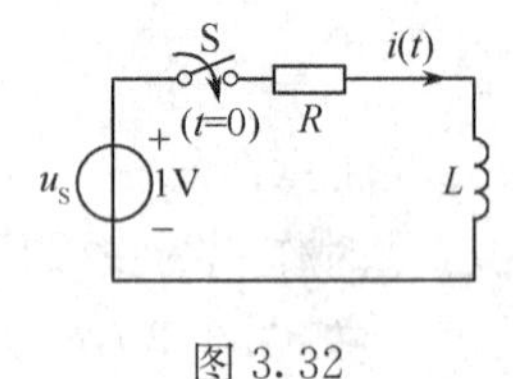

图 3.32

如果单位阶跃激励不是在 $t=0$ 时刻施加，而是在某一时刻 $t=t_0$ 时施加，即在延时单位阶跃函数 $\varepsilon(t-t_0)$ 作用下，由于非时变电路的电路参数不随时间变化，只需要在上述表达式中把 t 改为 $(t-t_0)$ 得到延时单位阶跃信号作用下的响应为 $g(t-t_0)$。这一性质称为非时变性。

如图 3.32 所示，电路在 $t=t_0$ 时刻换路，激励可写为 $u_S=\varepsilon(t-t_0)\text{V}$。

此时电感电流的零状态响应，即延时单位阶跃响应可写为

$$i_L(t)=(1-e^{-\frac{t-t_0}{\tau}})\varepsilon(t-t_0)\text{V}$$

如果一信号可以分解为阶跃函数和延迟阶跃函数之和，根据叠加定理，各阶跃激励单独作用于电路零状态响应之和即为该信号作用下电路的零状态响应。如果电路的初始状态不为零，只需再加上电路的零输入响应，即可求得电路完全响应。

【例 3.16】求图 3.33(b)所示零状态 RL 电路在图 3.33(a)中所示脉冲电压作用下的电流 $i(t)$。已知 $L=1\text{H}$，$R=1\Omega$。

解 脉冲电压 $u(t)$ 可分解为两个阶跃函数之和，即

$$u(t)=A\varepsilon(t)-A\varepsilon(t-t_0)$$

$A\varepsilon(t)$ 作用下的零状态响应为

$$g'(t)=\frac{A}{R}\left(1-e^{-\frac{t}{\tau}}\right)\varepsilon(t)=A(1-e^{-t})\varepsilon(t)$$

解答式中的因子 $\varepsilon(t)$ 表明该式仅适用于 $t\geqslant 0_+$，式中 $\tau=L/R=1\text{s}$。

$-A\varepsilon(t-t_0)$ 作用下的零状态响应为

$$g''(t)=-\frac{A}{R}\left(1-e^{-\frac{t-t_0}{\tau}}\right)\varepsilon(t-t_0)=-A(1-e^{-(t-t_0)})\varepsilon(t-t_0)$$

根据叠加定理，可得

$$i(t)=g'(t)+g''(t)=A(1-e^{-t})\varepsilon(t)-A(1-e^{-(t-t_0)})\varepsilon(t-t_0)$$

$g'(t)$、$g''(t)$ 和 $i(t)$ 的波形如图 3.34 所示。

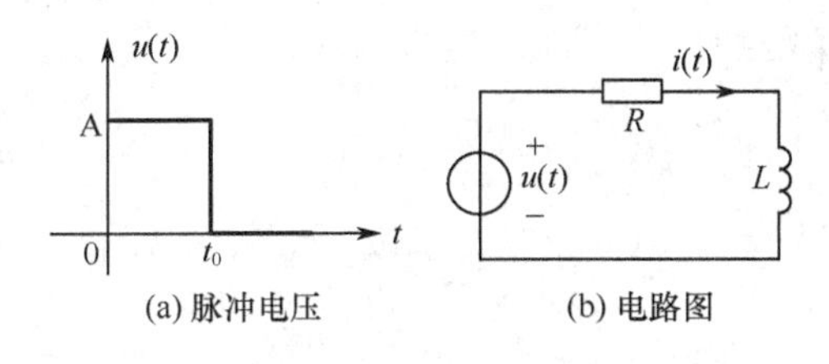

图 3.33　例 3.16 图

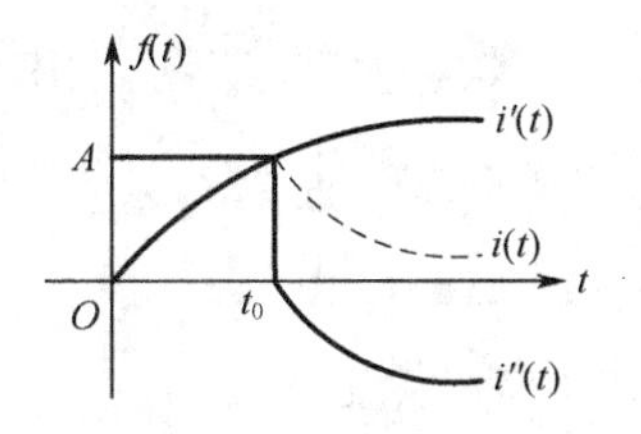

图 3.34　波形图

【例 3.17】RC 电路如图 3.35 所示，已知 $u(t)=5\varepsilon(t-2)\text{V}$，$u_{\text{C}}(0)=10\text{V}$，求电流 $i(t)$。

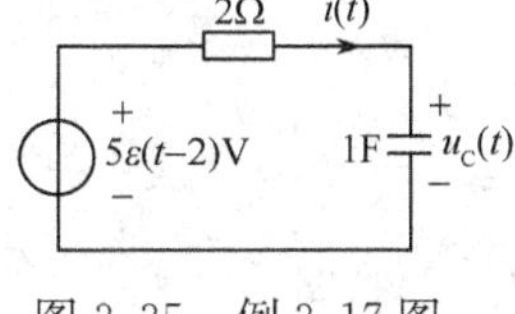

图 3.35　例 3.17 图

解　先求零输入响应。电容初始电压相当于以"输入信号"在 $t=0$ 时作用于电路，故得

$$i'(t)=-\frac{u_{\text{C}}(0)}{R}\text{e}^{-\frac{t}{\tau}}\varepsilon(t)=-5\text{e}^{-0.5t}\varepsilon(t)$$

其中 $\tau=RC=2\times1=2\text{s}$。

再求零状态响应，阶跃函数在 $t=2\text{s}$ 时作用于电路，电容电压的零状态响应为

$$u''_{\text{C}}(t)=5(1-\text{e}^{-\frac{t-2}{\tau}})\varepsilon(t-2)$$

得
$$i''(t)=C\frac{\text{d}u''_{\text{C}}(t)}{\text{d}t}=2.5\text{e}^{-0.5(t-2)}\varepsilon(t-2)$$

利用叠加定理，可得

$$i(t)=i'(t)+i''(t)=-5\text{e}^{-0.5t}\varepsilon(t)+2.5\text{e}^{-0.5(t-2)}\varepsilon(t-2)\text{A}$$

波形如图 3.36 所示，在 $t=2\text{s}$ 时电流是不连续的。

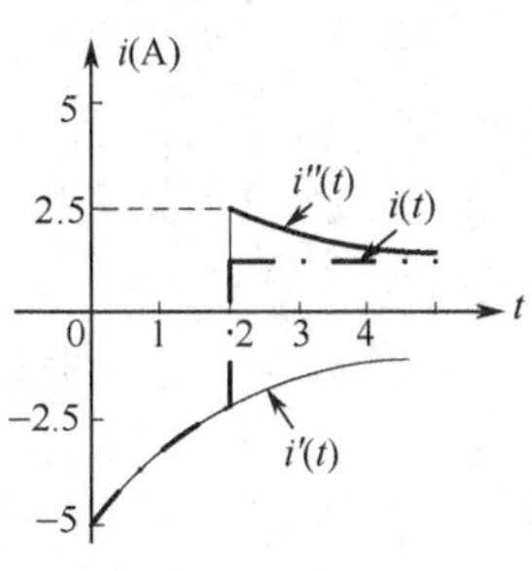

图 3.36　波形图

3.8　二阶电路的暂态响应

3.8.1　二阶暂态电路

由前面的章节可知，一阶电路的特点是：电路的性质可用一阶微分方程描述；一般电路中只有一种储能元件（电容或电感），所储能量或单调减少，或单调增加；电路中的响应电压和电流都是按指数规律变化的，变化的快慢由时间常数决定，而时间常数仅由电路的结构及参数决定。

用二阶微分方程来描述的电路称为二阶电路，二阶电路有它自身的特点。在二阶电路中，必须有两个独立的动态元件，可能是含有一个电容和一个电感，或者含两个独立电容以及含有两个独立电感的二阶电路。当电路中有电容元件和电感元件时，电路中既有电场能量，又有磁场能量，两种能量的变化过程就形成了电路中所发生的物理过程。电路的响应电压、电流，有时表现为振荡性的，有时是非振荡性的。是否产生振荡由电路的固有频率决定。

3.8.2　二阶零输入响应的求解

图 3.37 是 RLC 串联电路，假设电容 C 原已充电，其电压为 U_0，即 $u_{\text{C}}(0_-)=U_0$；电感 L 中的初始电流为 I_0，即 $i(0_-)=I_0$。在指定的电压和电流参考方向下，当开关 S 在 $t=0$ 闭合以后，根据 KVL，可得

$$-u_{\text{R}}+u_{\text{L}}+u_{\text{C}}=0 \tag{3.45}$$

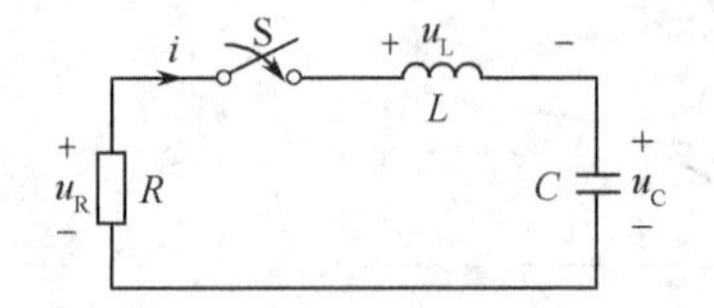

图 3.37　RLC 串联电路

由元件约束方程

$$i(t)=C\frac{du_C}{dt} \tag{3.46}$$

$$u_R=-Ri=-RC\frac{du_C}{dt} \tag{3.47}$$

$$u_L=L\frac{di_L}{dt}=LC\frac{d^2u_C}{dt^2} \tag{3.48}$$

将式(3.46)、式(3.47)、式(3.48)代入式(3.45)，整理后得

$$LC\frac{d^2u_C}{dt^2}+RC\frac{du_C}{dt}+u_C=0 \tag{3.49}$$

这是一个线性常系数二阶齐次微分方程，求解变量为 $u_C(t)$。为了求解答，必须有两个初始条件，即 $u_C(0_+)$和$\left.\frac{du_C}{dt}\right|_{0_+}$。由式(3.46)可得

$$\left.\frac{du_C}{dt}\right|_{t=0_+}=\frac{i(0_+)}{C} \tag{3.50}$$

因此，只需知道电容电压初始值 $u_C(0_+)$和电感电流的初始值 $i(0_+)$就可以确定 $t\geqslant 0_+$ 时的响应 $u_C(t)$。

式(3.49)是线性常系数二阶齐次微分方程，仍然设

$$u_C(t)=Ke^{st} \tag{3.51}$$

式(3.51)中 S 是对应于微分方程的特征方程的根。其特征方程为

$$LCS^2+RCS+1=0 \tag{3.52}$$

特征方程根为

$$S_{1,2}=-\frac{R}{2L}\pm\sqrt{(\frac{R}{2L})^2-\frac{1}{LC}} \tag{3.53}$$

为了求解问题方便，定义参数 α、ω_0 和 ω_d。

令

$$\alpha=\frac{R}{2L} \tag{3.54}$$

$$\omega_0=\frac{1}{\sqrt{LC}} \tag{3.55}$$

及

$$\omega_d=\sqrt{\frac{1}{LC}-(\frac{R}{2L})^2}=\sqrt{\omega_0^2-\alpha^2} \tag{3.56}$$

式中，α 称衰减系数；ω_0 称为谐振角频率，且 $\omega_0=2\pi f_0$；ω_d 称为衰减角频率。所以式(3.53)可写成

$$S_{1,2}=-\alpha\pm\sqrt{\alpha^2-\omega_0^2} \tag{3.57}$$

在式(3.53)中，特征根 S_1、S_2 仅与电路参数和结构有关。

当 $S_1\neq S_2$，解的表达式，即电容电压为

$$u_C(t)=K_1e^{s_1t}+K_2e^{s_2t} \tag{3.58}$$

若 $S_1=S_2=S$，则电容电压为

$$u_C(t)=(K_1+K_2t)e^{st} \tag{3.59}$$

积分常数 K_1 和 K_2 取决于初始条件，现给定初始条件为

$$u_C(0_+)=U_0$$

$$i(0_+)=i(0_-)=I_0,\quad \left.\frac{\mathrm{d}u_C}{\mathrm{d}t}\right|_{t=0_+}=\frac{I_0}{C}$$

当 $S_1\neq S_2$ 时，根据初始条件，得

$$u_C(0_+)=K_1+K_2 \tag{3.60}$$

$$\frac{\mathrm{d}u_C}{\mathrm{d}t}\Big|_{t=0_+}=S_1K_1+S_2K_2=i(0_+)/C \tag{3.61}$$

联立式(3.60)和式(3.61)，求解得：

$$K_1=\frac{1}{S_1+S_2}[S_2u_C(0_+)-i(0_+)/C] \tag{3.62}$$

$$K_2=\frac{1}{S_1+S_2}[S_1u_C(0_+)+i(0_+)/C] \tag{3.63}$$

将初始条件 $u_C(0_+)=U_0$ 及 $i(0_+)=I_0$ 代入，则有

$$K_1=\frac{S_2U_0-\dfrac{I_0}{C}}{S_2-S_1} \tag{3.64}$$

$$K_2=\frac{-S_1U_0+\dfrac{I_0}{C}}{S_2-S_1} \tag{3.65}$$

由于电路中电阻 R、电容 C 和电感 L 的参数不同，特征方程根 S_1、S_2 可能出现三种情况：不相等的负实数；相等的负实数和共轭复数。相应地，二阶电路的零输入响应分成四种情况：过阻尼(非振荡性)、临界阻尼(非振荡性)、欠租尼(振荡性)以及无损耗(无阻尼振荡)。下面分别进行讨论。

1. 二阶电路零输入响应的非振荡解

为了简化计算过程，又不失一般性，设 $I_0=0$，$U_0\neq 0$。

(1) $\dfrac{R}{2L}>\dfrac{1}{\sqrt{LC}}(\alpha>\omega_0)$，过阻尼

当$\dfrac{R}{2L}>\dfrac{1}{\sqrt{LC}}(\alpha>\omega_0)$，$S_1$、$S_2$ 是两个不相等的负实数。

$$\begin{cases} S_1=-\dfrac{R}{2L}+\sqrt{\left(\dfrac{R}{2L}\right)^2-\dfrac{1}{LC}} \\ S_2=-\dfrac{R}{2L}-\sqrt{\left(\dfrac{R}{2L}\right)^2-\dfrac{1}{LC}} \end{cases}\quad S_1S_2=\frac{1}{LC}$$

根据式(3.62)、式(3.63)，有

$$K_1=\frac{S_2U_0-\dfrac{I_0}{C}}{S_2-S_1}=\frac{S_2U_0}{S_2-S_1},\quad K_2=\frac{-S_1U_0+\dfrac{I_0}{C}}{S_2-S_1}=\frac{-S_1U_0}{S_2-S_1}$$

电容电压响应为

$$\begin{aligned} u_C(t)&=K_1\mathrm{e}^{s_1t}+K_2\mathrm{e}^{s_2t}=\frac{S_2}{S_2-S_1}U_0\mathrm{e}^{s_1t}-\frac{S_1}{S_2-S_1}U_0\mathrm{e}^{s_2t} \\ &=\frac{U_0}{S_2-S_1}(S_2\mathrm{e}^{s_1t}-S_1\mathrm{e}^{s_2t}) \end{aligned} \tag{3.66}$$

电流响应为

$$i(t)=C\frac{\mathrm{d}u_C}{\mathrm{d}t}=\frac{CU_0}{S_2-S_1}(S_1S_2\mathrm{e}^{s_1t}-S_1S_2\mathrm{e}^{s_2t})$$

$$=\frac{CU_0}{S_2-S_1}S_1S_2(e^{s_1t}-e^{s_2t})$$

$$=\frac{U_0}{L(S_2-S_1)}(e^{s_1t}-e^{s_2t}) \tag{3.67}$$

式(3.67)中引用了 $S_1S_2=(-\alpha+\sqrt{\alpha^2-\omega^2})\cdot(-\alpha-\sqrt{\alpha^2-\omega^2})=\frac{1}{LC}$这个关系式。

由于 S_1,S_2 都是负实数,并且$|S_1|<|S_2|$,所以在 $t\geqslant0$ 时 $e^{s_1t}>e^{s_2t}$。电压 $u_C(t)$的第二项指数函数比第一项指数函数衰减得快,两者差值始终为正,且不改变方向。随着时间的增加,u_C始终是单调下降的,也就是说 u_C从 U_0 开始一直单调地衰减到零,电容一直处于非振荡放电状态,称之为过阻尼状态。

电容非振荡放电过程中,电流 i 始终是负$[(S_2-S_1)<0]$,但是在 $t=0$ 及 $t=\infty$时,电流的值均为零。因此,电流的绝对值要经历由零逐渐增加再减到零的变化过程,并在某一时刻 t_m 达到最大值。此时,$\frac{di}{dt}=0$ 即

$$\left.\frac{di}{dt}\right|_{t=t_m}=\frac{U_0}{L(S_2-S_1)}(S_1e^{-s_1t_m}-S_2e^{s_2t_m})=0$$

$$S_1e^{s_1t_m}-S_2e^{s_2t_m}=0$$

故得

$$t_m=\frac{1}{S_1-S_2}\ln\frac{S_2}{S_1}$$

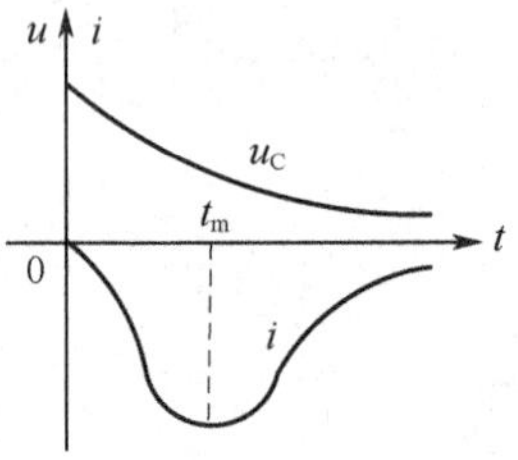

图 3.38　过阻尼时二阶电路的响应

u_C及 i 的变化曲线如图 3.38 所示。

从物理意义上讲,当电路接通以后,电容通过电感、电阻放电。其中的电场能量一部分转变为磁场能量储于电感之中,另一部分则在电阻中消耗。当 $t=t_m$ 时,电流达到最大值,此后随着电流的下降,磁场也逐渐释放能量,与继续放出的电场能量一起被电阻消耗,变成热能。因此,电场能量和电容上的电压都是单调地连续减小,形成非振荡的放电过程。当电路中电阻较大,符合 $R>2\sqrt{\frac{L}{C}}$这一条件时,相应就是这种过阻尼状态,又称为非振荡放电。

【例 3.18】在图 3.37 所示 RLC 串联电路中,已知 $u_C(0_-)=-10V$,$i(0_+)=0$,$R=4\Omega$,$L=1H$,$C=\frac{1}{3}F$,当 $t=0$ 时开关闭合,试求 $t\geqslant0$ 时电路的响应 $u_C(t)$和 $i(t)$。

解　根据前面分析可知,开关闭合后,以 $u_C(t)$为求解变量的线性常系数二阶齐次微分方程为

$$LC\frac{d^2u_C}{dt^2}+RC\frac{du_C}{dt}+u_C=0$$

特征方程为

$$LCS^2+RCS+1=0$$

特征方程的根为

$$S_{1,2}=-\frac{R}{2L}\pm\sqrt{\left(\frac{R}{2L}\right)^2-\frac{1}{LC}}$$

代入已知数据可得 $S_1=-1$,$S_2=-3$。

由式(3.58)可得

$$u_C=K_1e^{s_1t}+K_2e^{s_2t}=K_1e^{-t}+K_2e^{-3t}$$

根据初始条件可确定 K_1 和 K_2。已知 $u_C(0_-)=-10\text{V}, i(0_+)=0$，而

$$\left.\frac{\mathrm{d}u_C}{\mathrm{d}t}\right|_{t=0_+}=\frac{i(0_+)}{C}=0$$

由此可得

$$u_C(0_+)=K_1+K_2=-10,\quad u_C'(0_+)=S_1K_1+S_2K_2=0$$

故得

$$K_1=-15,\quad K_2=5$$

所以

$$u_C=(-15\mathrm{e}^{-t}+5\mathrm{e}^{-3t})\text{V}\quad (t\geqslant 0_+)$$

电路中电流为

$$i=C\frac{\mathrm{d}u_C}{\mathrm{d}t}=(5\mathrm{e}^{-t}-5\mathrm{e}^{-3t})\text{A}\quad (t\geqslant 0_+)$$

零输入响应 $u_C(t)$ 和 $i(t)$ 的波形曲线如图 3.39 所示。

(2) $\frac{R}{2L}=\frac{1}{\sqrt{LC}}(\alpha=\omega_0)$，临界阻尼

当 $\frac{R}{2L}=\frac{1}{\sqrt{LC}}(\alpha=\omega_0)$，$S_1$、$S_2$ 是两个相等的负实数，电路处于临界阻尼状态，亦为非振荡放电过程。在这种情况下，$S_1=S_2=-\alpha=-\frac{R}{2L}$。微分方程的通解为

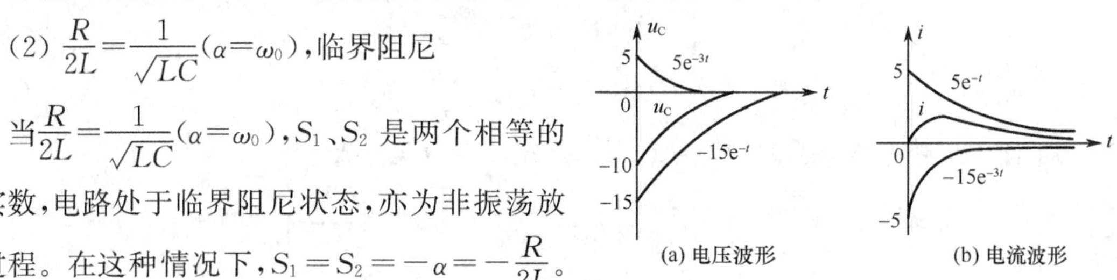

图 3.39　例 3.18 的波形曲线

$$u_C(t)=(K_1+K_2t)\mathrm{e}^{-\alpha t}\tag{3.68}$$

根据初始状态 $u_C(0_+)=U_0, i(0_+)=0$，可得

$$u_C(0_+)=K_1=U_0\tag{3.69}$$

$$\left.\frac{\mathrm{d}u_C}{\mathrm{d}t}\right|_{t=0_+}=-\alpha K_1+K_2=0\tag{3.70}$$

故得

$$K_2=\alpha U_0\tag{3.71}$$

$$u_C(t)=(U_0+U_0\alpha t)\mathrm{e}^{-\alpha t}=U_0(1+\alpha t)\mathrm{e}^{-\alpha t}\quad (t\geqslant 0_+)\tag{3.72}$$

由此可得

$$i(t)=C\frac{\mathrm{d}u_C}{\mathrm{d}t}=-\alpha^2CU_0\mathrm{e}^{-\alpha t}=-\omega_0^2CU_0t\mathrm{e}^{-\alpha t}=-\frac{U_0}{L}t\mathrm{e}^{-\alpha t}\quad (t\geqslant 0_+)\tag{3.73}$$

从式(3.72)和式(3.73)可以看出，电路的响应仍然是非振荡放电过程，电路响应的曲线类似于过阻尼情况。

2. 二阶电路的振荡解

(1) $\frac{R}{2L}<\frac{1}{\sqrt{LC}}(\alpha<\omega_0)$ 且 $R\neq 0$，欠阻尼振荡

当 $\frac{R}{2L}<\frac{1}{\sqrt{LC}}(\alpha<\omega_0)$，且 $R\neq 0$，S_1、S_2 是一对共轭复数根，可表示为

$$S_{1,2}=-\frac{R}{2L}\pm\sqrt{\left(\frac{R}{2L}\right)^2-\frac{1}{LC}}=-\frac{R}{2L}\pm\mathrm{j}\sqrt{\frac{1}{LC}-\left(\frac{R}{2L}\right)^2}=-\alpha\pm\mathrm{j}\omega_d$$

电容电压 $u_C(t)$ 为

$$\begin{aligned}u_C(t)&=K_1\mathrm{e}^{s_1t}+K_2\mathrm{e}^{s_2t}=K_1\mathrm{e}^{(-\alpha+\mathrm{j}\omega_d)t}+K_2\mathrm{e}^{(-\alpha-\mathrm{j}\omega_d)t}\\&=\mathrm{e}^{-\alpha t}(K_1\mathrm{e}^{\mathrm{j}\omega_dt}+K_2\mathrm{e}^{-\mathrm{j}\omega_dt})\end{aligned}\tag{3.74}$$

根据欧拉公式 $e^{j\theta}=\cos\theta+j\sin\theta$，式(3.74)可写成

$$u_C(t)=e^{-\alpha t}[(K_1+K_2)\cos\omega_d t+j(K_1-K_2)\sin\omega_d t]$$

$$=e^{-\alpha t}[A\cos\omega_d t+B\sin\omega_d t] \tag{3.75}$$

其中

$$A=K_1+K_2 \tag{3.76}$$

$$B=j(K_1-K_2) \tag{3.77}$$

K_1 和 K_2 可根据式(3.64)和式(3.65)确定。

$$K_1=\frac{S_2U_0}{(S_2-S_1)}=\frac{(-\alpha-j\omega_d)U_0}{(-\alpha-j\omega_d)-(-\alpha+j\omega_d)}=(U_0/2)-j\frac{\alpha U_0}{2\omega_d} \tag{3.78}$$

$$K_2=\frac{-S_1U_0}{(S_2-S_1)}=\frac{(-\alpha+j\omega_d)U_0}{(-\alpha-j\omega_d)-(-\alpha+j\omega_d)}=(U_0/2)+j\frac{\alpha U_0}{2\omega_d} \tag{3.79}$$

可见，K_1 和 K_2 为共轭复数，由此可得

$$A=K_1+K_2=U_0 \tag{3.80}$$

$$B=j(K_1-K_2)=\frac{\alpha U_0}{\omega_d} \tag{3.81}$$

为了便于反映电压 $u_C(t)$ 的特点，也可以把式(3.75)改写成

$$u_C(t)=e^{-\alpha t}\sqrt{A^2+B^2}\left(\frac{A}{\sqrt{A^2+B^2}}\cos\omega_d t+\frac{B}{\sqrt{A^2+B^2}}\sin\omega_d t\right)$$

$$=Ke^{-\alpha t}[\sin(\omega_d t+\varphi)] \tag{3.82}$$

其中

$$K=\sqrt{A^2+B^2}=\frac{\omega_0}{\omega_d}U_0 \tag{3.83}$$

$$\varphi=\arctan\frac{B}{A} \tag{3.84}$$

式(3.82)说明在 $R<2\sqrt{\frac{L}{C}}$ 的情况下，电容电压 $u_C(t)$ 是周期性的衰减振荡。$u_C(t)$ 是按它的振幅 $Ke^{-\alpha t}$ 逐渐衰减的正弦函数，ω_d 为固有衰减振荡的角频率。$Ke^{-\alpha t}$ 为包络线函数(如图 3.41虚线所示)，衰减的快慢取决于 α，所以称 α 为衰减系数。显然，$\alpha=\frac{R}{2L}$ 的数值越大，振荡衰减得越快，而幅值 K 和相位角 φ 是由初始条件来确定的常数。

将式(3.83)代入式(3.82)中，就可以直接用初始条件来表示电容电压，其结果为

$$u_C(t)=Ke^{-\alpha t}[\sin(\omega_d t+\varphi)]=\frac{\omega_0}{\omega_d}U_0e^{-\alpha t}[\sin(\omega_d t+\varphi)] \tag{3.85}$$

式(3.85)中衰减系数 α、谐振角频率 ω_0 以及阻尼角频率 ω_d 三者的相互关系，可用一个直角三角形表示，如图 3.40 所示，图中 $\varphi=\arctan\frac{\omega_d}{\alpha}$。应当注意上述关系只适用于 $i(0_+)=0$ 的情况。

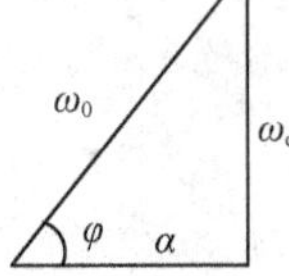

图 3.40 参数三角形

根据

$$i=C\frac{du_C}{dt}$$

故得

$$i=C\frac{du_C}{dt}=-\frac{C\omega_0^2}{\omega_d}U_0e^{-\alpha t}\sin\omega_d t \tag{3.86}$$

电容电压 $u_C(t)$ 和 $i(t)$ 的波形如图 3.41 所示。

从振荡放电的物理过程来看，当 $R<2\sqrt{L/C}$ 时，电路接通后电容开始放电，因电阻较小，电容放出的电场能量只有一部分转换成电阻热能，绝大部分储存在电感中变为磁场能量，因此

电流绝对值增加很快，使 u_C 很快下降。到某一时刻电流绝对值开始减小，电场能量和磁场能量通过电阻消耗而减弱。因 u_C 下降较快，经过很短时间就已下降到零，电场能量已完全释放。但放电过程中消耗小，此时电流尚未降到零，在磁场中仍储存有大部分磁场能量。电感中的电流沿原来方向继续流动，对电容进行反方向充电。在这个过程中，除小部分磁场能量消耗在电阻中以外，大部分磁场能量又转变为电场能量储存在电容中。此后，当磁场能量放完，电容又开始反方向放电，其过程与前面类似，只不过因能量已在电阻中消失一部分，总能量较前半周期小，所以开始放电的电压也小些。电容如此反复放电与充电，就形成振荡放电的物理过程。因电路中有电阻存在，所以能量逐渐被消耗殆尽。

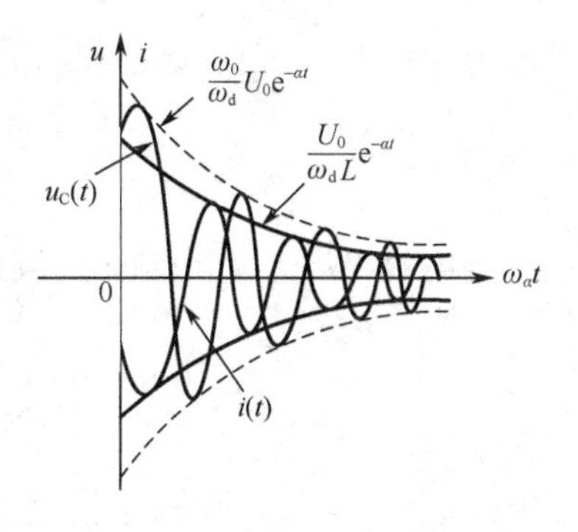

图 3.41　欠阻尼时二阶电路的响应

【例 3.19】 在图 3.37 所示的 RLC 串联电路中，已知 $u_C(0_-)=20\text{V}$，$R=4\Omega$，$L=2\text{H}$，$C=0.1\text{F}$。当 $t=0$ 时开关闭合，试求 $t\geqslant 0_+$ 时电路的响应 u_C 和 i。

解　根据元件的约束方程和由 KVL 建立线性常系数二阶齐次微分方程为

$$LC\frac{\mathrm{d}^2u_C}{\mathrm{d}t^2}+RC\frac{\mathrm{d}u_C}{\mathrm{d}t}+u_C=0$$

其特征方程为

$$S_{1,2}=-\frac{R}{2L}\pm\sqrt{\left(\frac{R}{2L}\right)^2-\frac{1}{LC}}$$

将已知数据代入，可得

$$S_{1,2}=-1\pm \mathrm{j}2$$

故响应为欠阻尼情况，由式(3.82)可得

$$u_C=K\mathrm{e}^{-\alpha t}[\sin(\omega_d t+\varphi)]=\mathrm{e}^{-\alpha t}(K_1\mathrm{e}^{\mathrm{j}\omega_d t}+K_2\mathrm{e}^{-\mathrm{j}\omega_d t})$$

根据式(3.78)可求出 K_1，即

$$K_1=\frac{1}{S_2-S_1}\left[S_2u_C(0_+)-\frac{i_C(0_+)}{C}\right]=10-\mathrm{j}10$$

因 K_1 和 K_2 为共轭复数，故 $K_2=10+\mathrm{j}10$。

将 K_1 和 K_2 代入式(3.76)和式(3.77)中，可求得 A 和 B，即

$$A=K_1+K_2=(10-\mathrm{j}10)+(10+\mathrm{j}10)=20$$
$$B=\mathrm{j}(K_1-K_2)=20$$

将 A 和 B 代入式(3.83)及式(3.84)，可求得 K 和 φ：

$$K=\sqrt{A^2+B^2}=20\sqrt{2}$$

$$\varphi=\arctan\frac{B}{A}=\frac{\pi}{4}$$

根据式(3.54)及式(3.56)，可求得 α 和 ω_d：

$$\alpha=\frac{R}{2L}=\frac{4}{2\times 2}=1$$

$$\omega_d=\sqrt{\frac{1}{LC}-\left(\frac{R}{2L}\right)^2}=2$$

所以　　　　$u_C = Ke^{-\alpha t}[\sin(\omega_d t + \varphi)] = 20\sqrt{2}e^{-t}\left[\sin\left(2t + \frac{\pi}{4}\right)\right] \text{V} \quad (t \geqslant 0_+)$

$$i = C\frac{du_C}{dt} = -2\sqrt{10}e^{-t}\sin(2t - 18.4°)\text{A} \quad (t \geqslant 0_+)$$

电容电压 u_C 和电流 i 的波形曲线分别如图 3.42(a)、(b)所示。

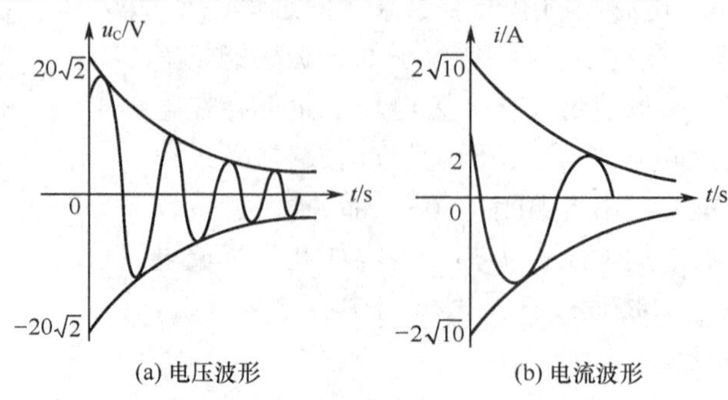

图 3.42　例 3.19 的波形曲线

(2) $R=0(\alpha=0)$，无阻尼振荡

当 $R=0$ 时，固有频率 S_1 和 S_2 是一对共轭虚数根，即

$$S_{1,2} = \pm j\omega_0$$

在这种理想等幅振荡情况下，此时电路为处于无损耗振荡放电过程，称之为无阻尼状态，电容电压 $u_C(t)$ 为

$$u_C(t) = K\sin(\omega_0 t + \varphi) \quad (t \geqslant 0_+) \tag{3.87}$$

电流为　$$i(t) = C\frac{du_C}{dt} = CU_0\omega_0\cos(\omega_d t + \varphi) = \frac{U_0}{\omega_0 L}\sin\left(\omega_d t + \varphi + \frac{\pi}{2}\right) \quad (t \geqslant 0_+) \tag{3.88}$$

式(3.87)和式(3.88)表明响应 $u_C(t)$ 和 $i(t)$ 均为等幅振荡。实际上，在电路中总有电阻存在，所以振荡过程总是要衰减的。要维护振荡，必须从外界向电路不断地输入能量，以补充电阻中的能量损耗，从而使振荡成为不衰减的等幅振荡。

综上所述，二阶电路的零输入响应性质取决于二阶电路微分方程的特征根，也就是电路的固有频率。固有频率可以是实数、复数和虚数，从而决定了响应为非振荡过程、衰减振荡过程或等幅振荡过程。电路的固有频率仅仅由电路的结构及参数来决定，它也反映了电路固有的性质。

3.8.3　二阶电路的零状态响应和全响应

根据 3.4 节零状态响应的定义，如果二阶电路的贮能元件初始贮能为零，仅仅由外加激励导致的响应，是二阶电路的零状态响应。

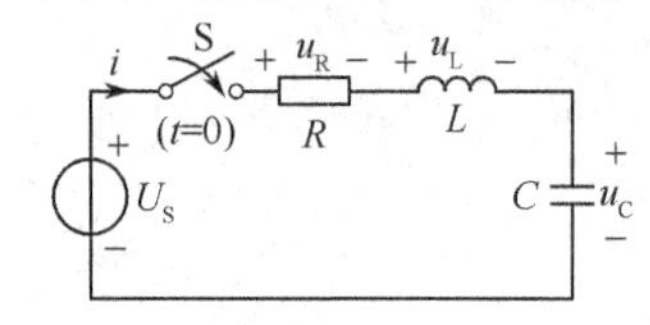

图 3.43　RLC 串联电路

如图 3.43 所示，是 RLC 串联电路，假设 $u_C(0_+) = u_C(0_-) = 0$，$i(0_+) = i(0_-) = 0$。在指定的电压和电流参考方向下，当开关 S 在 $t=0$ 闭合以后，根据 KVL，可得

$$u_R + u_L + u_C = U_S$$

以电容电压 $u_C(t)$ 为待求变量，根据元件伏安关系，整理得到：

$$LC\frac{d^2u_C}{dt^2} + RC\frac{du_C}{dt} + u_C = U_S$$

这是二阶线性非齐次微分方程，它的解为对应的齐次微分方程的通解[记为 $u_{ch}(t)$]以及二阶微分方程的特解[记为 $u_{cp}(t)$]之和。即

$$u_C(t)=u_{ch}(t)+u_{cp}(t)$$

通解 $u_{ch}(t)$ 与零输入响应形式相同，特解 $u_{cp}(t)$ 就是稳态值，再根据初始条件确定积分常数，从而得到零状态响应的解。

二阶电路的全响应是指二阶电路的原始储能不为零，同时又施加有外加激励时的响应，根据 3.5 节有关全响应的讨论，全响应是零输入响应与零状态响应之和，可以通过求解二阶线性非齐次微分方程求得。

【例 3.20】 如图 3.44(a)所示电路，已知 $u_C(0_-)=0$，$i_L(0_-)=0$，开关 S 在 $t=0$ 闭合，试求 $t\geqslant 0_+$ 后 $i_L(t)$、$u_C(t)$。

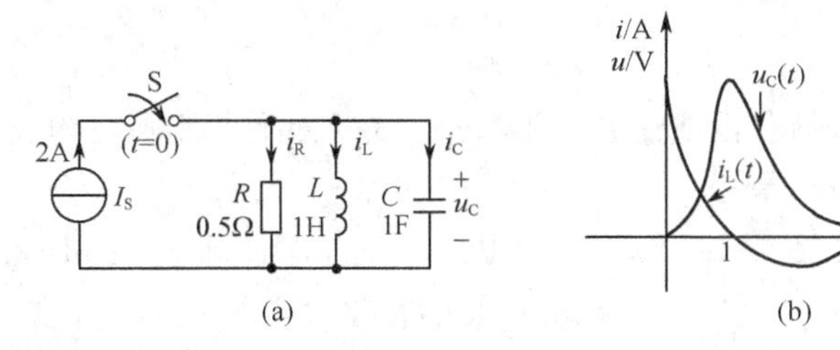

图 3.44　例 3.20 图

解　电容电压初始值以及电感电流初始值为零，$t=0$ 时开关 S 在闭合，1A 的直流电流源作用于电路，因此是零状态响应。根据 KCL 以及元件的伏安关系，有

$$i_R+i_L+i_C=I_S$$

$$u_C(t)=L\frac{di_L(t)}{dt}$$

$$i_R(t)=\frac{u_C(t)}{R}=\frac{L}{R}\frac{di_L(t)}{dt}$$

$$i_C(t)=C\frac{du_C(t)}{dt}=LC\frac{di_L^2(t)}{dt^2}$$

整理得到以电感电流 $i_L(t)$ 为变量的二阶线性非齐次方程

$$LC\frac{di_L^2(t)}{dt^2}+\frac{L}{R}\frac{di_L(t)}{dt}+i_L(t)=I_S$$

代入数据，得

$$\frac{di_L^2(t)}{dt^2}+2\frac{di_L(t)}{dt}+i_L(t)=2$$

其特征方程为

$$S^2+2S+1=0$$

特征根为

$$S_1=S_2=S=-1$$

方程的解为通解[记为 $i_L h(t)$]和特解[记为 $i_{Lp}(t)$]之和，即

$$i_L(t)=i_{Lh}(t)+i_{Lp}(t)$$

$i_{Lp}(t)$ 是稳态值，$i_{Lp}(t)=2A$，通解 $i_{Lh}(t)$ 的形式为

$$i_{Lh}(t)=(K_1+K_2t)e^{St}=(K_1+K_2t)e^{-t}$$

所以

$$i_L(t)=i_{Lh}(t)+i_{Lp}(t)=(K_1+K_2t)e^{-t}+2$$

根据初始值

$$\begin{cases} i_L(0_+)=i_L(0_-)=0 \\ \left.\frac{di_L}{dt}\right|_{t=0_+}=\frac{u_C(0_+)}{L}=\frac{u_C(0_-)}{L}=0 \end{cases}$$

得
$$\begin{cases}K_1+2=0\\-K_1+K_2=0\end{cases},\quad\begin{cases}K_1=-2\\K_2=-2\end{cases}$$
$$i_L(t)=[(-2-2t)e^{-t}+2]\text{A}\quad t\geqslant 0_+$$
$$u_C(t)=L\frac{di_L(t)}{dt}=2te^{-t}\text{V}\quad t\geqslant 0_+$$

电路的过渡过程是临界阻尼，具有非振荡性质。$i_L(t)$和$u_C(t)$波形如图 3.44(b)所示。

3.9 实用动态电路分析举例

3.9.1 微分电路与积分电路分析

1. RC 微分电路

图 3.45(b)所示的 RC 电路(设电路处于零状态)，输入的是矩形脉冲电压u_1，如图 3.45(a)所示，在电阻R两端输出的电压为u_2。

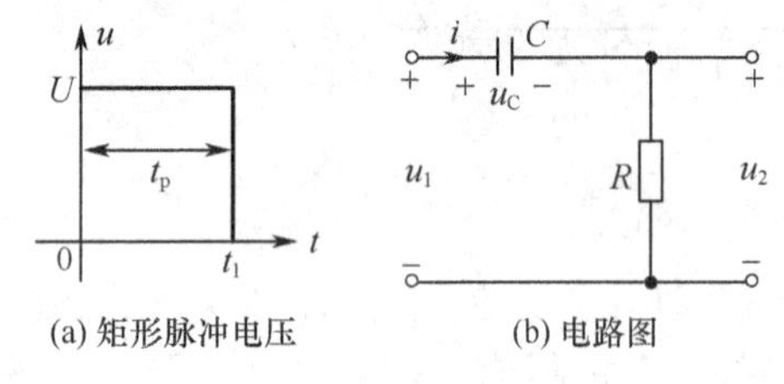

(a) 矩形脉冲电压　　(b) 电路图

图 3.45　RC 微分电路

电压u_2的波形同电路的时间常数τ和脉冲宽度t_P的大小有关。当t_P一定时，改变τ和t_P的比值，电容元件充放电的快慢就不同，输出电压u_2的波形也就不同，如图 3.46 所示。

在图 3.46 中，设输入矩形脉冲u_1的幅值$U=6$V，电容没有初始储能。当$\tau=10t_P$时，$u_2(t_P)=Ue^{-\frac{t}{\tau}}=6e^{-0.1}=6\times0.905=5.43$V。

在$t=0$时，u_1从零突然上升到6V，即$u_1=U=6$V，开始对电容元件充电，由于电容元件两端电压不能跃变，在这瞬间它相当于短路($u_C=0$)，所以$u_2=U=6$V。

由于$\tau\gg t_P$，相对于t_P，电容器充电很慢，在经过一个脉冲宽度($\tau=t_P$)时，电容器仅充到$(6-5.43)=0.57$V，而剩下的 5.43V 都加在电阻两端；在$\tau=t_1$时，u_1突然下降到零(这时输入端不是开路，而是短路)，由于u_C不能跃变，所以在这瞬间，$u_2=-u_C=-0.57$V。这时，输出电压u_2和输入电压u_1的波形很相近，如图 3.46(a)所示。

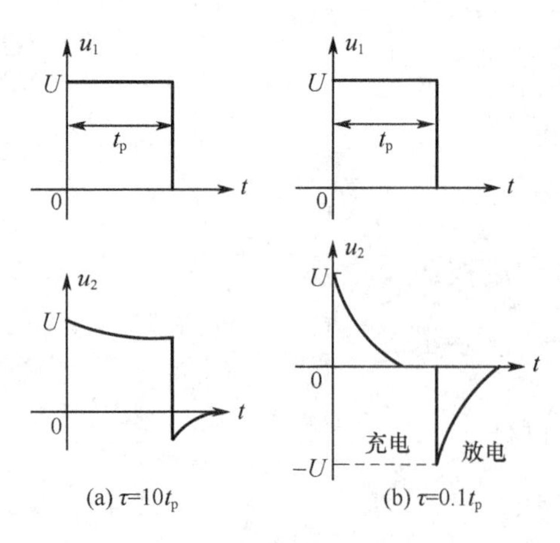

(a) $\tau=10t_p$　　(b) $\tau=0.1t_p$

图 3.46　时间常数τ变化时 RC 电路的输入输出波形

当$\tau\ll t_P$时，相对于t_P而言，电容器充电很快，u_C很快增长到U值；与此同时，u_2很快由U值衰减到零。这样，在电阻两端就输出一个正尖脉冲。在$t=t_1$时，u_1突然下降到零，由于u_C不能跃变，所以在这瞬间，$u_2=-u_C=-6$V。而后电容元件经电阻放电，u_2很快衰减到零。这样，就输出一个负尖脉冲，如图 3.46(b)所示。

比较$\tau\ll t_P$时u_1和u_2的波形，可见在u_1的上升沿(从零跃变到6V)，$u_2=U=6$V，此时正值最大；在u_1的平直部分，$u_2=0$；在u_1的下降沿(从 6V 跃变到零)，$u_2=-U=-6$V，此时负值最大。所以输出电压u_2与输入电压u_1近似成微分关系。这种输出尖脉冲反映了输入矩形脉冲微分的结果。因此这种电路称为微分电路。如果输入是周期性矩形脉冲，则输出的是周期性正负尖脉冲。

上述的微分关系也可以根据数学推导得出。

由于$\tau \ll t_P$，充放电过程很快，除了电容元件刚开始充放电的一段极短的时间之外，$u_1 = u_C + u_2$，而$u_C \gg u_2$，故$u_1 \approx u_C$，因此

$$u_2 = Ri = RC\frac{\mathrm{d}u_C}{\mathrm{d}t} = RC\frac{\mathrm{d}u_1}{\mathrm{d}t} \tag{3.89}$$

上式表明，输出电压u_2近似地与输入电压u_1对时间的微分成正比。

构成RC微分电路应具备两个条件：

(1) 电路的时间常数$\tau = RC \ll t_P$；

(2) 输出信号从电阻R两端输出。

在工程应用中，一般取$\tau = \left(\frac{1}{3} \sim \frac{1}{5}\right)t_P$。

在脉冲数字电路中，常应用微分电路把矩形脉冲变换为尖脉冲作为触发信号。

2. RC积分电路

微分和积分在数学上是矛盾的两个方面，同样，微分电路和积分电路也是矛盾的两个方面。虽然它们都是RC串联电路，但是，当条件不同时，所得结果也不同。如上面所述，微分电路必须具有$\tau \ll t_P$和从电阻端输出这两个条件。如果条件变为$\tau \gg t_P$和从电容元件两端输出，这时电路就转化为积分电路了，如图3.47(a)所示。

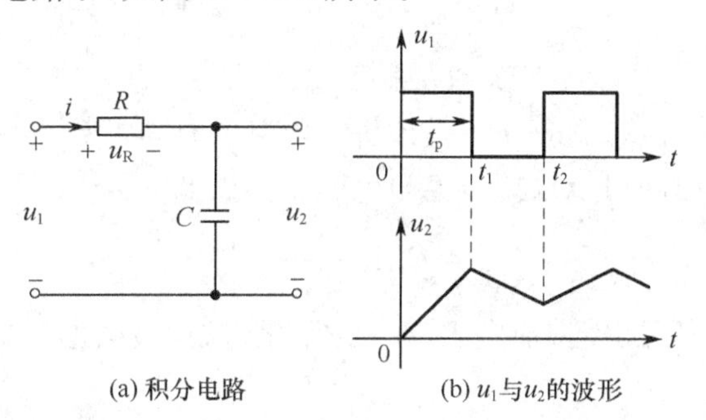

图3.47　积分电路

图3.47(b)是积分电路的输入电压u_1和输出电压u_2的波形。由于$\tau \gg t_P$，电容元件充电很慢，两端电压在整个脉冲持续的时间内缓慢地增长，当还未增长到趋近稳定值时，脉冲已告终止($t = t_1$)。以后电容元件经电阻又缓慢放电，电容上的电压也随之衰减，经过若干个周期之后，充电时的电压的初始值和放电时电压的初始值在一定数值下稳定下来，在输出端输出一个锯齿波电压。时间常数τ越大，充放电越是缓慢，所得锯齿波电压的线性也就越好。

从图3.47(b)的波形上看，u_2是对u_1积分的结果。从数学上看，当输入的是单个矩形脉冲时，由于$\tau \gg t_P$，充放电很缓慢，就是u_C增长和衰减很缓慢，充电时$u_2 = u_C$，且$u_R \gg u_C$，因此$u_1 = u_R + u_C \approx u_R = Ri$或$i \approx \frac{u_1}{R}$，所以输出电压为

$$u_2 = u_C = \frac{1}{C}\int i\mathrm{d}t \approx \frac{1}{RC}\int u_1\mathrm{d}t \tag{3.90}$$

可见，输出电压u_2与输入电压u_1近似成积分的关系。因此这种电路称为积分电路。在脉冲电路中，可应用积分电路把矩形脉冲变换为锯齿波电压，作为扫描等用。

3.9.2 闪光灯电路分析

闪光灯电路如图 3.48(a)所示。电路中的灯只有在电压 v_L 达到 V_{max} 值时开始导通。在灯导通期间，将其模拟成一个电阻 R_L。灯一直导通到其电压 v_L 降到 V_{min} 时为止。灯不导通时，相当于开路。

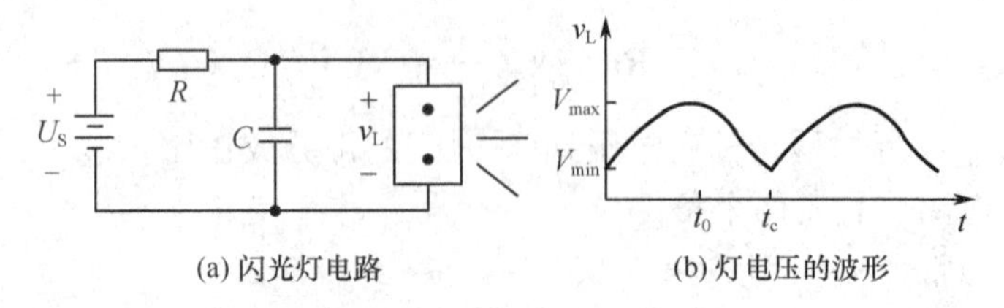

图 3.48 闪光灯电路

在分析电路特性的表达式之前，先对电路的工作过程建立一个感性认识。首先，当灯表现为开路时，直流电压源将通过电阻 R 给电容充电，使灯电压 v_L 升高；一旦灯电压达到 V_{max}，灯开始导通并且电容开始放电，使灯电压下降；一旦灯电压下降到 V_{min}，灯将开路，电容又将开始充电。电容的充放电波形如图 3.48(b)所示。

在图 3.48(b)中，选择电容开始充电的瞬间 $t=0$。时间 t_0 代表灯开始工作的瞬间，t_c 为完成一个周期的结束时间。开始分析时，假设电路已经工作很长时间，当灯停止导通的瞬间，灯被模拟为开路，灯电压为 V_{min}；根据三要素法，在电容充电的作用下，灯电压将按照以下规律变化：

$$v_L(t)=U_S+(V_{min}-U_S)e^{-t/RC}$$

式中，U_S 是该等效电路的稳态响应，RC 是该等效电路的时间常数。

灯开始导通需要的时间可以根据 $v_L(t_0)=V_{max}$ 求出，即

$$t_0=RC\ln\frac{U_S-V_{min}}{U_S-V_{max}}$$

当灯开始导通后，可以被模拟成电阻 R_L，电容开始放电，根据三要素法，灯电压将按照以下规律变化：

$$v_L(t)=\frac{R_L}{R+R_L}U_S+\left(V_{max}-\frac{R_L}{R+R_L}U_S\right)e^{-(t-t_0)/(R//R_L)C}$$

式中 $\frac{R_L}{R+R_L}U_S$ 是该等效电路的稳态响应，$(R//R_L)C$ 是该等效电路的时间常数。

灯的导通时间可以根据 $v_L(t_c)=V_{min}$ 求出，即

$$t_c-t_0=\frac{RR_LC}{R+R_L}\ln\frac{V_{max}-\frac{R_L}{R+R_L}U_S}{V_{min}-\frac{R_L}{R+R_L}U_S}$$

3.9.3 汽车点火电路分析

汽车中的点火电路是基于 RLC 电路暂态响应的原理工作的。在点火电路中，通过开关的动作使电感线圈中产生一个快速变化的电流，电感线圈通常称作点火线圈，由两个串联的磁耦合线圈组成，又称为自耦变压器，其中与电池相连的线圈称为初级线圈，与火花塞相连的线圈称为次级线圈。初级线圈上电流的快速变化通过磁耦合(互感)使次级线圈上产生一个高电

压，其峰值可达 20～40kV，这一高压将在火花塞的间隙内产生一个电火花，从而点燃燃气缸中的油-汽混合物。

点火系统的基本组成原理如图 3.49 所示，其电路图如图 3.50 所示。

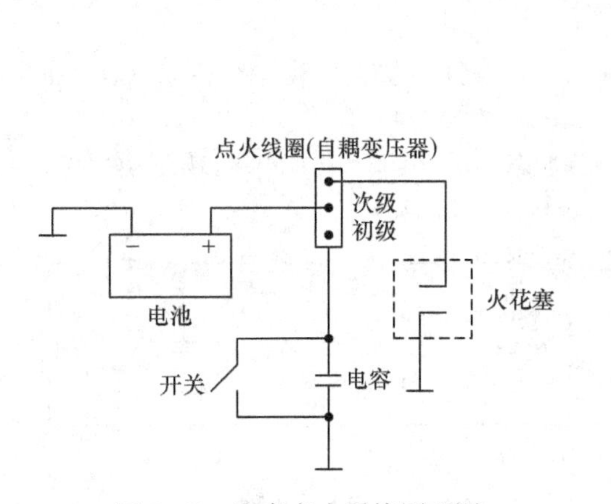

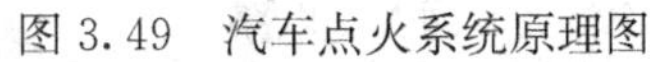
图 3.49　汽车点火系统原理图

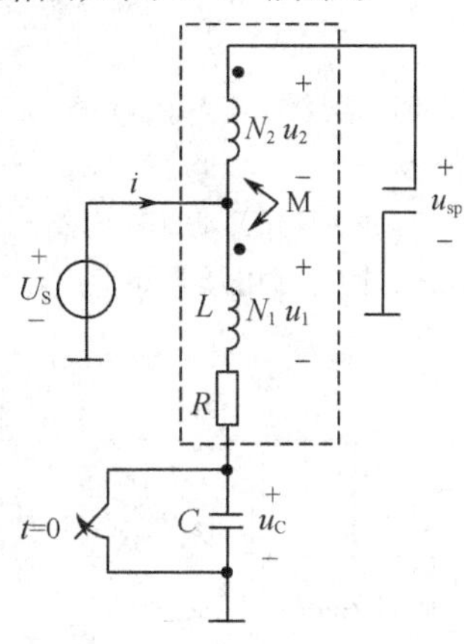

图 3.50　汽车点火系统电路图

【例 3.21】 在图 3.49 所示的汽车点火电路中，已知 $U_S=12\text{V}, R=4\Omega, L=3\text{mH}, C=400\mu\text{F}$，次级线圈和初级线圈的匝数比 $a=N_2/N_1=100$。当 $t=0$ 时开关闭合，求火花塞上的最大电压。

解　因为 $R<2\sqrt{\dfrac{L}{C}}$，所以当开关断开时，初级线圈上的电流响应为欠阻尼响应，其表达式为

$$i(t)=\frac{U_S}{R}e^{-\alpha t}\left[\cos\omega_d t+\left(\frac{\alpha}{\omega_d}\right)\sin\omega_d t\right]$$

式中

$$\alpha=\frac{R}{2L},\omega_d=\sqrt{\frac{1}{LC}-\left(\frac{R}{2L}\right)^2}$$

自耦变压器初级线圈上产生的电压为

$$u_1(t)=L\frac{di}{dt}=-\frac{U_S}{\omega_d RC}e^{-\alpha t}\sin\omega_d t$$

由于铁芯自耦变压器的磁通量相等，所以有

$$\frac{u_2}{u_1}=\frac{N_2}{N_1}=a$$

从而可得

$$u_2(t)=au_1(t)=-\frac{aU_S}{\omega_d RC}\sin\omega_d t$$

火花塞上的电压

$$u_{sp}(t)=U_S+u_2(t)=U_S(1-\frac{a}{\omega_d RC}e^{-\alpha t}\sin\omega_d t)$$

为了求得 u_{sp} 的最大值，可令 $du_{sp}/dt=0$，求得

$$t_{max}=\frac{1}{\omega_d}\arctan\left(\frac{\omega_d}{\alpha}\right)$$

将电路参数代入，可得 $t_{max}=53.63\mu\text{s}$；将 t_{max} 代入 u_{sp} 表达式中，可得

$$u_{sp}(t_{max}) = -25975.69\text{V}$$

思考题与习题 3

题 3.1　电路如图 3.51 所示，开关 S 在 $t=0$ 时断开，画出 $t=0_+$ 时原电路的等效电路，并求电容电压和电容电流初始值。

题 3.2　电路如图 3.52 所示，开关动作前电路已达到稳定状态，求图 3.52(a)电流电压初始值 $i(0_+)$、$i_L(0_+)$、$u_L(0_+)$以及图(b)电流电压初始值电流 $i(0_+)$、$i_C(0_+)$、$u_C(0_+)$。

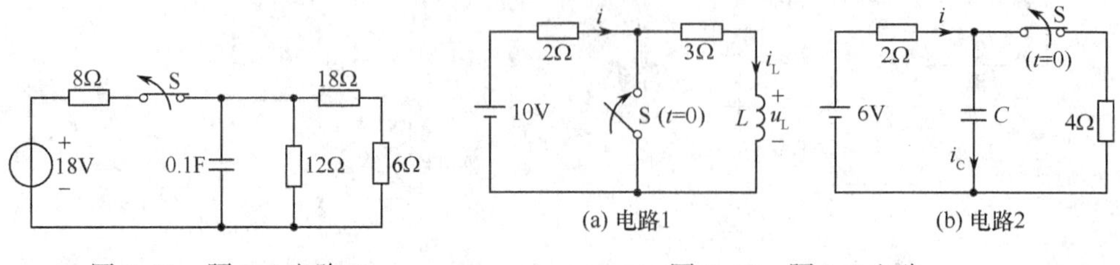

图 3.51　题 3.1 电路　　　　图 3.52　题 3.2 电路

题 3.3　图 3.53 所示电路中，$t=0$ 时开关打开，求换路瞬间($t=0_+$)图中所标示电流 i_C、i_1 和电压 U 的初始值。

题 3.4　图 3.54 所示电路，在 $t<0$ 时开关 S 闭合在"1"，电路已处于稳态。当 $t=0$ 时开关 S 闭合到"2"，求初始值 $i_C(0_+)$、$u_L(0_+)$、$i_1(0_+)$和 $i_2(0_+)$。

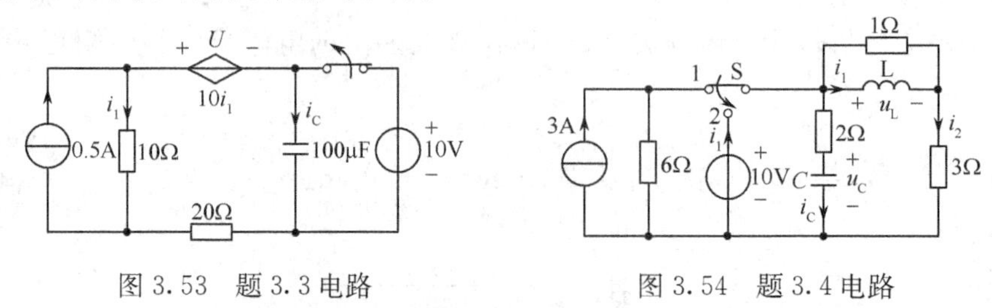

图 3.53　题 3.3 电路　　　　图 3.54　题 3.4 电路

题 3.5　求图 3.55 所示各电路的时间常数。

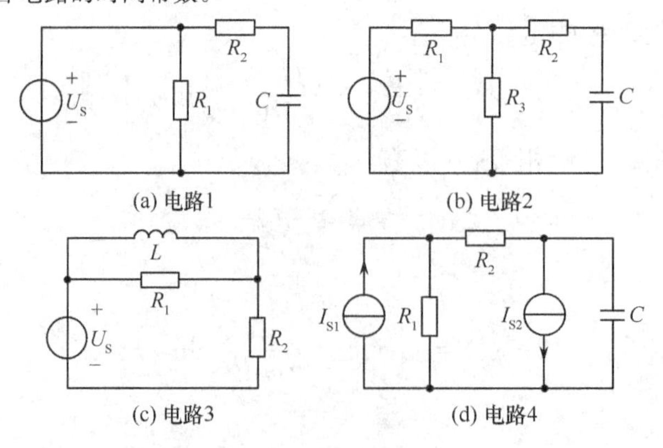

图 3.55　题 3.5 电路

题 3.6　图 3.56 所示电路中，开关 S 在 $t=0$ 时闭合，此前电路已达到稳态。试求电路的时间常数 τ 以及电容两端电压 $u_C(t)$，$t\geqslant 0$。已知 $U_S=10\text{V}$，$R_1=4\text{k}\Omega$，$R_2=2\text{k}\Omega$，$R_3=4\text{k}\Omega$，$C=25\mu\text{F}$。

题 3.7　图 3.57 所示的电路中，电容初始状态为零，已知 $U_S=20\text{V}$，若要求：

(1) S 闭合 0.5s 后 u_c 值达到输入电压 U_S 幅值的 50%；

(2) 电路在整个工作过程中从电源取得的电流最大值不超过 1mA。

求满足上述条件的电路参数 R、C 的值。

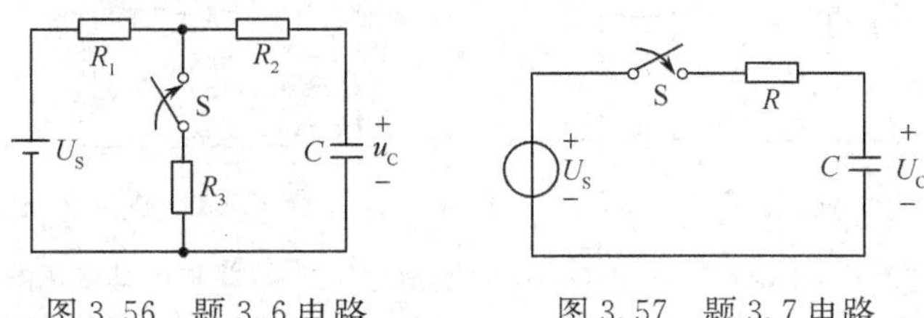

图 3.56　题 3.6 电路　　图 3.57　题 3.7 电路

题 3.8　图 3.58 所示电路，$t=0$ 时开关打开，求电容电压 $u_C(t)(t\geqslant 0)$，并画出其变化曲线。已知开关打开前电路已达到稳态。

题 3.9　在图 3.59 所示电路中，已知 $R_1=10\Omega$，$R_2=20\Omega$，$R_3=20\Omega$，$U_S=20V$，$L=1H$。设开关 S 原闭合，电路已稳定，求开关 S 断开后 i_L、u_L 的变化规律。

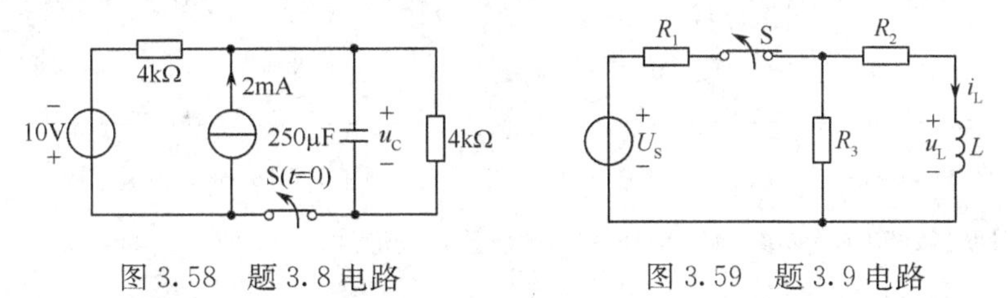

图 3.58　题 3.8 电路　　图 3.59　题 3.9 电路

题 3.10　图 3.60 所示电路中，已知 $u_C(0\_)=2V$，$t=0$ 时开关闭合，求 U_S 为 1V 和 5V 时 u_C 的零输入响应、零状态响应和全响应。

题 3.11　图 3.61 所示电路中，已知 $R_1=10\Omega$，$R_2=20\Omega$，$R_3=20\Omega$，$U_S=90V$，$L=1H$，开关在 $t=0$ 打开，试用三要素法求换路后的 $u_L(t)$。

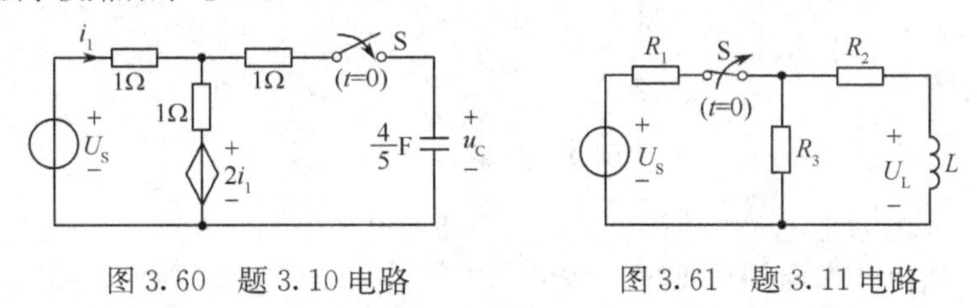

图 3.60　题 3.10 电路　　图 3.61　题 3.11 电路

题 3.12　图 3.62 所示电路中，试求 $u_L(t)(t\geqslant 0)$。已知开关闭合前电路已经达到稳态。

题 3.13　图 3.63 所示电路中，求 $i(t)(t\geqslant 0)$。已知开关闭合前电路已经达到稳态。

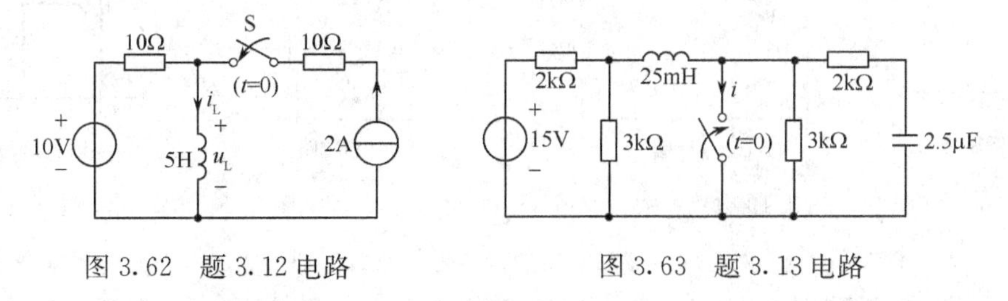

图 3.62　题 3.12 电路　　图 3.63　题 3.13 电路

题 3.14　图 3.64 所示电路中，已知 $R_1=3k\Omega$，$R_2=6k\Omega$，$C_1=40\mu F$，$C_2=C_3=20\mu F$。电源 $U_S=12V$，在 $t=0$ 时施加至电路上，试求 $u_C(t)$，$t\geqslant 0$。设 $u_C(0)=0$。

题 3.15　图 3.65 所示电路中，电感的初始贮能为零，(1) S_1 闭合后 0.4s 再断开 S_2，$t=1.4s$ 时电路中电流 i 为多大？(2) S_1 闭合后电流 i 上升到 1A 再断开 S_2，电路中是否有过渡过程？

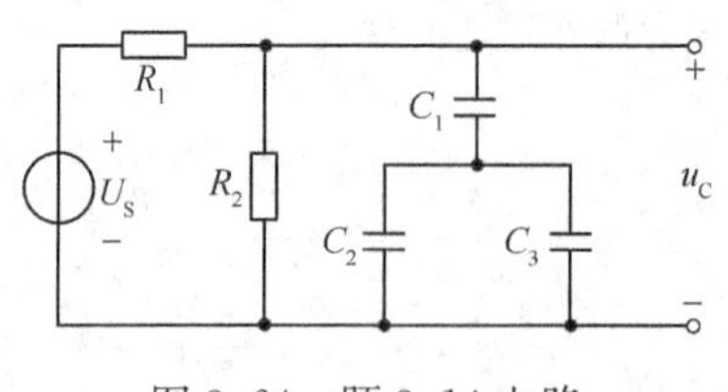

图 3.64　题 3.14 电路

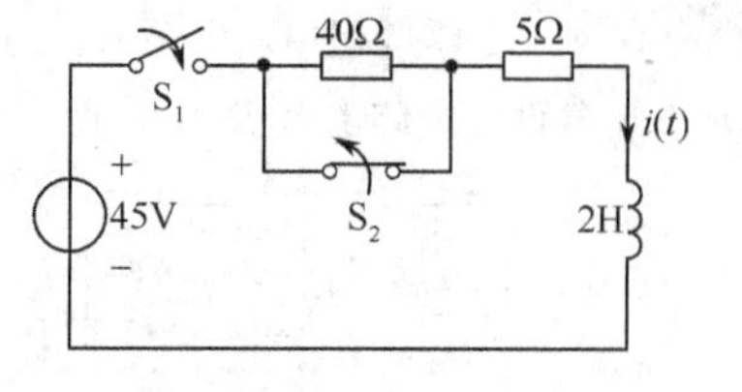

图 3.65　题 3.15 电路

题 3.16　图 3.66 所示电路中，求电容电压 $u_C(t)$ 和电流 $i_C(t)(t\geqslant 0)$，并画出其变化的曲线。已知开关闭合前电路已经达到稳态。

题 3.17　图 3.67 所示电路中，$t=0$ 时开关 S 闭合，求开关闭合后通过开关的电流 $i(t)$。已知 $U_S=100\text{V}$，$C=125\mu\text{F}$，$R_1=60\Omega$，$R_2=R_3=40\Omega$，$L=1\text{H}$，电路原先已稳定。

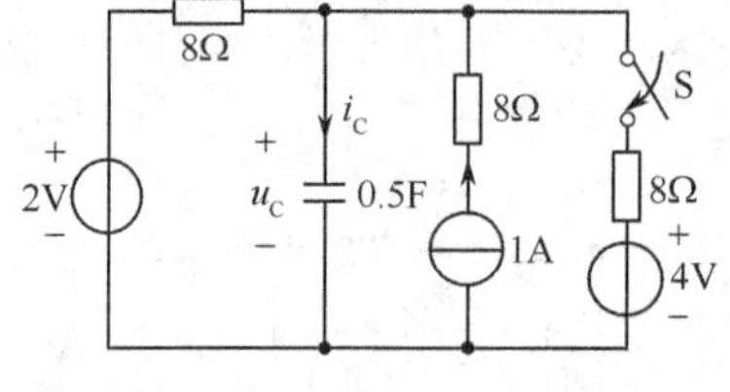

图 3.66　题 3.16 电路

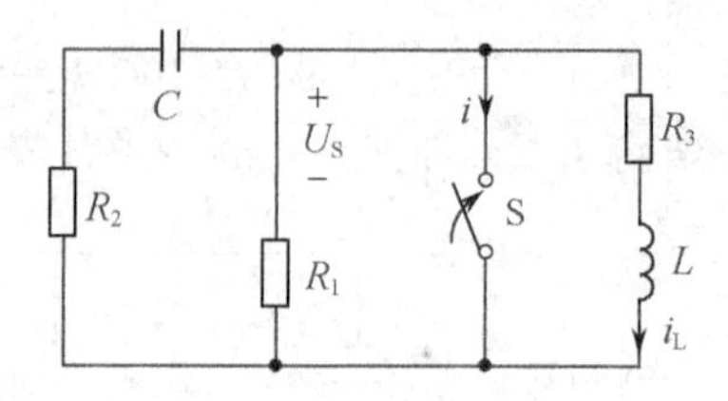

图 3.67　题 3.17 电路

题 3.18　试用阶跃函数和延迟阶跃函数表示图 3.68 所绘各波形。

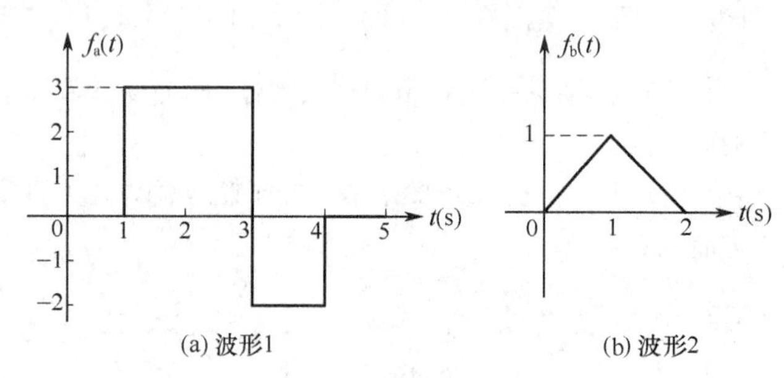

图 3.68　题 3.18 图

题 3.19　激励波形如图 3.69(a)所示，求图 3.69(b)所示电路中的电流 $i_L(t)$，已知 $i_L(0_+)=0$。

题 3.20　图 3.70(a)所示的电路中，已知电容初始电压为零，求 $u_C(t)$，并画出其波形。激励波形如图 3.70(b)所示。

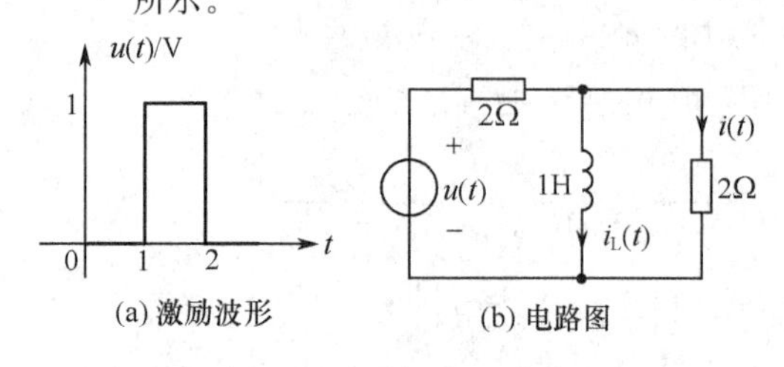

图 3.69　题 3.19 电路

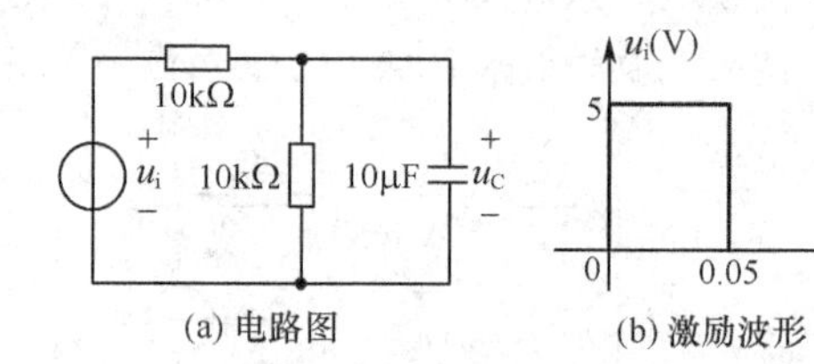

图 3.70　题 3.20 图

题 3.21　图 3.71(a)所示是一个产生锯齿波形电压的电路，(b)是其简化电路图。T 为一闸流管，它相当于一个开关，当 T 两端的电压上升到 300V 时闸流管导通；当 T 两端的电压下降到 30V 时，它便断开。分析电容两端电压 u_C 的变化规律，画出其波形，并求出其周期。

题 3.22　电路及其激励信号波形分别如图 3.72(a)、(b)所示。试就给出的电路参数求响应 $u_o(t)$，并画出其波形图。当(1)$C=510\text{pF}$，$R=10\text{k}\Omega$ 时；(2)$C=1\mu\text{F}$，$R=10\text{k}\Omega$ 时。

题 3.23　图 3.73 所示电路中，求 $u_C(t)$ 和 $i_L(t)(t\geqslant 0)$。已知开关打开前电路已经达到稳态。

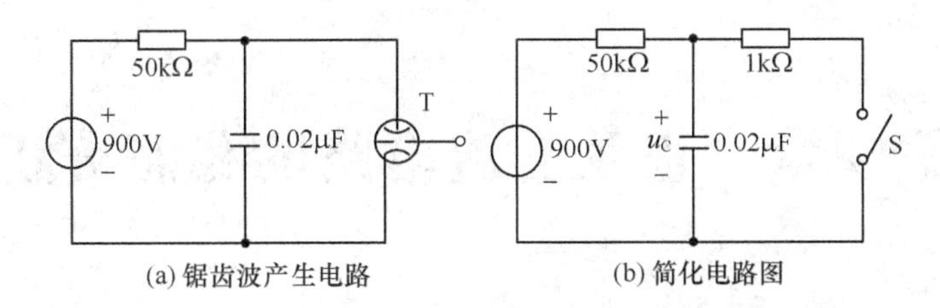

图 3.71　题 3.21 电路

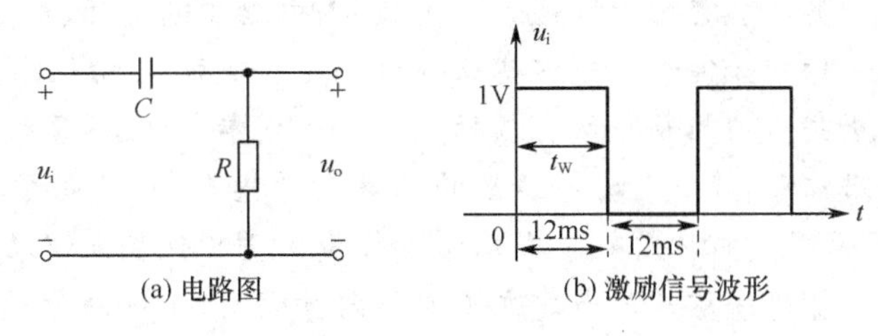

图 3.72　题 3.22 图

题 3.24　图 3.74 所示电路中，已知 $u_C(0)=0$，$i_L(0)=20\text{A}$，$C=0.5\text{F}$，$L=1\text{H}$，$R=2\Omega$，试求电容电压 $u_C(t)$ $(t\geqslant 0_+)$。

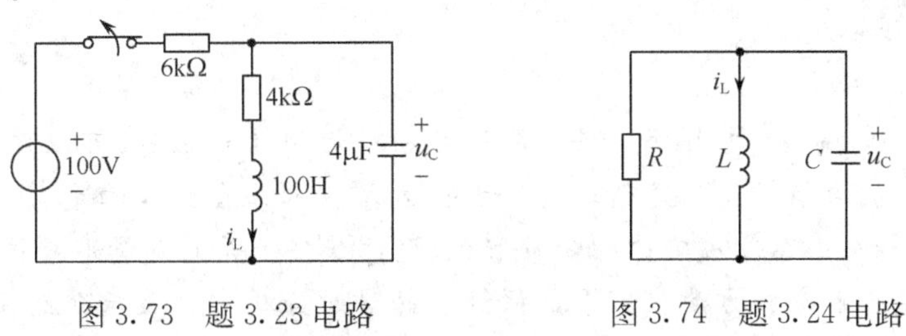

图 3.73　题 3.23 电路　　　　图 3.74　题 3.24 电路

题 3.25　图 3.75(a)所示电路中 N_1 为零状态，由一个阶跃电流源作用于电路。若电压 u_1 的曲线如图 3.75(b)所示，试确定 N_1 可能的结构。

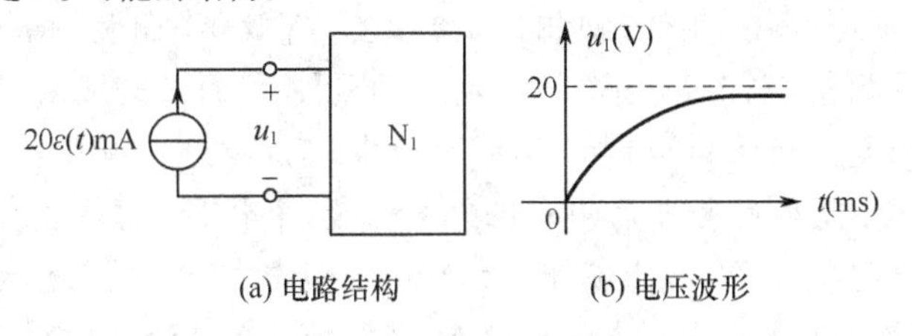

图 3.75　题 3.25 图

题 3.26　图 3.76 所示电路中，电容的初始贮能为零，试求 $u_C(t)$ 和 $i_1(t)$。

题 3.27　图 3.77 所示电路，$t=0$ 时开关由 a 切换到 b，求电流 i 和电压 u_C，并画出其波形。

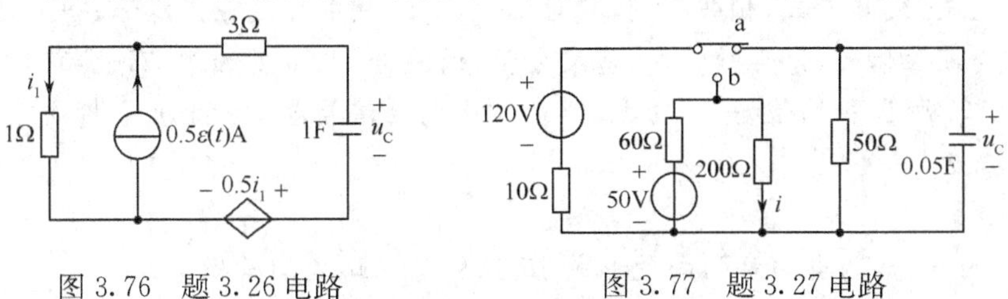

图 3.76　题 3.26 电路　　　　图 3.77　题 3.27 电路

第 4 章　正弦交流电路的稳态分析

本章导读信息

实际应用中还有一类电路它的激励是正弦交流电，电路中的电压、电流都是按正弦规律变化的。这类电路如何分析即如何求解出这些正弦量的幅值、频率、相位，是本章要解决的主要问题。基本思路是先研究同频问题即所有激励都是同一频率，以数学复数知识为基础，利用复数（向量）来描述同频正弦量，建立与之相适应的电路向量模型、元件向量模型、基尔霍夫定律向量形式，从而将三角函数方程求解转换成以向量作为变量的代数方程求解问题，即所谓的正弦稳态向量分析方法。值得注意的是当建立了电路向量模型、元件向量模型、基尔霍夫定律向量形式后，第 2 章的分析方法就可直接应用了，所以从一定程度上讲正弦稳态电路分析并没有更多新的内容，它就是第 2 章知识在这类电路中的一个应用。对于多频激励问题，基于叠加定律先单一频率求解再求和。可以看到这种分析方法同样来自数学但最终摆脱了数学而形成了自成体系的分析方法。

1. 内容提要

正弦稳态电路中，响应（电压、电流等）是与激励同频率的正弦量，可以用向量来分析、计算，从而将微分方程的求解转化为复数代数方程的运算。本章在引入向量表示正弦量的基础上，介绍了阻抗与导纳、基尔霍夫定律的向量形式、元件伏安关系的向量形式等概念，并把电路的基本概念、基本定律和分析方法应用于正弦稳态电路的分析中。最后介绍了正弦稳态电路的功率、频率特性，以及三相电路和非正弦周期性信号电路的稳态分析。

本章涉及的概念与名词术语主要有：

正弦量，幅值，周期（频率），相位，初相位，相位差，有效值，向量，幅值向量，向量图；容抗，感抗，阻抗，导纳，向量模型，电阻、电感、电容元件向量形式的欧姆定律，基尔霍夫定律的向量形式，正弦稳态电路向量分析法；瞬时功率，平均功率，无功功率，视在功率，复功率，功率因数；阻抗、导纳、电压、电流、功率直角三角形；传递函数，频率特性，滤波，无源滤波电路，低通、高通、带通、带阻滤波器、特征频率，截止频率，上限截止频率，下限截止频率，中心频率；谐振，串联、并联谐振，谐振频率，品质因数，谐振电路的选择性，通频带；对称三相电源，三相电源首（始）端与尾（末）端，A 相、B 相和 C 相，三相电源的相序，星形（Y）、带中线星形（Y_0）和三角形（△）连接，相线（火线）、中线（零线），相电压、线电压，三相负载，对称三相负载；三相电路，对称三相电路，相电流、线电流，三相四线制，非对称 Y/Y 三相电路的星点漂移；一表法、二表法、三表法；非正弦周期性信号，傅里叶级数，基波分量，谐波分量，幅度频谱，离散频谱，谱线；非正弦周期性信号的有效值、平均值、平均功率；非正弦周期性信号电路的谐波分析法等。

2. 重点难点

【本章重点】

(1) 向量的概念，两类约束的向量形式，正弦稳态电路的向量模型；

(2) R、L、C 三种基本电路元件的阻抗与导纳，RLC 电路的谐振；

(3) 正弦稳态电路的向量分析法；

(4) 正弦稳态电路中各功率的物理意义及相互关系；

(5) 对称三相电源和对称三相负载的特点;

(6) 三相电路的几种常用结构;

(7) 三相电路电流、电压和功率的分析与计算。

【本章难点】

(1) 正弦量的基本概念与向量表示法;

(2) 正弦稳态电路的向量分析法;

(3) 非对称三相电路的分析与计算;

(4) 三相电路功率的测量方法。

4.1 正弦交流电概述

正弦波是交流电流和交流电压的基本类型。在工业生产和日常生活中,电力公司提供的都是正弦波形式的电压和电流,即使在某些场合需要直流电,通常也是将正弦交流电通过整流设备变换得到。正弦波主要来源有两种:在强电方面,由交流发电机以正弦交流的形式生产出来;在弱电方面,主要由电子振荡电路产生。电子振荡电路常出现在仪器系统中,又称为信号发生器。

4.1.1 正弦交流电及其表示方式

正弦交流电是对正弦交流电压和电流的统称,它有两个重要特性:

(1) 正弦交流电是一种随时间周期性交变的信号。它变化一个周期所经历的时间称为周期,通常用 T 表示,以秒(s)为单位。周期的倒数(即一秒内变化的周期数)称为频率,通常用 f 表示,以赫兹(Hz)为单位。作为周期信号的正弦交流电,其大小和方向均可随时间而变化。因此分析计算电路时,对正弦交流电压、电流均应规定参考方向。在任一时刻 t,若电压、电流的实际方向与参考方向一致,则为正值;否则为负值。

(2) 正弦交流电是按正弦规律周期性变化的,所以常称为正弦量。

正弦交流电的主要表示方式有三种:波形图、函数表达式和向量。图 4.1 所示为正弦交流电压的波形图。其函数表达式为

$$u(t)=U_{\mathrm{m}}\sin(\omega t+\theta_{\mathrm{u}}) \tag{4.1}$$

由三角函数知道,sin 函数与 cos 函数都是按正弦规律变化的函数,它们之间仅相差 90°相位角,从波形图上看,唯一的区别在于它们的起始位置不同。本书中采用 sin 函数形式表示正弦量。

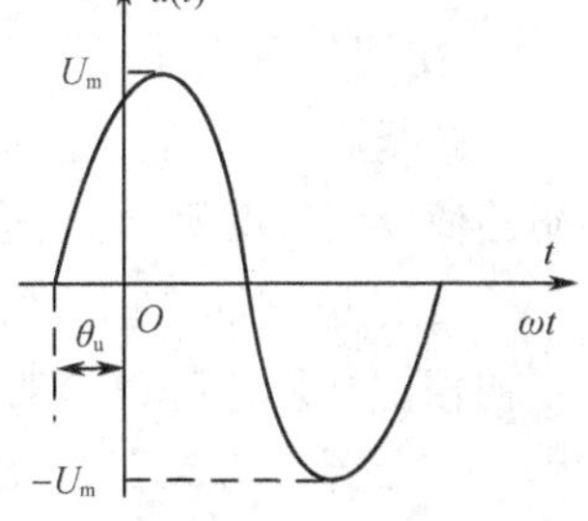

图 4.1 正弦电压的波形图

4.1.2 正弦量的三要素

从式(4.1)可以看出,如果知道正弦电压的变化幅度、变化一周所需要的时间,以及计时起点的初始相位,就可以确定任意时刻的正弦电压值。通常把表征正弦量的变化幅度、变化快慢、初始相位的三个参数——幅值、周期(频率,角频率)和初相位称为正弦量的三要素。

1. 幅值

正弦量在任一瞬间的值称为瞬时值,用小写字母表示。例如,电压的瞬时值用 $u(t)$ 表示,

电流的瞬时值用 $i(t)$ 表示，或简记为 u 和 i。瞬时值中的最大值称为振幅，又称为幅值或峰值，用带下标 m 的大写字母来表示，如 U_m、I_m 分别表示电压、电流的幅值。

2. **周期(频率，角频率)**

正弦量变化的快慢可以用周期、频率或角频率来表示。对于给定的正弦波，周期总是固定值。如图 4.2 所示，正弦信号的周期可以直接根据波形图来测量。正弦波的周期既等于波形图中相邻两个过零点之间的时间间隔，也等于相邻两个峰值点之间的时间间隔。

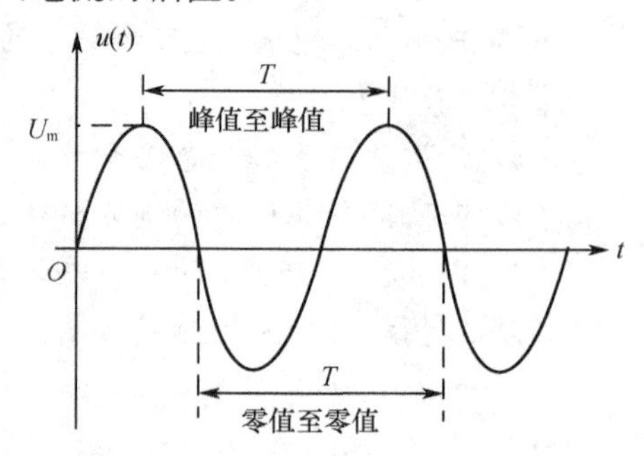

图 4.2 正弦波的周期测量

正弦函数表达式中的角度($\omega t+\theta$)称为正弦信号的相位角，简称相位，它反映正弦量变化的进程。ω 称为正弦量的角频率，单位为弧度/秒(rad/s)，表示一秒钟内正弦信号变化的弧度数。正弦量每经历一个周期 T 的时间，相位增加 2π 弧度，所以角频率 ω、周期 T、频率 f 之间的关系为

$$\omega=2\pi f=\frac{2\pi}{T} \tag{4.2}$$

式(4.2)表明，只要知道 T、f、ω 三者中的任意一个，其余两个均可求出。

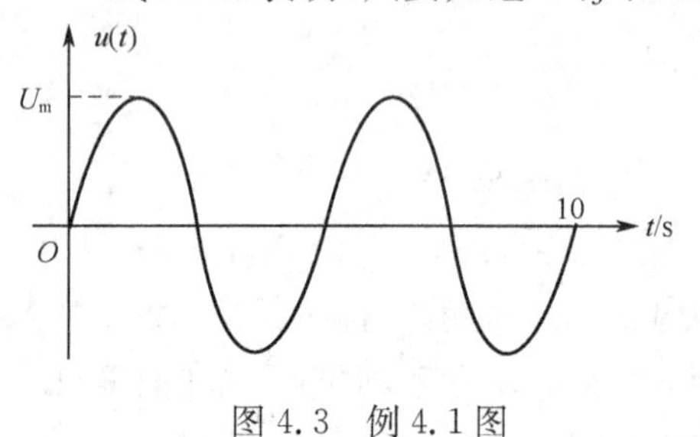

图 4.3 例 4.1 图

【例 4.1】 试求图 4.3 所示正弦波的周期、频率、角频率。

解 如图 4.3 所示，10 秒(10s)内完成了两个周期，所以

$$T=5\ \text{s}$$

$$f=\frac{1}{T}=0.2\ \text{Hz}$$

$$\omega=2\pi f=2\times 3.14\times 0.2=1.256\ \text{rad/s}$$

3. **初相位**

正弦量随时间而变化，要确定一个正弦量须考虑计时的起点。所取计时起点不同，正弦量的初始值($t=0$)就不同，到达幅值或某一特定值所需要的时间亦不同。

$t=0$ 时正弦量的相位角称为初相位或初相角，简称初相。式(4.1)中的初相位为 θ_u。

初相位与所选择的计时起点有关，为了便于分析，一般规定 θ 在($-\pi,\pi$)的范围内，即规定 $|\theta|\leqslant\pi$。如果正弦量的起始点在时间起点(坐标原点)的左边，如图 4.1 所示，则 θ 为正值。如果正弦量的起始点在时间起点的右边，则 θ 为负值。通常约定，所谓正弦量的起点，是指最靠近坐标原点的那一个起始点。

4.1.3 正弦量的相位差

任意两个同频率正弦量的相位之差称为相位差，用 φ 表示，实际问题中经常要比较两个同频率正弦量的相位之差。假如有两个正弦电压分别为：

$$\begin{cases} u_1(t)=U_{1m}\sin(\omega t+\theta_1) \\ u_2(t)=U_{2m}\sin(\omega t+\theta_2) \end{cases} \tag{4.3}$$

如图 4.4 所示，它们的初相位是分别为 θ_1 和 θ_2，那么 $u_1(t)$ 和 $u_2(t)$ 的相位差为：

$$\varphi=(\omega t+\theta_1)-(\omega t+\theta_2)=\theta_1-\theta_2 \tag{4.4}$$

可见，两个同频率正弦信号的相位差等于它们的初相位之差。

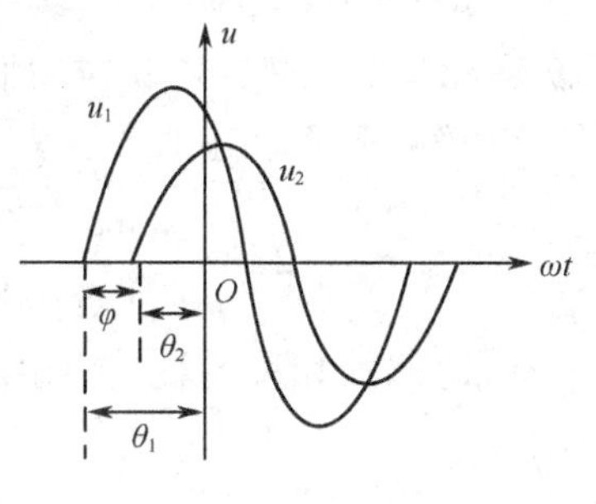

图 4.4　相位差

相位差是一个不随时间变化的常数。从图 4.4 中也可看出，如果改变时间起点，也就是把坐标原点移动，$u_1(t)$和 $u_2(t)$的初相位 θ_1 和 θ_2 都会变化，但两者的相位差即 φ 角是不会改变的，所以相位差比初相位更有实际意义。一般情况下，取$|\varphi|\leqslant\pi$。

若相位差 $\varphi=0$，即两个正弦电压的初相位相等，称 $u_1(t)$和$u_2(t)$同相，如图 4.5(a)所示。由图知，$u_1(t)$和 $u_2(t)$同时达到正的最大值，也同时达到零值。

如果 $\varphi>0$，称 $u_1(t)$超前 $u_2(t)$，或 $u_2(t)$滞后 $u_1(t)$，如图 4.5(b)所示。

若 $\varphi=\pm\pi$，则称 $u_1(t)$和 $u_2(t)$反相位，如图 4.5(c)所示。

若 $\varphi=\pm\pi/2$，则称 $u_1(t)$与 $u_2(t)$正交，如图 4.5(d)所示。

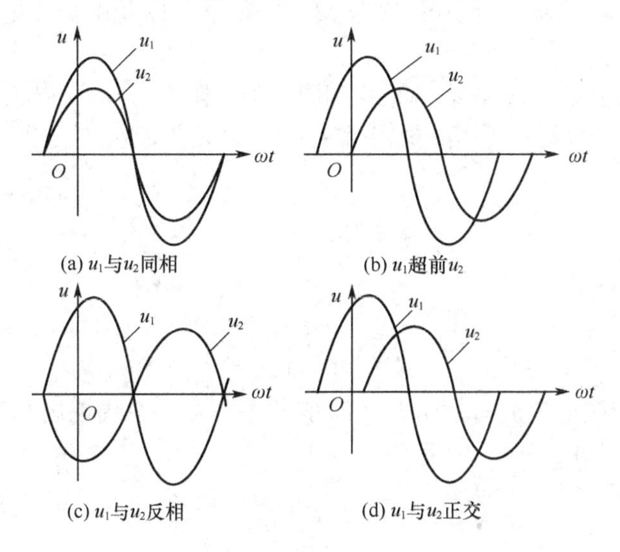

图 4.5　相位差

【例 4.2】试求图 4.6(a)、(b)所示电路中，两个正弦波的相位差是多少。

解　在图 4.6(a)中，正弦波 A 在 0°时与横轴零相交，而对应的正弦波 B 在 90°时与横轴零相交，因此这两个正弦波之间的相位差为 90°，且正弦波 A 超前正弦波 B。

在图 4.6(b)中，正弦波 B 在−30°时与横轴零相交，而对应的正弦波 A 在 0°时与横轴零相交，因此这两个正弦波之间的相位差为 30°，且正弦波 A 滞后正弦波 B。

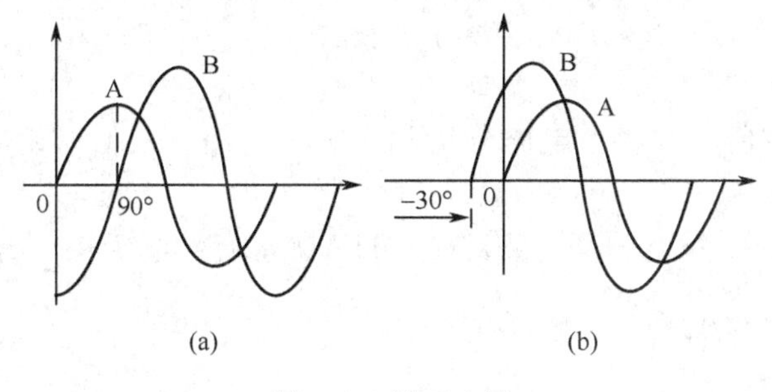

图 4.6　例 4.2 图

【例 4.3】已知两个正弦波的三角函数表达式为：$u_1(t)=-3\sqrt{2}\sin(314t+60°)$V，$u_2(t)=5\sqrt{2}\cos(314t+45°)$V，试求它们之间的相位差。

解 先将上述两个表达式写成统一形式：

$$u_1(t)=-3\sqrt{2}\sin(314t+60°)=3\sqrt{2}\sin(314t-120°)\text{V}$$

$$u_2(t)=5\sqrt{2}\cos(314t+45°)=5\sqrt{2}\sin(314t+135°)\text{V}$$

它们之间的相位差就是初相位之差值：

$$\varphi=-120°-135°+360°=105°$$

4.1.4 正弦量的有效值

正弦量的瞬时值随时间而变化，不能用瞬时值来比较两个正弦量的大小。

考虑到正弦电压和正弦电流作用于电阻时，电阻皆消耗电能，因此以此为依据定义有效值来表征正弦信号的大小。通常所说的 220V、380V 等电压以及由交流电压、电流表读出的电压、电流皆为有效值。

正弦信号的有效值定义为：设有两个相同阻值的电阻 R，分别通以正弦电流 i 和直流电流 I，如果在正弦量的一个周期 T 内两个电阻消耗的能量相等，则称直流电流 I 为正弦电流 i 的有效值。即若：

$$\int_0^T i^2 R\mathrm{d}t = I^2 RT \tag{4.5}$$

则正弦电流 i 的有效值为：

$$I=\sqrt{\frac{1}{T}\int_0^T i^2\mathrm{d}t} \tag{4.6}$$

由式(4.6)知，正弦电流的有效值是瞬时值的平方在一个周期内积分的平均值再取平方根，因此有效值又称为均方根值。

类似地，正弦电压的有效值为：

$$U=\sqrt{\frac{1}{T}\int_0^T u^2\mathrm{d}t} \tag{4.7}$$

式(4.6)和式(4.7)不仅适用于正弦信号，也适用于任何波形的周期电流和周期电压。

将正弦电流 i 的表达式 $i=I_\mathrm{m}\sin\omega t$ 代入式(4.6)，得正弦电流 i 的有效值为：

$$I=\sqrt{\frac{1}{T}\int_0^T i^2\mathrm{d}t}=\sqrt{\frac{1}{T}\int_0^T I_\mathrm{m}^2\sin^2\omega t\,\mathrm{d}t}=\frac{I_\mathrm{m}}{\sqrt{2}}$$

同理当 $u=U_\mathrm{m}\sin\omega t$，则有：

$$U=\frac{U_\mathrm{m}}{\sqrt{2}}$$

可见，幅值是有效值的$\sqrt{2}$倍。电路分析和实际中常用有效值讨论问题，有效值用大写字母表示。

【例 4.4】已知 $i=31\sin(\omega t+30°)$A，$f=50$Hz，试求有效值 I 和 $t=1$s 时的瞬时值。

解 $I=\dfrac{I_\mathrm{m}}{\sqrt{2}}=\dfrac{31}{\sqrt{2}}=22\text{A}$

当 $t=1$s 时，有

$$i=31\sin(\omega t+30°)=31\sin(2\pi ft+30°)=31\sin(100\pi+30°)=15.5\text{A}$$

4.1.5 正弦量的向量表示

正弦交流电的函数表达形式实质上就是数学中的正弦函数。正弦函数在数学分析计算中要应用许多三角函数公式，非常不方便。正弦量除了用三角函数表达式和波形表示外，还可以用向量来表示。向量在表示正弦量的幅度和相位方面具有简便、直观的特点。向量提供了一种用图形方式表示正弦波的方法，同时也能表示和其他正弦波的相位关系。向量表示法的基础是复数，复数提供了一种数学表示向量的方法，使向量之间的加、减、乘、除运算十分简便。

1. 正弦量与旋转向量的对应关系

设A为一复数，表示式为

$$A=a+\mathrm{j}b \tag{4.8}$$

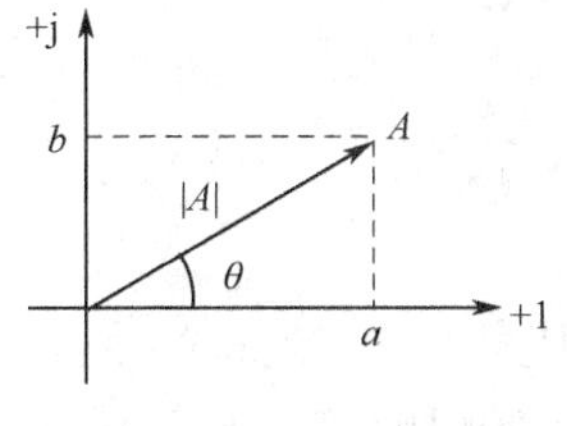

图 4.7 复数的图示

该复数可用复平面上的有向线段来表示。图 4.7 所示中的横轴表示复数的实部，称作实轴，以+1为单位；纵轴表示虚部，以+j为单位，即j为虚数单位，$\mathrm{j}=\sqrt{-1}$。该有向线段的长度$|A|$称为复数A的模，模总是取正值。该有向线段与实轴正方向的夹角θ称为复数A的辐角。复数A的实部a和虚部b与模$|A|$及辐角θ的关系为

$$\begin{cases} a=|A|\cos\theta \\ b=|A|\sin\theta \end{cases} \tag{4.9}$$

$$\begin{cases} |A|=\sqrt{a^2+b^2} \\ \theta=\arctan\dfrac{b}{a} \end{cases} \tag{4.10}$$

根据式(4.9)和式(4.10)及欧拉公式，复数A除不可表示成式(4.8)的代数式外，还可以有三角函数式、指数式和极坐标式三种形式。

$$A=a+\mathrm{j}b \quad \text{(代数式)}$$

$$A=|A|\cos\theta+\mathrm{j}|A|\sin\theta \quad \text{(三角函数式)}$$

$$A=|A|\mathrm{e}^{\mathrm{j}\theta} \quad \text{(指数式)}$$

$$A=|A|\angle\theta \quad \text{(极坐标式)}$$

复数的上述几种表示式可以互相转换，复数的加减运算可用代数式，复数的乘除运算可用指数式或极坐标式。综上所述，复数可由两个特征量来表征：模和辐角。

设有一正弦电压$u(t)=U_{\mathrm{m}}\sin(\omega t+\theta_{\mathrm{u}})$，其波形如图 4.8(b)所示，图 4.8(a)中有一旋转有向线段A，A用复数可表示为$A=U_{\mathrm{m}}\angle\theta_{\mathrm{u}}$。在直角坐标系中，有向线段的长度代表正弦量的幅值$U_{\mathrm{m}}$，它的初始位置($t=0$时的位置)与横轴正方向之间的夹角等于正弦量的初相位θ_{u}，现将复数$U_{\mathrm{m}}\angle\theta_{\mathrm{u}}$乘上因子$1\angle\omega t$，其模不变，辐角随时间均匀增加，即有向线段在复平面上以角速度ω逆时针旋转。那么有向线段A在虚轴上的投影等于$U_{\mathrm{m}}\sin(\omega t+\theta_{\mathrm{u}})$，恰是用正弦函数表示的正弦电压$u(t)$。可见，旋转有向线段具有正弦量的三个特征，可以用来表示正弦量。如在$t=0$时刻，$u(t)=U_{\mathrm{m}}\sin\omega t$。

2. 正弦量的向量表示

由前述分析知，正弦量具有三个特征量：幅值、频率和初相位。复数有两个特征量：模和辐角。在分析线性电路时，正弦的激励和响应为同频率的正弦量，不必考虑频率。因此，由幅值和初相位可以确定已知频率的正弦量。将复数的模表示正弦量的幅值或者有效值，复数的辐角表示正弦量的初相位，得到正弦量的向量表示。为了与一般复数相区别，在大写字母上打

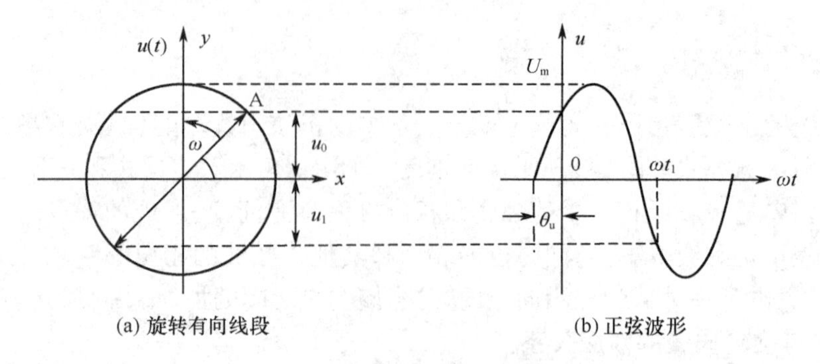

图 4.8　正弦量用旋转有向线段表示

'·'。设有一正弦量 $u(t)=U_m\sin(\omega t+\theta_u)$，它的向量形式为：

$$\dot{U}_m=U_m e^{j\theta_u}=U_m\cos\theta_u+jU_m\sin\theta_u=U_m\angle\theta_u \tag{4.11}$$

注意：向量不是正弦量，只是用来表示正弦量。这一关系可以用双箭头来表示：

$$\dot{U}_m\Leftrightarrow u(t)$$

向量的数学表达式实质就是复数，复数可以用有向线段在复平面上表示，如图 4.9 所示。向量在复平面上的图示称为向量图。多个同频率的正弦量，由于它们在任何时刻的相对位置保持不变，可将它们的向量画在同一向量图中，如图 4.10 所示，从向量图上可以获知各向量的大小和相位关系。

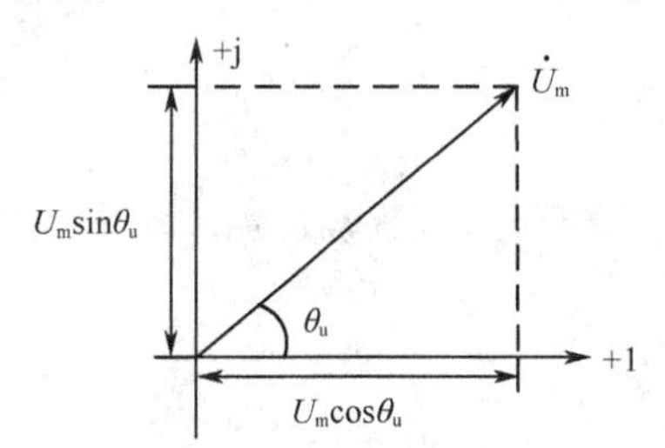

图 4.9　电压幅值向量图

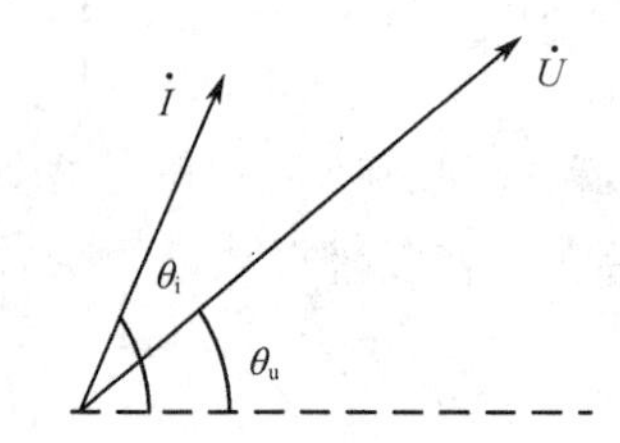

图 4.10　电流、电压有效值向量图

$\dot{U}_m$ 是正弦电压 $u(t)$ 的幅值向量，正弦电压还可以用有效值向量来表示：

$$\dot{U}=U(\cos\theta_u+j\ \sin\theta_u)=Ue^{j\theta_u}=U\angle\theta_u \tag{4.12}$$

同样，若正弦电流 $i(t)=I_m\sin(\omega t+\theta_i)=\sqrt{2}I\sin(\omega t+\theta_i)$，可用向量表示为：

$$\begin{cases}\dot{I}_m=I_m\angle\theta_i\\ \dot{I}=I\angle\theta_i\end{cases} \tag{4.13}$$

有效值向量与幅值向量的关系为：

$$\begin{cases}\dot{U}_m=\sqrt{2}\dot{U}\\ \dot{I}_m=\sqrt{2}\dot{I}\end{cases} \tag{4.14}$$

【例 4.5】 写出表示式 $u_A=22\sqrt{2}\sin100tV$，$u_B=22\sqrt{2}\sin(100t-120°)$ V，$u_C=22\sqrt{2}\sin(100t+120°)$ V 的向量，并画出向量图。

解　分别用有效值向量 $\dot{U}_A$、$\dot{U}_B$ 和 $\dot{U}_C$ 表示正弦电压 u_A、u_B 和 u_C，则

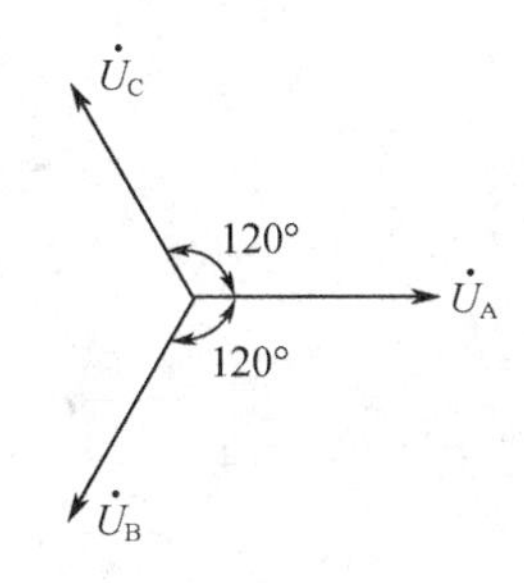

图 4.11　例 4.5 向量图

$$\dot{U}_A=22\angle 0°=22\text{V}$$

$$\dot{U}_B=22\angle -120°=22\left(-\frac{1}{2}-\text{j}\frac{\sqrt{3}}{2}\right)\text{V}$$

$$\dot{U}_C=22\angle 120°=22\left(-\frac{1}{2}+\text{j}\frac{\sqrt{3}}{2}\right)\text{V}$$

向量图如图 4.11 所示。

注意，只有正弦量才能用向量来表示，只有同频率的正弦量才能画在同一向量图上，不同频率的正弦量不能画在一个向量图上。

4.2　正弦稳态电路中两类约束的向量形式

基尔霍夫定律和各种元件上的伏安关系是分析电路的基础。正弦量用向量表示后，除简化正弦量之间的运算过程外，还可将前两章以直流线性电路为例介绍的电路理论及分析方法直接应用于正弦稳态电路，只不过电路的激励与响应都是正弦量的向量形式，依据电路的元件约束和基尔霍夫定律列写出的方程也都是向量方程。本节先讨论各种元件上伏安关系的向量形式，而后讨论基尔霍夫定律的向量形式。

4.2.1　R、L、C 元件伏安关系的向量形式

电阻、电容和电感元件是电路中的基本元件。在关联参考方向下，线性时不变电阻、电容和电感元件的伏安关系分别是：

$$u=Ri,i=C\frac{\text{d}u_C}{\text{d}t},\quad u=L\frac{\text{d}i}{\text{d}t}\tag{4.15}$$

由于正弦量对时间的导数或乘以某常量仍为同频率的正弦量，因此在正弦稳态电路中，这些基本元件的电压和电流都是同频率的正弦量。为了使用向量分析正弦稳态电路，现分析三种基本元件伏安关系的向量形式。

假设在关联参考方向下，元件上的电流和电压的表达式分别为：

$$u(t)=U_m\sin(\omega t+\theta_u),\quad i(t)=I_m\sin(\omega t+\theta_i)\tag{4.16}$$

相应的幅值向量表示式分别为：

$$\dot{U}_m=U_m\angle\theta_u,\quad \dot{I}_m=I_m\angle\theta_i\tag{4.17}$$

利用元件上的伏安关系可得到电压向量和电流向量之间的关系。

1. 电阻元件约束的向量形式

图 4.12(a)是线性电阻与正弦稳态电源连接的电路。在关联参考方下，由欧姆定律和电阻元件的伏安关系 $u=Ri$，得

$$u=Ri=RI_m\sin(\omega t+\theta_i)=U_m\sin(\omega t+\theta_u)\tag{4.18}$$

式中

$$U_m=R\cdot I_m\tag{4.19}$$

由式(4.19)可看出，在电阻元件的交流电路中，电压与电流为同频率、同相位($\theta_u=\theta_i=\theta$)的正弦量。电阻元件的电压、电流波形如图 4.12(b)所示。

如用向量表示电阻元件电压与电流的关系，则为：

$$\dot{U}_m=R\dot{I}_m\tag{4.20}$$

式(4.20)和欧姆定律形式相似，即为电阻元件的向量欧姆定律。向量图如图 4.12(c)所示。

考虑到

$$\dot{U}_m=U_m\angle\theta_u,\quad \dot{I}_m=I_m\angle\theta_i \tag{4.21}$$

进一步得到

$$\dot{U}_m=U_m\angle\theta_u=RI_m\angle\theta_i=R\dot{I}_m \text{ 或 } \dot{U}=U\angle\theta_u=RI\angle\theta_i=R\dot{I} \tag{4.22}$$

可见，电阻元件的电压和电流的有效值向量和幅值向量之间的关系均符合欧姆定律。

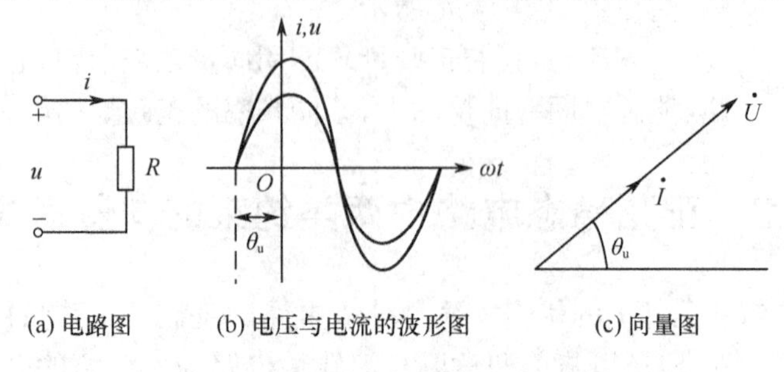

图 4.12　电阻元件约束的向量形式

2. 电容元件约束的向量形式

如图 4.13(a)所示，在关联参考方下，电容元件的伏安特性为

$$i=C\frac{\mathrm{d}u_C}{\mathrm{d}t} \tag{4.23}$$

如果在电容两端施加一正弦电压 $u(t)=U_m\sin(\omega t+\theta_u)$，则有：

$$\begin{aligned}i&=C\frac{\mathrm{d}u_C}{\mathrm{d}t}=C\frac{\mathrm{d}}{\mathrm{d}t}[U_m\sin(\omega t+\theta_u)]=\omega CU_m\cos(\omega t+\theta_u)\\&=\omega CU_m\sin\left(\omega t+\theta_u+\frac{\pi}{2}\right)=I_m\sin(\omega t+\theta_i)\end{aligned} \tag{4.24}$$

式(4.24)中

$$\begin{cases}\theta_i=\theta_u+\dfrac{\pi}{2}\\ I_m=\omega CU_m\end{cases} \tag{4.25}$$

由式(4.24)和式(4.25)知：电容元件电路中，电容元件的电流与电压为同频率的正弦量。但在相位上，电流超前于电压 90°，电容元件的电压、电流波形图如图 4.13(b)所示。

电压与电流的幅值具有欧姆定律形式，U_m 与 I_m 之比为$\frac{1}{\omega C}$，单位为欧姆。当电压 U_m 一定时，$\frac{1}{\omega C}$越大，则电流 I_m 越小，因此它对电流起阻碍作用，称为容抗，用 X_C 表示，即

$$X_C=\frac{U_m}{I_m}=\frac{U}{I}=\frac{1}{\omega C}=\frac{1}{2\pi fC} \tag{4.26}$$

容抗 X_C 与角频率 ω 成反比，频率越高，X_C 越小。因此，电容有通高频信号和阻低频信号的频率特性，当电压有效值 U 和电容 C 一定时，容抗 X_C 和电流 I 与频率的关系如图 4.13(d)所示；在直流电路中 $\omega=0$，X_C 为无穷大，因此电容有隔直作用，在直流电路中相当于开路元件。用向量表示电容两端的电压与电流的关系，即

$$\begin{cases}\dot{U}_m=U_m\angle\theta_u=U_m\mathrm{e}^{\mathrm{j}\theta_u}\\ \dot{I}_m=I_m\angle\theta_i=I_m\mathrm{e}^{\mathrm{j}\theta_i}=I_m\mathrm{e}^{\mathrm{j}(\theta_u+\frac{\pi}{2})}\\ \dfrac{\dot{U}_m}{\dot{I}_m}=\dfrac{U_m}{I_m}\mathrm{e}^{-\mathrm{j}\frac{\pi}{2}}=-\mathrm{j}\dfrac{1}{\omega C}\end{cases} \tag{4.27}$$

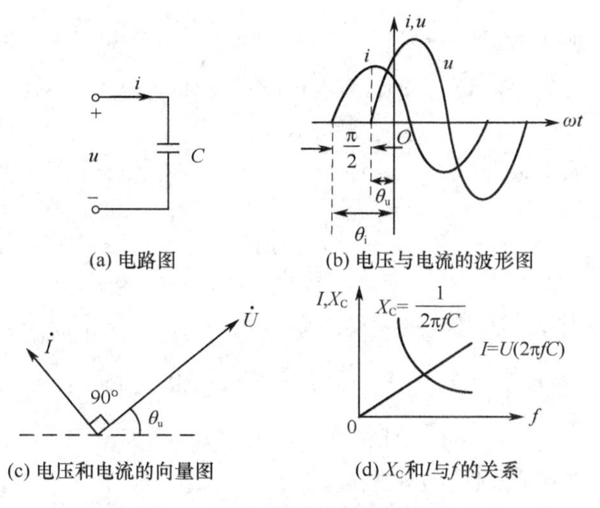

(a) 电路图　(b) 电压与电流的波形图

(c) 电压和电流的向量图　(d) X_C和I与f的关系

图 4.13　电容元件的交流电路

或

$$\dot{I}_m = I_m \angle \theta_i = \frac{U_m}{X_C} \angle \theta_i = \frac{U_m}{X_C} e^{j(\theta_u + \frac{\pi}{2})} = j \frac{\dot{U}_m}{X_C} = j\omega C \dot{U}_m \tag{4.28}$$

式(4.28)又可写为

$$\dot{U}_m = -jX_C \dot{I}_m = -j \frac{1}{\omega C} \dot{I}_m = \frac{1}{j\omega C} \dot{I}_m \tag{4.29}$$

或

$$\dot{U} = -jX_C \dot{I} = -j \frac{1}{\omega C} \dot{I} = \frac{1}{j\omega C} \dot{I} \tag{4.30}$$

式(4.29)和式(4.30)与欧姆定律的形式相似，即为电容元件的向量欧姆定律，电容元件的电压、电流向量图如图 4.13(c)所示。

【例 4.6】 已知某电阻 $R=100\Omega$，接于初相角为 30°的 220V 工频正弦交流电压源上，试分别以三角函数形式和向量形式求通过电阻 R 的电流。

解　(1) 以三角函数形式求解。由已知条件

$$u = 220\sqrt{2}\sin(314t + 30°)\text{V}$$

$$i = \frac{u}{R} = \frac{220\sqrt{2}}{100}\sin(314t + 30°) = 2.2\sqrt{2}\sin(314t + 30°)\text{A}$$

(2) 以向量形式求解。已知电压有效值向量$\dot{U} = 220\angle 30°\text{V}$，则电流有效值向量为

$$\dot{I} = \frac{\dot{U}}{R} = \frac{220\angle 30°}{100} = 2.2\angle 30°\text{A}$$

通过电阻 R 的电流的三角函数式为 $i = 2.2\sqrt{2}\sin(314t + 30°)\text{A}$。

【例 4.7】 在图 4.13(a)中，已知 $C = 1\mu\text{F}$，$u = 141.4\sin(314t - 30°)\text{V}$，求通过电容元件的电流表达式 $i(t)$ 及有效值 I。

解　因为

$$U_m = 141.4\text{V}$$

$$U = \frac{U_m}{\sqrt{2}} = \frac{141.4}{\sqrt{2}} = 100\text{V}$$

电压有效值向量为

$$\dot{U} = 100\angle -30°\text{V}$$

由式(4.28)得：

$$\dot{I}=\mathrm{j}\omega C\dot{U}=\mathrm{j}\times 314\times 1\times 10^{-6}\times 100\angle -30^\circ=31.4\angle 60^\circ \mathrm{mA}$$

电流瞬时值 $$i(t)=31.4\sqrt{2}\sin(314t+60^\circ)\mathrm{mA}$$

电流有效值 $$I=31.4\mathrm{mA}$$

3. 电感元件约束的向量形式

电感元件的伏安特性为

$$u=L\frac{\mathrm{d}i}{\mathrm{d}t}$$

在图 4.14(a)电路中，设通过电感元件的电流为 $i(t)=I_\mathrm{m}\sin(\omega t+\theta_\mathrm{i})$，电感的端电压

$$u=L\frac{\mathrm{d}i}{\mathrm{d}t}=L\frac{\mathrm{d}}{\mathrm{d}t}[I_\mathrm{m}\sin(\omega t+\theta_\mathrm{i})]=\omega LI_\mathrm{m}\cos(\omega t+\theta_\mathrm{i})$$

$$=\omega LI_\mathrm{m}\sin(\omega t+\theta_\mathrm{i}+90^\circ)=U_\mathrm{m}\sin(\omega t+\theta_\mathrm{u}) \tag{4.31}$$

电感两端的正弦电压、电流的幅值与相位关系为：

$$\begin{cases}U_\mathrm{m}=\omega LI_\mathrm{m}\\ \theta_\mathrm{u}=\theta_\mathrm{i}+\dfrac{\pi}{2}\end{cases} \tag{4.32}$$

可见，电感元件的电压 u 与电流 i 为同频率的正弦量。但两者的相位不同，电压超前电流 90°，电感元件的电压、电流波形图如图 4.14(b)所示。

电压与电流的幅值关系同样具有欧姆定律的形式。

电感元件电路中，电压的幅值与电流的幅值之比为 ωL。它也具有电阻的量纲，单位为欧姆(Ω)，称为感抗，用 X_L 表示，即

$$X_\mathrm{L}=\omega L=2\pi fL \tag{4.33}$$

感抗对交流电流起阻碍作用，它与电感 L、电源频率 f 成正比，因此电感有阻高频信号和通低频信号的频率特性。当 U 和电感 L 一定时，感抗 X_L 和电流 I 与频率的关系如图 4.14(d)所示。仅有几匝线圈的电感对工频交流电来说，感抗并不大，但对雷电频率来说，其感抗值很大。所以在变电站的高压输电线与变压器之间接入几匝线圈，可以防止雷击变压器，起到保护作用。在直流电路中，由于 $f=0$，$X_\mathrm{L}=0$，电感元件则相当于短路。

用向量来表示电感元件电压与电流的关系：

$$\dot{U}_\mathrm{m}=U_\mathrm{m}\angle\theta_\mathrm{u}，\dot{I}_\mathrm{m}=I_\mathrm{m}\angle\theta_\mathrm{i}$$

$$\frac{\dot{U}_\mathrm{m}}{\dot{I}_\mathrm{m}}=\frac{U_\mathrm{m}}{I_\mathrm{m}}\mathrm{e}^{\mathrm{j}(\theta_\mathrm{u}-\theta_\mathrm{i})}=X_\mathrm{L}\mathrm{e}^{\mathrm{j}\frac{\pi}{2}}=\mathrm{j}X_\mathrm{L}=\mathrm{j}\omega L$$

或 $$\frac{\dot{U}}{\dot{I}}=X_\mathrm{L}\mathrm{e}^{\mathrm{j}\frac{\pi}{2}}=\mathrm{j}X_\mathrm{L}=\mathrm{j}\omega L \tag{4.34}$$

电感元件的向量形式也可写成

$$\dot{U}_\mathrm{m}=\mathrm{j}X_\mathrm{L}\dot{I}_\mathrm{m}=\mathrm{j}\omega L\dot{I}_\mathrm{m} \text{ 或 } \dot{U}=\mathrm{j}X_\mathrm{L}\dot{I}=\mathrm{j}\omega L\dot{I} \tag{4.35}$$

式(4.35)和欧姆定律的形式相似，即为电感元件的向量欧姆定律，电感元件的电压、电流向量图如图 4.14(c)所示。

现将电阻、电容、电感三种元件向量形式的伏安关系总结如下：

电阻元件：$\dot{U}_\mathrm{R}=R\dot{I}_\mathrm{R}$

电容元件：$\dot{I}_\mathrm{C}=\mathrm{j}\omega C\dot{U}_\mathrm{C}$，$\dot{U}_\mathrm{C}=\dfrac{1}{\mathrm{j}\omega C}\dot{I}_\mathrm{C}$

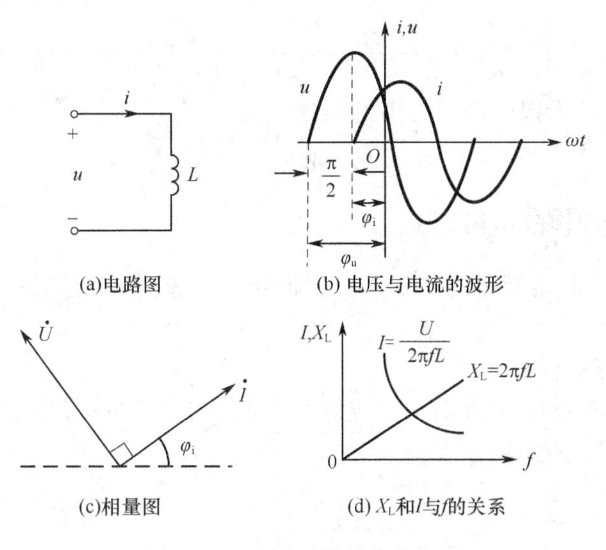

图 4.14　电感元件的交流电路

电感元件：$\dot{U}_{\mathrm{L}}=\mathrm{j}\omega L\,\dot{I}_{\mathrm{L}}$，$\dot{I}_{\mathrm{L}}=\dfrac{1}{\mathrm{j}\omega L}\dot{U}_{\mathrm{L}}$

由此可以看出，三种基本元件向量形式的伏安关系（VAR）与电阻的欧姆定律完全类似，又称之为向量形式的欧姆定律。

为了便于与直流电阻电路进行比照，这里引入向量模型的概念。在前面分析直流电阻电路模型时，以 R、L、C 等参数表征元件的特性，称为时域模型，反映的是电压与电流之间的关于时间的函数关系。而向量模型是运用向量来对正弦稳态电路进行分析、计算的模型，它把原电路中的电压、电流皆用向量表示，参考方向保持不变。电阻元件仍用 R 表示，而电容元件和电感元件分别用$\dfrac{1}{\mathrm{j}\omega C}$及 $\mathrm{j}\omega L$ 来表示。事实上没有任何一个元件的参数是虚数，复数只是用来计算的工具。因此，向量模型是一种假想的实际不存在的模型，也只是对正弦稳态电路进行分析计算的工具。

将电阻、电容和电感元件用下一节将要定义的阻抗形式表示，得到它们的电路向量模型如图 4.15(a)、(b)、(c)所示。图中 R 是电阻元件的阻抗、$\mathrm{j}\omega L$ 表示电感元件的阻抗、$\dfrac{1}{\mathrm{j}\omega C}$表示电容元件的阻抗。

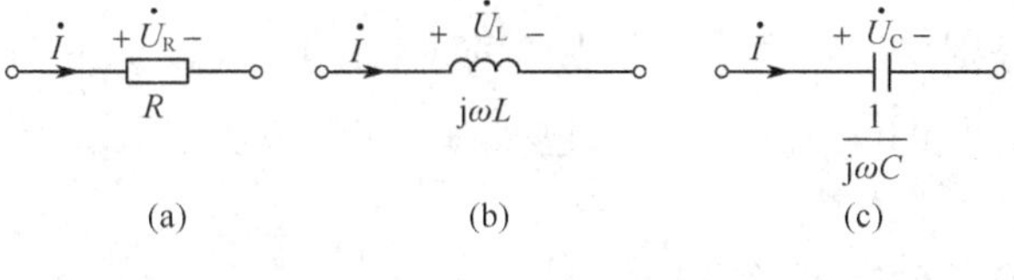

(a)　　(b)　　(c)

图 4.15　R、L、C 元件的向量模型

【例 4.8】在图 4.14(a)中，已知 $L=0.1\mathrm{H}$，电感元件端电压的有效值是 314V，频率 $f=100\mathrm{Hz}$，初相位 30°，求通过此元件电流的瞬时值表达式。

解　已知
$$U=314\mathrm{V},\theta_{\mathrm{u}}=30^{\circ}$$

所以
$$\dot{U}=314\angle 30^{\circ}\mathrm{V}$$

电流向量 $\dot{I}=\frac{\dot{U}}{j\omega L}=\frac{314\angle 30^\circ}{2\pi\times 100\times 0.1\angle 90^\circ}=5\angle -60^\circ \text{A}$

又 $\omega=2\pi f=200\pi \text{rad/s}$，所以电流瞬时值的表达式为

$$i=5\sqrt{2}\sin(200\pi t-60^\circ)\text{A}$$

4.2.2 基尔霍夫定律的向量形式

基尔霍夫定律是分析电路的基本定律。根据正弦量及其向量的关系，可得到基尔霍夫定律的向量形式。

1. **KCL 的向量形式**

基尔霍夫电流定律表明，对于有 n 条支路相连的某节点，在任意时刻流入或流出该节点的电流的代数和为零。数学表达式为

$$\sum_{k=1}^{n} i_k = 0 \tag{4.36}$$

上式中，i_k 为第 k 条支路的电流。

若 $i_k = I_{km}\sin(\omega t+\theta_{ik})$，即是单一频率的正弦稳态电路，$i_k$ 对应于指数函数的虚部，式(4.36)可以写成

$$\sum_{k=1}^{n} i_k = \sum_{k=1}^{n} \text{Im}[\dot{I}_{km}e^{j\omega t}] = 0 \tag{4.37}$$

式中，Im[·]为取虚部运算。

由于 $e^{j\omega t}$ 与 k 无关，所以式(4.37)又可以写成为

$$\text{Im}\left[\sum_{k=1}^{n} \dot{I}_{km}e^{j\omega t}\right]=0 \tag{4.38}$$

进一步得到

$$\sum_{k=1}^{n} \dot{I}_{km} = 0 \quad 或 \quad \sum_{k=1}^{n} \dot{I}_k = 0 \tag{4.39}$$

这就是基尔霍夫电流定律的向量形式。其中 $\dot{I}_{km}$ 和 $\dot{I}_k$ 为流入或流出该节点的第 k 条支路的正弦电流 i_k 的幅值向量和有效值向量。

2. **KVL 的向量形式**

对于处在一个闭合路径上的 n 个正弦电压 $u_k(t)$，基尔霍夫电压定律的向量形式为

$$\sum_{k=1}^{n} \dot{U}_{km} = 0，或 \sum_{k=1}^{n} \dot{U}_k = 0 \tag{4.40}$$

式(4.40)中 $\dot{U}_{km}$ 和 $\dot{U}_k$ 分别是回路中第 k 条支路的正弦电压 u_k 的幅值向量和有效值向量。

【例 4.9】 某一电路如图 4.16(a)所示，已知：$u(t)=90\sqrt{2}\sin(300t+90^\circ)\text{V}$，$R=30\Omega$，$L=100\text{mH}$，求 $i(t)$。

解 写出电压的有效值向量形式

$$\dot{U}=90\angle 90^\circ \text{V}$$

作向量模型如图 4.16(b)所示。

对电阻元件 $\dot{I}_R=\frac{\dot{U}}{R}=\frac{90\angle 90^\circ}{30}=3\angle 90^\circ=j3\text{A}$

对电感元件 $\dot{I}_L=\frac{\dot{U}}{j\omega L}=\frac{90\angle 90^\circ}{300\times 100\times 10^{-3}\angle 90^\circ}=3\angle 0^\circ=3\text{A}$

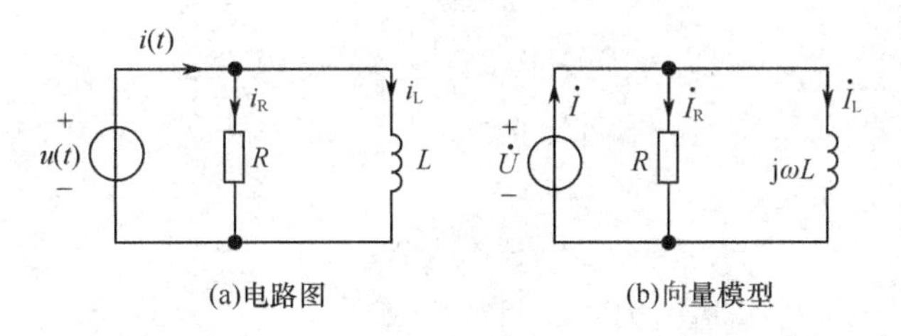

图 4.16　例 4.9 图

根据基尔霍夫电流定律的向量形式　　$\dot{I}=\dot{I}_R+\dot{I}_L=\text{j}3+3=3\sqrt{2}\angle 45^\circ\text{A}$

所以　　　　　$i(t)=3\sqrt{2}\times\sqrt{2}\sin(300t+45^\circ)=6\sin(300t+45^\circ)\text{A}$

【例 4.10】 在图 4.17 所示正弦稳态电路中，已知 $I_1=I_2=10\text{A}$，电阻 R 上电压 u_R 的初相为 0，求向量 $\dot{I}$ 和 $\dot{U}_S$。

解　电路中电阻与电容并联，且元件上的电压初相位皆为 0。向量 $\dot{I}_1$ 和向量 $\dot{U}_R$ 同相位，电容上流过的电流 $\dot{I}_2$ 超前电压 $\dot{U}_R$ 90°，即 $\dot{I}_2$ 超前 $\dot{I}_1$ 90°。

所以

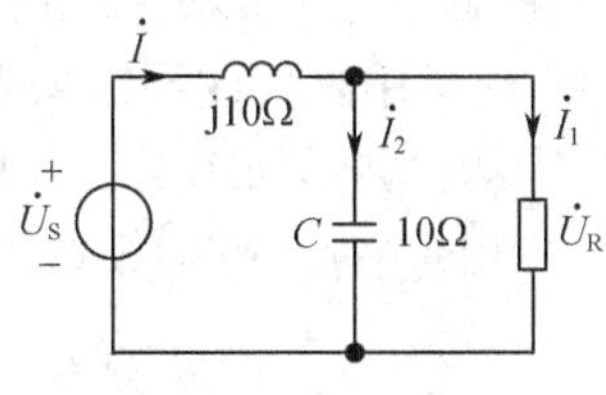

图 4.17　例 4.10 图

$$\dot{I}_1=10\angle 0^\circ\text{A}$$

$$\dot{I}_2=10\angle 90^\circ=\text{j}10\text{A}$$

根据基尔霍夫电流定律的向量形式，得

$$\dot{I}=\dot{I}_1+\dot{I}_2=(10+\text{j}10)\text{A}$$

根据基尔霍夫电压定律的向量形式

$$\dot{U}_S=\text{j}10\ \dot{I}+10\ \dot{I}_1=\text{j}100-100+100=\text{j}100=100\angle 90^\circ\text{V}$$

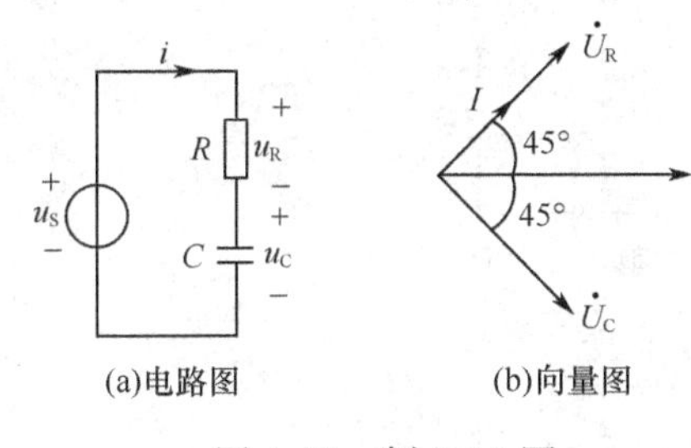

图 4.18　例 4.11 图

【例 4.11】 图 4.18(a)所示电路，已知 $R=100\Omega$，$C=100\mu\text{F}$，$u_S=100\sqrt{2}\sin100t\text{V}$，求 i，u_R 和 u_C，并画出向量图。

解

(a) 已知正弦电压 $u_S=100\sqrt{2}\sin100t\text{V}$，相应的有效值向量

$$\dot{U}_S=100\angle 0^\circ\text{V}$$

(b) 利用元件向量关系式进行求解。

对电容元件：

$$\dot{U}_C=-\text{j}X_C\ \dot{I}=-\text{j}\frac{1}{\omega C}\dot{I}=-\text{j}\frac{\dot{I}}{100\times100\times10^{-6}}=-\text{j}100\ \dot{I}\text{V}$$

对电阻元件：

$$\dot{U}_R=R\ \dot{I}=100\ \dot{I}\text{V}$$

利用基尔霍夫电压定律的向量形式计算

$$\dot{U}_S=\dot{U}_C+\dot{U}_R=-\text{j}X_C\ \dot{I}+R\ \dot{I}=\dot{I}(R-\text{j}X_C)$$

$$\dot{I}=\frac{\dot{U}_S}{R-\text{j}X_C}=\frac{100\angle 0^\circ}{100-\text{j}100}=\frac{100\angle 0^\circ}{100\sqrt{2}\angle -45^\circ}=0.5\sqrt{2}\angle 45^\circ\text{A}$$

$$\dot{U}_R = R\dot{I} = 100\times 0.5\sqrt{2}\angle 45° = 50\sqrt{2}\angle 45°\text{V}$$

$$\dot{U}_C = -jX_C\dot{I} = -j100\times 0.5\sqrt{2}\angle 45° = 50\sqrt{2}\angle -45°\text{V}$$

(c) 写出 i，u_R 和 u_C：

$$i = \sin(100t + 45°)\text{A}$$

$$u_R = 100\sin(100t + 45°)\text{V}$$

$$u_C = 100\sin(100t - 45°)\text{V}$$

向量图如图 4.18(b)所示。

4.3 阻抗与导纳

4.3.1 阻抗

1. 阻抗的概念

正弦稳态下无源二端网络端口电压向量和电流向量之间的比例关系就是向量形式的欧姆定律，它可用阻抗或导纳来表示。

图 4.19(a)所示是正弦稳态下的 RLC 串联电路，设端口电压 $u(t) = U_m\sin(\omega t + \theta_u)$，电流 $i(t) = I_m\sin(\omega t + \theta_i)$，图 4.19(b)是相应的向量模型。根据 KVL 的向量形式，得：

$$\dot{U} = \dot{U}_R + \dot{U}_C + \dot{U}_L = \dot{I}R + j\omega L\dot{I} - j\frac{1}{\omega C}\dot{I} = \dot{I}\left[R + j\left(\omega L - \frac{1}{\omega C}\right)\right]$$

$$= \dot{I}[R + j(X_L - X_C)] \tag{4.41}$$

(a)电路图　(b)向量模型

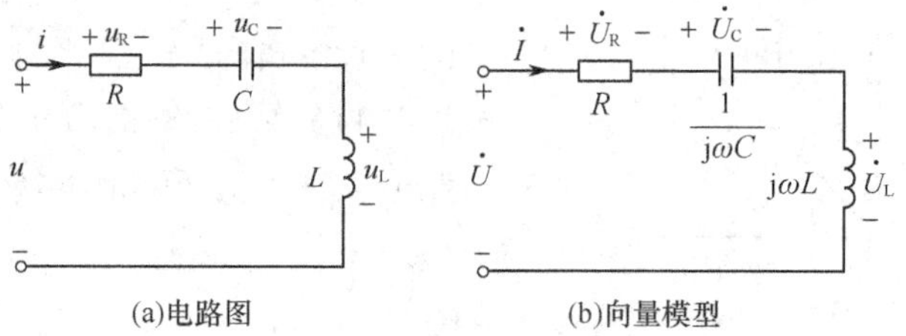

图 4.19　RLC 串联电路及其向量模型

令 $Z = R + j(X_L - X_C) = R + jX$，它是一复数，称为阻抗。式(4.41)可写为

$$\dot{U} = \dot{I}Z \tag{4.42}$$

式(4.42)就是复数形式的欧姆定律。式(4.42)还可以写为

$$Z = \frac{\dot{U}}{\dot{I}} \tag{4.43}$$

式(4.43)表明阻抗 Z 是图 4.19(a)所示无源二端网络的端口电压向量与电流向量的比值，这一概念可推而广之。任一线性无源二端网络的阻抗定义为端口电压向量与电流向量的比值[如图 4.20(a)所示]。注意，端口的电压、电流应为关联参考方向。显然式(4.43)与电阻电路中的欧姆定律相似，只是电流和电压都用向量表示，因此称为欧姆定律的向量形式。

式(4.43)也可写成：

$$Z = \frac{U\angle\theta_u}{I\angle\theta_i} = \frac{U}{I}\angle(\theta_u - \theta_i) = |Z|\angle\varphi_Z = |Z|\cos\varphi_Z + j|Z|\sin\varphi_Z = R + jX \tag{4.44}$$

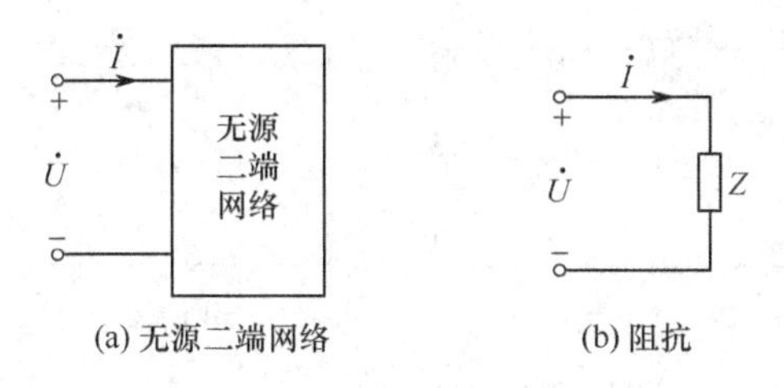

(a) 无源二端网络　　　　(b) 阻抗

图 4.20　无源二端网络及其阻抗

式(4.44)中 θ_i 和 θ_u 分别为正弦电流、电压的初相位。式(4.44)表明一个无源二端网络的阻抗可等效为电阻 R 与电抗 X 串联组成,如图 4.21 所示。

其中:
$$|Z|=\frac{U}{I} \tag{4.45}$$

$|Z|$ 称为阻抗模,是电压有效值与电流有效值之比值(或电压幅值与电流幅值之比值),量纲也为欧姆。

$$\varphi_Z=\theta_u-\theta_i \tag{4.46}$$

φ_Z 称为阻抗角,即阻抗的辐角,它决定了端口上电压和电流之间的相位差,反映了含有 R、L、C 元件的无源二端网络阻抗的性质:当 φ_Z 为正,电压超前电流,称电路呈现电感性;当 φ_Z 为负时,电压落后电流,称电路呈现电容性;当 φ_Z 为零时,电压与电流同相,称电路呈现纯阻性,这种现象称含有 R、L、C 元件的无源二端网络发生谐振,将在后续节中详细讨论。

阻抗的实部是电阻 R,虚部是电抗 X。阻抗模、阻抗角、电阻及电抗之间的关系可以用直角三角形表示,如图 4.22 所示。

注意,阻抗 Z 是复数,它不对应正弦量,不是向量,Z 的上面不能打点。

图 4.21　无源二端网络阻抗的串联等效电路　　　　图 4.22　阻抗三角形

如果无源二端网络只含有单个元件 R、L 或 C,则其阻抗就是三个元件对应的阻抗:

$$Z_R=R, Z_L=j\omega L=jX_L, Z_C=\frac{1}{j\omega C}=-jX_C \tag{4.47}$$

三种元件约束关系的向量形式分别是

$$\dot{U}_R=R\dot{I}, \dot{U}_L=j\omega L\dot{I}, \dot{U}_C=\frac{1}{j\omega C}\dot{I}$$

【例 4.12】 如图 4.23(a)所示电路,已知 $L_1=8\text{H}$,$L_2=4\text{H}$,$C=2\text{F}$。试分析 ω 从 0 增至∞时等效阻抗 Z_{ab} 的变化情况。

解　画 4.23(a)所示电路的向量模型如图 4.23(b)所示。

$$Z_{ab}=j\omega L_2+\frac{j\omega L_1\left(-j\dfrac{1}{\omega C}\right)}{j\omega L_1-j\dfrac{1}{\omega C}}=j\left[\frac{\omega^3L_1L_2C-\omega(L_1+L_2)}{\omega^2L_1C-1}\right]=j\frac{64\omega^3-12\omega}{16\omega^2-1}$$

当 $16\omega^2-1=0$ 时,即 $\omega_1=0.25\text{rad/s}$,有

$$Z_{ab}=\infty$$

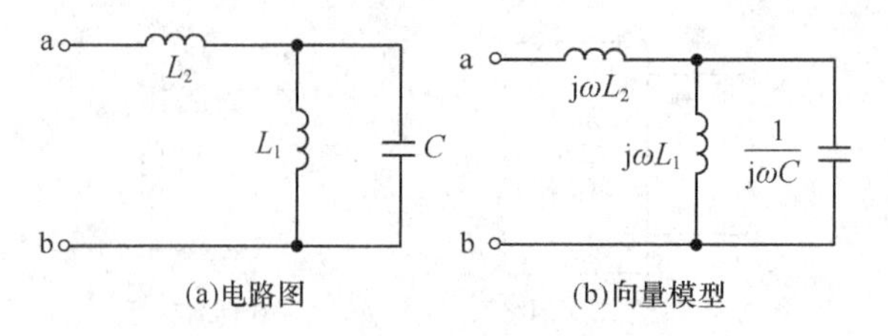

图 4.23　例 4.12 图

当 $64\omega^3-12\omega=0$ 时，即 $\omega_2=0.43\text{rad/s}$ 或 $\omega_3=0$ 时，有：

$$Z_{ab}=0$$

上述结果表明：

(1) Z_{ab} 只含有虚部，相当于一个电抗；虚部大于零时为感抗，虚部小于零时为容抗。

(2) $\omega=0.25\text{rad/s}$ 时，$Z_{ab}=\infty$，相当于开路。$\omega=0$ 或 $\omega=0.43\text{rad/s}$ 时，$Z_{ab}=0$，相当于短路。

(3) 当 $0<\omega<0.25\text{rad/s}$ 或 $\omega>0.43\text{rad/s}$ 时，Z_{ab} 的阻抗角为正 90°，相当于一个电感元件。当 $0.25<\omega<0.43\text{rad/s}$ 时，Z_{ab} 的阻抗角为负 90°，相当于一个电容元件。

通过以上的讨论，可以了解两个问题：

第一，任一无源正弦稳态二端网络的等效阻抗，全面地描述了此网络的特性；

第二，任一无源正弦稳态二端网络，无论其内部结构如何复杂，在信号频率一定的条件下，总可以用一个 R、L 串联或 R、C 串联的等效电路来代替。

【例 4.13】 如图 4.24(a)所示电路中，已知 $u=5\sqrt{2}\sin t\text{V}$，$R=1\Omega$，$L=2\text{H}$，$C=1\text{F}$。求 i，u_R，u_L，u_C。

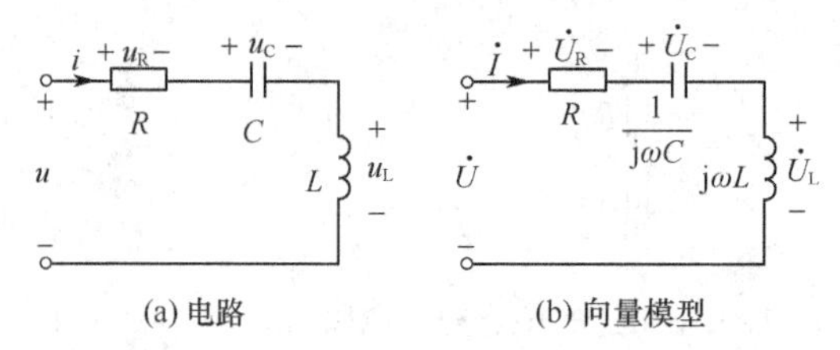

图 4.24　例 4.13 图

解　(1) 先写出已知正弦量的向量：$\dot{U}=5\angle 0°\text{V}$。并作出电路相应的向量模型如图 4.24(b)所示。将各基本元件对应的阻抗计算如下：

$$Z_R=15\Omega$$

$$Z_L=j\omega L=j\times 1\times 2=j2\Omega$$

$$Z_C=\frac{1}{j\omega C}=\frac{1}{j\times 1\times 1}=-j1\Omega$$

电阻总的阻抗为：　　$Z=R+j\omega L-j\dfrac{1}{\omega C}=1+j1=\sqrt{2}\angle 45°\Omega$

由向量模型得：

$$\dot{I}=\frac{\dot{U}}{Z}=\frac{5\angle 0°}{\sqrt{2}\angle 45°}=3.536\angle -45°\text{A}$$

$$\dot{U}_R=R\,\dot{I}=1\times 3.536\angle -45°=3.536\angle -45°\text{V}$$

$$\dot{U}_L=j\omega L\,\dot{I}=2\angle 90°\times 3.536\angle -45°=7.072\angle 45°\text{V}$$

$$\dot{U}_C=\frac{1}{j\omega C}\dot{I}=1\angle-90°\times3.536\angle-45°=3.536\angle-135°\text{V}$$

(2) 由各向量写出对应的正弦量。

$$i=3.536\sqrt{2}\sin(t-45°)\text{A},u_R=3.536\sqrt{2}\sin(t-45°)\text{V}$$

$$u_L=7.072\sqrt{2}\sin(t+45°)\text{V},u_C=3.536\sqrt{2}\sin(t-135°)\text{V}$$

注意:采用向量模型进行正弦稳态电路的分析计算,一定要用阻抗,而不是电感的感抗 ωL 和电容的容抗 $1/\omega C$。因此,不要出现 $Z=R+\omega L+1/\omega C$ 这样的错误。

2. 阻抗的串联

图 4.25(a)是两个阻抗的串联电路,根据 KVL、KCL 的向量形式,可得到

$$\dot{U}=\dot{U}_1+\dot{U}_2=Z_1\dot{I}+Z_2\dot{I}=(Z_1+Z_2)\dot{I} \tag{4.48}$$

两个串联的阻抗可以用一个等效阻抗来等效,如图 4.25(b)所示。由图 4.25(b)所示的等效电路,可得

$$Z_{eq}=\frac{\dot{U}}{\dot{I}} \tag{4.49}$$

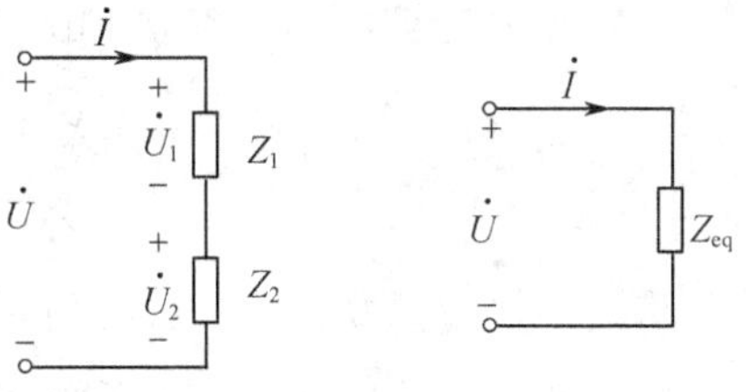

比较式(4.48)和式(4.49),可得

$$Z_{eq}=Z_1+Z_2 \tag{4.50}$$

(a) 阻抗的串联　　(b) 等效电路

图 4.25　阻抗的串联电路

两个阻抗串联时的分压公式为

$$\dot{U}_1=\frac{Z_1}{Z_1+Z_2}\dot{U},\dot{U}_2=\frac{Z_2}{Z_1+Z_2}\dot{U}$$

对于 n 个阻抗串联而成的电路,其等效阻抗

$$Z_{eq}=Z_1+Z_2+\cdots+Z_n=\sum R_k+j\sum X_k\quad(k=1,2,\cdots,n) \tag{4.51}$$

式(4.51)中

$$|Z_{eq}|=\sqrt{\left(\sum R_k\right)^2+\left(\sum X_k\right)^2},\varphi_z=\arctan\frac{\sum X_k}{\sum R_k}$$

式(4.51)表明,多个串联连接阻抗的总阻抗(等效阻抗)等于各个单独阻抗之和,这与电阻的串联相同。

各个阻抗的电压分配为

$$\dot{U}_k=\frac{Z_k}{Z_{eq}}\dot{U}\quad(k=1,2,\cdots,n) \tag{4.52}$$

式中,$\dot{U}$为总电压;$\dot{U}_k$ 为第 k 个阻抗 Z_k 的电压。

3. 阻抗的并联

图 4.26(a)是两个阻抗的并联,根据 KCL 的向量形式可得

$$\dot{I}=\dot{I}_1+\dot{I}_2=\frac{\dot{U}}{Z_1}+\frac{\dot{U}}{Z_2}=\dot{U}\left(\frac{1}{Z_1}+\frac{1}{Z_2}\right) \tag{4.53}$$

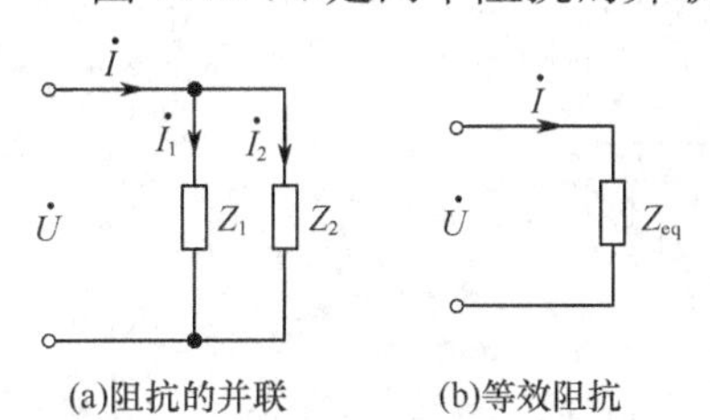

(a)阻抗的并联　　(b)等效阻抗

图 4.26　阻抗的并联电路

两个并联的阻抗也可用一个等效阻抗来代替,如图 4.26(b)所示。由图 4.26(b)所示的等效电路,有

$$\dot{I}=\frac{\dot{U}}{Z_{eq}} \tag{4.54}$$

比较式(4.53)和式(4.54),可得

$$\frac{1}{Z_{eq}}=\frac{1}{Z_1}+\frac{1}{Z_2}\text{或}Z_{eq}=\frac{Z_1Z_2}{Z_1+Z_2} \tag{4.55}$$

【例 4.14】图 4.27(a)所示正弦稳态电路中，已知角频率 $\omega=10000\text{rad/s}$，试求该电路阻抗模，判断电路的性质并画出电路的等效电路。

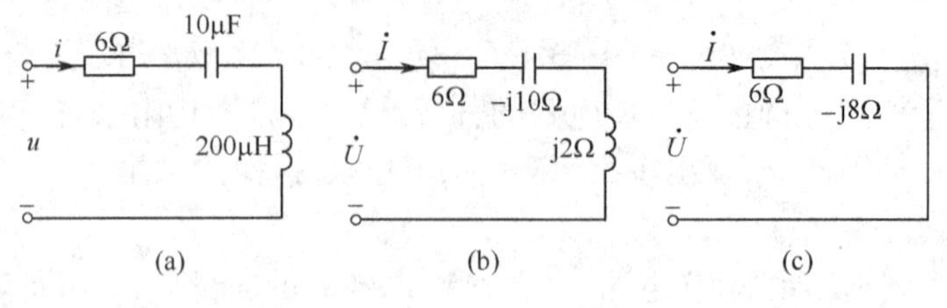

图 4.27　例 4.14 图

解　先计算电容的容抗和电感的感抗。

$$X_C=\frac{1}{\omega C}=\frac{1}{10000\times10\times10^{-6}}=10\Omega$$

$$X_L=\omega L=10000\times200\times10^{-6}=2\Omega$$

电路的向量模型如图 4.27(b)所示。电路的阻抗为

$$Z=6-\text{j}10+\text{j}2=6-\text{j}8=10\angle-53.1^\circ\Omega$$

可知该阻抗模为 10，阻抗角为负值，电路呈容性。其等效电路为 6Ω 的电阻和 −j8Ω 的电抗相串联，如图 4.27(c)所示。

4.3.2　导纳

1. 导纳的概念

导纳定义为线性正弦稳态无源二端网络[如图 4.20(a)]的端口上的电流向量与电压向量之比，即

$$Y=\frac{\dot{I}}{\dot{U}}=\frac{I}{U}\angle(\theta_i-\theta_u)=|Y|\angle\varphi_Y \tag{4.56}$$

式(4.56)中 θ_i 和 θ_u 分别为正弦电流、电压的初相位；$|Y|$ 是导纳的模；φ_Y 是导纳角，它是端口上电流与电压的相位差。

定义 Y 的代数形式为：

$$Y=G+\text{j}B \tag{4.57}$$

导纳 Y 的单位是西门子(S)，其中 G 是电导，B 称为电纳。可构得导纳的等效电路如图 4.28所示。

由式(4.56)，有

$$\dot{I}=\dot{U}Y=G\dot{U}+\text{j}B\dot{U}=\dot{I}_G+\dot{I}_B \tag{4.58}$$

导纳模、导纳角以及电导、电纳的关系为

$$\begin{cases}G=|Y|\cos\varphi_z\\B=|Y|\sin\varphi_z\end{cases},\quad\begin{cases}|Y|=\sqrt{G^2+B^2}\\\varphi_Y=\arctan\dfrac{B}{G}\end{cases}$$

由上述关系式可得导纳三角形如图 4.29 所示。

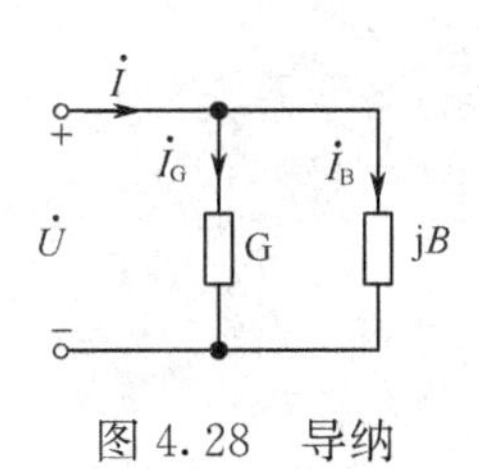

图 4.28　导纳

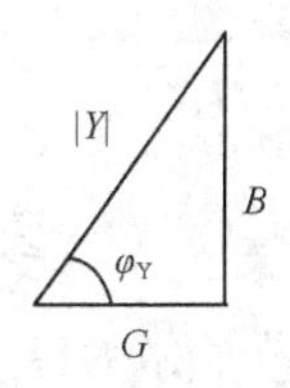

图 4.29　导纳三角形

对于含有单个元件 R、L 或 C 的无源线性正弦稳态二端网络，有

$$Y_R=\frac{\dot{I}_R}{\dot{U}_R}=G=\frac{1}{R},Y_C=\frac{\dot{I}_C}{\dot{U}_C}=j\omega C=jB_C,Y_L=\frac{\dot{I}_L}{\dot{U}_L}=\frac{1}{j\omega L}=-jB_L$$

式中，B_L 称为电感元件的电纳，简称感纳；B_C 称为电容元件的电纳，简称容纳。

【例 4.15】 如图 4.30(a)所示电路，已知 $R=1\Omega$，$L=1H$，$C=2F$，$i=2\sqrt{2}\sin t A$。求 $u(t)$。

解　(1) $\dot{I}=2\angle 0°A$，$Y_R=\frac{1}{R}=G=1S$，$Y_L=\frac{1}{j\omega L}=-jB_L=-j1S$，$Y_C=j\omega C=j2S$

向量模型 4.30(b)所示。

(2) 电路的导纳为

$$Y=Y_R+Y_C+Y_L=(1+j1)S$$

由此得

$$\dot{U}=\frac{\dot{I}}{Y}=\frac{2\angle 0°}{1+j1}=\frac{2\angle 0°}{\sqrt{2}\angle 45°}=\sqrt{2}\angle -45°V$$

(3) 写出 $u(t)$

$$u(t)=\sqrt{2}\times\sqrt{2}\sin(t-45°)=2\sin(t-45°)V$$

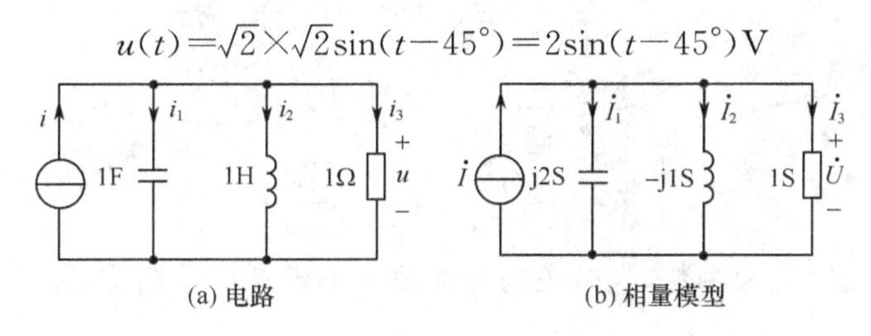

图 4.30　例 4.15 图

2. 导纳的并联

设有两个导纳 Y_1、Y_2 并联组成的电路如图 4.31 所示，由电路的 KCL 向量形式，有

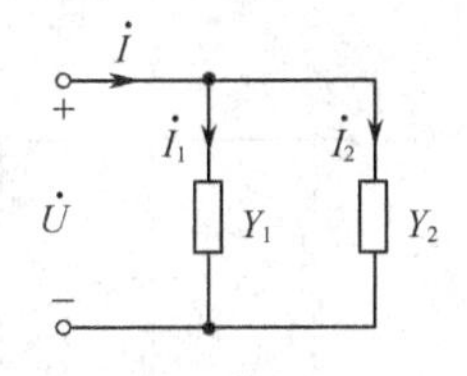

图 4.31　两导纳并联

$$\dot{I}_1+\dot{I}_2=\dot{I}，又\dot{I}_1=Y_1\dot{U},\dot{I}_2=Y_2\dot{U}$$

得

$$\dot{U}=\frac{\dot{I}}{(Y_1+Y_2)}=\frac{\dot{I}}{Y_{eq}}$$

可见两个导纳并联等效于一个等效导纳，即两个导纳的和

$$Y_{eq}=Y_1+Y_2$$

两个导纳并联时的分流公式为

$$\dot{I}_1=Y_1\dot{U}=\frac{Y_1}{Y_1+Y_2}\dot{I},\dot{I}_2=Y_2\dot{U}=\frac{Y_2}{Y_1+Y_2}\dot{I}$$

对于 n 个导纳并联而成的电路，其等效导纳

$$Y_{eq}=Y_1+Y_2+\cdots+Y_n \tag{4.59}$$

各个导纳的电流分配为

$$\dot{I}_k=\frac{Y_k}{Y_{eq}}\dot{I}\quad(k=1,2,\cdots,n)\tag{4.60}$$

其中$\dot{I}$为总电流，$\dot{I}_k$ 为第 k 个复数纳 Y_k 的电流。

4.3.3 阻抗与导纳的相互转换

根据导纳和阻抗的定义，同一个无源二端正弦稳态网络的阻抗和导纳之间互为倒数，即

$$Y=\frac{1}{Z}$$

设某无源二端正弦稳态网络如图 4.32(a)所示，其阻抗 $Z=R+\mathrm{j}X$，如图 4.32(b)所示；对应的导纳为 $Y=G+\mathrm{j}B$，如图 4.32(c)所示。

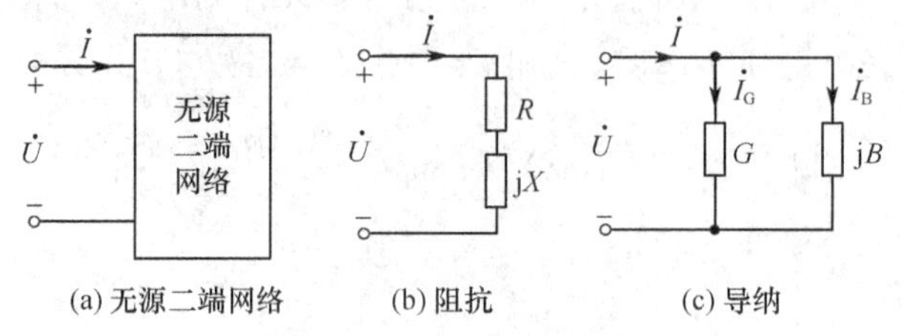

图 4.32　无源二端正弦稳态网络

由
$$Y=\frac{1}{Z}=\frac{1}{R+\mathrm{j}X}=\frac{R-\mathrm{j}X}{R^2+X^2}=G+\mathrm{j}B$$

有
$$G=\frac{R}{R^2+X^2},\quad B=\frac{-X}{R^2+X^2}$$

同理由
$$Z=\frac{1}{Y}=\frac{1}{G+\mathrm{j}B}=\frac{G-\mathrm{j}B}{G^2+B^2}=R+\mathrm{j}X$$

有
$$R=\frac{G}{G^2+B^2},X=\frac{-B}{G^2+B^2}$$

且阻抗的模与导纳的模互为倒数，阻抗角与导纳角大小相等符号相反，即

$$|Z|=\frac{1}{|Y|},\varphi_Z=-\varphi_Y$$

若已知阻抗可得到导纳，相反亦然。

【例 4.16】已知图 4.33 电路中，$R=100\Omega$，$C=10\mu\mathrm{F}$，$L=0.1\mathrm{H}$。分别计算(1)角频率 $\omega=1000\mathrm{rad/s}$；(2)$\omega=2000\mathrm{rad/s}$ 时电路的等效阻抗和导纳。

解　电路的等效导纳和阻抗分别为

$$Y=\frac{1}{R}+\frac{1}{\mathrm{j}\omega L}+\mathrm{j}\omega C,Z=\frac{1}{Y}$$

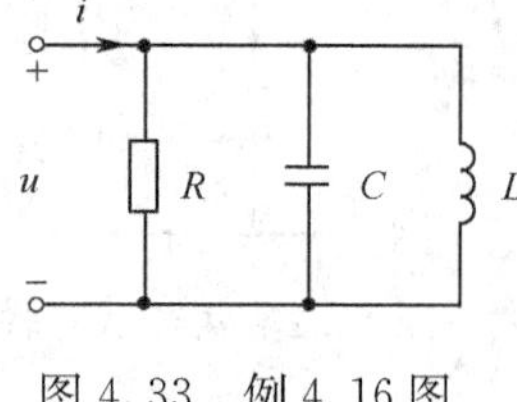

图 4.33　例 4.16 图

(1) $\omega=1000\mathrm{rad/s}$

$$Y_1=\frac{1}{100}+\frac{1}{\mathrm{j}1000\times0.1}+\mathrm{j}1000\times10^{-5}=0.01\mathrm{S},Z_1=\frac{1}{Y_1}=100\Omega$$

$\omega=1000\mathrm{rad/s}$ 时电路呈阻性。

(2) $\omega=2000\mathrm{rad/s}$ 时

$$Y_2=\frac{1}{100}+\frac{1}{\mathrm{j}2000\times0.1}+\mathrm{j}2000\times10^{-5}=(0.01+\mathrm{j}0.015)\mathrm{S}$$

$$Z_2=\frac{1}{Y_2}=\frac{1}{0.01+\mathrm{j}0.015}=55.5-\mathrm{j}83.2(\Omega)$$

此时,电路呈容性。

4.4 正弦稳态电路的向量法分析

前面几节介绍了基本元件伏安关系的向量形式和基尔霍夫定律的向量形式,引入了阻抗和导纳及向量模型的概念。

对于单一频率的正弦稳态电路,电路中的所有元件用它们的阻抗(或导纳)表示,动态元件的微积分伏安特性就变成了向量形式欧姆定律的伏安特性,这可将无源元件的特性用欧姆定律的向量形式统一起来;所有电压和电流都用向量来表示,这些向量受到基尔霍夫定律的约束;由于向量所受到的两类约束都是线性约束,前面第二章讨论的关于直流电阻电路分析的方法、定理,如:支路电流法、节点电压法、戴维南定理等皆可用于正弦稳态电路的分析、计算中。我们把这种基于向量模型对正弦稳态电路进行分析的方法称为向量法。

正弦稳态电路向量法的一般步骤如下。

第一步:先将原电路的时域模型变换为向量模型;

第二步:利用基尔霍夫定律和元件伏安关系的向量形式及各种分析方法、定理和等效变换建立复数的代数方程,并求解出待求量的向量表达式;

第三步:将向量变换为正弦量。

下面先介绍 RLC 串联正弦交流电路的向量分析法,再介绍复杂电路向量分析法,便于理解向量分析法的具体内容。

4.4.1 RLC 串联正弦交流电路的向量分析法

RLC 串联电路如图 4.34(a)所示,在角频率为 ω 的正弦信号的激励下,它的向量模型如图 4.34(b)所示。

由向量模型及 KVL 的向量形式可得:

$$\dot{U}=\dot{U}_R+\dot{U}_C+\dot{U}_L$$

将三种元件约束的向量形式代入,有

$$\dot{U}=\dot{I}R+\mathrm{j}\omega L\,\dot{I}-\mathrm{j}\,\frac{1}{\omega C}\dot{I}=\dot{I}\left[R+\mathrm{j}\left(\omega L-\frac{1}{\omega C}\right)\right]=\dot{I}[R+\mathrm{j}(X_L-X_C)]$$

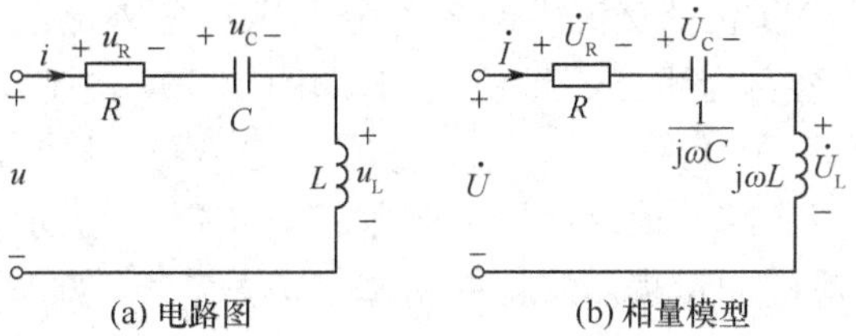

(a) 电路图　　(b) 相量模型

图 4.34 RLC 串联电路

由阻抗的定义,RLC 串联电路的等效阻抗为

$$Z=\frac{\dot{U}}{\dot{I}}=R+\mathrm{j}X=R+\mathrm{j}(X_L-X_C)=R+\mathrm{j}\left(\omega L-\frac{1}{\omega C}\right)=|Z|\angle\varphi_Z \tag{4.61}$$

RLC 串联电路的阻抗是端电压向量与电流向量之比，表明了两个向量之间幅值和相位的关系。阻抗实部为“阻”R，虚部是“抗”X，电抗是感抗与容抗之差。即

$$X=X_{\mathrm{L}}-X_{\mathrm{C}}=\omega L-\frac{1}{\omega C}$$

阻抗模
$$|Z|=\sqrt{R^2+(X_{\mathrm{L}}-X_{\mathrm{C}})^2} \tag{4.62}$$

阻抗角
$$\varphi_{\mathrm{Z}}=\arctan\left(\frac{X_{\mathrm{L}}-X_{\mathrm{C}}}{R}\right)=\arctan\left(\frac{U_{\mathrm{L}}-U_{\mathrm{C}}}{U_{\mathrm{R}}}\right) \tag{4.63}$$

RLC 串联电路的阻抗模$|Z|$、实部R、虚部X三个量之间的关系可以用一个直角三角形表示，如图 4.35 所示。

RLC 串联电路的性质取决于X_{L}和X_{C}的大小，若$X_{\mathrm{L}}>X_{\mathrm{C}}$，电路呈感性；若$X_{\mathrm{L}}<X_{\mathrm{C}}$，电路则呈容性；若$X_{\mathrm{L}}=X_{\mathrm{C}}$，电路呈阻性。

对于 R、L 串联电路，其阻抗为$Z=R+\mathrm{j}\omega L$；

对于 R、C 串联电路，其阻抗为$Z=R-\mathrm{j}\dfrac{1}{\omega C}$。

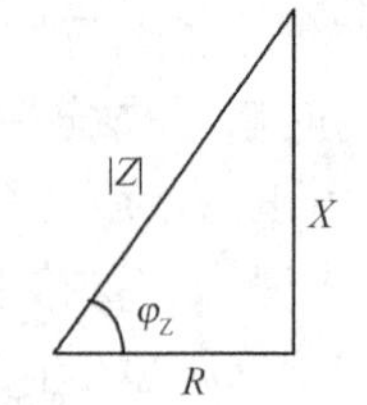

图 4.35　串联电路阻抗三角形

在分析计算正弦交流电路时，为了直观表示出电路中电压和电流的相位关系，常常作出电路的向量图。图 4.36(a)所示为 RLC 串联电路的向量图，以电流作为参考向量，即设电流的初相位$\theta_{\mathrm{i}}=0$，电阻电压$\dot{U}_{\mathrm{R}}$与电流$\dot{I}$同相位，电感电压$\dot{U}_{\mathrm{L}}$超前电流$\dot{I}$ 90°，而电容电压$\dot{U}_{\mathrm{C}}$滞后电流$\dot{I}$ 90°。由电压向量$\dot{U}$、$\dot{U}_{\mathrm{R}}$及$(\dot{U}_{\mathrm{C}}+\dot{U}_{\mathrm{L}})$所组成的直角三角形，称为电压三角形(这里设$U_{\mathrm{L}}>U_{\mathrm{C}}$)，如图 4.36(b)所示。由电压三角形可求得电源电压的有效值

$$U=\sqrt{U_{\mathrm{R}}^2+(U_{\mathrm{L}}-U_{\mathrm{C}})^2}=I\sqrt{R^2+(X_{\mathrm{L}}-X_{\mathrm{C}})^2} \tag{4.64}$$

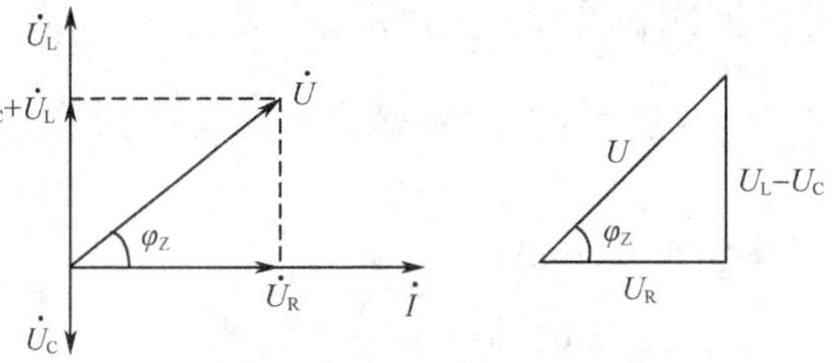

(a) RLC串联电路的相量图　　(b) RLC串联电路电压三角形

图 4.36　RLC 串联电路的向量图及电压三角形

在一般情况下，RLC 串联正弦交流电路各部分电压和各支路的电流存在相位差，此时电路的总电压有效值不等于各部分电压有效值之和，即图 4.34(a)所示的 RLC 串联电路有$U\neq U_{\mathrm{R}}+U_{\mathrm{L}}+U_{\mathrm{C}}=IR+I(X_{\mathrm{L}}-X_{\mathrm{C}})$。

对于交流电路而言，只有瞬时值之间服从基尔霍夫定律。当同频率的正弦电压和电流作加减运算时，瞬时值所对应的向量表示式也服从基尔霍夫定律，如 4.2 节所述。

【例 4.17】如图 4.37 所示的二端网络中，已知$R_1=7\Omega$，$L=2\mathrm{H}$，$R_2=1\Omega$，$C=\dfrac{1}{80}\mathrm{F}$。分别计算当(1)$\omega=4\mathrm{rad/s}$和(2)$\omega=10\mathrm{rad/s}$时二端网络的等效阻抗，并作出串联等效电路。

解　(1)$\omega=4\mathrm{rad/s}$时，R_1L支路阻抗Z_1和R_2C支路阻抗Z_2分别为

$$Z_1=R_1+\mathrm{j}\omega L=7+\mathrm{j}4\times2=7+\mathrm{j}8\Omega$$

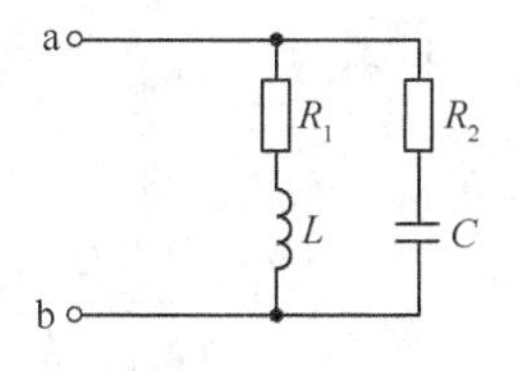

图 4.37　例 4.17 图

$$Z_2=R_2+\frac{1}{\mathrm{j}\omega C}=1-\mathrm{j}\,\frac{80}{4}=1-\mathrm{j}20\Omega$$

a、b 两端等效阻抗 Z 为

$$Z=\frac{Z_1Z_2}{Z_1+Z_2}=\frac{(7+\mathrm{j}8)(1-\mathrm{j}20)}{(7+\mathrm{j}8)+(1-\mathrm{j}20)}=14.04+\mathrm{j}4.56\Omega$$

从 Z 的表达式可看出，该二端网络呈感性，它相当于 R、L 串联，且

$$R=14.04\Omega,L=\frac{4.56}{\omega}=1.14\mathrm{H}$$

等效电路如图 4.38(a)所示。

(2) 当 $\omega=10\mathrm{rad/s}$ 时，R_1L 支路阻抗 Z_1 和 R_2C 支路阻抗 Z_2 分别为

$$Z_1=7+\mathrm{j}10\times2=7+\mathrm{j}20\Omega$$

$$Z_2=1-\mathrm{j}\,\frac{80}{10}=1-\mathrm{j}8\Omega$$

a、b 两端等效阻抗为

$$Z=\frac{Z_1Z_2}{Z_1+Z_2}=4.35-\mathrm{j}11.02\Omega$$

此时二端网络呈容性，相当于 R、C 串联，且

$$R=4.35\Omega,C=\frac{1}{\omega\times11.02}=\frac{1}{10\times11.02}=9.1\times10^{-3}\mathrm{F}$$

等效电路如图 4.38(b)所示。

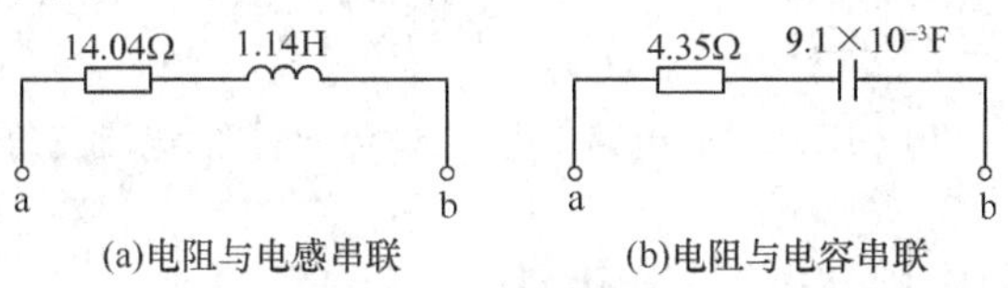

图 4.38　例 4.17 等效电路

4.4.2　RLC 并联正弦交流电路的向量分析法

电阻 R、电感 L 和电容 C 并联的电路如图 4.39(a)所示。在正弦稳态下的向量模型如图 4.39(b)所示。

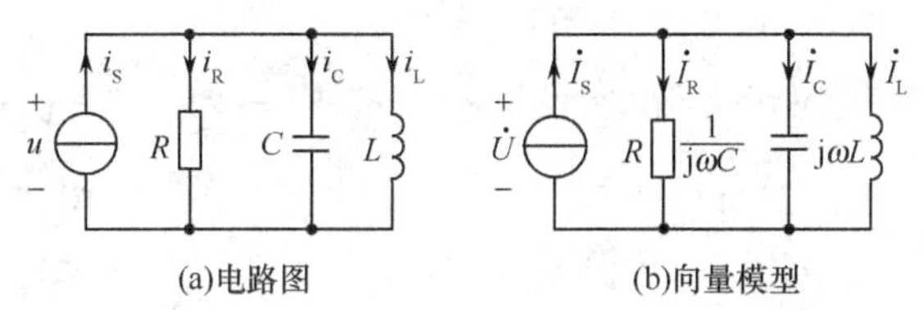

图 4.39　RLC 并联电路

由 RLC 并联电路的向量模型及 KCL 的向量形式可得

$$\dot{I}_S=\dot{I}_R+\dot{I}_C+\dot{I}_L=\frac{\dot{U}}{R}+\mathrm{j}\omega C\dot{U}+\frac{1}{\mathrm{j}\omega L}\dot{U}=\dot{U}\left[\frac{1}{R}+\mathrm{j}\left(\omega C-\frac{1}{\omega L}\right)\right]$$

根据导纳的定义，RLC 并联电路的导纳为

$$Y=\frac{\dot{I}_S}{\dot{U}}=\frac{1}{R}+\mathrm{j}\left(\omega C-\frac{1}{\omega L}\right)$$

令电容容纳 $B_C=\omega C$，电感的感纳 $B_L=1/\omega L$，总电纳为 $B=B_C-B_L$，则

$$Y=\frac{\dot{I}_S}{\dot{U}}=G+j(B_C-B_L)=G+jB=\sqrt{G^2+B^2}\angle\arctan\frac{B}{G}=|Y|\angle\varphi_Y$$

其中
$$|Y|=\sqrt{G^2+B^2},\varphi_Y=\angle\arctan\frac{B}{G}$$

设电压 u 的初相位为 0，此电路中的电压、电流向量图如图 4.40 所示。若 $\omega C>1/\omega L$，则 $\varphi_Y>0$，电流 $\dot{I}_S$ 领先于电压 $\dot{U}$，如图 4.40(a)所示；相反，若 $\omega C<1/\omega L$，则 $\varphi_Y<0$，电流 $\dot{I}_S$ 落后于电压 $\dot{U}$，如图 4.40(b)所示。电感电流 $\dot{I}_L$ 滞后电压 $\dot{U}$ 有 90°，而电容电流 $\dot{I}_C$ 超前电压 $\dot{U}$ 有 90°，电容电流 $\dot{I}_C$ 和电感电流为 $\dot{I}_L$ 相位相差为 180°，所以 $\dot{I}_C+\dot{I}_L$ 的有效值为 $|I_C-I_L|$，由电流向量 $\dot{I}_S$、$\dot{I}_R$ 及($\dot{I}_C+\dot{I}_L$)所组成的直角三角形，称为电流三角形，如图 4.40(c)所示(这里设 $I_C>I_L$)，电源电流的有效值：

$$I_S=\sqrt{I_R^2+(I_C-I_L)^2}=U\sqrt{G^2+(B_C-B_L)^2} \tag{4.65}$$

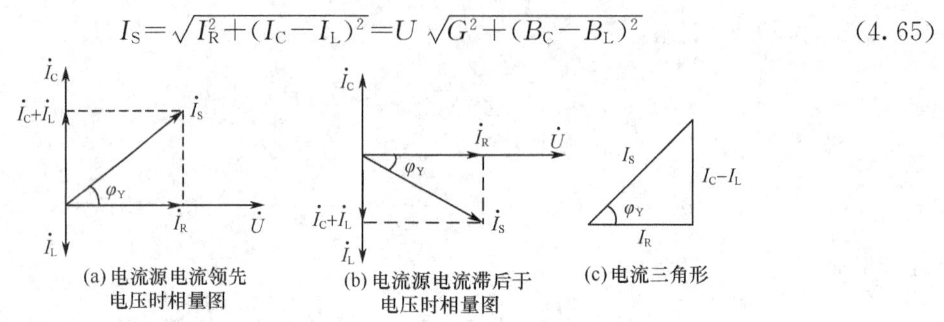

图 4.40　RLC 并联电路中电压、电流向量图、电流三角形

4.4.3　复杂正弦交流电路的向量分析法

前面讨论了运用向量分析法对 RLC 元件组成的串、并联电路进行分析与计算。现在此基础上，通过例题进一步研究复杂正弦交流电路的分析计算。

【例 4.18】图 4.41(a)所示电路中，若电流表 A_2 和 A_3 的读数分别为：6mA、8mA。

(1) 试求 A_1 的读数，设电流表内阻为零。

(2) 选 $\dot{U}_S$ 为参考向量，作 $\dot{I}_2$、$\dot{I}_3$ 和 $\dot{I}_1$ 的向量图。

解　(1) 以 $\dot{U}_S$ 为参考向量，即 $\dot{U}_S=U_S\angle 0°\text{V}$，则有

$$\dot{I}_2=6\angle 0°\text{mA},\dot{I}_3=8\angle -90°\text{mA}$$

由 KCL 有

$$\dot{I}_1=\dot{I}_2+\dot{I}_3=6-j8=10\angle -53.1°\text{mA}$$

因此，A_1 的读数为 10mA。

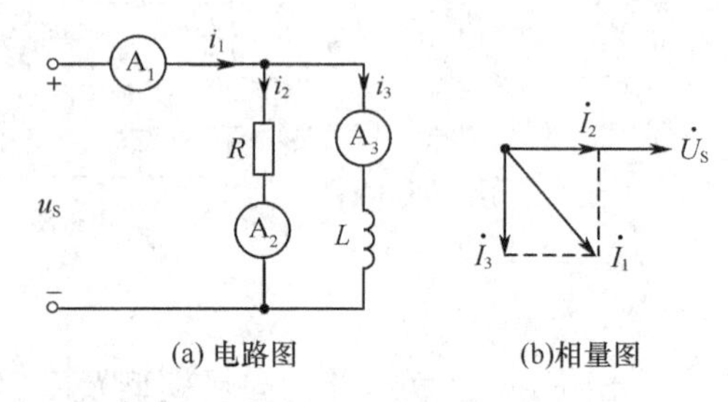

图 4.41　例 4.18 图

(2) 以 $\dot{U}_S$ 为参考向量时，向量图如 4.41(b)图所示，根据电流直角三角形也可以求出同样结果。

【例 4.19】用叠加定理求图 4.42(a)电路中的电流 $\dot{I}_R$、$\dot{I}_C$。已知 $R=X_C=1\Omega$，$\dot{I}_S=5\angle 0°\text{A}$，$\dot{U}_S=5\angle 90°\text{V}$。

解 (1) 电流源$\dot{I}_S$单独作用时电路如图 4.42(b)所示。

$$\dot{I}'_R=\frac{-jX_C\cdot\dot{I}_S}{R-jX_C}=\frac{-j5}{1-j}A,\dot{I}'_C=\dot{I}_S-\dot{I}'_R=5-\frac{-j5}{1-j}=\frac{5}{1-j}A$$

(2) 电压源$\dot{U}_S$单独作用时电路如图 4.42(c)所示，因此

$$\dot{I}''_C=\dot{I}''_R=\frac{\dot{U}_S}{R-jX_C}=\frac{j5}{1-j}A$$

(3) 根据叠加定理

$$\dot{I}_R=\dot{I}'_R+\dot{I}''_R=\left(\frac{-j5}{1-j}+\frac{j5}{1-j}\right)A=0A$$

$$\dot{I}_C=-\dot{I}'_C+\dot{I}''_C=\left(-\frac{5}{1-j}+\frac{j5}{1-j}\right)=5\angle180°A$$

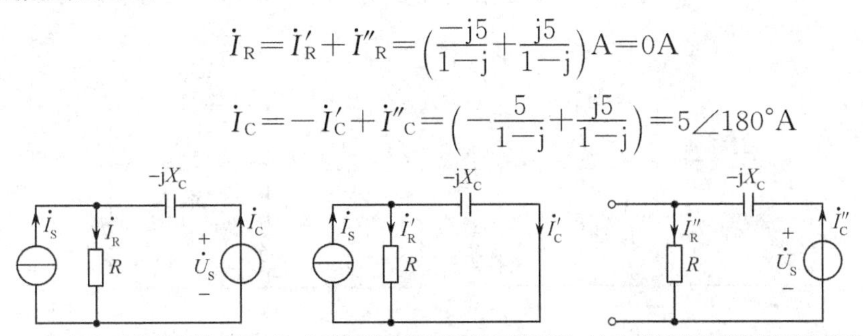

(a) 双输入时的相量模型图
(b) 电流源单独作用时相量模型图
(c) 电压源单独作用时相量模型图

图 4.42 例 4.19 图

【例 4.20】 已知电路向量模型如图 4.43 所示。

(1) 用戴维南定理求$\dot{I}$；

(2) 求 u_{ab}、u_{bc}、u_{cd}，并画出向量图。

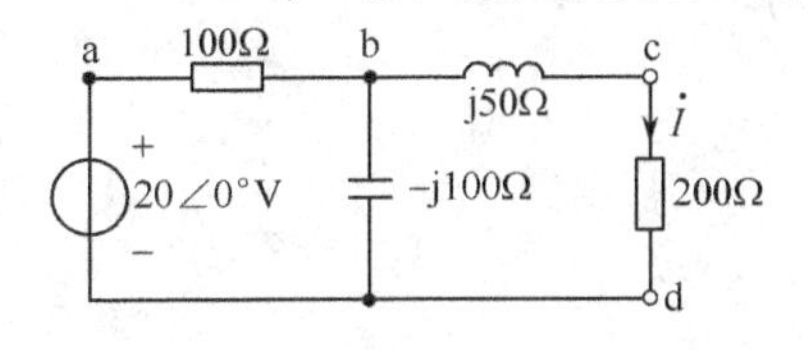

图 4.43 例 4.20 图

解 (1) 运用戴维南定理求解：

将 c、d 两点断开，如图 4.44(a)所示，电容两端的电压$\dot{U}_{cd}$就是开路电压$\dot{U}_{oc}$

$$\dot{U}_{oc}=20\angle0°\times\frac{-j100}{100-j100}=10\sqrt{2}\angle-45°V$$

将图 4.44(a)中的电压源短接，可求得等效阻抗为

$$Z_0=j50+\frac{100\times(-j100)}{100-j100}=50\Omega$$

戴维南等效电路如图 4.44(b)所示。由此电路可求得

$$\dot{I}=\frac{10\sqrt{2}\angle-45°}{50+200}=0.04\sqrt{2}\angle-45°A$$

(2) 由电路图 4.43 可求得

$$\dot{U}_{cd}=\dot{I}\times200=8\sqrt{2}\angle-45°V,\dot{U}_{bc}=\dot{I}\times j50=2\sqrt{2}\angle45°V$$

$$\dot{U}_{ab}=\dot{U}-(\dot{U}_{bc}+\dot{U}_{cd})=20\angle0°-(8\sqrt{2}\angle-45°+2\sqrt{2}\angle45°)=10+j6=11.66\angle31°V$$

根据电压向量的表达式，即可作出其向量图如图 4.44(c)所示。

由向量可以写出 u_{ab}、u_{bc}、u_{cd}的表达式，即

$$u_{ab}=11.66\sqrt{2}\sin(\omega t+31°)V$$
$$u_{bc}=4\sin(\omega t+45°)V$$
$$u_{cd}=16\sin(\omega t-45°)V$$

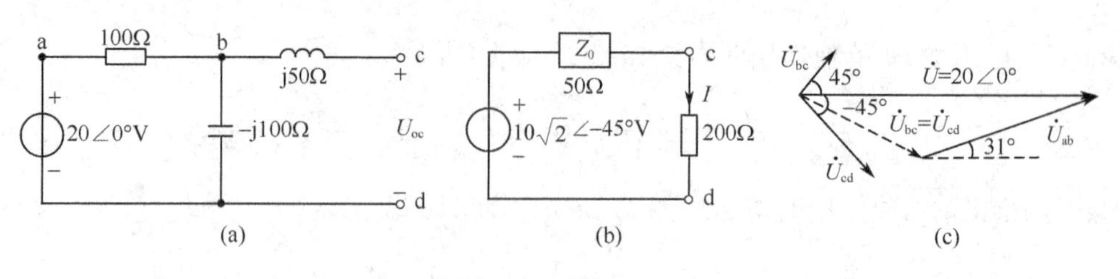

图 4.44　例 4.20

【例 4.21】试分别用节点电压法和网孔电流法计算图 4.45 所示向量电路中的电压向量$\dot{U}_1$。

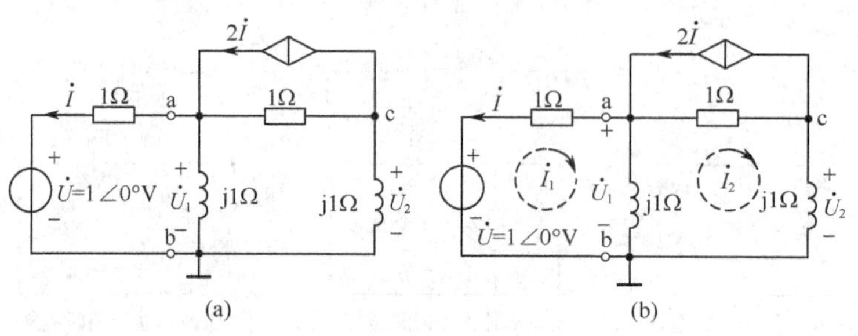

图 4.45　例 4.21 图

解　(1) 节点电压法求解。如图 4.45(a)所示，选节点 b 作为参考点，设节点 a、c 电压向量分别为$\dot{U}_1$、$\dot{U}_2$，列节点电压向量方程如下。

节点 a：
$$\left(\frac{1}{1}+\frac{1}{1}+\frac{1}{\mathrm{j}1}\right)\dot{U}_1-\frac{1}{1}\dot{U}_2=\frac{\dot{U}}{1}+2\ \dot{I}$$

节点 c：
$$-\frac{1}{1}\dot{U}_1+\left(\frac{1}{1}+\frac{1}{\mathrm{j}1}\right)\dot{U}_2=-2\ \dot{I}$$

补充受控电流源方程为$\dot{I}=(\dot{U}_1-\dot{U})/1$，从而求出

$$\dot{U}_1=(-1+\mathrm{j})\mathrm{V},\dot{U}_2=(2+\mathrm{j})\mathrm{V}$$

(2) 网孔电流法。如图 4.45(b)所示，以网孔电流$\dot{I}_1$ 和$\dot{I}_2$ 作为未知量列写方程，有

$$\begin{cases}(1+\mathrm{j}1)\ \dot{I}_1-\mathrm{j}1\ \dot{I}_2=\dot{U}\\ -\mathrm{j}1\ \dot{I}_1+(1+\mathrm{j}1+\mathrm{j}1)\dot{I}_2+2\ \dot{I}=0\end{cases}$$

补充受控电流源方程为$\dot{I}=-\dot{I}_1$，解上述三个方程，求得

$$\dot{I}_1=(2-\mathrm{j})\mathrm{A},\quad \dot{I}_2=(1-2\mathrm{j})\mathrm{A}$$

从而求出
$$\dot{U}_1=(\dot{I}_1-\dot{I}_2)\mathrm{j}1=(-1+\mathrm{j})\mathrm{V}$$

这个结果与用节点电压法的结果相同。

4.5　正弦稳态电路的功率

有关直流电路的功率和能量已在前述章节里介绍过。现在前述概念的基础上，讨论正弦稳态电路中的功率。由于正弦稳态电路含有电感、电容等储能元件，其功率和能量是随时间而变化的，分析计算正弦稳态电路的功率比分析计算直流功率复杂得多。为了全面描述正弦稳

态电路中的各种功率，下面分别介绍瞬时功率、平均功率、无功功率、视在功率、复功率和功率因数的概念及计算方法。

4.5.1　瞬时功率

瞬时功率 p 定义为能量对时间的导数。如图 4.46 所示，在二端网络端口电压和电流取关联参考方向条件下，由同一时刻的电压与电流的乘积来确定。即

$$p(t)=\frac{\mathrm{d}w}{\mathrm{d}t}=u(t)i(t) \tag{4.66}$$

当 $u(t)$ 和 $i(t)$ 参考方向一致，$p(t)$ 是流入元件或网络的能量的变化率，$p(t)$ 称为该元件或网络吸收的功率。因此，当 $p>0$ 时，表示能量流入元件或二端网络；若 $p<0$，就表示能量流出元件或二端网络。如果元件是电阻元件，流入的能量将变换成热能被消耗。因此，对电阻元件而言，$p(t)$ 总是为正。如果是动态元件，流入的能量可以被存储起来，在其他时刻再行流出。此类元件瞬时功率有时为正，有时为负。

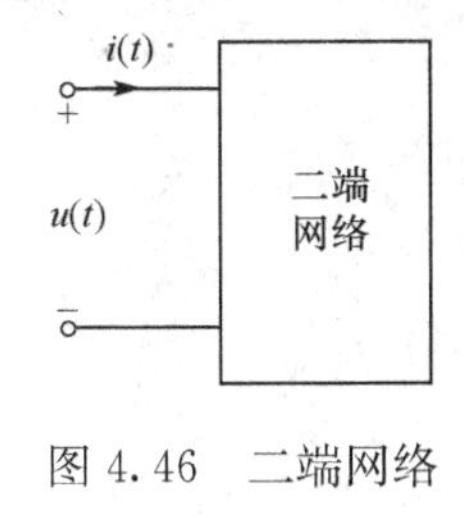

图 4.46　二端网络

在图 4.46 所示二端网络中，假定端口电流的初相角为 0，则端口电压与端口电流可以表示为：

$$u(t)=\sqrt{2}U\sin(\omega t+\varphi),\ i(t)=\sqrt{2}I\sin\omega t$$

其中 φ 为端口电压与端口电流的相位差，则二端网络的瞬时功率

$$p(t)=u(t)i(t)=2UI\sin\omega t\sin(\omega t+\varphi)$$

根据三角函数　　$\sin\alpha\sin\beta=\frac{1}{2}\cos(\alpha-\beta)-\frac{1}{2}\cos(\alpha+\beta)$

将上式展开，可得

$$p(t)=UI\cos\varphi-UI\cos(2\omega t+\varphi)$$

由三角函数　　$\cos(\alpha+\beta)=\cos\alpha\cos\beta-\sin\alpha\sin\beta$

$p(t)$ 又可写为

$$p(t)=UI\cos\varphi-UI\cos\varphi\cos 2\omega t+UI\sin\varphi\sin 2\omega t \tag{4.67}$$

式(4.67)中，第一项为非零值(二端网络的阻抗角满足 $|\varphi|\leqslant\frac{\pi}{2}$)且不随时间而变化，是真正被电路吸收或放出的功率；第二项、第三项分别以两倍的角频率随时间作余弦、正弦规律变化，其平均值为零，这个功率没有被电路消耗，而是在电源与二端网络之间进行交换。

1. 纯电阻电路的瞬时功率

若二端网络为纯电阻电路，其端电压与电流相位相同，即式(4.67)中的 $\varphi=0$，由式(4.67)，电阻元件的瞬时功率为

$$p_{\mathrm{R}}=u_{\mathrm{R}}i=U_{\mathrm{R}}I-U_{\mathrm{R}}I\cos 2\omega t \tag{4.68}$$

由式(4.68)可见，纯电阻电路的瞬时功率 p 由两部分组成，其一是常数项；其二是以 2ω 角频率随时间变化的交变量。p 的波形图如图 4.47 所示。由于纯电阻电路的电压和电流同相位，它们同时为正或同时为负，所以 p 的瞬时值总为正，始终消耗能量，故称电阻为耗能元件。

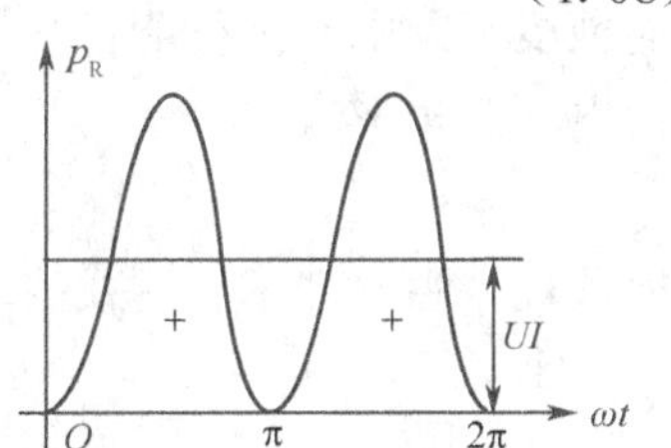

图 4.47　电阻元件的功率波形

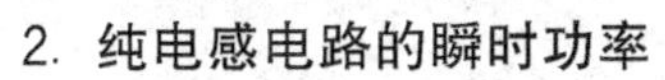

2. 纯电感电路的瞬时功率

若二端网络为纯电感电路，则端电压在相位上超前于电流

90°，即 $\varphi=90°$，那么，瞬时功率的表达式为

$$p_L=u_L i=U_L I\sin 2\omega t \tag{4.69}$$

图 4.48 所示为纯电感电路的功率波形。可以看出，纯电感电路的瞬时功率是幅值为 UI、角频率为电源角频率两倍的交变量。在 p_L 的负半周期，电流 i 的绝对值减少，电感的磁场能量减少，电感元件释放能量，把在 p_L 正半周期所储存的能量还给电源。可见电感元件是储能元件，它只和电源进行能量交换，并不消耗能量。

3. **纯电容电路的瞬时功率**

若二端网络为纯电容电路，则电压和电流相位差为 90°，且电压滞后于电流 90°，即 $\varphi=-90°$，瞬时功率表达式为

$$p_C=u_C i=-U_C I\sin 2\omega t \tag{4.70}$$

波形如图 4.49 所示。电容元件也是一种储能元件，它和电源进行能量交换。这一点上电容元件和电感元件类似。

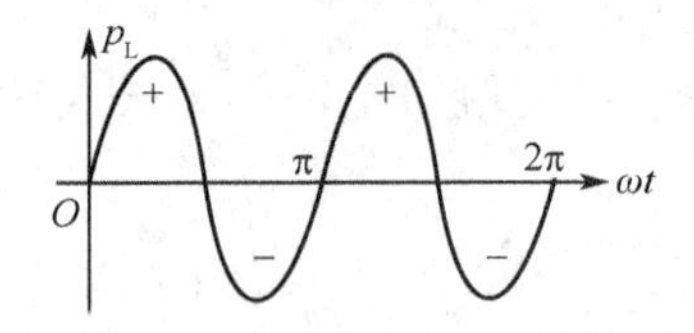

图 4.48　电感元件的功率波形

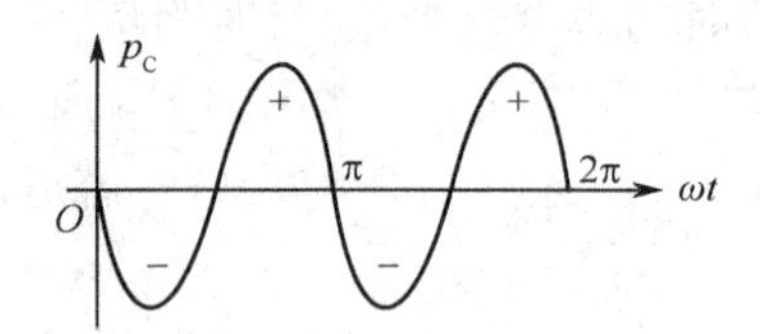

图 4.49　电容元件的功率波形

4. **RLC 串联电路的瞬时功率**

图 4.50(a)所示 RLC 串联电路中，u、u_R、u_L、u_C 分别表示电源电压、电阻电压、电感电压和电容电压，它们的有效值 U、U_R、U_L、U_C 可用电压三角形表示，如图 4.50(b)所示。

根据基尔霍夫电压定律，可得

$$u=u_R+u_L+u_C$$

上式两边乘以电流 i，则 RLC 串联电路的瞬时功率为

$$p=ui=u_R i+u_L i+u_C i$$

即

$$p=p_R+p_L+p_C \tag{4.71}$$

将式(4.68)、式(4.69)和式(4.70)代入式(4.71)，可得

$$\begin{aligned}p&=U_R I(1-\cos 2\omega t)-U_C I\sin 2\omega t+U_L I\sin 2\omega t\\&=U_R I(1-\cos 2\omega t)+(U_L-U_C)I\sin 2\omega t\end{aligned} \tag{4.72}$$

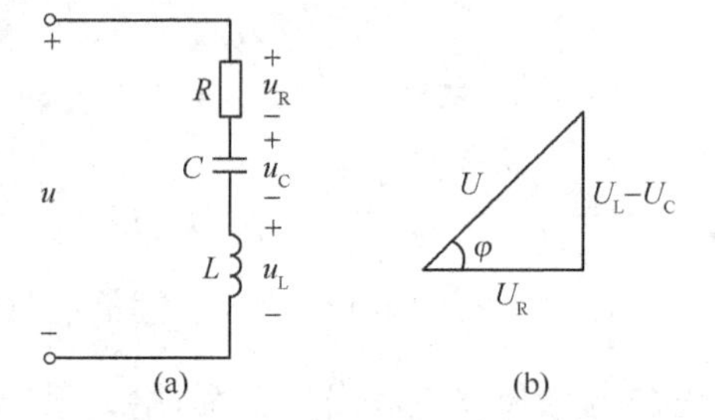

图 4.50　RLC 串联电路及电压三角形

式(4.72)中第一项为电阻元件所消耗的瞬时功率，第二项是电感和电容与电源交换的总瞬时功率(p_C+p_L)。比较图 4.48 与图 4.49，可知 p_C 和 p_L 的相位相反，这使得(p_C+p_L)的幅值反而比 p_C 或 p_L 的幅值要小，这是因为当电容吸收能量时，电感正释放能量，它们互相补偿，从而减少了与电源进行能量交换的规模。

由电压三角形有

$$U_R=U\cos\varphi,U_L-U_C=U\sin\varphi$$

以此代入瞬时功率表达式(4.72)，则有

$$\begin{aligned}p&=UI\cos\varphi(1-\cos 2\omega t)+UI\sin\varphi\sin 2\omega t\\&=UI\cos\varphi-UI\cos(2\omega t+\varphi)\end{aligned} \tag{4.73}$$

式中 φ 是阻抗角，即 RLC 串联电路端口电压与电流的相位差。对感性电路来说，$\varphi>0$，$\sin\varphi$ 为正；对容性电路来说，$\varphi<0$，$\sin\varphi$ 为负；若 $U_L=U_C$ 则 $\varphi=0$，$\sin\varphi=0$，RLC 串联电路的瞬时功

率就等于电阻元件所消耗的功率，此时，电容的电场能量和电感的磁场能量完全互补，电路不再与电源进行能量交换。

4.5.2 有功功率

上一节讨论的瞬时功率随时间变化，其实际意义不大，且不便于测量。通常引入平均功率的概念，平均功率又称为有功功率。有功功率是指瞬时功率在一个周期内的平均值，用大写字母 P 表示，即

$$P=\frac{1}{T}\int_0^T p\mathrm{d}t=\frac{1}{T}\int_0^T u(t)i(t)\mathrm{d}t \tag{4.74}$$

对电阻元件，有功功率为

$$P=U_{\mathrm{R}}I=I^2R=\frac{U_{\mathrm{R}}^2}{R} \tag{4.75}$$

式(4.75)与直流电路计算电阻消耗功率完全相同。有功功率的单位为瓦特(W)。

对于电容元件和电感元件，由于它们不消耗能量，其平均功率为零。

对于 RLC 串联电路来说，有功功率为

$$P=\frac{1}{T}\int_0^T[U_{\mathrm{R}}I(1-\cos2\omega t)+(U_{\mathrm{L}}-U_{\mathrm{C}})I\sin2\omega t]\mathrm{d}t=U_{\mathrm{R}}I \tag{4.76}$$

因此，RLC 串联电路的平均功率就等于电阻元件的平均功率。

对于图 4.46 所示无源二端网络，由有功功率的定义，有

$$P=\frac{1}{T}\int_0^T[UI\cos\varphi-UI\cos(2\omega t+\varphi)]\mathrm{d}t=UI\cos\varphi$$

由此可以看出，无源二端网络的平均功率不仅与二端网络电压的有效值和电流的有效值的乘积有关，且与它们之间的相位差有关。

由于无源二端网络的等效阻抗可表示为 $Z=R+\mathrm{j}X$，其有功功率可根据等效阻抗的实部与电流有效值来计算，即

$$P=I^2\mathrm{Re}[Z] \tag{4.77}$$

式中 Re[·]为取实部运算。同理，还可以根据等效导纳 Y 的实部与电压有效值来计算，即

$$P=U^2\mathrm{Re}[Y] \tag{4.78}$$

注意，$\mathrm{Re}[Z]\neq1/\mathrm{Re}[Y]$。

无源二端网络的有功功率还可以根据功率守恒法则来计算，即

$$P=\sum P_k\quad(k=1,2,\cdots,n)$$

式中，P_k 为第 k 个元件的有功功率。

【例 4.22】 试求图 4.51 所示电路中电阻元件消耗的有功功率。

解 先计算电阻元件上的电流 $\dot{I}_{\mathrm{R}}$

$$\dot{I}_{\mathrm{R}}=\frac{\dot{U}}{-\mathrm{j}1+(\mathrm{j}1//1)}\cdot\frac{\mathrm{j}1}{\mathrm{j}1+1}=10\angle90^\circ\mathrm{A}$$

所以，电阻元件消耗的有功功率为

$$P=I_{\mathrm{R}}^2R=100\mathrm{W}$$

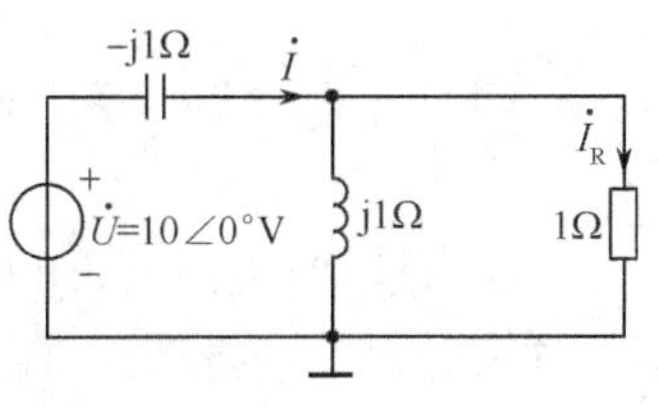

图 4.51 例 4.22 图

也可以先计算电路的阻抗，再计算有功功率，即

$$Z=-\mathrm{j}+(\mathrm{j}1//1)=0.5-0.5\mathrm{j}=0.5\sqrt{2}\angle-45°\Omega$$

$$\dot{I}=\frac{\dot{U}}{Z}=10\sqrt{2}\angle 45°\mathrm{A}$$

$$P=UI\cos\varphi=10\times 10\sqrt{2}\times\cos(-45°)=100\mathrm{W}$$

【例 4.23】已知图 4.52 所示电路中，$\dot{U}=25\angle 0°\mathrm{V}$，$\dot{I}_1=\sqrt{2}\angle 45°\mathrm{A}$，$\dot{I}_2=5\angle-53.1°\mathrm{A}$，$\dot{I}=5\angle-36.9°\mathrm{A}$，$R_1=12.5\Omega$，$R_2=3\Omega$。求此二端网络的有功功率 P。

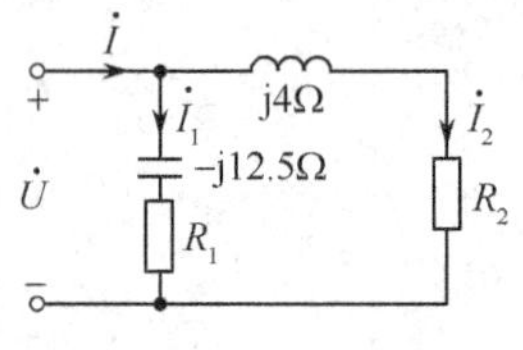

图 4.52　例 4.23 图

解　(1) 以二端网络端口电压和电流来计算

$$P=UI\cos(\theta_u-\theta_i)=UI\cos\varphi=25\times 5\times\cos[0-(-36.9°)]=100\mathrm{W}$$

(2) 以二端网络内部电阻的功耗来计算，即

$$P=I_1^2R_1+I_2^2R_2=\sqrt{2}^2\times 12.5+5^2\times 3=100\mathrm{W}$$

(3) 根据二端网络等效阻抗的实部来计算，即

$$Z=\frac{(12.5-\mathrm{j}12.5)(3+\mathrm{j}4)}{12.5-\mathrm{j}12.5+3+\mathrm{j}4}=\frac{87.5+\mathrm{j}12.5}{15.5-\mathrm{j}8.5}=4+3\mathrm{j}=5\angle 36.9°\Omega$$

$$P=I^2\mathrm{Re}[Z]=5^2\times 4=100\mathrm{W}$$

4.5.3　无功功率

在含有电感、电容元件的正弦稳态电路中，储能元件(电容或电感)是不消耗能量的，它们只与电源进行能量交换。为了衡量这种能量互换的规模，引入无功功率的概念，以大写字母 Q 表示。对于电感元件，规定无功功率等于瞬时功率 p_L 的幅值，即

$$Q_L=U_LI=I^2X_L \tag{4.79}$$

无功功率虽具有功率的量纲，但它并不是实际做功的功率，它的单位与有功功率有所区别。无功功率的单位是乏(var)或千乏(kvar)。

对于电容元件，由式(4.70)瞬时功率的表达式，它的无功功率为

$$Q_C=-U_CI=-I^2X_C \tag{4.80}$$

即电容元件无功功率取负值，与电感性元件的无功功率有区别，以表明两者所涉及的储能性质不同。

RLC 串联电路中，只有电阻元件消耗能量，电感元件和电容元件只进行能量交换，所以 RLC 串联电路的无功功率是 Q_L 和 Q_C 之和。由于 RLC 串联电路中电压 u_L 与 u_C 的相位差总是 180°，因此电感的瞬时功率与电容的瞬时功率在任意时刻总是相反，RLC 串联电路的无功功率为

$$Q=Q_L+Q_C=U_LI-U_CI=(U_L-U_C)I$$

由图 4.50(b)所示的电压三角形知：

$$U_L-U_C=U\sin\varphi$$

RLC 串联电路的无功功率为

$$Q=UI\sin\varphi \tag{4.81}$$

应当指出，电感元件和电容元件与电源之间进行能量交换，对于电源来说也是一种负担；但对储能元件本身来说，没有消耗能量，因此将往返于电源与储能元件之间的功率称为无功功率。

一般情况下，无源二端网络计算无功功率的公式为

$$Q=UI\sin\varphi \tag{4.82}$$

式中,U、I 分别为端口电压、电流的有效值;φ 为无源二端网络的阻抗角,即端口电压、电流的相位差。

无功功率除了用式(4.82)计算外,还可以表示为

$$Q=I^2\mathrm{Im}[Z] \text{ 或 } Q=-U^2\mathrm{Im}[Y] \tag{4.83}$$

若无源二端网络包含有多个电感或电容,它的无功功率为

$$Q=\sum Q_k \quad (k=1,2,\cdots,n) \tag{4.84}$$

式中 Q_k 为第 k 个元件的无功功率,电感无功功率取正,电容无功功率取负。

4.5.4 视在功率

二端网络端口电压有效值 U 和电流有效值 I 的乘积,称为二端网络的视在功率,用大写字母 S 表示。即

$$S=UI \tag{4.85}$$

视在功率用来标志二端网络可能达到的最大功率。它的单位是伏安(VA)或千伏安(kVA)。

显然,二端网络有功功率、无功功率和视在功率在数值上的关系为

$$\begin{cases}P=UI\cos\varphi\\Q=UI\sin\varphi\end{cases},\quad \begin{cases}S=UI=\sqrt{P^2+Q^2}\\\varphi=\arctan(Q/P)\end{cases}$$

显然,S 和 P、Q 之间的关系可用直角三角形表示,如图 4.53(a)所示,该三角形称为功率三角形。功率三角形中的角度 φ 就是二端网络等效阻抗的阻抗角,将二端网络的阻抗三角形、功率三角形绘制于同一坐标系中,如图 4.53(b)所示。

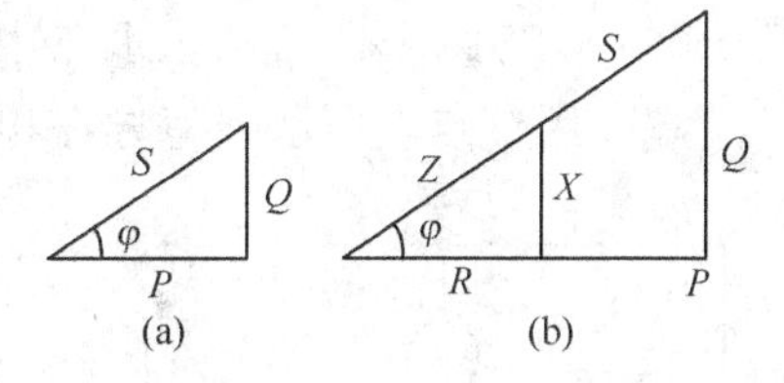

图 4.53 功率三角形

注意:无源二端网络的视在功率不等于每个元件的视在功率之和,即

$$S\neq\sum S_k \quad (k=1,2,\cdots,n)$$

式中 S_k 为第 k 个元件的视在功率。

【例 4.24】图 4.54 所示电路中,$i=10\sqrt{2}\sin t\,\mathrm{A}$,试求二端网络的 S 和 P、Q。

解 写出电流的有效值向量 $\dot{I}=10\angle 0°\mathrm{A}$,二端网络的阻抗为

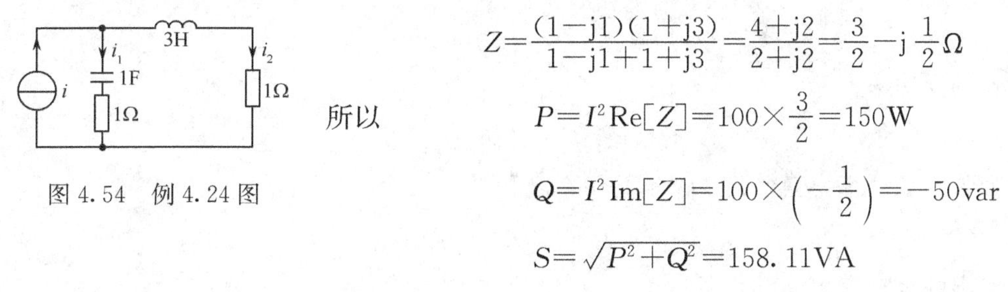

图 4.54 例 4.24 图

$$Z=\frac{(1-\mathrm{j}1)(1+\mathrm{j}3)}{1-\mathrm{j}1+1+\mathrm{j}3}=\frac{4+\mathrm{j}2}{2+\mathrm{j}2}=\frac{3}{2}-\mathrm{j}\,\frac{1}{2}\Omega$$

所以

$$P=I^2\mathrm{Re}[Z]=100\times\frac{3}{2}=150\mathrm{W}$$

$$Q=I^2\mathrm{Im}[Z]=100\times\left(-\frac{1}{2}\right)=-50\mathrm{var}$$

$$S=\sqrt{P^2+Q^2}=158.11\mathrm{VA}$$

4.5.5 复功率

正弦稳态电路的瞬时功率是两个同频率正弦量的乘积,一般情况下瞬时功率是一非正弦量,所以不能用向量法进行分析讨论。为此引入复功率的概念,以简化功率的计算。

图 4.55 所示的二端网络的电压向量为$\dot{U}=U\angle\theta_u$，电流向量为$\dot{I}=I\angle\theta_i$，定义复功率为

$$\tilde{S}=\dot{U}\dot{I}^* \tag{4.86}$$

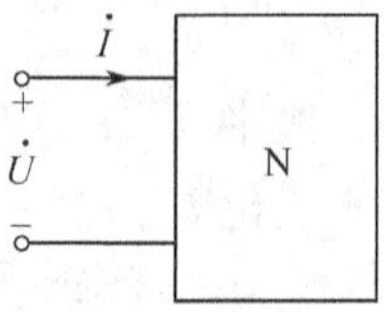

图 4.55　二端网络

式(4.86)中$\dot{I}^*$是$\dot{I}$的共轭复数。进一步计算

$$\tilde{S}=\dot{U}\dot{I}^*=UI\angle(\theta_u-\theta_i)=UI\angle\varphi=UI\cos\varphi+\mathrm{j}UI\sin\varphi=P+\mathrm{j}Q \tag{4.87}$$

复功率的单位是伏安(VA)，与视在功率单位一样。复功率是一辅助计算功率的复数，其实部就是负载消耗的有功功率，虚部就是无功功率。

若已知正弦稳态电路的阻抗为$Z=R+\mathrm{j}X$，则有

$$\tilde{S}=\dot{U}\dot{I}^*=Z\dot{I}\times\dot{I}^*=ZI^2=RI^2+\mathrm{j}XI^2$$

由此得

$$P=RI^2,Q=XI^2,\varphi=\arctan(X/R)$$

正弦稳态电路的总复功率等于各个基本元件复功率之和，即

$$\tilde{S}=\sum\tilde{S}_k=P+\mathrm{j}Q$$

其中

$$P=\sum P_k,Q=\sum Q_k$$

电路中有功功率为各电阻消耗的有功功率之和，无功功率为各电抗元件无功功率之和。

【例 4.25】 图 4.56 所示电路中，$Z_1=\mathrm{j}5\Omega$，$Z_2=(5+\mathrm{j}5)\Omega$。求各元件的复功率。

解　用节点电压法列写方程和辅助方程

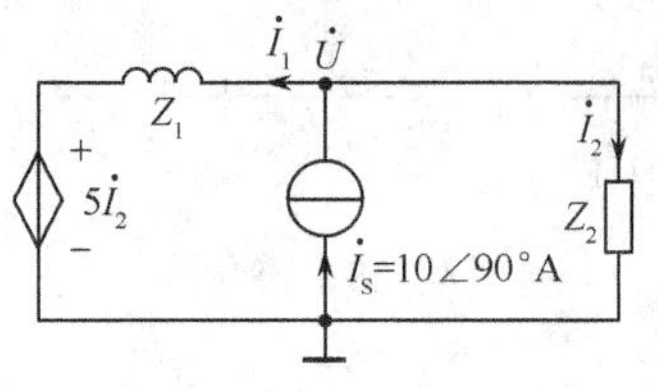

图 4.56　例 4.25 图

$$\left(\frac{1}{Z_1}+\frac{1}{Z_2}\right)\dot{U}=\dot{I}_S+\frac{5\dot{I}_2}{Z_1},\dot{I}_2=\frac{\dot{U}}{Z_2}$$

解得

$$\dot{U}=(-25+\mathrm{j}25)\mathrm{V},\dot{I}_1=\mathrm{j}5\mathrm{A},\dot{I}_2=\mathrm{j}5\mathrm{A}$$

电流源发出的复功率为

$$\tilde{S}=\dot{U}\dot{I}_s^*=(-25+\mathrm{j}25)\times(-\mathrm{j}10)=(250+\mathrm{j}250)\mathrm{VA}$$

负载Z_1吸收的复功率为

$$\tilde{S}_1=\dot{U}_1\dot{I}_1^*=Z_1I_1^2=\mathrm{j}5\times25=\mathrm{j}125\mathrm{VA}$$

负载Z_2吸收的复功率为

$$\tilde{S}_2=\dot{U}\dot{I}_2^*=Z_2I_2^2=(5+\mathrm{j}5)\times25=(125+\mathrm{j}125)\mathrm{VA}$$

受控源吸收的复功率为

$$\tilde{S}_3=5\dot{I}_2\dot{I}_1^*=125\mathrm{VA}$$

电路元件吸收的复功率为三个元件吸收复功率之和

$$\tilde{S}_1+\tilde{S}_2+\tilde{S}_3=(250+\mathrm{j}250)\mathrm{VA}$$

与电流源发出的复功率相等。

4.5.6　功率因数的提高

1. 功率因数的概念

从前面的讨论知道，在计算二端网络的有功功率和无功功率时要考虑电压与电流之间的

相位差，即

$$P=UI\cos\varphi, Q=UI\sin\varphi$$

在工程上定义二端网络的功率因数为

$$\lambda=\cos\varphi \tag{4.88}$$

式中 φ 是二端网络电压与电流的相位差，又称为功率因数角。对于无源二端网络，$\varphi=\varphi_z$，即为无源二端网络等效阻抗的阻抗角。只有在电阻负载(如白炽灯、电炉等)情况下，电压和电流才同相位，其功率因数 $\cos\varphi=1$，对其他负载来说，功率因数均介于 0 与 1 之间。功率因数反映了有功功率在视在功率中所占的比例。

2. 提高功率因数的目的

当二端网络的电压与电流之间有相位差时，功率因数小于 1，这说明电路中发生了能量互换，出现了无功功率，功率因数过低将带来两个问题：

一是功率因数低将会增加输电线路和电源设备的能量损耗，降低供电质量。在生产实际和日常生活中所接触的大多数电器设备如电动机、照明用的日光灯等，它们都属于感性负载，一般情况下功率因数都较低。而负载设备取用的电能都是以一定电压由电站通过输电线供电的。根据 $P=UI\cos\varphi$，当 P、U 一定时，负载功率因数越低，电源提供给负载的电流就越大，即相同的有功功率情况下，功率因数低的负载电流大。而输电线和电源设备的绕组是有一定电阻的，电流越大损耗就越大，电阻上的压降也将增加，从而造成负载电压下降，影响供电质量。

二是较低的功率因数还将使电源设备的视在功率(即容量)不能得到充分利用。因为电源供出的功率及功率因数是由用户的用电设备性质和运行情况决定的。当有功功率一定时，用电设备的功率因数越低，根据 $S=P/\cos\varphi$，需要发电设备提供的容量率也就越大。

能源制约着经济建设的规模。节约电能，提高供电质量，对于发展国民经济有着直接作用。而提高功率因数则是达到上述目标的重要措施之一。

3. 提高功率因数的原则

提高功率因数的基本原则是：

一是不改变原负载的电压、电流。换言之，必须保证原负载的工作状态不变。即：加至负载上的电压和负载的有功功率不变。

二是一般不要求功率因数提高到 1，这是因为功率因数接近于 1 时再提高功率因数到 1，所需并联的电容容量要大大增加。

三是补偿后总的负载一般仍呈感性。若在功率因数相同的情况下补偿成容性，这要求使用的电容容量更大，经济上十分不合算，所以一般要求补偿后的电路工作在欠补偿状态。

4. 提高功率因数的方法

提高企业用电的功率因数，需要采用多方面措施，技术性很强。本节只从电路分析的基本知识角度提出无功功率补偿的原则。

提高功率因数最常用的方法是在电感性负载两端并联电容，电路图如图 4.57(a)所示。向量图如图 4.57(b)所示，φ_1 是原感性负载的阻抗角，并联电容后阻抗角为 φ_2，从图 4.57(b)可以看出，并联电容并不改变原负载的工作情况，但来自电源的总电流明显减少，这是因为电容分流的结果。

感性负载[图 4.57(a)中虚线框内部分]并联电容后，电感性负载的电流 $I_1=U/\sqrt{R^2+X_L^2}$ 和功率因数 $\cos\varphi_1=R/\sqrt{R^2+X_L^2}$ 保持不变，这是因为所加电压和负载参数没有变化。但电压

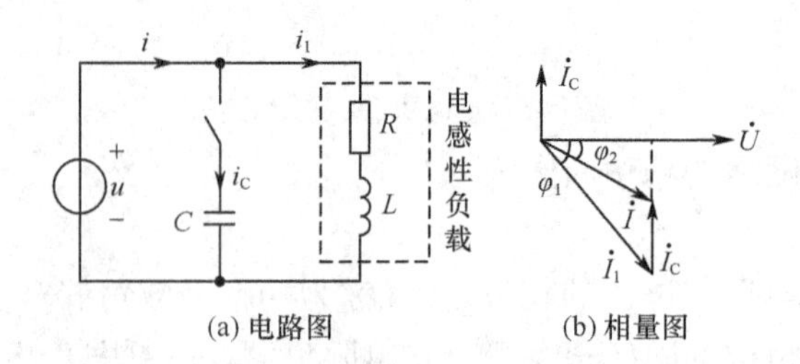

(a) 电路图　　(b) 相量图

图 4.57　电容与电感性负载并联以提高功率因素

u 和回路电流 i 之间的相位差 φ_2 相比较并联电容前的 φ_1 而言变小了，即提高了功率因数。这里的提高功率因数是指提高电源给整个电路供电的功率因数。从另一方面来说，由于电容的无功功率对电感性负载的无功功率的补偿作用，将减少电源与负载之间的能量互换，使能量互换主要发生在电感性负载和电容之间。这使电源提供的无功功率和视在功率大大减少，而有功功率则不变，从而提高了电源的利用率。

若电路的功率因数由 λ_1 提高到 λ_2，应并联多大的电容呢？下面通过例题来分析说明。

【例 4.26】 某感性负载的等效阻抗 $Z=(3+j4)\Omega$，由 50Hz、220V 的正弦交流电源供电，如图 4.57(a)所示。已知电源的额定容量 $S_N=9.7\text{kVA}$。

(1) 求电路的电流 I_1、有功功率 P、无功功率 Q 和功率因数 λ。

(2) 用并联电容元件的方法将电路的功率因数提高到 0.9，试求并联电容元件的电容值。

(3) 欲使功率因数由 0.9 再提高至 1.0，电容值需要再增加多少？

(4) 电路的功率因数提高到 0.9 后，电源还可给多少盏 220V、100W 的白炽灯供电？

解　(1) 感性负载的阻抗模和功率因数为

$$|Z|=\sqrt{3^2+4^2}=5\Omega,\lambda_1=\cos\varphi_1=\frac{R}{|Z|}=\frac{3}{5}=0.6$$

电流
$$I_1=\frac{U}{|Z|}=\frac{220}{5}=44\text{A}$$

视在功率
$$S_1=UI=220\times 44=9.68\text{kVA}$$

有功功率
$$P_1=S_1\cos\varphi_1=9.68\times 0.6=5.8\text{kW}$$

无功功率
$$Q=S_1\sin\varphi_1=9.68\times 0.8=7.7\text{kvar}$$

电源的额定电流
$$I_N=\frac{S_N}{U_N}=\frac{9700}{220}=44\text{A}$$

可见电源向负载供出的电流达到其额定值，已处于满载状态。

(2) 并联电容后，欲使功率因数 λ_2 达到 0.9，则功率因数角应达到 $\varphi_2=25.8°$。其向量图如图 4.57(b)所示。根据向量图可知电容电流为

$$I_C=I_1\sin\varphi_1-I\sin\varphi_2$$

由于并联电容前后电路的有功功率不变，则有

$$I_1=\frac{P_1}{U\cos\varphi_1},\quad I=\frac{P_1}{U\cos\varphi_2}$$

故
$$I_C=\left(\frac{P_1}{U\cos\varphi_1}\right)\sin\varphi_1-\left(\frac{P_1}{U\cos\varphi_2}\right)\sin\varphi_2=\frac{P_1}{U}(\tan\varphi_1-\tan\varphi_2)$$

又因为电容支路电流

$$I_C=\frac{U}{X_C}=U\omega C$$

所以

$$C=\frac{P_1}{U^2\omega}(\tan\varphi_1-\tan\varphi_2) \tag{4.89}$$

式(4.89)可作为一个公式直接应用。功率因数由 0.6 提高到 0.9 需并联电容值为

$$C=\frac{5800}{220^2\times 2\pi\times 50}(\tan 53.1^\circ-\tan 25.8^\circ)=324\mu\text{F}$$

$$(\cos\varphi_1=0.6\Rightarrow\varphi_1=53.1^\circ)$$

提高功率因数后电源提供电流

$$I=\frac{P_1}{U\cos\varphi_2}=\frac{5800}{220\times 0.9}=29.3\text{A}$$

从以上计算可以看出，功率因数从 0.6 提高到 0.9，线路电流从 44A 降到 29.3A。

(3) 要将功率因数从 0.9 再提高到 1.0，需再增加的电容值为

$$C=\frac{5800}{220^2\times 2\pi\times 50}(\tan 25.8^\circ-\tan 0^\circ)=184\mu\text{F}$$

由以上计算得知，功率因数由 0.6 提高到 0.9，提高了 0.3，需要 324μF 电容；而由 0.9 提高到 1.0，提高了 0.1，需要电容 184μF，显然投资与经济效益不成比例。故一般不要求用户把功率因数提高到 1.0，只要达到规定即可。

另外需要注意的是，用并联电容的方法提高功率因数后的电路仍然应是感性电路，即欠补偿电路。如果由 $\cos\varphi_2=0.9$ 得出 $\varphi_2=\pm 25.8^\circ$，代入(4.89)式，将得到两个电容值，$C_1=324\mu\text{F}$ 和 $C_2=629\mu\text{F}$。显然，并联 629μF 电容后，电路则由感性变成容性，属于过补偿电路。

(4) 电路的功率因数提高到 0.9 后，设电源可给 n 盏 220V、100W 的白炽灯供电。若白炽灯可近似看作线性电阻负载，接白炽灯后电源提供的无功功率保持不变，即

$$Q=UI\sin\varphi_2=220\times 29.3\times\sin 25.8^\circ=2.8\text{kvar}$$

电源满载时提供的有功功率为

$$P=\sqrt{S_N^2-Q^2}=\sqrt{9.7^2-2.8^2}=9.29\text{kW}$$

供给白炽灯的功率

$$P_R=P-P_1=9.29-5.8=3.49\text{kW}$$

因此

$$n=\frac{P_R}{100}=\frac{3490}{100}=34\text{ 盏}$$

接白炽灯后电路的功率因数为

$$\lambda=\frac{P}{S}=\frac{9.29}{9.7}=0.96$$

可见，在保持有功功率不变的情况下减小无功功率，或者在保持无功功率不变的情况下增加无功功率，都可以达到提高功率因数的目的。

【例 4.27】 图 4.58(a)所示电路，已知 $R=2\Omega$，$L=1\text{H}$，$C=0.25\text{F}$，$u=10\sqrt{2}\sin 2t\text{V}$。求电路的有功功率 P、无功功率 Q、视在功率 S 和功率因数。

解 由已知条件，可得

$$\dot{U}=10\angle 0^\circ\text{V}$$

$$X_L=\omega L=2\times 1=2\Omega,\ X_C=\frac{1}{\omega C}=\frac{1}{2\times 0.25}=2\Omega$$

相应的向量模型如图 4.58(b)所示，其二端网络的阻抗为

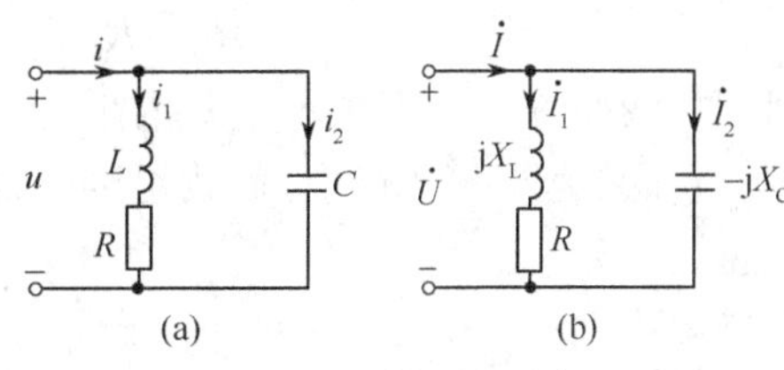

图 4.58 例 4.27 图

$$Z=\frac{(R+jX_L)(-jX_C)}{R+jX_L-jX_C}=\frac{(2+j2)(-j2)}{2+j2-j2}=2-j2=2\sqrt{2}\angle-45°\Omega$$

端口电流为
$$\dot{I}=\frac{\dot{U}}{Z}=\frac{10\angle 0°}{2\sqrt{2}\angle-45°}=2.5\sqrt{2}\angle 45°\text{A}$$

所以
$$P=UI\cos\varphi_z=10\times 2.5\sqrt{2}\times 0.707=25\text{W}$$
$$S=UI=25\sqrt{2}\text{VA}$$
$$Q=UI\sin\varphi_z=10\times 2.5\sqrt{2}\times(-0.707)=-25\text{var}$$
$$\lambda=\cos\varphi_z=\cos(-45°)=0.707$$

4.5.7 最大功率传输定理

在很多实际应用中，有时需要研究：在正弦电源电压有效值和电源内阻抗保持不变的情况下，接入什么样的负载才能使负载获取最大的有功功率？这就是最大功率传输问题。

1. 共轭匹配

在图 4.59 所示电路中，Z_i 是电源$\dot{U}_s$ 的内阻抗，Z_L 是负载，设

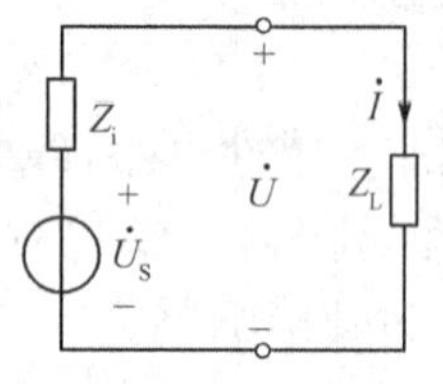

图 4.59 用阻抗和向量表示的电路

$$Z_i=R_i+jX_i,Z_L=R_L+jX_L$$

电路的电流有效值向量为
$$\dot{I}=\frac{\dot{U}_S}{Z_i+Z_L}$$

则
$$I=\frac{U_S}{\sqrt{(R_i+R_L)^2+(X_i+X_L)^2}}$$
$$P=I^2R_L=\frac{U_S^2R_L}{(R_i+R_L)^2+(X_i+X_L)^2}$$

合理选择 R_L、X_L 使有功功率 P 最大。先来看 P 和 X_L 的关系，X_L 仅出现在上式的分母中，对于任何的 R_L，当 $X_L=-X_i$ 时分母为极小值，由此可以先确定 X_L 的取值。此时，有功功率 P 变成为 P'，即
$$P'=\frac{U_S^2R_L}{(R_i+R_L)^2}$$

令 P'对 X_L 的导数为零，即得 P'为最大值的条件
$$\frac{dP'}{dR_L}=U_S^2\left[\frac{1}{(R_i+R_L)^2}-\frac{2R_L}{(R_i+R_L)^3}\right]=0$$

解得
$$R_L=R_i$$

综上所述，在电源$\dot{U}_S$ 和阻抗 Z_i 给定的情况下，负载所能获得最大功率的负载阻抗为
$$R_L=R_i,X_L=-X_i,\text{ 即 } Z_L=R_i-jX_i=Z_i^* \tag{4.90}$$

此时，我们称负载阻抗和电源内阻抗共轭匹配。

在共轭匹配电路中，负载得到的最大功率
$$P_{\text{Lmax}}=\frac{U_S^2R_L}{(2R_i)^2}=\frac{U_S^2}{4R_i} \tag{4.91}$$

电源输出的功率

$$P_S = IU_S = \frac{U_S^2}{2R_i}$$

此时电路的传输效率

$$\eta = \frac{P_{Lmax}}{P_S} = 50\%$$

共轭匹配电路只用在效率问题不是很重要的场合。

2. **模匹配**

前面讨论了共轭匹配的概念，如果负载的阻抗角不变，负载的阻抗模可以改变，那么负载在什么条件下可获得最大功率呢？

设负载阻抗为

$$Z_L = |Z_L|\angle\varphi_Z = |Z_L|\cos\varphi_Z + j|Z_L|\sin\varphi_Z$$

则有

$$I = \frac{U_S}{\sqrt{(R_i + |Z_L|\text{co}\varphi)^2 + (X_i + |Z_L|\sin\varphi_z)^2}}$$

负载获得的功率为

$$P_L = I^2|Z_L|\cos\varphi_z = \frac{U_S^2|Z_L|\cos\varphi_z}{(R_i + |Z_L|\cos\varphi_z)^2 + (X_i + |Z_L|\sin\varphi_z)^2}$$

要使 P_L 达到最大值，同样令

$$\frac{dP_L}{d|Z_L|} = 0$$

求得

$$|Z_L| = \sqrt{R_i^2 + X_i^2} \tag{4.92}$$

因此，在保持负载阻抗角不变、只可改变负载阻抗模的情况下，负载获得最大功率的条件是负载阻抗模与电源内阻抗模相等，这种负载匹配称为模匹配。假如负载是纯电阻，在模匹配情况下，负载获得最大功率的条件同样是 $|Z_L| = R_L = \sqrt{R_i^2 + X_i^2}$，而不是 $R_L = R_i$。

在模匹配条件下负载所获得的最大功率比共轭匹配条件下获得的功率要小。

【例 4.28】 电路如图 4.60 所示，试分别计算下列不同情况下负载的功率：(1) 负载 $Z_L = 1\Omega$；(2) 负载为电阻且为模匹配；(3) 负载为共轭匹配。

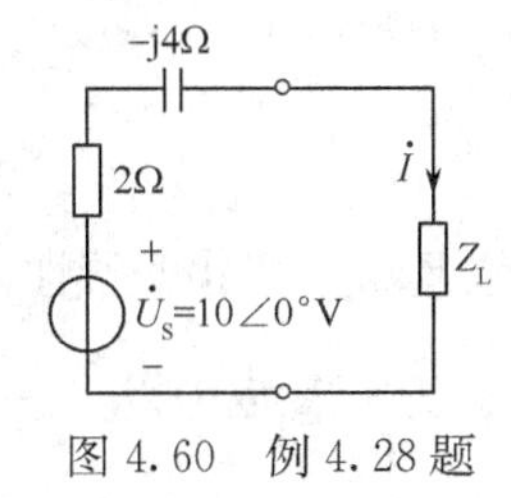

图 4.60　例 4.28 题

解　电源内阻抗为

$$Z_i = (2 - j4)\Omega$$

(1) 当 $Z_L = 1\Omega$ 时，有

$$\dot{I} = \frac{\dot{U}_S}{Z_i + Z_L} = \frac{10\angle 0^\circ}{2 - j4 + 1} = 2\angle 36.9^\circ \text{A}$$

$$P_L = I^2 R_L = 4\text{W}$$

(2) 当负载为纯电阻且模匹配，则 $Z_L = R_L = \sqrt{R_i^2 + X_i^2} = 2\sqrt{5}\Omega$，有

$$\dot{I} = \frac{\dot{U}_S}{Z_i + Z_L} = \frac{10\angle 0^\circ}{2 - j4 + 2\sqrt{5}} = 1.32\angle -31.7^\circ \text{A}$$

$$P_L = I^2 R_L = 1.32^2 \times 2\sqrt{5} = 7.79\text{W}$$

(3) 负载为共轭匹配，则

$$Z_L = Z_i^* = R_i - jX_i = (2 + j4)\Omega$$

$$\dot{I} = \frac{\dot{U}_S}{Z_i + Z_L} = \frac{10\angle 0^\circ}{2 - j4 + 2 + j4} = 2.5\angle 0^\circ \text{A}$$

$$P_L=\frac{U_S^2}{4R_i}=\frac{100}{4\times2}=12.5\text{W}$$

可见共轭匹配时，负载所获得的功率最大。

4.6 正弦交流电路的频率特性及应用

前面讨论的正弦稳态电路，是在某个固定频率的正弦电源激励下，获得电路电流、电压等变量的情况。当激励信号(电源电压或电流)的幅值不变、频率改变，由于电路中电容的容抗 $X_C=\frac{1}{\omega C}$，电感的感抗 $X_L=\omega L$ 都会随频率的改变而变化，从而使电路中的响应(各支路电流和电压)的幅值和相位随之改变。响应与频率的关系称为电路的频率特性或频率响应，简称频响，本节将在频率域内对电路进行分析，主要分析正弦稳态响应随频率变化的情况，称为频域分析。

4.6.1 分析频率特性的工具——传递函数

传递函数 $H(j\omega)$是求得电路频率响应的重要数学工具。电路的频率响应就是传递函数 $H(j\omega)$随 ω 由 0 到∞变化的关系曲线。因此，传递函数是关于频率的函数。

以前用阻抗或导纳将电压和电流联系起来的关系表达式中，实际上隐含有传递函数的概念。一般而言，一个线性二端网络由图 4.61 所示的方框图表示。

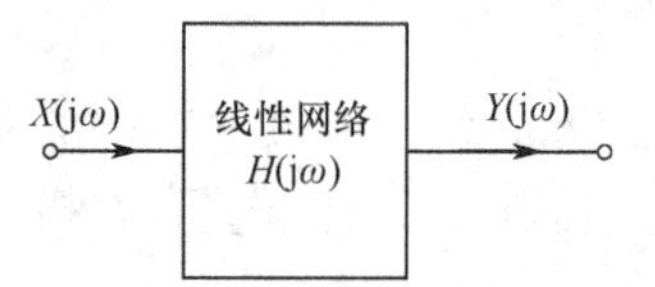

图 4.61 表征传递函数的方框图

电路的传递函数 $H(j\omega)$指的是随频率而改变的输出向量 $Y(j\omega)$(电路中元件的电压或电流)与输入向量 $X(j\omega)$(源电压或电流)之比值。

$$H(j\omega)=\frac{Y(j\omega)}{X(j\omega)} \tag{4.93}$$

$H(j\omega)$是一个复数，它的模为$|H(j\omega)|$，表示输出向量与输入向量幅值之比值随频率变化而变化情况；相角为 $\varphi(\omega)$，体现了输出向量与输入向量之间相位差随频率变化而变化的情形。所以 $H(j\omega)$可以表示成

$$H(j\omega)=|H(j\omega)|\angle\varphi(\omega)$$

$|H(j\omega)|$表示传递函数的幅值随 ω 变化的特性，称为幅频特性；$\varphi(\omega)$表示输出、输入信号相位差随 ω 变化的特性，称为相频特性，幅频特性和相频特性统称为频率特性或者频率响应。

4.6.2 滤波电路

对不同频率的输入信号具有选择性的电路称为滤波电路，它让需要的特定频率范围的信号能够顺利通过，而衰减或抑制另外的其他频率范围的信号。如果滤波电路的组成元件只有无源元件：电阻、电感和电容，称为无源滤波电路。无源滤波电路是利用电容元件的容抗或电感元件的感抗随频率而改变的特性实现滤波的目的。

滤波电路按幅频特性通常可分为低通、高通、带通、带阻和全通等多种类型，图 4.62 所示是低通滤波器、高通滤波器、带通滤波器和带阻滤波器的幅频特性曲线。本节主要讨论由电阻 R 和电容 C 组成的 RC 滤波电路。除了 RC 滤波电路外，其他电路也可以实现各种滤波功能。

1. RC 低通滤波电路

低通滤波电路允许低频信号通过，而衰减或抑制高频信号。图 4.63 是 RC 无源低通滤波

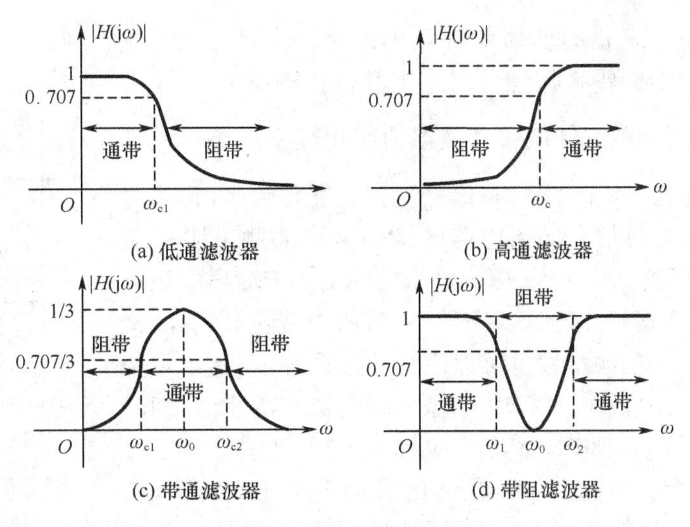

(a) 低通滤波器　　(b) 高通滤波器

(c) 带通滤波器　　(d) 带阻滤波器

图 4.62　幅频特性

电路，图中$\dot{U}_1$代表输入信号，$\dot{U}_2$代表输出信号，两者都是频率的函数。电路输出信号与输入信号的比值就是电路的传递函数，用 $H(\mathrm{j}\omega)$表示。由图 4.63 可得：

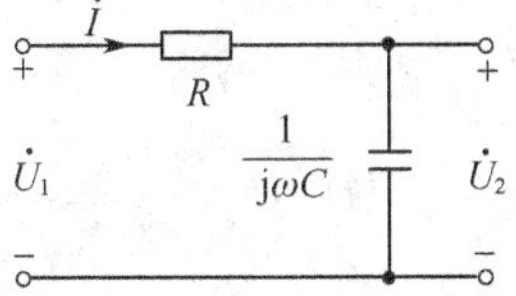

$$
\begin{aligned}
H(\mathrm{j}\omega)&=\frac{\dot{U}_2}{\dot{U}_1}=\frac{\dfrac{1}{\mathrm{j}\omega C}}{R+\dfrac{1}{\mathrm{j}\omega C}}=\frac{1}{1+\mathrm{j}\omega RC}\\
&=\frac{1}{\sqrt{1+(\omega RC)^2}}\angle-\arctan(\omega RC)\\
&=|H(\mathrm{j}\omega)|\angle\varphi(\omega)
\end{aligned}
\tag{4.94}
$$

图 4.63　RC 低通滤波电路

式中，$|H(\mathrm{j}\omega)|=\dfrac{1}{\sqrt{1+(\omega RC)^2}}$是传递函数 $H(\mathrm{j}\omega)$的模，是角频率 ω 的函数；$\varphi(\omega)=-\arctan(\omega RC)$是 $H(\mathrm{j}\omega)$的辐角，又称之为相移角，它也是角频率 ω 的函数。

设 $\omega_0=\dfrac{1}{RC}$（ω_0 称为特征角频率，相应的 $f_0=\dfrac{1}{2\pi RC}$称为特征频率），则

$$H(\mathrm{j}\omega)=\frac{\dot{U}_2}{\dot{U}_1}=\frac{1}{1+\mathrm{j}\dfrac{\omega}{\omega_0}}=\frac{1}{\sqrt{1+\left(\dfrac{\omega}{\omega_0}\right)^2}}\angle-\arctan\frac{\omega}{\omega_0}$$

由式(4.94)知，当：

$\omega=0$ 时，　　$|H(\mathrm{j}\omega)|=1,\varphi(\omega)=0$

$\omega=\infty$时，　　$|H(\mathrm{j}\omega)|=0,\varphi(\omega)=-\dfrac{\pi}{2}$

$\omega=\omega_0=\dfrac{1}{RC}$时，　　$|H(\mathrm{j}\omega)|=\dfrac{1}{\sqrt{2}},\varphi(\omega)=-\dfrac{\pi}{4}$

再计算其他不同 ω 值时的$|H(\mathrm{j}\omega)|$值和 $\varphi(\omega)$值，就可得到如图 4.64(a)所示的幅频特性曲线和图 4.64(b)所示的相频特性曲线。

从幅频特性曲线可以看出，对于同样幅值大小的正弦输入电压来说，频率越高，输出电压的幅值越小，当输入电压为直流时，输出电压最大，就等于输入电压。所以，低频的正弦信号比高频正弦信号容易通过，这种电路称为 RC 低通滤波器。对于滤波器来说，当传递函数的模下

降到其最大值的 0.707 倍时所对应的频率称为滤波器的截止频率。根据低通滤波器的幅频特性可以求出其截止频率 $\omega_C=\omega_0=\frac{1}{RC}$，因此图 4.63 所示的 RC 低通滤波器的截止频率就等于其特征频率。在频率范围 $0<\omega\leqslant\omega_0$ 内，信号受到的衰减较小，称为电路的通频带，简称为通带。如果电路的输出端接的是电阻性负载，当 $|H(\mathrm{j}\omega)|$ 下降到 0.707 时，因为输出功率正比于输出电压的平方，这时输出功率正好是输入功率的一半，所以截止频率 ω_c 又称为半功率点频率。幅频特性也可以用对数形式表示，其单位为分贝(dB)。当 $|H(\mathrm{j}\omega)|=0.707$ 时，对数形式的幅频特性为 $20\lg|H(\mathrm{j}\omega)|=20\lg0.707=-3\mathrm{dB}$，所以 ω_c 也称为 $-3\mathrm{dB}$ 频率。

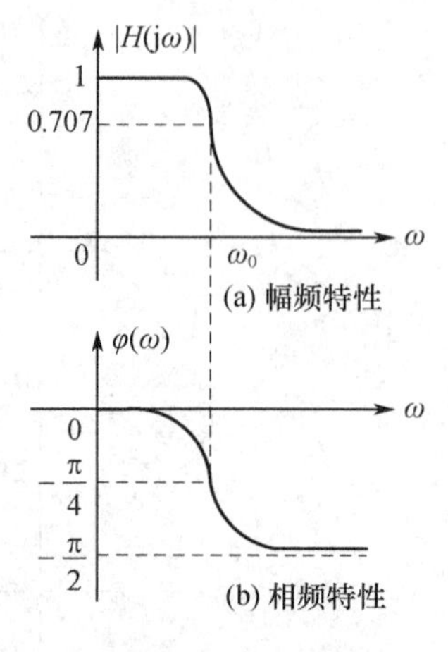

图 4.64　RC 低通滤波电路的频率特性

从相频特性曲线知：随着输入信号的 ω 由零趋于无穷大，相移角 $\varphi(\omega)$ 单调地由 0 趋于 $-90°$，这说明输出电压总是滞后于输入电压。RC 低通滤波器充当了滞后网络的角色。在实际应用中常作为移相器。

2. RC 高通滤波电路

与 RC 低通滤波电路相比较，图 4.65 所示电路的输出信号 $\dot{U}_2$ 不是从电容两端输出，而是取自于电阻 R 两端。该电路的传递函数为

$$H(\mathrm{j}\omega)=\frac{\dot{U}_2}{\dot{U}_1}=\frac{R}{R+\frac{1}{\mathrm{j}\omega C}}=\frac{\mathrm{j}\omega RC}{1+\mathrm{j}\omega RC}=\frac{1}{1-\mathrm{j}\frac{1}{\omega RC}}=\frac{1}{\sqrt{1+\left(\frac{1}{\omega RC}\right)^2}}\angle\arctan\frac{1}{\omega RC}$$

$$=|H(\mathrm{j}\omega)|\angle\varphi(\omega) \tag{4.95}$$

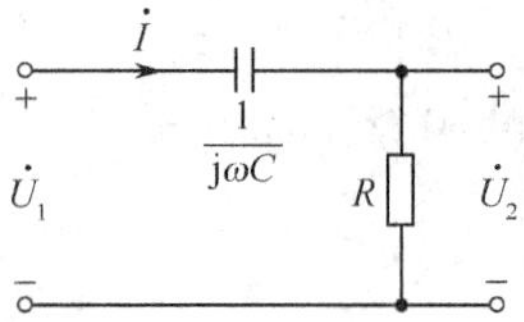

式中 $$|H(\mathrm{j}\omega)|=\frac{1}{\sqrt{1+\left(\frac{1}{\omega RC}\right)^2}},\varphi(\omega)=\arctan\frac{1}{\omega RC}$$

设 $\omega_0=\frac{1}{RC}$，则

$$H(\mathrm{j}\omega)=\frac{1}{1-\mathrm{j}\frac{\omega_0}{\omega}}=\frac{1}{\sqrt{1+\left(\frac{\omega_0}{\omega}\right)^2}}\angle\arctan\frac{\omega_0}{\omega}$$

图 4.65　RC 高通滤波电路

由式(4.95)可知，当 $\omega_c=\omega_0=\frac{1}{RC}$ 时，$|H(\mathrm{j}\omega)|=0.707$，是整个频率范围内 $|H(\mathrm{j}\omega)|$ 最大值的 0.707 倍，因此 ω_0 是截止频率。此时相移角 $\varphi(\omega)$ 为 $\frac{\pi}{4}$。传递函数的幅频特性和相频特性如图 4.66 所示。

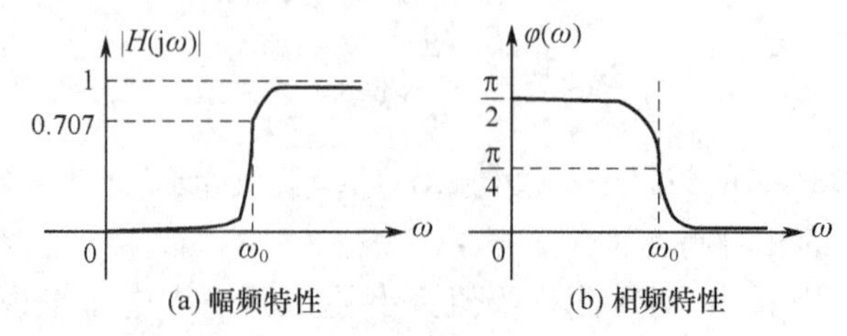

图 4.66　RC 高通滤波电路的频率特性

高通滤波电路的作用是抑制低频信号，而使高频信号能够顺利通过。

输入信号的角频率 ω 由零趋于无穷大，RC 高通滤波器的相移角 $\varphi(\omega)$ 由 90° 单调趋于零，这说明 RC 高通滤波器具有超前网络的特点，从输入到输出的相移为

$$\varphi(\omega)=\arctan\frac{1}{\omega RC}$$

【例 4.29】 试设计一移相器，实现从输入到输出的相移为 45°，即输出信号在相位上超前输入信号 45°。

解 要实现输出信号在相位上超前输入信号，需选择 RC 高通滤波器。当电路阻抗的实部和虚部相等，即电阻的阻值与电容的容抗相等，相移量恰好为 45°。我们选择 $R=X_C=20\Omega$，所得电路如图 4.67 所示。

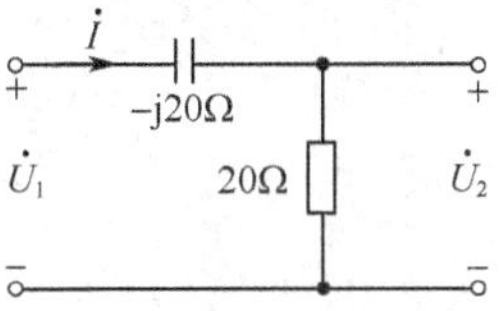

$$\dot{U}_2=\frac{20}{20-\mathrm{j}20}\dot{U}_1=\frac{\sqrt{2}}{2}\angle 45^\circ\dot{U}_1$$

这样，输出信号相对输入信号而言相移 45°，但幅值只有输入信号的 $\frac{\sqrt{2}}{2}$。

图 4.67 例 4.29 图

3. RC 带通滤波电路

带通滤波电路的作用是让特定频率范围内的信号能够通过。RC 带通滤波电路如图 4.68 所示。

由图 4.68 知，传递函数为

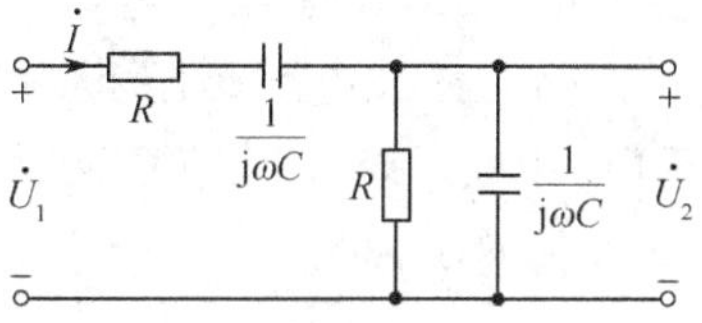

$$H(\mathrm{j}\omega)=\frac{\dot{U}_2}{\dot{U}_1}=\frac{R//\frac{1}{\mathrm{j}\omega C}}{R+\frac{1}{\mathrm{j}\omega C}+R//\frac{1}{\mathrm{j}\omega C}}=\frac{1}{3+\mathrm{j}\left(\omega RC-\frac{1}{\omega RC}\right)}$$

$$=\frac{1}{\sqrt{3^2+\left(\omega RC-\frac{1}{\omega RC}\right)^2}}\angle-\arctan\frac{\omega RC-\frac{1}{\omega RC}}{3}$$

$$=|H(\mathrm{j}\omega)|\angle\varphi(\omega) \tag{4.96}$$

图 4.68 RC 带通滤波电路

式中

$$|H(\mathrm{j}\omega)|=\frac{1}{\sqrt{3^2+\left(\omega RC-\frac{1}{\omega RC}\right)^2}},\varphi(\omega)=-\arctan\frac{\omega RC-\frac{1}{\omega RC}}{3}$$

设 $\omega_0=\frac{1}{RC}$，则

$$H(\mathrm{j}\omega)=\frac{1}{3+\mathrm{j}\left(\frac{\omega}{\omega_0}-\frac{\omega_0}{\omega}\right)}=\frac{1}{\sqrt{3^2+\left(\frac{\omega}{\omega_0}-\frac{\omega_0}{\omega}\right)^2}}\angle-\arctan\frac{\frac{\omega}{\omega_0}-\frac{\omega_0}{\omega}}{3}$$

$\omega=0$ 时，$$|H(\mathrm{j}\omega)|=0,\varphi(\omega)=\frac{\pi}{2}$$

$\omega=\infty$ 时，$$|H(\mathrm{j}\omega)|=0,\varphi(\omega)=-\frac{\pi}{2}$$

$\omega=\omega_0$ 时， $$|H(\mathrm{j}\omega)|=\frac{1}{3},\varphi(\omega)=0$$

由此可画出频率特性曲线如图 4.69 所示。当 $\omega=\omega_0=\frac{1}{RC}$时，输入电压$\dot{U}_1$ 与输出电压$\dot{U}_2$同相，且$\frac{U_2}{U_1}=\frac{1}{3}$，此时的$|H(\mathrm{j}\omega)|$为整个频率范围内的最大值，称 ω_0 为中心频率。同时也规定，当$|H(\mathrm{j}\omega)|$等于最大值(即 1/3)的 70.7%处频率的上下限之间的宽度称为通频带，即 $\Delta\omega=\omega_2-\omega_1$。带通滤波电路就是通过频带 $\omega_1<\omega<\omega_2$ 的滤波电路。

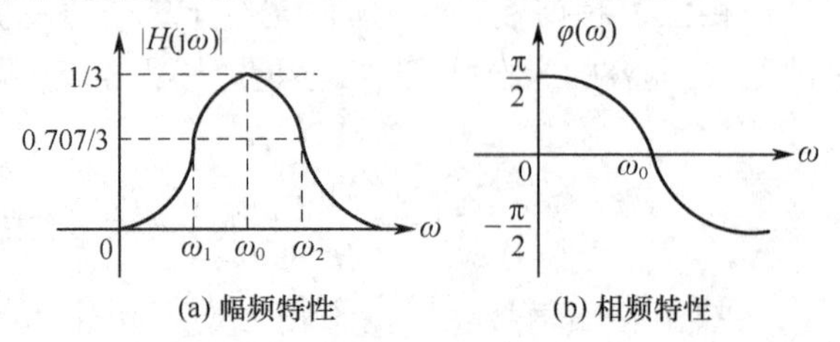

(a) 幅频特性　　(b) 相频特性

图 4.69　RC 带通滤波电路的频率特性

【例 4.30】一个截止频率 $f_1=1.5\text{kHz}$ 的高通滤波器和一个截止频率为 $f_2=2.2\text{kHz}$ 的低通滤波器用来构成一个带通滤波器。假设不考虑负载效应，滤波器通频带的带宽是多少？

解　设带通滤波器的带宽为 f_{BW}，有

$$f_{\mathrm{BW}}=f_2-f_1=700\text{Hz}$$

4. **RLC 带阻滤波电路**

带阻滤波电路是阻止两个给定频率(ω_1 和 ω_2)之间的频带通过。利用图 4.70 所示的 RLC 串联电路，将其 LC 两端的电压作为输出信号，便可以构成带阻滤波器。

传递函数为

$$H(\mathrm{j}\omega)=\frac{\dot{U}_2}{\dot{U}_1}=\frac{\mathrm{j}(\omega L-1/\omega C)}{R+\mathrm{j}(\omega L-1/\omega C)} \tag{4.97}$$

因此
$$|H(\mathrm{j}\omega)|=\frac{(\omega L-1/\omega C)}{\sqrt{R^2+(\omega L-1/\omega C)^2}}$$

$\omega=0$ 时，$|H(\mathrm{j}\omega)|=1$；$\omega=\infty$时，$|H(\mathrm{j}\omega)|=1$；$\omega=\omega_0=\sqrt{\frac{1}{LC}}$时，$|H(\mathrm{j}\omega)|=0$。

ω_0 是带阻滤波电路的中心频率。图 4.71 为带阻滤波电路的幅频特性。$\Delta\omega=\omega_2-\omega_1$ 为抑制带宽。

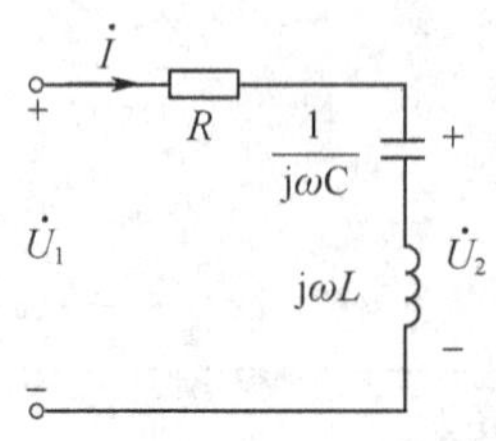

图 4.70　带阻滤波电路

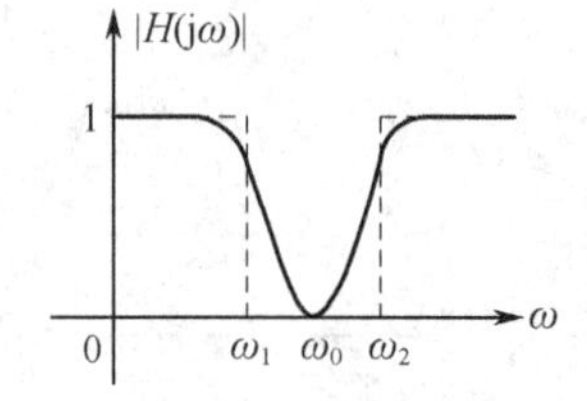

图 4.71　带阻滤波电路的幅频特性

4.6.3　谐振电路

谐振是 RLC 电路的一种工作状态，此时电路中电压与电流同相位，即电路呈现纯阻性。

在含有电感和电容元件的正弦稳态电路中，一般来说，电压和电流的相位是不同的。如果改变电路参数 L、C 或输入信号的频率，就有可能使电路的总电压和总电流相位相同，此时整个电路呈现纯阻性，功率因数为 1，电路的这种现象称为谐振。

RLC 电路的谐振分为串联谐振和并联谐振两种。串联或并联谐振电路的传递函数有很高的频率选择性，在设计滤波电路上是很有用的，其中包括收音机的选台和电视机的频道选择等。

1. RLC 串联谐振电路

RLC 串联电路如图 4.72 所示，电路的阻抗为

$$Z=R+\mathrm{j}\omega L+\frac{1}{\mathrm{j}\omega C}=R+\mathrm{j}(X_{\mathrm{L}}-X_{\mathrm{C}})$$

RLC 串联电路的总阻抗随频率的变化如图 4.73(a)所示，当电源激励频率较低时，X_{C} 较大，X_{L} 较小，电路呈容性；随着频率的升高，X_{C} 减少，X_{L} 增大，当 $X_{\mathrm{L}}=X_{\mathrm{C}}$ 时，两者的电抗效应相互抵消，电路是纯电阻电路。当频率进一步增大，X_{L} 大于 X_{C}，电路呈感性。

当电路中

$$X_{\mathrm{L}}=X_{\mathrm{C}}\text{或 }\omega L=\frac{1}{\omega C}$$

时，则

$$\arctan\frac{X_{\mathrm{L}}-X_{\mathrm{C}}}{R}=0$$

即电源电压与电路中的电流同相位，这时，电路发生了谐振。由于谐振发生在 RLC 串联电路中，所以称为串联谐振。

对于给定的 RLC 串联电路，只有在正弦激励为某一特定频率时才会发生谐振，这一特定频率称之为谐振频率，是谐振电路的固有频率，由电路参数决定。以 Hz 为单位时，记为 f_0，以 rad/s 为单位时，记为 ω_0。

由 $X_{\mathrm{L}}=X_{\mathrm{C}}$，可得串联谐振的谐振角频率为

$$\omega_0=\frac{1}{\sqrt{LC}} \tag{4.98}$$

又因为 $\omega_0=2\pi f$，所以谐振频率为

$$f_0=\frac{1}{2\pi\sqrt{LC}} \tag{4.99}$$

电路发生串联谐振时，具有如下一些特点：

① $X_{\mathrm{L}}=X_{\mathrm{C}}$，电路的阻抗 $Z=R$，呈纯阻性，阻抗模值最小。

$$|Z|=\sqrt{R^2+(X_{\mathrm{L}}-X_{\mathrm{C}})^2}=R$$

在输入电压不变的情况下，电路中电流的有效值达到最大，其值为

$$I=I_0=\frac{U}{R}$$

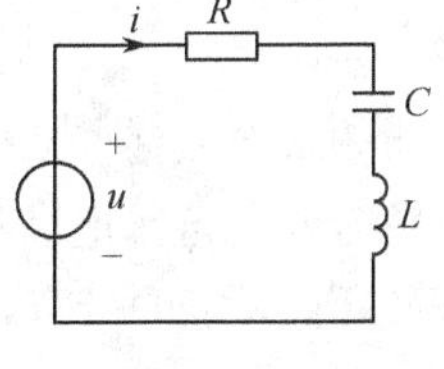

图 4.72　RLC 串联谐振电路

电路中电流 I 随频率变化的曲线如图 4.73(b)所示。电流有效值取最大值时的横坐标即为谐振频率 f_0。

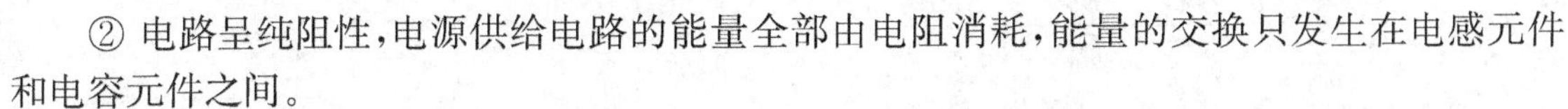

② 电路呈纯阻性，电源供给电路的能量全部由电阻消耗，能量的交换只发生在电感元件和电容元件之间。

③ 输入电压 $\dot{U}$ 与电路电流 $\dot{I}$ 同相位，所以电路的功率因数为 1。

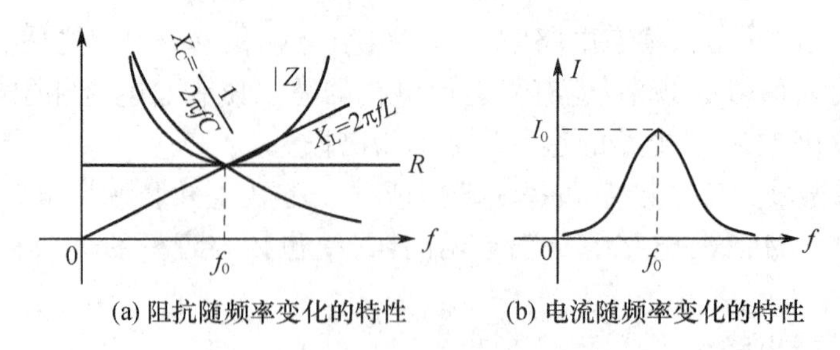

(a) 阻抗随频率变化的特性　　(b) 电流随频率变化的特性

图 4.73　串联谐振电路的阻抗与电流随频率变化的特性

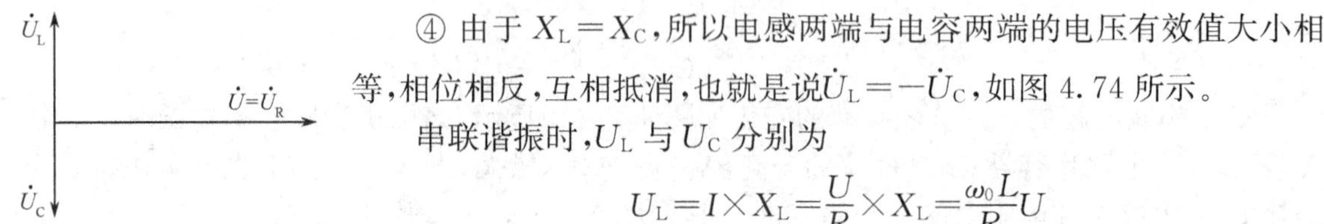

图 4.74　RLC 串联谐振电路向量图

④ 由于 $X_L=X_C$，所以电感两端与电容两端的电压有效值大小相等，相位相反，互相抵消，也就是说 $\dot{U}_L=-\dot{U}_C$，如图 4.74 所示。

串联谐振时，U_L 与 U_C 分别为

$$U_L=I\times X_L=\frac{U}{R}\times X_L=\frac{\omega_0 L}{R}U$$

$$U_C=I\times X_C=\frac{U}{R}\times X_C=\frac{1}{\omega_0 RC}U$$

当 $\omega_0 L=1/\omega_0 C\gg R$ 时，电感与电容两端的电压有效值将会大大超过输入电压的有效值。所以串联谐振又称为电压谐振。电压过高，可能会导致线圈、电容的绝缘层被击穿，造成事故，因此在电力系统中，应避免发生串联谐振。但在电子技术中，则常常利用串联谐振来获得较高的电压。为了衡量电路在这方面的能力，引进品质因数 Q 这一物理量，它等于谐振时感抗（容抗）与电阻之比，也等于谐振时的 U_L 或 U_C 与输入电压 U 之比，即

$$Q=\frac{\omega_0 L}{R}=\frac{1}{\omega_0 RC}=\frac{U_L}{U}=\frac{U_C}{U} \tag{4.100}$$

Q 值越大，串联谐振时在电感元件或电容元件两端获得的电压越高。

品质因数 Q 是一个无量纲的量，它描述电路发生谐振时的电磁振荡强烈程度，谐振时电容或电感元件上电压是电源电压的 Q 倍。

由于谐振时电路的电抗比电路中的电阻大得多，Q 值一般在几十到几百之间。设 L、C 为定值（谐振频率固定），图 4.75 所示为图 4.76 所示电路在 Q 值不同时的电流幅频特性。显然，Q 值较大时，电流幅频特性曲线更为尖锐，这就能很好地选择某一频率而抑制其他频率成分，这称为电路的选择性。Q 值越大，选择性越好。也可以引入通频带宽度的概念，如图 4.75 所示，通频带宽度指的是在电流 I 值等于最大值 I_0 的 0.707 倍处频率的上下限截止频率之间的宽度。

$$\Delta f=f_2-f_1$$

通频带宽度越小，表明谐振曲线越尖锐，电路的频率选择性越强。收音机的接收电路就是利用串联谐振来选择电台信号的。但选择性并非越高就越好，这是因为选择性越好，通频带就越窄。而信号皆有一定的带宽，通频带太窄就有可能滤掉部分频段的有用信息，从而导致信号产生失真。

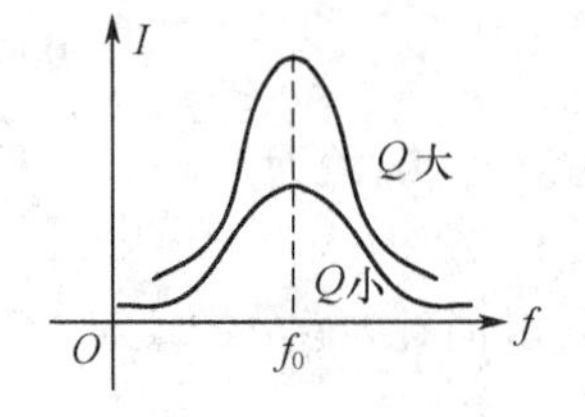

图 4.75　谐振曲线

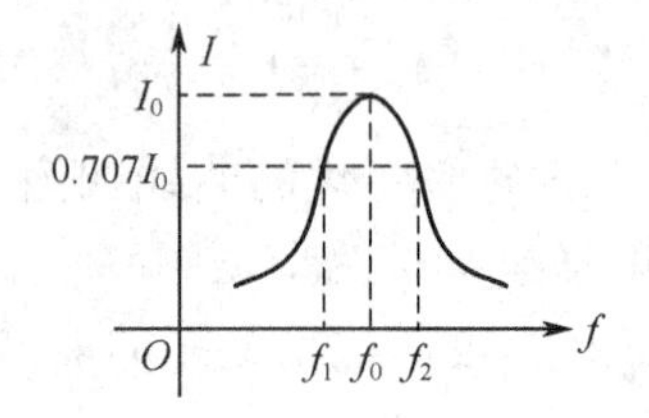

图 4.76　通频带宽度

收音机利用谐振电路接收电台信号的工作原理是：每个电台都有不同的发射频率，各种频率信号经过收音机天线时，就会在天线线圈 L_1 中[见图 4.77(a)]感应出各种频率的电动势，由于天线线圈与LC电路的互感作用，又在LC回路中感应出不同频率的电动势 e_1，e_2……如图 4.77(b)所示。调节电容 C，使电路对某一电台的频率信号产生谐振，那么LC回路中该频率的信号最大，在可变电容两端产生的电压也就最高。该频率的信号再经过处理就会变成声音传播出来，人们就接收到了这种频率的广播节目。而对于其他频率的信号，由于电路对它们没有产生谐振，电路呈现的阻抗较大，电流很小，在可变电容器两端产生的电压很低，人们就听不到这些频率的广播节目，这样接收电路就起到了选择某电台信号而抑制其他电台信号的作用。

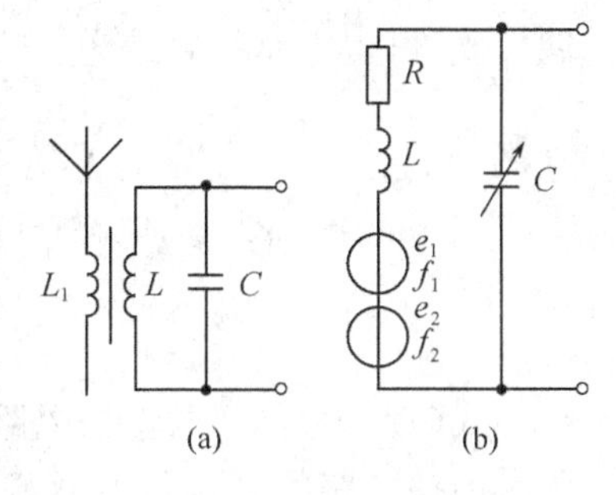

图 4.77　收音机接收电路

【例 4.31】 RLC串联电路中，$L=0.2\text{H}$，$R=500\Omega$，$C=320\text{pF}$，电源电压为25V。求：(1)当电路发生谐振时，电源频率应为多少？电容中的电流和端电压各为多少？(2)当频率增加10%时，电容中的电流和端电压是多少？

解　(1) 谐振时

$$f_0=\frac{1}{2\pi\sqrt{LC}}=\frac{1}{2\pi\sqrt{0.2\times320\times10^{-12}}}=20\text{kHz}$$

$$X_C=\frac{1}{2\pi f_0C}=\frac{1}{2\pi\times20\times10^3\times320\times10^{-12}}=25000\Omega$$

$$I_0=\frac{U}{R}=\frac{25}{500}=0.05\text{A}$$

$$U_C=I_0X_C=0.05\times25000=1250\text{V}$$

(2) 当频率增加10%时

$$f=f_0+f_0\times10\%=22\text{kHz}$$

$$X_L=2\pi fL=2\pi\times22\times10^3\times0.2=27632\Omega$$

$$X_C=\frac{1}{2\pi fC}=\frac{1}{2\pi\times22\times10^3\times320\times10^{-12}}=22618\Omega$$

$$|Z|=\sqrt{R^2+(X_L-X_C)^2}=\sqrt{500^2+(27632-22618)^2}=5038\Omega$$

$$I=\frac{U}{|Z|}=\frac{25}{5038}=0.005\text{A}$$

$$U_C=IX_C=0.005\times22618=113.1\text{V}$$

显然，当工作频率偏离谐振频率10%时，电容两端的电压及电路的电流相比较谐振时大大减少。

【例 4.32】 一台收音机的接收电路如图 4.77 所示，其中 $L=0.5\text{mH}$，$R=10\Omega$，若要收听到电台频率为89.3kHz的广播节目，应将可变电容 C 调到多少？

解　由式(4.99)可知谐振频率为 $f_0=\dfrac{1}{2\pi\sqrt{LC}}$ 可得

$$C=\frac{1}{(2\pi f_0)^2L}=\frac{1}{(2\pi\times89.3\times10^3)^2\times0.5\times10^{-3}}=6359\text{pF}$$

2. RLC 并联谐振电路

图 4.78 所示为RLC并联谐振电路的向量模型，它与RLC串联电路具有对偶性。利用对

偶性质，可得电路的导纳为

$$Y=\frac{1}{R}+\mathrm{j}\omega C+\frac{1}{\mathrm{j}\omega L}=\frac{1}{R}+\mathrm{j}\left(\omega C-\frac{1}{\omega L}\right)$$

当 Y 的虚部为零，电路产生谐振，由此可得谐振频率：

$$\omega C=\frac{1}{\omega L} \quad 或 \quad \omega_0=\frac{1}{\sqrt{LC}} \tag{4.101}$$

式(4.101)与串联谐振电路的式(4.99)相同。当这种电路发生谐振时，称为并联谐振。并联谐振电路的电压 U 与频率 f 的关系如图 4.79 所示。

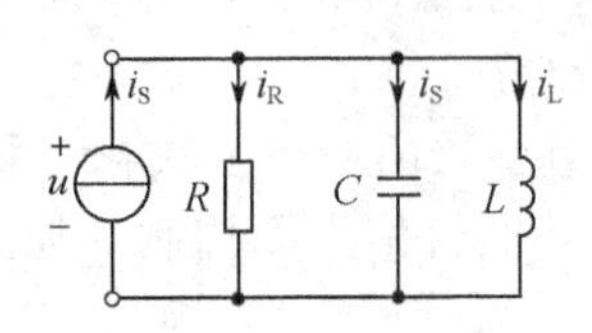

图 4.78　并联谐振电路

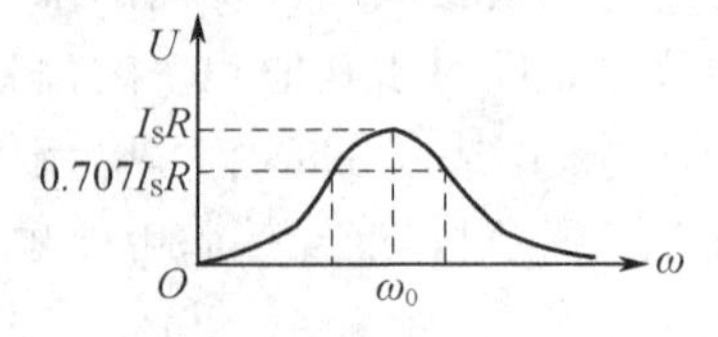

图 4.79　并联谐振电路电压与频率的关系

并联谐振具有以下特点：

① 谐振时，LC 并联支路相当于开路，所有电流全部流经电阻 R。

$$I_R=I_S, I_C=I_SR\omega_0C, I_L=\frac{I_SR}{\omega_0 L}$$

同样定义品质因数 Q，它是并联谐振时电感(容)上电流与电阻电流之比值，即

$$Q=\frac{I_L}{I_R}=\frac{I_C}{I_R}=\omega_0 RC=\frac{R}{\omega_0 L} \tag{4.102}$$

一般情况下，$Q\gg1$，电感和电容上的电流比源电流大许多倍，因此，并联谐振又称作电流谐振。在通信系统的中频放大器就是利用了这一特点。

② 电路呈现电阻性，即电路阻抗等于一个纯电阻，且为最大。

【例 4.33】 图 4.78 所示 RLC 并联电路中，电阻 $R=10\text{k}\Omega$，$L=0.1\text{mH}$，$C=16\mu\text{F}$，试计算(1)谐振频率 f_0；(2)品质因数 Q。

解　(1) 由 $\omega_0=\frac{1}{\sqrt{LC}}$，得

$$f_0=\frac{1}{2\pi\sqrt{LC}}=\frac{1}{2\pi\sqrt{0.1\times10^{-3}\times16\times10^{-6}}}=3980\text{Hz}$$

(2) $Q=\frac{R}{\omega_0 L}=\frac{10\times10^3}{2\pi\times3980\times0.1\times10^{-3}}=4000$

4.7　三相电源与三相负载

在日常生活和室内办公中，各种小功率家用电器和办公设备如电灯、电视机、电冰箱、电风扇、电脑、打印机等，基本上都是使用单相电源。但由于三相交流电在输电方面更加经济，在电能消耗较大的工业生产中，三相电源和三相负载更为普遍。单相电源其实就是三相电源中的某一相。本节将主要介绍三相电源、三相负载以及由它们构成的三相电路。

4.7.1　对称三相电源及其特点

三相电源是由三相交流发电机产生的。三相交流发电机有三个相同的线圈，称为三相绕

组，每组线圈的匝数、形状、尺寸、绕向都是相同的，图 4.80 是三相交流发电机的结构示意图。三相交流发电机所发出的电一般不被用户直接使用，而是经过三相变压器多次变压后供用户使用。无论是三相交流发电机还是三相变压器都可以等效为三个线圈绕组（AX、BY、CZ），如图 4.81 所示，其中 A、B、C 称为绕组的首（始）端，X、Y、Z 称为绕组的尾（末）端。

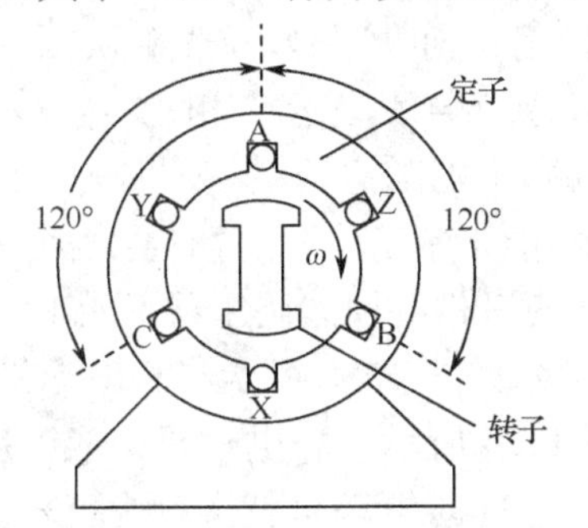

图 4.80　三相发电机的结构示意图

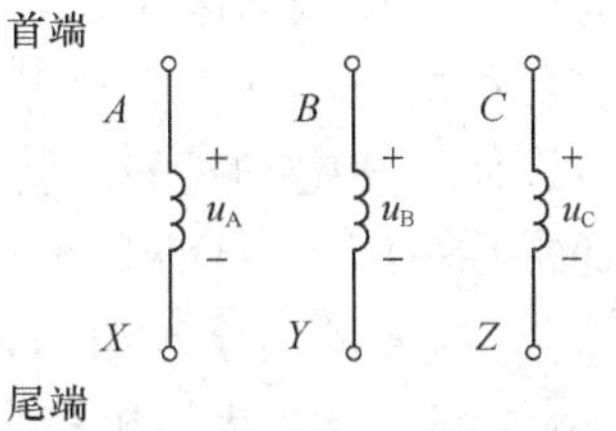

首端
A
B
C
u_A
u_B
u_C
X
Y
Z
尾端

图 4.81　三相交流电源绕组示意图

三相绕组始端与末端所产生的三个电压分别是三个单相交流电源，通常用图 4.82 表示。

这三个单相交流电压具有频率相同、有效值（幅值）相等、相位依次相差 120°的特点。这样的三个电压称为对称三相电压，每个电压源都称为一相，记为 A 相、B 相和 C 相，简写为 u_A、u_B、u_C。因为每相电源的幅值相同，通常将每相电源电压的有效值记为 U_P，称为相电压有效值。对称三相电压的瞬时值可表示如下：

$$\begin{cases} u_A = \sqrt{2}U_P\sin\omega t \\ u_B = \sqrt{2}U_P\sin(\omega t - 120°) \\ u_C = \sqrt{2}U_P\sin(\omega t + 120°) \end{cases} \tag{4.103}$$

对称三相电压随时间变化的波形如图 4.83 所示

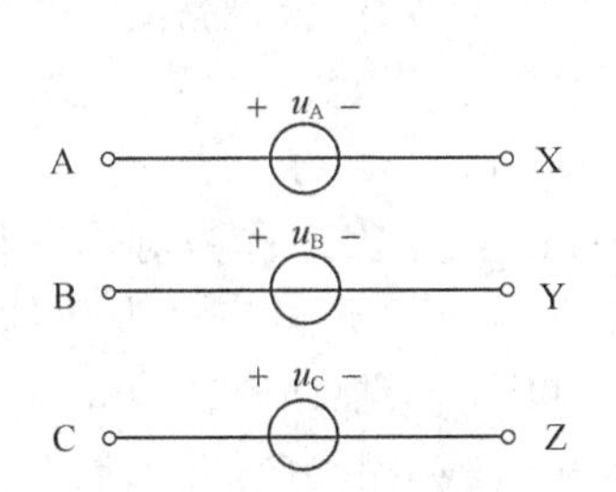

图 4.82　三相绕组的等效电源模型

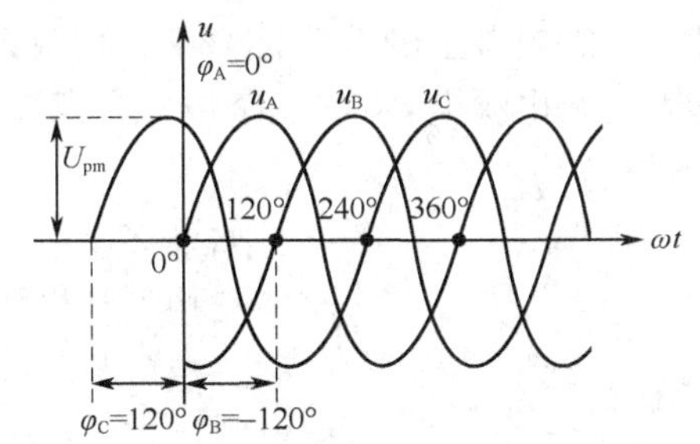

图 4.83　三相对称电压随时间变化的波形

用有效值向量表示，则为

$$\begin{cases} \dot{U}_A = U_P\angle 0° \\ \dot{U}_B = U_P\angle -120° \\ \dot{U}_C = U_P\angle 120° \end{cases} \tag{4.104}$$

对称三相电源的向量图如图 4.84 所示。

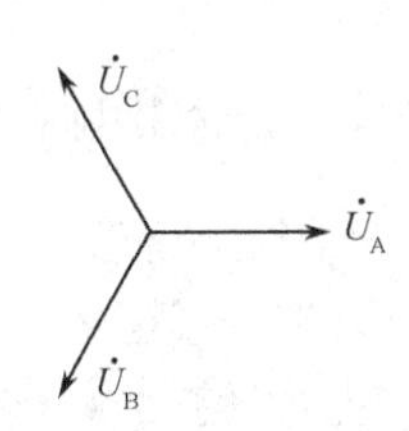

图 4.84　三相电源的向量图

由图 4.83 和图 4.84 可知，对称三相电源的三相电压的瞬时值或向量之和恒为零，即

$$u_A + u_B + u_C = 0, \quad \dot{U}_A + \dot{U}_B + \dot{U}_C = 0 \tag{4.105}$$

可见，如果将三相电源按始、末端先后顺序串接成一闭合回路，其回路净电压为零，当它们没有与外电路连接时，回路中各相电源均无电流，这个特点对电源接成三角形供电非常重要。

三相电源的三个相电压到达最大值的先后顺序称为相序。由式(4.103)或图4.83可以看出，u_A 超前 u_B 120°、u_B 超前 u_C 120°、u_C 超前 u_A 120°。因此三相电源系统的相序是A→B→C→A。一般情况下三相电源的相序是确定不变的，在使用三相电源时，应先确认每一根电源线属于那一相。实际工程接线常用黄色导线表示A相、绿色导线表示B相、红色导线表示C相。在实际应用中，有些三相负载对电源是有相序要求的，不能随意改变，如果改变了三相负载上电源的相序，三相负载的工作状态有可能改变或者不能正常工作，严重时会发生重大事故。例如：相序的改变可以使三相电动机的旋转方向改变、使三相可控硅调压器不能正常调压等。对三相负载而言，通常称相序A→B→C→A为正(顺)序，如图4.85所示三相电动机的三接线端a、b、c接成了正(顺)序，若此时电动机为正转，而图4.86所示三相电动机接成了反(逆)序，即三相电动机的三接线端a、b、c接的相序为B→A→C。此时电动机就会变为反转。可见，将三相负载上任意两根电源线互换位置，即实现三相负载相序的改变。

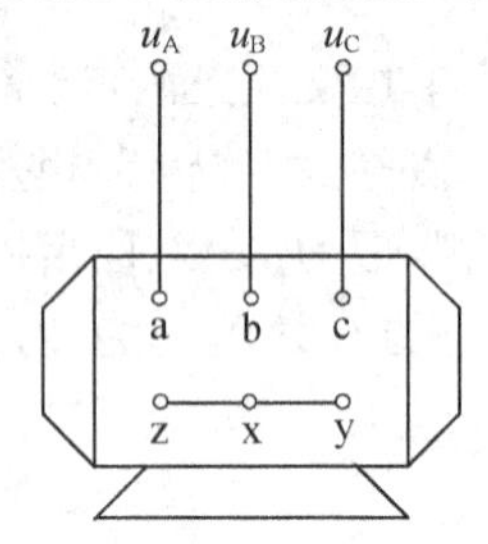

图4.85　三相负载正序连接

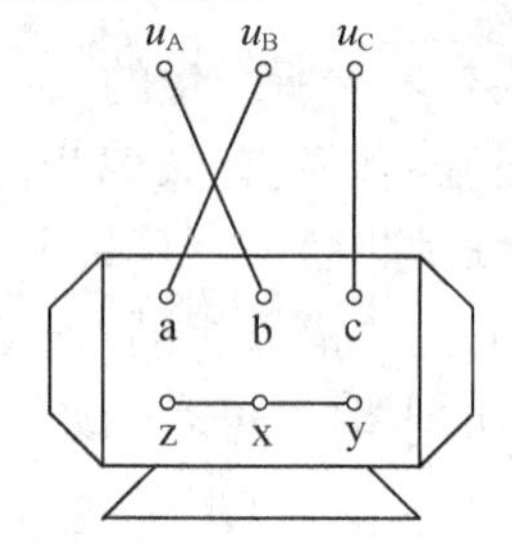

图4.86　三相负载反序连接

4.7.2　对称三相负载及其特点

接在每一相电源上的负载称为单相负载，如照明电灯、家用电器、办公设备等，三个单相负载分别接到三相电源上，则这三个单相负载就构成了三相电源的三相负载，统一用如图4.87所示的符号表示。

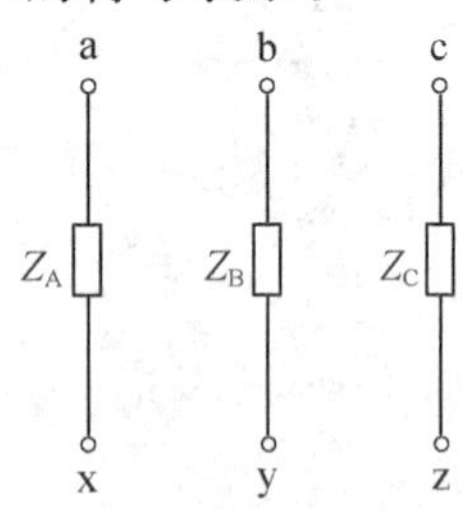

图4.87　三相负载的符号

如果 $Z_A=Z_B=Z_C=Z$，这样的三相负载称为对称三相负载，比如三相电动机的三个绕组、三相工业电炉的三个发热体等都是对称三相负载，其特点是阻抗模和阻抗角都相等。因此，当对称三相负载接入对称三相电源时，每相负载上的电流大小相等、相位互差120°。如果 $Z_A \neq Z_B \neq Z_C$，这样的三相负载称为非对称三相负载，比如前面讲到的照明电灯、家用电器、办公设备等构成的三相负载就是非对称三相负载。

4.7.3　三相电源的连接

三相电源有三种连接方式，即星形(Y)连接、带中线星形(Y_0)连接和三角形(△)连接，分别如图4.88、图4.89和图4.90所示。

从电源三个端点(A、B、C)引出的三根输电线称为相线(即通常所说的火线)，三个电源的末端连接在一起，称为中点，由中点引出的线称为中线，又称为零线。

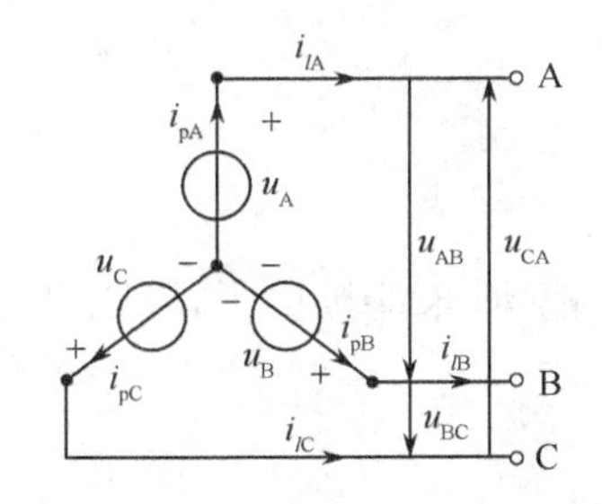

图 4.88　三相电源的星形(Y)连接

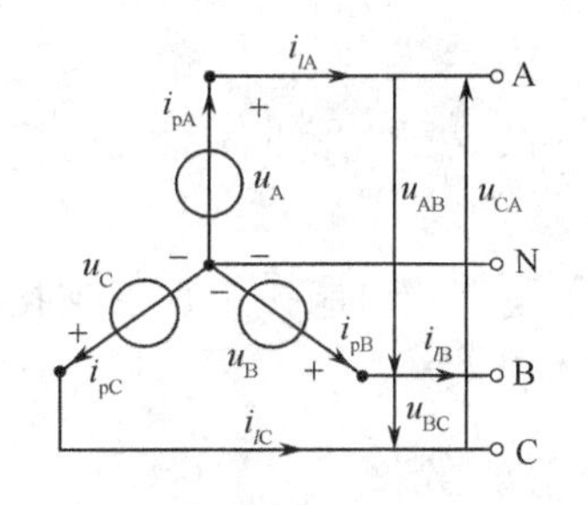

图 4.89　三相电源的带中线星形(Y_0)连接

始端与末端之间的电压称为相电压，就是每一相电源的电压。流过每相电源的电流称相电流。任意两根相线(火线)间的电压称为线电压，流过相线(火线)的电流称为线电流。从图 4.88～图 4.90中可看出，不同连接时，线电压与相电压、线电流与相电流是不同的，下面分别加以讨论。

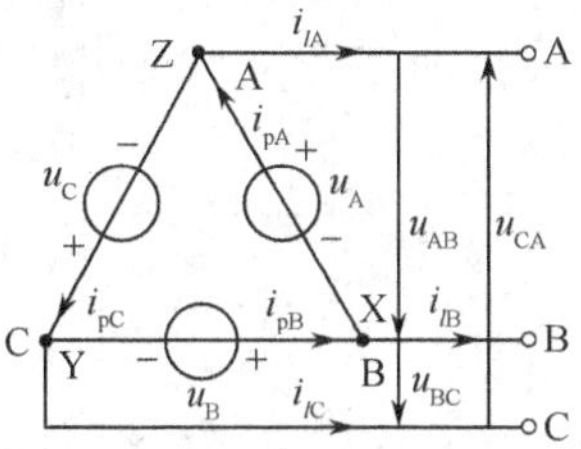

图 4.90　三相电源的三角形(△)连接

1. 星形(Y)连接时线电压与相电压的关系

三相电源按星形连接时(见图 4.88)，相电压向量分别为$\dot{U}_A$、$\dot{U}_B$、$\dot{U}_C$，线电压向量分别为$\dot{U}_{AB}$、$\dot{U}_{BC}$、$\dot{U}_{CA}$，根据向量形式 KVL，有

$$\dot{U}_{AB}=\dot{U}_A-\dot{U}_B$$

$$\dot{U}_{BC}=\dot{U}_B-\dot{U}_C$$

$$\dot{U}_{CA}=\dot{U}_C-\dot{U}_A$$

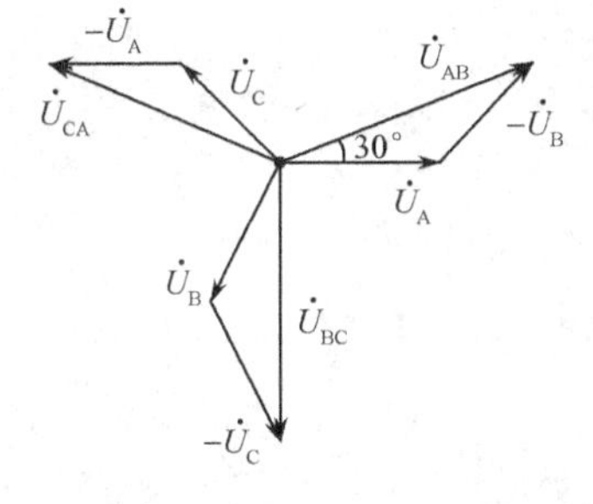

图 4.91　三相电源按星形连接时相、线电压向量图

据此，可绘出向量图，如图 4.91 所示。

当相电压对称时，线电压$\dot{U}_{AB}$、$\dot{U}_{BC}$、$\dot{U}_{CA}$也是对称的，其大小由向量图可以求得。设线电压有效值为U_l，则有

$$\frac{1}{2}U_l=U_P\cos30°, U_l=\sqrt{3}U_P \tag{4.106}$$

可见，线电压的有效值等于相电压的有效值的$\sqrt{3}$倍。线电压与相电压的相位关系为

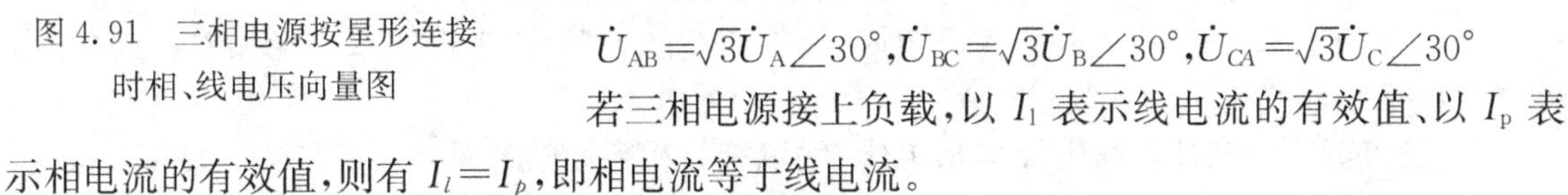

$$\dot{U}_{AB}=\sqrt{3}\dot{U}_A\angle30°, \dot{U}_{BC}=\sqrt{3}\dot{U}_B\angle30°, \dot{U}_{CA}=\sqrt{3}\dot{U}_C\angle30°$$

若三相电源接上负载，以 I_l 表示线电流的有效值、以 I_p 表示相电流的有效值，则有 $I_l=I_p$，即相电流等于线电流。

2. 带中线星形(Y_0)连接时线电压与相电压的关系

三相负载按带中线星形(Y_0)连接时，线电压与相电压的关系与星形(Y)连接时一样。不同的是星形(Y)连接形式只能提供一种电压，即线电压，而带中线星形(Y_0)连接形式可以提供两种电压，即线电压与相电压。这就是带中线星形(Y_0)连接电源系统的优点。

3. 三角形(△)连接时线电压与相电压的关系

三相电源按图 4.90 连接，把三相电源的始、末端依次相连接，三相电源构成一个闭合回路，分别从始、末端连接处引出三根端线就得到三角形连接，三根端线就是电源的相线，与负载相接。

由图可知，三相电源接成三角形时，线电压等于相电压，即 $U_l=U_p$。但线电流不等于相

电流。

在三相电源接成三角形的闭合回路中，回路的净电压为零。

即
$$\dot{U}_A+\dot{U}_B+\dot{U}_C=0 \tag{4.107}$$

值得指出的是三相电源按三角形连接时，千万不要把始、末端接反了，否则将会烧毁电源。应确认无误后才能供电。

4.7.4 三相负载的连接

三相负载也有三种连接方式，即星形（Y）连接、带中线星形（Y_0）连接和三角形（△）连接，分别如图 4.92、图 4.93 和图 4.94 所示。值得指出的是，非对称三相负载不能连接为星形（Y）。

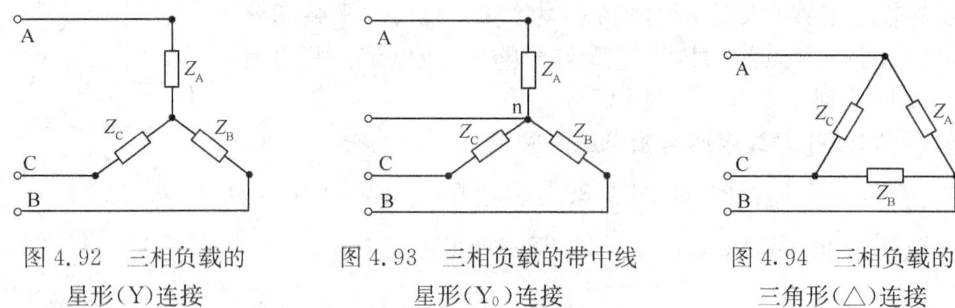

图 4.92 三相负载的星形(Y)连接　图 4.93 三相负载的带中线星形(Y_0)连接　图 4.94 三相负载的三角形(△)连接

1. 星形连接时线电压与相电压、线电流与相电流的关系

不难推得，当对称三相电源和对称三相负载均为星形（Y）连接时，每相负载上电压向量分别为电源相电压$\dot{U}_A$、$\dot{U}_B$、$\dot{U}_C$，负载线电压向量分别为$\dot{U}_{AB}$、$\dot{U}_{BC}$、$\dot{U}_{CA}$。

如果三相电源和三相负载对称时，以 I_l 表示负载线电流的有效值，以 I_p 表示负载相电流的有效值，则有 $I_l=I_p$，即线电流等于相电流。

2. 带中线星形(Y_0)连接时线电压与相电压、线电流与相电流的关系

由图 4.93 可见，无论三相负载对称与否，Y_0 连接时每相负载电压向量分别为电源相电压$\dot{U}_A$、$\dot{U}_B$、$\dot{U}_C$，负载线电压向量分别为$\dot{U}_{AB}$、$\dot{U}_{BC}$、$\dot{U}_{CA}$。

若接上三相电源，则有 $I_l=I_p$，即线电流等于相电流。

如果三相电源按带中线星形（Y_0）连接，三相负载也按带中线星形（Y_0）连接时，这就是后面讨论的三相四线制供电系统（Y_0/Y_0）。

3. 三角形(△)连接时线电压与相电压、线电流与相电流的关系

由图 4.94 可知，无论三相电源接成那种形式，三相负载按三角形（△）连接时，每相负载电压向量分别为电源线电压$\dot{U}_{AB}$、$\dot{U}_{BC}$、$\dot{U}_{CA}$，即每相负载上的电压等于电源线电压。

若接上对称三相电源，且三相负载也是对称的，则有 $I_l=\sqrt{3}I_p$，即线电流等于相电流的$\sqrt{3}$倍。

4.8 三相电路的分析

4.8.1 Y/Y 电路的分析

Y/Y 电路原理如图 4.95 所示。

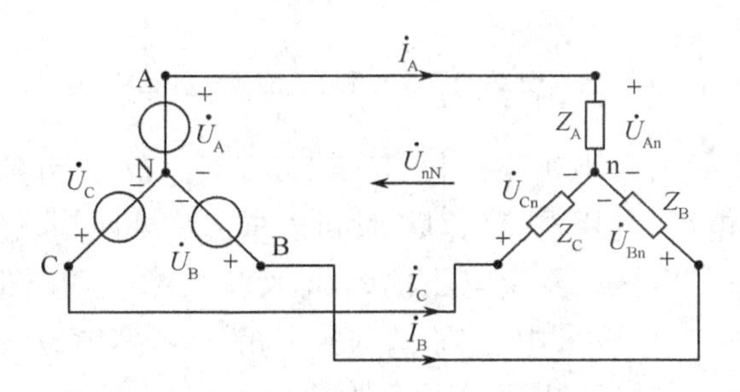

图 4.95　Y－Y 电路原理图

假设电源电压和负载阻抗都是已知的，可以按以下方法分析求出电路中的三个线电流：由于图 4.95 电路中只有两个节点 N 和 n，选择电源中点 N 为参考点，并设节点 n 和 N 之间的电压为$\dot{U}_{nN}$，对节点 n 应用 KCL 可得：$\dot{I}_A+\dot{I}_B+\dot{I}_C=0$，由 KVL 得各相负载的相电压

$$\dot{U}_{An}=\dot{U}_A-\dot{U}_{nN},\dot{U}_{Bn}=\dot{U}_B-\dot{U}_{nN},\dot{U}_{Cn}=\dot{U}_C-\dot{U}_{nN} \tag{4.108}$$

由欧姆定律得各相负载的相电流(即线电流)分别为

$$\dot{I}_A=\frac{\dot{U}_A-\dot{U}_{nN}}{Z_A},\dot{I}_B=\frac{\dot{U}_B-\dot{U}_{nN}}{Z_B},\dot{I}_C=\frac{\dot{U}_C-\dot{U}_{nN}}{Z_C}$$

将它们代入 KCL 方程，则有

$$\frac{\dot{U}_A-\dot{U}_{nN}}{Z_A}+\frac{\dot{U}_B-\dot{U}_{nN}}{Z_B}+\frac{\dot{U}_C-\dot{U}_{nN}}{Z_C}=0$$

故有

$$\dot{U}_{nN}=\left(\frac{\dot{U}_A}{Z_A}+\frac{\dot{U}_B}{Z_B}+\frac{\dot{U}_C}{Z_C}\right)\Big/\left(\frac{1}{Z_A}+\frac{1}{Z_B}+\frac{1}{Z_C}\right) \tag{4.109}$$

式(4.109)实际上就是节点电压法方程。根据所接负载情况，可对式(4.109)做如下讨论：

1. 当三相负载不对称(即 $\boldsymbol{Z}_A\neq\boldsymbol{Z}_B\neq\boldsymbol{Z}_C$)时

这时，$\dot{U}_{nN}\neq0$，即负载中点电位偏离了电源中点电位，常称为负载星点漂移，所以此时电源的相电压$\dot{U}_A$、$\dot{U}_B$、$\dot{U}_C$ 虽然是对称的，但各相负载上所承受的相电压已不能保持对称了，如图 4.96的向量图所示，这时有的负载相电压比额定电压高，有的负载相电压比额定电压低，影响负载的正常工作，甚至烧毁电路设备。因此，在实际工作中，当负载不对称时，应采用三相四线制，即当不对称负载做星形连接时，必须要有中线。因为有了中线，负载的相电压才能与电源的相电压保持相等，使每相负载都能工作在额定电压下。所以在实际应用的三相四线制系统中，为了不让负载星点漂移，中线应可靠连接，不允许在中线上接入保险丝和开关，并应经常检查中线的状况。

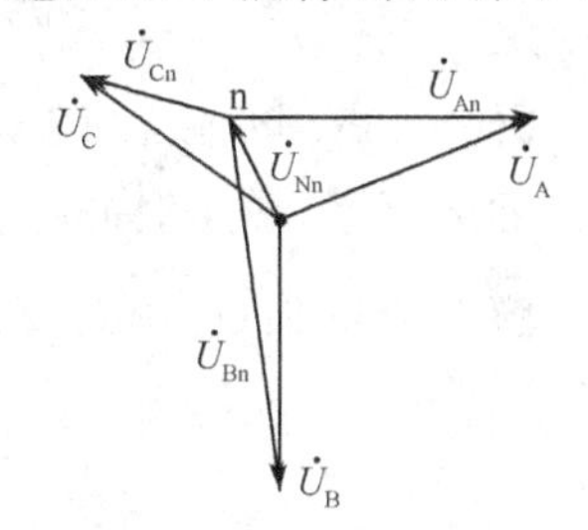

图 4.96　负载不对称的 Y/Y 电路电压向量图

2. 当三相负载对称(即 $\boldsymbol{Z}_A=\boldsymbol{Z}_B=\boldsymbol{Z}_C=\boldsymbol{Z}$)时

这时，$\dot{U}_{nN}=0$，即负载中点电位与电源中点电位重合，常称为负载星点重合，此时当电源的相电压$\dot{U}_A$、$\dot{U}_B$、$\dot{U}_C$ 是对称时，各相负载上的电压等于电源的相电压也是对称的，即$\dot{U}_{An}=\dot{U}_A$、$\dot{U}_{Bn}=\dot{U}_B$、$\dot{U}_{Cn}=\dot{U}_C$。所以各相电流$\dot{I}_A$、$\dot{I}_B$、$\dot{I}_C$ 也是对称的，计算如下：

$$\dot{I}_A=\frac{\dot{U}_{An}}{Z}=\frac{\dot{U}_A}{Z},\dot{I}_B=\frac{\dot{U}_{Bn}}{Z}=\frac{\dot{U}_B}{Z},\dot{I}_C=\frac{\dot{U}_{Cn}}{Z}=\frac{\dot{U}_C}{Z} \tag{4.110}$$

可见，三个相电流有效值大小相等、相位互差120°，因此，对对称的Y/Y电路进行计算时，可以只计算任意一相的电流，利用电流的对称性可以求出另外两相电流。

另外，这时所有负载相电压与额定电压相等，即使不接中线电路也能正常工作。因此，在实际工作中，当负载对称时，可以采用Y/Y结构的三相三线制，节省线路投资。工业中的三相电动机电路、三相工业电炉就是三相三线制的典型例子。

【例4.34】 有一星形连接的三相对称负载，电路如图4.95所示，每相的电阻$R=6\Omega$，感抗$X_L=8\Omega$。电源线电压对称，设$u_{AB}=380\sqrt{2}\sin(\omega t+30°)$V，试求线电流。

解 因为负载对称，电源线电压对称，故为三相对称电路，只需计算一相即可。以A相为例。

$$U_A=\frac{U_{AB}}{\sqrt{3}}=\frac{380}{\sqrt{3}}=220\text{V}$$

u_A比u_{AB}滞后30°，故有

$$u_A=220\sqrt{2}\sin\omega t\text{V}$$

A相电流的有效值为

$$I_A=\frac{U_A}{\sqrt{R^2+X_L^2}}=\frac{220}{\sqrt{6^2+8^2}}=22\text{A}$$

i_A比u_A滞后φ角，即

$$\varphi=\arctan\frac{X_L}{R}=53.1°$$

所以

$$i_A=22\sqrt{2}\sin(\omega t-53.1°)\text{A}$$

因为电流对称，所以其他两相的线电流为

$$i_B=22\sqrt{2}\sin(\omega t-53.1°-120°)=22\sqrt{2}\sin(\omega t-173.1°)\text{A}$$

$$i_C=22\sqrt{2}\sin(\omega t-53.1°+120°)=22\sqrt{2}\sin(\omega t+66.9°)\text{A}$$

【例4.35】 图4.97所示电路为相序指示电路。如果使$1/\omega C=R=1/G$，试说明在线电压对称的情况下，如何根据两个灯泡所承受的电压确定相序。

解 图4.97(a)电路可化为图4.97(b)所示。其中性点电压$\dot{U}_{nN}$为

$$\dot{U}_{nN}=\frac{\dot{U}_A\text{j}\omega C+\dot{U}_BG+\dot{U}_CG}{\text{j}\omega C+2G}$$

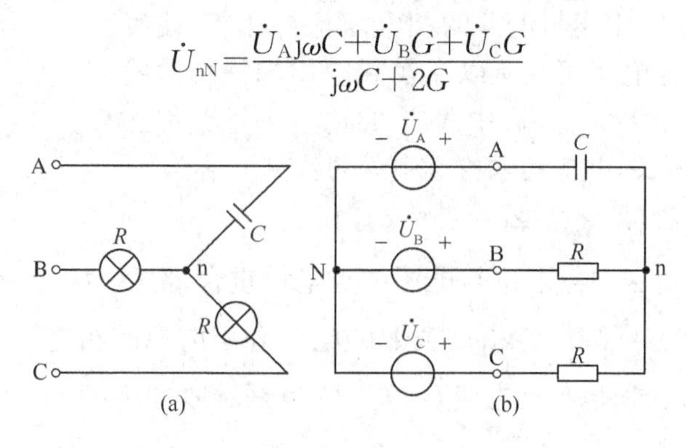

图4.97 相序指示电路

带入给定的参数关系并经计算后，有(令$\dot{U}_A=U\angle 0°$)

$$\dot{U}_{nN}=(-0.2+j0.6)U=0.63U\angle 108.4°$$

B相灯泡所承受的电压为

$$\begin{aligned}\dot{U}_{Bn}&=\dot{U}_{BN}-\dot{U}_{nN}=U\angle -120°-(-0.2+j0.6)U\\&=(-0.3-j1.47)U=1.5U\angle -101.5°\end{aligned}$$

所以

$$U_{Bn}=1.5U$$

经类似的计算可求得

$$\begin{aligned}\dot{U}_{Cn}&=\dot{U}_{CN}-\dot{U}_{nN}=U\angle 120°-(-0.2+j0.6)U\\&=(-0.3+j0.266)U=0.4U\angle 138.4°\\U_{Cn}&=0.4U\end{aligned}$$

根据上述结果可以判断：电容器所在的那一相若定为A相，则灯泡比较亮的为B相，较暗的则为C相。

另外，根据中性点电压$\dot{U}_{nN}$，也可由电压向量图判定$\dot{U}_{Bn}>\dot{U}_{Cn}$。

4.8.2 Y_0/Y_0 电路的分析

Y_0/Y_0 电路原理图如图4.98所示。假设电源电压和负载阻抗都是已知的，分析求出电路中的三个线电流和中线上的电流。

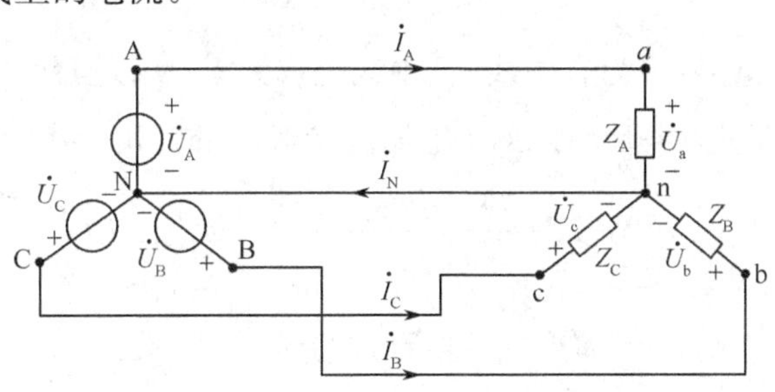

图4.98 Y_0/Y_0 电路原理图

由图4.98可以看出，每相负载的相电压等于对应的电源相电压，负载的线电压等于对应的电源线电压。因此可以分别一相一相地进行计算，因为$\dot{U}_a=\dot{U}_A$，$\dot{U}_b=\dot{U}_B$，$\dot{U}_c=\dot{U}_C$，故有

$$\dot{I}_A=\frac{\dot{U}_a}{Z_A}=\frac{\dot{U}_A}{Z_A},\dot{I}_B=\frac{\dot{U}_b}{Z_B}=\frac{\dot{U}_B}{Z_B},\dot{I}_C=\frac{\dot{U}_c}{Z_C}=\frac{\dot{U}_C}{Z_C} \tag{4.111}$$

各相负载的相电压与相电流之间的相位差为

$$\varphi_A=\arctan\frac{X_A}{R_A},\varphi_B=\arctan\frac{X_B}{R_B},\varphi_C=\arctan\frac{X_C}{R_C} \tag{4.112}$$

中线电流按图4.98中所选定的参考方向，应用KCL可得出

$$\dot{I}_N=\dot{I}_A+\dot{I}_B+\dot{I}_C \tag{4.113}$$

根据所接负载情况，可对以上分析计算进行如下讨论。

1. **负载对称(即$Z_A=Z_B=Z_C$)时**

由于三相电源的相电压也是对称的，所以这时各相电流$\dot{I}_A$、$\dot{I}_B$、$\dot{I}_C$也是对称的。几个相电

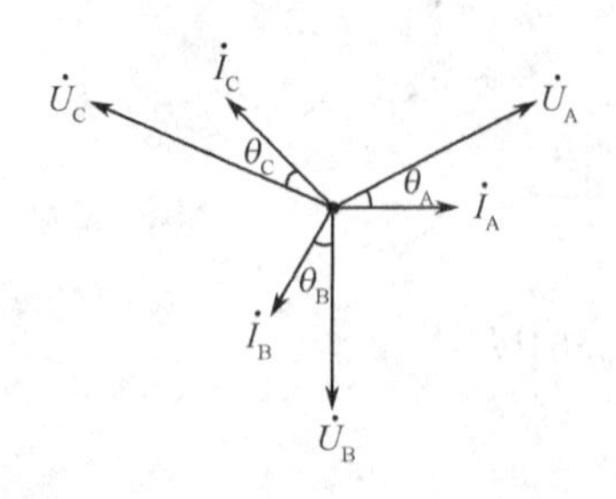

图 4.99　对称 Y_0/Y_0 电路电压电流向量图

流有效值的大小相等，相位互差 120°，电压和电流的向量图如图 4.99所示。这时中线电流 $\dot{I}_N=\dot{I}_A+\dot{I}_B+\dot{I}_C=0$。

因此，对对称的 Y_0/Y_0 电路进行计算时，可以只计算任意一相的电流，利用电流的对称性求出另外两相电流。

2. 当三相负载不对称(即 $Z_A \neq Z_B \neq Z_C$)时

这时，尽管每相负载的相电压等于对应的电源相电压，但因负载不等，所以三个相电流是非对称的，因此只能用式(4.111)分别一相一相地进行计算。

【例 4.36】 在图 4.36 中，电源电压对称，相电压 $U=220V$，负载为灯泡组，其电阻分别为 $R_A=5\Omega$，$R_B=10\Omega$，$R_C=20\Omega$，试求负载的相电流及中线电流。灯泡的额定电压为 220V。

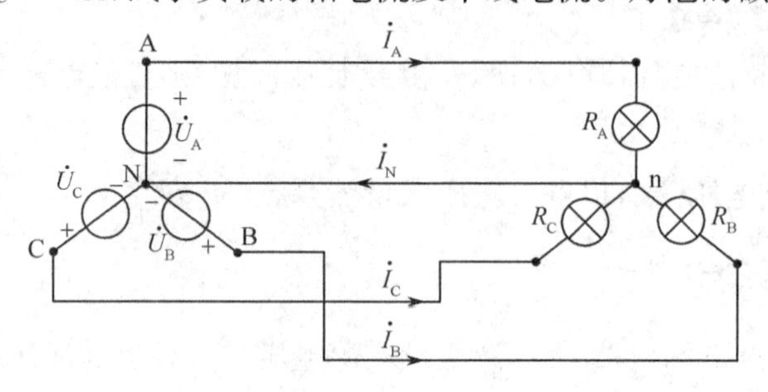

图 4.100　例 4.36 电路图

解　图 4.100 所示电路，因为有中线，且中线阻抗为零，所以虽然三相负载不对称，但这时负载相电压和电源的相电压相等。以 A 相电压为参考向量，即 $\dot{U}_A=220\angle 0°$，则

$$\dot{I}_A=\frac{\dot{U}_A}{R_A}=\frac{220\angle 0°}{5}=44A$$

$$\dot{I}_B=\frac{\dot{U}_B}{R_B}=\frac{220\angle -120°}{10}=22\angle -120°A$$

$$\dot{I}_C=\frac{\dot{U}_C}{R_C}=\frac{220\angle 120°}{20}=11\angle 120°A$$

中线电流为

$$\begin{aligned}\dot{I}_N=\dot{I}_A+\dot{I}_B+\dot{I}_C&=(44\angle 0°+22\angle -120°+11\angle 120°)A\\&=[44+(-11-j18.9)+(-5.5+j9.45)]\\&=27.5-j9.45=29.1\angle -19°A\end{aligned}$$

可见，各相电源提供的电流相差很大，有可能造成有的相电源超载运行，有的相电源又处于低载运行，而且中线电流很大。所以在实际工程中，尽可能给三相电源分配接近对称的三相负载是电路设计应必须考虑的问题。

4.8.3　负载为三角形连接的三相电路分析

另一类典型的三相电路是负载按三角形连接，如图 4.101 所示。

由图可知，这种电路形式不需要考虑三相电源如何连接，因为三相负载是分别接到三个电源的火线上的，负载的相电压就等于三相电源的线电压，所以只要知道三相电源的线电压就可以了。

在负载不对称的情况下，各相电流需要一相一相地计算，设线电压向量为

$$\dot{U}_{AB}=U_l\angle 0°,\dot{U}_{BC}=U_l\angle -120°,\dot{U}_{CA}=U_l\angle 120°$$

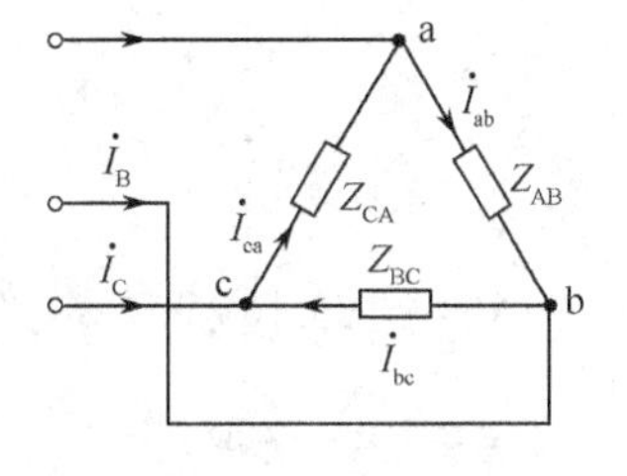

图 4.101　负载为三角形连接的三相电路原理图

设负载相电流为 $\dot{I}_{ab}$、$\dot{I}_{bc}$、$\dot{I}_{ca}$，线电流向量分别为 $\dot{I}_A$、$\dot{I}_B$、$\dot{I}_C$。可得每相相电流为

$$\dot{I}_{ab}=\frac{\dot{U}_{AB}}{Z_{AB}},\quad \dot{I}_{bc}=\frac{\dot{U}_{BC}}{Z_{BC}},\quad \dot{I}_{ca}=\frac{\dot{U}_{CA}}{Z_{CA}}$$

根据 KCL，可得线电流的向量形式为

$$\dot{I}_A=\dot{I}_{ab}-\dot{I}_{ca},\dot{I}_B=\dot{I}_{bc}-\dot{I}_{ab},\dot{I}_C=\dot{I}_{ca}-\dot{I}_{bc}$$

图 4.102 是对称负载的三角形连接电流向量图，在对称负载的情况下，由于线电压是对称的，所以负载的相电压与线电流也是对称的，根据向量图可求得线电流。从该图中可以看出，当相电流对称时，线电流也是对称的。用 I_l 表示线电流的有效值，用 I_P 表示相电流的有效值，则

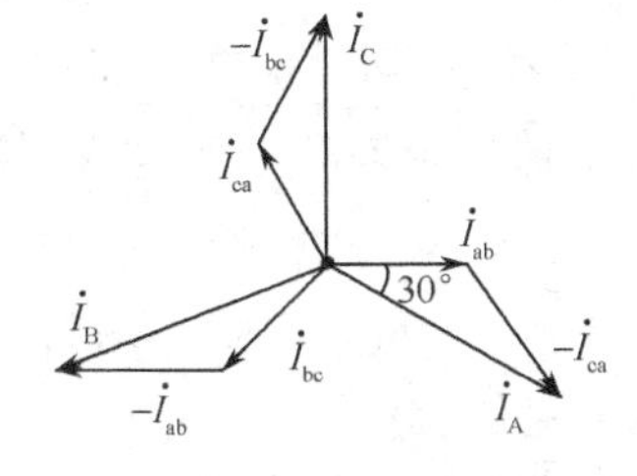

图 4.102　对称负载三角形连接时电流向量图

$$\frac{1}{2}I_l=I_P\cos 30°$$

$$I_l=\sqrt{3}I_P \tag{4.114}$$

于是得到如下结论：

当对称负载连接成三角形时，相电流是对称的，线电流也是对称的，且线电流有效值是相电流有效值的$\sqrt{3}$倍；线电流与相电流的相位关系为

$$\dot{I}_A=\sqrt{3}\dot{I}_{ab}\angle -30°,\dot{I}_B=\sqrt{3}\dot{I}_{bc}\angle -30°,\dot{I}_C=\sqrt{3}\dot{I}_{ca}\angle -30°$$

【例 4.37】某大楼电灯发生故障，第二层楼和第三层楼所有电灯都突然暗下来，而第一层楼电灯亮度不变，试问这是什么原因？这楼的电灯是如何连接的？同时发现，第三层楼的电灯比第二层楼的电灯还暗些，这又是什么原因？

解　(1) 本系统供电线路图如图 4.103 所示。

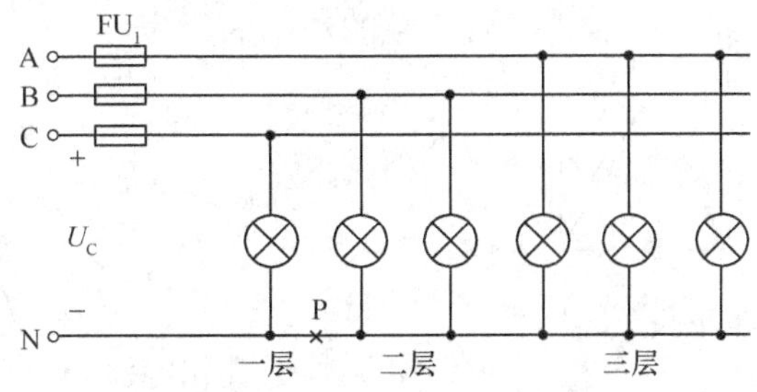

图 4.103　例 4.37 系统供电线路图

(2) 因为一层楼的灯亮度不变，所以它们仍工作在 220V 相电压上，而第二层楼和第三层楼所有电灯都暗下来，分析当零线在 P 处断开时，二层、三层楼的电灯串联后接在了 A、B 两根相线之间的 380V 电压上，第二层楼和第三层楼电灯数基本相当。

(3) 但三楼灯比二楼灯暗一些，分析出三楼灯多于二楼灯，即 $R_3<R_2$，三楼电灯上分得的电压小于二楼电灯分得的电压。

4.9 三相电路的功率

4.9.1 对称负载三相功率的计算

在三相电路中，无论负载为星形(Y)连接还是三角形(△)连接，根据功率守恒原理，负载消耗的总平均功率应等于各相负载消耗的平均功率之和，即

$$P=P_{A}+P_{B}+P_{C} \tag{4.115}$$

当负载对称时，各相消耗的功率相等，且不难得到用相电压和相电流来求对称三相电路的功率表达式，即

$$P=3U_{P}I_{P}\cos\varphi_{P} \tag{4.116}$$

U_P、I_P、为各相负载的相电压和相电流有效值，φ_P 为相电压与相电流的相位差。

当对称负载星形连接时，$U_P=U_l/\sqrt{3}$，$I_P=I_l$，而当对称负载三角形连接时，$U_P=U_l$，$I_P=I_l/\sqrt{3}$，将两种接法的 U_P、I_P 分别代入式(4.116)，得到用线电压和线电流来求对称三相电路的功率表达式，即

$$P-\sqrt{3}U_{l}I_{l}\cos\varphi_{P} \tag{4.117}$$

式中，U_l、I_l 为各相负载的线电压和线电流有效值，φ_P 为相电压与相电流的相位差。

这是对称三相电路的总有功功率。同理可得，负载对称时三相电路的总无功功率为

$$Q=\sqrt{3}U_{l}I_{l}\sin\varphi_{P} \tag{4.118}$$

因此，总的视在功率为

$$S=\sqrt{P^2+Q^2}=\sqrt{3}U_{l}\cdot I_{l} \tag{4.119}$$

【例 4.38】在图 4.104 中，FU 为熔断器，每相负载的电阻 $R=6\Omega$、感抗 $X_L=8\Omega$，电源线电压为 380V，试计算负载分别作星形和三角形连接时的三相总有功功率。

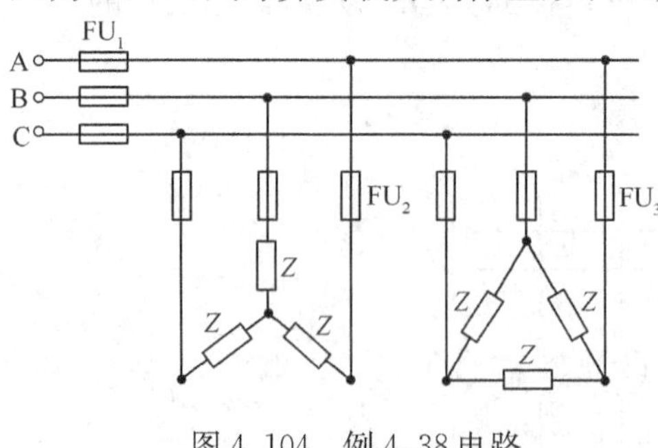

图 4.104 例 4.38 电路

解 每相负载的阻抗模为

$$|Z|=\sqrt{R^2+X_L^2}=\sqrt{6^2+8^2}=10\Omega$$

负载的功率因数为

$$\cos\varphi=\frac{R}{|Z|}=\frac{6}{10}=0.6$$

(1) 负载作星形连接时，其相电压的有效值为

$$U_P=\frac{U_l}{\sqrt{3}}=\frac{380}{\sqrt{3}}=220\text{V}$$

线电流等于其相电流，其有效值为

$$I_l=I_P=\frac{U_P}{|Z|}=\frac{220}{10}=22\text{A}$$

所以三相总有功功率为

$$P=\sqrt{3}U_lI_l\cos\varphi=\sqrt{3}\times380\times22\times0.6=8.68\times10^3\text{W}$$

(2) 负载作三角形连接时($U_P=U_l$)，相电流的有效值为

$$I_P=\frac{U_P}{|Z|}=\frac{380}{10}=38\text{A}$$

线电流的有效值

$$I_l=\sqrt{3}I_P=\sqrt{3}\times 38=66\text{A}$$

所以三相总有功功率为

$$P_{\triangle}=\sqrt{3}U_l I_l\cos\varphi=\sqrt{3}\times 380\times 66\times 0.6=26\times 10^3\text{W}$$

上述结果表明，在相同的线电压下，负载作三角形连接时获得的有功功率是星形连接的三倍。这一点不难从功率与电流或电压的平方成正比得到解释；因为三角形连接时每相负载的相电压是星形连接时的相电压的$\sqrt{3}$倍，所以前者的相电流及线电流均为后者的$\sqrt{3}$倍，因此三角形连接时获得的有功功率为星形连接时获得的平均功率的三倍。对于无功功率和视在功率，也有同样的结论。

【例 4.39】 有一台三相异步电动机，每相的等效电阻 $R=29\Omega$，等效感抗 $X_L=21.8\Omega$，试求在下列两种情况下电动机的相电流、线电流以及从电源获得的平均功率，并比较所得结果。(1) 绕组连成星形，接于 $U_l=380\text{V}$ 三相电源上；(2) 绕组连成三角形，接于 $U_l=220\text{V}$ 三相电源上。

解 (1) 因

$$U_P=\frac{U_l}{\sqrt{3}}=\frac{380}{\sqrt{3}}=220\text{V}$$

故

$$I_l=I_P=\frac{U_P}{|Z|}=\frac{220}{\sqrt{29^2+21.8^2}}=6.1\text{A}$$

所以

$$P=\sqrt{3}U_l I_l\cos\varphi=\sqrt{3}\times 380\times 6.1\times\frac{29}{\sqrt{29^2+21.8^2}}=3.2\text{kW}$$

(2) 因

$$U_P=U_l$$

故

$$I_P=\frac{U_P}{|Z|}=\frac{220}{\sqrt{29^2+21.8^2}}=6.1\text{A}$$

则

$$I_l=\sqrt{3}I_P=\sqrt{3}\times 6.1=10.5\text{A}$$

所以

$$P=\sqrt{3}U_l I_l\cos\varphi=\sqrt{3}\times 220\times 10.5\times\frac{29}{\sqrt{29^2+21.8^2}}=3.2\text{kW}$$

由以上结果可知，当三相异步电动机绕组作星形连接并接于线电压为 380V 的三相电源时，与作三角形连接并接于线电压为 220V 的三相电源相比，除后者的线电流是前者线电流的$\sqrt{3}$倍外，电动机的相电压、相电流以及获得的功率都是相同的。正因为这样，所以有的三相异步电动机标牌上标有额定电压：380V/220V，接法：Y/△。这表示当电源线电压为 380V 时，电动机的绕组应按星形连接；而当电源线电压为 220V 时，电动机的绕组应按三角形连接。可见，通过负载连接方式的变化，扩大了负载使用的灵活性。

4.9.2 不对称负载三相功率的计算

负载为不对称时，应分别先计算出每一相负载的平均功率 P 和无功功率 Q，利用功率守恒原理将每一相负载的平均功率 P 加起来即为总平均功率，将三相的无功功率 Q 代数和起来即为总无功功率，由 $S=\sqrt{P^2+Q^2}$ 计算出总视在功率

【例 4.40】 某大楼为日光灯和白炽灯混合照明，需装 40 瓦日光灯 210 盏($\cos\varphi_1=0.5$)，60 瓦白炽灯 90 盏($\cos\varphi_2=1$)，它们的额定电压都是 220V，由 380V/220V 的电网供电。(1)试分配其负载，并指出应如何接入电网；(2)这座大楼的平均功率为多大?

解 (1) 按三相负载尽可能对称分配的原则，将 70 盏 40 瓦日光灯和 30 盏 60 瓦白炽灯

作为一相负载，分别接入电网构成该照明系统如图 4.105 所示。

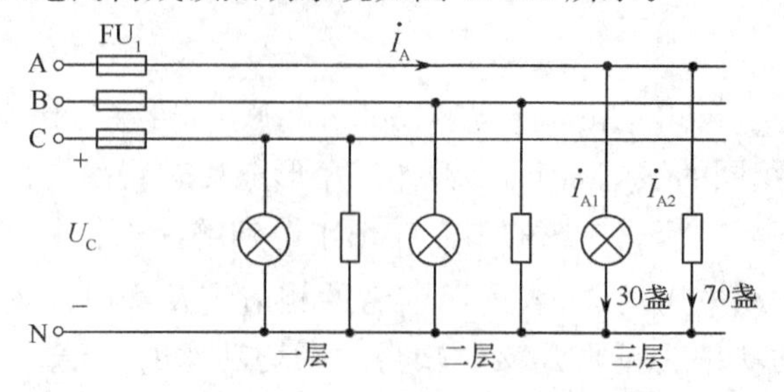

图 4.105　例 4.40 系统供电线路图

（2）按上图连接，每盏灯都在额定电压下工作，所以总功率为所有灯的功率之和。

$$P_{总}=40\times210+60\times90=13800\text{W}$$

4.9.3　三相功率的测量

前面介绍了功率的计算方法。在实际使用三相电时，常常通过测量来了解获取电路的功率情况，下面介绍三相电路功率的测量方法。

1. **一表法**

对于对称三相电路，可以用一表法来测量三相电路的功率，即用一块单相功率表测得一相功率，然后乘以 3 即得对称三相负载的总功率。测量电路如图 4.106 所示。

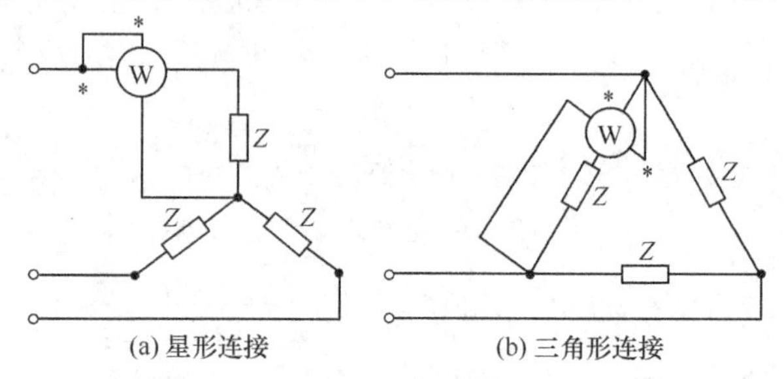

图 4.106　一表法测量对称三相电路功率

2. **二表法**

在三相三线制电路中，不论负载联成星形或三角形，也不论负载对称与否，都广泛采用两功率表法来测量三相功率。即用两块单相功率表来测量三相功率，三相总功率为两块功率表的读数之和。图 4.107 为二表法测量三相功率的接线原理图，每块功率表的电流线圈中通过的是线电流，电压线圈上所加的电压是线电压，两块功率表的电压线圈的另一端都连接在未串联电流线圈的火线上，作为公共端，两块功率表的电流线圈可以串联在任意两根火线中。

下面通过对图 4.108 所示的三相三线制电路三相瞬时功率的分析，说明二表法的正确性。

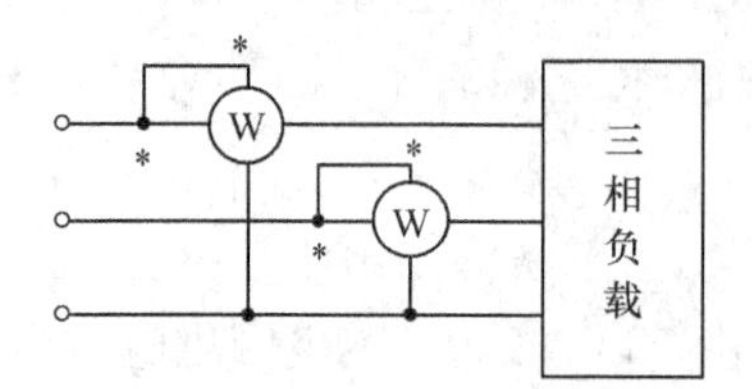

图 4.107　二表法测量三相功率

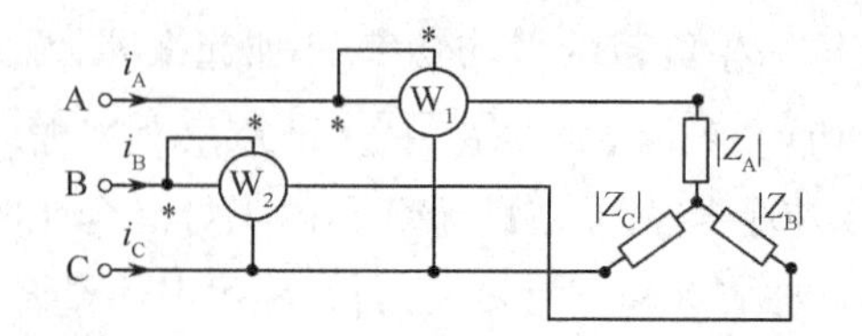

图 4.108　负载联成星形的三相三线制电路

三相瞬时功率为 $p=p_A+p_B+p_C=u_Ai_A+u_Bi_B+u_Ci_C$

由 KCL 可知 $i_A+i_B+i_C=0$

所以

$$p=u_Ai_A+u_Bi_B+u_C(-i_A-i_B)=(u_A-u_C)i_A+(u_B-u_C)i_B=u_{AC}i_A+u_{BC}i_B=p_1+p_2$$

由上式可知，三相功率可用两块单相功率表来测量。

工程实际中，常用一块三相功率表(或称二元功率表)代替两块单相功率表来测量三相功率，其原理与两功率表法相同，接线图如图 4.109 所示。

3. 三表法

三表法是用三块单相功率表来测量三相功率的方法，三相总功率为三块功率表的读数之和。图 4.110 为三表法测量三相功率的接线原理图。

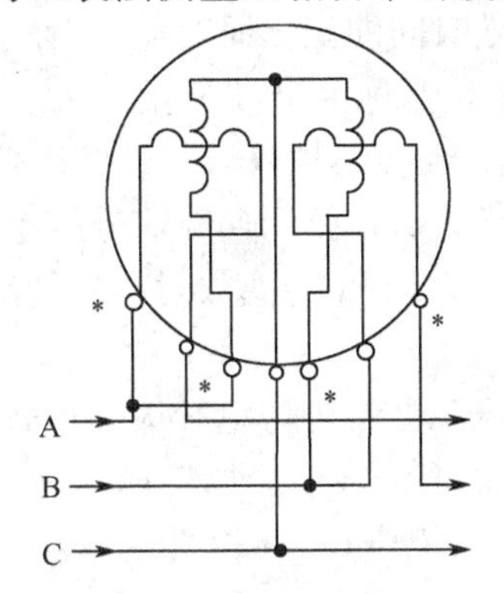

图 4.109 用三相功率表来测量三相功率

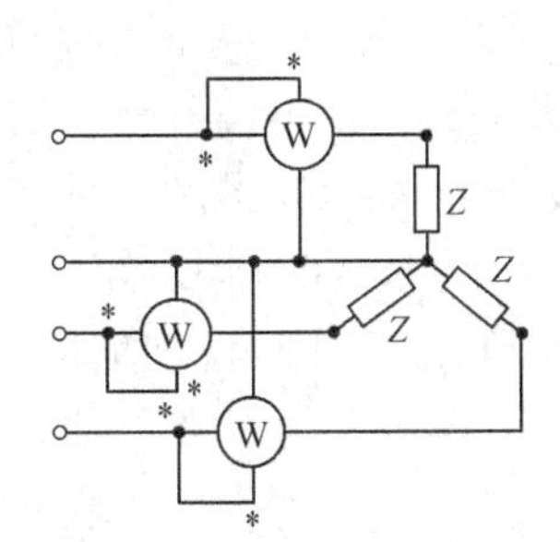

图 4.110 三表法测量三相功率

4.10 非正弦周期性信号电路

前面几节中所讨论的正弦稳态电路，电压和电流均为正弦量。但在实际中，往往会遇到电压和电流虽然是周期性信号但不是正弦量的情况。例如，实验室常用的信号发生器，除产生正弦波外，还能产生矩形波、三角波等非正弦周期信号。在电子工程领域，由语音、图像等转换过来的电信号，都不是正弦波信号；电子计算机中使用的脉冲信号也不是正弦信号。

分析非正弦周期性信号电路，前述电路的基本定律仍然成立，但是和正弦交流电路的分析方法有不同之处。

4.10.1 非正弦周期性信号的傅里叶级数分解

对非正弦周期性信号激励下线性电路的响应，一般采用谐波分析方法即利用高等数学中学过的傅里叶级数展开法，将非正弦周期性激励电压、电流或外施信号分解为一系列不同频率的正弦量之和，然后分别计算各种频率的正弦量单独作用时在电路中产生的正弦电流和电压分量，最后再根据线性电路的叠加定理，把所得分量叠加，从而得到电路中实际的电流和电压。

设周期为 T，角频率为 ω 的周期性函数满足狄利赫利条件，它可以用傅里叶级数展开成：

$$f(t)=f(t+T)=a_0+\sum_{n=1}^{\infty}(\mathrm{a}_n\cos n\omega t+b_n\sin n\omega t) \quad (4.120)$$

式中，$\omega=\frac{2\pi}{T}$，a_0、a_n、b_n 可按照以下公式求得

$$a_0 = \frac{1}{2\pi}\int_0^{2\pi} f(t)\mathrm{d}t = \frac{1}{T}\int_0^T f(t)\mathrm{d}t \tag{4.121}$$

$$a_n = \frac{1}{\pi}\int_0^{2\pi} f(t)\cos n\omega t\,\mathrm{d}(\omega t) = \frac{2}{T}\int_0^T f(t)\cos n\omega t\,\mathrm{d}t \tag{4.122}$$

$$b_n = \frac{1}{\pi}\int_0^{2\pi} f(t)\sin n\omega t\,\mathrm{d}(\omega t) = \frac{2}{T}\int_0^T f(t)\sin n\omega t\,\mathrm{d}t \tag{4.123}$$

为了与正弦信号的一般表达式相对应，常将式(4.120)写成如下形式：

$$f(t) = \mathrm{a}_0 + \sum_{n=1}^{\infty} A_n \sin(n\omega t + \varphi_n) \tag{4.124}$$

其中
$$A_n = \sqrt{\mathrm{a}_n^2 + \mathrm{b}_n^2},\ \varphi_n = \arctan\frac{\mathrm{a}_n}{\mathrm{b}_n}$$

式(4.124)中 a_0 为 $f(t)$在一周期内的平均值，它不随时间的变化而变化，称作直流分量或恒定分量；求和号中的各项则是一系列的正弦量，这些正弦量称为谐波分量。A_n 为各谐波分量的幅值，φ_n 为其初相角。$n=1$ 时的谐波分量 $A_1\sin(\omega_1 t+\varphi_1)$的频率与非正弦周期性信号的频率相同，称为基波或一次谐波分量。其余各项的频率皆为非正弦周期性信号频率的整数倍，统称为高次谐波分量，如二次谐波分量、三次谐波分量等。其中 n 为偶数时对应的谐波分量称为偶次谐波分量，n 为奇数时则为奇次谐波分量。

【例 4.41】试将图 4.111 所示的周期性方波电流源分解为傅里叶级数形式。

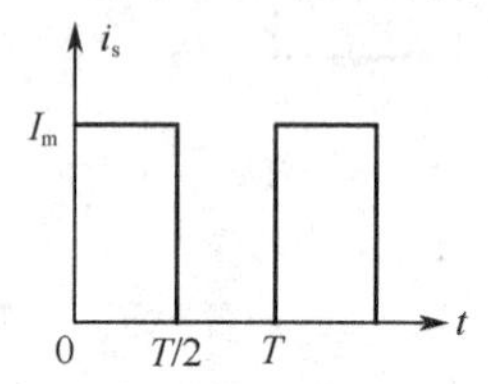

图 4.111　例 4.41 图

解　图 4.111 所示方波电流源在一个周期内的表达式为：

$$f(t)=\begin{cases} I_\mathrm{m} & 0<t<T/2 \\ 0 & T/2\leqslant t\leqslant T \end{cases}$$

由式(4.121)计算直流分量：

$$I_0 = \frac{1}{T}\int_0^T i(t)\mathrm{d}t = \frac{1}{T}\int_0^{\frac{T}{2}} I_\mathrm{m}\mathrm{d}t = \frac{I_\mathrm{m}}{2}$$

再利用式(4.122)和式(4.123)计算 a_n、b_n：

$$a_n = \frac{2}{T}\int_0^T f(t)\cos\frac{2\pi nt}{T}\mathrm{d}t = \frac{2}{T}\int_0^{\frac{T}{2}} I_\mathrm{m}\cos\frac{2\pi nt}{T}\mathrm{d}(t) = 0$$

$$b_n = \frac{2}{T}\int_0^T f(t)\sin\frac{2\pi nt}{T}\mathrm{d}t = \frac{2}{T}\int_0^{\frac{T}{2}} I_\mathrm{m}\sin\frac{2\pi nt}{T}\mathrm{d}t = \begin{cases} 0 & n=2,4,6\cdots \\ \dfrac{2I_\mathrm{m}}{n\pi} & n=1,3,5\cdots \end{cases}$$

于是图 4.111 所示周期性方波电流源的傅里叶级数展开式为：

$$i_\mathrm{S} = \frac{I_\mathrm{m}}{2} + \frac{2I_\mathrm{m}}{\pi}\left(\sin\omega t + \frac{1}{3}\sin 3\omega t + \frac{1}{5}\sin 5\omega t + \cdots\right) \tag{4.125}$$

由上述例题可知谐波幅值与谐波次数成反比减少，即谐波的次数越高，幅值越小。故非正弦周期性信号的傅里叶级数具有收敛性。

把式(4.125)中各谐波幅值与频率的关系绘制成图 4.112 所示的线图，称为幅度频谱。从图上可以清楚地看出各谐波的相对大小，且只在周期性信号频率的整数倍(0，ω，$3\omega\cdots$)上有值，这样的频谱称为离散频谱。把代表每一频率对应的该频率的幅值的竖线称为谱线。

傅里叶级数在理论上可取无穷多项，但实际计算中可以根据级数的收敛情况以及对求解结果准确度高低的需求选取有限项。当然所取的项数越多，其结果就越接近于原始信号。图 4.112所示分别为例 4.41 取前两项和前三项所得的波形。

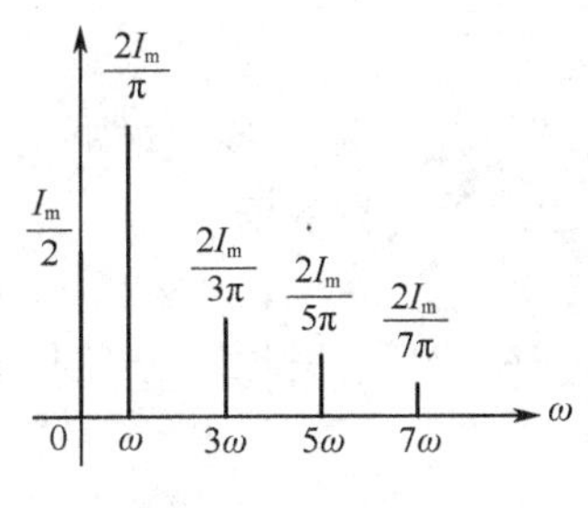

图 4.112　幅度频谱

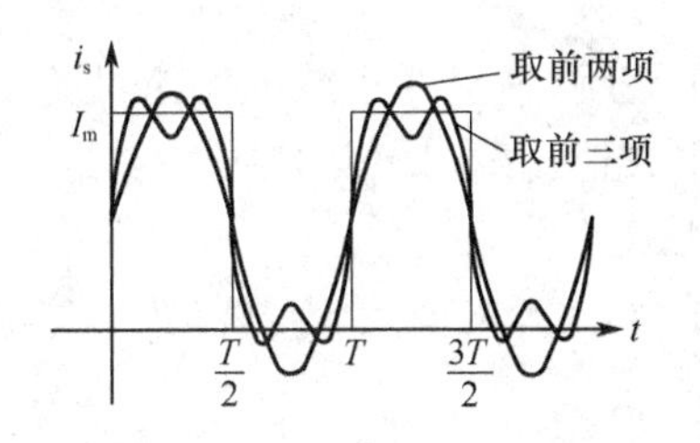

图 4.113　取不同项数谐波合成的方波波形

4.10.2　非正弦周期性信号的基本参量

1. 有效值

在 4.1 节中对有效值的定义不仅适用于正弦量，也适用于非正弦周期信号。非正弦周期电流和电压的有效值分别为

$$I=\sqrt{\frac{1}{T}\int_0^T i^2\,\mathrm{d}t} \tag{4.126}$$

$$U=\sqrt{\frac{1}{T}\int_0^T u^2\,\mathrm{d}t} \tag{4.127}$$

设非正弦周期电流

$$i=I_0+\sum_{n=1}^{\infty}I_{mn}\sin(n\omega t+\theta_n)$$

代入式(4.126)则有：

$$I=\sqrt{\frac{1}{T}\int_0^T\left[I_0+\sum_{n=1}^{\infty}I_{mn}\sin(n\omega t+\theta_n)\right]^2\mathrm{d}t} \tag{4.128}$$

式(4.128)中，积分括号内 $\left[I_0+\sum_{n=1}^{\infty}I_{mn}\sin(n\omega t+\theta_n)\right]^2$ 展开后有 4 种类型项：

(1) I_0^2；

(2) $\sum_{n=1}^{\infty}[I_{mn}\sin(n\omega t+\theta_n)]^2 (n=1,2,3\cdots)$，即各次谐波分量的平方；

(3) $2I_0\sum_{n=1}^{\infty}I_{mn}\sin(n\omega t+\theta_n)(n=1,2,3\cdots)$；

(4) $\sum_{p=1}^{\infty}\sum_{q=1}^{\infty}I_{mp}\sin(p\omega t+\theta_p)I_{mq}\sin(q\omega t+\theta_q)(p,q=1,2,3\cdots;p\neq q)$

由于

$$\int_0^{2\pi}\sin(p\omega t)\sin(q\omega t)\mathrm{d}t=0,p\neq q$$

$$\int_0^{2\pi}\sin(m\omega t)\mathrm{d}t=0$$

(3)、(4) 两种情况(类型项) 在周期 T 内的积分为零。所以

$$I=\sqrt{I_0^2+\sum_{n=1}^{\infty}I_{mn}^2\sin^2(n\omega t+\theta_n)}=\sqrt{I_0^2+\sum_{n=1}^{\infty}\frac{I_{mn}^2}{2}}=\sqrt{I_0^2+I_1^2+I_2^2+\cdots+I_n^2+\cdots} \tag{4.129}$$

同理，非正弦周期电压 U 的有效值为

$$U=\sqrt{U_0^2+U_1^2+U_2^2+\cdots+U_n^2+\cdots} \tag{4.130}$$

以上结果表明，任意非正弦周期信号的有效值等于它的恒定分量与各次谐波分量有效值平方之和的平方根。式(4.129)中的 I_1、$I_2\cdots$为基波、二次谐波等的有效值。

2. **平均值**

周期性信号的平均值定义为它在一个周期内的积分结果除以周期。设周期性电流为 $i(t)$，其平均值为

$$I_{\mathrm{av}}=\frac{1}{T}\int_0^T i(t)\mathrm{d}t \tag{4.131}$$

同理，周期性电压的平均值为

$$U_{\mathrm{av}}=\frac{1}{T}\int_0^T u(t)\mathrm{d}t \tag{4.132}$$

根据式(4.131)和式(4.132)很容易得到：正弦电流和电压的平均值为 0，非正弦周期电流和电压的平均值等于其直流分量。

【例 4.42】 非正弦周期性电压、电流分别为

$$u(t)=100+20\sin\omega t+10\sin2\omega t$$

$$i(t)=10+4\sin(\omega t+45°)+2\sin(3\omega t+30°)$$

试分别计算电压、电流的有效值和平均值。

解 电压、电流的有效值分别为

$$U=\sqrt{U_0^2+U_1^2+U_2^2}=\sqrt{100^2+(20/\sqrt{2})^2+(10/\sqrt{2})^2}=101.2\mathrm{V}$$

$$I=\sqrt{I_0^2+I_1^2+I_3^2}=\sqrt{10^2+(4/\sqrt{2})^2+(2/\sqrt{2})^2}=10.5\mathrm{A}$$

电压、电流的平均值分别为

$$U_{\mathrm{av}}=\frac{1}{T}\int_0^T u(t)\mathrm{d}t=\frac{1}{T}\int_0^T(100+20\sin\omega t+10\sin2\omega t)\mathrm{d}t=100\mathrm{V}$$

$$I_{\mathrm{av}}=\frac{1}{T}\int_0^T i(t)\mathrm{d}t=\frac{1}{T}\int_0^T[10+4\sin(\omega t+45°)+2\sin(3\omega t+30°)]\mathrm{d}t=10\mathrm{A}$$

3. **平均功率**

若一无源二端网络端口的电压 u 和电流 i 为基波频率相同的非正弦周期函数，其相应的傅里叶级数展开式分别为

$$u=U_0+\sum_{n=1}^{\infty}U_{mn}\sin(n\omega t+\theta_{un})$$

$$i=I_0+\sum_{n=1}^{\infty}I_{mn}\sin(n\omega t+\theta_{in})$$

则该无源二端网络的平均功率为

$$P=\frac{1}{T}\int_0^T p\mathrm{d}t=\frac{1}{T}\int_0^T ui\,\mathrm{d}t=\left[U_0+\sum_{n=1}^{\infty}U_{mn}\sin(n\omega t+\theta_{un})\right]\times\left[I_0+\sum_{n=1}^{\infty}I_{mn}\sin(n\omega t+\theta_{in})\right]$$

上式的乘积项展开后有以下 4 种情况(类型项)：

(1) U_0I_0；

(2) $U_0\sum_{n=1}^{\infty}I_{mn}\sin(n\omega t+\theta_{in})$，$I_0\sum_{n=1}^{\infty}U_{mn}\sin(n\omega t+\theta_{un})$

(3) $\sum_{n=1}^{\infty}U_{mn}I_{mn}\sin(n\omega t+\theta_{un})\sin(n\omega t+\theta_{in})$；

(4) $\sum_{p=1}^{\infty}U_{mp}\sin(p\omega t+\theta_{up})\sum_{q=1}^{\infty}I_{mq}\sin(q\omega t+\theta_{iq})]\quad p\neq q$

其中,(2)、(4)类型项含有不同频率的两个分量的乘积,在一个周期内的平均值为零;(1)类型项在一个周期内的平均值仍为 U_0I_0;(3)类型项在一个周期内的平均值为

$$\frac{1}{T}\int_0^T\sum_{n=1}^{\infty}U_{mn}I_{mn}\sin(n\omega t+\theta_{un})\sin(n\omega t+\theta_{in})\mathrm{d}t=\sum_{n=1}^{\infty}\frac{U_{mn}I_{mn}}{2}\cos(\theta_{un}-\theta_{in})=\sum_{n=1}^{\infty}U_nI_n\cos\varphi_n$$

上式中,U_n、I_n 是第 n 次谐波电压、电流的有效值;$\varphi_n=\theta_{un}-\theta_{in}$ 为是第 n 次谐波电压与电流之间的相位差。

于是,得无源二端网络的平均功率为

$$P=U_0I_0+\sum_{n=1}^{\infty}U_nI_n\cos\varphi_n=P_0+P_1+P_2+\cdots \tag{4.133}$$

式(4.133)结果表明,非正弦周期信号电路的平均功率等于各次谐波单独作用时所产生的平均功率之和;不同频率的电压和电流谐波的乘积对平均功率没有贡献,只有同频率的电压、电流才能产生平均功率,这是由三角函数的正交性所决定的。

【例 4.43】已知某二端网络的外加电压为

$$u(t)=[100+100\sin\omega t+30\sin(3\omega t-15^\circ)]\mathrm{V}$$

流入端口的电流为

$$i(t)=[25+50\sin(2\omega t-45^\circ)+10\sin(3\omega t-75^\circ)]\mathrm{A}$$

求二端网络的平均功率 P。

解 此电路中,电压有一次谐波,但电流没有一次谐波;而电流有二次谐波,电压没有二次谐波;所以一次谐波、二次谐波的功率皆为零。

$$\begin{aligned}P&=U_0I_0+U_3I_3\cos\varphi_3=U_0I_0+\frac{U_{3m}}{\sqrt{2}}\times\frac{I_{3m}}{\sqrt{2}}\times\cos\varphi_3\\&=100\times25+\frac{30}{\sqrt{2}}\times\frac{10}{\sqrt{2}}\times\cos(-15^\circ+75^\circ)\\&=2500+75\\&=2575\mathrm{W}\end{aligned}$$

4.10.3 非正弦周期性信号电路的稳态分析

在 4.10.1 节中已介绍,非正弦周期性信号可分解为直流量和各次谐波之和。因此,非正弦周期性电压(流)源在电路中的作用就与一个直流电压(流)源及一系列不同频率的正弦电压(流)源串联后共同作用在电路的情况一样。

非正弦周期性信号激励下线性电路的分析方法与步骤如下:

(1) 应用傅里叶级数对非正弦周期性信号进行谐波分解,将非正弦周期性信号分解成直流分量和各次谐波分量之和。

(2) 将分解后的直流分量和各次谐波分量分别单独作用于电路,并利用直流或交流电路的分析方法分别求出各个分量的响应。

(3) 对每一个响应,将它的直流分量和各次谐波的瞬时值进行叠加,即得到非正弦周期性信号激的响应。

这种分析方法称为谐波分析法。注意,不同频率的正弦量相加,必须采用三角函数式,而

不能采用向量相加，向量相加只能对同频率的正弦量而言。另外，应注意 R、L、C 三个参数的影响，当电源直流分量作用于电路时，电容视作为开路，电感视作为短路。其他各次谐波分量作用于电路时，电阻 R 与频率无关，而电感和电容则对不同频率谐波分量表现出不同的感抗和容抗。

【例 4.44】 RL 串联电路如图 4.114(a)所示。已知 $R=50\Omega$，$L=25\text{mH}$，激励信号 u_s 的波形如图 4.114(b)所示，求稳态时电感上的电压 u_L。

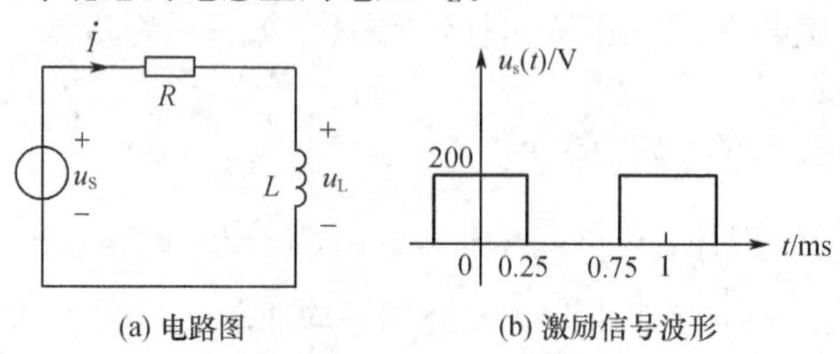

图 4.114　例 4.44 图

解　图 4.114(b)所示方波信号的周期为 $T=1\text{ms}$，它的傅里叶级数形式为：

$$u_s(t)=100+\frac{400}{\pi}\left(\sin\omega t-\frac{1}{3}\sin3\omega t+\frac{1}{5}\sin5\omega t-\cdots\right)\text{V}$$

且角频率为
$$\omega=2\pi f=2\pi\times10^3\ \text{rad/s}$$

取前三项得
$$u_s(t)\approx100+\frac{400}{\pi}\sin\omega t-\frac{400}{3\pi}\sin3\omega t\text{V}$$

采用向量法求解图 4.114(a)电路，有

$$\dot{U}_L=\frac{jX_L}{50+jX_L}\dot{U}_S$$

现求直流分量及各次谐波分量分别作用时的响应电压。

(1) 直流信号作用时，显然 $u_{s0}=100\text{V}$，但此时电感短路，$u_{L0}=0\text{V}$。

(2) 一次谐波作用于电路时，

$$u_{s1}=\frac{400}{\pi}\sin\omega t\text{V}\quad \dot{U}_{s1m}=\frac{400}{\pi}\angle0°\text{V}$$

$$X_{L1}=\omega L=2\pi\times10^3\times25\times10^{-3}=157\Omega$$

$$\dot{U}_{L1m}=\frac{jX_{L1}}{R+jX_{L1}}\dot{U}_{s1m}=\frac{j157}{50+j157}\times\frac{400}{\pi}\angle0°=121.2\angle17.66°\text{V}$$

电压的瞬时值表达式为 $u_{L1}=121.2\sin(\omega t+17.66°)\text{V}$。

(3) 三次谐波作用于电路时，

$$u_{s3}=-\frac{400}{3\pi}\sin3\omega t=\frac{400}{3\pi}\sin(3\omega t-180°)\text{V}$$

$$\dot{U}_{s3m}=\frac{400}{3\pi}\angle-180°\text{V}$$

$$X_{L3}=3\omega L=3\times2\pi\times10^3\times25\times10^{-3}=471\Omega$$

$$\dot{U}_{L3m}=\frac{jX_{L3}}{R+jX_{L3}}\dot{U}_{s3m}=\frac{j471}{50+j471}\times\left(\frac{400}{3\pi}\angle-180°\right)=0.993\angle-173.95°\text{V}$$

电压的瞬时值表达式为 $u_{L3}=0.993\sin(3\omega t-173.95°)\text{V}$。将计算所得各次谐波电压的瞬时值叠加，可得

$$u_L = u_{L0} + u_{L1} + u_{L3} = 121.2\sin(\omega t + 17.66°) + 0.993\sin(3\omega t - 173.95°)\text{V}$$

【例 4.45】在图 4.115 所示 RC 电路中，已知 $R=100\Omega$，$C=100\mu\text{F}$，输入电压 $u_1 = 200 + 100\sqrt{2}\sin 200\pi t\text{V}$。现将此电压经过 RC 滤波电路进行滤波，试计算输出电压 u_2。

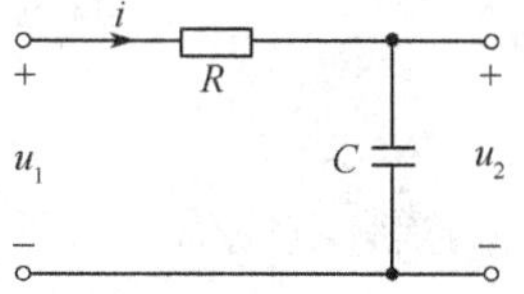

解 由于电容不通直流，u_1 中的直流分量 200V 全部加在电容两端，所以在输入电压直流分量作用下的输出电压的直流分量为

$$u_{20} = 200\text{V}$$

图 4.115 例 4.45 图

当输入电压交流分量作用时，$u_{11} = 100\sqrt{2}\sin 200\pi t\text{V}$，对应的向量为

$$\dot{U}_{11} = 100\angle 0°\text{V}$$

电容的容抗为

$$X_C = \frac{1}{\omega C} = \frac{1}{200\times\pi\times 100\times 10^{-6}} = 15.9\Omega$$

电路的阻抗模为

$$|Z| = \sqrt{R^2 + X_C^2} = \sqrt{100^2 + 15.9^2} = 101.3\Omega$$

电路的阻抗为

$$Z = R - jX_C = |Z|\angle\arctan\angle -\frac{X_C}{R} = 101.3\angle -9°\Omega$$

对应的输出电压向量为

$$\dot{U}_{22} = \frac{\dot{U}_{21}}{Z}(-jX_C) = \frac{100\angle 0°}{101.3\angle -9°}\times 15.9\angle -90° \approx 15.7\angle -81°\text{V}$$

对应的瞬时值为

$$u_{21} = 15.7\sqrt{2}\sin(200\pi t - 81°)\text{V}$$

所以，输出电压 $u_2 = u_{20} + u_{21} = 200 + 15.7\sqrt{2}(200\pi t - 81°)\text{V}$。

可见，输出电压的脉动成分远小于直流成分。如图 4.116(b)所示。

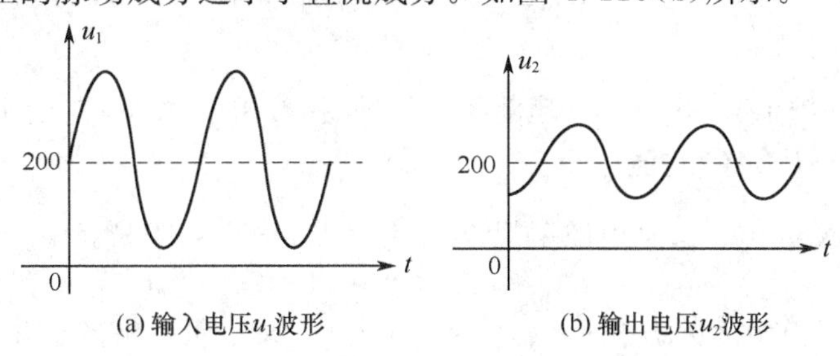

(a) 输入电压u_1波形　　(b) 输出电压u_2波形

图 4.116 例 4.45 输入和输出电压波形图

4.11 正弦交流电路实例

4.11.1 RC 低频信号发生器电路

在工业、农业、生物医学等领域内，如超声波焊接、核磁共振成像等，都需要功率或大或小、频率或高或低的振荡器产生正弦波，下面以电阻电容构成选频网络的 RC 低频信号发生器为例说明其工作原理。

图 4.117 所示低频信号发生器没有输入信号，却能在集成运放的输出端输出频率一定、幅

值一定的正弦波，故又称之为振荡器。该电路由选频网络和放大电路组成。RC 串并联网络具有选频的功能，兼作正反馈网络。选频网络的响应为

$$H(\mathrm{j}\omega)=\frac{Z_2}{Z_1+Z_2}=\frac{R//\frac{1}{\mathrm{j}\omega C}}{\left(R+\frac{1}{\mathrm{j}\omega C}\right)+R//\frac{1}{\mathrm{j}\omega C}}\overset{\omega_0=\frac{1}{RC}}{=}\frac{1}{3+\mathrm{j}\left(\frac{\omega}{\omega_0}-\frac{\omega_0}{\omega}\right)}$$

幅频响应为

$$|H(\mathrm{j}\omega)|=\frac{1}{\sqrt{3^2+\left(\frac{\omega}{\omega_0}-\frac{\omega_0}{\omega}\right)^2}}$$

相频响应为

$$\varphi=-\arctan\frac{1}{3}\left(\frac{\omega}{\omega_0}-\frac{\omega_0}{\omega}\right)$$

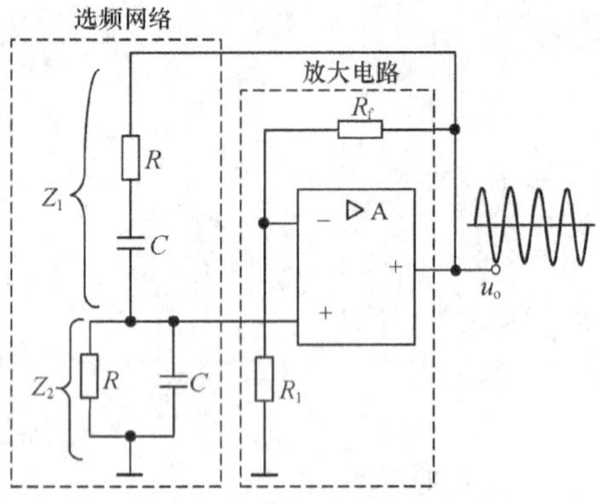

图 4.117　RC 低频信号发生器

显然，对于 $\omega=\omega_0=1/RC$ 的频率成分信号，相移为零，幅频响应最大且为 1/3。

当图 4.117 所示电路接通电源时，由此产生的噪声的频谱很广，其中也包括 $\omega=\omega_0=1/RC$ 的频率成分。只有对于频率成分为 $\omega=\omega_0=1/RC$ 的正弦信号，其相移 $\varphi=0$，经 RC 串并联选频网络送至集成运放的同相输入端后，满足正反馈相位条件，使集成运放的输出端电压幅值由小变大，最后受到电路中非线性元件的限制，使振荡器的输出自动地稳定下来，最后得到频率、幅值都一定的正弦波。

4.11.2　移相器电路

在实际应用中，为了达到某特定效果或者实现不合理相移的修正，常常需要用到移相电路。由于电感元件的电流滞后于电压，电容元件的电流超前于电压，所以 RC 电路和 RL 电路都适合做移相电路。

图 4.118(a)所示 RC 电路，电流 $\dot{I}$ 超前于电压 $\dot{U}_1$ 相位角 θ。θ 的取值范围为 $0<\theta<90°$，具体取值取决于电路中 R 和 C 的值。

电容的容抗是 $X_C=1/\omega C$，则电路的总阻抗为 $Z=R-\mathrm{j}X_C$，阻抗角 $\varphi_z=-\arctan\dfrac{X_C}{R}$，即电流 $\dot{I}$ 超前输入电压 $\dot{U}_1$ 的相移量为 $\theta=-\varphi_z=\arctan\dfrac{X_C}{R}$。又电阻两端的输出电压 $\dot{U}_2$ 与电流 $\dot{I}$ 同相，所以输出电压 $\dot{U}_2$ 超前于输入电压 $\dot{U}_1$，为正相移 θ。如图 4.119(a)所示。

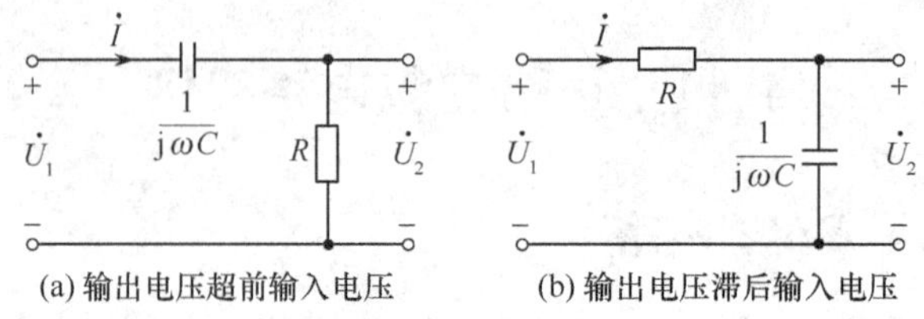

图 4.118　移相电路

图 4.118(b)所示电路输出是电容两端电压，电流 $\dot{I}$ 超前输入电压 $\dot{U}_1$ 的相移量为 θ 角，输出电压 $\dot{U}_2$ 滞后于输入电压 $\dot{U}_1$，是负相移。如图 4.119(b)所示。

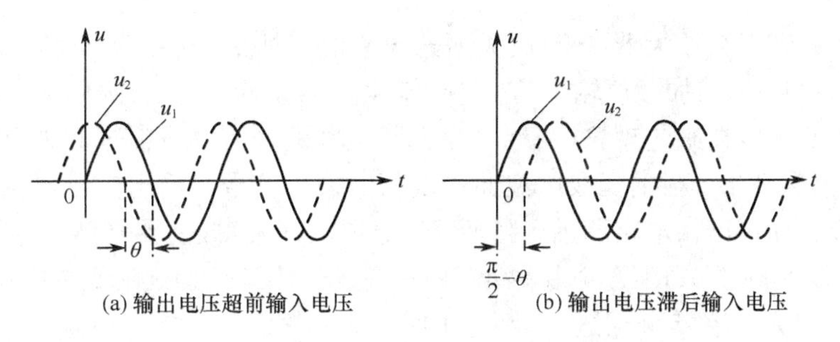

图 4.119　RC 移相电路的相移

需要注意的是上述 RC 移相电路还是一分压电路，当相移量增大到接近于 90°时，输出电压亦接近于零。因此上述移相电路只适合于相移量较小时的情况；若相移量超过 60°，需要将多个 RC 相移电路连接起来。

除了应用 RC 电路作移相器，RL 电路同样可以实现移相功能，这里不再赘述。

【例 4.46】 试设计一个 RC 移相电路，使输出电压滞后于输入电压 90°。

解　对于 RC 电路，当电路的阻抗的实部和虚部相等，即电阻的阻值与电容的容抗相等，相移量为 45°。因此将两个 RC 移相电路级联起来如图 4.120 所示，可以实现负相移 90°。

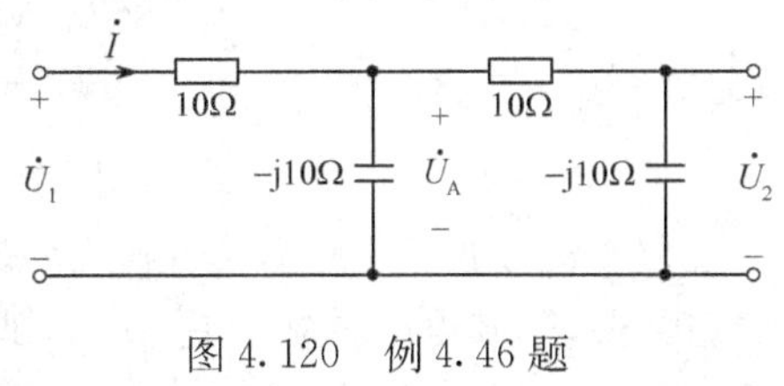

图 4.120　例 4.46 题

电路的阻抗为

$$Z = -\mathrm{j}10//(10-\mathrm{j}10)+10 = 12-\mathrm{j}6\Omega$$

电压 $\dot{U}_A$ 为

$$\dot{U}_A = \frac{-\mathrm{j}10//(10-\mathrm{j}10)}{-\mathrm{j}10//(10-\mathrm{j}10)+10}\dot{U}_1 = \frac{2-6\mathrm{j}}{12-6\mathrm{j}}\dot{U}_1$$

$$= \frac{\sqrt{2}}{3}\angle -45°\dot{U}_1$$

输出电压 $\dot{U}_2$ 为

$$\dot{U}_2 = \frac{-\mathrm{j}10}{10-\mathrm{j}10}\dot{U}_A = \frac{\sqrt{2}}{2}\angle -45°\dot{U}_A = \frac{\sqrt{2}}{2}\angle -45° \times \frac{\sqrt{2}}{3}\angle -45°\dot{U}_1 = \frac{1}{3}\angle -90°\dot{U}_1$$

可见输出电压 $\dot{U}_2$ 滞后于输入电压 $\dot{U}_1$ 90°，但输出电压的大小是输入电压的 1/3。

4.11.3　收音机调谐电路

RLC 串联和并联谐振电路广泛地应用于收音机的调谐和电视机的选台中，还可以应用于收音机中实现音频信号从射频载波的分离。收音机接收的无线电信号的调制主要有调幅和调频两种。所谓调制就是将携带信息的输入信号（又称调制信号）来控制另一信号（载波）使其某一参数按照调制信号的规律而变化。载波信号一般都是等幅振荡信号，且为高频信号。

如果调制信号控制载波的幅度，则称为幅度调制，简称调幅，用 AM 表示。若调制信号控制载波的频率，则称为频率调制，简称调频，用 FM 表示。对于收音机而言，调频接收的工作原理和调幅不一样，但其中的调谐部分基本相同。下面以调幅收音机为例介绍收音机的调谐工作原理。

图 4.121 是调幅收音机的电路原理框图。收音机的天线接收到的调幅无线电信号很多（因为有成百上千个广播电台），由谐振电路将需要的电台从众多电台中只选出来。由于接收到的信号一般都非常微弱，因此需要多级放大，以便产生人耳能够识别的音频信号。老式的收音机每个放大级必须调谐到输入信号的频率。标准的 AM（调幅）波段范围为 540～1600kHz。

图 4.121 中的天线和射频放大器(RF)放大所选出来的广播信号(如 700kHz),混频器将产生的中频信号(IF=445kHz)加载至输入信号中的音频信号。为了得到中频信号,通过外部旋转可调按钮调节可变电容器来实现,这又称之为调谐。本机振荡器与射频放大器联动产生相应的射频信号,该信号又与入射的无线电波通过混频器输出信号。输出信号包括这两个信号的频率差和频率和。如果谐振电路调谐到接收 700kHz 的信号,振荡器必然产生一 1155kHz 的射频信号,混频器实际上只用到输出的 455kHz 信号,对其两者之和的频率(1155+700=1855kHz)一般不使用。在检波器这一级,选出原始的音频信号,去除掉中频信号;最后通过音频放大器的放大驱动扬声器发声。

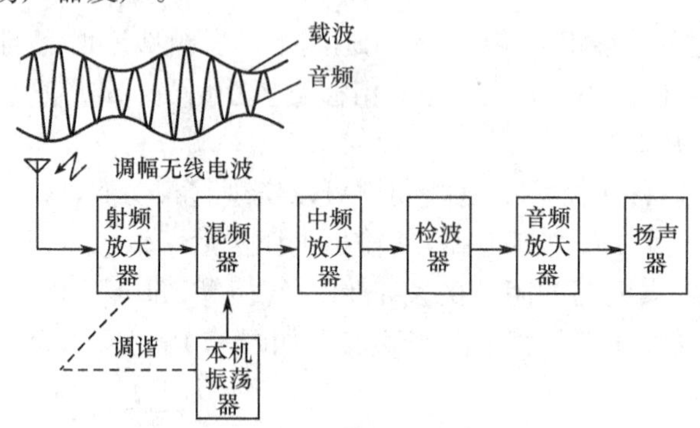

图 4.121　调幅收音机的原理框图

【例 4.47】一个调幅收音机,其调谐电路是 RLC 并联电路,现要求接收波的范围为 540~1600kHz,已知电感的取值是 4μH,试计算可变电容器的取值范围。

解　由于采用 RLC 并联电路,运用前面已介绍过的并联谐振知识,可得

$$\omega_0=2\pi f_0=\frac{1}{\sqrt{LC}},\quad C=\frac{1}{4\pi^2 f_0^2 L}$$

对应于频率为 540kHz,相应的电容值

$$C_1=\frac{1}{4\pi^2 f_0^2 L}=\frac{1}{4\times 3.14^2\times 540^2\times 10^6\times 4\times 10^{-6}}=21.725\text{nF}$$

对应于频率为 1600kHz,相应的电容值

$$C_1=\frac{1}{4\pi^2 f_0^2 L}=\frac{1}{4\times 3.14^2\times 1600^2\times 10^6\times 4\times 10^{-6}}=2.475\text{nF}$$

因此可变电容的取值范围为 2.475~21.725nF。

4.11.4　电视机声像信号分离电路

电视机同时输出图像和声音,这就要求它必须同时处理音频信号和视频信号。每个电视台都分配了几兆赫兹的带宽,设带宽为 6MHz,信道 2 的频带为 54~59MHz 之间,信道 3 的频带为 60~65MHz……在电视机接收器前端通过调频放大器选择其中一个信道,但不论选择哪一个信道,接收机前端的输出信号频带范围为 41~46MHz 之间。这个频带称作中频带,它既包括音频信号,又包括视频信号,将包含音频和视频的中频带信号送至视频放大器进行放大。在视频放大器的输出信号加至电视机显像管之间,通过一个 4.5MHz 的带阻滤波器(又称之为“陷波”)去除音频信号,如图 4.122 所示。与此同时,视频放大器的输出信号还通过一带通滤波电路,它的谐振频率调至音频载波频率 4.5MHz 上,经过处理后输入到扬声器。这就实现了音频信号和视频信号的有效分离。

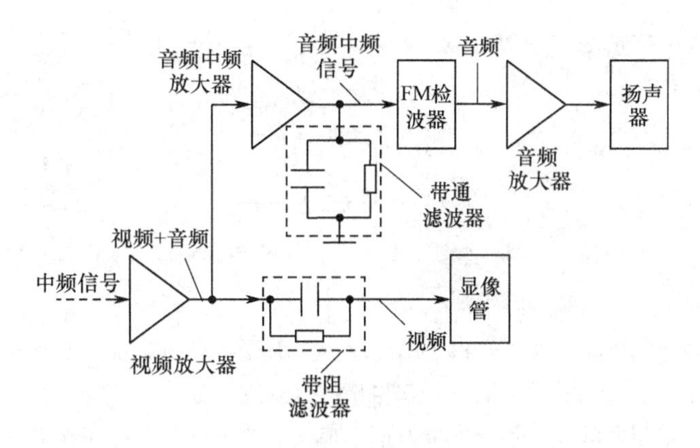

图 4.122　电视机声像信号分离原理框图

思考题与习题 4

题 4.1　同频率的正弦电压波形 $u_1(t)$、$u_2(t)$如图 4.123 所示。试写出 $u_1(t)$、$u_2(t)$的瞬时表达式。

题 4.2　若 $u=10\sin(314t+60^\circ)$V，试写出周期 T、初相位 φ、角频率 ω 以及有效值 U。

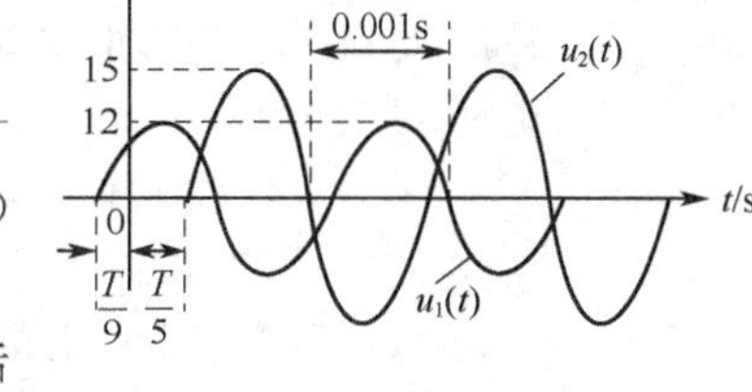

图 4.123　题 4.1 图

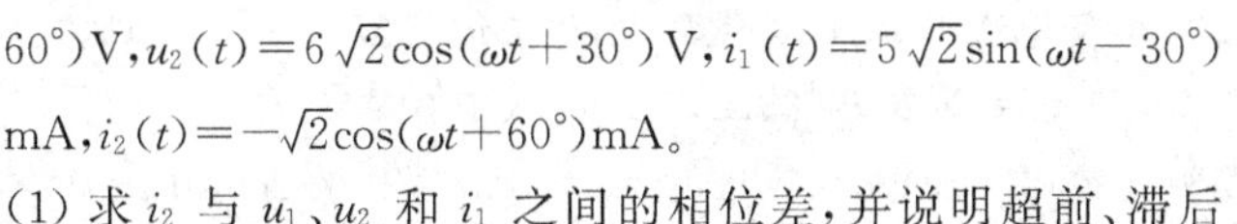

题 4.3　某正弦稳态电路中的电压、电流分别为：$u_1(t)=10\sqrt{2}\sin(\omega t+60^\circ)$V，$u_2(t)=6\sqrt{2}\cos(\omega t+30^\circ)$V，$i_1(t)=5\sqrt{2}\sin(\omega t-30^\circ)$mA，$i_2(t)=-\sqrt{2}\cos(\omega t+60^\circ)$mA。

(1) 求 i_2 与 u_1、u_2 和 i_1 之间的相位差，并说明超前、滞后关系；

(2) 写出各正弦交流量对应的有效值向量并画出向量图。

题 4.4　试分别用三角函数式、正弦波形及向量图表示正弦量：

(1) $\dot{U}=100e^{j30^\circ}$V；(2) $\dot{I}=4+j3$A；(3) $\dot{I}=4-j3$A。

题 4.5　已知电容两端电压为 $u(t)=1414\sin(314t+45^\circ)$V，若电容 $C=0.01\mu$F，求电容电流 $i(t)$。

题 4.6　电感电压 $u(t)=141\sin(100t+15^\circ)$V，若电感 $L=0.01$H，试求电感电流 $i(t)$。

题 4.7　已知图 4.124 中，$i_1(t)=\sqrt{6}\sin(\omega t-30^\circ)$mA，$i_2(t)=\sqrt{2}\sin(\omega t+60^\circ)$mA，求 $i(t)$并画出有效值向量图。

题 4.8　图 4.125 中，$u_1(t)=100\sin(\omega t-45^\circ)$V，$u_2(t)=200\sin(\omega t-45^\circ)$V，$u_3(t)=50\sin(\omega t+135^\circ)$V，求 $u(t)$并画出有效值向量图。

题 4.9　正弦稳态电路如图 4.126 所示，$u(t)=200\sqrt{2}\sin(100t+45^\circ)$V。求幅值向量$\dot{U}_{abm}$、$\dot{I}_m$ 并画向量图，求 u_{ab}、i。

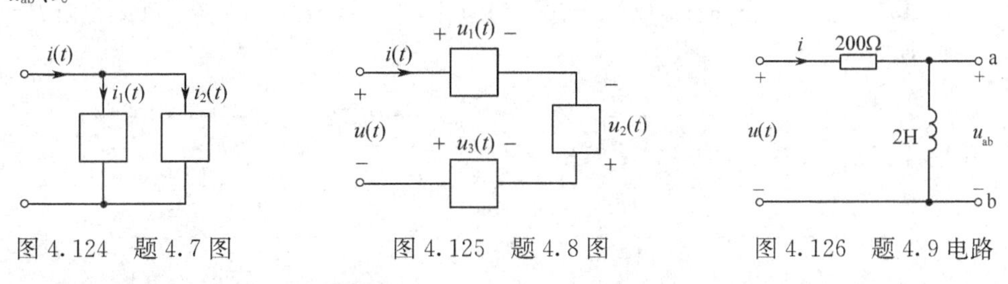

图 4.124　题 4.7 图　　图 4.125　题 4.8 图　　图 4.126　题 4.9 电路

题 4.10　求图 4.127 所示电路的等效阻抗 Z_{eq}。

题 4.11　求图 4.128 所示电路的等效阻抗 Z_{eq} 和导纳 Y_{eq}。已知 $Y_1=(0.5+j0.5)$S，$Y_2=(-0.5+j0.5)$S，$Z_3=(2+j2)\Omega$。

题 4.12　电路如图 4.129 所示，求等效阻抗 Z_{eq} 和导纳 Y_{eq}。

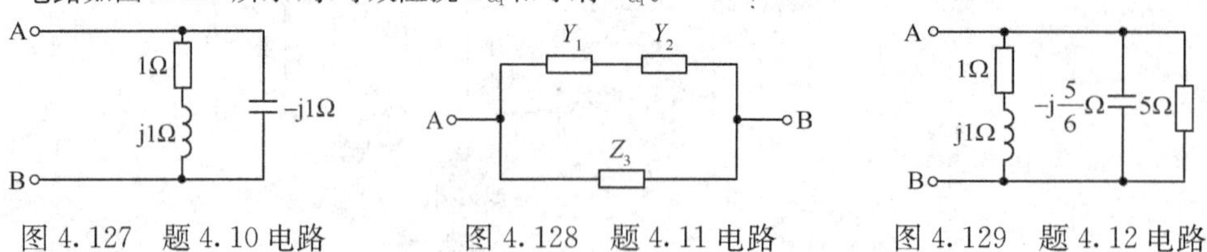

图 4.127　题 4.10 电路　　图 4.128　题 4.11 电路　　图 4.129　题 4.12 电路

题 4.13　求图 4.130 所示电路的等效导纳。

题 4.14　图 4.131 是一移相电路。如果 $C=0.01\mu F$，输入电压 $u=\sqrt{2}\sin 628t$ V，如要求输出电压 u_2 超前输入电压 60°，问电阻 R 应为多大？并求输出电压的有效值 U_2。

题 4.15　图 4.132 是一移相电路，已知 $R=100\Omega$，输入信号频率为 500Hz。如要求输入电压 u_1 与输出电压 u_2 间的相位差为 45°，试求电容值。

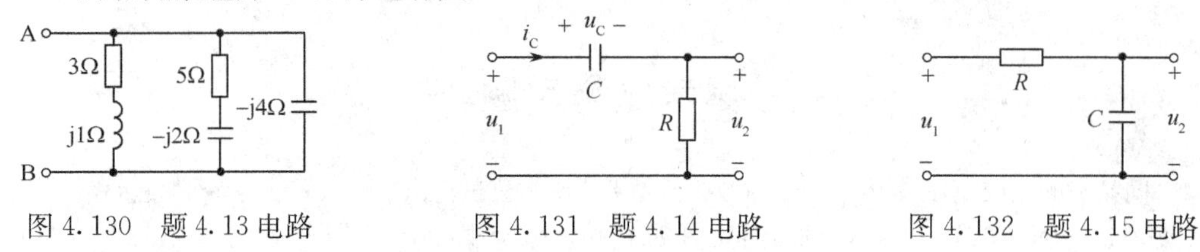

图 4.130　题 4.13 电路　　图 4.131　题 4.14 电路　　图 4.132　题 4.15 电路

题 4.16　图 4.133 所示电路中，电流表 A_1 和 A_2 的读数分别为 $I_1=7A$，$I_2=9A$。试求：

(1) 设 $Z_1=R$，$Z_2=-jX_c$，求电流表 A_0 的读数；

(2) 设 $Z_1=R$，Z_2 为何种参数才能使电流表 A_0 的读数最大，最大值是多少？

(3) 设 $Z_1=jX_L$，Z_2 为何种参数才能使电流表 A_0 的读数最小，最小值是多少？

题 4.17　图 4.134 所示 RLC 并联电路中，已知 $R=5\Omega$，$L=5\mu H$，$C=0.4\mu F$，$u=10\sqrt{2}\sin(10^6 t)$ V，求总电流 i，并说明电路的性质。

题 4.18　图 4.135 所示 RLC 串联电路中，$R=30\Omega$，$L=0.01H$，$C=10\mu F$，$\dot{U}=10\angle 0°V$，$\omega=2000$rad/s。求 $\dot{I}$、$\dot{U}_L$、$\dot{U}_C$ 并画出向量图。

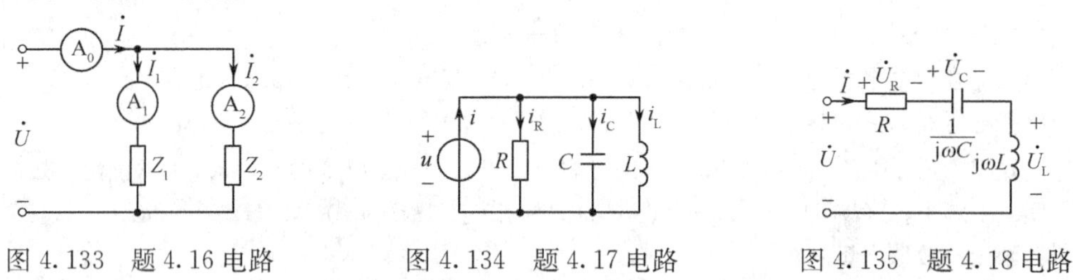

图 4.133　题 4.16 电路　　图 4.134　题 4.17 电路　　图 4.135　题 4.18 电路

题 4.19　图 4.136 所示电路中，$I_1=10A$，$I_2=10\sqrt{2}A$，$U=220V$，$R_1=5\Omega$，$R_2=X_L$。试求 I、X_L、X_C 和 R_2。

题 4.20　图 4.137 所示电路，已知有效值 $U_1=100\sqrt{2}V$，$U=500\sqrt{2}V$，$I_2=30A$，$I_3=20A$，电阻 $R=10\Omega$。求 X_1、X_2 和 X_3。

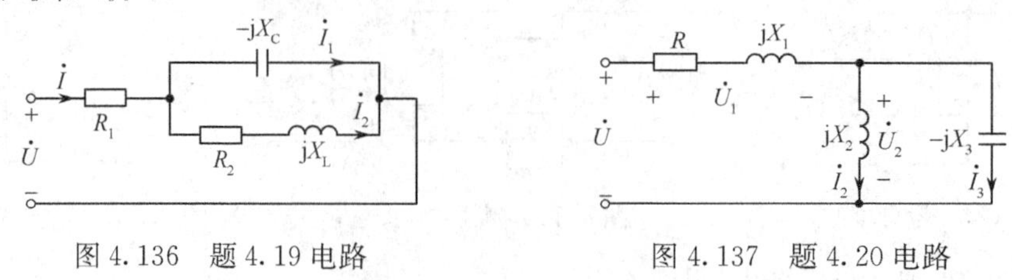

图 4.136　题 4.19 电路　　图 4.137　题 4.20 电路

题 4.21　图 4.138 所示电路中，已知 $I_1=2A$，$I=2\sqrt{3}A$，$Z=50\angle 60°\Omega$，$\dot{U}$ 与 $\dot{I}$ 同相位。

(1) 以 $\dot{I}_1$ 为参考向量，画出反映各电压、电流关系的向量图；

（2）求出 R、X_C 的值及总电压的有效值 U。

题 4.22　分别用节点电压法和叠加定理计算图 4.139 电路中的电流 $\dot{I}_3$。已知 $\dot{U}_1=100\angle 0°$V，$\dot{U}_2=200\angle 0°$V，$Z_1=Z_2=2+j2\Omega$，$Z_3=1+j\Omega$。

题 4.23　图 4.140 电路中 $\dot{U}_S=1\angle 0°$V，$\dot{I}_S=1\angle 0°$A。试分别用戴维南等效定理和节点电压法求 $\dot{I}_L$。

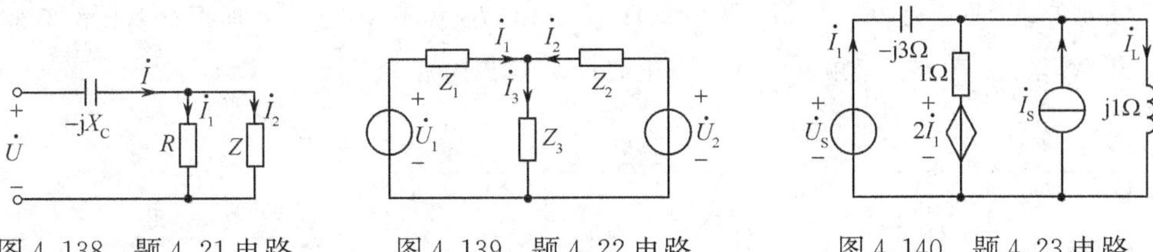

图 4.138　题 4.21 电路　　图 4.139　题 4.22 电路　　图 4.140　题 4.23 电路

题 4.24　图 4.141 所示电路中，$\dot{U}=6\angle 60°$V，求它的戴维南等效电路和诺顿等效电路。

题 4.25　图 4.142 所示电路为一交流电源与直流电源同时作用的电路。已知 $u=\sqrt{2}\sin 1000t$V，$U_O=6$V，$C=10\mu$F，$R=1$kΩ 求电流 i。

题 4.26　图 4.143 所示电路，已知 $R=2\Omega$，$L=1$H，$C=0.25$F，$u=10\sqrt{2}\sin 2t$V。求电路的有功功率 P、无功功率 Q、视在功率 S 和功率因数 λ。

题 4.27　某负载的有功功率 $P=10$kW，功率因数 $\lambda=0.6$（感性），负载电压 $u=220\sqrt{2}\sin(3140t)$V。若要求将电路的功率因数提高到 0.9，应并联多大的电容？

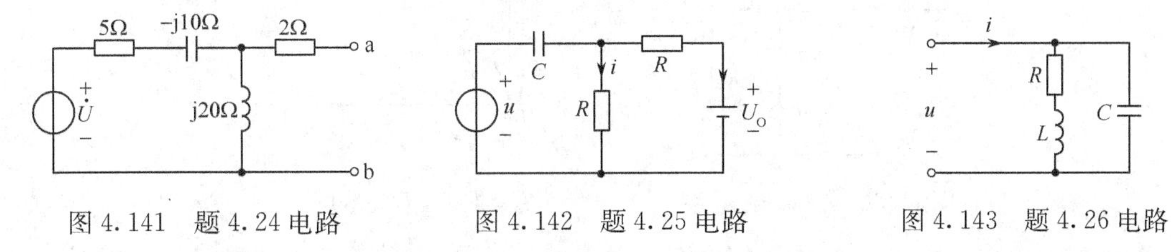

图 4.141　题 4.24 电路　　图 4.142　题 4.25 电路　　图 4.143　题 4.26 电路

题 4.28　两负载并联，一个负载是感性的，功率因数为 0.8，消耗功率 9kW，另一个负载是电阻性的，消耗功率 74kW，问总的功率因数是多少？

题 4.29　已知一二端网络的电压、电流为关联参考方向，且 $u=10\sqrt{2}\sin(3140t+30°)$V，输入电流 $i=50\sqrt{2}\sin(3140t+60°)$A，试求该二端网络吸收的复功率。

题 4.30　已知一无源二端网络如图 4.144 所示，其输入端的电压和电流分别为：

$u=20\sqrt{2}\sin(100t+10°)$V，$i=10\sqrt{2}\sin(100t-43°)$A。求此二端网络的功率因数、输出的有功功率及无功功率。

题 4.31　已知一无源二端网络的等效阻抗 $Z=20+j25\Omega$，端口电流 $i=40\sqrt{2}\sin(100t+60°)$A，求此二端网络的复功率、有功功率及无功功率。

题 4.32　图 4.145 所示电路，$\dot{U}_S=10\sqrt{2}\sin 100t$V，要使 Z 获得最大功率，Z 应为多少？最大的功率是多少？

题 4.33　图 4.146 所示电路，$\dot{I}_S=50\sqrt{2}\sin(3140t+60°)$A，要使 Z 获得最大功率，Z 应为多少？此时获得最大的功率是多少？

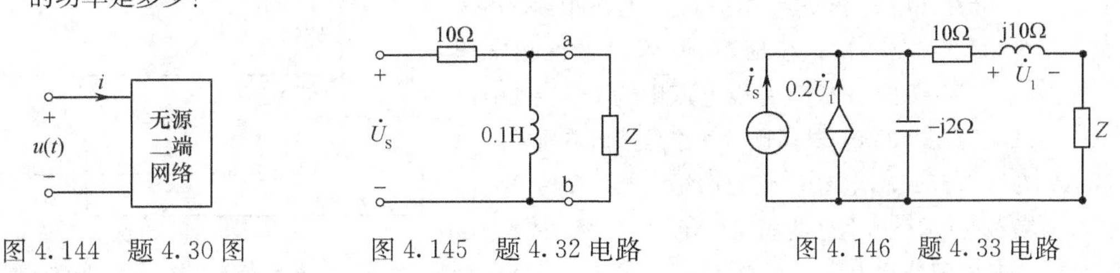

图 4.144　题 4.30 图　　图 4.145　题 4.32 电路　　图 4.146　题 4.33 电路

题 4.34　求图 4.147 所示电路的传递函数 $H(\mathrm{j}\omega)=\dfrac{\dot{U}_2}{\dot{U}_1}$。

题 4.35　图 4.148 所示电路中，$R=2\mathrm{k}\Omega$，$L=2\mathrm{H}$，$C=2\mu\mathrm{F}$，$\omega=250\mathrm{rad/s}$。试求传递函数 $H(\mathrm{j}\omega)=\dot{U}_2/\dot{U}_1$，并判定电路滤波器的类型。

题 4.36　图 4.149 所示电路，$L=0.2\mathrm{H}$，$R_1=20\Omega$，$C=4\mu\mathrm{F}$，$R_2=500\Omega$，电路外加正弦电压的有效值 $U=100\mathrm{V}$，求：(1)电路谐振频率 ω_0 和电路电流 $\dot{I}$；(2)画出向量图。

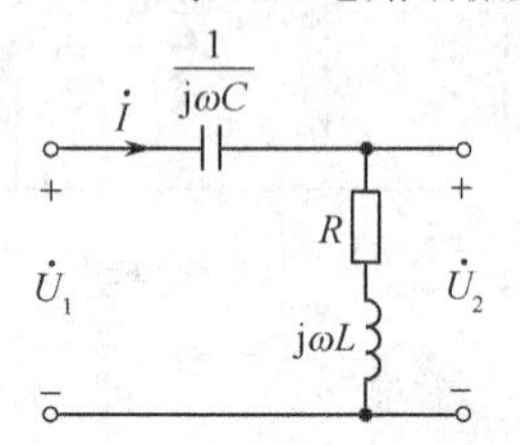

图 4.147　题 4.34 电路

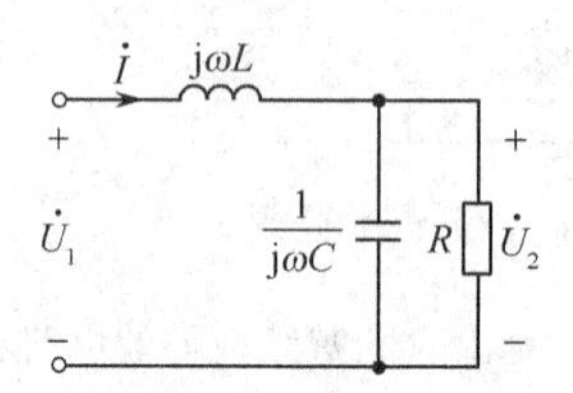

图 4.148　题 4.35 电路

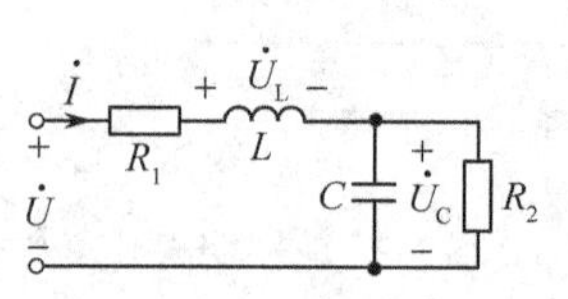

图 4.149　题 4.36 电路

题 4.37　有一 RLC 串联电路，它在电源频率 f 为 500Hz 时发生谐振。谐振时电流 I 为 0.2A，容抗 X_C 为 314Ω，并测得电容电压 U_C 为电源电压的 20 倍。试求该电路的电阻 R 和电感 L。

题 4.38　求图 4.150 所示电路的谐振角频率 ω_0。

题 4.39　求图 4.151 图中波形的有效值和平均值。

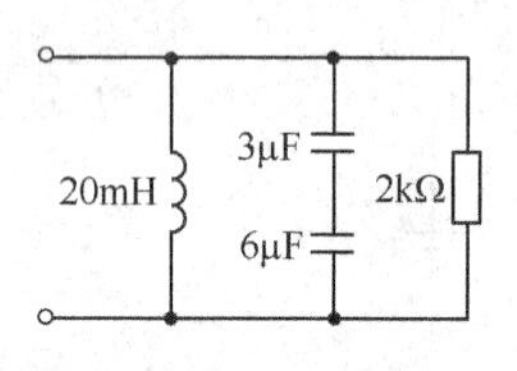

图 4.150　题 4.38 电路

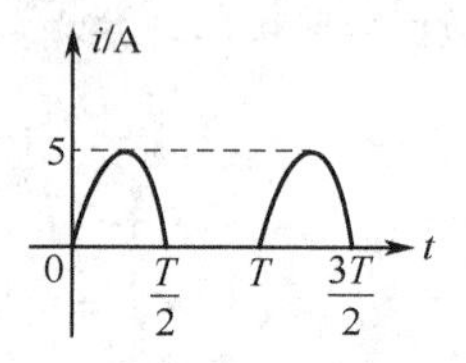

图 4.151　题 4.39 图

题 4.40　如图 4.152 电路，$u_S=0.5+\sqrt{2}\sin(t+45°)+\sqrt{2}\sin 2t\,\mathrm{V}$，$i_S=\sqrt{2}\sin(t+45°)\,\mathrm{A}$。求电流 i 和电压 u_{ab}，并验证功率平衡。

题 4.41　在图 4.153 所示电路中，已知输入电压为 $u=180\sin\omega t+60\sin(3\omega t+20°)\,\mathrm{V}$，$R=6\Omega$，$\omega L=2\Omega$，$\dfrac{1}{\omega C}=18\Omega$。试求 i 和 i_C。

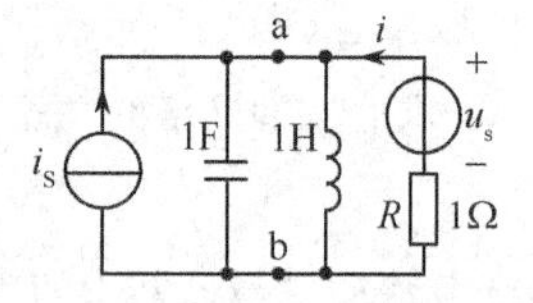

图 4.152　题 4.40 电路

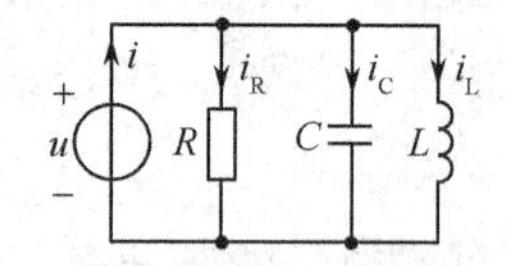

图 4.153　题 4.41 电路

题 4.42　当发电机的三相绕组连成星形时，设线电压 $u_{AB}=380\sqrt{2}\sin(\omega t-30°)\,\mathrm{V}$，试写出三个相电压和另外两个线电压的三角函数式。

题 4.43　有一台三相发电机，其绕组接成星形，每相额定电压为 220V。在一次试验时，用电压表量得相电压 $U_1=U_2=U_3=220\mathrm{V}$，而线电压则为 $U_{12}=U_{31}=220\mathrm{V}$，$U_{23}=380\mathrm{V}$，试问这种现象是如何造成的？

题 4.44　在图 4.154 中，电源电压对称，每相电压 $U_p=220\mathrm{V}$，负载为电灯组，电灯的额定电压为 220V，在额定压下其电阻分别为 $R_1=11\Omega$，$R_2=R_3=22\Omega$。试求负

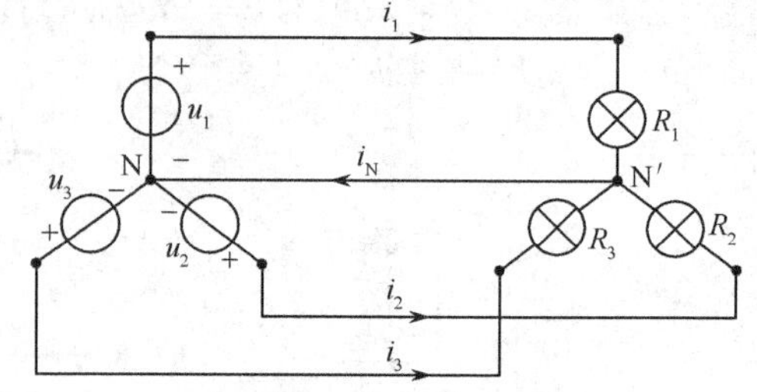

图 4.154　题 4.44 电路

载相电压、每相负载电流及中性线电流。

题 4.45　有 220V、100W 的电灯 66 个，应如何接入线电压为 380V 的三相四线制电路？求负载在对称情况下的线电流。

题 4.46　图 4.155 所示的是三相四线制电路，电源线电压 $U_l=380\text{V}$。三个电阻性负载接成星形，其电阻为 $R_1=11\Omega$，$R_2=R_3=22\Omega$。(1)试求负载相电压，相电流及中性线电流；(2)如无中性线，求每相负载的相电压及负载中性点电压。

题 4.47　在线电压为 380V 的三相电源上。接两组电阻性对称负载，如图 4.156 所示，试求线电流 I。

题 4.48　有三相异步电动机，其绕组接成三角形，接在线电压 $U_l=380\text{V}$ 的电源上. 其平均功率 $P=15\text{kW}$，功率因数 $\cos\varphi=0.8$，试求电动机的相电流和电源线电流。

题 4.49　在图 4.157 中，电源线电压 $U_l=380\text{V}$。(1)如果图中各相负载的阻抗模都等于 10Ω，是否可以说负载是对称的。(2)试求各相电流，并用电压与电流的向量图计算中性线电流。如果中性线电流的参考方向选定的同电路图上所示的方向相反，则结果有何不同？(3)试求三相平均功率 P。

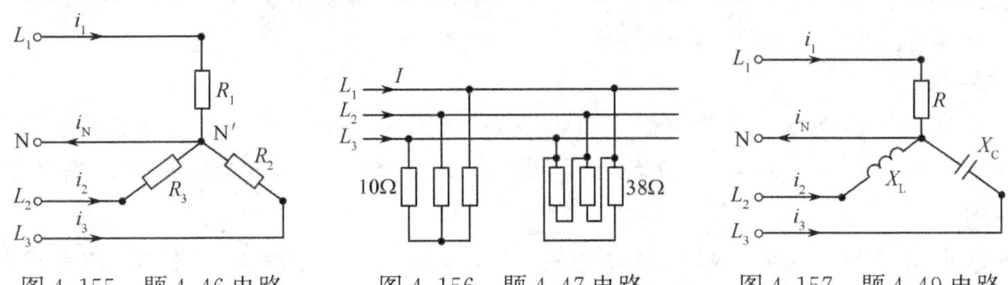

图 4.155　题 4.46 电路　　图 4.156　题 4.47 电路　　图 4.157　题 4.49 电路

题 4.50　在图 4.158 所示电路中，电源线电压 $U_l=380\text{V}$，频率 $f=50\text{Hz}$，对称电感性负载的功率 $P=10\text{kW}$，功率因数 $\cos\varphi_1=0.5$。为了将线路功率因数提高到 $\cos\varphi=0.9$ 试问在两图中每相并联的补偿电容器的电容值各为多少？你认为三角形方式较好还是采用星形较好？为什么？(提示：每相电容 $C=\dfrac{P(\tan\varphi_1-\tan\varphi)}{3\omega U}$，式中 P 为三相功率(W)，U 为每相电容上所加电压)

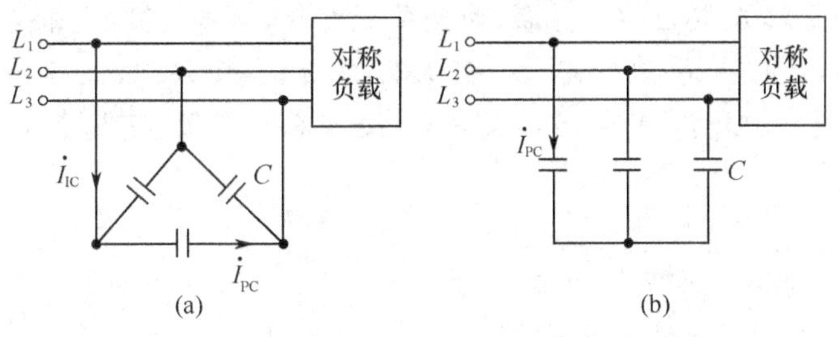

图 4.158　题 4.50 电路

题 4.51　如果电压相等、输送功率相等、距离相等、线路功率损耗相等，则三相输电线(设负载对称)的用铜量为单相输电线的用铜量的 3/4。试证明之。

题 4.52　某车间有一三相异步电动机，电压为 380V，电流为 6.8A，功率为 3kW，星形连接。试选择测量电动机的线电压、线电流及三相功率(用两功率表法)用的仪表(包括型号、量程、个数、准确度等)，并画出测量接线图。

第5章 含二端口元件电路的分析

本章导读信息

本章研究的是在实际中有着广泛应用的一类电路——含二端口元件电路，这类电路含有二端口元件，前面学习的电阻、电容实际上是单端口元件。所以本章我们首先要学习二端口元件的约束关系，也就是二端口元件的端口电压与电流之间的关系。值得注意的是二端口元件具有两个端口、4个变量，因此其端口特性比单口元件更为复杂。在掌握了二端口元件电压电流约束关系后，相应的分析方法其实就是前几章学习内容的应用。当然本章会学习到更多的实际二端口元件比如互感元件、变压器等。

1. 内容提要

本章首先介绍二端口元件的特性方程，在此基础上介绍含二端口元件电路的分析方法；然后以互感元件和理想变压器为例，介绍互感元件在实际中的应用；最后将给出二端口元件的几个应用实例。

在本章中所用到的主要的名词与概念有：二端口元件、Y 方程与 Y 参数，正向转移导纳，反向转移导纳，入端导纳，Z 方程与 Z 参数，反向转移阻抗，正向转移阻抗，入端阻抗，H 方程与 H 参数，反向电压传输比，正向电流传输比，G 方程与 G 参数，T 方程与 T 参数、二端口元件的Ⅱ形等效电路，二端口元件的 T 形等效电路，二端口元件级联，串联，并联，串并联，连接的有效性，输入阻抗，输出阻抗，特性阻抗，传输系数，衰减常数，互感现象，耦合，自感磁通链，互感磁通链，互感，同名端，自感电压，互感电压，互感抗，耦合系数，紧耦合，松散耦合，全耦合，互感的串联，顺接，顺串，反接，反串，并联，同侧并联电路，顺并，异侧并联电路，反并，互感元件的 T 形连接，去耦等效电路，初级回路，次级回路，自阻抗，反映阻抗，源线圈，初级线圈，副线圈，次级线圈，主磁通，漏磁通，漏感，空心变压器，全耦合变压器，理想变压器等。

2. 重点与难点

【本章重点】

(1) 二端口元件的特性方程；

(2) 含二端口元件电路的分析方法；

(3) 互感元件的伏安关系；

(4) 理想变压器的特性及伏安关系。

【本章难点】

(1) 二端口元件的等效电路；

(2) 二端口元件连接有效性的判别；

(3) 含有互感元件电路的分析方法；

(4) 变压器电路分析。

5.1 二端口元件概述

电能或者电信号通常是通过电路的端口进行传输的，如在通信系统中，电信号从一个端口输入，经过电路处理后又从另一个端口输出。这种具有两个端口与外电路相连的电路，不管其内部结构如何，总可以看成一个具有两个端口的元件，称为二端口元件，其电路模型如图 5.1 所示。通常将 1－1′称为输入端口，2－2′称为输出端口。在第一章中介绍过的受控源就是一种二端口元件。

值得注意的是，虽然二端口元件具有四个端子，但并不是所有具有四个端子的电路都可以看成二端口元件。例如图 5.2 所示的电路中，1－1′和 2－2′是二端口元件，3－3′和 4－4′不是二端口元件，因为 $i_1 = i_1' = i_3' \neq i_3$。

本章的研究对象为由线性元件和受控源组成的二端口元件。与前面学习的电路元件一样，在研究二端口元件时，主要考虑的是其端口上的特性，即端口电压和端口电流之间的关系，因此二端口元件的特性可以通过其端口电压和端口电流之间的关系即端口特性方程来表示。从图 5.1 可以看出，二端口元件具有两个端口、4 个端口变量：u_1、i_1、u_2 和 i_2，因此需要两个端口方程来描述其特性。

另一方面，在时域分析中，u_1、i_1、u_2 和 i_2 都是瞬时值，而在正弦稳态分析中，二端口元件还可以用图 5.3 所示的向量模型来表示，$\dot{U}_1$、$\dot{I}_1$、$\dot{U}_2$、$\dot{I}_2$ 都为向量。在本章中对二端口元件的描述采用的是向量形式。

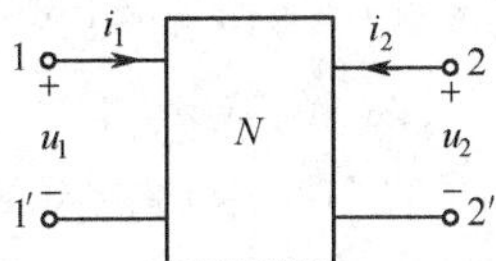
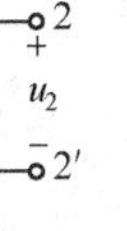

图 5.1　二端口元件电路模型

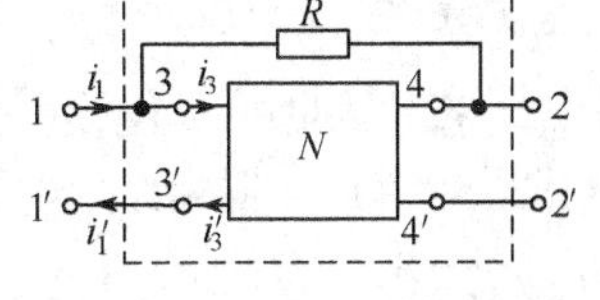

图 5.2　二端口元件实例

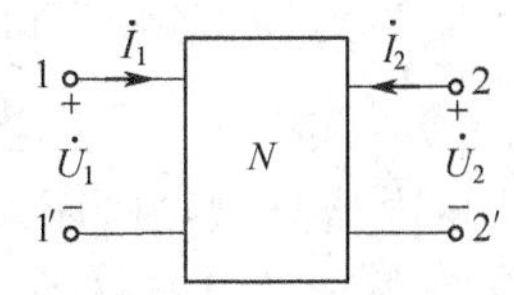

图 5.3　二端口元件的向量模型

5.2　二端口元件的特性方程

在二端口元件的 4 个端口变量中，可以任意选择其中的两个作为激励，另外两个作为响应，这样一来就可以得到 6 组不同的端口特性方程，每一组方程对应于二端口元件的一类端口参数，每一类参数代表着不同的意义。

5.2.1　Y 方程与 Y 参数

在图 5.3 所示的二端口元件模型中，当激励为两个端口电压 $\dot{U}_1$、$\dot{U}_2$，响应为端口电流 $\dot{I}_1$ 和 $\dot{I}_2$ 时，根据叠加定理可知，端口电流可以看成是每一个端口电压单独作用时所产生的电流之和，即

$$\begin{cases} \dot{I}_1 = Y_{11}\dot{U}_1 + Y_{12}\dot{U}_2 \\ \dot{I}_2 = Y_{21}\dot{U}_1 + Y_{22}\dot{U}_2 \end{cases} \tag{5.1}$$

其中 $Y_{11}\dot{U}_1$ 和 $Y_{12}\dot{U}_2$ 分别为 $\dot{U}_1$ 和 $\dot{U}_2$ 单独作用时在端口 1 产生的电流，$Y_{21}\dot{U}_1$ 和 $Y_{22}\dot{U}_2$ 分别为 $\dot{U}_1$ 和 $\dot{U}_2$ 单独作用时在端口 2 产生的电流，方程(5.1)称为二端口元件的导纳参数方程，Y_{11}、Y_{12}、Y_{21} 和 Y_{22} 称为二端口元件的导纳参数或 Y 参数。上述方程也可以写成矩阵的形式：

$$\begin{pmatrix} \dot{I}_1 \\ \dot{I}_2 \end{pmatrix} = \begin{pmatrix} Y_{11} & Y_{12} \\ Y_{21} & Y_{22} \end{pmatrix} \begin{pmatrix} \dot{U}_1 \\ \dot{U}_2 \end{pmatrix} = \boldsymbol{Y} \begin{pmatrix} \dot{U}_1 \\ \dot{U}_2 \end{pmatrix} \tag{5.2}$$

其中 $$\boldsymbol{Y}=\begin{bmatrix} Y_{11} & Y_{12} \\ Y_{21} & Y_{22} \end{bmatrix}$$

称为导纳参数矩阵或 Y 参数矩阵。

从方程(5.1)可以得出：

$$\begin{cases} Y_{11}=\left.\dfrac{\dot{I}_1}{\dot{U}_1}\right|_{\dot{U}_2=0} \\ Y_{12}=\left.\dfrac{\dot{I}_1}{\dot{U}_2}\right|_{\dot{U}_1=0} \\ Y_{21}=\left.\dfrac{\dot{I}_2}{\dot{U}_1}\right|_{\dot{U}_2=0} \\ Y_{22}=\left.\dfrac{\dot{I}_2}{\dot{U}_2}\right|_{\dot{U}_1=0} \end{cases} \tag{5.3}$$

因此，Y_{11}是$\dot{U}_2$为零(短路)时端口 1－1′上的电流与激励电压之比，即端口 1－1′的入端导纳；Y_{21}是$\dot{U}_2$为零(短路)时端口 2－2′上电流与激励电压之比，即正向转移导纳；Y_{12}是$\dot{U}_1$为零(短路)时端口 1－1′上电流与激励电压之比，即反向转移导纳；Y_{22}是$\dot{U}_1$为零(短路)时端口 2－2′上的电流与激励电压之比，即端口 2－2′的入端导纳。这几个参数都是在某一端口短路的情况下所得到的具有导纳量纲的函数，其大小只与二端口元件的内部结构有关，与端口所加激励以及外电路的连接方式无关。这就是导纳参数的物理意义。在已知一个二端口元件的结构的条件下就可以直接根据各导纳参数的物理意义求取 Y 参数矩阵。Y 参数在高频放大电路的分析中得到广泛应用。

【例 5.1】求图 5.4(a)所示二端口元件的 Y 参数矩阵。

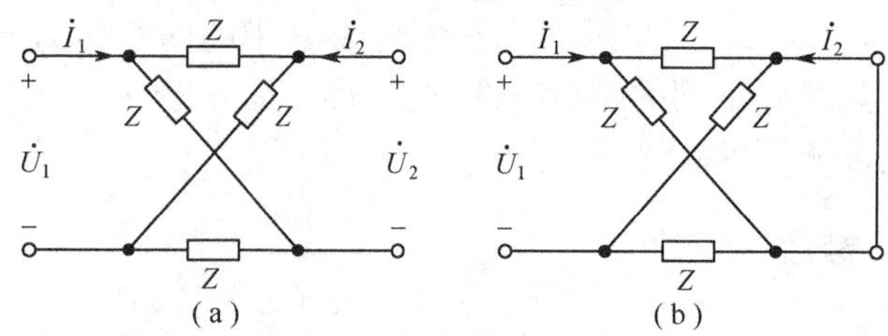

图 5.4　例 5.1 图

解　根据 Y 参数的定义可知：

$$Y_{11}=\left.\frac{\dot{I}_1}{\dot{U}_1}\right|_{\dot{U}_2=0}$$

将$\dot{U}_2$置零[如图 5.4(b)所示]，则有：

$$\dot{U}_1=\dot{I}_1(Z//Z+Z//Z)=\dot{I}_1 Z$$

因此

$$Y_{11}=\left.\frac{\dot{I}_1}{\dot{U}_1}\right|_{\dot{U}_2=0}=\frac{1}{Z}$$

同理可得：

$$Y_{12}=\frac{\dot{I}_1}{\dot{U}_2}\bigg|_{\dot{U}_1=0}=0$$

$$Y_{21}=\frac{\dot{I}_2}{\dot{U}_1}\bigg|_{\dot{U}_2=0}=0$$

$$Y_{22}=\frac{\dot{I}_2}{\dot{U}_2}\bigg|_{\dot{U}_1=0}=\frac{1}{Z}$$

所以该二端口元件的 Y 参数矩阵为：

$$\boldsymbol{Y}=\begin{bmatrix}\frac{1}{Z} & 0\\ 0 & \frac{1}{Z}\end{bmatrix}$$

【例 5.2】 求图 5.5 所示二端口元件的 Y 参数矩阵。

解 求二端口元件的 Y 参数矩阵可以仿照上例直接根据各参数的物理意义求解，这里不再详细说明，留给读者自己练习。除了这种方法以外，由于 Y 参数矩阵表示的是在两个端口电压的作用下所产生的端口电流，因此还可以通过列写节点电压方程来求解其 Y 参数矩阵。

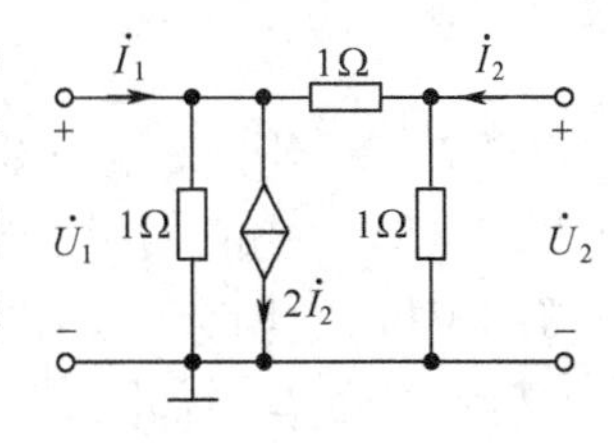

图 5.5 例 5.2 图

选取参考点如图 5.5 所示，则另外两个节点的节点电压方程为：

$$\begin{cases}(1+1)\dot{U}_1-\dot{U}_2=\dot{I}_1-2\,\dot{I}_2 & (1)\\ (1+1)\dot{U}_2-\dot{U}_1=\dot{I}_2 & (2)\end{cases}$$

将方程(2)代入方程(1)并整理可得：

$$\begin{cases}\dot{I}_1=3\,\dot{U}_2\\ \dot{I}_2=-\dot{U}_1+2\,\dot{U}_2\end{cases}$$

这就是原二端口元件的 Y 参数方程，由此可以写出其 Y 参数矩阵为：

$$\boldsymbol{Y}=\begin{bmatrix}0 & 3\\ -1 & 2\end{bmatrix}$$

5.2.2 Z 方程与 Z 参数

在图 5.3 所示的二端口元件中，当激励为两个端口电流 $\dot{I}_1$ 和 $\dot{I}_2$，响应为端口电压 $\dot{U}_1$ 和 $\dot{U}_2$ 时，根据叠加定理可知：

$$\begin{cases}\dot{U}_1=Z_{11}\dot{I}_1+Z_{12}\dot{I}_2\\ \dot{U}_2=Z_{21}\dot{I}_1+Z_{22}\dot{I}_2\end{cases}\tag{5.4}$$

式(5.4)称为二端口元件的阻抗参数方程，Z_{11}、Z_{12}、Z_{21} 和 Z_{22} 称为二端口元件的阻抗参数或 Z 参数。上式也可以写成矩阵的形式：

$$\begin{pmatrix}\dot{U}_1\\ \dot{U}_2\end{pmatrix}=\begin{pmatrix}Z_{11} & Z_{12}\\ Z_{21} & Z_{22}\end{pmatrix}\begin{pmatrix}\dot{I}_1\\ \dot{I}_2\end{pmatrix}=\boldsymbol{Z}\begin{pmatrix}\dot{I}_1\\ \dot{I}_2\end{pmatrix}\tag{5.5}$$

其中 $$\boldsymbol{Z}=\begin{pmatrix} Z_{11} & Z_{12} \\ Z_{21} & Z_{22} \end{pmatrix}$$

称为二端口元件的阻抗参数矩阵或 Z 参数矩阵。

从方程(5.4)可以得出：

$$\begin{cases} Z_{11}=\left.\dfrac{\dot{U}_1}{\dot{I}_1}\right|_{\dot{I}_2=0} \\ Z_{12}=\left.\dfrac{\dot{U}_1}{\dot{I}_2}\right|_{\dot{I}_1=0} \\ Z_{21}=\left.\dfrac{\dot{U}_2}{\dot{I}_1}\right|_{\dot{I}_2=0} \\ Z_{22}=\left.\dfrac{\dot{U}_2}{\dot{I}_2}\right|_{\dot{I}_1=0} \end{cases} \tag{5.6}$$

其中 $Z_{11}(Z_{22})$是端口 $2-2'(1-1')$开路时 $1-1'(2-2')$上的电压与激励电流之比，即端口 $1-1'(2-2')$的入端阻抗；Z_{12}和 Z_{21}分别是端口 $1-1'$和 $2-2'$开路时的反向转移阻抗和正向转移阻抗，它们都具有阻抗的量纲。这就是阻抗参数的物理意义。

【例 5.3】写出如图 5.6 所示二端口元件的阻抗参数方程。

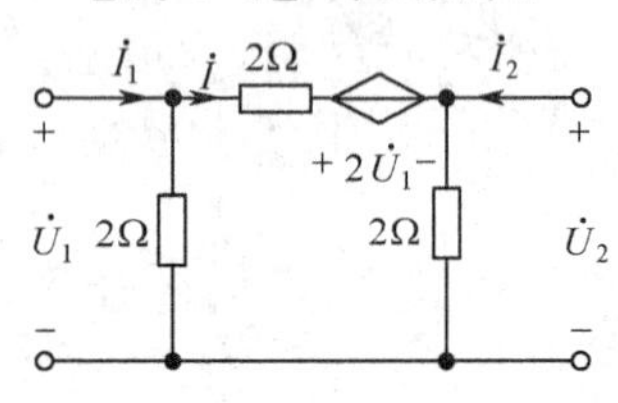

图 5.6 例 5.3 电路

解 阻抗参数方程可以根据阻抗参数的物理意义直接进行求解。

当$\dot{I}_2=0$ 时，端口 2 开路，根据电路可以写出此时电路中两条支路的 KVL 方程为：

$$\begin{cases} \dot{U}_1=2(\dot{I}_1-\dot{I}) & (1) \\ \dot{U}_1=2\dot{I}+2\dot{U}_1+2\dot{I} & (2) \end{cases}$$

由方程(2)得：

$$\dot{U}_1=-4\dot{I}$$

将上式代入方程(1)并整理可得：$\dot{U}_1=4\dot{I}_1$

相应的 $$\dot{U}_2=2\dot{I}=-\frac{\dot{U}_1}{2}=-2\dot{I}_1$$

由此可得：

$$Z_{11}=\left.\frac{\dot{U}_1}{\dot{I}_1}\right|_{\dot{I}_2=0}=4,\quad Z_{21}=\left.\frac{\dot{U}_2}{\dot{I}_1}\right|_{\dot{I}_2=0}=-2$$

同样道理，当$\dot{I}_1=0$ 时，端口 1 开路，可以分别求出另外两个参数：

$$Z_{22}=\left.\frac{\dot{U}_2}{\dot{I}_2}\right|_{\dot{I}_1=0}=0,\quad Z_{12}=\left.\frac{\dot{U}_1}{\dot{I}_2}\right|_{\dot{I}_1=0}=2$$

因此原二端口元件的阻抗参数方程为：

$$\begin{cases} \dot{U}_1=4\dot{I}_1+2\dot{I}_2 \\ \dot{U}_2=-2\dot{I}_1 \end{cases}$$

阻抗参数方程除了可以直接根据其物理意义进行求解以外，还可以通过列写电路的网孔电流方程得出。

【例 5.4】求图 5.7 所示二端口元件的 Z 参数矩阵。

解 各网孔的网孔电流方程为：

$$\begin{cases}\left(R-\mathrm{j}\dfrac{1}{\omega C}\right)\dot{I}_1-\mathrm{j}\dfrac{1}{\omega C}\dot{I}_2-R\dot{I}=\dot{U}_1 & (1)\\ \left(R-\mathrm{j}\dfrac{1}{\omega C}\right)\dot{I}_2-\mathrm{j}\dfrac{1}{\omega C}\dot{I}_1+R\dot{I}=\dot{U}_2 & (2)\\ (R+R+R)\dot{I}-R\dot{I}_1+R\dot{I}_2=0 & (3)\end{cases}$$

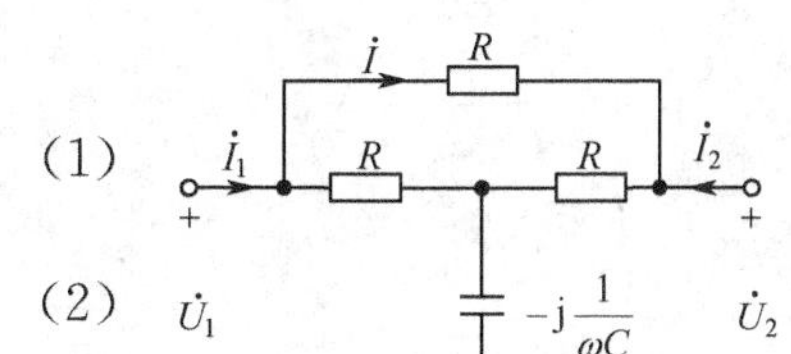

图 5.7 例 5.4 电路

由方程(3)得：

$$\dot{I}=\frac{1}{3}\dot{I}_1-\frac{1}{3}\dot{I}_2$$

将上式分别代入网孔方程(1)、方程(2)，并整理可得：

$$\begin{cases}\left(\dfrac{2R}{3}-\mathrm{j}\dfrac{1}{\omega C}\right)\dot{I}_1-\left(\mathrm{j}\dfrac{1}{\omega C}-\dfrac{R}{3}\right)\dot{I}_2=\dot{U}_1\\ \left(\dfrac{2R}{3}-\mathrm{j}\dfrac{1}{\omega C}\right)\dot{I}_2-\left(\mathrm{j}\dfrac{1}{\omega C}-\dfrac{R}{3}\right)\dot{I}_1=\dot{U}_2\end{cases}$$

这就是原二端口元件的 Z 参数方程，相应的，其 Z 参数矩阵为：

$$\boldsymbol{Z}=\begin{bmatrix}\left(\dfrac{2R}{3}-\mathrm{j}\dfrac{1}{\omega C}\right) & -\left(\mathrm{j}\dfrac{1}{\omega C}-\dfrac{R}{3}\right)\\ -\left(\mathrm{j}\dfrac{1}{\omega C}-\dfrac{R}{3}\right) & \left(\dfrac{2R}{3}-\mathrm{j}\dfrac{1}{\omega C}\right)\end{bmatrix}$$

5.2.3 H 方程与 H 参数

当二端口元件的两个激励分别位于不同的端口上且一个是电压、一个是电流时就产生了二端口元件的混合参数方程，常称为 H 参数方程。

在图 5.3 所示的二端口元件中，当激励为 $\dot{I}_1$ 和 $\dot{U}_2$，响应为 $\dot{I}_2$ 和 $\dot{U}_1$ 时，二端口元件的端口方程可以表示为：

$$\begin{cases}\dot{U}_1=H_{11}\dot{I}_1+H_{12}\dot{U}_2\\ \dot{I}_2=H_{21}\dot{I}_1+H_{22}\dot{U}_2\end{cases} \tag{5.7}$$

式(5.7)即为二端口元件的 H 参数方程，H_{11}、H_{12}、H_{21} 和 H_{22} 则称为二端口元件的 H 参数。式(5.7)写成矩阵的形式为：

$$\begin{pmatrix}\dot{U}_1\\ \dot{I}_2\end{pmatrix}=\begin{pmatrix}H_{11} & H_{12}\\ H_{21} & H_{22}\end{pmatrix}\begin{pmatrix}\dot{I}_1\\ \dot{U}_2\end{pmatrix}=\boldsymbol{H}\begin{pmatrix}\dot{I}_1\\ \dot{U}_2\end{pmatrix} \tag{5.8}$$

其中

$$\boldsymbol{H}=\begin{pmatrix}H_{11} & H_{12}\\ H_{21} & H_{22}\end{pmatrix}$$

称为 H 参数矩阵。

从式(5.7)可以得出：

$$
\begin{cases}
H_{11}=\left.\dfrac{\dot{U}_1}{\dot{I}_1}\right|_{\dot{U}_2=0} \\
H_{12}=\left.\dfrac{\dot{U}_1}{\dot{U}_2}\right|_{\dot{I}_1=0} \\
H_{21}=\left.\dfrac{\dot{I}_2}{\dot{I}_1}\right|_{\dot{U}_2=0} \\
H_{22}=\left.\dfrac{\dot{I}_2}{\dot{U}_2}\right|_{\dot{I}_1=0}
\end{cases}
\tag{5.9}
$$

其中 H_{11}是端口 2－2′短路时 1－1′上的输入阻抗，H_{12}是端口 1－1′开路时的反向电压传输比，H_{21}是端口 2－2′短路时的正向电流传输比，H_{22}是端口 1－1′开路时 2－2′上的入端导纳。

【例 5.5】 试求图 5.8 所示二端口元件的 H 参数矩阵。

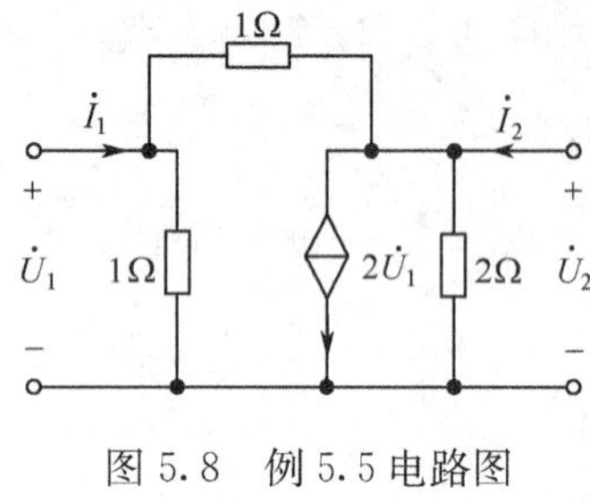

图 5.8 例 5.5 电路图

解 根据 H 参数的物理意义，先令$\dot{U}_2=0$，计算电路在$\dot{I}_1$单独作用下的响应。此时端口 2 被短路，根据电路结构可知，此时

$$\left.\dot{U}_1\right|_{\dot{U}_2=0}=\frac{\dot{I}_1}{2}\times 1=\frac{\dot{I}_1}{2},\quad \left.\dot{I}_2\right|_{\dot{U}_2=0}=2\dot{U}_1-\frac{\dot{I}_1}{2}=\frac{\dot{I}_1}{2}$$

因此

$$H_{11}=\left.\frac{\dot{U}_1}{\dot{I}_1}\right|_{\dot{U}_2=0}=0.5,\quad H_{21}=\left.\frac{\dot{I}_2}{\dot{I}_1}\right|_{\dot{U}_2=0}=0.5$$

接下来令$\dot{I}_1=0$，计算电路在$\dot{U}_2$单独作用下的响应。根据电路可以求出：

$$\left.\dot{U}_1\right|_{\dot{I}_1=0}=\frac{1}{1+1}\dot{U}_2=\frac{\dot{U}_2}{2},\quad \left.\dot{I}_2\right|_{\dot{I}_1=0}=\frac{\dot{U}_2}{1+1}+\frac{\dot{U}_2}{2}+2\dot{U}_1=2\dot{U}_2$$

因此

$$H_{12}=\left.\frac{\dot{U}_1}{\dot{U}_2}\right|_{\dot{I}_1=0}=0.5,\quad H_{22}=\left.\frac{\dot{I}_2}{\dot{U}_2}\right|_{\dot{I}_1=0}=2$$

因此，原二端口元件的 H 参数矩阵为

$$\boldsymbol{H}=\begin{bmatrix}0.5 & 0.5\\ 0.5 & 2\end{bmatrix}$$

根据二端口元件的 H 参数方程可以得到其含有两个受控源的等效电路如图 5.9 所示。

当二端口元件的激励为$\dot{U}_1$和$\dot{I}_2$，响应为$\dot{I}_1$和$\dot{U}_2$时，可以得到另外一种混合参数方程，即 G 参数方程：

$$
\begin{cases}
\dot{I}_1=G_{11}\dot{U}_1+G_{12}\dot{I}_2 \\
\dot{U}_2=G_{21}\dot{U}_1+G_{22}\dot{I}_2
\end{cases}
\tag{5.10}
$$

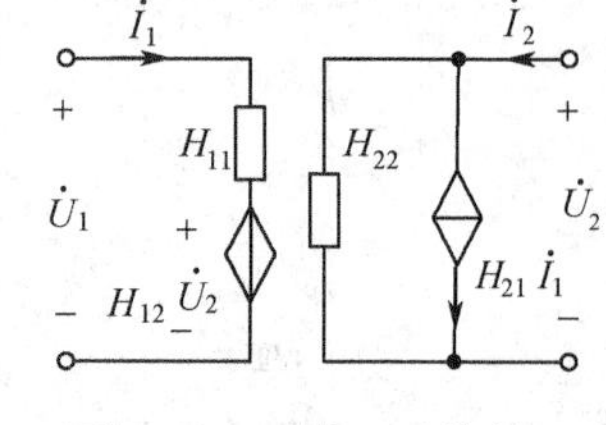

图 5.9 二端口元件的 H 参数等效电路

写成矩阵的形式为：

$$\begin{pmatrix}\dot{I}_1\\\dot{U}_2\end{pmatrix}=\begin{pmatrix}G_{11}&G_{12}\\G_{21}&G_{22}\end{pmatrix}\begin{pmatrix}\dot{U}_1\\\dot{I}_2\end{pmatrix}=\boldsymbol{G}\begin{pmatrix}\dot{U}_1\\\dot{I}_2\end{pmatrix}\tag{5.11}$$

其中

$$\boldsymbol{G}=\begin{pmatrix}G_{11}&G_{12}\\G_{21}&G_{22}\end{pmatrix}$$

称为 G 参数矩阵，G_{11}、G_{12}、G_{21} 和 G_{22} 称为二端口元件的 G 参数。关于 G 参数的物理意义这里不再赘述。

二端口元件的混合参数方程在电子技术中有着广泛的应用。

5.2.4 *T* 方程与 *T* 参数

当激励是 $\dot{U}_2$ 和 $\dot{I}_2$、响应为 $\dot{U}_1$ 和 $\dot{I}_1$ 时就产生了二端口元件的传输参数方程即 T 参数方程。根据图 5.3 所示的二端口元件可知：

$$\begin{cases}\dot{U}_1=T_{11}\dot{U}_2-T_{12}\dot{I}_2\\\dot{I}_1=T_{21}\dot{U}_2-T_{22}\dot{I}_2\end{cases}\tag{5.12}$$

方程(5.12)称为二端口元件的 T 参数方程，T_{11}、T_{12}、T_{21} 和 T_{22} 称为二端口元件的 T 参数。写成矩阵的形式为：

$$\begin{pmatrix}\dot{U}_1\\\dot{I}_1\end{pmatrix}=\begin{pmatrix}T_{11}&T_{12}\\T_{21}&T_{22}\end{pmatrix}\begin{pmatrix}\dot{U}_2\\-\dot{I}_2\end{pmatrix}=\boldsymbol{T}\begin{pmatrix}\dot{U}_2\\-\dot{I}_2\end{pmatrix}\tag{5.13}$$

其中矩阵 $\boldsymbol{T}$ 称为传输参数矩阵。在上式中 $\dot{I}_2$ 前面的负号是因为在最初定义传输参数方程时 $\dot{I}_2$ 的参考方向选取的是和图 5.3 中方向相反的，因此在现在的参考方向下前面要有一个负号。

从方程(5.12)可以得出：

$$\begin{cases}T_{11}=\left.\dfrac{\dot{U}_1}{\dot{U}_2}\right|_{\dot{I}_2=0}\\T_{12}=-\left.\dfrac{\dot{U}_1}{\dot{I}_2}\right|_{\dot{U}_2=0}\\T_{21}=\left.\dfrac{\dot{I}_1}{\dot{U}_2}\right|_{\dot{I}_2=0}\\T_{22}=-\left.\dfrac{\dot{I}_1}{\dot{I}_2}\right|_{\dot{U}_2=0}\end{cases}\tag{5.14}$$

当激励是 $\dot{U}_1$ 和 $\dot{I}_1$、响应为 $\dot{U}_2$ 和 $\dot{I}_2$ 时就产生了二端口元件的逆传输参数方程即 T' 参数方程：

$$\begin{cases}\dot{U}_2=T'_{11}\dot{U}_1-T'_{12}\dot{I}_1\\\dot{I}_2=T'_{21}\dot{U}_1-T'_{22}\dot{I}_1\end{cases}\tag{5.15}$$

写成矩阵的形式则为：

$$\begin{pmatrix}\dot{U}_2\\\dot{I}_2\end{pmatrix}=\begin{pmatrix}T'_{11} & T'_{12}\\T'_{21} & T'_{22}\end{pmatrix}\begin{pmatrix}\dot{U}_1\\-\dot{I}_1\end{pmatrix}=\boldsymbol{T}'\begin{pmatrix}\dot{U}_1\\-\dot{I}_1\end{pmatrix} \tag{5.16}$$

其中

$$\boldsymbol{T}'=\begin{pmatrix}T'_{11} & T'_{12}\\T'_{21} & T'_{22}\end{pmatrix}$$

称为二端口元件的逆传输参数矩阵。

【例 5.6】 试求如图 5.10 所示电路的 T 参数。

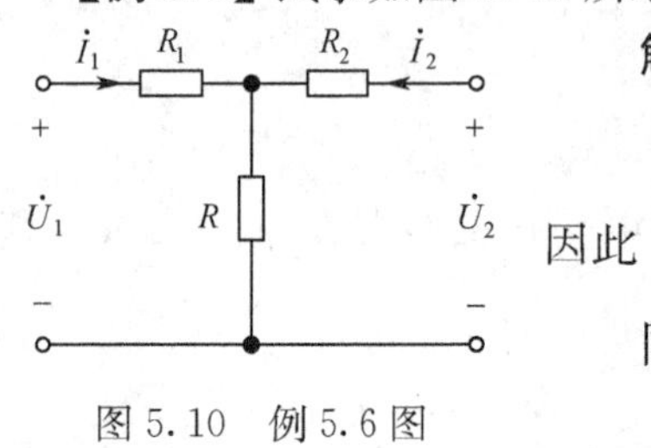

图 5.10　例 5.6 图

解　列写电路的 KVL 方程可得：

$$\dot{U}_2=\dot{I}_2R_2+(\dot{I}_1+\dot{I}_2)R=\dot{I}_1R+\dot{I}_2(R_2+R)$$

因此

$$\dot{I}_1=\frac{1}{R}\dot{U}_2-\frac{(R_2+R)}{R}\dot{I}_2$$

同理

$$\dot{U}_1=\dot{I}_1R_1+(\dot{I}_1+\dot{I}_2)R=(R_1+R)\dot{I}_1+\dot{I}_2R$$

将$\dot{I}_1$的表达式代入上式并整理可得：

$$\dot{U}_1=\frac{R_1+R}{R}\dot{U}_2-\frac{RR_1+RR_2+R_1R_2}{R}\dot{I}_2$$

所以该二端口元件的 T 参数为

$$T_{11}=\frac{R_1+R}{R},T_{12}=\frac{RR_1+RR_2+R_1R_2}{R},T_{21}=\frac{1}{R},T_{22}=\frac{(R_2+R)}{R}$$

二端口元件的传输参数方程在电信和电力传输中有广泛的应用。

5.2.5　各参数间的关系

二端口元件可以用前面所述的各种参数方程来描述，但应该注意的是，并不是任何一个二端口元件都可以同时用这几类方程来表述。换句话说，对有些结构特殊的二端口元件而言，某种类型的参数方程是不存在的。例如，对于图 5.11 所示的二端口元件。不难发现，其导纳参数方程是不存在的。

在实际应用中常常需要在二端口元件的各种参数方程之间进行转换，如已知二端口元件的 Y 参数方程：

$$\begin{cases}\dot{I}_1=Y_{11}\dot{U}_1+Y_{12}\dot{U}_2 & (5.17a)\\ \dot{I}_2=Y_{21}\dot{U}_1+Y_{22}\dot{U}_2 & (5.17b)\end{cases}$$

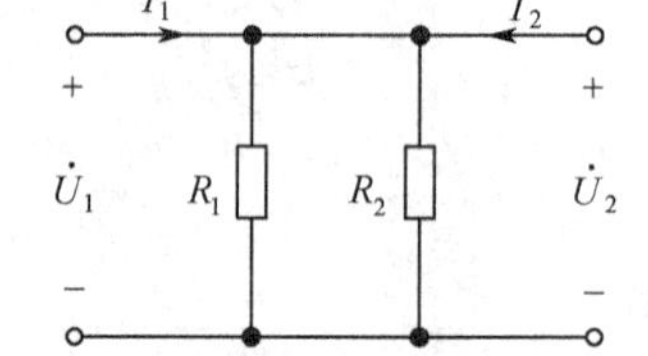

图 5.11　Y 参数方程不存在的二端口元件

写成矩阵形式则为：

$$\begin{pmatrix}\dot{I}_1\\\dot{I}_2\end{pmatrix}=\begin{pmatrix}Y_{11} & Y_{12}\\Y_{21} & Y_{22}\end{pmatrix}\begin{pmatrix}\dot{U}_1\\\dot{U}_2\end{pmatrix}=\boldsymbol{Y}\begin{pmatrix}\dot{U}_1\\\dot{U}_2\end{pmatrix}$$

当$\boldsymbol{Y}$存在逆矩阵时，将方程两边同乘以$\boldsymbol{Y}^{-1}$可以得到：

$$\begin{pmatrix}\dot{U}_1\\\dot{U}_2\end{pmatrix}=\boldsymbol{Y}^{-1}\begin{pmatrix}\dot{I}_1\\\dot{I}_2\end{pmatrix}=\frac{1}{\Delta Y}\begin{pmatrix}Y_{22} & -Y_{21}\\-Y_{12} & Y_{11}\end{pmatrix}\begin{pmatrix}\dot{I}_1\\\dot{I}_2\end{pmatrix}$$

根据 Z 参数的定义则有：

$$Z=\boldsymbol{Y}^{-1}=\frac{1}{\Delta Y}\begin{pmatrix} Y_{22} & -Y_{21} \\ -Y_{12} & Y_{11} \end{pmatrix} \tag{5.18}$$

其中 $\Delta Y=Y_{11}Y_{22}-Y_{12}Y_{21}$ 为 $\boldsymbol{Y}$ 矩阵的行列式。

根据方程(5.17b)得：

$$\dot{U}_1=-\frac{Y_{22}}{Y_{21}}\dot{U}_2+\frac{1}{Y_{21}}\dot{I}_2$$

将上式代入式(5.17a)得：

$$\dot{I}_1=\frac{Y_{12}Y_{21}-Y_{11}Y_{22}}{Y_{21}}\dot{U}_2+\frac{Y_{11}}{Y_{21}}\dot{I}_2$$

上面两式就具有 T 参数的形式，若令：

$$T_{11}=-\frac{Y_{22}}{Y_{21}},T_{12}=-\frac{1}{Y_{21}},T_{21}=\frac{Y_{12}Y_{21}-Y_{11}Y_{22}}{Y_{21}},T_{22}=-\frac{Y_{11}}{Y_{21}} \tag{5.19}$$

则就从 Y 参数方程得到了相应的 T 参数方程。同样的，通过适当的变换可以得到二端口元件的各类参数之间的相互转换关系，这里不再一一推导，而以表格的形式列出，如表 5.1 所示。其中 ΔY、ΔZ、ΔH、ΔT 分别表示各参数矩阵的行列式。

表 5.1　二端口元件 4 类参数之间的转换关系表

	Z	Y	H	T
Z	$\begin{matrix} Z_{11} & Z_{12} \\ Z_{21} & Z_{22} \end{matrix}$	$\begin{matrix} \frac{Y_{22}}{\Delta Y} & -\frac{Y_{12}}{\Delta Y} \\ -\frac{Y_{21}}{\Delta Y} & \frac{Y_{11}}{\Delta Y} \end{matrix}$	$\begin{matrix} \frac{\Delta H}{H_{22}} & \frac{H_{12}}{H_{22}} \\ -\frac{H_{21}}{H_{22}} & \frac{1}{H_{22}} \end{matrix}$	$\begin{matrix} \frac{T_{11}}{T_{21}} & \frac{\Delta T}{T_{21}} \\ \frac{1}{T_{21}} & \frac{T_{22}}{T_{21}} \end{matrix}$
Y	$\begin{matrix} \frac{Z_{22}}{\Delta Z} & \frac{-Z_{12}}{\Delta Z} \\ -\frac{Z_{21}}{\Delta Z} & \frac{Z_{11}}{\Delta Z} \end{matrix}$	$\begin{matrix} Y_{11} & Y_{12} \\ Y_{21} & Y_{22} \end{matrix}$	$\begin{matrix} \frac{1}{H_{11}} & -\frac{H_{12}}{H_{11}} \\ \frac{H_{21}}{H_{11}} & \frac{\Delta H}{H_{11}} \end{matrix}$	$\begin{matrix} \frac{T_{22}}{T_{12}} & -\frac{\Delta T}{T_{12}} \\ -\frac{1}{T_{12}} & \frac{T_{11}}{T_{12}} \end{matrix}$
H	$\begin{matrix} \frac{\Delta Z}{Z_{22}} & \frac{Z_{12}}{Z_{22}} \\ -\frac{Z_{21}}{Z_{22}} & \frac{1}{Z_{22}} \end{matrix}$	$\begin{matrix} \frac{1}{Y_{11}} & -\frac{Y_{12}}{Y_{11}} \\ \frac{Y_{21}}{Y_{11}} & \frac{\Delta Y}{Y_{11}} \end{matrix}$	$\begin{matrix} H_{11} & H_{12} \\ H_{21} & H_{22} \end{matrix}$	$\begin{matrix} \frac{T_{12}}{T_{22}} & \frac{\Delta T}{T_{22}} \\ -\frac{1}{T_{22}} & \frac{T_{21}}{T_{22}} \end{matrix}$
T	$\begin{matrix} \frac{Z_{11}}{Z_{21}} & \frac{\Delta Z}{Z_{21}} \\ \frac{1}{Z_{21}} & \frac{Z_{22}}{Z_{21}} \end{matrix}$	$\begin{matrix} -\frac{Y_{22}}{Y_{21}} & -\frac{1}{Y_{21}} \\ -\frac{\Delta Y}{Y_{21}} & -\frac{Y_{11}}{Y_{21}} \end{matrix}$	$\begin{matrix} -\frac{\Delta H}{H_{21}} & -\frac{H_{11}}{H_{21}} \\ -\frac{H_{22}}{H_{21}} & -\frac{1}{H_{21}} \end{matrix}$	$\begin{matrix} T_{11} & T_{12} \\ T_{21} & T_{22} \end{matrix}$

如果一个二端口元件满足互易定理，则称其为互易二端口元件。如在图 5.12 的两个电路中，若 $\dot{U}_1=\dot{U}_2$，则 $\dot{I}_2=\dot{I}_1$。对于互易二端口元件，各参数间存在如下关系：

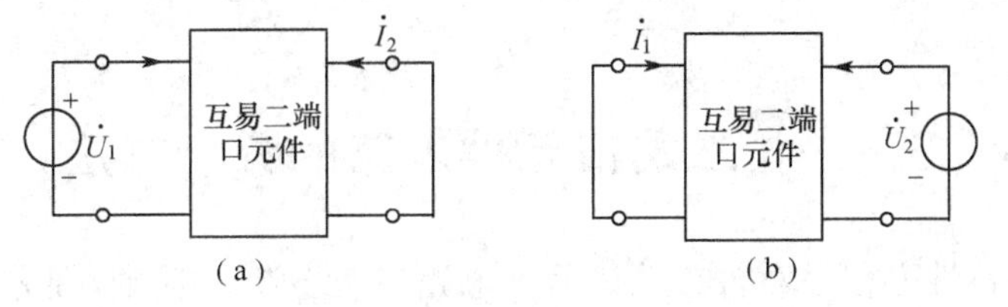

图 5.12　互易二端口元件

$$Y_{12}=Y_{21} \tag{5.20}$$

$$Z_{12}=Z_{21} \tag{5.21}$$

$$T_{11}T_{22}-T_{12}T_{21}=1 \tag{5.22}$$

$$T'_{11}T'_{22}-T'_{12}T'_{21}=1 \tag{5.23}$$

$$H_{12}=-H_{21} \tag{5.24}$$

$$G_{12}=-G_{21} \tag{5.25}$$

对于互易二端口元件，最多只有三个独立的参数。

如果二端口元件的两个端口对调后端口特性保持不变，则称此二端口元件为对称二端口元件。对称二端口元件的参数除了满足式(5.20)～式(5.25)之外，还需要满足下列关系：

$$Y_{11}=Y_{22} \tag{5.26}$$

$$Z_{11}=Z_{22} \tag{5.27}$$

$$T_{11}=T_{22} \tag{5.28}$$

$$T'_{11}=T'_{22} \tag{5.29}$$

$$H_{11}H_{22}-H_{12}H_{21}=1 \tag{5.30}$$

$$G_{11}G_{22}-G_{12}G_{21}=1 \tag{5.31}$$

对于对称二端口元件，只有两个参数是独立的。

【例 5.7】 已知二端口元件的 Z 参数矩阵为：

$$\boldsymbol{Z}=\begin{bmatrix}6 & 4\\4 & 6\end{bmatrix}$$

试求其 Y 参数矩阵和 T 参数矩阵。

解 依题意得：

$$\Delta Z=Z_{11}Z_{22}-Z_{12}Z_{21}=36-16=20$$

根据表 5.1 可得：

$$Y_{11}=\frac{Z_{22}}{\Delta Z}=\frac{6}{20}=0.3,\qquad Y_{12}=\frac{-Z_{12}}{\Delta Z}=-\frac{4}{20}=-0.2$$

$$Y_{21}=\frac{-Z_{21}}{\Delta Z}=-\frac{4}{20}=-0.2,\qquad Y_{11}=\frac{Z_{11}}{\Delta Z}=\frac{6}{20}=0.3$$

$$T_{11}=\frac{Z_{11}}{Z_{21}}=\frac{6}{4}=1.5,\qquad T_{12}=\frac{\Delta Z}{Z_{21}}=\frac{20}{4}=5$$

$$T_{21}=\frac{1}{Z_{21}}=0.25,\qquad T_{22}=\frac{Z_{22}}{Z_{21}}=\frac{6}{4}=1.5$$

所以

$$\boldsymbol{Y}=\begin{bmatrix}0.3 & -0.2\\-0.2 & 0.3\end{bmatrix},\qquad \boldsymbol{T}=\begin{bmatrix}1.5 & 5\\0.25 & 1.5\end{bmatrix}$$

5.3 含二端口元件电路的分析方法

二端口元件的特性方程是对含二端口元件电路进行分析的基础，列方程的基本依据依然是两类约束。另一方面，当已知二端口元件特性方程时，也可以将复杂二端口元件用其等效电路来等效代替。

5.3.1 二端口元件的等效

1. Y 参数等效

根据二端口元件的导纳参数方程

$$\begin{cases}\dot{I}_1=Y_{11}\dot{U}_1+Y_{12}\dot{U}_2 & (1)\\ \dot{I}_2=Y_{21}\dot{U}_1+Y_{22}\dot{U}_2 & (2)\end{cases}$$

仔细观察不难发现，内部结构复杂的二端口元件可以用含有两个电压控制的电流源的电路来等效，如图 5.13 所示。

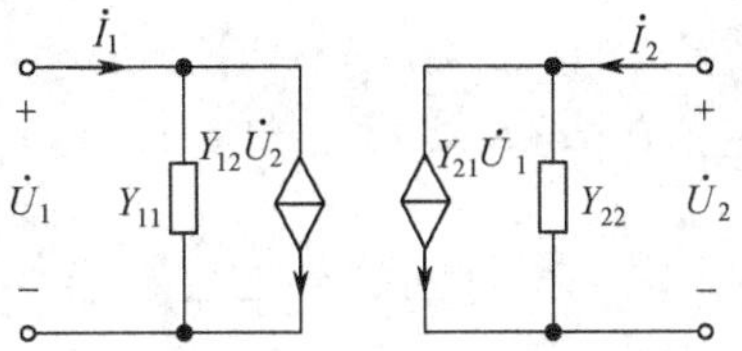

将导纳参数方程进行一下变换可以得到：

$$\begin{cases}\dot{I}_1=Y_{11}\dot{U}_1-(-Y_{12})\dot{U}_2\\ \dot{I}_2=-(-Y_{12})\dot{U}_1+Y_{22}\dot{U}_2+(Y_{21}-Y_{12})\dot{U}_1\end{cases} \quad (5.32)$$

图 5.13 二端口元件导纳参数方程的含受控源等效电路

这两个方程可以看成是两个节点的节点电压方程，这两个节点的自电导分别为 Y_{11} 和 Y_{22}，互电导为 $-Y_{12}$。具有上述节点方程的电路的结构如图 5.14(a)所示：

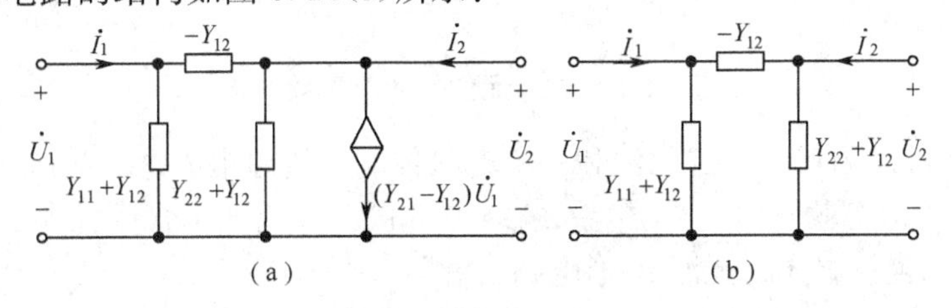

图 5.14 二端口元件的 Π 形等效电路

这就是二端口元件的Π形等效电路，也就是说，二端口元件可以用由三个导纳元件和一个电压控制电流源组成的二端口元件来等效。当 $Y_{12}=Y_{21}$ 时，二端口元件内部不含受控源，因此，可以用图 5.14(b)所示的含有三个导纳的无源Π形电路来等效。

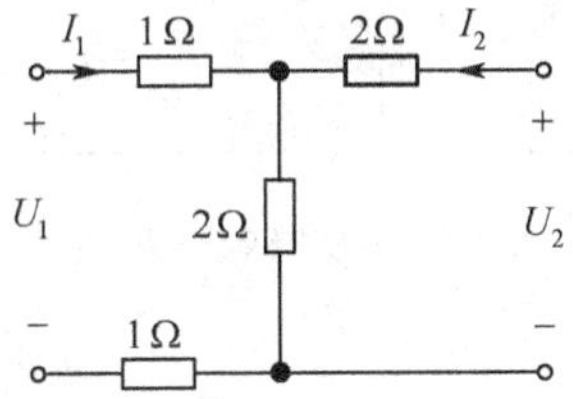

图 5.15 例 5.8 电路图

【例 5.8】 试求图 5.15 所示二端口元件的Π形等效电路。

解 $Y_{11}=\dfrac{I_1}{U_1}\Big|_{U_2=0}=\dfrac{1}{3}$，$Y_{12}=\dfrac{I_1}{U_2}\Big|_{U_1=0}=-\dfrac{1}{6}$

$Y_{21}=\dfrac{I_2}{U_1}\Big|_{U_2=0}=-\dfrac{1}{6}$，$Y_{22}=\dfrac{I_2}{U_2}\Big|_{U_1=0}=\dfrac{1}{3}$

因此该二端口元件的 Y 参数方程为：

$$\boldsymbol{Y}=\begin{bmatrix}\dfrac{1}{3} & -\dfrac{1}{6}\\ -\dfrac{1}{6} & \dfrac{1}{3}\end{bmatrix}$$

则其Π形等效电路如图 5.16 所示。

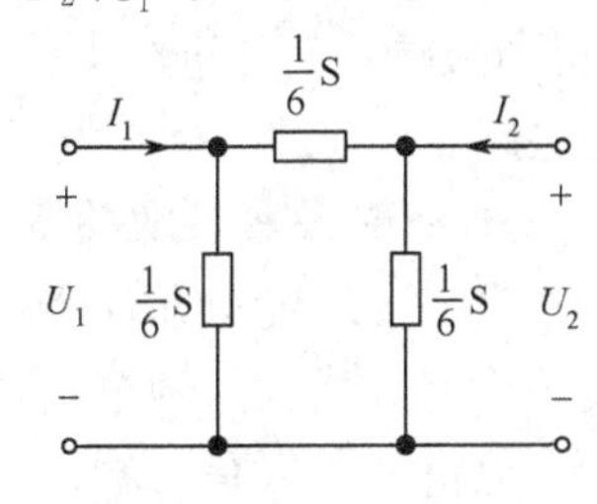

图 5.16 例 5.8 等效电路图

2. Z 参数等效

根据二端口元件的阻抗参数方程

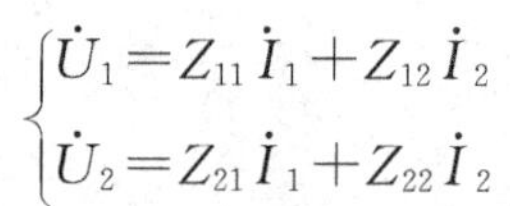

$$\begin{cases}\dot{U}_1 = Z_{11}\dot{I}_1 + Z_{12}\dot{I}_2 \\ \dot{U}_2 = Z_{21}\dot{I}_1 + Z_{22}\dot{I}_2\end{cases}$$

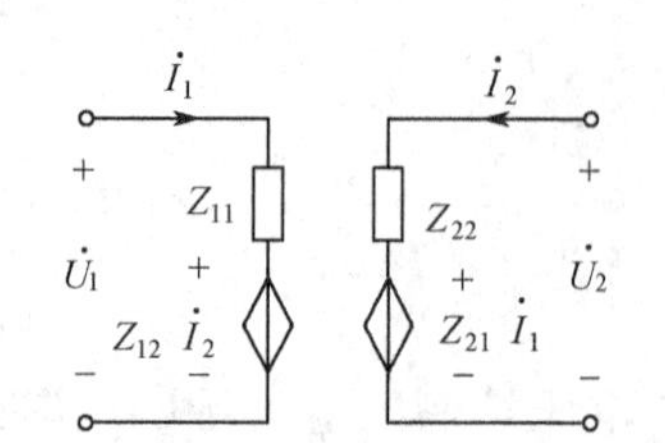

图 5.17　二端口元件阻抗参数方程的含受控源等效电路

可知，二端口元件可以用含有两个电流控制电压源的电路来等效，如图 5.17 所示。

若将阻抗参数方程稍加变换：

$$\dot{U}_1 = Z_{11}\dot{I}_1 + Z_{12}\dot{I}_2$$

$$\dot{U}_2 = Z_{12}\dot{I}_1 + Z_{22}\dot{I}_2 + (Z_{21} - Z_{12})\dot{I}_1$$

这样阻抗参数方程可以看成是以$\dot{I}_1$和$\dot{I}_2$为网孔电流的两个网孔方程，其相应的等效电路如图 5.18(a)所示。

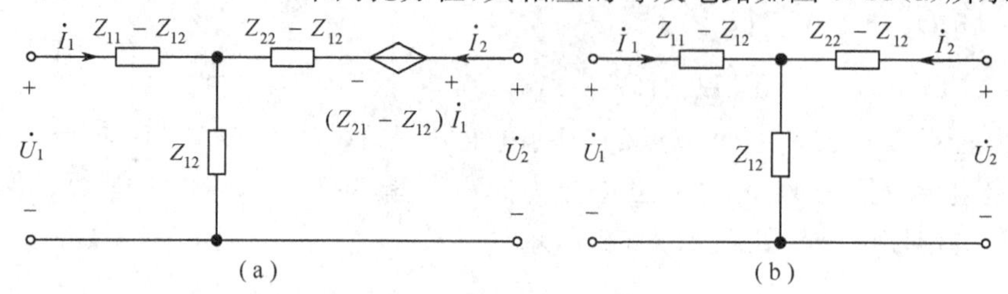

图 5.18　二端口元件的 T 型等效电路

因此，二端口元件可以用三个阻抗元件和一个电流控制电压源组成的二端口元件来等效，这就是二端口元件的 T 形等效电路。当 $Z_{12}=Z_{21}$时二端口元件内部不含受控源，此时原二端口元件就等效为由三个阻抗组成的无源 T 形电路，如图 5.18(b)所示。

【例 5.9】 试求图 5.15 所示二端口元件的 T 形等效电路。

解　该二端口元件的 Z 参数方程为：

$$Z = Y^{-1} = \begin{bmatrix} 4 & 2 \\ 2 & 4 \end{bmatrix}$$

因此其 T 形等效电路如图 5.19 所示。

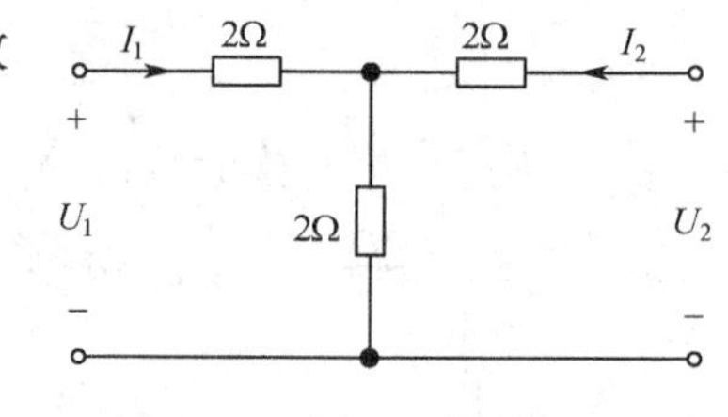

图 5.19　例 5.9 等效电路图

5.3.2　二端口元件的互联

在电路中，两个二端口元件之间的连接方式有级联、串联、并联、串并联等多种。在分析复杂二端口元件时，若是能够将其看成由若干简单二端口元件相互连接组成的，将可以大大简化问题的分析；而在进行电路设计时，往往可以将一些简单的二端口元件组合来构成所需要的复杂电路。

1. 级联及其参数关系

将一个二端口元件 N_a的输出端和另一个二端口元件 N_b的输入端连接在一起，这样所构成的连接方式称为两个二端口元件的级联，如图 5.20 所示。

分析两个级联二端口元件的特性方程与原二端口元件特性方程之间的关系时，采用传输参数方程是最方便的。

N_a的传输参数方程为：

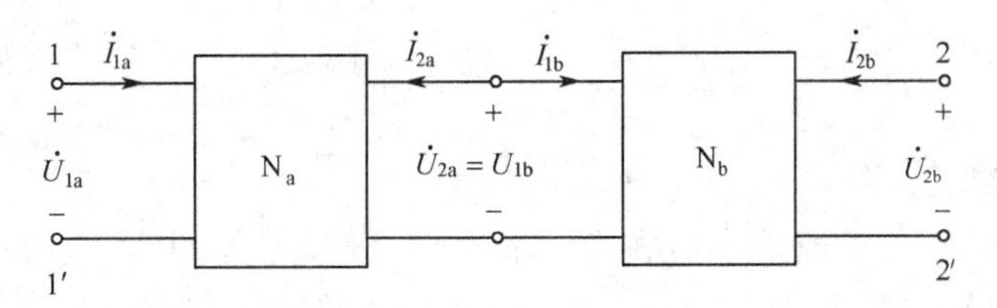

图 5.20　二端口元件的级联

$$\begin{pmatrix}\dot{U}_{1a}\\ \dot{I}_{1a}\end{pmatrix}=T_a\begin{pmatrix}\dot{U}_{2a}\\ -\dot{I}_{2a}\end{pmatrix}$$

N_b的传输参数方程为：

$$\begin{pmatrix}\dot{U}_{1b}\\ \dot{I}_{1b}\end{pmatrix}=T_b\begin{pmatrix}\dot{U}_{2b}\\ -\dot{I}_{2b}\end{pmatrix}$$

而

$$\dot{U}_{2a}=\dot{U}_{1b},\quad \dot{I}_{2a}=-\dot{I}_{1b}$$

因此

$$\begin{pmatrix}\dot{U}_{1a}\\ \dot{I}_{1a}\end{pmatrix}=T_a\begin{pmatrix}\dot{U}_{2a}\\ -\dot{I}_{2a}\end{pmatrix}=T_a\begin{pmatrix}\dot{U}_{1b}\\ \dot{I}_{1b}\end{pmatrix}=T_aT_b\begin{pmatrix}\dot{U}_{2b}\\ -\dot{I}_{2b}\end{pmatrix}$$

这就是级联后的二端口元件的传输参数方程。所以级联后的二端口元件的传输参数为：

$$T=T_aT_b \tag{5.33}$$

【例 5.10】求图 5.21(a)所示二端口元件的 T 参数矩阵。

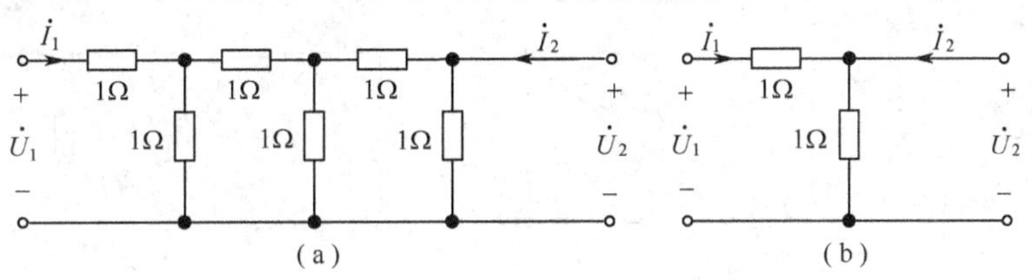

图 5.21　例 5.10 图

解　观察图 5.21(a)所示的二端口元件，便能发现它可以看成三个结构如图 5.21(b)所示二端口元件的级联。假设图 5.21(b)所示二端口元件的 T 参数矩阵为 $\boldsymbol{T}_1$，则根据级联二端口元件 T 参数间的关系可知：

$$T=\boldsymbol{T}_1^3$$

而对于图 5.21(b)所示二端口元件，根据电路的 KCL 和 KVL 关系可得：

$$\dot{I}_1=\frac{\dot{U}_2}{1}-\dot{I}_2=\dot{U}_2-\dot{I}_2$$

$$\dot{U}_1=\dot{I}_1\times1+\dot{U}_2-=2\dot{U}_2-\dot{I}_2$$

因此

$$\boldsymbol{T}_1=\begin{bmatrix}2 & 1\\ 1 & 1\end{bmatrix}$$

则图 5.21(a)所示的二端口元件的 T 参数矩阵为：

$$T=\boldsymbol{T}_1^3=\begin{bmatrix}2 & 1\\1 & 1\end{bmatrix}^3=\begin{bmatrix}13 & 8\\8 & 5\end{bmatrix}$$

2. 串联及其参数关系

若将两个二端口元件的输入端口和输出端口分别串联，如图 5.22 所示，这种连接方式称为两个二端口元件的串联。

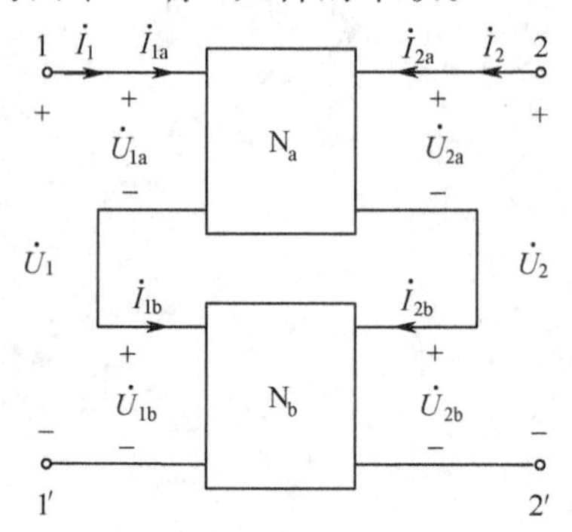

图 5.22　两个二端口元件的串联

从图 5.22 可以看出，串联时：

$$\dot{I}_1=\dot{I}_{1a}=\dot{I}_{1b},\dot{I}_2=\dot{I}_{2a}=\dot{I}_{2b}$$

$$\dot{U}_1=\dot{U}_{1a}+\dot{U}_{1b},\dot{U}_2=\dot{U}_{2a}+\dot{U}_{2b}$$

N_a和 N_b的阻抗参数方程分别为：

$$\begin{pmatrix}\dot{U}_{1a}\\\dot{U}_{2a}\end{pmatrix}=Z_a\begin{pmatrix}\dot{I}_{1a}\\\dot{I}_{2a}\end{pmatrix},\quad \begin{pmatrix}\dot{U}_{1b}\\\dot{U}_{2b}\end{pmatrix}=Z_b\begin{pmatrix}\dot{I}_{1b}\\\dot{I}_{2b}\end{pmatrix}$$

因此，串联后

$$\begin{pmatrix}\dot{U}_1\\\dot{U}_2\end{pmatrix}=\begin{pmatrix}\dot{U}_{1a}\\\dot{U}_{2a}\end{pmatrix}+\begin{pmatrix}\dot{U}_{1b}\\\dot{U}_{2b}\end{pmatrix}=Z_a\begin{pmatrix}\dot{I}_{1a}\\\dot{I}_{2a}\end{pmatrix}+Z_b\begin{pmatrix}\dot{I}_{1b}\\\dot{I}_{2b}\end{pmatrix}=(Z_a+Z_b)\begin{pmatrix}\dot{I}_1\\\dot{I}_2\end{pmatrix}$$

所以串联后二端口元件的阻抗参数等于原二端口元件的阻抗参数之和，即

$$Z=(Z_a+Z_b) \tag{5.34}$$

【例 5.11】 试求如图 5.23 所示二端口元件的 Z 参数矩阵。

解　该二端口元件可以看成是图 5.24(a)、(b)所示两个二端口元件的串联。

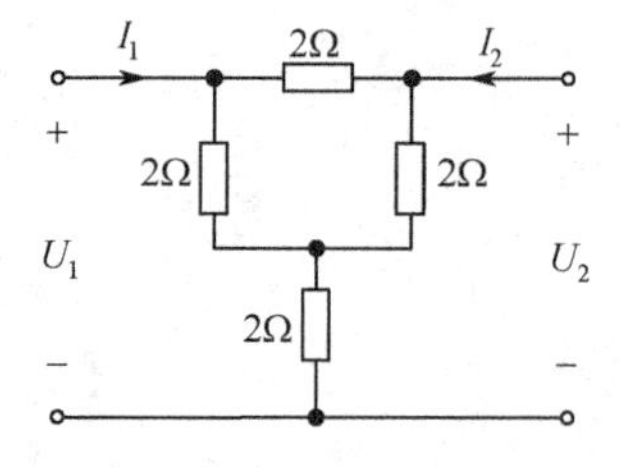

图 5.23　例 5.11 电路图

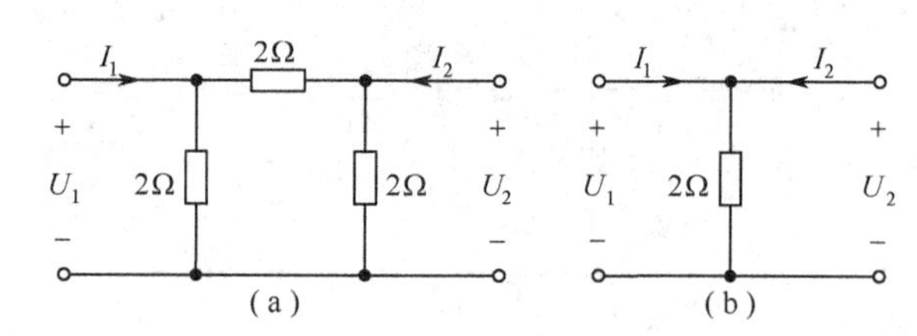

图 5.24　例 5.11 可分解成的两个二端口元件

对图 5.24(a)所示的二端口元件，可求得其 Z 参数为：

$$Z_{11a}=\frac{4}{3},Z_{12a}=\frac{2}{3},Z_{21a}=\frac{2}{3},Z_{22a}=\frac{4}{3}$$

对图 5.24(b)所示的二端口元件，可求得其 Z 参数为：

$$Z_{11b}=2,Z_{12b}=2,Z_{21b}=2,Z_{22b}=2$$

则图 5.23 所示二端口元件的 Z 参数矩阵为：

$$\boldsymbol{Z}=(\boldsymbol{Z}_a+\boldsymbol{Z}_b)=\begin{bmatrix}\frac{4}{3} & \frac{2}{3}\\\frac{2}{3} & \frac{4}{3}\end{bmatrix}+\begin{bmatrix}2 & 2\\2 & 2\end{bmatrix}=\begin{bmatrix}\frac{10}{3} & \frac{8}{3}\\\frac{8}{3} & \frac{10}{3}\end{bmatrix}$$

3. 并联及其参数关系

若将两个二端口元件的输入端口和输出端口分别并联，如图 5.25 所示，这种连接方式称为两个二端口元件的并联。

并联时各端口电压和电流间的关系为：

$$\dot{U}_1=\dot{U}_{1a}=\dot{U}_{1b}, \dot{U}_2=\dot{U}_{2a}=\dot{U}_{2b}$$

$$\dot{I}_1=\dot{I}_{1a}+\dot{I}_{1b}, \dot{I}_2=\dot{I}_{2a}+\dot{I}_{2b}$$

N_a和N_b的导纳参数方程分别为：

$$\begin{pmatrix}\dot{I}_{1a}\\ \dot{I}_{2a}\end{pmatrix}=Y_a\begin{pmatrix}\dot{U}_{1a}\\ \dot{U}_{2a}\end{pmatrix}, \quad \begin{pmatrix}\dot{I}_{1b}\\ \dot{I}_{2b}\end{pmatrix}=Y_b\begin{pmatrix}\dot{U}_{1b}\\ \dot{U}_{2b}\end{pmatrix}$$

因此，并联后

$$\begin{pmatrix}\dot{I}_1\\ \dot{I}_2\end{pmatrix}=\begin{pmatrix}\dot{I}_{1a}\\ \dot{I}_{2a}\end{pmatrix}+\begin{pmatrix}\dot{I}_{1b}\\ \dot{I}_{2b}\end{pmatrix}=Y_a\begin{pmatrix}\dot{U}_{1a}\\ \dot{U}_{2a}\end{pmatrix}+Y_b\begin{pmatrix}\dot{U}_{1b}\\ \dot{U}_{2b}\end{pmatrix}$$

$$=(Y_a+Y_b)\begin{pmatrix}\dot{U}_1\\ \dot{U}_2\end{pmatrix}$$

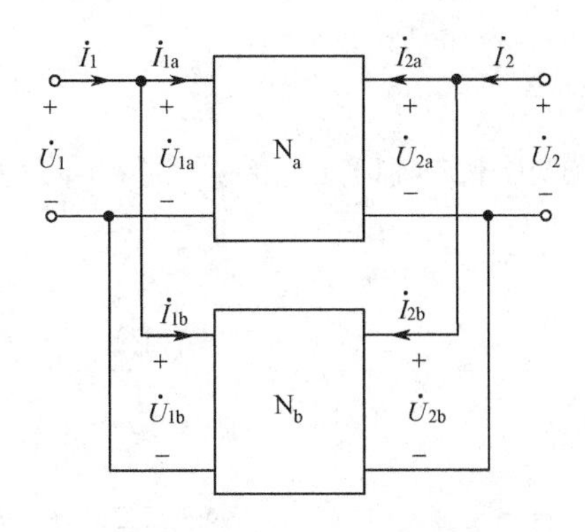

图 5.25　两个二端口电路的并联

所以并联后二端口元件的导纳参数等于原二端口元件的导纳参数之和，即

$$Y=(Y_a+Y_b) \tag{5.35}$$

【例 5.12】 试求图 5.23 所示二端口元件的 Y 参数矩阵。

解　图 5.23 所示二端口元件可以看成是图 5.26(a)、(b)所示两个二端口元件的并联。

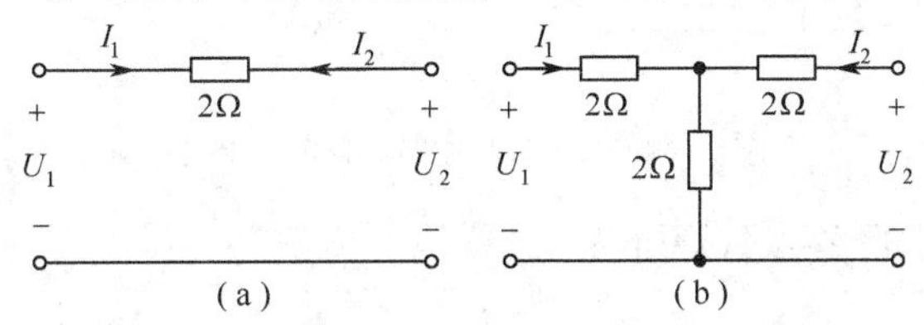

图 5.26　例 5.12 可分解成的两个二端口电路

对图 5.26(a)所示二端口元件，可求得其 Y 参数为：

$$Y_{11a}=\frac{1}{2}, Y_{12a}=-\frac{1}{2}, Y_{21a}=-\frac{1}{2}, Y_{22a}=\frac{1}{2}$$

对图 5.26(b)所示二端口元件，可求得其 Y 参数为：

$$Y_{11b}=\frac{1}{3}, Y_{12b}=-\frac{1}{6}, Y_{21b}=-\frac{1}{6}, Y_{22b}=\frac{1}{3}$$

则图 5.23 所示二端口元件的 Y 参数矩阵为：

$$\boldsymbol{Y}=(\boldsymbol{Y}_a+\boldsymbol{Y}_b)=\begin{bmatrix}\frac{1}{2} & -\frac{1}{2}\\ -\frac{1}{2} & \frac{1}{2}\end{bmatrix}+\begin{bmatrix}\frac{1}{3} & -\frac{1}{6}\\ -\frac{1}{6} & \frac{1}{3}\end{bmatrix}=\begin{bmatrix}\frac{5}{6} & -\frac{2}{3}\\ -\frac{2}{3} & \frac{5}{6}\end{bmatrix}$$

4. 连接的有效性

两个二端口元件在进行连接时，每个二端口元件的端口电流关系都不能被破坏，也就是说每一个端口上流入一个端子的电流等于流出另一个端子的电流，这就是二端口元件连接的有效性条件。二端口元件在进行串联、并联、串并联、并串联时，只有在满足有效性条件的情况下，前面得出的连接后电路的参数矩阵与子电路参数矩阵之间的关系才成立。但是对于级联总是满足有效性条件的。例如，图 5.27(a)和(b)所示的两个二端口元件，经过串联可以得到图(c)所示的二端口元件。而图(c)中的二端口元件可以简化为图(d)的形式。图(a)中二端口元件的 Z 参数矩阵为：

$$\boldsymbol{Z}_{\mathrm{a}}=\begin{bmatrix}3 & 1\\1 & 1\end{bmatrix}$$

图(b)中二端口元件的 Z 参数矩阵为：

$$\boldsymbol{Z}_{\mathrm{b}}=\begin{bmatrix}2 & 1\\1 & 2\end{bmatrix}$$

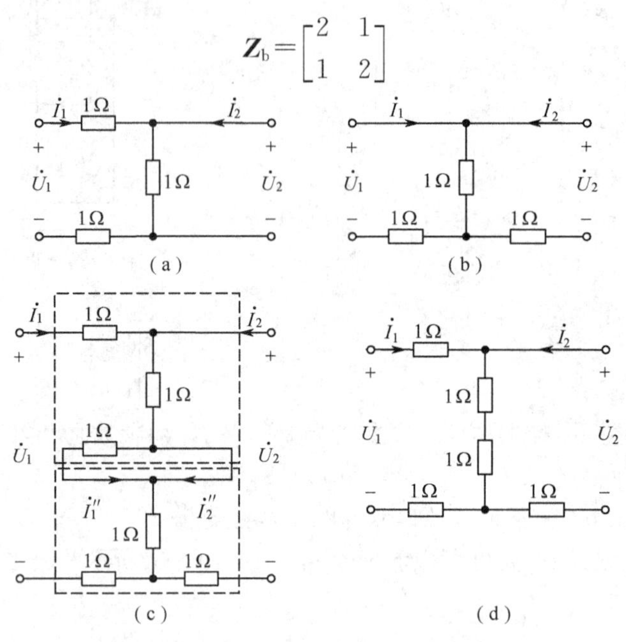

图 5.27　二端口元件串联的有效性

图(d)中二端口元件的 Z 参数矩阵为：

$$\boldsymbol{Z}_{\mathrm{d}}=\begin{bmatrix}4 & 3\\2 & 3\end{bmatrix}$$

由此可以看出：

$$\boldsymbol{Z}_{\mathrm{d}}\neq\boldsymbol{Z}_{\mathrm{a}}+\boldsymbol{Z}_{\mathrm{b}}$$

要找到造成这种结果的原因，可以从图 5.27(c)进行分析。在该电路中，连接后中间支路上的电阻被短路，因此：

$$\dot{I}_1''=0,\dot{I}_2''=\dot{I}_1+\dot{I}_2$$

两个端口上的电流约束关系均被破坏了，所以造成了连接的失效。

在实际应用中，对于已发现的失效连接，可以通过采用合适的方法使其变成有效连接，如变压器隔离等。

5.3.3　具有端接的二端口元件的分析

前面只研究了二端口元件自身的特性，没有考虑其外电路。在实际应用中二端口元件还要与外电路相连，如图 5.28 所示。二端口元件的输入端接到电源上(也可以是线性有源单口网络)，输出端接上大小为 Z_{L} 的阻抗。对此电路进行分析，需要考虑二端口元件的接入对电源输出电压的影响以及负载上获得的电压、电流或者功率等问题。

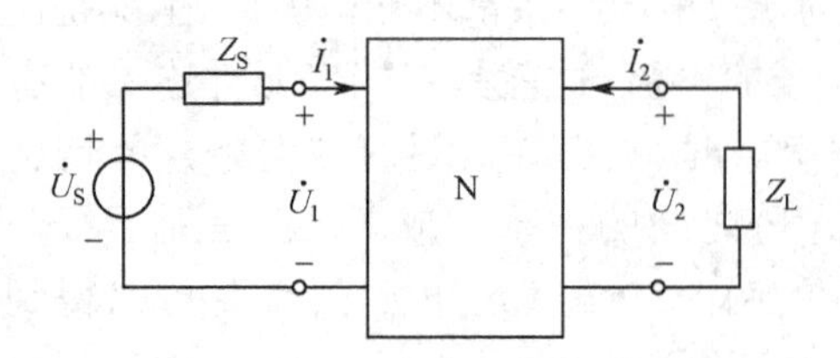

图 5.28　二端口元件外接电源和负载

1. 输入阻抗

在二端口元件的输出端口接上一个负载 Z_L 时，输入端口上的电压与电流的比值称为此二端口元件的输入阻抗，用 Z_i 来表示，如图 5.29 所示。

$$Z_i=\frac{\dot{U}_1}{\dot{I}_1} \tag{5.36}$$

根据二端口元件的传输特性方程可得：

$$Z_i=\frac{\dot{U}_1}{\dot{I}_1}=\frac{T_{11}\dot{U}_2-T_{12}\dot{I}_2}{T_{21}\dot{U}_2-T_{22}\dot{I}_2} \tag{5.37}$$

将 $\dot{U}_2=-\dot{I}_2Z_L$ 代入上式可得：

$$Z_i=\frac{\dot{U}_1}{\dot{I}_1}=\frac{T_{11}Z_L+T_{12}}{T_{21}Z_L+T_{22}} \tag{5.38}$$

因此二端口元件的输入阻抗不仅与负载有关，还与二端口元件的特性参数有关，在相同的负载下，通过设计不同的参数可以得到不同的输入阻抗，所以二端口元件具有阻抗变换的作用。此时图 5.28 的电路可以等效为图 5.30 的形式，电源的输出电压为：

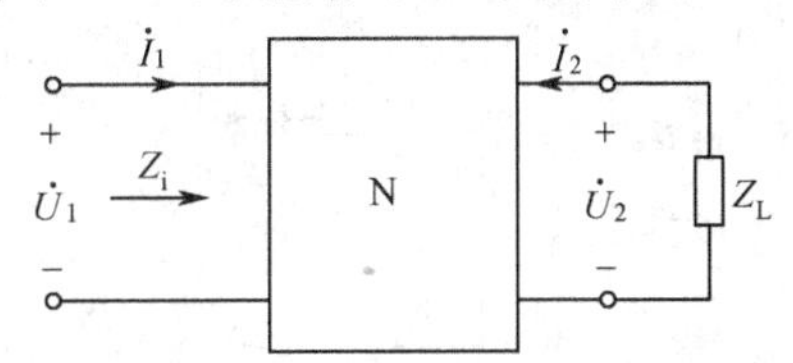

图 5.29　二端口元件的输入阻抗

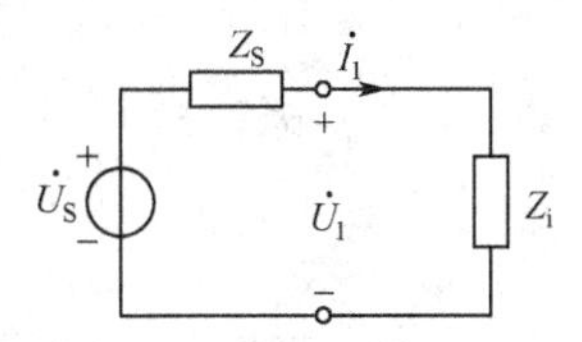

图 5.30　图 5.28 等效电路

$$\dot{U}_1=\frac{Z_i}{Z_i+Z_s}\dot{U}_s \tag{5.39}$$

因此二端口元件的输入电阻对电源的输出电压有明显的影响，为了得到较高的输出电压，$|Z_i|$ 应该越大越好

在图 5.28 中，输入端口上的电流与电压的比值称为输入导纳，用 Y_{in} 来表示：

$$Y_{in}=\frac{\dot{I}_1}{\dot{U}_1}=\frac{1}{Z_{in}} \tag{5.40}$$

【例 5.13】 图 5.31 所示电路，已知二端口元件的 T 参数矩阵如下，求其输入阻抗。

$$\boldsymbol{T}=\begin{bmatrix}3 & -1\\4 & 2\end{bmatrix}$$

解　该二端口元件的 T 参数方程为：

$$\begin{cases}\dot{U}_1=3\dot{U}_2+\dot{I}_2\\ \dot{I}_1=4\dot{U}_2-2\dot{I}_2\end{cases}$$

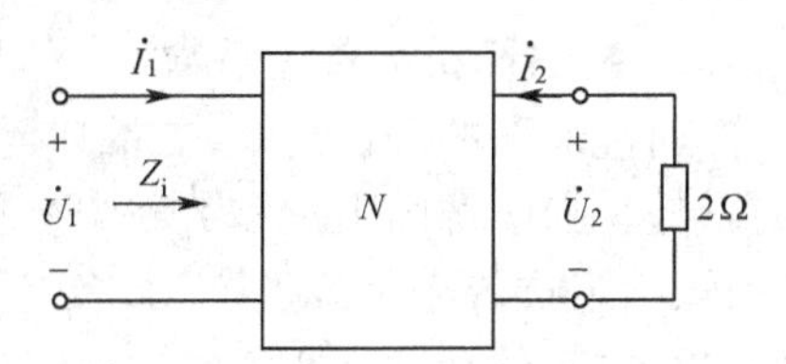

图 5.31　例 5.13 电路图

根据电路图可得：

$$\dot{U}_2=-2\dot{I}_2$$

将上式代入 T 参数方程可得：

$$\frac{\dot{U}_1}{\dot{I}_1}=\frac{3\dot{U}_2+\dot{I}_2}{4\dot{U}_2-2\dot{I}_2}=\frac{-6\dot{I}_2+\dot{I}_2}{-8\dot{I}_2-2\dot{I}_2}=0.5\Omega$$

因此该电路的输入阻抗为：

$$Z_i=0.5\Omega$$

2. **输出阻抗**

在图5.28中，从输出端口看进去的电路就是一个线性有源单口网络，可以用其戴维南等效电路或诺顿等效电路来等效代替，其戴维南等效电路如图5.32所示。

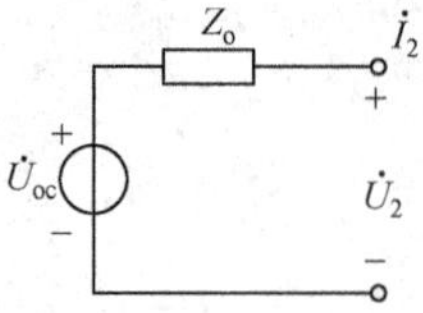

图5.32　图5.28电路输出端口的戴维南等效电路

若已知二端口元件的传输特性方程，则当 $\dot{I}_2=0$ 时有：

$$\begin{cases}\dot{U}_1=T_{11}\dot{U}_2\\ \dot{I}_1=T_{21}\dot{U}_2\end{cases}\tag{5.41}$$

而在输入端口有：

$$\dot{U}_1=\dot{U}_s-Z_s\dot{I}_1\tag{5.42}$$

因此开路电压可求得为：

$$\dot{U}_{oc}=\dot{U}_2=\frac{T_{11}}{T_{21}Z_s+T_{11}}\dot{U}_s\tag{5.43}$$

另一方面，令 $\dot{U}_s=0$，此时输出端的等效电路如图5.33所示。因此戴维南等效电阻可表示为：

$$Z_o=\frac{\dot{U}_2}{\dot{I}_2}\tag{5.44}$$

而

$$\begin{cases}\dot{U}_1=T_{11}\dot{U}_2-T_{12}\dot{I}_2\\ \dot{I}_1=T_{21}\dot{U}_2-T_{22}\dot{I}_2\\ \dot{U}_1=-\dot{I}_1Z_s\end{cases}\tag{5.45}$$

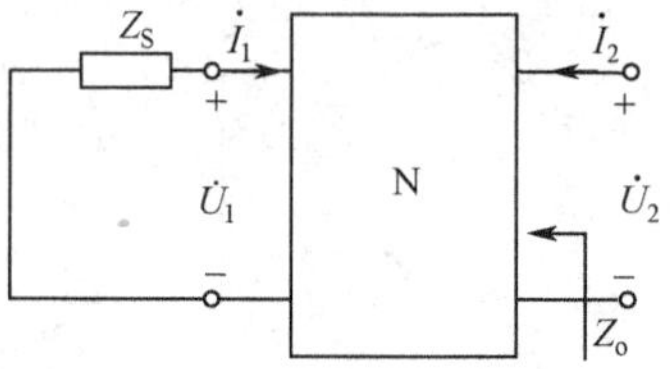

图5.33　$\dot{U}_s=0$ 时从输出端看进去的等效电路

将式(5.45)代入式(5.44)即可求得：

$$Z_o=\frac{T_{22}Z_s+T_{12}}{T_{21}Z_s+T_{11}}\tag{5.46}$$

Z_o称为此二端口元件的输出阻抗。

求出输出端口的戴维南等效电路后，若在输出端接上负载 Z_L，则负载电压为：

$$\dot{U}_L=\frac{Z_L}{Z_L+Z_o}\dot{U}_{oc}$$

因此输出电压的大小受输出阻抗的影响，为减小输出阻抗对负载电压的影响，Z_o应该越小越好。

3. **特性阻抗与传输系数**

通过前面的分析易知，二端口元件的输入阻抗受负载阻抗的影响，输出阻抗受电源内阻抗的影响。当电源内阻抗和负载阻抗均可变时，如果要求二端口元件的输入阻抗等于电源内阻抗、输出阻抗等于负载阻抗，那么就需要同时选择合适的负载和电源内阻抗，而满足上述要求的二端口元件就称为匹配二端口元件，如图5.34所示。

由输入阻抗和输出阻抗的表达式可知，匹配时

$$\begin{cases}Z_i=\dfrac{T_{11}Z_L+T_{12}}{T_{21}Z_L+T_{22}}=Z_s\\ Z_o=\dfrac{T_{22}Z_s+T_{12}}{T_{21}Z_s+T_{11}}=Z_L\end{cases}\tag{5.47}$$

因此电源内阻抗和负载阻抗的值分别为：

$$Z_s=\sqrt{\frac{T_{11}T_{12}}{T_{21}T_{22}}},\quad Z_L=\sqrt{\frac{T_{12}T_{22}}{T_{11}T_{21}}} \tag{5.48}$$

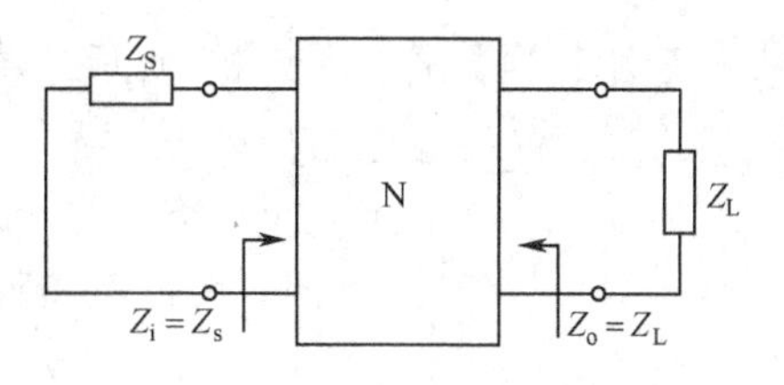

图 5.34　匹配二端口元件

这两个阻抗称为二端口元件输入端口和输出端口的特性阻抗，分别用 Z_{c1} 和 Z_{c2} 来表示，即

$$Z_{c1}=\sqrt{\frac{T_{11}T_{12}}{T_{21}T_{22}}},\quad Z_{c2}=\sqrt{\frac{T_{12}T_{22}}{T_{11}T_{21}}} \tag{5.49}$$

因此，在图 5.34 中，当 $Z_s=Z_{c1}$、$Z_L=Z_{c2}$ 时，$Z_i=Z_s$、$Z_o=Z_L$。

若电源内阻抗与负载阻抗不是同时可变，那么此时就无法实现两个端口同时匹配连接，但还是可以实现输入端口或输出端口单独匹配连接。例如若负载阻抗可变，那么可以通过选择负载阻抗使得

$$Z_i=\frac{T_{11}Z_L+T_{12}}{T_{21}Z_L+T_{22}}=Z_s \tag{5.50}$$

则此时输入端口是匹配的，但通常情况下输出端口并不匹配，即 $Z_o\neq Z_L$。

对于对称二端口元件有：$T_{11}=T_{22}$，代入(5.49)中可以求得对称二端口元件的特性阻抗为：

$$Z_c=Z_{c1}=Z_{c2}=\sqrt{\frac{T_{12}}{T_{21}}}$$

若在对称二端口元件的输出端接上大小为 Z_c 的阻抗，如图 5.35 所示，则根据其传输特性方程：

$$\begin{cases}\dot{U}_1=T_{11}\dot{U}_2-T_{12}\dot{I}_2\\ \dot{I}_1=T_{21}\dot{U}_2-T_{22}\dot{I}_2\end{cases}$$

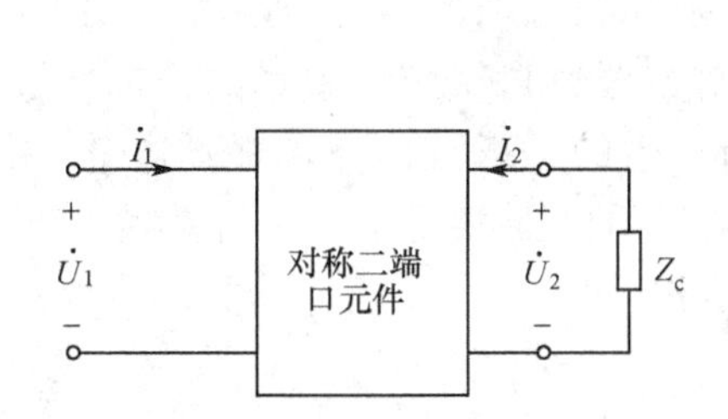

图 5.35　对称二端口元件的输入阻抗

对负载端有：　　$\dot{U}_2=-Z_c\dot{I}_2$

将上式代入传输参数方程可得：

$$\dot{U}_1=T_{11}\dot{U}_2+T_{12}\frac{\dot{U}_2}{Z_c},\ \dot{I}_1=-T_{21}Z_c\dot{I}_2-T_{22}\dot{I}_2$$

因此

$$\frac{\dot{U}_1}{\dot{U}_2}=-\frac{\dot{I}_1}{\dot{I}_2}=T_{11}+\frac{T_{12}}{Z_c} \tag{5.51}$$

该比值是一个复数，用 e^{Γ} 来表示：

$$e^{\Gamma}=e^{\alpha+j\beta}$$

其中

$$e^{\alpha}=\frac{U_1}{U_2}=\frac{I_1}{I_2} \tag{5.52}$$

表示输入电压(或电流)与输出电压(或电流)有效值的比值，称为二端口元件的衰减常数；

$$\beta=\varphi_{u1}-\varphi_{u2}=\varphi_{i1}-\varphi_{i2} \tag{5.53}$$

代表输入电压(或电流)和输出电压(或电流)的相位差，其中 φ_{i2} 代表 $-\dot{I}_2$ 的相位角。复常数 $\Gamma=\alpha+j\beta$ 称为二端口元件的传输系数，它代表了对称二端口元件连接特性阻抗时，其输入电压(或电流)和输出电压(或电流)的幅值和相位之间的关系。

二端口元件的特性阻抗只与电路的结构和参数有关，与外电路无关。

【例 5.14】试求图 5.36 所示二端口元件的特性阻抗。

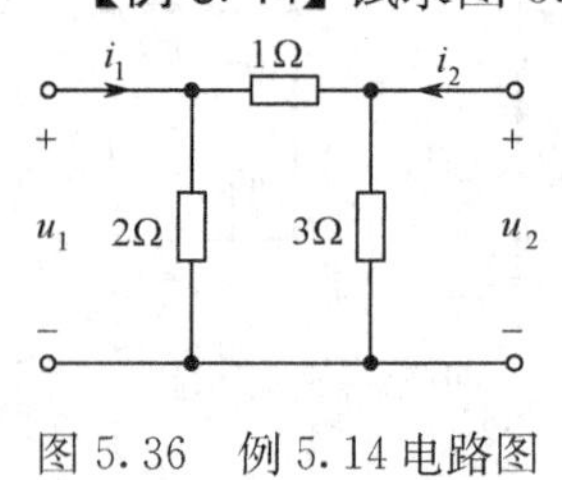

图 5.36　例 5.14 电路图

解　该二端口元件的传输参数为：

$$T_{11}=0.75, T_{12}=1, T_{21}=1, T_{22}=1.5$$

因此其特性阻抗为：

$$Z_{c1}=\sqrt{\frac{T_{11}T_{12}}{T_{21}T_{22}}}=0.7\Omega, \quad Z_{c2}=\sqrt{\frac{T_{12}T_{22}}{T_{11}T_{21}}}=1.4\Omega$$

5.4　互感元件及其电路分析

互感元件是一种典型的二端口元件，它利用线圈间的磁场耦合作用来传输能量、传递信号。这一部分将介绍互感元件的特性及电路分析方法。

5.4.1　互感元件的基本特性

1. 互感现象

当一个线圈中通过的电流发生变化（增加、减小、反向等）时，线圈周围的磁场也将随之发生变化，这时如果有另外一个线圈靠近它，那么该线圈中的电流所产生的磁场的磁力线将有一部分通过另外一个线圈，电流的变化将使另外一个线圈中的磁通发生变化，这种载流线圈之间通过彼此的磁场相互联系的现象称为互感现象，也叫做磁耦合。具有耦合作用的两个线圈称为互感元件，或称为耦合电感。两个有耦合作用的电感可视为一个具有 4 端子的二端口元件。如果多个线圈间存在耦合作用，那么它们所组成的就是多端口互感元件。本节讨论的是由两个线圈组成的互感元件。

如图 5.37 所示，两个线圈 L_1 和 L_2 同绕在一根铁芯上，其匝数分别为 N_1 和 N_2，如果在 L_1 中通以电流 i_1，那么在 L_1 的周围将会产生磁场，根据右手螺旋法则可确定该磁场的方向。设 i_1 所产生的磁通量为 ϕ_{11}，该部分磁通在穿越线圈自身时所产生的磁通链称为自感磁通链，用 ψ_{11} 表示。ϕ_{11} 中的一部分将与 L_2 交链，该部分磁通称为 L_1 对 L_2 的互感磁通 ϕ_{21}，它与 L_2 交链形成的磁链称为互感磁通链，用 ψ_{21} 表示，它等于 ϕ_{21} 与 N_2 的乘积，即

$$\psi_{21}=N_2\phi_{21}$$

ψ_{21} 与 i_1 的比值定义为 L_1 对 L_2 的互感，记为 M_{21}，即

$$M_{21}=\frac{\psi_{21}}{i_1}$$

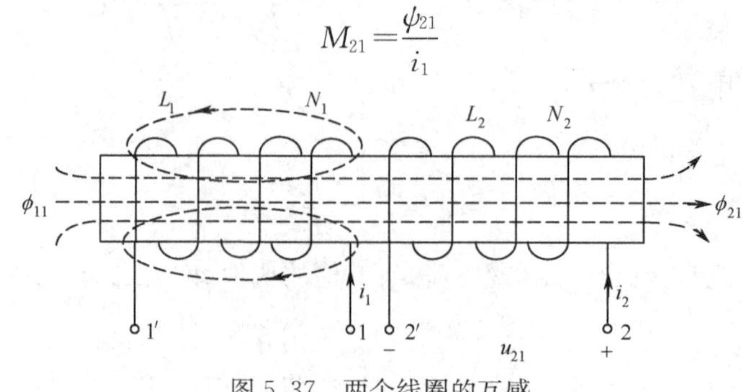

图 5.37　两个线圈的互感

同样，L_2 中的电流 i_2 也将产生自感磁通链 ψ_{22} 和互感磁通链 ψ_{12}，L_2 对 L_1 的互感大小为：

$$M_{12}=\frac{\psi_{12}}{i_2}=\frac{N_1\phi_{12}}{i_2}$$

当两个线圈周围的磁介质的磁导率为常数时可以证明：

$$M_{12}=M_{21}=M$$

这里 M 为一个常数，称为两个线圈之间的互感。互感的单位与自感相同，也是亨利(H)。

为了定量描述两个耦合线圈的磁耦合紧密程度，把两线圈的互感磁通链与自感磁通链的比值的几何平均值定义为两互感线圈的耦合系数，用 k 来表示，即

$$k=\sqrt{\frac{\psi_{12}}{\psi_{11}}\cdot\frac{\psi_{21}}{\psi_{22}}}$$

由于 $\psi_{11}=L_1i_1$，$\psi_{12}=Mi_2$，$\psi_{22}=L_2i_2$，$\psi_{21}=Mi_1$，代入上式可得：

$$k=\frac{M}{\sqrt{L_1L_2}} \tag{5.54}$$

耦合系数 k 是用来表征两个线圈间磁耦合程度的量，可以证明，其取值范围为：$0\leqslant k\leqslant 1$。当 $k<0.5$ 时称两个线圈是松散耦合的，当 $k>0.5$ 时则称两个线圈是紧耦合的。特别的，当 $k=1$时表示一个线圈产生的磁通完全与另外一个线圈交链，此时两个线圈是完全耦合的，简称全耦合。

k 的大小与两个线圈的结构、相互位置以及周围磁介质有关，改变或调整它们的相互位置有可能改变耦合系数的大小。

【例 5.15】两个耦合线圈的耦合系数为 0.8，已知 $L_1=4\mu\text{H}$，$L_2=9\mu\text{H}$，则两个线圈的互感为多少？

解 $$M=k\sqrt{L_1L_2}=0.8\times\sqrt{4\times10^{-6}\times9\times10^{-6}}=4.8\mu\text{H}$$

2. 互感线圈的同名端

具有互感作用的两个线圈中每个线圈的磁通链都等于自感磁通链和互感磁通链的代数和，即

$$\psi_1=\psi_{11}\pm\psi_{12},\quad \psi_2=\pm\psi_{21}+\psi_{22}$$

当自感磁通链的方向和互感磁通链的方向相同时说明互感对自感起增强作用，互感磁通链前面取正号，反之则说明互感对自感起削弱作用，互感磁通链前面取负号。互感磁通链的方向不仅与线圈中的电流方向有关，也和线圈的绕向有关。但是如果要在电路中标示出线圈的绕向是很不方便的，因此在这里引入同名端来解决这个问题。同名端通常采用符号“·”或“*”标记，如图 5.38 所示。它所代表的含义是：若两个线圈中的电流都从同名端流入(或流出)，则互感对自感起增强作用，反之则起削弱作用。它在电路上的意义是：电流在本线圈上产生的自感电压与在另一线圈上产生的互感电压的极性互为同极性的两个端。

例如，在图 5.38 中，a 和 a′为一对同名端，电流 i_1和 i_2分别从同名端流入线圈，因此互感磁通链对自感磁通链起增强作用，两个线圈的磁通链可分别表示为：

$$\psi_1=\psi_{11}+\psi_{12},\quad \psi_2=\psi_{21}+\psi_{22}$$

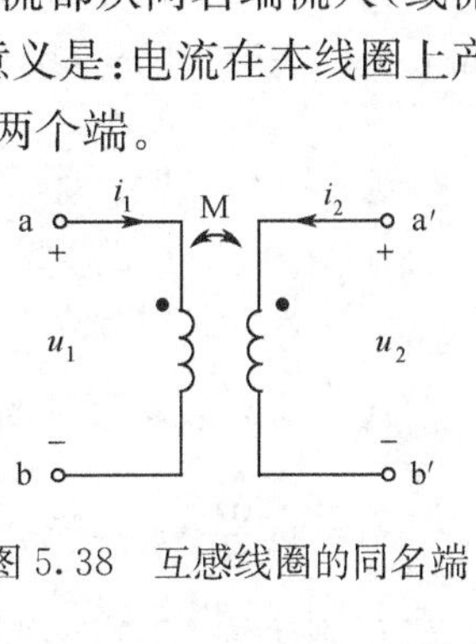

图 5.38 互感线圈的同名端

两个有耦合的线圈的同名端可以根据它们的绕向和相对位置来判别，也可以通过实验方法确定，测量线圈同名端的电路如图 5.39所示。图中 L_1、L_2为一对耦合线圈，线圈 1 经过一个开关直接接到直流稳压电源上，由于线圈内阻很小，为防止电路中电流过大，在电路中串联一个电

阻 R。在线圈 2 两端串联一块电压表，极性如图所示。由电感的动态特性可知，将开关 K 闭合后，流经 L_1 的电流 i_1 将由零逐渐增大，直到达到稳态。在开关闭合瞬间，$\frac{di_1}{dt}>0$，由于互感的作用，此时在线圈 2 的两端也会产生互感电压，电压表指针将随之发生偏转。如果电压表指针正偏，表明电压 $u_{22'}$ 的极性与参考极性相同，2 端为高电位端，因此 1 和 2 是一对同名端；反之如果电压表指针反偏，表明电压 $u_{22'}$ 的极性与参考极性相反，2′端为高电位端，因此 1 和 2′为同名端。

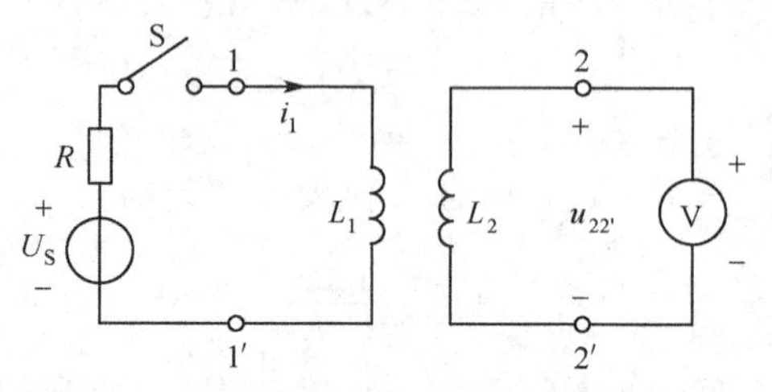

图 5.39　测量互感线圈同名端电路图

需要注意的是，耦合线圈的同名端只取决于线圈的绕向和线圈的相对位置，而与线圈中的电流方向无关。当有两个以上的线圈彼此之间存在耦合时，同名端应当一对一对地加以标记，并且每一个电感中的磁通链将等于自感磁通链与所有互感磁通链的代数和。

【例 5.16】确定图 5.40 所示两个互感线圈的同名端。若 $i_1=2\sin t$，$i_2=\cos 2t$，试求两线圈的磁通链，已知 $L_1=3\text{H}$，$L_2=5\text{H}$，$M=2\text{H}$。

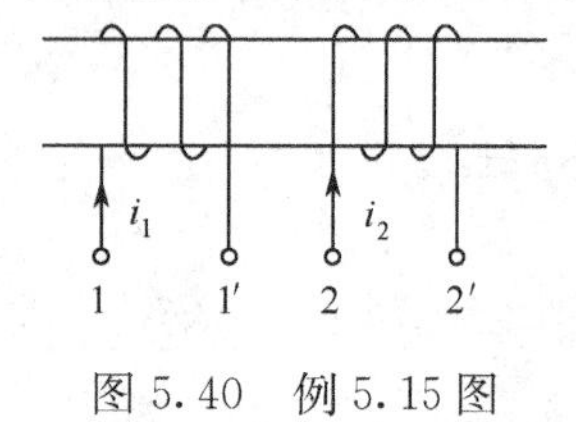

图 5.40　例 5.15 图

解　根据同名端的定义可以判断出 1 和 2′(或 1′和 2)为同名端。由于电流 i_1 和 i_2 是从非同名端流入线圈，互感起“削弱”作用，各线圈的自感磁通链和互感磁通链分别为：

$$\psi_{11}=L_1 i_1=6\sin t\,\text{Wb},\quad \psi_{12}=Mi_2=2\cos 2t\,\text{Wb}$$
$$\psi_{22}=L_2 i_2=5\cos 2t\,\text{Wb},\quad \psi_{21}=Mi_1=4\sin t\,\text{Wb}$$

因此

$$\psi_1=\psi_{11}-\psi_{12}=(6\sin t-2\cos 2t)\,\text{Wb}$$
$$\psi_2=\psi_{22}-\psi_{21}=(5\cos 2t-4\sin t)\,\text{Wb}$$

3. 互感元件的电压电流关系

当两线圈中的电流发生变化时，变化的磁通链将在线圈的两端产生感应电压。设线圈 L_1 和 L_2 的电压和电流分别为 u_1、i_1 和 u_2、i_2 且都取关联参考方向，互感为 M，则有：

$$\left.\begin{aligned} u_1&=\frac{d\psi_1}{dt}=L_1\frac{di_1}{dt}\pm M\frac{di_2}{dt}=u_{11}\pm u_{12}\\ u_2&=\frac{d\psi_2}{dt}=\pm M\frac{di_1}{dt}+L_2\frac{di_2}{dt}=u_{21}+u_{22}\end{aligned}\right\}\tag{5.55}$$

式(5.55)表示互感元件的伏安关系，其中 $u_{11}=L_1\frac{di_1}{dt}$、$u_{22}=L_2\frac{di_2}{dt}$ 称为两线圈的自感电压，$u_{12}=M\frac{di_2}{dt}$、$u_{21}=M\frac{di_1}{dt}$ 称为互感电压，且 u_{12} 是电流 i_2 在 L_1 中产生的互感电压，u_{21} 是电流 i_1 在 L_2 中产生的互感电压。由此可见，互感元件上的电压是由自感电压和互感电压两部分组成的。

确定两互感线圈的伏安关系的关键是确定式(5.55)中互感电压前面的正负号。如图 5.38中两互感线圈的伏安关系可以表示为：

$$\left.\begin{aligned} u_1&=L_1\frac{di_1}{dt}+M\frac{di_2}{dt} \\ u_2&=M\frac{di_1}{dt}+L_2\frac{di_2}{dt} \end{aligned}\right\} \tag{5.56}$$

由此可以得出直接写出互感元件伏安关系的方法为：若线圈的电压与自身电流的参考方向为关联参考方向时，该线圈的自感电压前取“+”，否则取“−”；若线圈的电压正极性端与在该线圈中产生互感电压的另一线圈的电流流入端为同名端时，该线圈的互感电压前取“+”，否则取“−”。

【例 5.17】 求例 5.16 中两互感线圈的端电压 u_1、u_2。

解 根据式 5.55 得：

$$u_1=L_1\frac{di_1}{dt}-M\frac{di_2}{dt}=(6\cos t+4\sin 2t)\text{V}$$

$$u_2=-M\frac{di_1}{dt}+L_2\frac{di_2}{dt}=(-10\sin 2t-4\cos t)\text{V}$$

当两线圈中的电流为同频正弦量时，在正弦稳态下，电压、电流方程可用向量形式表示。比如对图 5.38 电路，有：

$$\dot{U}_1=j\omega L_1\dot{I}_1+j\omega M\dot{I}_2$$

$$\dot{U}_2=j\omega M\dot{I}_1+j\omega L_2\dot{I}_2$$

这就是互感元件的阻抗参数方程，其中 ωM 称为互感抗。根据二端口元件的等效可知，图 5.38 中互感元件的含有受控源的电路模型如图 5.41 所示。

在实际中，由于互感元件线圈的电阻不能完全忽略，考虑到线圈自身的电阻，需要用如图 5.42 所示的电路模型来表示一个实际的互感元件。

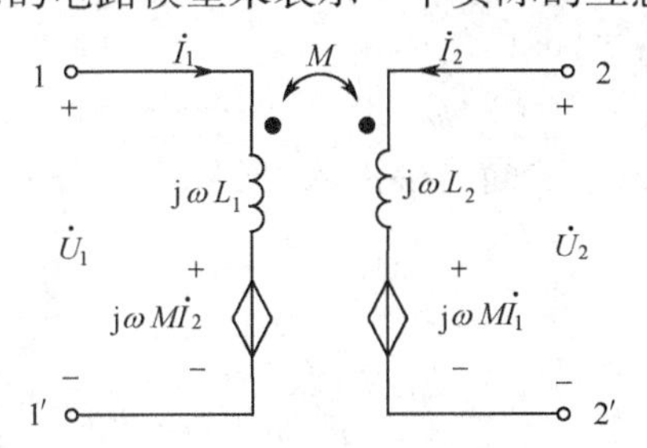

图 5.41 互感元件的含受控源模型

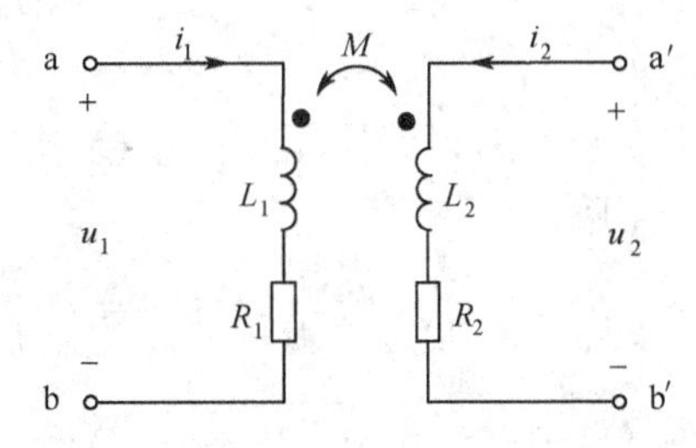

图 5.42 实际互感元件的电路模型

此时其伏安关系可以表示为：

$$\left.\begin{aligned} u_1&=L_1\frac{di_1}{dt}+M\frac{di_2}{dt}+R_1i_1 \\ u_2&=M\frac{di_1}{dt}+L_2\frac{di_2}{dt}+R_2i_2 \end{aligned}\right\}$$

5.4.2 互感线圈的连接

互感元件的两个线圈在电路中可以连在一起，也可以不连在一起。当互感元件的两个线圈在电路中连在一起时，其连接方式有串联、并联等不同的方式，每种不同的连接方式都可以用一个无互感的等效电路来等效。

1. 互感线圈的串联

两个有互感的线圈的串联有两种方式：一种是将两线圈的非同名端相连，这种方式称为顺接(或顺串)，如图 5.43(a)所示；一种是将两线圈的同名端相连，这种方式称为反接(或反串)，如图 5.44(a)所示。在图 5.43(a)中，电流 i 同时从 L_1 和 L_2 的同名端流入，互感起增强作用，由互感元件的电压电流关系可得：

$$u_1=L_1\frac{\mathrm{d}i}{\mathrm{d}t}+M\frac{\mathrm{d}i}{\mathrm{d}t}=(L_1+M)\frac{\mathrm{d}i}{\mathrm{d}t}$$

$$u_2=L_2\frac{\mathrm{d}i}{\mathrm{d}t}+M\frac{\mathrm{d}i}{\mathrm{d}t}=(L_2+M)\frac{\mathrm{d}i}{\mathrm{d}t}$$

则该条支路的电压

$$u=u_1+u_2=(L_1+L_2+2M)\frac{\mathrm{d}i}{\mathrm{d}t}$$

因此这条支路可以用一个无互感的支路来等效，如图 5.43(b)所示(也称去耦等效电路)，其中：

$$L_{\mathrm{eq}}=L_1+L_2+2M \tag{5.57}$$

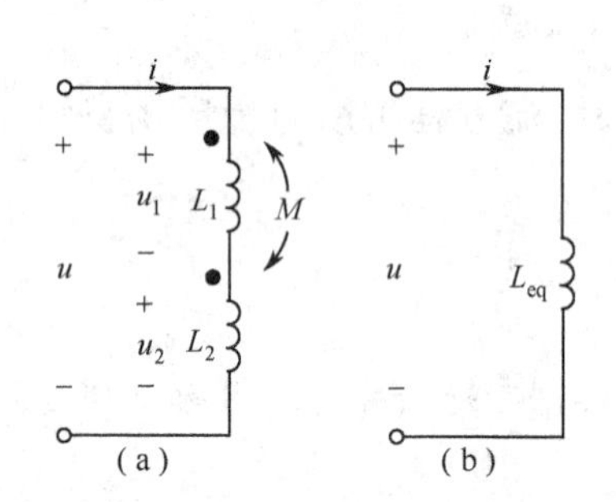

图 5.43　互感线圈的顺串

由此可见，顺接时的等效电感大于两线圈的电感之和。

在正弦稳态电路中，电压与电流之间的关系也可以采用向量形式表示：

$$\dot{U}=\mathrm{j}\omega(L_1+L_2+2M)\dot{I}$$

则电流$\dot{I}$为

$$\dot{I}=\frac{\dot{U}}{\mathrm{j}\omega(L_1+L_2+2M)}$$

每一条互感线圈支路的阻抗和电路的输入阻抗分别为：

$$Z_1=\mathrm{j}\omega(L_1+M),\quad Z_2=\mathrm{j}\omega(L_2+M)$$

$$Z=Z_1+Z_2=\mathrm{j}\omega(L_1+L_2+2M)$$

在图 5.44(a)中，两线圈是反向串接，电流 i 从 L_1 的同名端流入，又从 L_2 的同名端流出，互感起削弱作用，因此有：

$$u_1=L_1\frac{\mathrm{d}i}{\mathrm{d}t}-M\frac{\mathrm{d}i}{\mathrm{d}t}=(L_1-M)\frac{\mathrm{d}i}{\mathrm{d}t}$$

$$u_2=L_2\frac{\mathrm{d}i}{\mathrm{d}t}-M\frac{\mathrm{d}i}{\mathrm{d}t}=(L_2-M)\frac{\mathrm{d}i}{\mathrm{d}t}$$

和

$$u=u_1+u_2=(L_1+L_2-2M)\frac{\mathrm{d}i}{\mathrm{d}t}$$

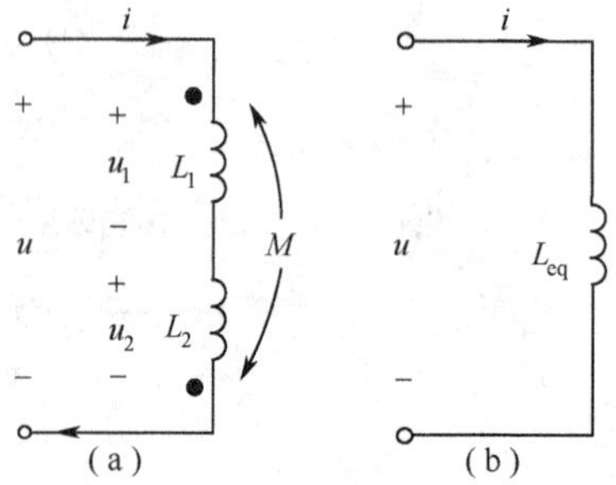

图 5.44　互感线圈的反串

因此这条支路可以用如图 5.44(b)所示的一个无互感的支路来等效，且等效电感为：

$$L_{\mathrm{eq}}=L_1+L_2-2M \tag{5.58}$$

所以反向串接时的等效电感小于两线圈的电感之和。

在正弦稳态电路中反向串接时每一条互感线圈支路的阻抗和电路的输入阻抗分别为：

$$Z_1=\mathrm{j}\omega(L_1-M),\quad Z_2=\mathrm{j}\omega(L_2-M)$$

$$Z=Z_1+Z_2=\mathrm{j}\omega(L_1+L_2-2M)$$

2. 互感线圈的并联

两个互感线圈并连时也有两种情况，一种是两线圈的同名端连接在同一个节点上，称为同侧并联电路（顺并），如图 5.45(a)所示；另外一种是两线圈的非同名端连接在同一节点上，称为异侧并联电路（反并），如图 5.46(a)所示。对同侧并联电路有：

$$i=i_1+i_2 \tag{5.59}$$

$$u=L_1\frac{\mathrm{d}i_1}{\mathrm{d}t}+M\frac{\mathrm{d}i_2}{\mathrm{d}t} \tag{5.60}$$

$$u=L_2\frac{\mathrm{d}i_2}{\mathrm{d}t}+M\frac{\mathrm{d}i_1}{\mathrm{d}t} \tag{5.61}$$

将(5.59)式分别代入式(5.60)和式(5.61)可得：

$$u=M\frac{\mathrm{d}i}{\mathrm{d}t}+(L_1-M)\frac{\mathrm{d}i_1}{\mathrm{d}t}$$

$$u=M\frac{\mathrm{d}i}{\mathrm{d}t}+(L_2-M)\frac{\mathrm{d}i_2}{\mathrm{d}t}$$

这样就可以得到如图 5.45(b)所示的无互感的等效电路，其中各等效电感的大小分别为：

$$\begin{cases}L_\mathrm{a}=M\\L_\mathrm{b}=L_1-M\\L_\mathrm{c}=L_2-M\end{cases}$$

如果在求解时无需知道电流 i_1 和 i_2 的大小，则上述等效电路还可以进一步简化为一个电感，如图 5.45(c)所示。根据电感元件的串并联等效关系可得：

$$L_\mathrm{eq}=\frac{L_1L_2-M^2}{L_1+L_2-2M} \tag{5.62}$$

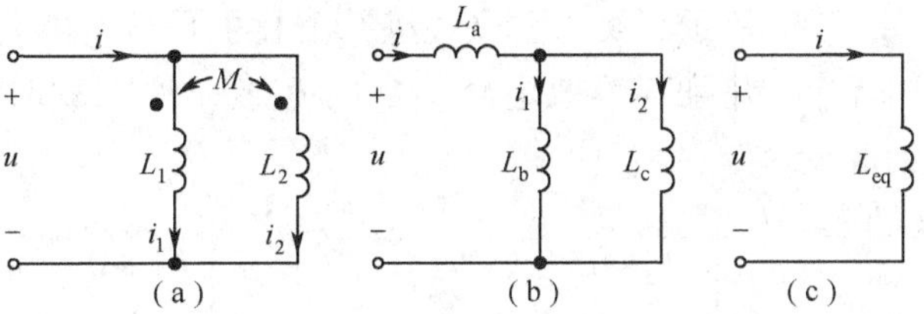

图 5.45 互感线圈的顺并

对于图 5.46(a)的异侧并联电路也可以用类似的方法推导出其等效电路中的各电感，不同之处仅在于互感 M 前面的正负号。在图 5.46(b)中：

$$\begin{cases}L_\mathrm{a}=-M\\L_\mathrm{b}=L_1+M\\L_\mathrm{c}=L_2+M\end{cases}$$

在图 5.46(c)中：

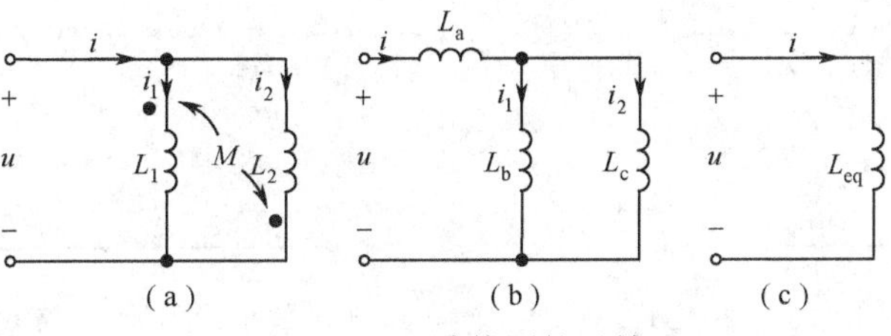

图 5.46 互感线圈的反并

$$L_{eq}=\frac{L_1L_2-M^2}{L_1+L_2+2M} \tag{5.63}$$

3. 互感线圈的T形连接

当互感元件的两个线圈有一个端钮相连即连接后有一个公共端时，其连接方式称为互感元件的T形连接。图5.47的两个电路都是具有一个公共端的互感元件的T形连接电路，其中(a)图为同名端相连，(b)为非同名端相连。在这两种连接中，去耦法仍然适用，仍可以把含有互感元件的电路转化为去耦等效电路。

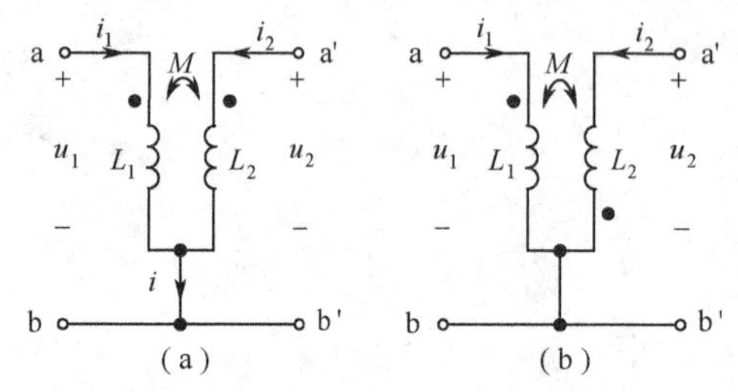

图5.47　互感线圈的T形连接

对于T形连接的互感元件，也可以按照与互感线圈并联电路相同的分析方法进行去耦等效变换。例如，对于图5.47(a)所示的电路，根据KCL和KVL可以得到：

$$i=i_1+i_2 \tag{5.64}$$

$$u_1=L_1\frac{\mathrm{d}i_1}{\mathrm{d}t}+M\frac{\mathrm{d}i_2}{\mathrm{d}t} \tag{5.65}$$

$$u_2=L_2\frac{\mathrm{d}i_2}{\mathrm{d}t}+M\frac{\mathrm{d}i_1}{\mathrm{d}t} \tag{5.66}$$

将(5.64)式分别代入式(5.65)和式(5.66)可得：

$$u_1=M\frac{\mathrm{d}i}{\mathrm{d}t}+(L_1-M)\frac{\mathrm{d}i_1}{\mathrm{d}t}$$

$$u_2=M\frac{\mathrm{d}i}{\mathrm{d}t}+(L_2-M)\frac{\mathrm{d}i_2}{\mathrm{d}t}$$

由此可以得到如图5.48(a)所示的去耦等效电路。同理也可以得到当两线圈非同名端相连时的去耦等效电路如图5.48(b)所示。可以看到，互感元件的T形连接电路进行去耦等效变换时会在电路中引入新的节点，并且其等效电路参数与互感元件并联时的去耦等效电路参数相同。

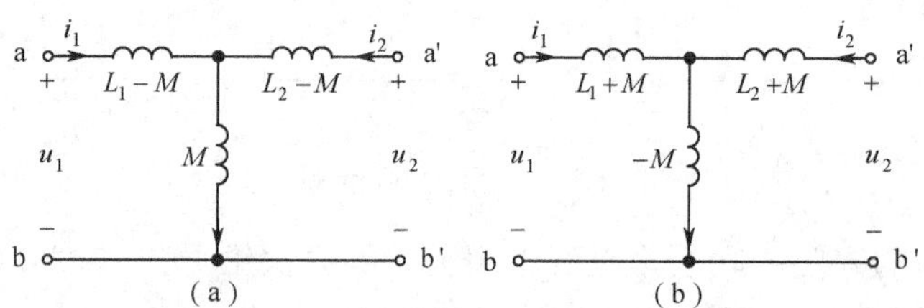

图5.48　T形连接的互感线圈的等效电路

应当注意，并不是所有的互感元件电路都有去耦等效电路。

【例5.18】试求如图5.49所示电路中ab端的等效电感。

解　原电路的去耦等效电路如图5.50所示，则ab端的等效电感为：

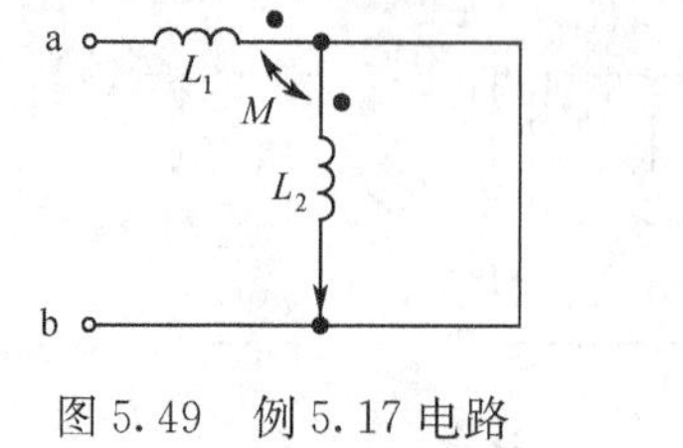

图5.49　例5.17电路

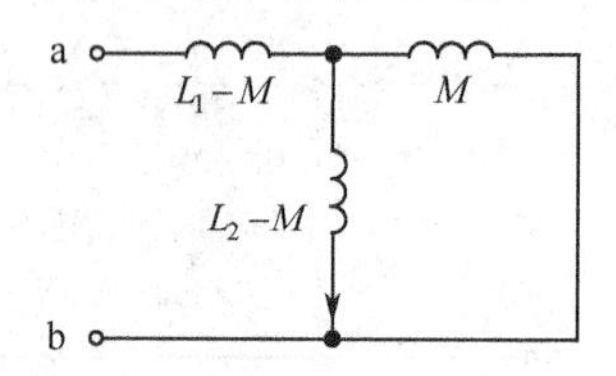

图5.50　例5.17等效电路

$$L=(L_1-M)+(L_2-M)//M=(L_1-M)+\frac{M(L_2-M)}{L_2}=\frac{L_1L_2-M^2}{L_2}$$

5.4.3　互感元件电路分析

对含互感元件电路的分析方法通常有两种：直接计算法和去耦等效法。直接计算法是直接根据两类约束列写电路方程进行求解，去耦等效法则是通过等效变换消除线圈间的耦合作用然后再进行计算。去耦等效法又包括受控源等效分析法、T 形等效分析法等。

1. 直接计算法

对于含有互感元件的电路，可以直接采用前面学过的电路分析方法进行求解，只是在列方程的时候应该特别注意，在计算电压时，每一线圈的电压都由自感电压和互感电压两部分组成。

【例 5.19】 试求图 5.51 所示电路中的电流 $\dot{I}$ 。

解　在含有互感元件的电路中，每一线圈上的电压包括有自感电压和互感电压两部分。在关联参考方向的前提下，自感电压总为正，互感电压的正、负取决于引起自感和互感电压两电流之间的相对流向：当两者均从同名端流入时，互感电压为正；否则为负。

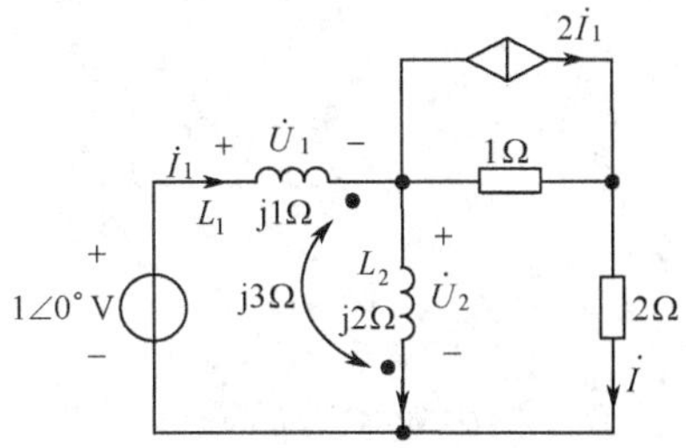

图 5.51　例 5.18 电路图

在图 5.51 中，取各电流的方向为参考方向，则 L_1 两端的电压为：

$$\dot{U}_1=\mathrm{j}1\,\dot{I}_1+\mathrm{j}3(\dot{I}_1-\dot{I})$$

L_2 两端的电压为：　$\dot{U}_2=\mathrm{j}2(\dot{I}_1-\dot{I})+\mathrm{j}3\,\dot{I}_1$

因此，左右两个网孔的网孔方程为：

$$\dot{U}_1+\dot{U}_2=1\angle 0^\circ$$

$$3\,\dot{I}_1-2\,\dot{I}_1-\dot{U}_2=0$$

将互感两端的电压代入网孔电流方程可解得：

$$\dot{I}=0.04\angle 90^\circ\mathrm{A}$$

2. 去耦等效法

含互感元件电路分析的难点在于互感的作用。由于互感元件可以用电流控制电压源来表示互感的作用，因此分析此类电路时就可以用含有受控源的电路模型来对电路进行等效，转化为不含互感的电路后再进行计算。

【例 5.20】 试求如图 5.52 所示电路中的电流 $\dot{I}$ 。

解　将原电路中的互感元件用含有受控源的电路模型来等效代替，如图 5.53 所示：

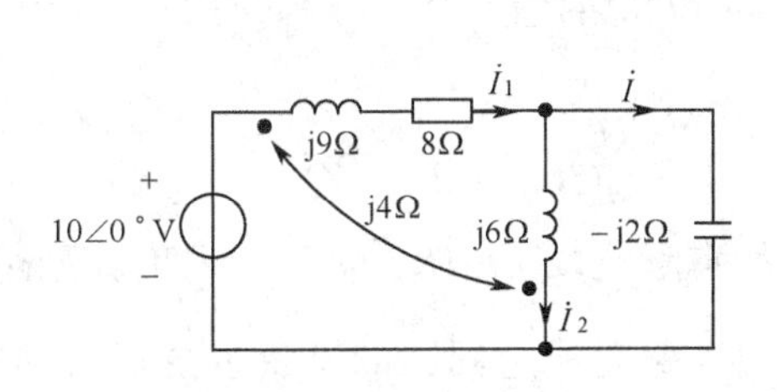

图 5.52　例 5.19 电路图

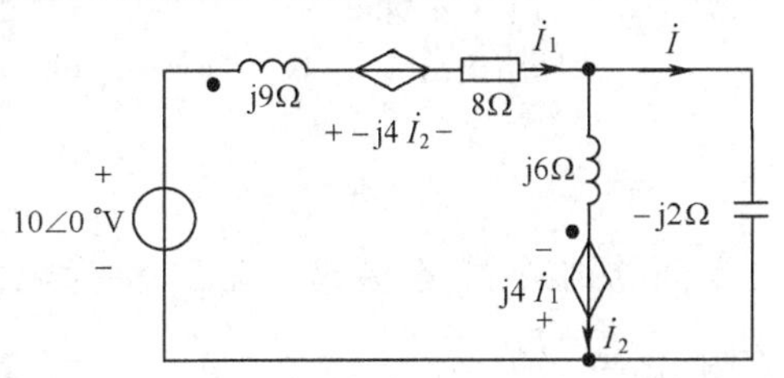

图 5.53　例 5.19 的含受控源等效电路模型

根据网孔电流法可得左右两个网孔的网孔电流方程为：

$$\begin{cases}(8+j9+j6)\dot{I}_1-j6\,\dot{I}-j4\,\dot{I}_2-j4\,\dot{I}_1=10\\(-j2+j6)\dot{I}-j6\,\dot{I}_1+j4\,\dot{I}_1=0\end{cases}$$

又根据 KCL 可得： $\dot{I}_1=\dot{I}+\dot{I}_2$

解方程组得： $\dot{I}=0.5\angle-36.9°\text{A}$

当含有互感元件的电路中线圈的连接方式为串联、并联或者 T 形连接时，还可以根据不同连接方式时的等效关系先对电路进行等效变换然后再根据无耦合电路的分析方法进行求解。

【例 5.21】 试求图 5.54(a)所示电路的输入阻抗 Z_i。

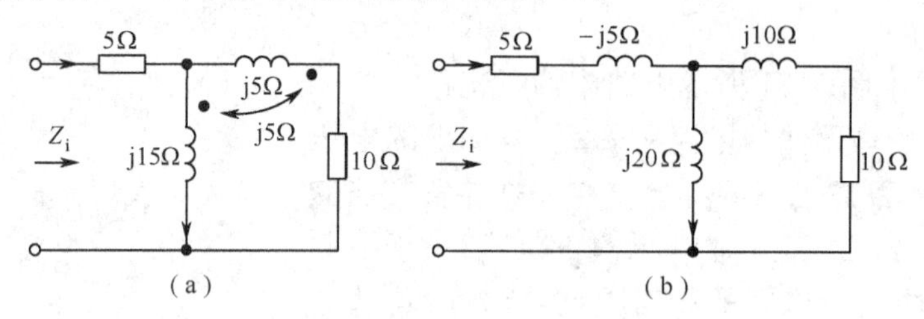

图 5.54　例 5.20 电路图

解　该电路中互感元件为 T 形连接，因此可以先根据 T 形连接时的等效变换关系得到原电路的去耦等效电路如图 5.54(b)所示，则其输入阻抗为：

$$Z_i=5-j5+\frac{j20\times(10+j10)}{j20+10+j10}=(9+j3)\Omega$$

具有互感作用的两个线圈，当其中一个线圈与电源相连构成一个回路，称为初级回路，又称为原边回路；另一个线圈与负载相连构成一个回路，称为次级回路，又称为副边回路，如图 5.55 所示。这类电路中初级回路和次级回路并没有直接相连，电路中就有了两个独立的回路，可以对两个回路分别进行求解。

【例 5.22】 对图 5.55 所示电路，试分别求出原边回路和副边回路的电流。

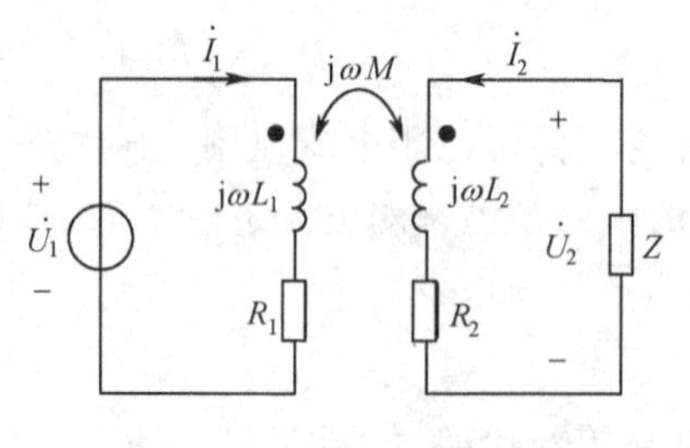

图 5.55　含有互感元件的双回路电路

解　对原边回路和副边回路分别应用 KVL 可得：

$$\begin{cases}(R_1+j\omega L_1)\dot{I}_1+j\omega M\dot{I}_2=\dot{U}_1 & (1)\\ j\omega M\dot{I}_1+(R_2+j\omega L_2+Z)\dot{I}_2=0 & (2)\end{cases}$$

解方程得：

$$\dot{I}_1=\frac{\dot{U}_1}{(R_1+j\omega L_1)+\dfrac{(\omega M)^2}{(R_2+j\omega L_2+Z)}}=\frac{\dot{U}_1}{Z_{11}+\dfrac{(\omega M)^2}{Z_{22}}}$$

$$\dot{I}_2=\frac{j\omega M\dot{I}_1}{(R_2+j\omega L_2+Z)}$$

在上面的结果中，$Z_{11}=R_1+j\omega L_1$ 称为原边回路的自阻抗；$Z_{22}=R_2+j\omega L_2+Z$ 称为副边回路的自阻抗；$\dfrac{(\omega M)^2}{Z_{22}}$是输入端口的等效阻抗，称为副边回路对原边回路的反映阻抗，它是副边回路的阻抗通过互感元件反映到原边回路的等效阻抗。由此可得图 5.55 所示电路中原边回路的等效电路，如图 5.56(a)所示。

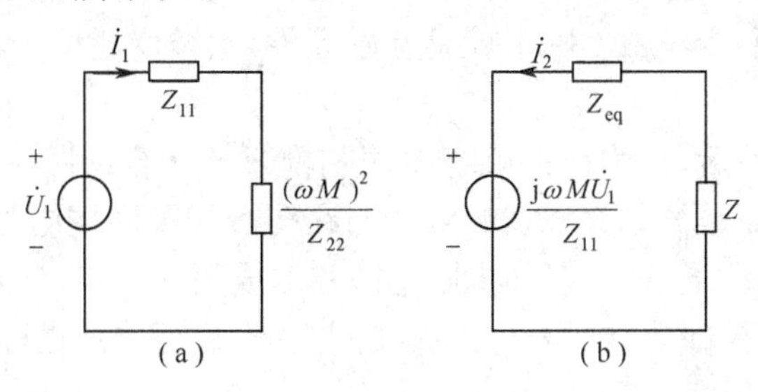

图 5.56　原边回路和副边回路的等效电路

对副边回路，可应用戴维南定理求得其等效电路。当$\dot{I}_2=0$时，副边回路的开路电压为

$$\dot{U}_{2oc}=j\omega M\dot{I}_1=\frac{j\omega M\dot{U}_1}{Z_{11}}$$

令$\dot{U}_1=0$，则对副边回路有

$$\dot{U}_2=j\omega M\dot{I}_1+(R_2+j\omega L_2)\dot{I}_2$$

而

$$\dot{I}_1=\frac{-j\omega M\dot{I}_2}{(R_1+j\omega L_1)}$$

因此，副边回路的戴维南等效阻抗为

$$Z_{eq}=R_2+j\omega L_2+\frac{(\omega M)^2}{Z_{11}}$$

其中，$\frac{(\omega M)^2}{Z_{11}}$称为原边回路对副边回路的反映阻抗，由此可得副边回路的戴维南等效电路如图 5.56(b)所示。

对于含有互感元件的双回路电路，可以直接利用上面的结论得到原边电路和副边电路的等效电路，然后再进行求解。这种方法常称为原(副)边等效电路法，也称反映阻抗法。

5.5　变压器电路分析

5.5.1　变压器

变压器是应用互感现象的一种典型二端口元件，它利用互感原理实现从一个电路到另一个电路的能量或信号传输，在电力系统和电子线路中有着广泛的应用。变压器的种类很多，除了电力系统中常见的升、降压变压器外，还有自耦变压器、互感器和各种专用变压器等，但这些变压器的基本结构和工作原理是相同的。

1. 变压器的结构

变压器一般有两个线圈，一个与电源相接，称为源线圈，通常叫初级线圈；另一个与负载相接，称为副线圈，也叫次级线圈，其结构如图 5.57 所示。变压器在源、副线圈之间一般没有电路相连接，而是通过磁场耦合把能量从电源传送到负载。

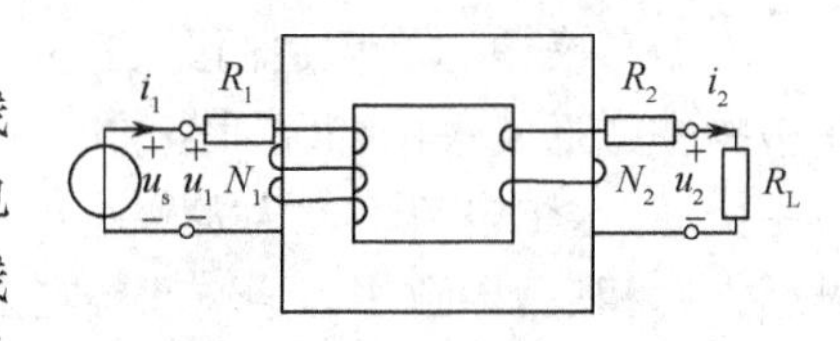

图 5.57　变压器结构图

变压器的初级线圈和次级线圈可以绕在铁磁性材料上，也可以绕在非铁磁性材料上。当两个线圈绕在非铁磁性材料上时，其耦合系数低，但没有铁芯中的各种功率损耗，这种变压器被称为空心变压器。空心变压器实际上就是互感元件，它被广泛用于高频电路和测量仪器中。

2. **变压器工作原理**

当两线圈中加入铁芯后，磁力线被束缚在铁芯构成的闭合回路中，如图 5.58 所示。假设初级线圈和次级线圈的匝数分别为 N_1 和 N_2。当在初级线圈两端施加电压 u_1 时，线圈中将产生电流 i_1，该电流产生的磁通 ϕ_{11} 大部分将通过铁芯形成闭合回路，从而与次级线圈交链，这部分磁通用 ϕ_{21} 表示。还有少部分磁通未与次级线圈交链，这部分磁通称为漏磁通 $\phi_{\sigma1}$，则有：

$$\phi_{11}=\phi_{21}+\phi_{\sigma1}$$

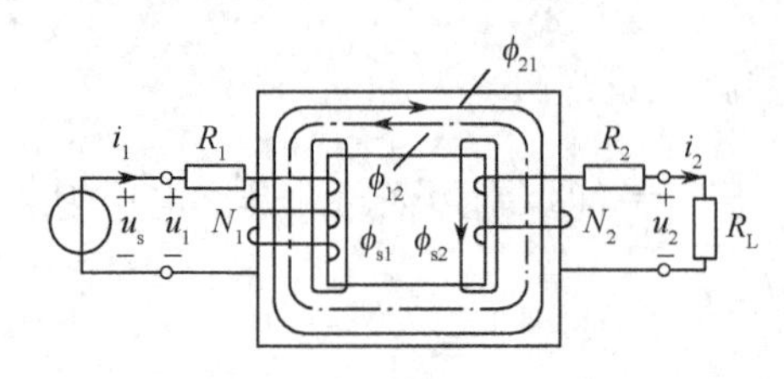

图 5.58　变压器的工作原理

若此时次级线圈中接有负载，那么也将有电流流过，次级线圈中的电流产生的磁通 ϕ_{22} 也将绝大部分通过铁芯与初级线圈交链，这部分磁通用 ϕ_{12} 表示，还有少部分磁通未与初级线圈交链，这部分磁通称为次级线圈的漏磁通 $\phi_{\sigma2}$，且

$$\phi_{22}=\phi_{12}+\phi_{\sigma2}$$

铁芯中的磁通是初级线圈和次级线圈产生的磁通的合成，称为主磁通，即

$$\phi=\phi_{12}+\phi_{21}$$

则两个线圈的磁通链可分别表示为

$$\psi_1=N_1(\phi+\phi_{\sigma1})=N_1\phi+\psi_{\sigma1}$$

$$\psi_2=N_2(\phi+\phi_{\sigma2})=N_2\phi+\psi_{\sigma2}$$

变压器原边和副边的电压分别为

$$u_1=R_1i_1+\frac{\mathrm{d}\psi_1}{\mathrm{d}t}=R_1i_1+N_1\frac{\mathrm{d}\phi}{\mathrm{d}t}+\frac{\mathrm{d}\psi_{\sigma1}}{\mathrm{d}t}=R_1i_1+N_1\frac{\mathrm{d}\phi}{\mathrm{d}t}+L_{\sigma1}\frac{\mathrm{d}i_1}{\mathrm{d}t}$$

$$u_2=R_2i_2+\frac{\mathrm{d}\psi_2}{\mathrm{d}t}=R_2i_2+N_2\frac{\mathrm{d}\phi}{\mathrm{d}t}+\frac{\mathrm{d}\psi_{\sigma2}}{\mathrm{d}t}=R_2i_2+N_2\frac{\mathrm{d}\phi}{\mathrm{d}t}+L_{\sigma2}\frac{\mathrm{d}i_2}{\mathrm{d}t}$$

其中 R_1 和 R_2 为初级线圈和次级线圈的电阻，$L_{\sigma1}$ 和 $L_{\sigma2}$ 分别称为初级线圈和次级线圈的漏感。

由于线圈的电阻和漏磁通都比较小，因此他们所产生的压降也比较小，所以

$$u_1\approx N_1\frac{\mathrm{d}\phi}{\mathrm{d}t},\quad u_2\approx N_2\frac{\mathrm{d}\phi}{\mathrm{d}t}$$

从上式可以看出，由于变压器原边和副边线圈的匝数不等，因此输出电压和输入电压的大小也不相等。变压器原边和副边的电压之比为：

$$\frac{u_1}{u_2}=\frac{N_1}{N_2}=n \tag{5.67}$$

其中 n 称为变压器的变比。因此变压器具有电压变化的作用，当输入电压一定时，只要改变变压器原边线圈和副边线圈的匝数比就能得到不同的输出电压。

下面考虑原边和副边回路的电流关系。在图 5.58 中，变压器空载时，次级电流等于零，线圈中的主磁通 ϕ 仅由初级回路的电流产生，此时初级回路的电流主要作用就是使铁芯磁化、产生主磁通，这个电流称之为激磁电流，记为 i_M。次级接上负载后，$i_2\neq0$，它所产生的磁通与主磁通方向相反，导致主磁通减小，根据电磁感应定律，为维持主磁通不变，初级回路中的电流 i_1 将增大。由于铁芯中的主磁通基本保持不变，根据安培环路定理可得：

$$N_1i_1-N_2i_2=N_1i_M$$

因此 $$i_1=i_M+\frac{N_2}{N_1}i_2$$

空载时变压器初级回路的电流很小,可以近似认为 $i_M=0$,因此

$$i_1=\frac{N_2}{N_1}i_2$$

即 $$\frac{i_1}{i_2}=\frac{N_2}{N_1}=\frac{1}{n} \tag{5.68}$$

因此变压器还具有变换电流的作用,且原边电流和副边电流之比等于匝数比的倒数。

3. 理想变压器

从上面推导变压器的电压、电流关系的过程可以看出来,得到(5.67)、(5.68)式是对实际变压器进行了一定的理想化,即满足如下的条件。

(1) 变压器无损耗。即变压器的线圈是理想的,线圈电阻 $R_1=R_2=0$;变压器的铁芯是理想的,其损耗为零;

(2) 变压器的初、次级线圈全耦合。即无漏磁通,$L_{\sigma1}=L_{\sigma2}=0$;

(3) 变压器铁芯的磁导率为无限大。即建立主磁通不需要磁化电流,$i_M=0$。

此时的变压器就可以看成是理想变压器。理想变压器的电路模型如图 5.59 所示:

因此理想变压器的电压、电流关系为:

$$\begin{cases}\dfrac{u_1}{u_2}=n\\[2mm]\dfrac{i_1}{i_2}=-\dfrac{1}{n}\end{cases} \tag{5.69}$$

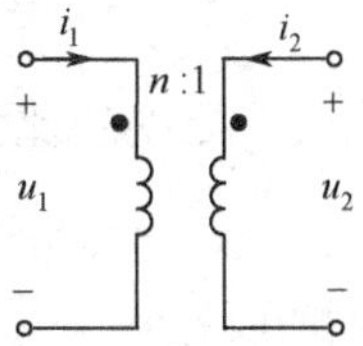

i_1 i_2 $n:1$ + + u_1 u_2 − −

图 5.59 理想变压器的电路模型

在正弦稳态电路中,上式也可以用向量的形式来表示。注意上式中电流关系比(5.68)式多了一个负号,这是因为习惯上理想变压器的电压电流参考方向标注如图(5.59)所示,与图 5.58 中的副边电流方向相反。

理想变压器是一种二端口元件,易知它既不存在 Y 参数方程,也不存在 Z 参数方程,但其传输参数方程却不难写出为:

$$\begin{bmatrix}\dot U_1\\ \dot I_1\end{bmatrix}=\begin{bmatrix}n & 0\\ 0 & \dfrac{1}{n}\end{bmatrix}\begin{bmatrix}\dot U_2\\ -\dot I_2\end{bmatrix}$$

且 $$T_{11}T_{22}-T_{12}T_{21}=n\times\frac{1}{n}=1$$

因此理想变压器是一种互易二端口元件。

理想变压器是一种理想电路元件,在工程上常采用两方面的措施,使实际变压器的性能接近理想变压器。一是尽量采用具有高磁导率的铁磁性材料作为变压器芯子以保证尽量紧密耦合,使 K 接近 1,二是在保持变比不变的前提下,尽量增加原、副边线圈的匝数以保证电感足够大。

下面考虑理想变压器的功率。理想变压器的功率应为原边和副边功率之和,即

$$p=u_1i_1+u_2i_2=u_1i_1+(nu_1)\left(-\frac{1}{n}i_1\right)=0$$

因此理想变压器既不是耗能元件也不是储能元件,而是一个变换信号和传输电能的元件。

假设在理想变压器的副边接上阻抗 Z_L,如图 5.60 所示,那么从原边看进去时变压器的输入阻抗为:

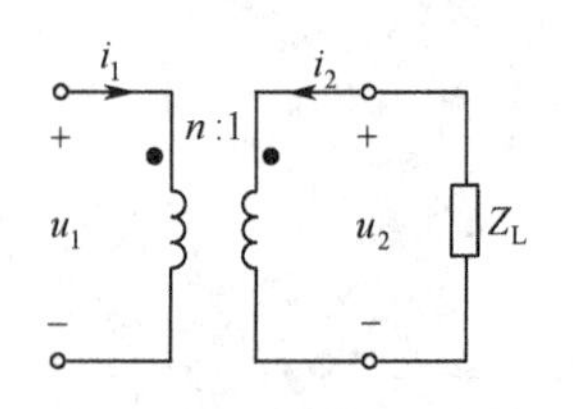

图 5.60　理想变压器的阻抗变换作用

$$Z_i=\frac{u_1}{i_1}=\frac{nu_2}{\left(-\frac{1}{n}i_2\right)}=n^2Z_L$$

因此，经过理想变压器后负载变成了原来的 n^2 倍，所以理想变压器除了具有变换电压和电流的作用外，还具有变换阻抗的作用。

根据最大功率传输定理可知，要使负载上获得最大功率，则负载的大小应该与原电路的等效电压源模型的内阻相等，而在实际中很多情况下二者并不相等，而且负载和电源内阻都是固定不变的，因此为了使负载获得最大功率，常用的办法就是在负载和电源之间接入一个器件，使得负载阻抗经过该元件变换之后能与电源内阻相匹配。从前面的分析可知，二端口元件具有阻抗变换作用，在二端口元件的输出端接上一定的负载时，其输入阻抗是随着负载的变化而变化的。而理想变压器就是一种常用来作阻抗匹配的二端口元件。根据理想变压器的阻抗变换性质，当在变压器副边接入大小为 Z_L 的负载时，变压器原边的输入阻抗为：

$$Z_i=n^2Z_L$$

要实现阻抗匹配，则需要满足：

$$|Z_S|=|Z_i|=n^2|Z_L|$$

因此变压器的变比为：

$$n=\sqrt{\frac{|Z_S|}{|Z_L|}}$$

也就是说，只要适当调节变压器的匝数比就能够实现阻抗匹配。但要注意，利用变压器只能变换阻抗的大小，不能改变其相位。

【例 5.23】 为了使扬声器接到音频功率放大器上时能够正常工作，需要在扬声器和放大器之间接入变压器以实现阻抗匹配，其原理图如图 5.61 所示。已知扬声器的电阻为 9Ω，放大器的内阻为 225Ω，试问理想变压器的变比应为多少？

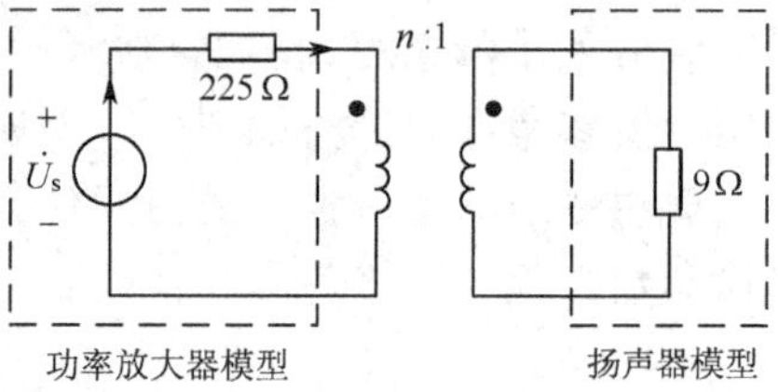

图 5.61　例 5.23 电路图

解　扬声器的电阻反映到理想变压器原边的等效阻抗为

$$R_0=n^2R_L=9n^2$$

根据阻抗匹配原则可得：　$9n^2=225$

解得：

$$n=5$$

所以变压器的变比为 5。

4. 实际变压器的电路模型

实际使用的变压器原边线圈和副边线圈不可能做到全耦合，总会存在一定的漏磁通，而且线圈中通过电流时总会有功率损耗，因此需要在理想变压器模型的基础上做出修改，以真实反映实际变压器的工作情况。

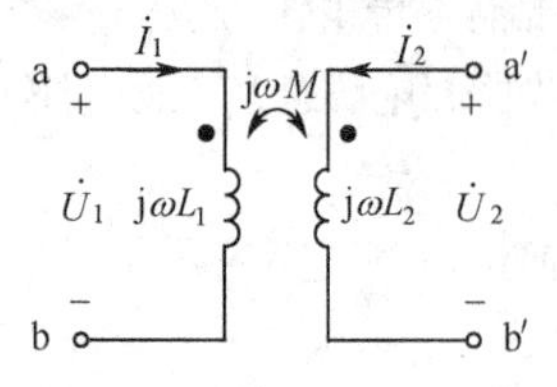

图 5.62　全耦合变压器的电路模型

先考虑无损耗的全耦合变压器。当变压器的初级线圈和次级线圈完全耦合时称为全耦合变压器，其电路模型如图 5.62 所示。

对全耦合变压器可以得到：

$$\phi_{11}=\phi_{21},\phi_{22}=\phi_{12},\phi=\phi_{11}+\phi_{22}$$

因此 $$\frac{u_1}{u_2}=\frac{\mathrm{d}\psi_1}{\mathrm{d}\psi_2}=\frac{N_1\mathrm{d}\phi}{N_2\mathrm{d}\phi}=\frac{N_1}{N_2}=n \tag{5.70}$$

也即全耦合变压器的输入、输出电压之比等于变压器的变比。根据图 5.62 可知全耦合变压器的向量形式的伏安关系为：

$$\begin{cases}\dot{U}_1=\mathrm{j}\omega L_1\dot{I}_1+\mathrm{j}\omega M\dot{I}_2 & (5.71\mathrm{a})\\ \dot{U}_2=\mathrm{j}\omega M\dot{I}_1+\mathrm{j}\omega L_2\dot{I}_2 & (5.71\mathrm{b})\end{cases}$$

全耦合时 $K=\frac{M}{\sqrt{L_1L_2}}=1$，即 $M=\sqrt{L_1L_2}$，将此关系代入式(5.71)，并由式(5.71b)可得：

$$\frac{\dot{U}_1}{\dot{U}_2}=\sqrt{\frac{L_1}{L_2}}$$

对照式(5.70)则有： $$\frac{\dot{U}_1}{\dot{U}_2}=\sqrt{\frac{L_1}{L_2}}=n \tag{5.72}$$

而由式(5.71a)可得：

$$\dot{I}_1=\frac{\dot{U}_1-\mathrm{j}\omega M\dot{I}_2}{\mathrm{j}\omega L_1}$$

将(5.72)式代入上式可得：

$$\dot{I}_1=\frac{\dot{U}_1}{\mathrm{j}\omega L_1}-\frac{1}{n}\dot{I}_2 \tag{5.73}$$

这就是全耦合变压器的原、副边电流之间的关系。当全耦合变压器的原、副边线圈的自感 L_1、L_2 和互感 M 趋近于无穷大，但 $\sqrt{\frac{L_1}{L_2}}$ 的值保持不变，即等于匝数比时，全耦合变压器就变成了理想变压器。此时式(5.73)变为：

$$\dot{I}_1=-\frac{1}{n}\dot{I}_2$$

此时变压器原、副边的电压关系与理想变压器相同。因此全耦合变压器原边的输入电流 $\dot{I}_1$ 可以分为两部分：一部分与理想变压器相同，可表示为 $\dot{I}_1'=-\frac{1}{n}\dot{I}_2$；另一部分是流经电感 L_1 的电流 $\dot{I}_0=\dot{I}_1-\dot{I}_1'$，即变压器的励磁电流。这样全耦合无损耗变压器可以用图 5.63 所示的电路模型来表示，它是由虚线框内所表示的一个变比为 n 的理想变压器和其原边输入端口上并联一个电感 L_1 组成的。

接下来考虑耦合系数 $K\neq1$ 的无损耗变压器。此时每个线圈的磁通都由主磁通 ϕ 和漏磁通 $\phi_{\sigma1}(\phi_{\sigma2})$ 组成，原、副边的磁链分别为：

$$\psi_1=N_1(\phi+\phi_{\sigma1})=N_1\phi+\psi_{\sigma1}=(L_1+L_{\sigma1})i_1+Mi_2=L_1'i_1+Mi_2$$
$$\psi_2=N_2(\phi+\phi_{\sigma2})=N_2\phi+\psi_{\sigma2}=(L_2+L_{\sigma2})i_2+Mi_1=L_2'i_2+Mi_1$$

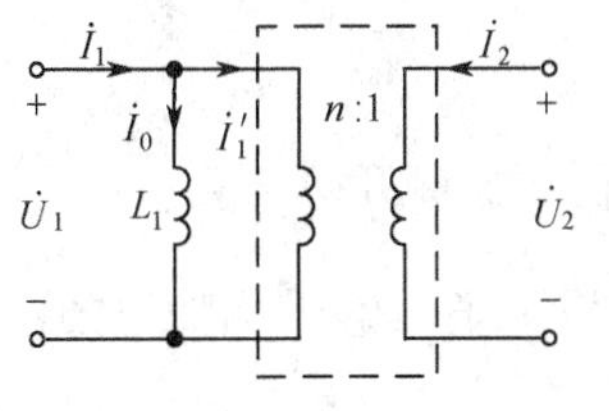

图 5.63 全耦合无损变压器的电路模型

其中 $L_1'=L_1+L_{\sigma1}$ 为原边线圈的电感，$L_2'=L_2+L_{\sigma2}$ 为副边线圈的电感。在主磁通的作用下变压器是全耦合的，对于全耦合变压器，耦合因数为 1，因此有：

$$\frac{L_2'-L_{\sigma 2}}{L_1'-L_{\sigma 1}}=\frac{L_2}{L_1}=\frac{1}{n^2}$$

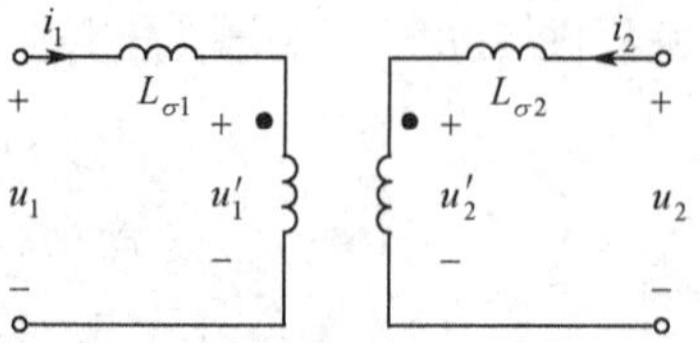

令 $u_1'=N_1\dfrac{\mathrm{d}\phi}{\mathrm{d}t}$，$u_2'=N_2\dfrac{\mathrm{d}\phi}{\mathrm{d}t}$，于是有$\dfrac{u_1'}{u_2'}=\dfrac{N_1}{N_2}=n$，电压 u_1'和 u_2'为全耦合变压器的原副边电压。显然只要在全耦合无损耗变压器的等效电路的原、副边记入漏感就能得到 $K\neq 1$ 时变压器的等效电路模型，如图 5.64 所示。

图 5.64　$K\neq 1$ 时的无损变压器模型

实际应用时如果还要考虑线圈的各种损耗，那么只要在上述模型的基础上串联相应的电阻就可以了。

5.5.2　变压器电路分析

1. 理想变压器电路分析

理想变压器的特点都体现在其电压、电流变换关系和阻抗变换关系中，在分析含理想变压器的电路时，除了可以直接根据电路结构列写电路方程以外，还可以根据其阻抗变换性质对电路进行变换，或者根据戴维南定理或诺顿定理进行等效变换后再进行求解。

【例 5.24】电路如图 5.65(a)所示，已知 $u_S(t)=8\sqrt{2}\sin t\text{V}$，试求电流$\dot{I}_1$以及 R_L 上消耗的平均功率 P_L。

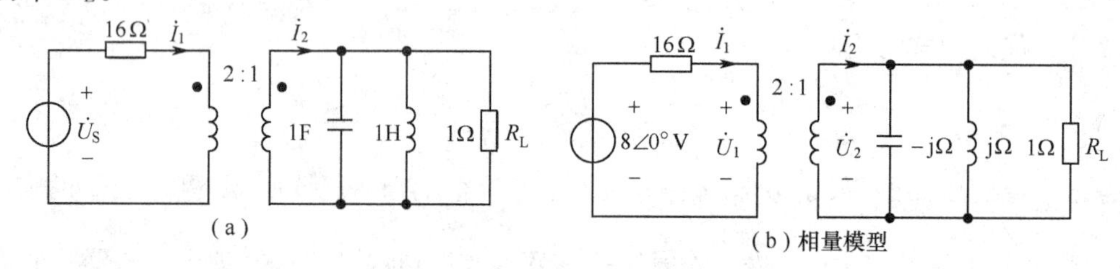

图 5.65　例 5.24 电路图

解法一　原电路的向量模型如图 5.65(b)所示，变压器原边和副边回路的 KVL 方程分别为：

$$16\dot{I}_1+\dot{U}_1=8$$

$$\left(\frac{1}{\frac{1}{\mathrm{j}}+\frac{1}{-\mathrm{j}}+1}\right)\dot{I}_2=\dot{U}_2$$

而在图示的参考方向下，原边和副边的电压、电流之间的关系为：

$$\frac{\dot{U}_1}{\dot{U}_2}=2,\frac{\dot{I}_1}{\dot{I}_2}=\frac{1}{2}$$

联立求解可得：　$\dot{I}_1=0.4\angle 0^\circ\text{A},\dot{U}_2=0.8\angle 0^\circ\text{V}$

R_L 上消耗的平均功率为：　$P_L=\dfrac{U_2^2}{R_L}=0.64\text{W}$

解法二　变压器副边的等效阻抗为：$Z_0=\left(\dfrac{1}{\frac{1}{\mathrm{j}}+\frac{1}{-\mathrm{j}}+1}\right)=1\Omega$，则根据变压器的阻抗变换关系，原边的入端复阻抗为：

$$Z_i = n^2 Z_0 = 4\Omega$$

因此变压器原边的等效电路如图 5.66 所示：

根据 KVL 可得：　　$16\dot{I}_1 + 4\dot{I}_1 = 8$

解得：　　$\dot{I}_1 = 0.4\angle 0°\text{A}$

则副边电流　　$\dot{I}_2 = 2\dot{I}_1 = 0.8\angle 0°\text{A}$

因此 R_L 上消耗的平均功率为：

$$P_L = I_L^2 R_L = \left(\frac{R_L}{Z_0} \times I_2\right)^2 R_L = 0.64\text{W}$$

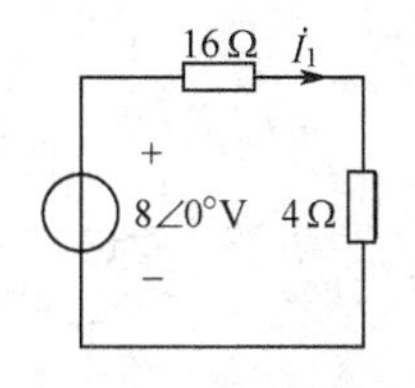

图 5.66　变压器原边等效电路图

解法三　先求原电路中变压器副边左侧部分电路的戴维南等效电路。副边开路时 $\dot{I}_2 = 0$，因此 $\dot{I}_1 = 0$，$\dot{U}_1 = \dot{U}_s = 8\angle 0°\text{V}$，开路电压：

$$\dot{U}_{oc} = \dot{U}_2 = \frac{1}{2}\dot{U}_1 = 4\angle 0°\text{V}$$

从副边向左看进去的等效电阻

$$Z = \frac{\dot{U}_2}{-\dot{I}_2} = \frac{\frac{1}{2}\dot{U}_1}{-2\dot{I}_1} = -\frac{1}{4} \times \frac{\dot{U}_1}{\dot{I}_1} = 4\Omega$$

因此原电路的戴维南等效电路如图 5.67 所示。

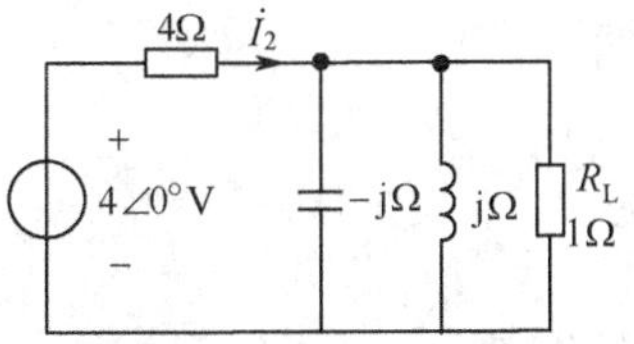

图 5.67　原电路的戴维南等效电路

所以

$$\dot{I}_2 = \frac{\dot{U}_{oc}}{Z + Z_0} = \frac{4\angle 0°}{4+1} = 0.8\angle 0°\text{A} \quad \dot{I}_1 = \frac{1}{2}\dot{I}_2 = 0.4\angle 0°\text{A}$$

负载电流为：

$$\dot{I}_L = \frac{1}{1 + \frac{1}{\text{j}} + \left(-\frac{1}{\text{j}}\right)} \dot{I}_2 = 0.8\angle 0°\text{A}$$

R_L 上消耗的平均功率为 $P_L = I_L^2 R_L = 0.64\text{W}$。

2. 全耦合变压器电路分析

全耦合变压器的实质就是两个完全耦合的互感线圈，因此对于含全耦合变压器的电路除了可以根据全耦合变压器的电压、电流特性进行求解外，还可以根据含有互感电路的分析方法进行求解。

【例 5.25】 含全耦合变压器电路如图 5.68 所示，已知 $\omega = 1$，试求电路中的电流 $\dot{I}_1$ 和 $\dot{I}_2$。

解法一　由 $\omega = 1$ 可知：$L_1 = 1\text{H}$，$L_2 = 16\text{H}$，根据全耦合关系可得：

$$M = \sqrt{L_1 L_2} = 4\text{H}$$

变压器原边回路和副边回路的 KVL 方程分别为：

$$(1+\text{j})\dot{I}_1 - \text{j}4\dot{I}_2 = 4\angle 0°$$

$$(\text{j}16 - \text{j}16)\dot{I}_2 - \text{j}4\dot{I}_1 = 0$$

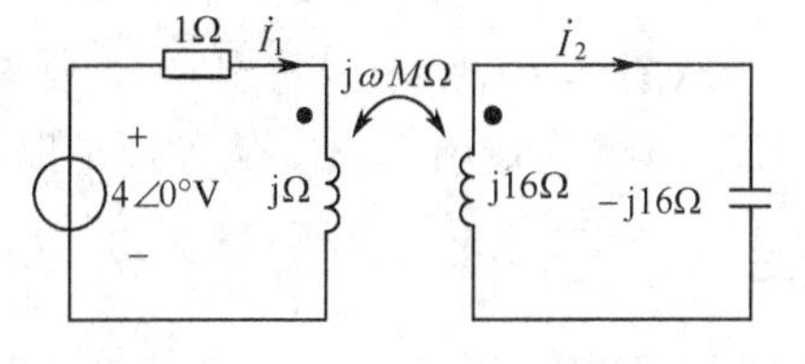

图 5.68　例 5.25 电路图

解方程可得：$\dot{I}_1 = 0$，$\dot{I}_2 = 1\angle 90°\text{A}$。

解法二　设全耦合变压器的原边和副边电压分别为 $\dot{U}_1$ 和 $\dot{U}_2$，则根据全耦合变压器的电压、电流关系可得：

$$\begin{cases}\dfrac{\dot{U}_1}{\dot{U}_2}=\sqrt{\dfrac{L_1}{L_2}}=n=0.25\\ \dot{I}_1=\dfrac{\dot{U}_1}{\mathrm{j}\omega L_1}+\dfrac{1}{n}\dot{I}_2=-\mathrm{j}\dot{U}_1+4\dot{I}_2\end{cases}$$

而对原电路中原边回路和副边回路分别应用 KVL 可得：

$$\begin{cases}\dot{I}_1+\dot{U}_1=4\angle 0^\circ\\ \mathrm{j}16\dot{I}_2+\dot{U}_2=0\end{cases}$$

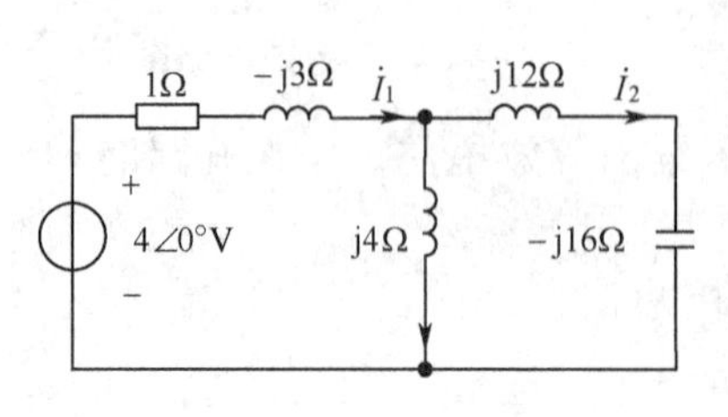

图 5.69　例 5.25 电路的去耦等效电路

联理求解上述方程可解得：

$$\dot{I}_1=0,\dot{I}_2=1\angle 90^\circ\mathrm{A}$$

解法三　原电路的去耦等效电路如图 5.69 所示。则左右两个网孔的网孔电流方程为

$$(1-\mathrm{j}3+\mathrm{j}4)\dot{I}_1-\mathrm{j}4\ \dot{I}_2=4\angle 0^\circ$$

$$(\mathrm{j}12+\mathrm{j}4-\mathrm{j}16)\dot{I}_2-\mathrm{j}4\ \dot{I}_1=0$$

所得结果与前面直接求解的结果相同。

5.6　二端口元件应用实例

5.6.1　三极管工作在小信号条件下的 *H* 参数等效电路

三极管是在电子技术中有着广泛应用的一种器件，其电路符号如图 5.70(a)所示。三极管共有三个极：基极(b)、集电极(c)和发射极(e)，在不同的应用场合下三极管有不同的等效模型。在共射接法的放大电路[如图 5.70(b)所示]中，在低频小信号作用下，可以将三极管看成一个线性二端口元件，利用二端口元件的 H 参数来表示输入端口、输出端口的电压和电流关系，这种模型称为三极管的共射 H 参数等效模型，如图 5.70(c)所示。

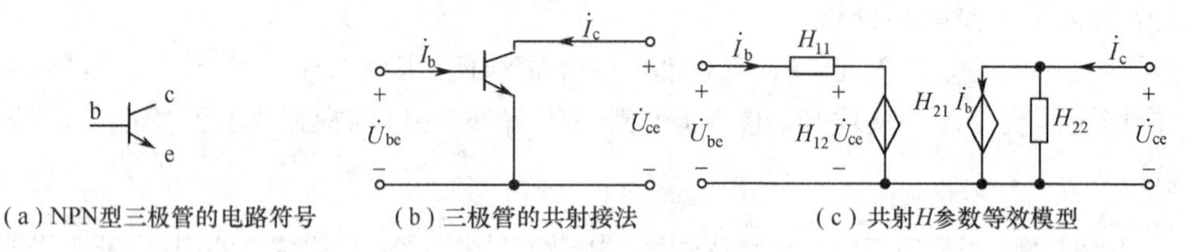

(a) NPN型三极管的电路符号　(b) 三极管的共射接法　(c) 共射*H*参数等效模型

图 5.70　三极管的共射 H 参数等效模型

从图 5.70(b)可以看出，共射接法时三极管可以看成一个二端口元件，其中 b—e 为输入端口，c—e 为输出端口。从等效电路模型可以写出该二端口元件的 H 参数方程为

$$\begin{cases}\dot{U}_{be}=H_{11}\dot{I}_b+H_{12}\dot{U}_{ce}\\ \dot{I}_c=H_{21}\dot{I}_b+H_{22}\dot{U}_{ce}\end{cases}$$

其中，$H_{11}=\left.\dfrac{\dot{U}_{be}}{\dot{I}_b}\right|_{\dot{U}_{ce}=0}=r_{be}$代表小信号作用下 b—e 间的动态电阻；

$H_{12}=\dfrac{\dot{U}_{be}}{\dot{U}_{ce}}\bigg|_{\dot{U}_{b}=0}$代表三极管输出回路电压对输入回路电压的影响，称为内反馈系数；

$H_{21}=\dfrac{\dot{I}_{c}}{\dot{I}_{b}}\bigg|_{\dot{U}_{ce}=0}=\beta$代表在Q点附近三极管的电流放大系数；

$H_{22}=\dfrac{\dot{I}_{c}}{\dot{U}_{ce}}\bigg|_{\dot{I}_{b}=0}$表示输出特性曲线上翘的程度，通常将$1/H_{22}$称为c—e间的动态电阻。

由于内反馈系数很小，在近似分析中可以忽略不计，而在输出回路中动态电阻通常很大，因此三极管的共射H参数等效模型可以简化为图5.71所示的形式：

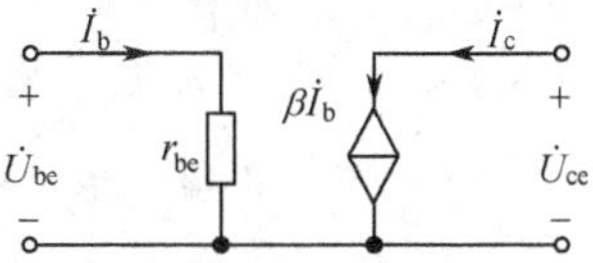

图5.71　三极管的简化H参数等效模型

【例5.26】 如图5.72所示的三极管共射放大交流通路，试求其电压放大倍数$\dfrac{\dot{U}_o}{\dot{U}_i}$。已知$H_{11}=500\Omega, H_{12}=0.002, H_{21}=100, H_{22}=0, \dot{U}_i=1\angle 0°\text{V}, R_1=1.5\text{K}\Omega, R_L=2\text{k}\Omega$。

解　将三极管用其H参数等效模型来表示，原电路可等效如图5.73所示：

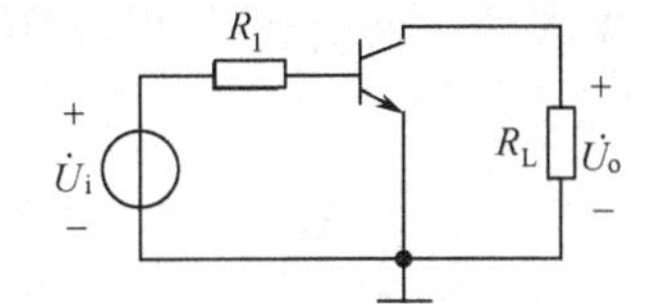

图5.72　例5.26电路图

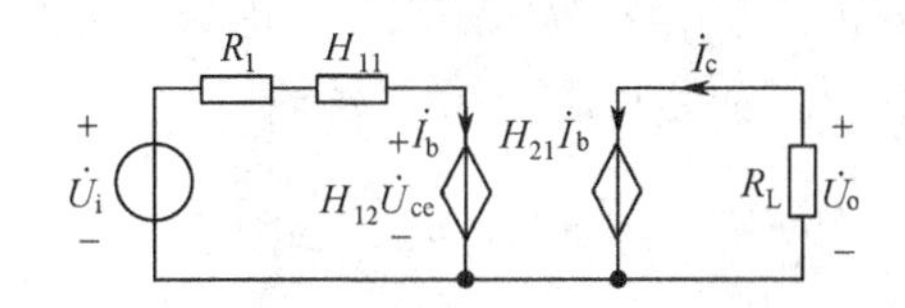

图5.73　例5.26的H参数等效电路

则电压放大倍数

$$\frac{\dot{U}_o}{\dot{U}_i}=\frac{-\dot{I}_cR_L}{(R_1+H_{11})\dot{I}_b+H_{12}\dot{U}_{ce}}=\frac{-H_{21}\dot{I}_bR_L}{(R_1+H_{11})\dot{I}_b+H_{12}(-H_{21}\dot{I}_bR_L)}=\frac{-H_{21}R_L}{R_1+H_{11}-H_{12}H_{21}R_L}$$

代入数据可得：

$$\frac{\dot{U}_o}{\dot{U}_i}=-125$$

即原电路的电压放大倍数为−125，负号表示输出与输入相位相反。

5.6.2　三极管工作在高频小信号条件下的Y参数等效电路

当工作在高频小信号条件下、三极管处在线性放大状态时，可以用图5.74所示的Y参数模型来等效：

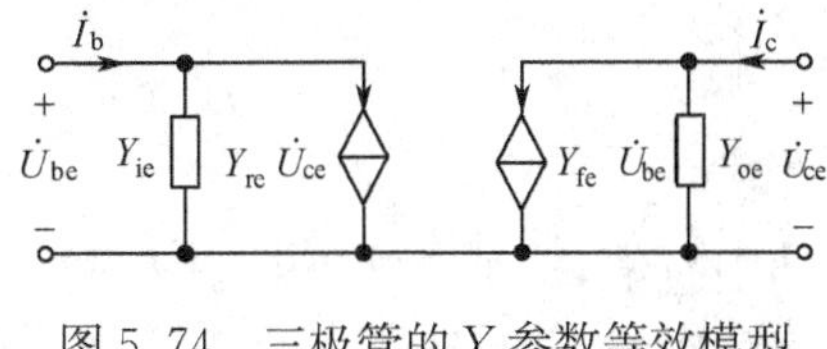

图5.74　三极管的Y参数等效模型

从等效电路模型可以写出该二端口元件的Y参数方程为：

$$\begin{cases}\dot{I}_b=Y_{ie}\dot{U}_{be}+Y_{re}\dot{U}_{ce}\\ \dot{I}_c=Y_{fe}\dot{U}_{be}+Y_{oe}\dot{U}_{ce}\end{cases}$$

其中：

$Y_{ie}=\left.\frac{\dot{I}_b}{\dot{U}_{be}}\right|_{\dot{U}_{ce}=0}$ 为输出交流短路时的输入导纳；

$Y_{re}=\left.\frac{\dot{I}_b}{\dot{U}_{ce}}\right|_{\dot{U}_{be}=0}$ 为输入交流短路时的反向传输导纳，这是造成三极管输出回路与输入回路耦合的主要因素，也称为反馈导纳；

$Y_{fe}=\left.\frac{\dot{I}_c}{\dot{U}_{be}}\right|_{\dot{U}_{ce}=0}$ 为输出端交流短路时的正向传输导纳，这是体现三极管电流控制作用的参数；

$Y_{oe}=\left.\frac{\dot{I}_c}{\dot{U}_{ce}}\right|_{\dot{U}_{be}=0}$ 是输入端交流短路时的输出导纳，即受控电流源的内导纳。

三极管的 Y 参数不仅与静态工作点有关，还与电路的工作频率有关。

5.6.3 电功率表与阻抗参数三表法测量电路

电功率表是用来测量电平均功率的仪器，常简称为功率表。它由两个线圈组成：电流线圈和电压线圈。电流线圈的阻抗非常低，在电路中相当于短路，它与负载串联，反映负载中的电流；电压线圈的阻抗非常高，在电路中相当于开路，它与负载并联，反映负载两端的电压。功率表的结构及电路符号如图 5.75 所示。

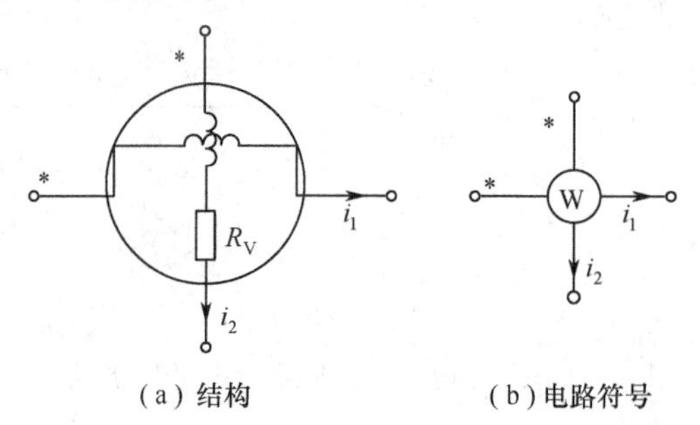

(a) 结构　　(b) 电路符号

图 5.75　功率表的结构与电路符号

功率表的每个线圈都有两个端点，每一个线圈都有一个端点标有“ * ”(或“±”)号，在测量时电流线圈的“ * ”(或“±”)端应朝向电源，电压线圈的“ * ”(或“±”)端应接到电流线圈的同一根线上，如图 5.76 所示。

由于电压线圈串有高阻值的倍压器，它的感抗与其电阻相比可以忽略不计，所以可以认为其中电流 i_2 与两端的电压 u 同相。对于电动式仪表，$\alpha=KI_1I_2\cos\varphi$，其中 I_1 即为负载电流的有效值 I，I_2 与负载电压的有效值 U 成正比，即为负载电流与电压之间的相位差，而 $\cos\varphi$ 即为电路的功率因数。因此，$\alpha=KI_1I_2\cos\varphi$ 也可写成：

$$\alpha=K'UI\cos\varphi=K'P$$

即电动式功率表中指针的偏转角 α 与电路的平均功率 P 成正比。

利用交流电压表、交流电流表和功率表可以测量元件的阻抗值，这种方法就是三表法。三表法是测量工频交流电路参数的基本方法，测量时的接线图如图 5.77 所示。

三表法测量阻抗值的原理是：首先利用电压表、电流表和功率表分别测出元件两端的电压 U、流经元件的电流 I 以及元件所消耗的功率 P，然后利用它们算出电路的功率因数：

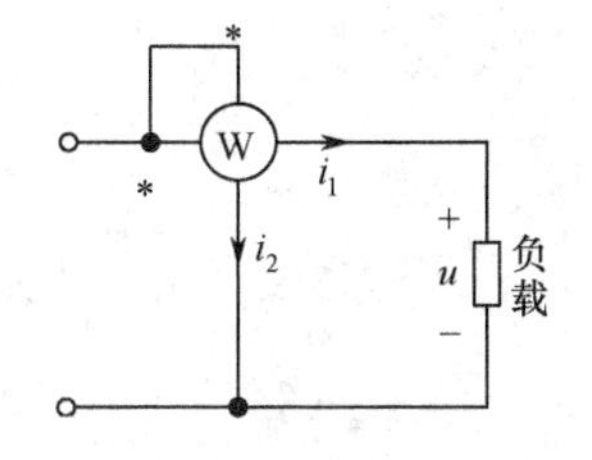

图 5.76　功率表与负载连接

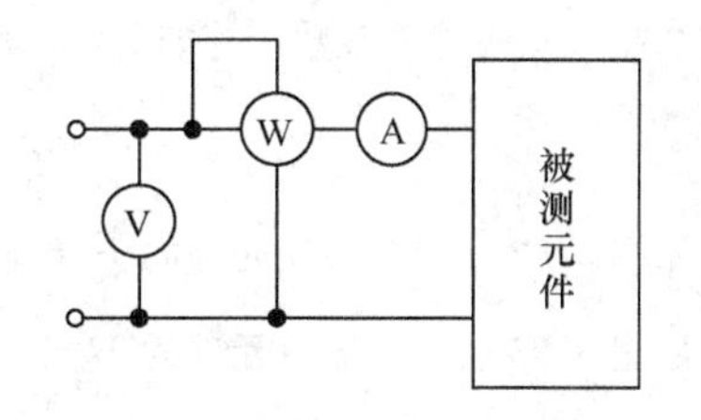

图 5.77　三表法测量元件的阻抗

$$\lambda=\cos\varphi=\frac{P}{UI}$$

和元件阻抗的模

$$|Z|=\frac{U}{I}$$

再由功率因数和阻抗模，相继求得元件的电阻 R 和电抗 X：

$$R=|Z|\cos\varphi,\quad X=|Z|\sin\varphi$$

最后，根据电抗 X 和频率 ω，求出相应的元件参数：

$$L=\frac{X}{\omega}\text{（电感）或 }C=\frac{1}{\omega X}\text{（电容）}$$

思考题与习题 5

题 5.1　试求如图 5.78 所示二端口元件的 Y 参数。

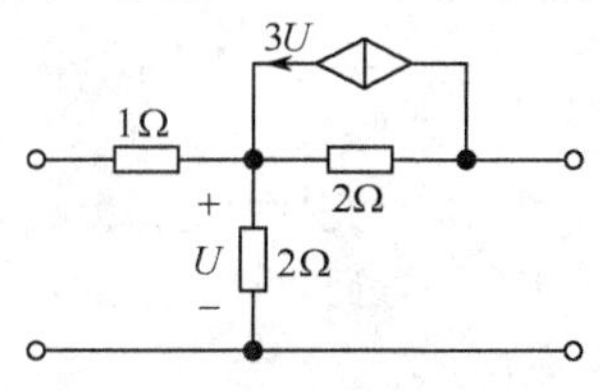

图 5.78　题 5.1 电路

题 5.2　试求如图 5.79 所示二端口元件的 Y 参数矩阵和 Z 参数矩阵。

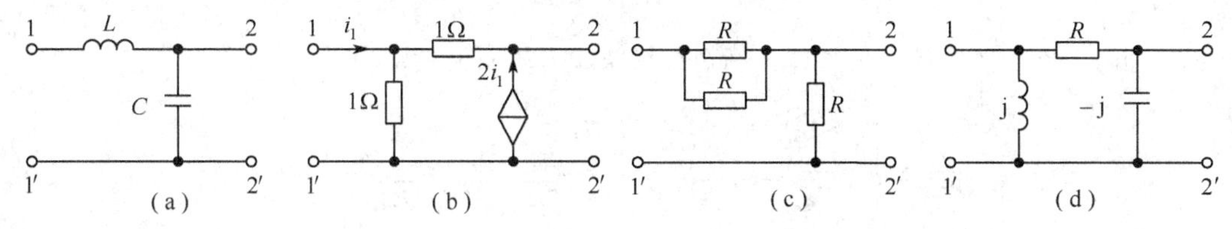

图 5.79　题 5.2 电路

题 5.3　试求如图 5.80 所示二端口元件的 Z 参数。

题 5.4　试求如图 5.81 所示二端口元件的 Z 参数。

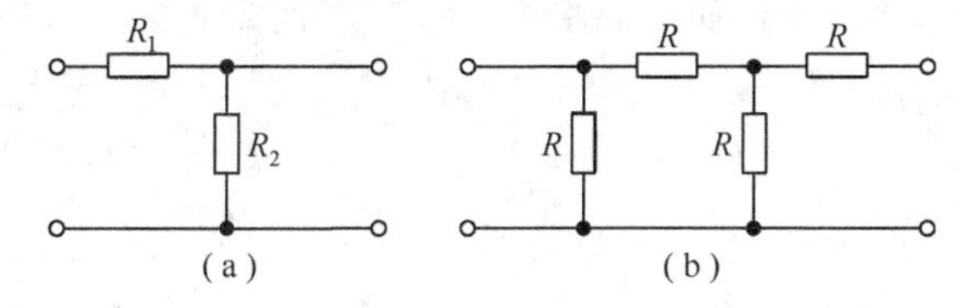

图 5.80　题 5.3 电路

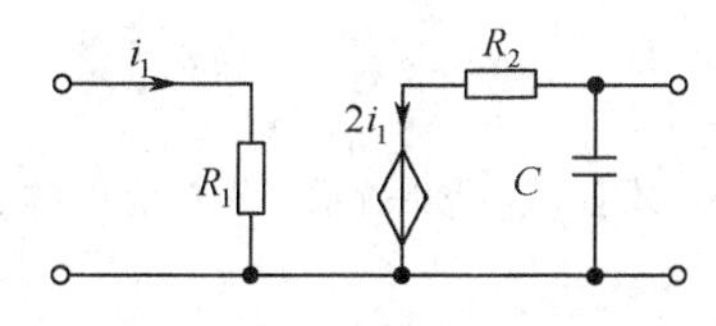

图 5.81　题 5.4 电路

题 5.5　已知二端口元件的 Z 参数矩阵如下，试设计满足该参数的电路。

$$\boldsymbol{Z}=\begin{bmatrix}20 & 16\\ 1 & 8\end{bmatrix}$$

题 5.6　试求如图 5.82 所示二端口元件的 H 参数矩阵。

题 5.7　已知如图 5.83 所示二端口元件的 H 参数矩阵如下，试求$\dfrac{U_1}{U_2}$。

$$\boldsymbol{H}=\begin{bmatrix}10 & 2\\ -1 & 0.5\end{bmatrix}$$

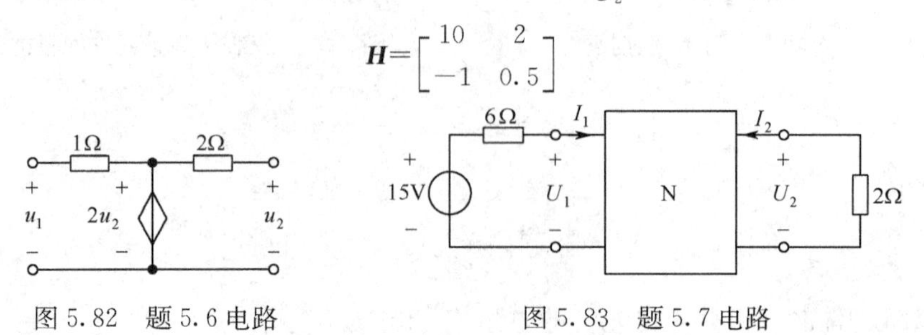

图 5.82　题 5.6 电路　　　　图 5.83　题 5.7 电路

题 5.8　试求如图 5.84 所示二端口元件的 T 参数矩阵。

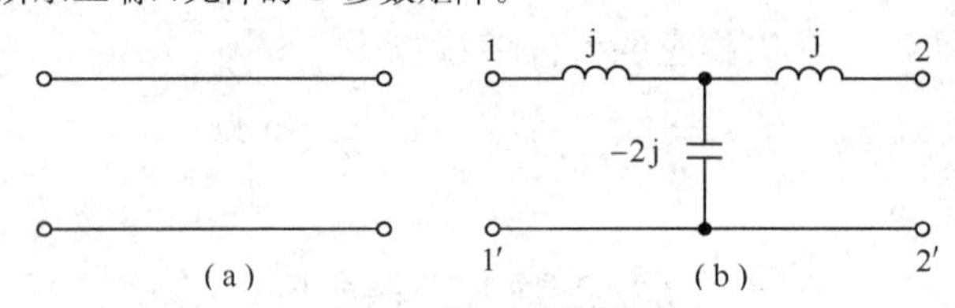

图 5.84　题 5.8 电路

题 5.9　已知一个二端口元件的 Y 参数矩阵为：

$$\boldsymbol{Y}=\begin{bmatrix}5 & -4\\ -4 & 6\end{bmatrix}$$

试求该二端口元件的 H 参数矩阵，并判断该二端口元件中是否含有受控源？

题 5.10　图 5.85 所示为晶体三极管的 T 形等效电路，求其 Z 参数。

题 5.11　试由 Y 参数矩阵推导 T 参数矩阵。

题 5.12　已知二端口元件的 T 参数矩阵如下，试求其 H 参数矩阵。

$$\boldsymbol{T}=\begin{bmatrix}8 & -2\\ 3 & 1.5\end{bmatrix}$$

题 5.13　如图 5.86 所示电路为两个二端口元件的级联，试求其传输参数矩阵。

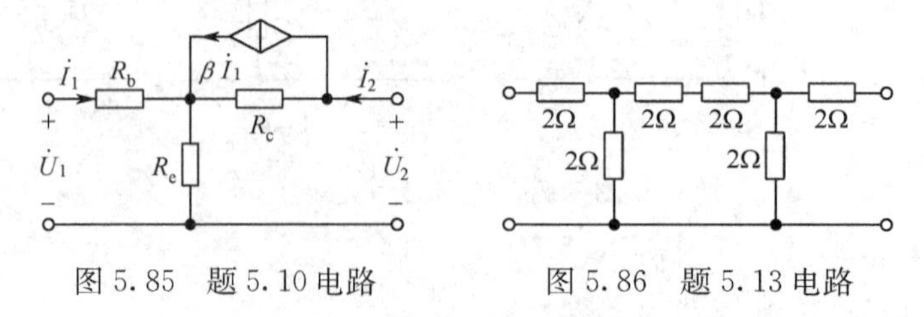

图 5.85　题 5.10 电路　　　　图 5.86　题 5.13 电路

题 5.14　如图 5.87 所示二端口元件中，已知 N_1 的 Z 参数矩阵如下，试求该二端口元件的 Z 参数。

$$\boldsymbol{Z}=\begin{bmatrix}15 & 6\\ 12 & 9\end{bmatrix}$$

题 5.15　求如图 5.88 所示二端口元件的 Z 参数。

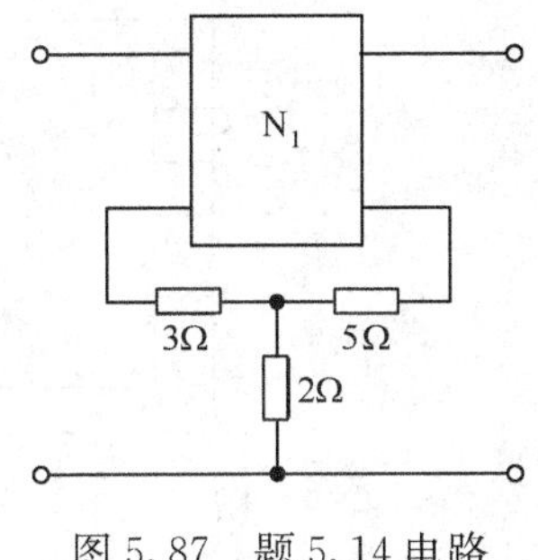

图 5.87　题 5.14 电路

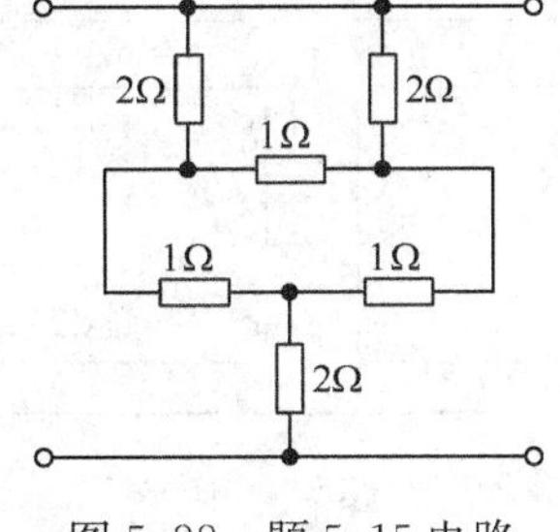

图 5.88　题 5.15 电路

题 5.16　试求如图 5.89 所示二端口元件的 Y 参数。

题 5.17　试求如图 5.90 所示二端口元件的 T 形等效电路。

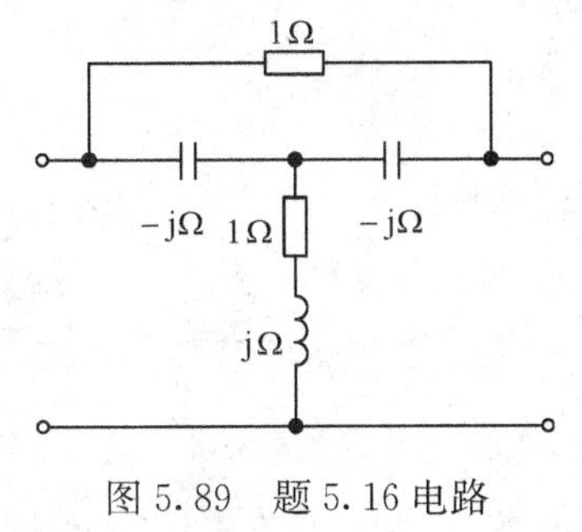

图 5.89　题 5.16 电路

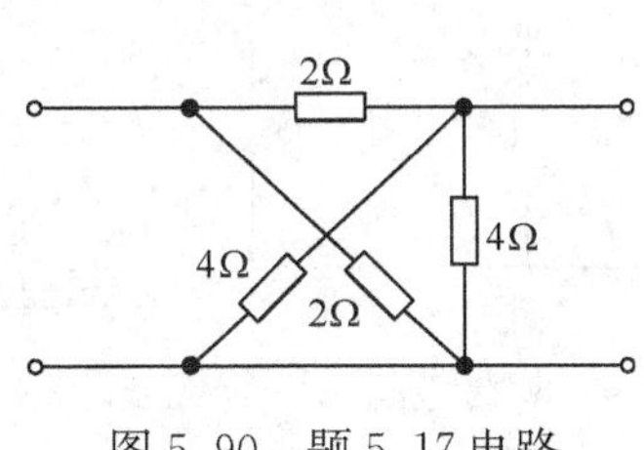

图 5.90　题 5.17 电路

题 5.18　已知二端口元件的传输参数矩阵如下，试求其Π形等效电路。

$$\boldsymbol{T}=\begin{bmatrix}1 & 4\\2 & 0.5\end{bmatrix}$$

题 5.19　已知二端口元件的 Z 参数矩阵如下，试求其 T 形等效电路。

$$\boldsymbol{Z}=\begin{bmatrix}9 & 6\\3 & 1\end{bmatrix}$$

题 5.20　如图 5.91 所示二端口元件，已知其 Z 参数矩阵如下，试求当 R 为何值时可获得最大功率？最大功率为多少？

$$\boldsymbol{Z}=\begin{bmatrix}2 & 4\\1 & -3\end{bmatrix}$$

题 5.21　试求如图 5.92 所示二端口元件的特性阻抗和传输系数。

题 5.22　如图 5.93 所示二端口元件，已知 $\dot{U}_S=10\angle 0°\text{V}$，试求当 $Z_L=Z_C$ 时负载上消耗的功率。

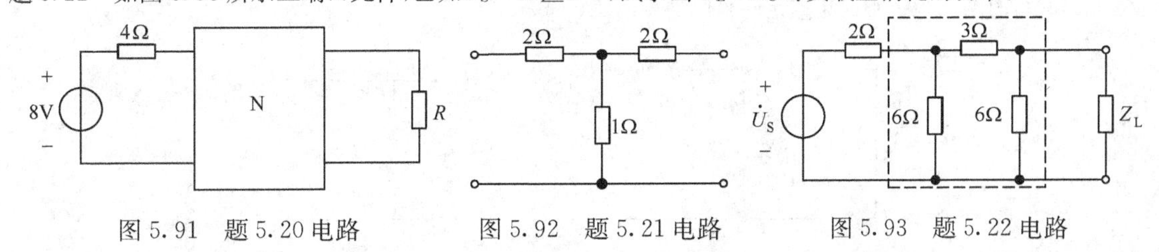

图 5.91　题 5.20 电路　　图 5.92　题 5.21 电路　　图 5.93　题 5.22 电路

题 5.23　用变压器能否实现直流电压耦合？

题 5.24　为什么将两互感线圈串联或并联时，必须注意同名端，否则当接到电源时有烧毁的危险？

题 5.25　互感线圈的耦合系数能否等于零？

题 5.26　试标出图 5.94 所示互感元件的同名端。

题 5.27　图 5.95 所示的电路中，两个线圈的额定电压均为 110V，当外加电压分别为 110V 和 220V 时，线圈 1 和线图 2 的 4 个端钮应该如何连接？

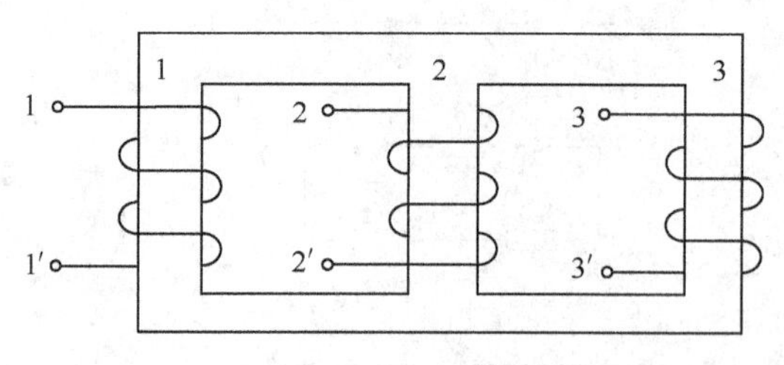

图 5.94　题 5.26 图

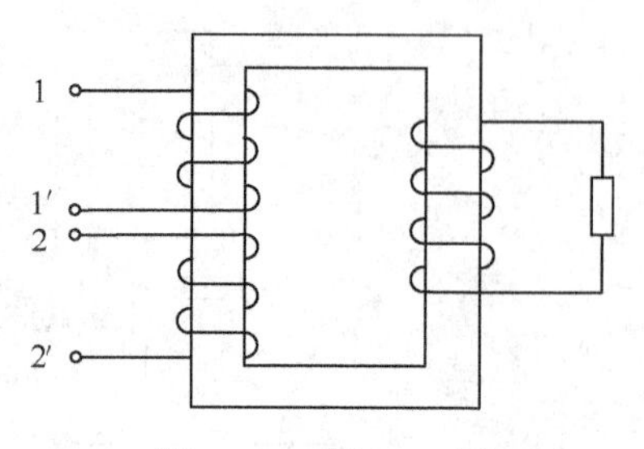

图 5.95　题 5.27 图

题 5.28　试求图 5.96 所示电路中 a、b 两端的电压。

题 5.29　试求图 5.97 所示电路的等效电感。

题 5.30　试计算图 5.98 所示三个互感线圈的总电感量。

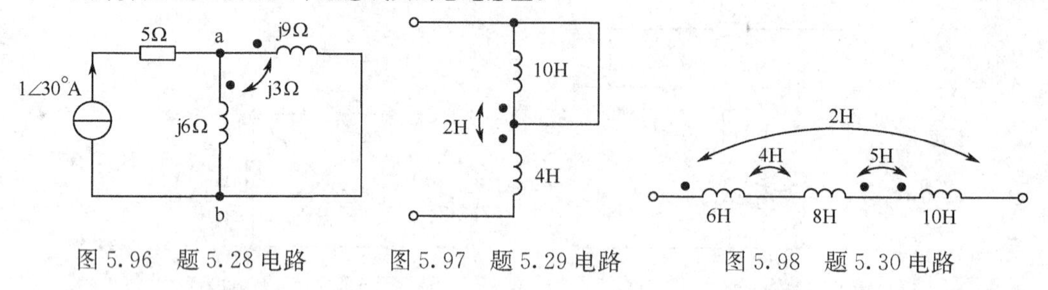

图 5.96　题 5.28 电路　　　图 5.97　题 5.29 电路　　　图 5.98　题 5.30 电路

题 5.31　两个线圈，当顺串时总电感为 180mH，反串时总电感为 120mH，若其中一个线圈的电感是另一个的 4 倍，求 L_1，L_2 和 M，并计算耦合系数 K。

题 5.32　试求图 5.99 所示电路的入端阻抗。

题 5.33　试计算图 5.100 所示电路中的电压$\dot{U}$。

题 5.34　试求图 5.101 所示电路的诺顿等效电路。

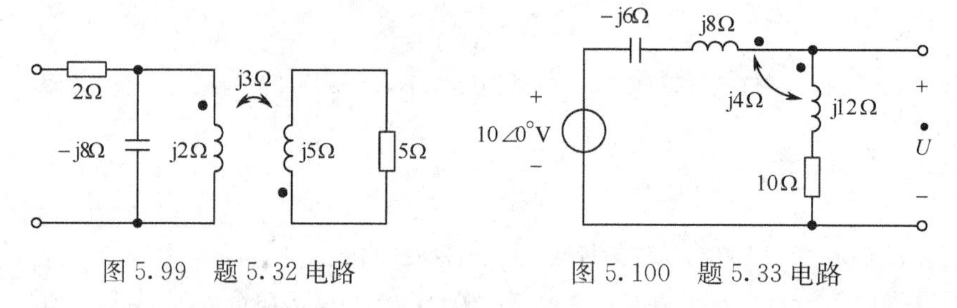

图 5.99　题 5.32 电路　　　图 5.100　题 5.33 电路

题 5.35　试写出图 5.102 所示互感元件的伏安关系式。

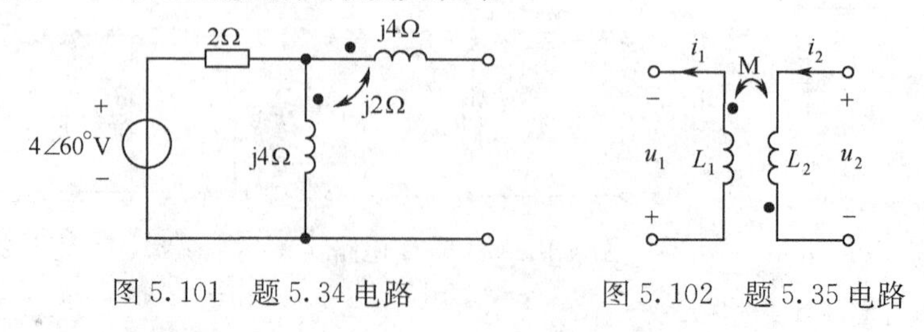

图 5.101　题 5.34 电路　　　图 5.102　题 5.35 电路

题 5.36　图 5.103 所示电路中，已知两个线圈的参数为：$R_1=R_2=100\Omega$，$L_1=3\text{H}$，$L_2=10\text{H}$，$M=5\text{H}$，正弦电源的电压 $\dot{U}=220\angle 0^\circ\text{V}$，$\omega=100\text{rad/s}$：

(1) 试求两线圈端电压，并做出电路的向量图；

(2) 电路中串联多大的电容可使电路发生串联谐振？

(3) 画出该电路的去耦等效电路。

题 5.37　图 5.104 所示电路中，若$\dot{U}_2=\dot{U}_S$，那么理想变压器的匝比应为多少？

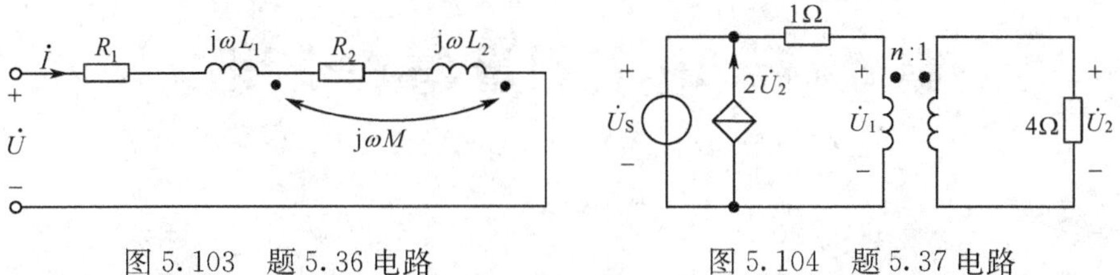

图 5.103　题 5.36 电路　　　图 5.104　题 5.37 电路

题 5.38　试计算图 5.105 所示电路的输入阻抗。

题 5.39　图 5.106 所示电路中，要使负载获得最大功率，则变压器的变比 n 应为多少？并计算该最大功率的值。

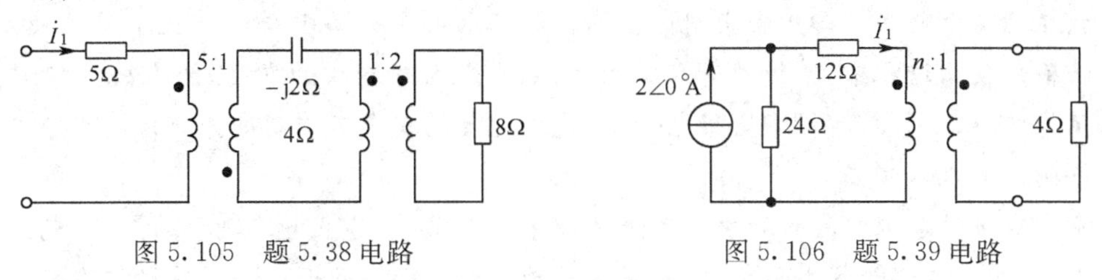

图 5.105　题 5.38 电路　　　图 5.106　题 5.39 电路

题 5.40　试求图 5.107 所示电路中的电流$\dot{I}$。

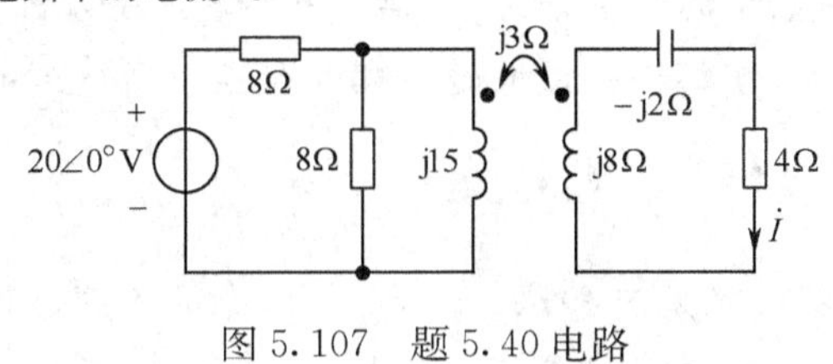

图 5.107　题 5.40 电路

第 6 章　电工测量与安全用电

本章导读信息

电工测量与安全用电是将所学电工知识与技能运用于现实生活的集中体现。电工测量是研究电学量和磁学量测量方法及测量仪表的科学。随着国民经济各部门生产过程自动化的实现与发展,需要对各种电学量和磁学量进行测量。因此,掌握电工测量技术能够为日后科学研究、生产、生活奠定坚实基础。安全用电是指在保证人身和设备安全的前提下正确使用电能。在电气设备的使用过程中,常伴随着人身触电、电气起火等事故的发生,给人民生命财产和国民经济带来损失。因此,学习安全用电知识,建立完善的安全工作制度并严格遵守操作规程是做到安全用电的根本保证。

本章内容可结合电工实验和电工实训进行学习。首先,建立电工测量的概念,包括电工测量的组成要素、电工测量方式与方法、测量误差的减小与数据处理;其次,掌握常用电工测量仪表的分类、正确选用和常用电量的测量方法;最后,了解安全用电中人体电阻、安全电压等基本概念和人体触电的几种方式,掌握安全用电的原理和生活中所遇到的静电、雷电、电气火灾、电气爆炸的防护措施。

1. 内容提要

本章主要介绍了电工测量的基本知识、常用电工仪表的原理与使用、常用电量的测量方法和安全用电,在例题中紧密结合典型的实际应用电路,并做了适当的分析。给出了适量的结合实际的思考题和练习题。

全章内容分为 4 小节:

6.1 节介绍了电工测量概念及组成要素、常用电工测量方式与测量方法、测量误差与数据处理等基本知识,主要概念和名词有:测量对象、测量方式、测量方法、直接测量方式、间接测量方式、组合测量方式、直读测量法、比较测量法、零值法、较差法、替代法、测量设备、系统误差、随机误差、疏忽误差、欠准数字、有效数字、有效位数。

6.2 节介绍了电工测量仪表及其分类方法、电工仪表的误差与准确度、仪表的选择原则和常用电工仪表使用注意事项等问题,主要概念和名词有:电工测量,电学量,电量和电参量,电工仪表,非电量,指示仪表,比较仪表,记录仪表,磁电式、电磁式和电动式仪表,指示值,真值,基本误差,附加误差,系统误差,随机误差,粗大误差,绝对误差,相对误差,引用误差,仪表量程,仪表的准确度、仪表内阻。

6.3 节介绍了常用电量的测量方法,主要概念和名词有:仪表极性、仪表的量程与扩大、钳形电流表、电动式功率表、电能表、功率因数表、万用表、伏安法、兆欧表、直流电桥、交流电桥、RLC 串联谐振法、电压法、时间常数法。

6.4 节介绍了安全用电,主要概念和名词有:人体电阻、电流对人体的影响、安全电压、安全电压等级、单相直接触电、低压中性点、两相直接触电、跨步电压触电、接地、接地体、接地电阻、保护接地、工作接地、重复接地、保护接零、静电防护、电气防雷、电气防火、电气防爆。

2. 重点与难点

【本章重点】

(1) 常用电工测量方式与测量方法,测量误差与减小测量误差方法,测量数据的处理;

(2) 常用电工测量仪表的基本原理,被测量电路与仪表的连接,合理选择仪表的量程;

(3) 常用电量的测量;

(4) 人体电阻的概念、电流对人体的影响、人体触电的几种方式,建立安全电压的概念,安全电压等级,接地、保护接零措施对安全用电的原理。

【本章难点】

(1) 功率的测量、电能测量电路的连接、交流电桥测量电感电容;

(2) 接地、保护接零、重复接地的概念及其原理分析。

6.1 电工测量概述

各种电学量和磁学量的测量,统称为电工测量。即借助于测量设备,将被测电学量或磁学量与作为测量单位的同类标准电学量或磁学量进行比较,从而确定被测量的大小的过程。电路中各个物理量的大小,理论上可以通过电路分析与计算的方法求得,而在工程实际中,常常采用实验测量的方法获得,也就是用电工测量仪表去测量。通过测量获得的数据,分析判断电路的工作状态。本节是对电工测量的概述,介绍电工测量过程所包含的要素、常用电工测量方式与测量方法、测量误差及减小误差的方法、测量数据的处理。

6.1.1 电工测量的要素

一个完整的电工测量过程,通常包括如下几个要素:

(1) 测量对象

电工测量对象包括电学量和磁学量。通常要求测量的电学量可分为电量和电参量,电量有电流、电压、功率、能量、频率、相位等;电参量有电阻、电容、电感等。要测量的磁学量有磁感应强度、磁通、磁导率等。

(2) 测量方式和测量方法

根据测量的目的和被测量的性质,可选择不同的测量方式和不同的测量方法。

(3) 测量设备

对被测量与标准量进行比较的测量设备,包括测量仪器和作为测量单位参与测量的度量器。进行电学量或磁学量测量所需的仪器仪表,统称为电工仪表。电工仪表是根据被测电学量或磁学量的性质,按照一定原理构成的。电工测量中使用的标准电学量或磁学量是电学量或磁学量测量单位的复制体,称为电学度量器。电学度量器是电气测量设备的重要组成部分,它不仅作为标准量参与测量过程,而且是维持电磁学单位统一,保证量值准确传递的器具。电工测量中常用的电学度量器有标准电阻、标准电容、标准电感等。

除以上三个主要方面外,测量过程中还必须建立测量设备所必需的工作条件;慎重地进行操作,认真记录测量数据;并考虑测量条件的实际情况进行数据处理,以确定测量结果和测量误差。

6.1.2 常用电工测量方式与测量方法

在电工测量过程中，首先要选择适当的测量方式和测量方法，将被测量与作为标准量的度量器进行直接或间接的比较，从而得到测量结果。

1. 测量方式的分类

电工测量方式主要有如下三种。

（1）直接测量方式

在测量过程中，能够直接将被测量与同类标准量进行比较，或能够直接用事先刻度好的测量仪器对被测量进行测量，从而直接获得被测量数值测量方式称为直接测量。例如，用电压表测量电压、电能表测量电能以及用直流电桥测量电阻等都属于直接测量。直接测量方式广泛应用于工程测量中。

（2）间接测量方式

当被测量由于某种原因不能直接测量时，可以通过直接测量与被测量有一定函数关系的物理量，然后按函数关系计算出被测量的数值，这种间接获得测量结果的方式称为间接测量。例如，用伏安法测量电阻，是利用电压表和电流表分别测量出电阻两端的电压和通过该电阻的电流，然后根据欧姆定律计算出被测电阻的大小。间接测量方式广泛应用于科研、实验室及工程测量中。

（3）组合测量方式

当被测量有多个时，它们彼此间又具有一定的函数关系，并能以某些可测量的不同组合形式表示，那么可先通过直接或间接方式测量这些组合量的数值，再通过联立方程组求得未知被测量的数值。这种测量方式称为组合测量方式。

例如，导体的电阻 R_t 随温度 t 变化，两者之间的函数表达式为

$$R_t=R_{20}[1+\alpha(t-20)+\beta(t-20)^2]$$

如果要确定某种导体的电阻 R_t 与温度 t 之间的关系，则须测定温度系数 α、β 以及在 20℃ 该导体的电阻 R_{20}。为此，可分别测出该导体在 20℃ 和 t_1、t_2 时的电阻值 R_{20}、R_1、R_2，并带入到函数表达式中，得到由两个方程式组成的方程组，求解方程组即可求出温度系数 α、β。

在组合测试中，所列出的方程式数目应等于未知被测量的数目。

2. 测量方法的分类

在测量过程中，作为测量单位的度量器可以直接参与也可以间接参与。根据度量器参与测量过程的方式，可以把电工测量方法分为直读测量法和比较测量法两种。

（1）直读测量法

用直接指示被测量大小的指示仪表进行测量，能够直接从仪表刻度盘上读取被测量数值的测量方法，称为直读测量法。用直读法测量时，度量器不直接参与测量过程，而是间接地参与测量过程。例如，用欧姆表测量电阻时，从指针在刻度尺上指示的刻度可以直接读出被测电阻的数值。这一读数被认为是可信的，因为欧姆表刻度尺的刻度事先用标准电阻进行了校验，标准电阻已将其量值和单位传递给欧姆表，间接地参与了测量过程。直读法测量的过程简单、操作容易、读数迅速，但其测量的准确度不高。

（2）比较测量法

将被测量与度量器在比较仪器中直接比较，从而获得被测量数值的方法称为比较测量法。标准量的实体保存在国家级的计量部门中，作为检验各级度量衡具的标准量用。日常使用的

标准量是标准量的复制品。比较法使用的仪表称为比较仪表，例如，电桥、电位差计等。在电工测量中，比较法具有很高的测量准确度，可以达到±0.001%，但测量时操作比较麻烦，相应的测量设备也比较昂贵。

根据被测量与度量器进行比较时的不同特点又可将比较测量法分为零值法、较差法和替代法三种。

① 零值法：零值法又称平衡法，它是利用被测量对仪器的作用，与标准量对仪器的作用相互抵消，由指零仪表做出判断的方法。即当指零仪表指示为零时，表示两者的作用相等，仪表达到平衡状态，此时按一定的关系可计算出被测量的数值。显然，零值法测量的准确度主要取决于度量器的准确度和指零仪表的灵敏度。

例如，在测量具有高内阻有源二端网络的开路电压时，为避免用电压表直接测量所造成的较大误差，往往利用零值法测量，如图 6.1 所示。将一低内阻的稳压电源与被测有源二端网络相比较，当稳压电源的输出电压与线性有源二端网络的开路电压相等时，电压表的指示为零。此时，稳压电源的输出电压即为被测线性有源二端网络的开路电压。

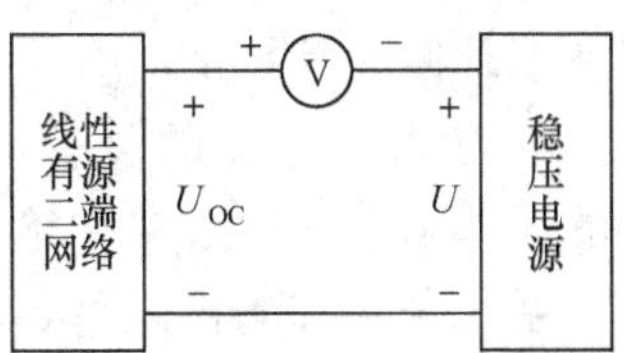

图 6.1　零值法测量线性有源二端网络 U_{oc}

② 较差法：较差法是通过测量被测量与标准量的差值，或正比于该差值的量，根据标准量来确定被测量的数值的方法。较差法可以达到较高的测量准确度。

③ 替代法：替代法是分别把被测量和标准量先后接入同一测量仪器，在不改变仪器工作状态的情况下，使两次测量中仪器的示值相同，即可根据标准量来确定被测量的数值。用替代法测量时，由于替代前后仪器的工作状态是一样的，因此仪器本身性能和外界因素对替代前后的影响几乎是相同的，有效地克服了所有外界因素对测量结果的影响。替代法测量的准确度主要取决于度量器的准确度和仪表的灵敏度。

6.1.3　测量误差与数据处理

在实际测量中，由于受到测量方法、测量设备、试验条件及观测经验等多方面因素的影响，都会使测量结果与被测量真值之间存在一定的差别，这种差别称为测量误差。

1. 测量误差的分类

根据误差的性质和产生的原因，误差可分为系统误差、随机误差和疏忽误差三类。

（1）系统误差

在多次测量同一个量时，如果误差的数值大小和符号保持恒定，或遵循一定的规律变化，那么这类误差就称为系统误差。系统误差的数值大小和符号能准确确定，因此经常被用来修正测量数据。

产生系统误差的原因主要有以下几个方面：

① 测量仪表仪器和环境造成的误差。测量仪表仪器本身结构和制作工艺的不够完善，例如仪表指示刻度不够准确，会造成系统误差；使用仪表仪器时未满足所规定的使用环境条件，例如安装位置不够正确、环境温度不符合要求等，也会造成系统误差。

② 测量方法和理论造成的误差。测量方法不够完善或者测量所依据的理论不完善，例如采用近似公式、忽略了电源内阻等，都会造成系统误差。

③ 人员误差。人员误差也称个人误差，它是由测量人员的最小分辨力、感官的生理变化、反应速度或习惯等因素而带来的误差。这种误差因人而异，并与个人实验时的心理或生理状

态有关。

从以上引起系统误差的原因分析可知,系统误差的主要特点是:系统误差产生在测量之前,具有确定性,多次测量也不能减小和消除它,即不具有抵偿性。

(2) 随机误差

随机误差又称偶然误差。在相同条件下多次重复测量同一被测量时,随机误差的数值会发生变化,且没有固定的变化规律。产生随机误差的原因很多,如温度、磁场、电源频率等的偶然变化都可能引起这种误差;另一方面观测者本身感官分辨力的限制也是随机误差的一个来源。随机误差反映了测量的精密度,随机误差越小,精密度就越高。

随机误差具有以下 4 个特点:

① 有界性。在有限次测量中,随机误差总是有界限的,不可能出现无穷大的随机误差。

② 对称性。在一定测量条件下的有限次测量中,绝对值相等的正误差与负误差出现的次数大致相同。

③ 抵偿性。由于随机误差具有对称性,因此取这些误差的算术平均值时,绝对值相等的正负误差便相互抵消。

④ 单峰性。随机误差不会等于零,它总是在零的附近随机波动,波动时大时小,且绝对值小的误差出现的次数多于绝对值大的误差出现的次数。

系统误差和随机误差是两类性质完全不同的误差。系统误差反映在一定条件下误差出现的必然性,而随机误差则反映在一定条件下误差出现的可能性。

(3) 疏忽误差

明显与实验测量结果不相符的误差称为疏忽误差,又称过失误差或粗大误差。它主要由测量过程中某些意外发生的不正常因素造成,包括测量人员的主观原因和外界条件的客观原因两个方面。疏忽误差是一种严重偏离测量结果的误差,含有疏忽误差的测量数据都是不可靠的,应当剔除。

2. 减小误差的方法

测量误差是不可能绝对消除的,但要尽可能减小误差对测量结果的影响,使其减小到允许的范围内。

减小测量误差,应根据误差的来源和性质采取相应的措施和方法。必须指出,一个测量结果中有可能同时存在系统误差、随机误差和疏忽误差,除了疏忽误差可以明显判断出来并剔除外,要截然区分系统误差和随机误差是不容易的。所以应根据测量的要求和这两者对测量结果的影响程度来选择减小方法。常用的三类误差减小方法如下。

(1) 减小系统误差的方法

根据实际情况选择适当的方法来减小系统误差,其中常用的方法如下:

① 预先研究可能产生误差的来源并加以适当校正,其中包括测量前校正所有有关的仪表仪器,审核有关的测量方案和理论,确定有关的校正公式、曲线和数据等。

② 消除产生误差的根源。如测量前认真检查有关仪表仪器是否调整好,仪表指针是否指在零位。还要检查仪表仪器是否安放在合适的位置上,各种界限是否正确;同时还要选好利于观测仪表的位置,以免出现因视觉而产生的误差。

③ 采取特殊的测量方法。针对出现系统误差的不同情况,可分别采取以下的特殊测量方法,以减小系统误差。

一是正负误差补偿法。当系统误差为恒值时,可对被测量在不同的测量条件下进行两次测量，并使一次误差为正，另一次误差为负（两次误差绝对值相等），然后求出这两次测量数据的平均值，作为测量结果。

例如，为消除恒定的外磁场对磁电式仪表所造成的系统误差，假设在测量初始位置时，外磁场与仪表内磁场叠加，使测量出现正误差，此时仪表指针的偏转角为

$$\alpha_1 = \alpha + \Delta\alpha$$

式中，α 为仪表指针在无外磁场影响下的正确偏转角；$\Delta\alpha$ 为仪表指针指在外磁场作用下产生的附加偏转角。

然后将仪表从初始位置转动 180°，使外磁场对仪表产生相反的影响，这时仪表指针的偏转角为

$$\alpha_2 = \alpha - \Delta\alpha$$

取两次读数的平均值，即

$$(\alpha_1 + \alpha_2)/2 = [(\alpha + \Delta\alpha) + (\alpha - \Delta\alpha)]/2 = \alpha$$

由于测量结果是取两次读数之和的一半，所以系统误差正负值相互抵消。

二是换位法。当系统误差为恒值时，通过适当安排，对被测量进行两次测量，并使产生误差的因素从相反的方面影响测量结果，然后取两次测量结果的平均值，以达到减小或消除系统误差的目的。例如，用双臂电桥测量电阻时，为了减小因比率臂电阻不准确造成的误差，可采取换臂的办法，将两个比率臂的电阻的位置调换一下，再进行一次测量，然后取两次测量结果的平均值。

三是替代法。采用替代法测量时，被测量的误差与仪表仪器本身及外界因素无关，而只与标准量的准确度有关。一般情况下，标准量的误差很小，可以忽略，因此，替代法可以大大减小或消除系统误差。

(2) 减小随机误差的方法

减小随机误差可采用在同一条件下，对被测量进行足够多次的重复测量，取各次测量结果的算术平均值作为测量结果方法。测量次数越多，其随机误差的影响越小，测量结果的算术平均值越接近于真值。

随机误差一般较小，工程上常可忽略。

(3) 减小疏忽误差的方法

由于疏忽误差绝大多数情况下是由测量人员粗心大意造成的，所以提高测量人员的技术水平、培养严谨的科学态度和工作作风、加强责任心、在测量过程中集中注意力、一丝不苟是避免疏忽误差的关键。保证测量条件在整个测量过程中稳定不变，避免在外界条件剧烈变化时进行测量，也可使疏忽误差产生的机会大为减少。

3. 测量数据的处理

数据处理是电工测量中必不可少的工作。测量时如何从标尺上正确读取数据，如何整理数据，如何进行近似计算，如何按照预先规定或技术标准做出正确判断，都是测量人员必须掌握的基础知识。

在实际测量过程中，用多少位数字来表示测量或计算结果对最终结果的精度有着较大的影响。测量时，由于测量误差的存在，测量人员只能从标度尺读取一定位数的近似值，读取数据的位数过多，不但不能提高测量结果的准确度，反而使计算工作量大大增加，容易出差错；而读取位数过少，显然也会增大误差。那么，测量数据究竟该取多少位？要回答这个问题，先要了解欠准数字的含义和测量数据的定位方法。

(1) 欠准数字及测量数据的定位

如果用量程为10mA的电流表测量某电流，当指针指在6.5～6.6中间时，则测量数据就是6.55mA。其中，6.5mA是准确值，而百分位上的数字5是估计数字。估计数字就称为欠准数字。欠准数字可以是0～9中的任意一个数字。测量读取数据时，只能取一位欠准数字，而且必须读取一位欠准数字。

一般来说，测量数据的位数要根据仪表的精度而定，即测量数据应读取到仪表标度尺最小分度值的后一位。显然小数右边的0不能随意删去，它虽然与数值的大小无关，但它具有定位和表示仪表精度的作用。若删去小数右边的0，则降低了仪表的精度；若在小数的右边随意增添0，则夸大了仪表的精度。

(2) 有效数字及有效位数的确定

由以上分析可见，测量数据最后一位数字必须是欠准数字，欠准数字为0时，也必须写出来。从测量数据左侧的第一个非0数字到欠准数字的所有数字都是有效数字，有效数字的个数就是有效位数。

对于任意一个非零数，其有效数字及其有效位数的确定原则如下：

① 纯小数的有效数字及有效位数的确定。从纯小数左边第一个非0数字起到最右边数字止的各个数字都是有效数字，其个数就是纯小数的有效位数。如0.18、0.018、0.0018均有2位有效数字，即有效位数均为2；而数0.180、0.1800、0.18000则分别有3位、4位、5位有效数字，即有效位数分别为3、4、5。

② 非纯小数的有效数字及有效位数的确定。从整数的最高位起到小数的最低位止，各位上的数字都是有效数字，整数位数与小数位数之和就是有效位数。如18.65、3.075、4.010均有4位有效数字，即有效位数均为4。

③ 右边含若干个0的整数的有效数字及有效位数的表示方法。这种情况下，若无特别说明，则各个数字均为有效数字，该整数的位数就等于有效位数。如果题设条件中指明了有效位数，而有效位数又不等于原数的整数位数时，可以用科学计数法表示，即把该数写成含1位整数的非纯小数与10^n乘积的形式。此非纯小数的各个数字均为有效数字，有效数字个数为有效位数。如需将数7200分别表示为有效位数为2、3、4、5的数，可分别写成7.2×10^3、7.20×10^3、7.200×10^3、7.2000×10^3。

由以上分析可得如下结论：

① 有效数字中，左侧第一位不能为0。

② 有效位数确定后，小数右边有0时，不能随意删去0；也不能在小数右边随意添加0。

③ 有效位数确定后，整数的位数不一定就是有效位数，有效位数由题设条件或实际情况决定。

④ 有效位数确定后，整数末位的0不一定是有效数字。

⑤ 用科学计数法表示整数的有效数字和有效位数时，将小数位数加1就得到有效位数；一个右边含若干个0的整数可以用科学计数法表示为含不同有效位数的数。

6.2 电工测量仪表

电工测量仪表是实现电工测量过程所需技术工具的总称。在电工、电子产品的生产、调试过程中和电气设备的检测、维修时都离不开电工仪表。本节介绍电工仪表的几种分类，仪表误差与准确度，仪表的选用原则和仪表的使用注意事项。

6.2.1 电工仪表的分类

电工测量仪表在现代各种测量技术中占有重要的地位，它具有下述几个主要优点：

① 结构简单，使用方便，并有足够的准确度；

② 可以灵活地安装在需要进行测量的地方，并可实现自动记录；

③ 可以解决远距离的测量问题，为集中管理和控制提供了条件；

④ 通过与各类传感器配合，可以利用电工测量的方法对非电量（如温度、压力、速度、水位及机械变形等）进行测量。

电工仪表的产品种类很多，它们的分类方法也各异。通常所用到的电工测量仪表常按照下列几个方面来分类。

(1) 按仪表的结构和用途大体可分为下列几种类型：

● 指示仪表类。包括各种安装式指示仪表，各种实验室及可携式指示仪表等。直读式仪表就是指示仪表类，它将被测量的数值由仪表指针在刻度盘上直接指示出来。常用的电流表、电压表等均属指示仪表类。

● 比较仪表类。包括直流电桥、交流电桥、电位差计、标准电阻箱、标准电感、标准电容等。比较式仪表需将被测量与标准量进行比较后才能得出被测量的数量。

● 记录/显示器仪表类。记录仪表将被测量的数值记录下来，显示器仪表将被测量的变化规律及数据显示出来。

(2) 按被测量对象的种类可分为电流表、电压表、功率表、电能表、频率表、相位表等。

(3) 按工作原理可分为磁电式、电磁式、电动式、感应式仪表等。

(4) 按被测量电流的种类可分为直流、交流和交直流两用仪表。

(5) 按显示方式可分为指针式（模拟式）仪表和数字式仪表。指针式仪表用指针和刻度盘指示被测量的数值；数字式仪表先将被测量的模拟量转化为数字量，然后用数字显示被测量的数值。

(6) 按使用方式可分为安装式仪表和可携式仪表。

(7) 按准确度可分为 0.1、0.2、0.5、1.0、1.5、2.5 和 5.0 共 7 个等级。

电工测量仪表的表盘上有许多表示其技术特性的标准符号。根据国家标准的规定，每一个仪表必须标有表示测量对象的单位、工作电流的种类、相数、准确度等级、测量机构的类别、使用条件级别、工作位置、绝缘强度试验电压的大小、仪表型号和各种额定值等标志符号。

表 6.1 所示为常用电工仪表的符号及意义。

表 6.1 常用电工仪表的符号及意义

分类	符号	名称	被测量的种类
电流种类	—	直流电表	直流电流、电压
	～	交流电表	交流电流、电压、功率
	≃	交直流两用表	直流电量或交流电量
	≋或 3～	三相交流电表	三相交流电流、电压、功率

续表

分类	符号	名称	被测量的种类
测量对象	(A) (mA) (uA)	安培表、毫安表、微安表	电流
	(V) (kV)	伏特表、千伏表	电压
	(W) (kW)	瓦特表、千瓦表	功率
	kW·h	千瓦时表	电能量
	(φ)	相位表	相位差
	(f)	频率表	频率
	(Ω) (MΩ)	欧姆表、兆欧表	电阻、绝缘电阻
工作原理		磁电式仪表	电流、电压、电阻
		电磁式仪表	电流、电压
		电动式仪表	电流、电压、电功率、功率因数、电能量
		整流式仪表	电流、电压
		感应式仪表	电功率、电能量
准确度等级	1.0	1.0 级电表	以标尺量限的百分数表示
	(1.5)	1.5 级电表	以标尺值的百分数表示
绝缘等级	2kV	绝缘强度试验电压	表示仪表绝缘经过 2kV 耐压测试
工作位置	→或⊓	仪表水平放置	
	↑或⊥	仪表垂直放置	
	∠60°	仪表倾斜放置	
端钮	+	正端钮	
	−	负端钮	
	±或 *	公共端钮	
	⊥或	接地端钮	
工作环境	[A]	工作环境 0～40℃，湿度在 85%以下	
	[B]	工作环境 −20～50℃，湿度在 85%以下	
	[C]	工作环境 −40～60℃，湿度在 98%以下	

【例 6.1】理解如图 6.2 中所示仪表表盘中各标准符号所代表的相关技术特性。

解 根据图 6.2 所示仪表盘上所标出的标准符号，可知该仪表的相关技术特性如下：字母 A 表示安培表；表示电磁式；～表示适用于交流电的测量；1.5 表示仪表准确度为 1.5 级；⊥表示使用时需垂直安装。

图 6.2 例 6.1 图

6.2.2 电工仪表的误差与准确度

无论制造工艺如何完美，仪表的误差总是客观存在的。电工仪表误差是测量结果（简称指示值）与被测量的真实值（简称真值）之间的差异。而电工仪表的准确度是指示值与真值的相接近的程度，是测量结果准确程度的量度。可见，仪表的准确度越高，其误差就越小。因此，在实际测量中往往采用误差的大小来表示准确度的高低。

1. 仪表误差的分类

根据引起误差的原因不同，仪表误差可分为基本误差和附加误差两类。

（1）基本误差：在规定的温度、湿度、频率、波形、放置方式以及无外界电磁场干扰等正常工作条件下，由于制造工艺的限制，仪表本身所固有的误差称为基本误差。例如，仪表活动部分的机械摩擦误差、标尺刻度不准确、轴承与轴尖间隙过大造成误差等都属于基本误差范围。

（2）附加误差：由于外界因素的影响和仪表放置不符合规定等原因所产生的额外误差。例如由于环境温度、湿度、频率、外界电磁场、波形等变化而造成的测量误差都属于附加误差范围。附加误差有些可以消除或限制在一定范围内，而基本误差却不可避免。

2. 仪表误差的表示方法

仪表误差的大小常用绝对误差、相对误差、引用误差三种表示方法来表示。设测量结果（示值）为 A_x；被测量真实值（真值）为 A_o；仪表量限（满标度值）为 A_m，则有如下几种误差的定义。

（1）绝对误差：测量结果的示值与被测量的真值之间的差值称为绝对误差，写作 ΔA。绝对误差 ΔA 表示为

$$\Delta A = A_X - A_O \tag{6.1}$$

绝对误差的单位与被测量的单位一致，且有正负之分。当测量值 A_X 比真值 A_O 大，则 ΔA 为正，否则为负。当测量同一个量时，ΔA 的绝对值越小，则测量结果越准确。

由于测量结果的真值往往难以确定，因此在实际测量中，通常用高准确度仪表的指示值 A 作为被测量的真实值 A_o，有时也用理论计算值代替真值 A_o。此处，A 与真值 A_o 并不相等，但相比于测量结果的示值更接近于真值 A_o。

为得到被测量的真值，式(6.1)可写成

$$A_O = A_X - \Delta A = A_X + (-\Delta A) = A_X + C \tag{6.2}$$

式中 C 称为修正值，$C = -\Delta A$，即修正值与绝对误差大小相等，符号相反。

（2）相对误差：测量的绝对误差 ΔA 与被测量的真值之比称为相对误差，写作 γ。相对误差 γ 用百分数表示为

$$\gamma = \frac{\Delta A}{A_O} \times 100\% \tag{6.3}$$

相对误差没有单位，但有正负之分。

【例 6.2】 用两只电压表测量两个大小不同的电压，电压表 1 在测量真值为 50V 电压时，指示值为 51V，电压表 2 在测量真值为 5V 电压时，指示值为 5.5V，分别求两只电压表在上述测量中的绝对误差和相对误差。

解　两只电压表的绝对误差分别为

$$\Delta A_1 = A_{X1} - A_{O1} = 51 - 50 = 1\text{V}$$

$$\Delta A_2 = A_{X2} - A_{O2} = 5.5 - 5 = 0.5\text{V}$$

两只电压表的相对误差分别为

$$\gamma_1 = \Delta A_1 / A_{O1} \times 100\% = 1/50 \times 100\% = 2\%$$

$$\gamma_2 = \Delta A_2 / A_{O2} \times 100\% = 0.5/5 \times 100\% = 10\%$$

由以上计算结果可知：电压表 1 的绝对误差大于电压表 2，但电压表 1 的相对误差小于电压表 2。由此可知，绝对误差仅能反映测量结果的示值与被测量的真值之间差值本身的大小，而相对误差更适应于对不同测量结果的测量误差进行比较。因此，在工程上凡是要求计算测量结果的误差或是评价测量结果的准确程度时，一般都用相对误差。

值得指出的是，相对误差虽然能够表明测量结果与被测量的真值之间的差异程度，也能够说明测量不同数值时的准确程度，但却难以衡量仪表本身性能的好坏，即仪表的准确度。

(3) 引用误差：测量的绝对误差 ΔA 与仪表量限 A_m 之比称为引用误差，写作 γ_m。引用误差 γ_m 用百分数表示为

$$\gamma_m = \frac{\Delta A}{A_m} \times 100\% \tag{6.4}$$

引用误差没有单位，但有正负之分。

引用误差能从一定程度上较好地反映仪表本身性能的好坏，但由于在仪表测量范围内的每个示值的绝对误差 ΔA 均不相同，故引用误差仍与仪表具体示值有关，不能简单视为常数。在正常工作条件下，通常可认为最大绝对误差是不变的。因此，为唯一评价仪表的准确程度，引入最大引用误差的概念。

最大引用误差是指测量的最大绝对误差 ΔA_m 与仪表量限 A_m 之比，写作 δ。最大引用误差 δ 用百分数表示为

$$\delta = \frac{\Delta A_m}{A_m} \times 100\% \tag{6.5}$$

3. 电工仪表的准确度

仪表的准确度是指仪表测量结果与实际值的接近程度。国家标准中规定以最大引用误差来表示仪表的准确度（$\pm K\%$）。即

$$\pm K\% = \frac{\Delta A_m}{A_m} \times 100\% \tag{6.6}$$

K 表示仪表的准确度等级，我国直读式电工测量仪表分为 0.1、0.2、0.5、1.0、1.5、2.5 和 5.0 共 7 个等级。如准确度为 2.5 级的仪表，其最大引用误差为 $\pm 2.5\%$。因此，级数越小，仪表的准确度越高。若已知仪表准确度等级和仪表的最大量程即可计算出该仪表可能产生的最大绝对误差。

【例 6.3】 有一准确度为 1.0 级的电压表，其最大量程为 150V，分别计算该表在正常条件下，测量 150V 和 10V 电压时的实际相对误差。

解　由仪表准确度和最大量程可计算出仪表可能产生的最大绝对误差为

$$\Delta A_m = \pm K\% \times A_m = (\pm 1.0\%) \times 150\text{V} = \pm 1.5\text{V}$$

则测量150V电压时的最大相对误差为

$$\gamma_1 = \frac{\Delta A_m}{A_{1m}} = \frac{\pm 1.5}{150} \times 100\% = \pm 1.0\%$$

则测量10V电压时的最大相对误差为

$$\gamma_2 = \frac{\Delta A_m}{A_{2m}} = \frac{\pm 1.5}{10} \times 100\% = \pm 15\%$$

由以上计算结果可知：一般情况下，测量结果的准确度并不等于仪表的准确度，只有当被测量正好等于仪表量程时，两者才会相等；实际测量时，为保证测量结果的准确性，不仅要考虑仪表的准确度，还要选择合适的量程。因为当被测量比仪表量程小得越多，测量结果可能出现的最大相对误差值也越大。因此，在选则仪表的量程时应使被测量的读数占仪表量程的1/2或2/3以上，这样才能达到较好的测量效果。

通常，准确度等级较高(0.1、0.2、0.5级)的仪表常用来进行精密测量或作为标准表来校正其他仪表，而0.5～2.5级的仪表用于实验测量；1.5～5.0级的仪表用于工程测量中。

6.2.3 电工仪表的选用原则

为了获得准确可靠的测量结果，在选择和使用电工仪表时，应遵循以下原则。

(1) 仪表类型的选择

首先，要根据测量对象的种类和性质，选择相应的仪表。例如，根据测量对象的种类是电压、电流还是功率，选择使用电压表、电流表或功率表。根据测量对象的性质是直流量还是交流量，选择使用直流电表或交流电表。

(2) 仪表内阻的选择

在仪表的标度盘或说明书都标明了该表的内阻值，这是为了准确测量和扩大量限时必要的参数之一。在测量电流时，电流表的内阻要尽量小些，一般原则是电流表的内阻要小于1/100的被测对象的电阻值，如果不具备这个条件或有更高精度要求时，则需在准确了解或测量电流的情况下，把电流表内阻考虑在内加以计算。在测量电压时，电压表的内阻要尽量大些，尤其电源负载能力较小的情况下，电压表的内阻最好大于100倍的被测对象的电阻值，如果电源负载能力较强，则可不考虑。

(3) 仪表量程的选择

选择仪表的量程有两方面内容：一是根据需要选择单量程或多量程仪表；二是在使用仪表进行测量时，根据被测物理量的大小不能太靠近上下量限，太靠近下量限时读数困难且误差较大，太靠近上量限时，一旦有过载时，容易造成仪表的冲击，一般是在量程的中间为好。

(4) 仪表准确度的选择

仪表的准确度愈高，测量的结果也愈可靠。但是不应盲目追求使用高准确度仪表，因为仪表准确度愈高，价格就愈贵，使用条件愈严格。仪表准确度选择的一般原则是：仪表的准确度应在被测物理量允许误差的1/3～1/10，这个原则称为“1/3原则”，也有的技术文献上要求被称为“高一级原则”，例如，允许误差为1%时，选用0.5级。

(5) 适用频率的选择

一般仪表都有使用频率范围和频率响应问题，不在适用频率之内时，误差会增加很多。市场上的交流表多为 50Hz，当被测信号频率达到 60Hz 或以上时，则需另外选择频率适应的仪表。

（6）引线的选择

在测量电流时，要选择引线的截面积，不仅不要发热，而且要保证线路的压降不要过大；在测量电压时，虽然电流不大，但线路的压降问题特别是小信号时要引起注意。在工程上，对测量线路的要求，要比控制线路要高些、严些，一般截面积要尽量大些，长度尽量短些。

6.2.4 电工仪表的使用注意事项

正确使用电工仪表是获得准确的测量结果、防止仪表损坏和保证人身安全的前提。因此，在使用电工仪表进行测量时，需要了解相关的使用注意事项。在此，主要对电工仪表的通用使用注意事项进行介绍。

（1）搬运和装拆电工仪表时应小心，轻拿轻放，不可受到强烈的振动或撞击，以防损坏仪表的零件，特别是电工仪表的轴承和游丝。

（2）安装或拆卸电工仪表时，应先切断电源，以免发生人身伤害事故或损坏测量机构。

（3）装设电工仪表的地方应清洁、干燥、无振动，附近无强烈的磁场源（如电动机、电力变压器等）存在。不可将电工仪表装在高温的地方。

（4）根据电工仪表所规定的工作位置（垂直、水平或倾斜）进行安装。安装时须平正，表面应便于读数，位置不宜过高或过低。

（5）电工仪表接入电路前，应先估计电路上要测量的电压、电流等是否在仪表最大的量程以内，避免仪表过载引起指针打弯或烧坏仪表线圈。若不能预先估计，则应从仪表的最大量程起，采用试触的方法来判断被测量是否大于仪表量程。

（6）电工仪表的指针须经常注意作零位调整。在测量之前，仪表指针应指在零点位置，如略有差距，可旋动仪表上的零位矫正旋钮，使指针恢复到零点的位置。

（7）电工仪表的引线必须适当，要能负担测量时的负荷而不致过热，且不致产生很大的电压降而影响仪表的读数。如仪表带有专用导线时，在使用时应将专用导线连接上。连接的部分要干净、牢靠，以免接触不良而影响测量效果。

（8）电工仪表应定期用干布揩拭，保持清洁。

6.3 常用电量的测量

本节介绍对电流、电压、功率、电能、功率因数、电阻、电容、电感等电量的基本测量方法。

6.3.1 电压的测量

测量直流电压通常采用磁电式电压表，测量交流电压主要采用电磁式电压表，电压表必须与被测电路并联连接，如图 6.3(a)所示。为了使电路工作不因接入电压表而受影响，电压表的内阻必须很大。此外，测量直流电压时还要注意仪表的极性和仪表的量程。

由于测量直流电压时采用的是磁电式电压表，而磁电式仪表测量机构（表头）所允许通过的电流很小，所以它能测量的电压也很小。因此，当需要测量较大直流电压时，需在测量机构上串联一个称为倍压器的高值电阻 R_V，用于扩大电压表的量程，如图 6.3(b)所示。该倍压器的加入使得分布在磁电式电压表测量机构上的电压 U_0 仅为被测电压 U 的一部分，其关系为

$$\frac{U}{U_0}=\frac{R_0+R_V}{R_0} \tag{6.7}$$

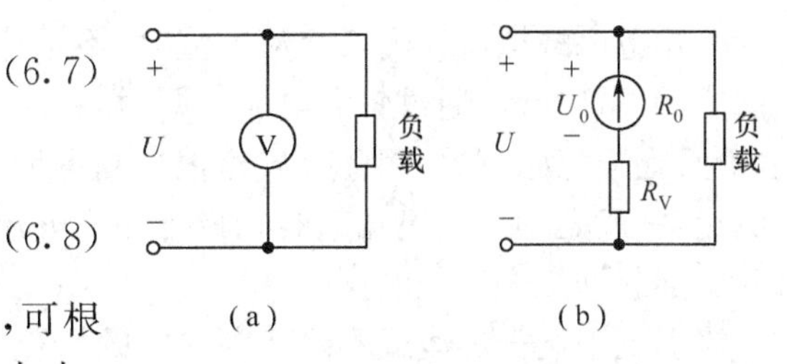

图 6.3 测量电压的电路连接与倍压器

由式(6.7)可得所串联的倍压器的电阻值为

$$R_V=R_0\left(\frac{U}{U_0}-1\right) \tag{6.8}$$

其中，R_0是测量机构的电阻。由式(6.8)可知，可根据所需测量电压的大小来确定倍压器电阻的大小，当所需扩大的量程越大，则倍压器的电阻值越大。多量程电压表具有多个标有不同量程的接头，这些接头可分别与相应阻值的倍压器串联。电磁式电压表和磁电式电压表均须串联倍压器。

【例 6.4】 有一电压表，其量程为 10V，内阻为 2500Ω。如需将其量程扩大到 50V，则需串联的倍压器电阻为多大？

解 根据式(6.8)可得所串联的倍压器电阻为

$$R_V=R_0\left(\frac{U}{U_0}-1\right)=2500\times\left(\frac{50}{10}-1\right)=10000\Omega$$

6.3.2 电流的测量

测量直流电流通常都用磁电式电流表，测量交流电流主要采用电磁式电流表。电流表应串联在电路中，如图 6.4(a)所示。为使电路的工作不因接入电流表的影响，电流表的内阻一般是很小的。在使用时务须特别注意，绝对不能将电流表并联在电路两端，否则因过电流而烧毁仪表，同时，在测量直流电流时应注意仪表的极性和仪表的量程。

由于测量直流电流时采用的是磁电式电流表，而此电流表的测量机构(表头)所允许通过的电流很小，因此，当需要测量较大直流电流时，需在测量机构上并联一个称为分流器的低值电阻 R_A，用于扩大电流表的量程，如图 6.4(b)所示。该分流器的加入使得通过磁电式电流表测量机构的电流 I_0仅为被测电流 I 的一部分，其关系为

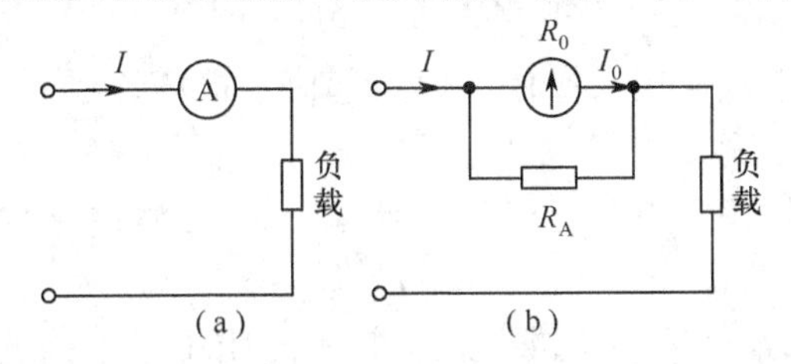

图 6.4 测量电流的电路连接与分流器

$$I_0=\frac{R_A}{R_A+R_0}I \tag{6.9}$$

由式(6.9)可得所并联的分流器的电阻值为

$$R_A=\frac{R_0}{\frac{I}{I_0}-1} \tag{6.10}$$

其中，R_0是测量机构的电阻。由式(6.10)可知，可根据所需测量电流的大小来确定分流器电阻的大小，当所需扩大的量程越大，则分流器的电阻值越小。多量程电流表具有多个标有不同量程的接头，这些接头可分别与相应阻值的分流器并联。分流器一般置于电流表的内部，成为仪表的一部分，但较大电流的分流器常置于仪表的外部。

【例 6.5】 有一磁电式电流表，当无分流器时，表头的满标值刻度为 10mA，表头电阻为 20Ω。如需将其量程扩大到 1A，则所并联的分流器电阻为多大？

解 根据式(6.10)可得所并联的分流器电阻为

$$R_A=\frac{R_0}{\frac{I}{I_0}-1}=\frac{20}{\frac{1}{0.01}-1}\approx 0.202\Omega$$

采用电磁式电流表测量交流电流时，不用分流器来扩大量程。因为，电磁式电流表的线圈是固定的，可以允许通过较大电流。同时，在测量交流电流时，由于电流的分配不仅与电阻有关，而且还与电感有关，因此分流器很难制得精确。工程实际中，几百安培以上的交流大电流的测量，一般是利用电流互感器先将待测的电流变为小电流，再通过电流表来测量。这里，电流互感器起到扩大量程的作用。

当遇到不便于拆线或不能切断电路的情况下进行电流测量的场合，需要使用到钳形电流表。钳形电流表是一种用于测量正在运行的电气线路中电流大小的仪表，在电气设备的安装、调试、运行、维护和用电检查工作中得到了广泛的应用。

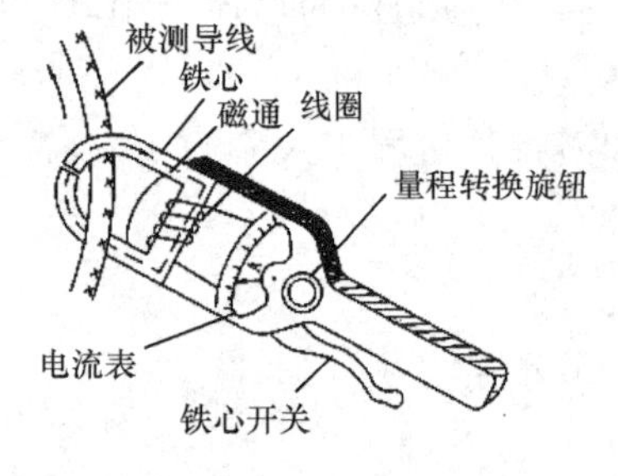

图 6.5　钳形电流表结构图

1. 钳形电流表的结构及工作原理

钳形电流表简称钳形表，其结构如图 6.5 所示。测量部分主要由一只电磁式电流表和穿心式电流互感器组成。穿心式电流互感器的铁心做成活动开口，且成钳形，其原边绕组为穿过互感器中心的被测导线，副边绕组则缠绕在铁心上与电流表相连。量程转换旋钮实现测量量程的选择。铁心开关用于控制穿心式电流互感器铁心的开合，以便使其钳入被测导线。测量时，按动铁心开关，钳口打开，将被测载流导线置于穿心式电流互感器中间，当被测载流导线中有交流电流流过时，交流电流的磁通在互感器副边绕组中感应出电流，使电磁式电流表的指针发生偏转，在表盘上可读出被测交流电流值。

2. 钳形电流表的使用方法

为保证仪表安全和测量准确，必须掌握钳形电流表的使用方法。

① 测量前，检查电流表指针是否在零位，否则进行机械调零。

② 测量时，将其量程转换旋钮转到合适的挡位，手持胶木手柄，用食指等四指勾住铁心开关，用力一握，打开铁心开关，将被测导线从铁心开口处引入铁心中央，松开铁心开关使铁心闭合，钳形电流表指针偏转，读取测量值。再打开铁心开关，取出被测导线，即完成测量工作。

③ 测量后，将量程选择旋钮放置最高挡，以防下次使用时操作不慎引起仪表损坏。

3. 钳形电流表使用时的注意事项

① 被测线路电压不得超过钳形电流表所规定的使用电压。以防止绝缘击穿，导致触电事故的发生。

② 若不清楚被测电流大小，应由大到小逐级选择合适挡位进行测量。不能用小量程挡测量大电流。

③ 测量过程中，不得转动量程旋钮。需要转换量程时，应先脱离被测线路，再转换量程。

④ 为提高测量值的准确度，被测导线应置于钳口中央。

6.3.3　功率的测量

1. 直流电路功率的测量

直流电路中负载的功率等于负载上电压和流过电流的乘积，用公式表示为 $P=UI$。因此，可以用直流电压表和电流表分别测量电路中的电压和电流值，两者相乘即可得到功率值，称为伏安法测功率。设接入的电压表内阻为 R_V，电流表内阻为 R_A，被测负载的电阻为 R_Z。当 $R_V \gg R_Z$时，按照图 6.6(a)接线，当 $R_A \ll R_Z$时，按照图 6.6(b)接线。

直流电路的功率同样可直接用直流功率表来测量，其接线如图 6.7(c)所示，功率表的读数就是被测负载的功率值。

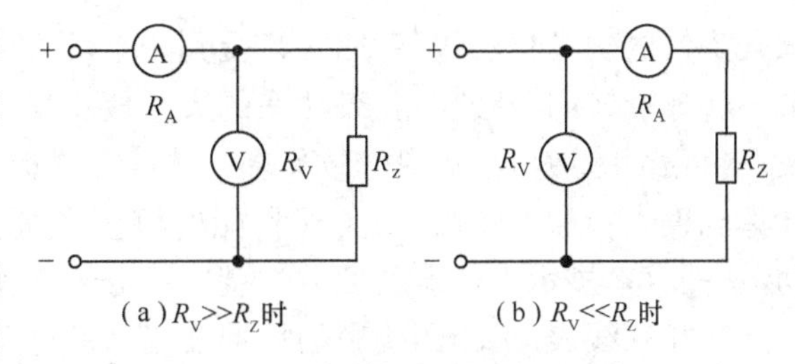

图 6.6　用伏安法测量功率的电路

2. **单相交流电路功率的测量**

实际中，测量单相交流电路功率多采用电动式交直流两用功率表，它内含一个固定线圈和一个可动线圈。测量时，将仪表的固定线圈与负载串联，反映负载中的电流，因而固定线圈又叫电流线圈；将可动线圈与负载并联，反映负载两端电压，所以可动线圈又叫电压线圈。

图 6.7 是直流和单相交流功率测量表的结构及测量接线原理图。固定线圈的匝数较少，导线较粗，电阻很小，作为电流线圈与负载串联。可动线圈的匝数较多，导线较细，作为电压线圈与负载并联。由于并联线圈串有高阻值的倍压器，它的感抗与其电阻相比可以忽略不计，所以可以认为其中电流 I_2 与两端的电压 u 同相。对于电动式仪表，指针的偏转角 $\sigma=kI_1I_2\cos\varphi$，这里，$I_1$ 为负载电流的有效值，I_2 与负载电压的有效值 U 成正比，φ 为负载电流与电压之间的相位差，而 $\cos\varphi$ 即为电路的功率因数。因此，$\sigma=kI_1I_2\cos\varphi$ 也可写成

$$\sigma=k'UI\cos\varphi=k'P$$

即电动式功率表中指针的偏转角 σ 与电路的平均功率 P 成正比。

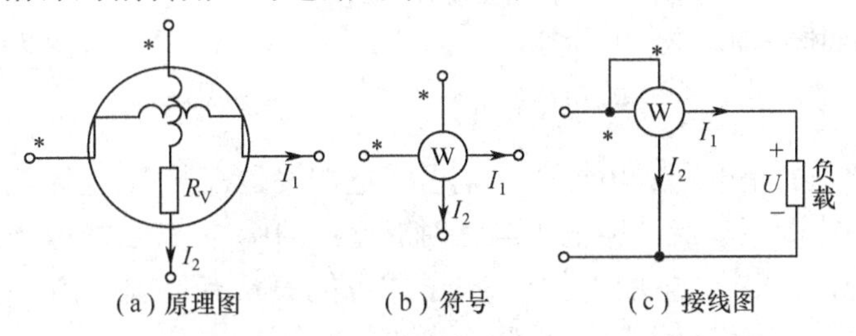

图 6.7　直流和单相交流功率表及测量接线原理图

如果将电动式功率表的两个线圈中的任意一个反接，指针就反向偏转，这样便不能读出功率的数值。因此，为了保证功率表正确连接，在两个线圈的始端标以“±”或“*”号，这两端均应连在电源的同一端，如图 6.7(c)所示。

6.3.4　电能的测量

电能的测量通常使用电能表。电能表的种类有很多，常用的有机械式电能表、电子式电能表等；按照结构分，有单相电能表、三相三线电能表、三相四线电能表三种；按照用途分为有功电能表、无功电能表两种。

1. **电能表的结构及工作原理**

在机械表中，以交流感应式电能表居多，它主要由励磁、阻尼、走字和基座等部分组成。其中励磁部分又分为电流和电压两部分，其构造和基本原理如图 6.8(a)所示。电压线圈是常通电流的，产生磁热 ϕ_U，ϕ_U的大小与电压成正比；电流线圈在有负载时才通过电流产生磁势 ϕ，ϕ 与通过的电流成正比。在构造上，置 ϕ 于左右两点，而方向相反；同时，置 ϕ_U 于 ϕ 的两点中间，如图 6.8(b)所示。又置走字系统的铝盘于上述磁场中，因此，铝盘切割上述三点交变磁场产生力矩而转动，转动速度取决于三点合力的大小。阻尼部分由永磁组成，转盘转动后，涡流与

永久磁铁的磁场相互作用，使转盘受到一个反方向的磁场力，从而产生制动力矩，致使转盘以某一转速旋转，其转速与负载功率的大小成正比，从而避免因惯性作用而使铝盘越转越快，以及在负荷消除后阻止铝盘继续旋转。走字系统除铝盘外，还有轴、齿轮和计数器等部分，用来计算电度表转盘的转数，以实现电能的测量和计算，通过蜗杆及齿轮等传动机构带动字轮转动，从而直接显示出电能的度数。基座部分由底座、罩盖和接线柱等组成。

三相三线表、三相四线表的构造及工作原理与单相表基本相同。三相三线表由两组如同单相表的励磁系统组合而成，而由一组走字系统构成复合计数；三相四线表则由三组如同单相表的励磁系统组合而成，也由一组走字系统构成复合计数。

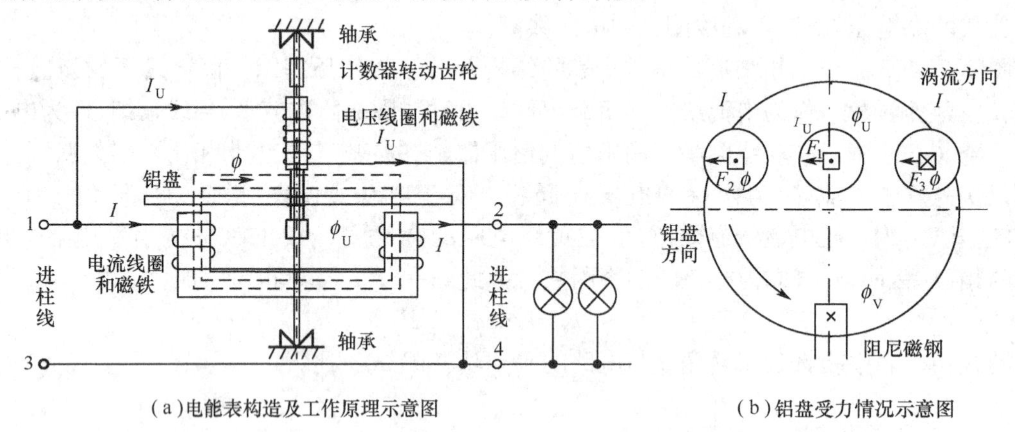

(a)电能表构造及工作原理示意图　　(b)铝盘受力情况示意图

图 6.8　交流电感式电能表结构及工作原理示意图

目前，市场上常用的是电子式电能表。电子式电能表是将电压、电流施加在固态的电子器件上，通过电子器件或专用集成电路输出与瓦时成比例的脉冲仪表，故电子式电能表又称静止式电能表。与传统机械感应式电能表相比，电子式电能表具有准确度高、负载范围宽、功能扩展性强、能自动抄表、易于实现网络通信、防窃电等特点。

2. **交流电路有功电能的测量**

交流电路的供电分为单相、三相三线和三相四线制等形式，作为测量交流电路有功电能用的电能表也相应分成这三种形式。

(1) 单相电能表的接线。单相电能表共有四根连接导线，两根输入，两根输出。电流线圈与负载串联，电压线圈与负载并联，两个线圈的电源端均应接在相(火)线上，并靠电源侧。在低压小电流线路中，电能表可直接接在线路上，图 6.9 所示为单相电能表的接线图。这种接线方式适用于城乡居民生活用电。

(2) 三相三线电能表的接线。在低压三相三线制电路中，通常采用二元件的三相电能表进行电能测量。若线路上的负载电流未超过电能表量程，可直接接在线路上，图 6.10 所示为三相三线电能表的接线图。这种接线方式适用于三相负荷较平衡电能的测量。

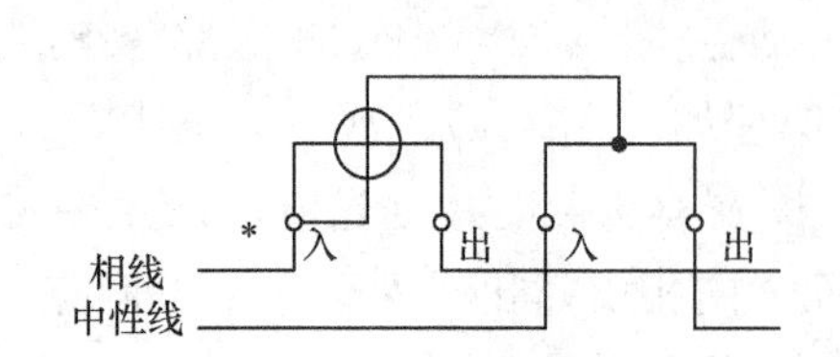

图 6.9　单相电能表的接线图

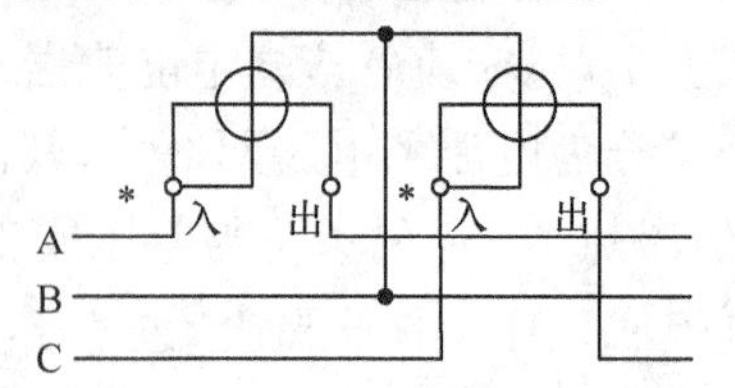

图 6.10　三相三线电能表的接线图

(3) 三相四线电能表的接线。在低压三相四线制电路中，通常采用三元件的三相电能表进行电能测量。若线路上的负载电流未超过电能表量程，可直接接在线路上，图 6.11 所示为三相四线电能表的接线图。由于三相四线计量方式采用三元件电能表，受三相负荷不平衡的影响较小，所以采用这种接线方式比较普遍。

3. 三相三线交流电路无功电能的测量

无功电能在电路中促使线路增加损耗，对无功电能的测量，可以设法提高功率因数，在国民经济中有着极其重要的意义。

它可以用三相三线无功电能表直接测量，接线图如图 6.12 所示。如果没有现成的三相三线无功电能表，也可以用三相三线有功电能表利用跨相 90°的接法来测量。其中，三相三线有功电能表的内部接线如图 6.10 所示，将其改接成图 6.12 即可。

$$无功电能值=\frac{\sqrt{3}}{2}\times 有功电能表读数$$

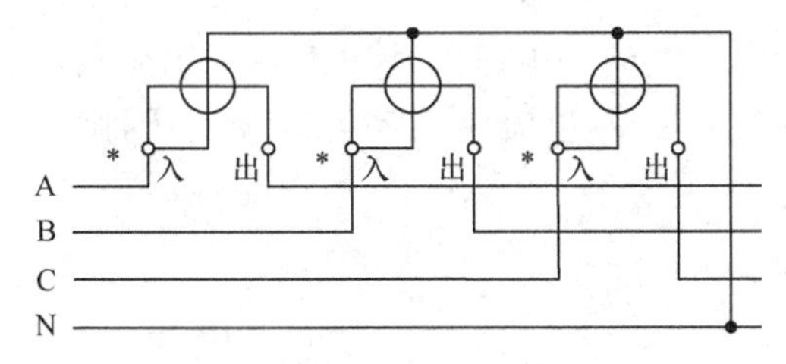

图 6.11　三相四线电能表的接线图

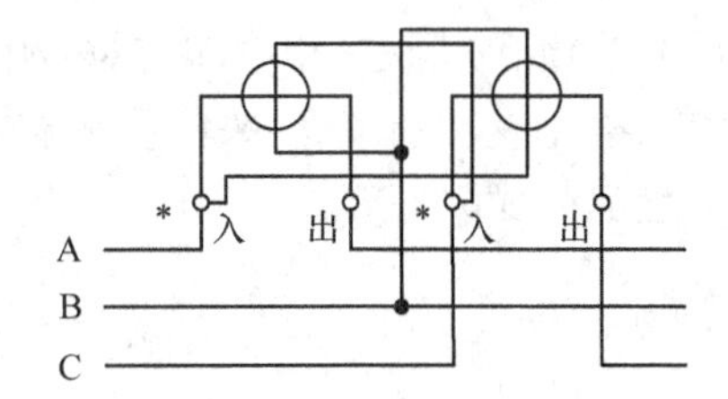

图 6.12　三相三线无功电能表的接线图

6.3.5　功率因数的测量

功率因数是电力供电系统中重要参数之一，它是衡量电力系统是否经济运行的一个重要指标，在电力系统中具有重要的意义。功率因数的测量方法主要有两种：

1. 直接测量法

采用功率因数表可直接测量出交流电路中的电压与电流矢量间的功率因数。常见的功率因数表有电动系、铁磁电动系、电磁系和变换器式等几种。

采用电动系电表测量机构的单相功率因数表原理图如图 6.13 所示。其可动部分由两个互相垂直的动圈组成。动圈 1 与电阻器 R 串联后接以电源电压 U，并和通以负载电流 I 的固定线圈(静圈)组合，相当于一个功率表，从而使可动部分受到一个与功率 $UI\cos\varphi$ 和偏转角正弦 $\sin\alpha$ 的乘积成正比的力矩 M_1，$M_1=K_1UI\cos\varphi\sin\alpha$。$K_1$ 为系数，$\cos\varphi$ 为负载功率因数。动圈 2 与电感 L(或电容器 C)串联后接以电源电压 U，并与静圈组合，相当于无功功率表，从而使可动部分受到一个与无功功率 $UI\sin\varphi$ 和偏转角余弦 $\cos\alpha$ 的乘积成正比的力矩 M_2，$M_2=K_2UI\sin\varphi\cos\alpha$。$K_2$ 为系数。

对纯电阻负载，$\varphi=0°$，$M_2=0$，电表可动部分在 M_1 的作用下，指针转到 $\varphi=0°$即 $\cos\varphi=1$ 的标度处。对纯电容负载，$\varphi=90°$，$M_1=0$，电表可动部分在 M_2 的作用下，指针逆时针转到 $\varphi=90°$即 $\cos\varphi=0$(容性)的标度处。对纯电感负载，由于静圈电流 I 及力矩 M_2 改变了方向，电表可动部分在 M_2 的作用下，指针顺时针转到 $\varphi=90°$即 $\cos\varphi=0$(感性)的标度处。对一般负载，在力矩 M_1 和 M_2 的作用下，指针转到相应的 $\cos\varphi$ 值标度处。应用电动系单相功率因数表可用来测量单相电路的功率因数，也可以用来测量中点可接的对称三相电路的功率因数，这是电表的电压端应接相电压。对中点不可接的对称三相电路，可采用三相功率因数表来测量。

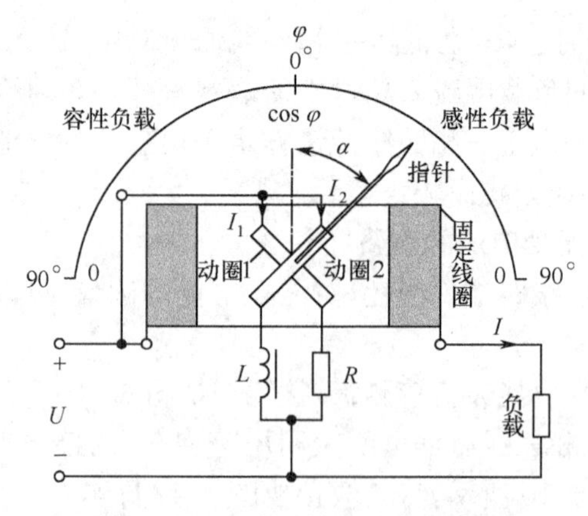

图 6.13　电动系单相功率因数表

2. 间接测量法

(1) 单相和对称三相电路 在单相和三相电路中，电流和电压的功率因数可用三只仪表(电流表、电压表和功率表)来间接测量，若测得的电压为 U，电流为 I，有功功率为 P，则可以按照下面的公式来计算：

单相
$$\cos\varphi=\frac{P}{UI} \tag{6.11}$$

三相
$$\cos\varphi=\frac{P}{\sqrt{3}UI} \tag{6.12}$$

式中，U 为线电压；I 为线电流。

在对称三相电路中还广泛采用双功率表法测量功率因数，其接线方法即双功率表测三相功率的接法。其计算公式为

$$\cos\varphi=\frac{1}{\sqrt{1+3\left(\frac{P_2-P_1}{P_2+P_1}\right)^2}} \tag{6.13}$$

或
$$\cos\varphi=\frac{1}{\sqrt{1+3\left(\frac{1-K}{1+K}\right)^2}} \tag{6.14}$$

式中 $K=\frac{P_1}{P_2}$(感性)，或 $K=\frac{P_2}{P_1}$(容性)。

(2) 三相不对称电路 在三相不对称电路中可以通过有功功率表和无功功率表的读数来算出某一瞬间的 $\cos\varphi$ 值。

$$\cos\varphi=\frac{1}{\sqrt{1+\tan^2\varphi}}=\frac{1}{\sqrt{1+\left(\frac{P_q}{P}\right)^2}} \tag{6.15}$$

式中 $\tan\varphi=\frac{P_q}{P}$；$P_q$、$P$ 分别为无功功率和有功功率。

为了监视工业负荷的运行状态，测量一段时间内的平均功率因数在经济上更有意义。平均功率因数可由有功电能表和无功电能表的读数，按下式计算：

$$\cos\varphi=\frac{W_p}{\sqrt{W_p^2+W_q^2}}=\frac{1}{\sqrt{1+\left(\frac{W_q}{W_p}\right)^2}} \tag{6.16}$$

式中 W_p、W_q分别为所选定时间间隔内有功电能表和无功电能表的读数。

6.3.6 电阻、电容、电感的测量

1. 电阻的测量方法

工程和实验中的被测器件或设备的电阻值范围很宽，从测量的角度将电阻分为三类：1Ω 以下为小电阻，如短导线电阻；1Ω～1MΩ 为中值电阻；1MΩ 以上为大电阻，如不良导体和绝缘材料的电阻。

针对不同范围的被测对象，常用的测量方法有：万用表法、伏安法、电桥法、兆欧表测量等。

(1) 万用表测量电阻

用万用表测量电阻是最常用的一种测量方法。万用表又称三用表，可测量多种电参量，并具有多量程。由于它具有测量种类多、使用简单、携带方便、价格低等许多优点，在生产、测试、维护等方面已成为必不可少的基本测量工具。万用表有磁电式和数字式两种。用万用表测量电阻操作非常简便，即将万用表转换开关置于电阻挡，将被测电阻接在相应的测量端子上，便构成电阻测量电路。

使用万用表时应注意转换开关的挡位和量程，绝对不能在带电线路上使用电阻挡测量，用毕应将转换开关转到电压挡位的高电压量程位置。

(2) 伏安法测量电阻

用电流表、电压表来测量被测支路或元件的电阻，称为伏安法，即用电流表测量被测支路或元件中流过的电流，用电压表测量被测支路或元件两端的电压，然后根据欧姆定律 $R=U/I$ 计算出测量值。用伏安法测量电阻的电路如图 6.6 所示。

(3) 电桥法测量电阻

电桥是一种比较式仪表，测量时将被测量与已知标准量进行比较，从而确定被测量的大小。它的准确度和灵敏度都较高。电桥分为两类：直流电桥和交流电桥。直流电桥可以用来测量中值电阻(约 1Ω～0.1MΩ)。

最常用的是单臂直流电桥(惠斯登电桥)，是用来测量中值电阻的，其电路如图 6.14 所示。当检流计 G 中无电流通过时，这种状态称为电桥达到平衡。电桥平衡的条件为

$$R_1R_4=R_2R_3$$

设 $R_1=R_X$ 为被测电阻，则

$$R_X=\frac{R_2}{R_4}R_3 \tag{6.17}$$

式中，R_2/R_4 称为电桥的比臂；R_3 称为较臂。测量时先将比臂调到一定比值，而后再调节较臂直到电桥平衡为止。

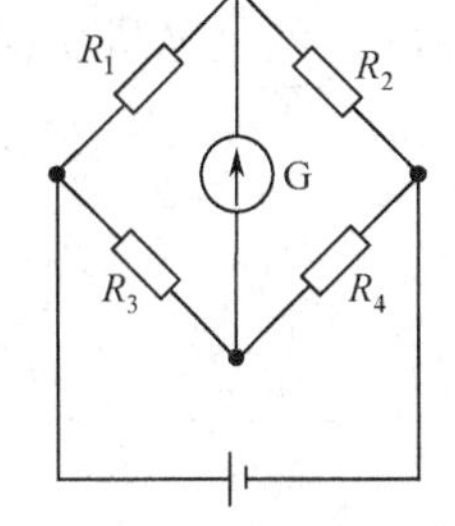

图 6.14 单臂直流电桥测量电阻

电桥也可以在不平衡的情况下来测量：先将电桥调节到平衡，当 R_X 有所变化时，电桥的平衡被破坏，检流计中流过电流，这电流与 R_X 有一定的函数关系，因此，可以直接读出被测电阻值或引起电阻发生变化的某种非电量的大小。不平衡电桥一般用在非电量的电测技术中。

(4) 兆欧表测量电阻

兆欧表(又名摇表)是一种简便、常用测量绝缘电阻的仪表，其测量对象是阻值在兆欧以上的高值电阻。因此表内电源采用能产生数百伏到数千伏电压的手摇发电机。

① 兆欧表的选用：选用兆欧表时，其额定电压一定要与被测电器设备或线路的工作电压

相适应，测量范围也应与被测绝缘电阻的范围相吻合。表 6.2 列举了一些在不同情况下兆欧表的选用要求。

表 6.2　不同额定电压的兆欧表的选用

测量对象	被测绝缘的额定电压(V)	所选兆欧表的额定电压(V)
线圈绝缘电阻	500 以下	500
	500 以上	1000
电机及电力变压器线圈绝缘电阻	500 以上	1000～2500
发电机线圈绝缘电阻	380 以下	1000
电气设备线圈绝缘电阻	500 以下	500～1000
	500 以上	2500
绝缘子绝缘电阻	—	2500～5000

② 兆欧表的接线和使用方法：兆欧表有三个接线柱，上面分别标有线路(L)、接地(E)和屏蔽或保护环(G)，兆欧表结构如图 6.15 所示。

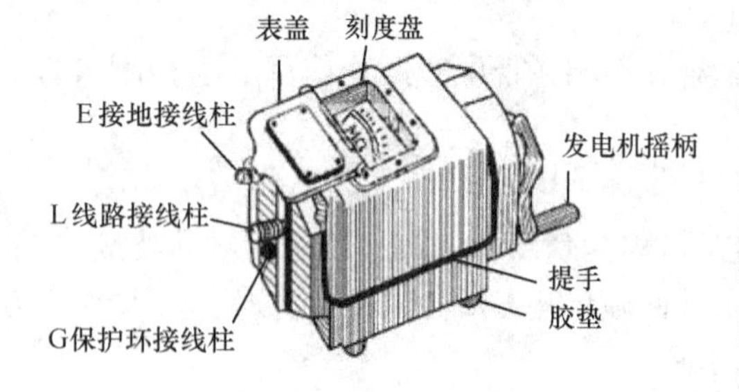

图 6.15　兆欧表结构图

用兆欧表测量绝缘电阻时的接法如图 6.16 所示。

① 照明及动力线路对地绝缘电阻的测量：如图 6.16(a)所示。将兆欧表接线柱 E 可靠接地，接线柱 L 与被测线路连接。按顺时针方向由慢到快摇动兆欧表的发电机手柄，大约 1 分钟时间，待兆欧表指针稳定后读数。这时兆欧表指示的数值就是被测线路的对地绝缘电阻值。单位是 MΩ。

② 电缆绝缘电阻的测量：测量时的接线方法如图 6.16(b)所示。将兆欧表接线柱 E 接电缆外壳，接线柱 G 接电缆线芯与外壳之间的绝缘层上，接线柱 L 接电缆线芯，顺时针方向摇动兆欧表的发电机手柄读数。测量结果是电缆线芯与电缆外壳的绝缘电阻值。

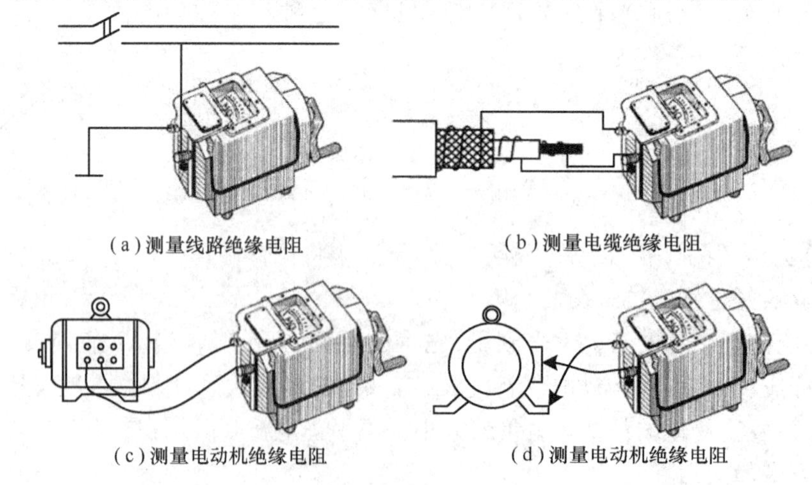

图 6.16　兆欧表测量绝缘电阻时的接线方法

③ 电动机绝缘电阻的测量：拆开电动机绕组的 Y 形或△形联结的连线。用兆欧表的两接

线柱 E 和 L 分别接电动机的两相绕组，如图 6.16(c)所示。顺时针方向摇动兆欧表的发电机手柄读数。此接法测出的是电动机绕组的相间绝缘电阻。电动机绕组对地绝缘电阻的测量接线如图 6.16(d)所示。接线柱 E 接电动机机壳（应清除机壳上接触处的漆或锈等），接线柱 L 接电动机绕组上。摇动兆欧表的发电机手柄读数，测量出电动机对地绝缘电阻。

(5) 兆欧表使用注意事项

① 根据使用的电压等级不同，所测量绝缘电阻的阻值的一般经验值是：每千伏要有大于或等于 1MΩ 的绝缘电阻。这样才能满足绝缘要求。

② 测量设备的绝缘电阻时，必须先切断设备的电源。对含有较大电容的设备（如电容器、变压器、电机及电缆线路），必须先进行放电。

③ 兆欧表应水平放置，未接线之前，应先摇动兆欧表，观察指针是否在"∞"处，再将 L 和 E 两接线柱短路，慢慢摇动兆欧表，指针应指在零处。经开、短路试验，证实兆欧表完好方可进行测量。

④ 兆欧表的引线应用多股软线，且两根引线切忌绞在一起，以免造成测量数据不准确。

⑤ 兆欧表测量完毕，应立即使被测物放电，在兆欧表的摇把未停止转动和被测物未放电前，不可用手去触及被测物的测量部位或进行拆线，以防止触电。

⑥ 被测物表面应擦拭干净，不得有污物（如漆等），以免造成测量数据不准确。

2. 电容的测量方法

常用的电容测量方法有：万用表法、电桥法、RLC 串联谐振法、电压法、时间常数法等。

(1) 万用表测量电容

现在的数字万用表大都具有测量电容的功能。测量时，将已放电的电容两引脚直接插入万用表的 C_x 插孔，选取适当的电容量程后就可读取显示数据。

(2) 电桥法测量电容

测量电容需要采用交流电桥，如图 6.17 所示。交流电源一般是低频信号发生器，指零仪器是交流检流计或耳机。电阻 R_2 和 R_4 作为两臂，被测电容器（C_x，R_x）（C_x，R_x 串联为实际电容器的模型，其中，R_x 是电容器的介质损耗所反映出的一个等效电阻）作为一臂，无损耗的标准电容器（C_o）和标准电阻（R_o）串联后作为另一臂。

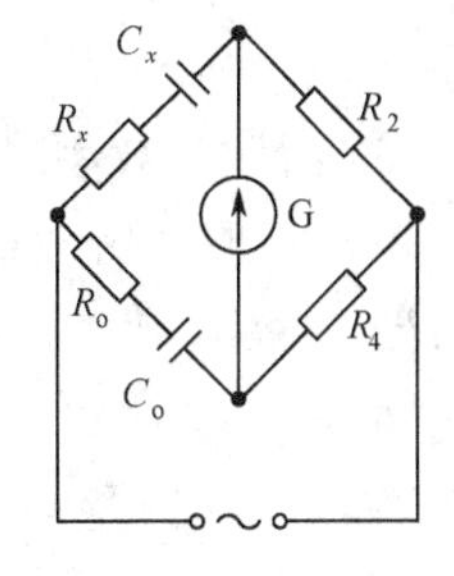

图 6.17　交流电桥测量电容

电桥平衡的条件为

$$\left(R_x - \mathrm{j}\frac{1}{\omega C_x}\right)R_4 = \left(R_o - \mathrm{j}\frac{1}{\omega C_o}\right)R_2$$

由此得：

$$R_x = \frac{R_2}{R_4}R_o \tag{6.18}$$

$$C_x = \frac{R_4}{R_2}C_o \tag{6.19}$$

为了要同时满足上两式的平衡关系，必须反复调节 R_2/R_4 和 R_o（或 C_o）直到平衡为止。

(3) RLC 串联谐振法测量电容

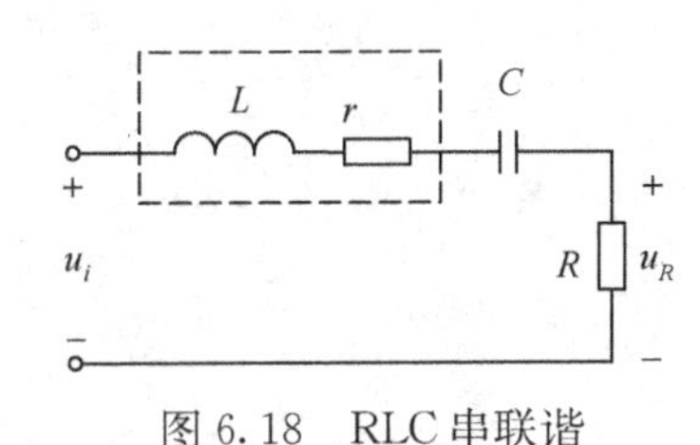

图 6.18　RLC 串联谐振法测量电容

RLC 串联谐振电路如图 6.18 所示，将已知电阻 R、电感 L（内阻为 r）与被测电容 C 串联，并以正弦信号 u_i 作为激励。正弦信号的幅度固定不变，而频率 f 可调。当电阻 R 上的电压 u_R 与输入信号 u_i 同相时，表明电路发生了谐振。

当电路发生谐振，电路的谐振频率为

$$f=\frac{1}{2\pi\sqrt{LC}}$$

因此，在测量出谐振频率 f 后，可计算得到电容的值：

$$C=\frac{1}{4\pi^2 f^2 L} \tag{6.20}$$

(4) 电压法测量电容

如图 6.19 所示，将被测电容 C 与电阻 R 串联，以频率为 f 的正弦信号 u_i 作为激励，交流毫伏表分别测量出电压 u_i、u_C、u_R 的交流有效值 U_i、U_C、U_R 中的任意两个，即可计算出电容 C。

该电路的向量图如图 6.20 所示。

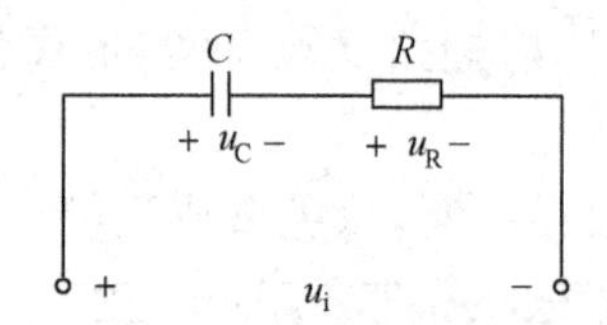

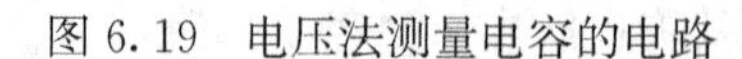
图 6.19 电压法测量电容的电路

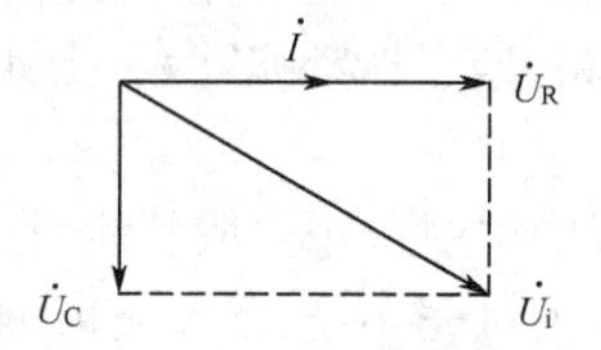

图 6.20 电压法测量电容的向量图

由于流过电容 C 和电阻 R 的电流相同，因此有

$$\frac{U_i}{\sqrt{R^2+\left(\frac{1}{\omega C}\right)^2}}=\frac{U_R}{R}=\frac{U_C}{\frac{1}{\omega C}}=2\pi f C U_C$$

从而有

$$C=\frac{U_R}{2\pi f R U_C}=\frac{U_R}{2\pi f R\sqrt{U_i^2-U_R^2}} \tag{6.21}$$

(5) 时间常数法测量电容

如图 6.21 所示，将电阻 R 和被测电容 C 串联，构成一阶 RC 动态电路，以幅度为 U_S 的脉冲信号作为输入信号 u_i，合理地选择电阻 R 的值，用示波器观测 u_C 的波形，使电容 C 两端的电压 u_C 如图 6.22 所示。

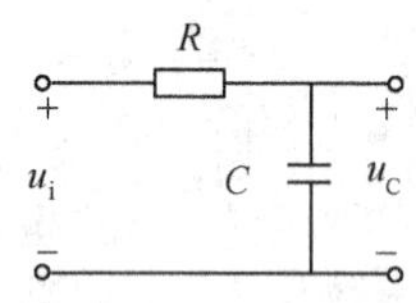

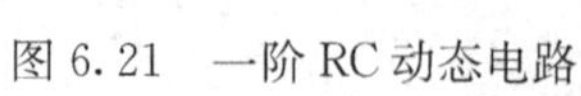
图 6.21 一阶 RC 动态电路

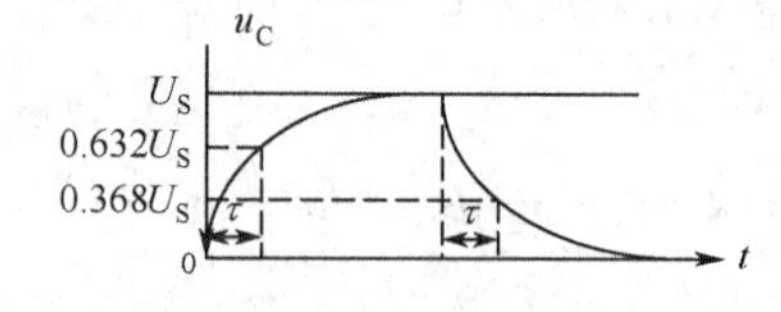

图 6.22 利用电容的充放电波形测量时间常数 τ

一阶 RC 电路的零状态响应可以表示为

$$u_C(t)=U_S(1-e^{-\frac{t}{\tau}})$$

当 $t=\tau$ 时，有

$$u_C(\tau)=(1-e^{-1})U_S=0.632U_S$$

一阶 RC 电路的零输入响应可以表示为

$$u_C(t)=U_S e^{-\frac{t}{\tau}}$$

当 $t=\tau$ 时，有

$$u_C(\tau)=e^{-1}U_S=0.368U_S$$

式中，时间常数 $\tau=RC$。

从图 6.22 可以看出，电容两端的电压 u_C从 0 上升到 $0.632U_S$所需的时间以及从 U_S下降到 $0.368U_S$所需的时间均为时间常数 τ，因此在电容充放电时均可对 τ 进行测量。在得到 τ 以后，即可根据 $C=\tau/R$ 计算出电容的参数 C。

3. 电感的测量方法

常用的电感测量方法有：电桥法、RLC 串联谐振法、电压法、时间常数法等。

(1) 电桥法测量电感

测量电感同样采用交流电桥，电路如图 6.23 所示。其中，R_x 和 L_x 是被测电感元件的电阻和电感。

电桥平衡的条件为

$$R_2R_3=(R_x+j\omega L_x)\left(R_o-j\frac{1}{\omega C_o}\right)$$

由上式可得出

$$L_x=\frac{R_2R_3C_o}{1+(\omega R_oC_o)^2}C=\frac{1}{4\pi^2 f^2 L} \tag{6.22}$$

$$R_x=\frac{R_2R_3R_o(\omega C_o)^2}{1+(\omega R_oC_o)^2}C=\frac{1}{4\pi^2 f^2 L} \tag{6.23}$$

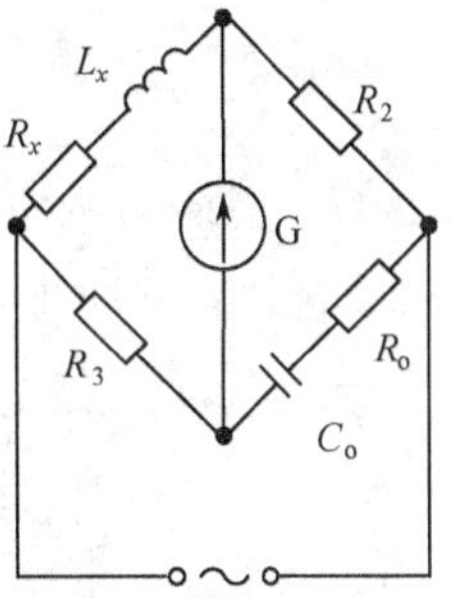

图 6.23　交流电桥测量电感

为了要同时满足上两式的平衡关系，必须反复调节 R_2和 R_o直到平衡为止。

(2) RLC 串联谐振法测量电感

RLC 串联谐振电路如图 6.18 所示，此时，电路中的电阻 R、电容 C 为已知量，被测量为电感 L(内阻为 r)。

根据电路谐振时的公式可推得

$$L=\frac{1}{4\pi^2 f^2 C} \tag{6.24}$$

同时，在谐振时有如下关系成立

$$\frac{U_i}{r+R}=\frac{U_R}{R}$$

式中 U_i、U_R分别为 u_i、u_R的有效值，据此可计算出电感的内阻 r

$$r=\left(\frac{U_i}{U_R}-1\right)R \tag{6.25}$$

(3) 电压法测量电感

用电压法测量电感参数的电路如图 6.24 所示，将被测电感 L 与电阻 R 串联，以频率为 f 的正弦信号 u_i作为激励，分别测量出电压 u_i、u_{Lr}、u_R的交流有效值 U_i、U_{Lr}、U_R，即可计算出电感值 L 与内阻 r。

该电路的向量图如图 6.25 所示。若设$\dot{U}_i$与$\dot{U}_R$的夹角为 α，$\dot{U}_{Lr}$与$\dot{U}_R$的夹角为 β，则有

$$U_i\sin\alpha=U_{Lr}\sin\beta$$

$$U_i\cos\alpha=U_R+U_{Lr}\cos\beta$$

因为

$$\tan\alpha=\frac{\omega L}{R+r},\quad \tan\beta=\frac{\omega L}{r}$$

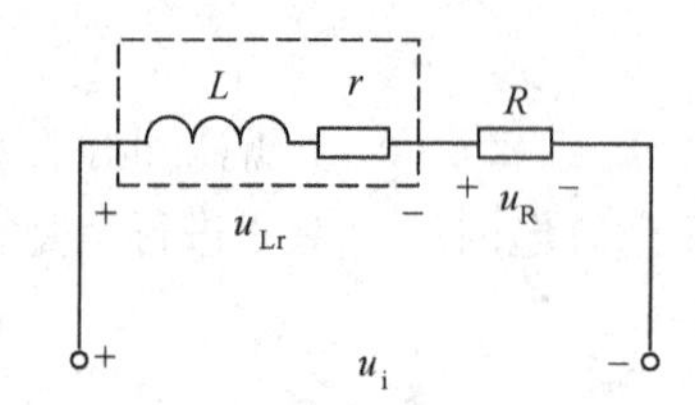

图 6.24　电压法测量电感的电路

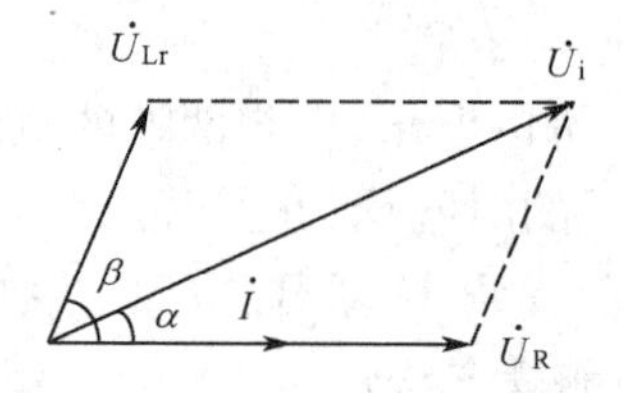

图 6.25　电压法测量电感的向量图

从而可计算得到

$$L=\frac{\sqrt{R^2U_{Lr}^2-r^2U_R^2}}{2\pi fU_R}=\frac{R\ \sqrt{4U_R^2U_{Lr}^2-(U_i^2-U_{Lr}^2-U_R^2)^2}}{4\pi fU_R^2} \tag{6.26}$$

$$r=R\cdot\frac{U_i^2-U_{Lr}^2-U_R^2}{2U_R^2} \tag{6.27}$$

(4) 时间常数法测量电感

如图 6.26 所示，将被测电感 L 与电阻 R 串联，构成一阶 RL 动态电路，以幅度为 U_S 的脉冲信号作为输入信号 u_i，合理地选择电阻 R 的值，可以使流过电感的电流波形与图 6.22 中 u_C 的波形类似，而电阻两端的电压 u_R 与流过电感的电流称正比，因此利用示波器观察 u_R 的波形，就可以测量出电路的时间常数 τ。

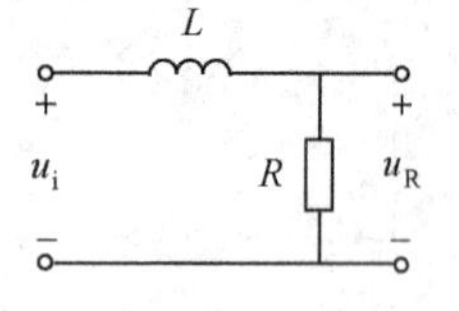

图 6.26　一阶 RL 动态电路

由于一阶 RL 动态电路的时间常数 $\tau=L/R$，因此根据 $L=R\tau$ 即可计算出电感的参数 L。

6.4　安全用电

电能便于转换、便于传输，是最为便利的能源。正确地利用电能可以造福人类，但如果使用不当，则可能会发生人身伤亡和设备损坏事故，甚至引发爆炸和火灾，给个人或国家造成巨大的经济损失。所谓安全用电，是指在保证人身和设备安全的前提下，正确地使用电力以及为此目的而采取的科学措施和手段。本节介绍安全用电的基本常识，使获得驾驭电力的知识和技能。

6.4.1　电流对人体的影响

1. 电流对人体的伤害

电流对人体的伤害有电伤和电击两种。电伤主要指电流通过人体外表或人体与带电体之间产生电弧而造成的体表创伤，例如电弧的烧伤以及电弧熔化金属渗入皮肤等伤害。电击是指电流通过人体时对人体内部造成的伤害，主要由于电流热效应、化学效应和机械效应等原因，影响人的呼吸，伤害人的心脏和神经系统，造成人体内部组织破坏、炭化和坏死，乃至死亡。

电击和电伤有时同时发生，特别是在安培数量级电流以及雷击高压触电时更为常见。绝大多数触电事故都是电击造成的，而且大部分发生在低压系统，在数十至数百毫安工频电流作用下，使人的机体产生病理性反应，轻的有针刺痛感、出现痉挛、血压升高、心律不齐以及昏迷等功能失常，重的造成呼吸停止、心脏停搏、心室纤维性颤动等，直接危及人的生命。

2. 电流对人体的伤害的因素

电流对人体的伤害主要与以下 5 个因素有关：

(1) 与通过人体的电流大小有关。一般情况，通过人体的电流越大，人体的生理反应越明显、越强烈，生命危险性也越大。不同电流强度对人体的影响如表 6.3 所示。

表 6.3　电流对人体的影响

电流/mA	作用的特征	
	交流电(50～60Hz)	直流电
0.6～1.5	开始有感觉，手轻微颤抖	没有感觉
2～3	手指强烈颤抖	没有感觉
5～7	手部痉挛	感觉痒和热
8～10	手部剧痛，勉强可摆脱电源	热感觉增加
20～35	手迅速剧痛麻痹，不能摆脱带电体，呼吸困难	热感觉更大，手部轻微痉挛
50～80	呼吸困难麻痹．心室开始颤动	手部痉挛，呼吸困难
90～100	呼吸麻痹，心室经 3s 即发生麻痹而停止跳动	呼吸麻痹

(2) 与通电时间长短有关。当通电时间短于心脏一个搏动周期时(约 750ms)，一般不至发生有生命危险的心室纤维性颤动；但若触电正好发生在心脏搏动周期中的易损期(即心室壁的肌肉细胞重新形成极化电位血液放出期)，仍会发生心室颤动。通电时间越长，伤害程度越严重。

(3) 与通电途径有关。凡是电流直接流经或接近心脏和脑部的途径最危险，极容易引起心室颤动而致死；例如从右手到胸再到左手，就是最危险的路径。电流通过中枢神经系统，会引起中枢神经系统严重失调造成呼吸窒息，导致死亡。电流通过头部会使人立即昏迷，若流经大脑，会对大脑造成严重损伤，甚至死亡。电流通过脊髓会造成人体瘫痪，电流从纵向通过人体时，比横向更易于发生心室颤动，危险性更大。

(4) 与通过电流频率有关。在相同电压下，同一大小的电流通过人体时，电流频率不同，对人体伤害程度也不同，交流的伤害比直流重。以 50～100Hz 范围内对人的危害程度最严重，低于和高于上述频率范围时，危险性相对减小，死亡危险性降低，各种频率的电流死亡率如表 6.4 所示。

表 6.4　各种频率的电流死亡率

频率(Hz)	10～25	50	50～100	120	200	500	1000
死亡率(%)	31	95	45	31	22	14	11

(5) 与人体的状况有关。除了与人体的电阻有关外，还与性别、健康状况和年龄有关。女性比男性对电敏感性强；受电击后，小孩重于成年人；患有心脏病或其他严重疾病的体弱多病者比健康人受电击时，伤害更严重。

6.4.2　人体电阻及安全电压

在制定保护措施时除主要考虑安全电流以外，安全电压也是一个不可忽视的因素。而以保护人体安全为目的的安全电压的确定又与人体的电阻值有密切关系。所以了解人体电阻对制定保护措施，实现安全用电有重要意义。

1. 人体电阻

人体电阻主要由两部分组成：一部分是体内组织、关节、血液和肌肉等构成的体内电阻；另一部分是手、脚皮肤表面角质层构成的皮肤电阻。体内电阻可以认为是恒定的，其数值为 500Ω，与接触电压无关。皮肤电阻随着皮肤表面的干燥或潮湿状态而变化；也随着接触电压的大小而变化。电压升高，人体电阻随之下降。当接触电压为 200V 时，在皮肤表面干燥的情况下，人体电阻可达3000Ω，当皮肤表面潮湿时，可降至1000Ω，平均值约为2000Ω。从保护人体安全角度出发，在研究保护措施时人体电阻一般取1000Ω以下(不考虑衣服、鞋袜的绝缘电阻)。

2. 安全电压

安全电压即指不危及人身安全的电压。具体来说可以认为安全电压是不致发生直接使人致死或者是不足以导致残废的电压值。

我国原劳动人事部，以电气设备为对象，为防止工矿企业在劳动生产过程中因触电而造成人身直接伤害，制定了由特定电源供电的安全电压国家标准(GB3805—1983)，对安全电压的明确定义是：为防止触电事故而采用的特定电源供电的电压系列。这个电压系列的上限值，在正常和故障情况下，任何两导体间或任一导体与地之间均不得超过交流(50～500Hz)有效值50V。

为了确保人身安全，采用安全电压还必须具备以下条件：

(1) 除采用独立电源外，其电源的输入电路与输出电路必须实行电路上的隔离。通常专用的双线圈变压器即能达到这一要求；而自耦变压器则严禁做安全电压的电源变压器。

(2) 工作在安全电压下的电路，必须与其他电气系统和任何无关的导电部分实行电气上的隔离，以防因电磁感应等原因使较高的电压窜入安全电压供电电路。

(3) 当电气设备采用了24V以上安全电压时，必须采取防止直接接触带电体的保护措施，其电路必须与大地绝缘。

3. 安全电压等级及选用

在安全电压的国家标准中，把各种电气设备选用的安全电压划分成5个等级，即42V、36V、24V、12V和6V，可根据使用环境、人员和使用方式等因素具体确定，安全电压作为设备的电源。通常在有触电危险的场所使用手持式电动工具等，多使用42V安全电压；在矿井、多导电粉尘等场所使用的行灯等，多使用36V安全电压；某些人体可能偶然触及带电体的设备，多选用6V～24V。安全电压等级及选用举例，如表6.5所示。

表6.5 安全电压等级及选用举例

安全电压(交流有效值)/V		选用举例
额定值	空载上限值	
42	50	在有触电危险的场所使用的手持式电动工具等
36	43	潮湿场合，如矿井，多导电粉尘及类似场合使用行灯等
24	29	工作面积狭窄操作者较大面积接触带电体的场所，如锅炉、金属容器内
12	15	人体需要长期触及器具及器具上带电体的场所
6	8	

注：表中列出的空载值主要是因为某些重负载的电气设备，其额定值虽然符合规定，但空载时的电压却很高，若空载电压超过规定上限值，仍然不能认为符合安全电压标准。

6.4.3 人体触电方式

除电力人员外，人身触电事故大多发生在低压侧，即电压等级为380V/220V侧。如进户线绝缘层破损(未能及时进行检修)使搭衣服的铁丝器具带电、湿手拧灯泡误触金属灯口、家用电器绝缘层破损而带电等。

归纳起来，人体触电主要有直接接触触电和间接接触触电。

直接接触触电指电气设备在正常运行时，人体直接接触或过分靠近电气设备的带电部分所造成的触电。此种触电危险性高，往往后果严重。

间接接触触电指电气设备在故障情况下（如绝缘损坏使其外壳带电），当人触及正常时不带电，而故障时外露可导电的金属部分时所造成的触电。大多数触电事故属于这一种。

下面具体介绍这两种触电的类型。

1. 直接接触触电

人体与带电体直接接触是种很危险的触电事故，此时通过人体的电流与电力系统的中性点是否接地以及人体的触电方式有关。

（1）单相直接触电

单相直接触电是指人体的一部分在接触一根带电相线的同时，另一部分又与大地（或零线）接触，电流经人体到大地（或零线）形成回路，称为单相触电，如图 6.27、图 6.28 所示。在触电事例中，发生单相触电的情况最多，如检修带电线路和设备时，不做好防护措施或接触漏电的电器设备外壳及绝缘损坏的导线，都会造成单相触电。其常见的形式如下。

① 低压中性点直接接地的单相触电。如图 6.27 所示，在中性点接地的电网中，当人体触及一相带电体时，该相电流通过人体经大地回到中性点形成回路，由于人体电阻比中性点直接接地电阻大得多，电压几乎全部加在人体上，造成触电。此时，流过人体的电流为

$$I_r=\frac{U_P}{R_r+R_0}=129\text{mA}\gg 50\text{mA}$$

式中，U_P为电网相电压 220V；R_0为中性点接地电阻 4Ω；R_r为人体电阻 1700Ω。由此可知，当电源中性点接地时，流过人体的电流 I_r为 129mA，远大于 50mA 的危险电流值，因此这种触电对人身很危险。为减小触电的危险，禁止湿手及赤脚站在地面上去接触电气设备。

② 低压中性点不接地的单相触电。如图 6.28 所示，在 1000V 电压以下时，人碰到任何一相带电体时，该相电流通过人体经另外两根相线的对地绝缘电阻和分布电容而形成回路，如果相线对地绝缘电阻较高，一般不至于造成对人体的伤害。当电气设备、导线绝缘损坏或老化、空气潮湿，其对地绝缘电阻降低时，同样会发生电流通过人体流入大地的单相触电事故。

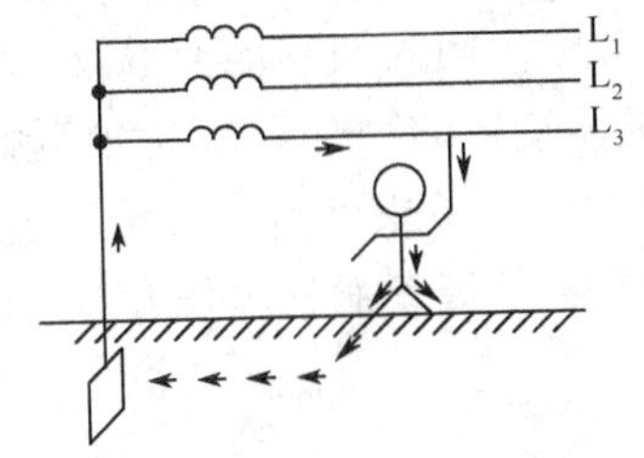

图 6.27　中性点直接接地的单相触电

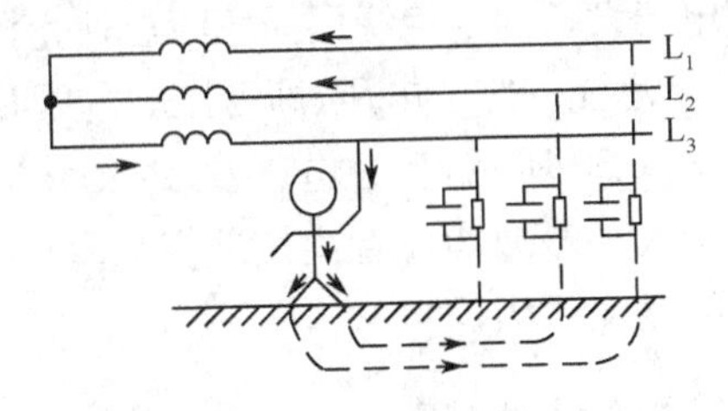

图 6.28　中性点不接地的单相触电

（2）两相直接触电

两相直接触电是指人体的不同部位同时接触两根带电相线时的触电。这时不管电网中性点是否接地，人体都在线电压作用下，电流从一相线流经人体进入另一相线构成回路触电，这种触电因线电压高，危险性很大，如图 6.29 所示。

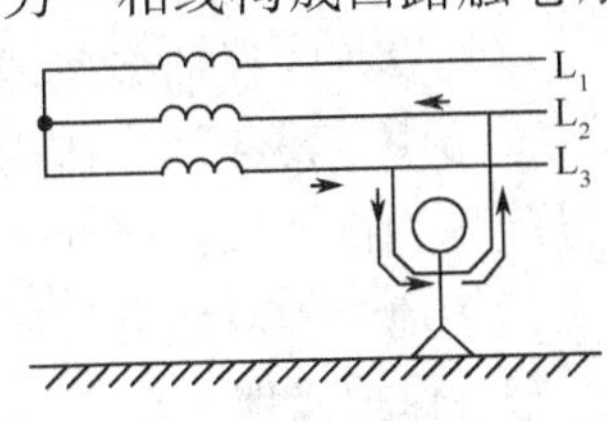

当在 380V/220V 的中性点不接地系统中，出现两相直接触电事故时，通过人体的电流为

$$I_r=\frac{U_L}{R_r}=223.5\text{mA}\gg 50\text{mA}$$

式中，U_L为电网线电压 380V；R_r为人体电阻 1700Ω。此时人处于线电压下，通过人体的电流很大，两相触电比单相触电的伤害要大得多。

图 6.29　两相触电

2. 间接接触触电

间接接触触电对人体的危害程度与接触电压有关，其造成的伤亡事故相当多。据我国一些地区的统计资料说明，有近一半的触电死亡事故是由间接触电所造成。

间接接触触电主要包括跨步电压触电和接触电压触电。

(1) 跨步电压触电

设备的带电体发生对地短路或电力线断落接地时会在导线周围地面形成一个强电场，其电位分布是以接地点为中心的圆形向周围扩散并逐步降低，一般距接地体 20m 远处电位为零。当有人跨进这个区域时，由于分开的两脚间(按 0.8m 计算)有电位差，形成电流从一只脚进，从另一只脚流出而造成的触电，叫跨步电压触电。

如图 6.30 所示，跨步电压 U_b 的大小与人和接地点的距离、两脚之间的跨距、接地电流 I_d 的大小等因素有关。离接地点越近，跨步电压越大(图 6.30 中跨步电压 $U_{b1} > U_{b2}$)。一般在 20m 以外，跨步电压就将为 0。如果误入接地点附近，应双脚并拢或单脚跳出危险区。

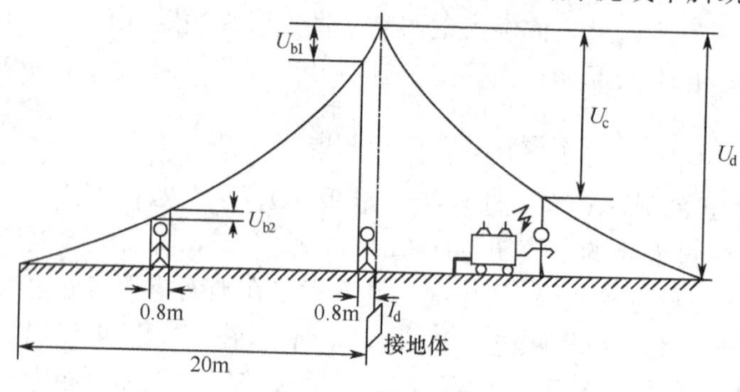

图 6.30 对地电压、跨步电压与接触电压示意图

(2) 接触电压触电

当电气设备内部绝缘层损坏而与外壳接触，使外壳带电。当人站在地上触及带电设备的外壳时，就会承受一定的电压，即为接触电压 U_c。由接触电压造成的触电事故称为接触电压触电。

如图 6.30 所示，接触电压 U_c 的大小与故障设备离接地体的距离有关，距离越远，则接触电压值越大。若故障设备离接地点为 20m 时，接触电压 U_c 接近于对地电压 U_d，人体触及设备外壳时的危险最大。

6.4.4 接地与接零

接地和接零是安全用电的主要保护措施。接地和接零是否符合技术要求，关系到能否保证人身和设备安全。因此，正确选择接地、接零方式，正确安装接地、接零装置是非常重要的。

1. 接地

电气设备的任何金属部分与土壤之间作良好的电气连接的措施就称为接地。在接地中，埋入土壤中主要起散流作用的金属导体称为接地体。电气设备接地部分与接地体连接用的金属导线称为接地线。接地体与接地线的总和称为接地装置。通常所说接地装置的接地电阻，就是指接地体的对地电阻(包括散流电阻)和接地线电阻之和，其电阻值不得超过 4Ω。

(1) 保护接地

在电力系统中，凡是为了防止电气设备的金属外壳因发生意外带电而危及人身和设备安全的接地，叫做保护接地。适用于变压器中性点不直接接地的电网中。

如图 6.31 所示，在变压器中性点不直接接地的低压供电系统中，一台电动机的外壳如果没有接地，当某一绕组的绝缘损坏与机座或铁心短接时，电动机的外壳就会带电（这种现象是经常会发生的）。这时，若有人触及这台电动机的外壳，漏电设备对地短路电流 I_d 通过人体（阻值 R_r）和电网对地阻抗 Z 形成回路，人就会遭受电击伤（即触电）。如果这台电动机外壳已接地，如图 6.32 所示，因为接地电阻 R_b 很小（几欧）而人体电阻 R_r 较大，且串联分得相电压远远小于对地阻抗 Z 上的电压，所以漏电设备对地短路电流绝大部分通过接地装置流经大地和电网对地阻抗 Z 形成回路，而流过人体的电流就相应减小，对人身的安全威胁也就大为降低。

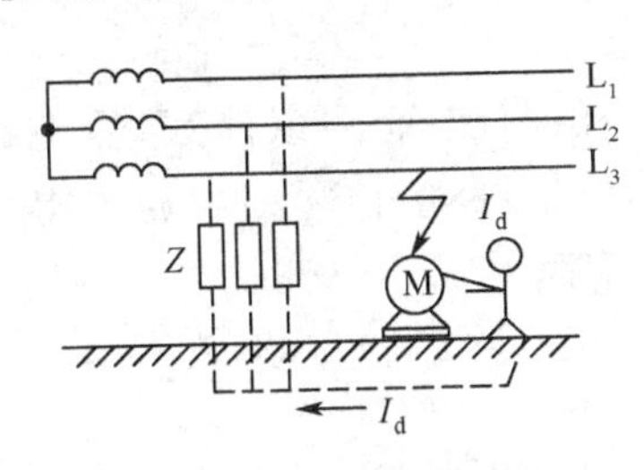

图 6.31　不接地的危险

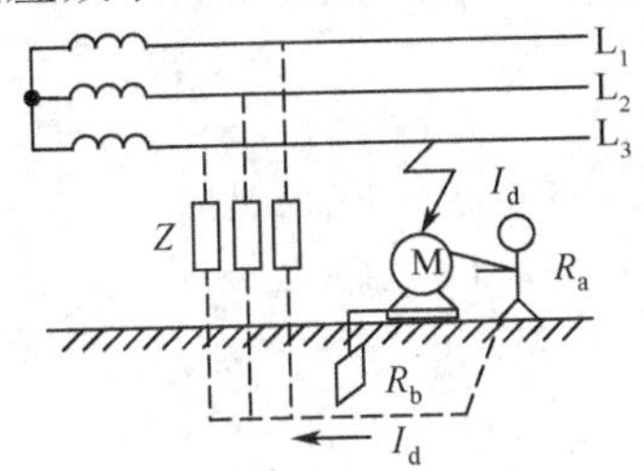

图 6.32　保护接地的原理图

(2) 工作接地

在 380V/220V 三相四线制供电系统中，变压器低压侧中性点的接地称为工作接地。接地后的中性点称为零点，中性线称为零线。

如图 6.33 所示，在变压器中性点不直接接地的低压供电系统中，一台电动机的外壳已采用了接零措施，但如果中性点不接地，当某一相（图中 L_3）相对地发生短路故障时，由于设备与地、人与地及接地点的接触电阻较大，加上土壤的电阻，使单相接地电流不很大，电气设备仍可维持运行。但这个电流是通过设备和人身回到零线而形成回路，对设备和人体都会有很大的危害。同时这个电流因较小不足以引起系统或支路的保护装置动作，故障可能长期存在下去。系统中所有接零设备对地的电压将会升高到接近相电压，触电的可能性和危险性都很大。没有接地的两相电压升高而接近线电压，增加了触电危害。如果中性点采用了工作接地，如图 6.34所示，上述危害将会减轻或消除。这时接地短路电流 I_N 主要通过接地点的接触电阻 R 和工作接地电阻 R_0 及土壤电阻形成回路，零线对地的电压（即所有接零设备外壳上的电压）为

$$U_0 \approx \frac{R_0}{R_0+R}U=\frac{4\Omega}{4\Omega+10\Omega}\cdot 220\text{V}=63\text{V}$$

式中，设接地电阻 $R_0=4\Omega$；接触电阻 $R=10\Omega$。接地电阻 R_0 尤为关键，其值越小，单相接地后零线的对地电压也越小，这样对操作人员和设备也越安全，对另外两相的电压影响也较小。

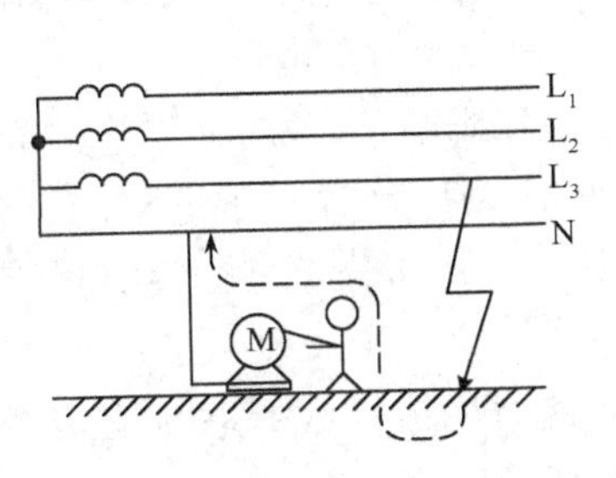

图 6.33　无工作接地的危险

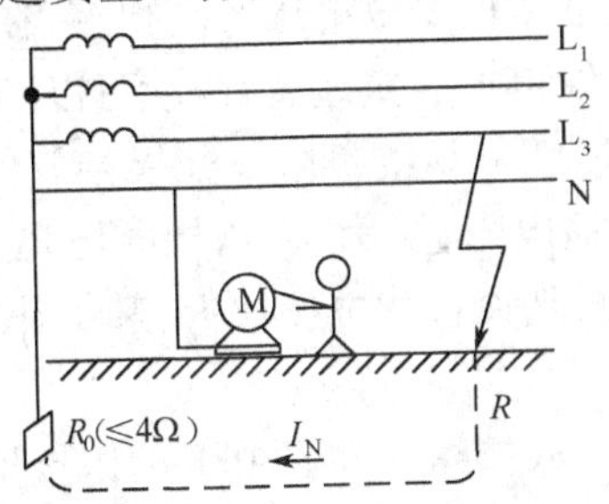

图 6.34　工作接地的原理图

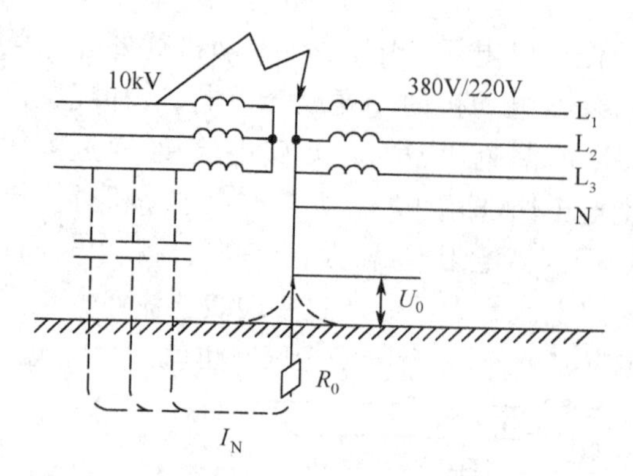

图 6.35　变压器中性点接地时高压窜入低压示意图

此外，采用工作接地还可以降低高压窜入抵押的危险性。如果没有设置工作接地，当由于某种原因引起高压串入低压后，将引起低压侧的电压增高，绝缘损坏以至发生更大的危害，如图 6.35 所示。

如果中性点进行了可靠接地，当发生高压窜入低压的故障时，零线对地电压为

$$U_0 = I_N R_0$$

同样，限制 R_0 可以使 U_0 维持在一个安全的范围内。根据规程，零线电压不得大于 120V，因此，R_0 应满足

$$R_0 \leqslant \frac{120\text{V}}{I_N}$$

对于不接地的高压电网，接地电流一般不大于 30A，因此，R_0 不大于 4Ω 可以满足要求。

2. 保护接零

在 1000V 以下变压器中性点直接接地的系统中，一切电气设备的外壳正常情况不带电的金属部分与电网零线进行可靠连接，有效地起到了保护人身和设备的安全作用，称为保护接零。适用于变压器中性点直接接地的低压电网中。

如图 6.36 所示，当某一相绝缘损坏致使电源相线碰壳时，形成相线和零线的单相短路，短路电流总是超出正常工作电流很多倍，能使线路上保护装置（如熔断器）迅速动作，切断电源。从而把事故点与电源断开，防止触电危险。

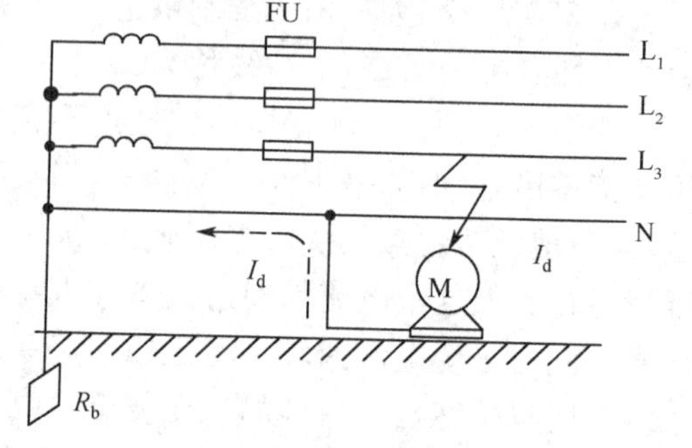

图 6.36　接零保护安全作用

因此，在 380V/220V 三相四线制中性点直接接地的系统中不论环境如何，凡因绝缘损坏而呈现对地电压的金属部分，都应接零保护。

3. 重复接地

将零线的一处或多处通过接地装置与大地再次连接称重复接地。它是保护接零系统中不可缺少的安全技术措施，其安全作用表现在以下 4 个方面。

(1) 降低漏电设备对地电压。当接零保护的设备发生碰壳时，保护电器要有 0.3～3s 的动作时间，此时设备外壳对地电压等于中性点对地电压和单相短路电流在零线中产生电压降的向量和。此电压比安全电压要高得多，在此期间内人仍有触电的危险性。如图 6.37 所示，若在设备接零处再加一接地装置，就可以降低设备碰壳时的对地电压。

(2) 减轻零线断线的危险。如果接零保护的设备零线断了，此时又发生碰壳事故，则由于人体电阻比接地电阻 R_0 大很多，相电压几乎全部加在人体上，这是很危险的。若接了重复接地（电阻为 R_c），则设备相电压被 R_c 和工作接地电阻 R_0 共同分担，此时的电压就小多了。如图 6.38 所示。

(3) 缩短事故持续时间。由于工作接地和重复接地构成零线并联分支，当发生短路时能增加短路电流，加速保护装置的动作速度，缩短事故持续时间。

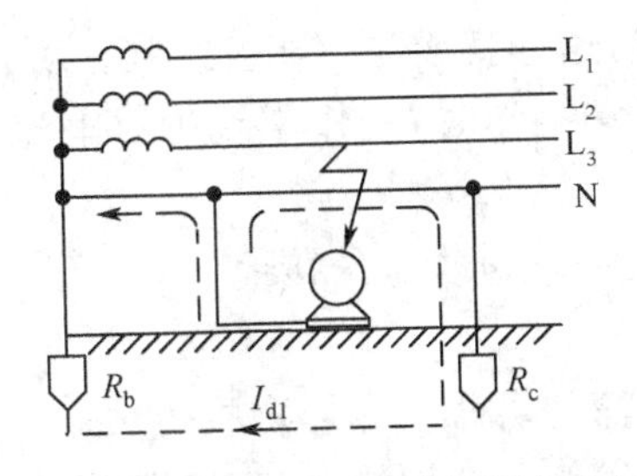

图 6.37　有重复接地降低漏电电压

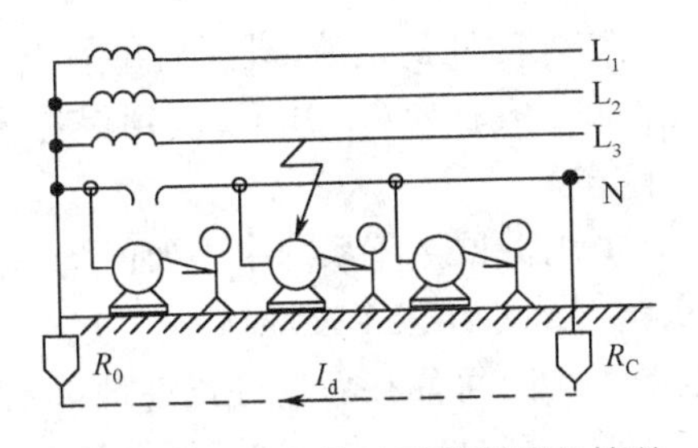

图 6.38　有重复接地零线断线的情况

(4) 改善架空线路的防雷性能。架空线上的重复接地对雷电流有分流作用,有利于限制雷电过电压。

4. 电气系统保护措施的选用

(1) 在变压器中性点不接地的三相四线制系统中电气设备只能应用保护接地,不允许用保护接零。

若采用保护接零,当系统中任意一相发生接地,整个系统仍照常运行,但大地与接地线等电位,则接在零线上的用电设备外壳对地电压降等于接地的相线从接地点到中性点的电压值,是十分危险的。

(2) 在变压器中性点直接接地(工作接地)系统中电气设备只能应用保护接零,不能单独应用保护接地。

若单独采用保护接地,则接地电阻 R_b 与人体电阻 R_a 并联,所分得电压约为相电压的一半,人体有部分短路电流通过,不能很好起到保护作用,如图 6.39 所示。

(3) 在变压器中性点直接接地系统中不能一部分设备接零,一部分设备接地混用。

如图 6.40 所示,当保护接地设备 M_2 发生碰壳事故时,电流 I_d 通过 R_b 和 R_0 串联形成回路,因此电流 I_d 不会太大,这一电流一般不会使短路保护装置动作,漏电设备会长期带电,而且相电压 U_0 的存在,使零线对地电压也为 110V,人若触及零线也会发生触电危险。

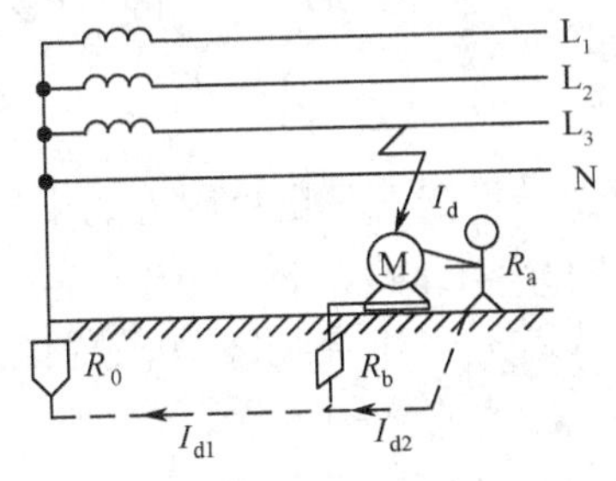

图 6.39　接地网中单纯接地保护的危险情况

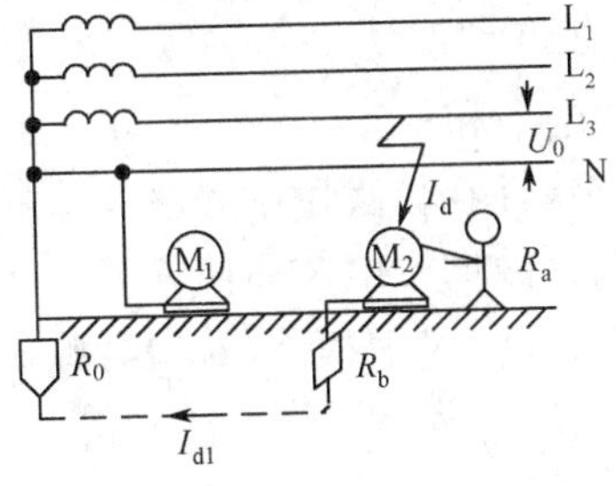

图 6.40　接地和接零混用的危险

如果把 M_2 设备的外壳再同电网的零线连接起来,就能满足安全要求了。这时,M_1、M_2 设备同时采用的接零保护,而 M_2 的接地成了系统的重复接地,对安全是有益无害的。

(4) 保护零线的线路上,不准装设开关或熔断器。

在三相四线制供电系统中,通常负载是不对称的,零线中有电流,因而零线对地电压不为零,距电源越远电压越高,但一般在安全值之下,无危险性。为确保设备外壳对地电压为零,专设保护零线 E,如图 6.41 所示。工作零

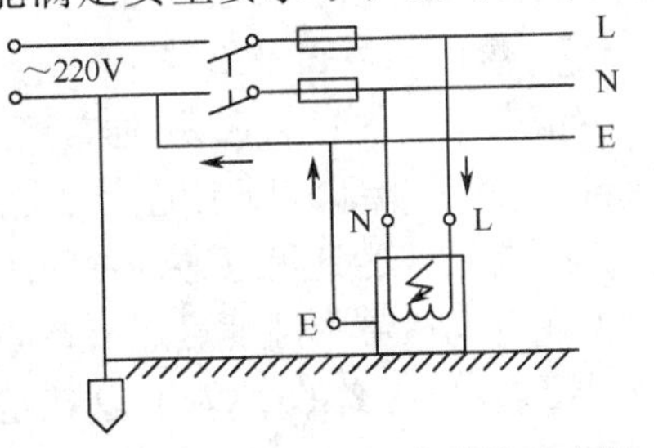

图 6.41　保护零线与工作零线示意图

线在进建筑物入门处要接地，进门后再另设一保护零线，这样就成为三相五线制。所有的接零设备都要通过三孔插座(L、N、E)接到保护零线上。正常工作时，工作零线中有电流，保护零线中不应有电流。

(5) 在采用保护接零系统中还要间隔一定距离及在终端进行重复接地。

5. 自然接地体和人工接地体

凡是与大地有可靠接触的埋设在地下的金属管道(流经可燃或爆炸物质的除外)，钻管、自流井的插入管、建筑物及构筑物的钢筋混凝土基础中的钢筋和金属构架、直接埋设在地下的电缆金属外皮(铅外皮除外)等兼作接地体用的都称为自然接地体。在条件许可时，应优先利用自然接地体，可以节省钢材，节省施工费，还可以降低接地电阻。当自然接地体不能满足时，把专门制作的钢管、角钢、扁钢、圆钢等按一定要求垂直埋设于地下(多岩石地区，可水平埋设)，就构成了人工接地体。

6.4.5 静电防护及电气防雷防火防爆

1. 静电的危害及防护

日常生活中，静电是一种常见的带电现象，静电产生于物体与物体的接触表面，液体与固体或固体与液体接触表面存在电离层，当接触面分离时，在各自表面产生了过剩电荷即静电荷。静电荷是通过摩擦起电、破断起电、感应起电等多种途径产生、积累、泄露以至消失。

静电的危害和静电的特点联系在一起。从安全方面考虑，静电能量不大，但静电电压高，容易产生电晕放电，很可能发展成为火花放电。因此，当人体接近带电体时，就会受到意外的电击，给人身造成伤害。由静电放电火花引起的爆炸和火灾事故是静电最为严重的危害。防止静电危害的方法是多方面的，常见的防护措施有以下几种：

(1) 接地

接地是消除导体上静电的最简单方法(但不能消除绝缘体上的静电)。理论上即使 1MΩ 的接地电阻，静电仍很容易快速泄露；在实际应用中，静电导体与大地间的总泄露电阻只在 100Ω 以下即可。

(2) 静电中和

对于绝缘性物体宜用中和法消除静电，其原理是设法使带电体附近的空气电离，利用极性相反的电荷被吸向带电体而使静电中和。按照使空气电离方法的不同分为以下几种：感应式静电消除器；离子风中和器；外加电源式消电器；放射性中和器，它利用放射性同位素的射线使空气电离。

(3) 泄露法

用泄露法就是降低绝缘性很强物体的绝缘程度，加快静电消除。增加空气湿度。湿度增加后可降低某些绝缘材料的表面电阻率，有利于静电的消除。

2. 雷电的危害及防护

雷电是一种自然现象，通常产生于较强对流的积雨云中。云中电荷的分布非常复杂，总体而言，云的上半部分以正电荷为主，下半部分以负电荷为主。因此，在云层之间形成一个电位差。当电位差达到足以穿透中间的水汽的程度时，就会产生电离放电，即闪电。放电过程中，由于在电离通道中温度迅速升高，使水汽体积迅速膨胀，产生类似爆炸式反应及强烈的冲击波，导致发出巨大的轰鸣声，这就是人们看到和听到的电闪雷鸣。雷电分为直击雷、感应雷、球形雷和雷电侵入波 4 种。

雷电的危害巨大，主要有以下几个方面：一是电磁性质的破坏。雷击的高压电破坏电气设备和导线的绝缘，在金属物体的间隙形成火花放电，引起爆炸，雷电入侵波侵入室内，危及设备和人身安全。二是机械性质的破坏。当雷电击中树木、电杆等物体时，造成被击物体的破坏和爆炸；雷击产生的冲击气浪也对附近的物体造成破坏。三是热性质的破坏。雷击时在极短的时间内释放出强大的热能，使金属熔化、树木烧焦、房屋及物资烧毁。四是跨步电压破坏。雷击电流通过接地装置或地面向周围土壤扩散，形成电压降，使该区域的人畜受到跨步电压的伤害。

雷电的防护是多方面的，常见的防护措施如下：

(1) 防止直接雷击措施。直击雷防护是防止雷电直接击在建筑物、构筑物、电气网络或电气装置上。其主要措施是设法引导雷击时的雷电流按照预先安排好的通道泄入大地，从而避免雷云向北保护的建筑物放电。避雷，实际上是引雷，一般采用避雷针、避雷带和避雷网作为避雷接闪器。再由接闪器、引下线和接地装置组成防止直击雷的防雷装置。

(2) 要使建筑物本身和内部设备不受雷电损害的最有效办法，就是为建筑物设计一套完善的防雷方案，为了适应不同种类雷电的防护，必须采用接雷、均压、分流、屏蔽、接地等相关技术措施。有效利用建筑物内部主筋进行良好焊接组成网络，形成有效的屏蔽和等电位。

(3) 采用浪涌保护器来保护供电线路免受雷击的干扰。我们经常遇见的低压线路受到雷电干扰形成浪涌瞬间高压，这种瞬间高压对电机、照明、弱点设备危害很大，根据现在防雷措施的要求，一般采用浪涌保护器进行保护。

(4) 采用等电位连接可以有效防止雷电电流在导体中的相互流动，采用电磁屏蔽技术可有效防止雷电对弱电设备的伤害。

3. 电气火灾的危害及防护

电气火灾在火灾事故中占有很大的比例，往往导致重大人身事故，设备、线路和建筑物的重大破坏，还可能造成大规模长时间停电，给国家财产造成重大损失。

电气火灾的成因有很多，几乎所有的电气故障都可能导致电气着火。如设备材料选择不当，线路过载、短路或漏电，照明及电热设备故障，熔断器的烧断、接触不良以及雷击、静电等，都可能引起高温、高热或者产生电弧、放电火花，从而引发火灾事故。

要预防电气火灾，需要针对电气线路、设备发生短路、过热的原因，采取预防性措施，以降低电气火灾发生的可能性，具体措施如下：

(1) 实行3级配电两级保护的配电设置，即总箱、分箱、开关箱三级配电，总箱和开关箱必须分设短路过载保护和漏电保护。利用自动短路器，在线路或设备一旦出现短路或过载故障时及时切断电源，防止事故扩大。

(2) 正确地选择导线型号规格，合理采用配线方式，依据机械强度、发热条件、电压损耗、绝缘等级等综合因素选择导线规格和型号，以满足安全用电的需求，杜绝电气火灾发生。

(3) 严格导线连接工艺，避免导线接触不良。导线连接不牢，接触不良，铜铝接头电解腐蚀，都会增大接触电阻，使接头处过热，甚至产生火花。

(4) 防止电极火花、电弧。电火花是指电极间击穿放电现象。电弧是大量火花汇集，电弧产生高温可达3000℃以上，是火灾一大危险因素。在电气线路和设备施工运行过程中应严防事故火花，控制工作火花。

(5) 改善散热条件，防止设备过热。保持电气设备运行中发热和散热平衡，防止设备过热引起的火灾。保持设备具有良好的散热环境和散热条件，采用强制通风，提高热对流；增加散热板面积，提高热辐射能力；扩大设备间距，提高散热效果。

(6) 易起火灾的场所，应注意加强放火，配置放火器材。

4. 电气爆炸的危害及防护

由电气引发的爆炸的原因有很多，危害极大，主要发生在含有易燃、易爆气体、粉尘的场所。当空气中汽油的含量比达到 1%～6%，乙炔达到 1.5%～82%，液化石油气达到 3.5%～16.5%，家用管道煤气达到 5%～30%，氢气达到 4%～80%，氨气达到 15%～28%时，如遇电火花或高温、高热，就会引发爆炸。各种纺织纤维粉尘、碾米厂的粉尘，达到一定浓度也会引起爆炸。

为了防止电气引爆的发生，在有易燃、易爆气体、粉尘的场所，应合理选用防爆电气设备，正确敷设电气线路，保持场所良好通风；应保证电气设备的正常运行，防止短路、过载；应安装自动断电保护装置，对危险性大的设备应安装在危险区域外；防爆场所一定要选用防爆电机等防爆设备，使用便携式电气设备应特别注意安全；电源应采用三相五线制与单相三线制线路，线路接头采用熔焊或钎焊等连接固定。

思考题与习题 6

题 6.1　电工测量仪表有哪些分类？

题 6.2　某电流表的量程为 1mA，通过检定知其修正值为 -0.02mA，用该电流表测量某一电流，示值为 0.91mA，问被测电流的实际值和测量中存在的绝对误差各为多少？

题 6.3　仪表的准确度有那几个等级，等级是用什么误差来划分的？

题 6.4　电源电压的实际值为 220V，今用准确度为 1.5 级、满标值为 250V 和准确度为 1.0 级、满标值 500V 的两个电压表去测量，试问哪个读数比较准确？

题 6.5　用准确度为 2.5 级、满标值为 250V 的电压表去测量 110V 的电压，试问相对测量误差为多少？如果允许的相对测量误差不应超过 5%，试确定这只电压表适宜于测量的最小电压值。

题 6.6　用一量程为 100V 的电压表测量一负载电压，当读数为 40V 时的最大相对误差为 ±2.5%，则电压表的准确度为多少？

题 6.7　今有一个毫安表的内阻为 10Ω，满标值为 10mA。(1)如果把它改装成满标值为 250V 的电压表，问必须串联多大的电阻？(2)如果把它改装成满标值为 200mA 的电流表，问必须并联多大的电阻？

题 6.8　图 6.42 是一电阻分压电路，用一内阻 R_V 为：(1)25kΩ，(2)50kΩ，(3)500kΩ 的电压表测量时，其读数各为多少？由此得出什么结论？

题 6.9　图 6.43 所示的是测量电压的电位计电路，其中 $R_1+R_2=50\Omega$，$R_3=44\Omega$，$E=3V$。当调节滑动触点使电流表中无电流通过时，试求被测电压 U_x 之值。

题 6.10　图 6.44 是万用表中的直流毫安挡电路。表头内阻 $R_0=10\Omega$，满标值电流 $I_0=0.1mA$。今欲使其量程扩大为 1mA，10mA 及 100mA，试求分流器电阻 R_1，R_2 及 R_3。

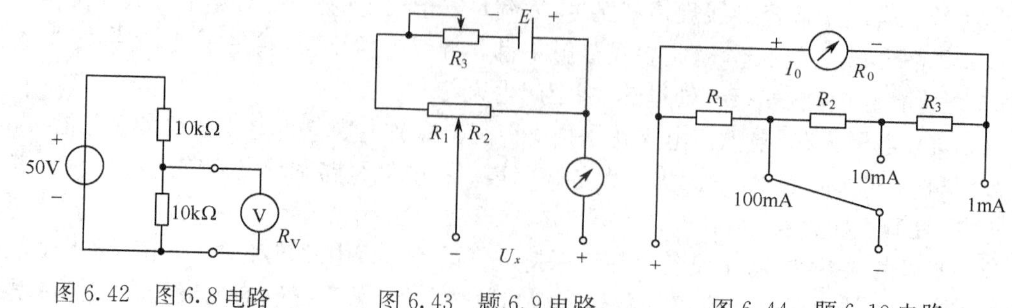

图 6.42　图 6.8 电路　　图 6.43　题 6.9 电路　　图 6.44　题 6.10 电路

题 6.11　某一单相交流负载，其额定电压 $U_N=220V$，工作电流为 4～6A，现有一块电动式功率表满刻度为

150 格，额定电流为 5A，7A，额定电压为 75V、150V、300V，额定功率因数 $\lambda_N=0.5$。(1)确定所采用的电压，电流量程，并计算出刻度每分格所表示的功率值。(2)若功率表接法正确，其读数为 25 格，则该负载的功率为多少？

题 6.12　现在市场上出售的单相电能表有 2.5A，3A，5A 和 10A 等规格，现有两个用户，其中一个家里装有 25W 和 40W 白炽灯各一盏；另一用户家里电器较多，其总的视在功率为 800V·A，问应选何种规格的电能表？都选 10A 的电能表可以么？为什么？

题 6.13　图 6.45 是用伏安法测量电阻 R 的两种电路。因为电流表有内阻 R_A，电压表有内阻 R_V，所以两种测量方法都将引入误差。试分析它们的误差，并讨论这两种方法的适用条件。(即适用于测量阻值大一点的还是小一点的电阻，可以减小误差？)

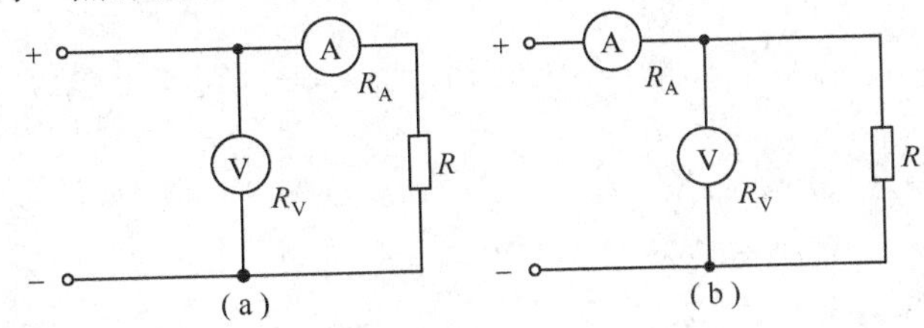

图 6.45　题 6.13 电路

题 6.14　兆欧表的额定电压应如何选择？

题 6.15　什么情况下可能发生触电？如何防止触电事故的发生？一旦发生触电如何处理？

题 6.16　为什么鸟停在一根高压裸电线上不会触电，而站在地上的人碰到 220V 的单根电线却有触电危险？

题 6.17　为什么开关一定要接在相线(火线)上？

题 6.18　为什么在中性点接地的系统中不采用保护接地？

题 6.19　通常家用电器(例如电冰箱等)大都使用单相交流电，为什么多采用三脚插头？国家标准规定，单相电源插座左边插孔为零线右边插孔为相线(火线)即左零右相，如果接反了会有什么后果？

题 6.20　图 6.46 为保护接地和保护接零混用的接线，其中设备 A 的金属外壳接地，设备 B 的金属外壳接零。设工作接地的接地电阻 R_N 和设备 A 的接地电阻 R_A 相等，问当设备 A 的金属外壳碰到某相线时，设备 B 对地电压是多少？从计算结果可以得出什么结论？

题 6.21　图 6.47 中零线上的熔丝烧断，洗衣机开关接通后，金属外壳对地的电压是多少？这种接法符合安全用电的要求么？

题 6.22　试判断图 6.48 中三个三眼插座接线图(a)、(b)、(c)中哪一个正确？

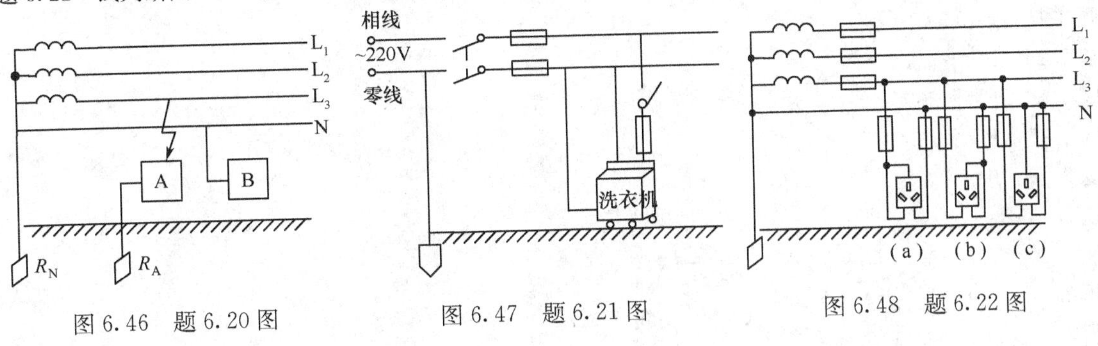

图 6.46　题 6.20 图

图 6.47　题 6.21 图

图 6.48　题 6.22 图

部分思考题与习题答案

思考题与习题 1

题 1.2　$P_I=-51W$, $P_R=36W$, $P_U=15W$

题 1.5　$R=484\Omega$, $P=25W$

题 1.6　$I=0.5A$, $U=50V$

题 1.11　开关打开时，$I=I_1=3A$, $I_2=0$, $U_S=6V$；开关闭合时，$I=3A$, $I_1=2.5A$, $I_2=0.5A$, $U_S=5V$

题 1.12　$u=5V$

题 1.13　$U=-150V$, $I=10A$, $P=3000W$

题 1.19　$P_1=-16W$, $P_2=8W$, $P_3=-8W$, $P_4=16W$

题 1.20　$U_1=16V$, $U_2=-19V$, $U_3=9V$

题 1.21　$i_4=-12mA$

题 1.23　$U_A=-14.4V$

思考题与习题 2

题 2.1　节点数:4 个,支路数:6 条

题 2.2　$I=0A$

题 2.3　32/27W

题 2.5　并联 193600W,串联 48400W

题 2.6　$U=5V$

题 2.7　$I=1/6A$

题 2.10　$P=8W$

题 2.11　$I=-1.526A$

题 2.12　$I=-1.526A$

题 2.13　$U=4.375V$

题 2.14　$I=30/49A$

题 2.15　$P=-8.4W$

题 2.16　$P=-20W$

题 2.17　$P=-16.2W$

题 2.18　$I=2A$

题 2.19　$U=-1/9V$

题 2.20　$U_1=-2V$, $U_2=-5V$, $U_3=-1V$

题 2.21　$I=0.9A$

题 2.22　$I=-4A$

题 2.24　$I=2A$

题 2.25　$I=2/3A$

题 2.26　$I=-36/31A$

题 2.27　$R=-6/7A$

题 2.28　$I=1/6A$

题 2.29　$P=45/16\text{W}$

题 2.30　$R_O=5\Omega$，$I_{sc}=2.5\text{A}$

题 2.31　$I_{sc}=1.2\text{A}$，$R_O=10\Omega$

题 2.32　$U=-20/3\text{V}$

题 2.34　$I=-2.5\text{A}$，$P=-137\text{W}$

题 2.35　$R=9\Omega$，$P_{max}=4/9\text{W}$

题 2.36　$R=3\text{k}\Omega$，$P_{max}=2080\ \text{mW}$

题 2.37　电流表读数　1.23A

题 2.38　$I=0.5\text{A}$

题 2.42　0ω，ω，3ω

题 2.44　$i_1=1.5\text{A}$，$u=1\text{V}$

题 2.45　工作点(1,1)，$R=1\Omega$，$r=0.5\Omega$

题 2.46　工作点(1,1)，$u=1+0.02\cos 10^3 t\text{V}$

思考题与习题 3

题 3.1　$u_C(0+)=9\text{V}, i_C(0+)=\frac{9}{8}\text{A}$

题 3.2　图(a)：$i(0_+)=5\text{A}, i_L(0_+)=2\text{A}; u_L(0_+)=-6\text{V}$；图(b)：$i(0_+)=1\text{A}, i_C(0_+)=1\text{A}, u_C(0_+)=4\text{V}$

题 3.3　$i_1(0_+)=1\text{A}\ i_C(0_+)=0.5\text{A}\ U(0_+)=10\text{V}$

题 3.4　$i_1(0_+)=5\text{A}\ i_2(0_+)=3\text{A}\ i_C(0_+)=2\text{V}\ u_L(0_+)=1\text{V}$

题 3.5　$u_C(t)=5+5e^{-10t}$

题 3.8　$u_C(t)=-e^{-2t} t\geqslant 0$

题 3.10　零输入响应：$u'_C(t)=2e^{-t}$，零状态响应：$u_C(t)=\frac{3}{4}U_S(1-e^{-t})$，全响应：$u_C(t)=\frac{3}{4}U_S+\left(2-\frac{3}{4}U_S\right)e^{-t}$

题 3.13　$i=7.5+\left(\frac{15}{7}-7.5\right)e^{-\frac{6}{125}\times 10^6 t}+\frac{45}{14}e^{-200t}=7.5+\frac{75}{14}e^{-48000t}+\frac{45}{14}e^{-200t}$

题 3.18　(1) $f(t)=3\varepsilon(t-1)-5\varepsilon(t-3)+2\varepsilon(t-4)$

(2) $f(t)=t\varepsilon(t)-2(t-1)\varepsilon(t-1)+(t-2)\varepsilon(t-2)$

题 3.19　$i_L(t)=0.5[1-e^{-(t-1)}]\varepsilon(t-1)-0.5[1-e^{-(t-2)}]\varepsilon(t-2)$

思考题与习题 4

题 4.5　$i(t)=4.44\sin(314t+135^\circ)\text{mA}$

题 4.6　$i(t)=141\sin(100t-75^\circ)\text{A}$

题 4.7　$i(t)=2\sqrt{2}\sin(\omega t)\text{mA}$

题 4.8　$u(t)=25\sqrt{2}\sin(\omega t+135^\circ)\text{V}$

题 4.9　$\dot{U}_{abm}=\text{j}200\text{V}, \dot{I}_m=1\text{A}, u_{ab}=200\sin(100t+90^\circ)\text{V}, i=\sin(100t)\text{A}$

题 4.10　$Z_{eq}=(1-\text{j}1)\Omega$

题 4.11　$Z_{eq}=(2-\text{j}2)\Omega, Y_{eq}=(0.25+\text{j}0.25)\text{S}$

题 4.12　$Z_{eq}=(0.71-\text{j}0.71)\Omega, Y_{eq}=(0.7+\text{j}0.7)\text{S}$

题 4.13　$Y=(0.47+\text{j}0.22)\text{S}$

题 4.14　$R=92\text{k}\Omega, U_2=0.5\text{V}$

题 4.15　$C=3.18\mu F$

题 4.16　(1) $\sqrt{130}$A,(2)16A,(3)2A

题 4.17　$i=4\sin(10^6 t+45°)$A

题 4.18　$\dot{I}=\frac{\sqrt{2}}{6}\angle 45°$A,$\dot{U}_L=\frac{10\sqrt{2}}{3}\angle 135°$V,$\dot{U}_C=\frac{25\sqrt{2}}{3}\angle -45°$V

题 4.19　10A, 8.5Ω, 17Ω, 8.5Ω

题 4.20　10Ω, 20Ω, 30Ω

题 4.21　50Ω, $\frac{25\sqrt{3}}{3}$Ω,$50\sqrt{3}$V

题 4.26　25W, −25Var, $25\sqrt{2}$VA, 0.707

题 4.28　$P=83$kW,$Q=6.75$kVar,$\lambda=83/\sqrt{83^2+6.75^2}=0.997$

题 4.30　0.6, 120W, 160 var

题 4.36　$Z=120\Omega$,$\dot{I}=\frac{5}{6}$A

题 4.37　$R=15.7\Omega$,$L=0.1$H

题 4.38　$\omega_0=5000$rad/s

题 4.39　$5/\pi$,2.5

题 4.40　$i=[0.5+0.833\sqrt{2}\sin(2t+33.7°)+\sqrt{2}\sin(t-135°)]$A,

$u_{ab}=[2\sqrt{2}\sin(t+45°)+0.555\sqrt{2}\sin(2t-56.4°)]$V

电源提供的总功率与电阻消耗的总功率相等,均为1.94W,功率平衡。

题 4.41　$i=[85.44\sqrt{2}\sin(\omega t-69.4°)+10\sqrt{2}\sin(3\omega t-20°)]$A,

$i_C=[10\sqrt{2}\sin(\omega t+90°)+10\sqrt{2}\sin(3\omega t+110°)]$A

题 4.42　$u_A=220\sqrt{2}\sin(\omega t-60°)$,$u_B=220\sqrt{2}\sin(\omega t-180°)$,

$u_C=220\sqrt{2}\sin(\omega t+60°)$,$u_{BC}=220\sqrt{2}\sin(\omega t-150°)$,$u_{CA}=220\sqrt{2}\sin(\omega t+90°)$

题 4.44　负载相电压均为220V,第1相负载电流为20A,第2相和第3相负载电流为10A,中性线电流为10A

题 4.46　(1)负载相电压均为220V,相电流 $I_1=20$A,$I_2=I_3=10$A,中性线电流 $I_N=10$A;(2)如无中性线,负载中性点电压 $U_{N'}=55$V,第1相负载的相电压为170V,另外两相负载相电压为252V。

题 4.47　$I=22+10\sqrt{3}=39.32$A

题 4.48　$I_l=28.5$A,$I_p=16.45$A

思考题与习题 5

题 5.1　$Y_{11}=2$,$Y_{12}=0.5$,$Y_{21}=-2.5$,$Y_{22}=-0.75$

题 5.2　(a)$\boldsymbol{Y}=\begin{bmatrix}\frac{1}{j\omega L} & -\frac{1}{j\omega L}\\ -\frac{1}{j\omega L} & j\omega C+\frac{1}{j\omega L}\end{bmatrix}$, $\boldsymbol{Z}=\begin{bmatrix}j\omega L-\frac{1}{j\omega C} & -\frac{1}{j\omega C}\\ -\frac{1}{j\omega C} & -\frac{1}{j\omega C}\end{bmatrix}$

(b)$\boldsymbol{Y}=\begin{bmatrix}2 & -1\\ -5 & 3\end{bmatrix}$, $\boldsymbol{Z}=\begin{bmatrix}3 & 1\\ 5 & 2\end{bmatrix}$

(c)$\boldsymbol{Y}=\begin{bmatrix}\frac{2}{R} & -2\\ -\frac{2}{R} & \frac{3}{R}\end{bmatrix}$, $\boldsymbol{Z}=\begin{bmatrix}1.5R & R\\ R & R\end{bmatrix}$

(d) $\boldsymbol{Y}=\begin{bmatrix} \frac{-1+\mathrm{j}R}{R} & -\frac{1}{R} \\ -\frac{1}{R} & \frac{1-\mathrm{j}R}{R} \end{bmatrix}$，$\boldsymbol{Z}=\begin{bmatrix} \frac{1+\mathrm{j}R}{R} & \frac{1}{R} \\ \frac{1}{R} & \frac{1-\mathrm{j}R}{R} \end{bmatrix}$

题 5.3 (a) $\boldsymbol{Z}=\begin{bmatrix} R_1+R_2 & R_2 \\ R_2 & R_2 \end{bmatrix}$，(b) $\boldsymbol{Z}=\begin{bmatrix} \frac{2}{3}R & \frac{1}{3}R \\ \frac{1}{3}R & \frac{5}{3}R \end{bmatrix}$

题 5.4 $\boldsymbol{Z}=\begin{bmatrix} R_1 & 0 \\ \mathrm{j}\frac{2}{\omega C} & -\mathrm{j}\frac{1}{\omega C} \end{bmatrix}$

题 5.6 $\boldsymbol{H}=\begin{bmatrix} 1 & 0 \\ 0 & -0.5 \end{bmatrix}$

题 5.7 2

题 5.8 (a) $\boldsymbol{T}=\begin{bmatrix} 1 & 0 \\ 0 & 1 \end{bmatrix}$ (b) $\boldsymbol{T}=\begin{bmatrix} 0.5 & 1.5\mathrm{j} \\ 0.5\mathrm{j} & -0.5 \end{bmatrix}$

题 5.9 $\boldsymbol{H}=\begin{bmatrix} 0.2 & 0.8 \\ -0.8 & 2.8 \end{bmatrix}$

题 5.10 $\boldsymbol{Z}=\begin{bmatrix} R_b+R_e & R_e \\ R_e-\beta R_c & R_e+R_c \end{bmatrix}$

题 5.12 $\boldsymbol{H}=\begin{bmatrix} -\frac{4}{3} & 12 \\ -\frac{2}{3} & 2 \end{bmatrix}$

题 5.13 $\boldsymbol{T}=\begin{bmatrix} 7 & 24 \\ 2 & 7 \end{bmatrix}$

题 5.14 $\boldsymbol{Z}=\begin{bmatrix} 20 & 8 \\ 14 & 16 \end{bmatrix}$

题 5.15 $\boldsymbol{Z}=\begin{bmatrix} 4.2 & 2.8 \\ 2.8 & 4.2 \end{bmatrix}$

题 5.16 $\boldsymbol{Y}=\begin{bmatrix} 1.2+\mathrm{j}0.4 & -1.2+\mathrm{j}0.6 \\ -1.2+\mathrm{j}0.6 & 1.2+\mathrm{j}0.4 \end{bmatrix}$

题 5.17 $\boldsymbol{Z}=\begin{bmatrix} \frac{4}{3} & \frac{2}{3} \\ \frac{2}{3} & \frac{4}{3} \end{bmatrix}$

题 5.18 $\boldsymbol{Y}=\begin{bmatrix} \frac{1}{8} & -\frac{1}{64} \\ -\frac{1}{4} & \frac{1}{4} \end{bmatrix}$

题 5.20 $R=1\Omega, P_{\max}=4\mathrm{W}$

题 5.21 $Z_c=0.35\Omega, \Gamma=1.76$

题 5.22 $Z_c=2.7\Omega, P=12.2\mathrm{W}$

题 5.26 $1-2'-3'$。

题 5.28 $\dot{U}_{ab}=\frac{\sqrt{2}}{2}\angle 45^\circ$

题 5.29　$L_{eq}=3.6H$

题 5.30　10

题 5.31　$L_1=120H, L_1=30H, M=15H, k=0.25$

题 5.32　1.9－j2.8

题 5.33　$\dot{U}=11\angle 7.7°V$

题 5.34　$\dot{I}_{sc}=0.6\angle 2.7°A, Z_0=j4\Omega$

题 5.35　$u_1=L_1\frac{di_1}{dt}+M\frac{di_2}{dt}, u_2=L_2\frac{di_1}{dt}+M\frac{di_1}{dt}$

题 5.36　(1)$\dot{U}_1=76.8\angle -1.5°V, \dot{U}_2=142.9\angle -1.2°V$；(2)$C=4.3\mu F$

题 5.37　$n=0.5$

题 5.38　55－j50(Ω)

题 5.39　$n=3, P_{max}=16W$

题 5.40　$\dot{I}=0.23\angle 7.7-46°A$

思考题与习题 6

题 6.2　0.89mA，0.02mA

题 6.4　准确度为 1.5 级、满标值 250V 的电压表较准确

题 6.5　±5.68%，125V

题 6.6　±1.0%

题 6.7　24990Ω，0.526Ω

题 6.8　20.83V，22.73V，24.75V

题 6.9　0.96V

题 6.10　4.2Ω，37.8Ω，378Ω

题 6.11　7W，175W

题 6.12　分别选用 2.5A、5A 的电能表

题 6.20　110V

题 6.21　220V